TRAITÉ

DE MÉCANIQUE

PARIS. — IMP. SIMON RAÇON ET COMP., RUE D'ERFURTH, 1

TRAITÉ

DE

MÉCANIQUE

PAR

ÉDOUARD COLLIGNON

Ingénieur des ponts et chaussées. Répétiteur à l'École polytechnique
Professeur à l'École des ponts et chaussées

TROISIÈME PARTIE

DYNAMIQUE

LIVRES I, II, III, IV

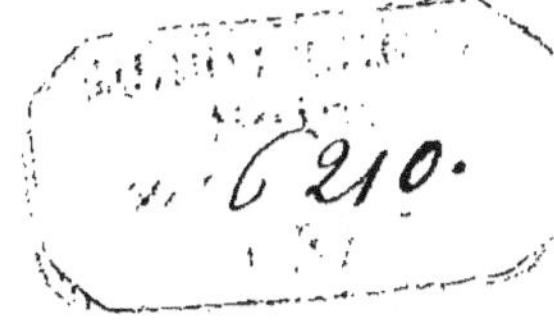

PARIS

LIBRAIRIE HACHETTE ET C⁽ᴵᴱ⁾

BOULEVARD SAINT-GERMAIN, 79

1874

TRAITÉ

DE MÉCANIQUE

TROISIÈME PARTIE

DYNAMIQUE

INTRODUCTION. — DÉFINITION DE LA MASSE.

1. Nous avons établi au commencement de la statique les trois principes sur lesquels repose la dynamique, et desquels on peut tirer par le raisonnement toutes les lois générales du mouvement des systèmes matériels. Ces trois principes sont :

1° Le *principe de l'inertie*, en vertu duquel un point matériel ne peut de lui-même sortir du repos, s'il est en repos, ni modifier la direction ou la vitesse de son mouvement, s'il est animé d'un certain mouvement dans l'espace. Ce premier principe conduit à la définition du mot *force*; or on a démontré en cinématique (I, § 91) que le mouvement réel d'un point mobile, pendant un temps dt très-court, peut être décomposé en deux mouvements rectilignes simultanés, l'un uniforme, et s'effectuant suivant la tangente à la trajectoire avec la vitesse v que possède le mobile au commencement de ce temps dt; l'autre uniformément varié et ramenant, avec une certaine accélération totale j, le mobile de la position fictive qu'on lui attribue sur la tangente, à sa position vraie sur la trajectoire ; le premier mouvement est le résultat de la loi de l'inertie ; le second est dû à l'intervention d'une force ; l'accélération j peut être prise pour la mesure de cette force, à laquelle on attribue pour direction la direction même de cette accélération.

2° Le principe de l'*indépendance de l'effet des forces* les unes à l'égard des autres, et de toutes à l'égard du mouvement antérieurement acquis. De ce principe on déduit une règle pour déterminer l'effet produit sur un point matériel en mouvement par l'application simultanée d'un nombre quelconque de forces données, connaissant les effets partiels de chacune de ces forces sur le point matériel partant du repos. La règle du *polygone des forces* est un corollaire de ce second principe. La proportionnalité déjà admise entre les forces et les accélérations correspondantes en est aussi une application : car si la force f appliquée à un point M produit une accélération j, n forces égales à f, appliquées à ce point suivant une même direction, lui imprimeront chacune une accélération j, et ces n accélérations j se composeront en une seule, égale à leur somme, ou à nj, laquelle accélération résulterait de la force nf.

3° Enfin, le principe de l'*égalité de l'action et de la réaction*. Ce principe groupe deux à deux toutes les forces de la nature en leur assignant dans chaque groupe des intensités égales, et des sens opposés suivant une seule et même direction. Appliqué à un système en particulier, le troisième principe permet de partager les forces en deux grandes classes, les *forces extérieures* et les *forces intérieures* ; celles-ci sont égales et opposées deux à deux.

Nous développerons dans ce volume les conséquences de ces trois principes relativement au mouvement, de même que dans notre tome II nous en avons fait ressortir les conséquences au point de vue de l'équilibre. Nous verrons que, si la statique rentre comme cas particulier dans la dynamique (II, § 9), la dynamique peut à son tour être ramenée à la statique par l'introduction dans les calculs et les raisonnements de certaines grandeurs qu'on peut assimiler à des forces, et qui satisfont sur le système en mouvement à toutes les conditions de l'équilibre.

Déjà, dans le dernier livre de la statique (II, § 265), nous avons fait pressentir qu'on pouvait appliquer les équations d'équilibre aux machines à l'état de mouvement uniforme comme si ces machines étaient en repos. Cette extension de la statique est légitime, mais elle doit être démontrée, et nous la généraliserons de manière à la rendre applicable à un système matériel animé d'un mouvement, quel qu'il soit.

MOUVEMENT RECTILIGNE D'UN POINT MATÉRIEL.

2. Si pendant un temps aussi petit qu'on voudra, un point matériel M parcourt une droite AB, fixe dans l'espace, avec une vitesse constante v, la loi de l'inertie indique que le mouvement de ce point se conserve indéfiniment, sans altération de direction ni de vitesse, tant que le point n'est sollicité par aucune force. Si donc on prend pour origine un point O quelconque de la droite, et qu'on mesure à différents instants les distances $OM = s$ du point mobile à cette origine, ces distances s croîtront proportionnellement au temps t, et l'on aura entre t et s la relation

$$s = vt,$$

où l'on suppose que le temps est compté à partir du passage du mobile au point O, ou bien

$$s = v(t - t_0),$$

si, l'origine du temps étant quelconque, le temps t_0 définit l'époque du passage du mobile à l'origine des espaces, ou enfin

$$s - s_0 = vt,$$

si l'on compte le temps à partir du passage du mobile au point
défini par la distance s_0.

L'immobilité du point est un cas particulier de son mouvement rectiligne et uniforme; il suffit en effet de faire $v = 0$
dans la troisième équation, ce qui donne

$$s = s_0,$$

quantité constante, qui indique que le point reste en repos.

3. Supposons qu'un point matériel, animé à un certain
instant d'une vitesse dirigée suivant la droite AB, soit sollicité
par une force constance F, dirigée suivant cette droite; admettons que le mouvement du point s'effectue de gauche à
droite et que la force F agisse dans cette même direction. Le
mouvement du point sera évidemment rectiligne, car la force
qui intervient ne tend pas à le faire dévier de la ligne droite
sur laquelle l'inertie tend à le maintenir.

Soit C la position du point mobile à l'instant donné, et soit
v sa vitesse au même instant. Cherchons, d'après les principes, ce qui se passe pendant un temps dt infiniment petit.

Si à cet instant la force F était supprimée, le mouvement du
point deviendrait uniforme, et la vitesse v se conserverait indéfiniment en vertu du premier principe; au bout de l'intervalle de temps très-
court dt, le point mo-
bile se trouverait donc
au point C′, après avoir

A 0   E   C C′ C″   G B

Fig. 2.

parcouru une distance $CC' = vdt$. Mais la force F, qui agit sur
le point pendant ce temps très-court, lui imprime une accélération j, proportionnelle à sa propre intensité, et lui fait
parcourir (II, § 5) une distance $C'C'' = \frac{1}{2}jdt^2$, qui s'ajoute à
CC', en vertu du second principe. Il résulte de là que, pendant le temps dt, l'espace total CC'' décrit par le point sur sa
trajectoire rectiligne a pour valeur

$$(1) \qquad\qquad CC'' = vdt + \frac{1}{2}jdt^2.$$

La vitesse v' du point mobile en C'', c'est-à-dire au bout du temps dt, se compose (I, § 28) de la vitesse v qu'il avait au point C et que l'inertie lui conserve, et de la *vitesse acquise élémentaire*, jdt, qui est due à l'intervention de la force.

Nous aurons donc la seconde équation

$$(2) \qquad v' = v + jdt.$$

Il ne s'agit plus que d'étendre ces deux équations, qui supposent le temps dt infiniment petit, à une durée finie t quelconque.

4. Partageons en un très-grand nombre n de parties égales la durée t qui s'écoule entre le passage du mobile en deux points E et G de sa trajectoire, et soit dt l'une de ces parties; soit v_0 la vitesse du mobile au passage en E; appelons $v_1, v_2, v_3, \ldots v_{n-1}, v$ les vitesses au bout des temps dt, $2dt$, $3dt \ldots$; appelons aussi $s_0, s_1, s_2, \ldots s_{n-1}, s$ les distances à l'origine O du point E et des points occupés par le mobile au bout des mêmes intervalles de temps; nous pourrons appliquer les relations (1) et (2) à chacun de ces intervalles, ce qui conduit aux deux groupes d'équations :

$$s_1 - s_0 = v_0 dt + \frac{1}{2} jdt^2, \qquad v_1 = v_0 + jdt,$$

$$s_2 - s_1 = v_1 dt + \frac{1}{2} jdt^2, \qquad v_2 = v_1 + jdt,$$

$$s_3 - s_2 = v_2 dt + \frac{1}{2} jdt^2, \qquad v_3 = v_2 + jdt,$$

$$\vdots \qquad\qquad \vdots$$

$$s - s_{n-1} = v_{n-1} dt + \frac{1}{2} jdt^2, \quad v_{n-1} = v_{n-2} + jdt,$$

$$v = v_{n-1} + jdt.$$

Ces deux groupes expriment simplement qu'à chaque intervalle de temps égal à dt, la force F accroît la vitesse du mobile d'une quantité constante jdt, et l'espace parcouru en vertu de ces vitesses successivement croissantes, d'une quantité également constante, $\frac{1}{2} jdt^2$.

Faisons la somme des équations du premier groupe; il vient

$$s - s_0 = (v_0 + v_1 + \ldots + v_{n-1}) \times dt + \frac{1}{2} j \times n dt^2.$$

Mais le second groupe nous donne successivement :

$$v_1 = v_0 + jdt,$$
$$v_2 = v_0 + 2jdt,$$
$$v_3 = v_0 + 3jdt,$$
$$\vdots$$
$$v_{n-1} = v_0 + (n-1) jdt,$$

enfin

$$v = v_0 + njdt.$$

Donc

$$v_0 + v_1 + v_2 + \ldots + v_{n-1} = v_0 \times n + jdt \times [1 + 2 + \ldots + (n-1)].$$

La somme $1 + 2 + \ldots + (n-1)$ des $(n-1)$ premiers nombres naturels est égale à $\dfrac{n(n-1)}{2}$; donc enfin

$$v_0 + v_1 + v_2 + \ldots + v_{n-1} = v_0 \times n + jdt \times \frac{n(n-1)}{2}.$$

Remplaçant dans la première équation, il vient

$$s - s_0 = v_0 \times ndt + jdt^2 \times \frac{n(n-1)}{2} + \frac{1}{2} j \times n dt^2.$$

Nous pouvons remplacer, dans cette équation, le produit ndt par le temps t :

$$s - s_0 = v_0 t + \frac{1}{2} jt^2 \times \left(1 - \frac{1}{n}\right) + \frac{1}{2} jtdt,$$

équation vraie, quelque petit que soit le temps dt, et quelque grand que soit le nombre n; elle est donc encore vraie à la limite, quand dt devient nul et n infiniment grand. Elle se réduit alors à

$$(3) \qquad s - s_0 = v_0 t + \frac{1}{2} jt^2,$$

en supprimant les termes infiniment petits $\dfrac{\frac{1}{2} jt^2}{n}$ et $\dfrac{1}{2} jtdt$; c'est l'équation définitive du mouvement du mobile, et on peut observer qu'elle n'est autre chose que l'équation (1), relative à un temps très-court, étendue sans modification à une durée finie t.

La vitesse v au point C est donnée par l'équation

$$(4) \qquad v = v_0 + njdt = v_0 + jt,$$

qui est également l'équation (2) étendue à un temps t quelconque.

Nous pouvons donc poser ce théorème : *Le mouvement d'un point matériel sollicité par une force constante qui agit dans la direction de sa vitesse initiale, est un mouvement rectiligne uniformément varié; l'accélération de ce mouvement est proportionnelle à l'intensité de la force.*

Les formules de ce mouvement sont

$$v = v_0 + jt,$$
$$s = s_0 + v_0 t + \frac{1}{2} jt^2,$$

et ces équations sont générales, moyennant qu'on donne des signes convenables aux quantités t, v et j.

Le mouvement vertical des corps pesants fournit l'exemple le plus simple de l'action d'une force constante. Soit OA la verticale; O un point que nous prendrons pour origine des s, en les comptant positivement de haut en bas; un point matériel M, abandonné sans vitesse au point O, tombera en suivant la droite OA ; comptons le temps t, à partir du départ du mobile en O; sa vitesse étant nulle à cet instant, nous aurons à la fois

$$v_0 = 0$$

et

$$s_0 = 0.$$

Fig. 5.

Appelons enfin g *l'accélération particulière produite par la pesanteur agissant sur le point* M; les équations deviendront dans ce cas particulier,

$$v = gt,$$
$$s = \frac{1}{2} gt^2.$$

Nous verrons d'ailleurs bientôt qu'en un même point du globe l'accélération g est la même pour tous les corps (Cf. I, § 59).

MOUVEMENT PARABOLIQUE.

5. Supposons que le point mobile soit sollicité par une force F donnée, constante et constamment paral-

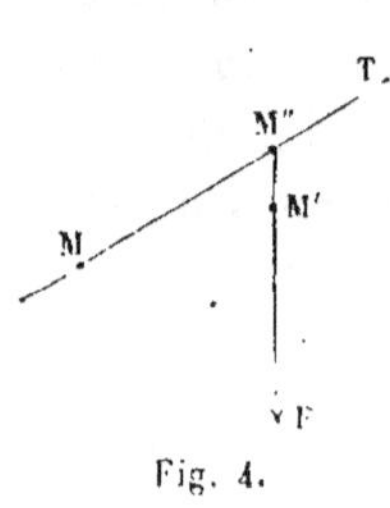

lèle à une direction fixe, mais que cette direction ne coïncide pas avec la direction de la vitesse du point mobile. Dans ce cas, le mouvement n'est plus rectiligne, car, à chaque instant, la force tend à faire dévier le point matériel de la direction que lui conserverait l'inertie.

Examinons encore le mouvement élémentaire pendant un temps dt infiniment petit.

Soit M la position du mobile au bout du temps t, et MT la direction de sa vitesse ; appelons v la vitesse que possède le mobile à cet instant.

Pendant le temps dt, le mobile, s'il était devenu libre au bout du temps t, se serait transporté sur la tangente MT à une distance $MM'' = vdt$; par le point M'' menons une droite M''F, parallèle à la direction constante de la force ; imaginons qu'on ait déterminé, par une expérience directe, l'accélération j que la force F communique au point mobile partant du repos ; formons le produit $\frac{1}{2}jdt^{2}$; prenons enfin une longueur M''M', égale à ce produit, et nous aurons en M' la position vraie du mobile, telle qu'elle résulte du jeu combiné de la force et de l'inertie.

La vitesse du mobile, en ce point M', est, en grandeur et en direction, la résultante de la vitesse v qu'il possède en M, et de la vitesse acquise élémentaire jdt que lui communique la force F, parallèlement à sa propre direction (I, § 91). Prenons donc, sur une parallèle OC à MM″ (fig. 5), une longueur $OC = v$, puis sur une parallèle à M″F une longueur $CC' = jdt$; nous aurons, en joignant OC′, une droite égale et parallèle à la vitesse v' du mobile à son passage en M′. La tangente à la trajectoire en M′ est parallèle à OC′, et la vitesse v' est déterminée en grandeur. On pourra donc répéter la même construction au point M′, et trouver la position et la vitesse du point

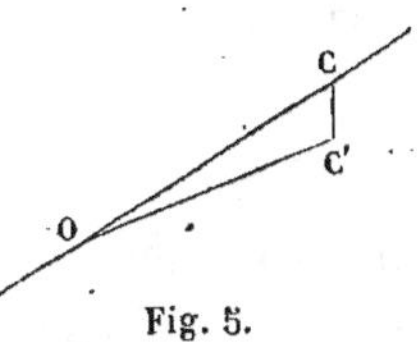

Fig. 5.

mobile correspondantes au temps $t + 2dt$, et enfin pousser cette opération aussi loin qu'on voudra. La figure suivante montre la suite des diverses opérations au moyen desquelles la trajectoire entière peut être tracée par éléments successifs.

M, position du mobile à un certain instant ;

$M_1, M_2, M_3,\dots$ positions successives du mobile sur sa trajectoire au bout d'intervalles de temps égaux à $dt, 2dt, 3dt,\dots$;

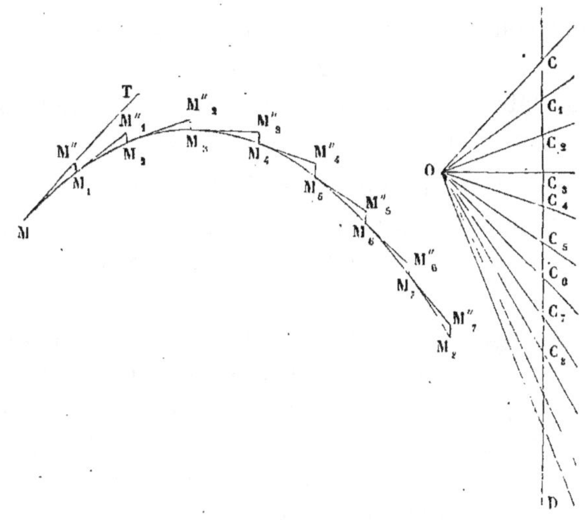

Fig. .

MM'', M_1M_1'', M_2M_2'',… espaces que décrirait sur les tangentes à la trajectoire, pendant la durée dt, le mobile abandonné lui-même à son passage aux points M, M_1, M_3,… ;

M″M$_1$, M$_1$″M$_2$, M$_2$″M$_3$,..., espaces égaux entre eux, tous parallèles à la direction de la force F, et décrits dans le temps dt sous l'action de cette force; ces espaces ramènent le point de la tangente sur la trajectoire; ils ont pour valeur commune $\frac{1}{2}jdt^2$;

OCD, construction auxiliaire de l'indicatrice des accélérations totales, donnant les grandeurs et les directions successives des vitesses (I, § 98) ;

OC, droite parallèle à la tangente MT et égale à la vitesse v au point M ;

CD, droite indéfinie, parallèle à la direction de la force;

CC$_1$, C$_1$C$_2$, C$_2$C$_3$, ..., longueurs égales à jdt ;

OC$_1$, OC$_2$, OC$_3$ ..., droites parallèles aux tangentes à la trajectoire en M$_1$, M$_2$, M$_3$, ..., et égales aux vitesses du mobile à son passage en ces points.

On peut comparer cette construction à celle de la courbe des ponts suspendus (II, § 327); dans les deux cas, on obtient pour résultat une parabole dont l'axe est parallèle à CD ou à la direction de la force.

Pour avoir l'équation de la trajectoire, observons d'abord qu'elle est plane et située dans un plan parallèle à la direction constante de la force F. Prenons dans ce plan deux axes, l'un parallèle à la force F, l'autre perpendiculaire; puis considérons un élément quelconque MM′ de trajectoire, décrit pendant le temps dt.

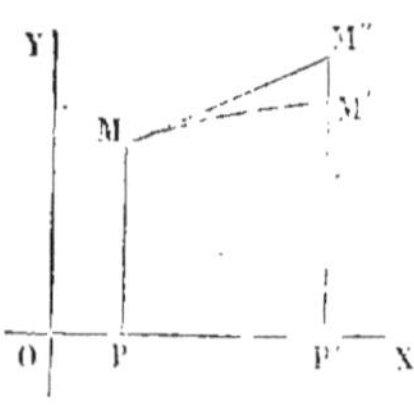

Fig. 7.

Les coordonnées du point M sont x et y; les coordonnées du point M″, pris sur la tangente à la distance MM″ = vdt, sont $x + dx$ et $y + dy$. En effet, projetons MM″ sur l'axe OX; il faudra pour cela multiplier par $\dfrac{dx}{ds}$, ce qui donnera $\dfrac{dx}{ds} \times vdt$, ou dx, en observant que $ds = vdt$.

Le point M′, position effective du point au bout du temps dt, a pour coordonnées

$$x + dx + \frac{1}{2} d^2x,$$

$$y + dy + \frac{1}{2} d^2y,$$

en s'en tenant aux infiniment petits du second ordre.

Donc $d^2x = 0$, puisque les points M′ et M″ ont même abscisse OP′, et

$$\frac{1}{2} d^2y = \mathrm{M'M''} = \frac{1}{2} j dt^2.$$

Donc

$$\frac{d^2y}{dt^2} = j.$$

La première équation $d^2x = 0$, ou $\dfrac{d^2x}{dt^2} = 0$, nous montre que

$\dfrac{dx}{dt}$ est une constante, et x une fonction linéaire de t.

La seconde, $\dfrac{d^2y}{dt^2} = j$, que $\dfrac{dy}{dt}$ est une fonction linéaire de t,

et y une fonction entière du second degré de cette variable.

On a donc à la fois :

$$x = at + b,$$
$$y = \frac{1}{2} j t^2 + ct + f,$$

a, b, c, f, étant des constantes. Éliminant t entre ces deux équations, on obtient l'équation d'une parabole :

$$y = \frac{1}{2} j \left(\frac{x - b}{a} \right)^2 + c \frac{x - b}{a} + f.$$

MOUVEMENT QUELCONQUE.

6. Enfin, supposons que la force soit variable à chaque instant en grandeur et en direction, suivant une loi donnée, de telle sorte qu'à tout moment, et en tout point de l'espace, on

en connaisse la direction et l'intensité : la construction précédente pourra encore se faire éléments par éléments ; elle différera seulement de celle qui vient d'être indiquée, en ce que l'indicatrice des accélérations sera généralement une ligne courbe composée d'éléments inégaux CC_1, C_1C_2, C_2C_3, … respectivement parallèles et proportionnels aux espaces élémentaires $M''M_1$, M''_1M_2, M''_2M_3, … décrits sous l'action de la force F.

Lorsque la force F varie d'une manière continue, en grandeur et en direction, le mouvement du point mobile pendant un temps suffisamment court est sensiblement un mouvement parabolique, puisque pendant ce temps les variations de direction et de grandeur de la force F sont négligeables. On peut donc regarder tout mouvement d'un point matériel sollicité par une force qui varie d'une manière continue, comme une succession de mouvements paraboliques s'effectuant chacun pendant une durée très-petite.

DÉFINITION DE LA MASSE.

7. Nous n'avons considéré jusqu'ici que les mouvements d'un même point matériel sous l'action de forces qui pouvaient être différentes. La notion de *masse* est nécessaire pour comparer entre eux les mouvements de points matériels différents.

Le second principe ramène, comme on l'a vu, la détermination du mouvement d'un point donné M à celle de l'accélération j que lui communique la force F, ou, ce qui revient au même, à la détermination de la vitesse que la force F imprimerait au point M partant du repos, si elle agissait sur lui pendant l'unité de temps, dans une direction constante. Alors, en effet, le mouvement du point est défini par les équations

$$= \frac{1}{2} j t^2$$

et

$$v = jt,$$

et la seconde donne $v = j$ quand on y fait $t = 1$.

Connaissant l'accélération j correspondante à une force donnée F, il sera facile d'avoir l'accélération j' communiquée au même point par une autre force donnée, F', car les forces F et F' sont entre elles comme les accélérations j et j'; on aura donc la proportion

$$\frac{F'}{F} = \frac{j'}{j};$$

et par suite

$$j' = j \times \frac{F'}{F}.$$

L'accélération j' est ainsi entièrement connue dès qu'on connaît l'accélération j et le rapport des forces F' et F.

8. Cette proportion peut s'appliquer à la pesanteur. Appelons P le poids du point matériel M; déterminons, par une expérience directe, l'accélération g que cette force de P grammes communique au point tombant librement dans le vide, c'est-à-dire la vitesse que le point pesant acquiert au bout de la première seconde de sa chute. L'accélération j, qui correspond à la force F évaluée de même en grammes, sera donnée par la proportion

$$\frac{j}{g} = \frac{F}{P},$$

ou par l'équation $j = g \times \frac{F}{P}$.

La force F serait de même donnée en fonction de l'accélération j par la formule $F = P \times \frac{j}{g}$.

9. Deux points matériels, M et M', sollicités par une même force F, prennent généralement des accélérations différentes. Si ces deux points prennent une même accélération sous l'action d'une même force, ils prendront aussi des accélérations égales sous l'action de deux autres forces égales, quelles

que soient ces forces ; au point de vue mécanique, on pourra donc les regarder comme des points identiques ou équivalents. Deux points matériels qui ont des poids égaux sont dans ces conditions, et il paraît évident *à priori* que deux corps de poids égaux acquièrent en tombant librement les mêmes vitesses ; l'expérience confirme d'ailleurs cette supposition. Une même force, égale au poids commun de ces deux corps, produit sur eux des accélérations égales ; l'*équivalence* des deux points matériels, au point de vue mécanique, est ainsi constatée.

10. Passons à la comparaison des accélérations j et j', communiquées à deux points M et M' par une même force F, lorsque les poids P et P' de ces deux points matériels ne sont pas égaux.

Admettons que les poids P et P' soient entre eux dans le rapport de deux nombres entiers, n et n', de sorte qu'on ait $P = np$ et $P' = n'p$. Nous pourrons regarder le point M comme formé par la réunion de n points matériels ayant le même poids p, et équivalents au point de vue mécanique. Le point M' sera de même formé par la réunion de n' points matériels de poids p, équivalents entre eux et aux n premiers. Partageons de plus la force F, appliquée au point M, en n forces égales, et l'autre force F, appliquée au point M', en n' forces égales ; posons enfin $f = \dfrac{F}{n}$ et $f' = \dfrac{F}{n'}$.

Nous pourrons considérer chacun des n points p qui composent le point M comme sollicité par une force f, et chacun des n' points p qui composent le point n' comme sollicité par une force f' ; chaque point du premier groupe recevra de la force f une même accélération j, qui sera donnée par l'équation

$$j = g \times \frac{f}{p},$$

et qui sera l'accélération du point matériel M tout entier ; g représente ici l'accélération que la pesanteur imprime à un point matériel de poids p. De même chacun des points du second groupe recevra de la force f' une accélération j' donnée par l'équation

$$j' = g \times \frac{f'}{p},$$

et cette accélération appartiendra au point matériel M' tout entier.

L'accélération g est la même dans les deux équations, puisque dans les deux cas il s'agit d'un point matériel de poids p, ou, en d'autres termes, du même point matériel.

Divisant l'une par l'autre ces deux équations, il viendra

$$\frac{j}{j'} = \frac{f}{f'},$$

ou bien

$$\frac{j}{j'} = \frac{\left(\dfrac{F}{n}\right)}{\left(\dfrac{F}{n'}\right)} = \frac{n'}{n} = \frac{P'}{P}.$$

On a donc ce théorème :

Les accélérations qu'une même force imprime à deux points matériels de poids différents sont réciproquement proportionnelles à ces poids ; proposition qu'on étendrait facilement, par les procédés connus, au cas où les poids P et P' n'auraient pas de commune mesure.

11. Supposons en troisième lieu que deux points M et M', dont les poids sont respectivement égaux à P et à P', soient sollicités par deux forces différentes F et F' ; appelons j et j' les accélérations que ces forces impriment respectivement à ces deux points. Nous trouverons facilement le rapport de ces accélérations en faisant intervenir un troisième point M'', qui aurait le même poids P que le point M, et qui serait soumis, comme le point M', à l'action de la force F' ; soit j'' l'accélération que cette force F' lui communiquerait.

Les deux points M et M'', ayant des poids égaux, sont identiques au point de vue de la mécanique, et peuvent être considérés comme un seul et même point, qui serait soumis successivement à la force F et à la force F″; on a donc la proportion

$$\frac{j}{j''} = \frac{F}{F'}.$$

Les deux points M″ et M′, soumis à une même force F′, ont des poids différents P, P′; on peut donc leur appliquer (§ 10) la proportion qui vient d'être démontrée :

$$\frac{j''}{j'} = \frac{P'}{P}.$$

Multipliant membre à membre, j'' s'élimine et il vient

$$\frac{j}{j'} = \frac{FP'}{F'P} = \frac{\left(\dfrac{F}{P}\right)}{\left(\dfrac{F'}{P'}\right)},$$

d'où résulte le théorème :

Les accélérations communiquées à deux points matériels différents par deux forces quelconques, sont proportionnelles aux rapports de chaque force au poids du point qu'elle sollicite.

12. Appliquons ce théorème à la chute des corps graves. Dans ce cas, la force F, qui sollicite le point M, est égale au poids P ; la force F′ qui sollicite le point M′ est égale au poids P′; les rapports $\dfrac{F}{P}, \dfrac{F'}{P'}$ sont donc tous deux égaux à l'unité, et par suite $j = j'$. *L'accélération communiquée par la pesanteur à tous les corps est donc constante :* jusqu'ici nous l'avions regardée comme pouvant varier avec le poids.

L'expérience vérifie, en effet, qu'en *un même lieu du globe terrestre* tout corps tombant dans le vide acquiert des vitesses égales au bout d'intervalles de temps égaux, de sorte qu'au bout de la première seconde de sa chute il possède une vitesse parfaitement déterminée; en d'autres termes, la pesanteur communique à tous les corps pesants tombant librement dans le vide, en un même lieu de la terre, une accélération g constante. L'accélération g, que nous supposions tout à l'heure déterminée spécialement pour un point matériel particulier, a la même valeur pour tous les points matériels placés dans les mêmes conditions géographiques; au niveau de la mer et à la latitude de Paris, on a trouvé, par l'observation, que g est égal à $9^m,8088$; de sorte que tout corps pesant, abandonné à lui-même et tombant *dans le vide*, acquiert au bout de la première seconde de sa chute une vitesse de $9^m,8088$.

La restriction relative au vide a pour objet d'éliminer la résistance de l'air, qui retarde le mouvement du corps pesant, et cela d'autant plus que le corps présente au fluide une plus grande surface transversale et qu'il est animé d'une vitesse plus considérable, et aussi de supprimer la poussée exercée par l'air sur le corps en repos, et en vertu de laquelle certains corps, les corps légers, semblent n'être pas soumis à l'action de la pesanteur (II, § 150). On atténue ces deux perturbations en opérant sur un corps d'un poids spécifique très-grand et de dimensions très-petites, et surtout en diminuant le plus possible la vitesse du mouvement qu'il s'agit d'étudier. On y parvient à l'aide de certains artifices. Galilée employait à cet effet un plan incliné; la machine d'Atwood a aussi pour objet de ralentir le mouvement de descente d'un corps pesant, de manière à faciliter l'observation de son mouvement et à rendre la résistance de l'air négligeable. La restriction relative à la latitude et à l'altitude du lieu où se fait l'expérience est justifiée par les variations de la pesanteur avec ces deux coordonnées géographiques; nous savons en effet (II, § 165) que la pesanteur n'est pas la même à toute distance du centre du globe, et nous verrons plus loin qu'elle varie aussi avec la distance à l'axe de la Terre. Tant que la détermination du poids au moyen des balances a pour unique objet de déterminer la mesure de la *quantité de matière contenue dans un corps*, ces restrictions sont inutiles, puisque les mêmes altérations portent à la fois sur le corps pesé et sur les poids qui lui font équilibre (II, § 155). Il n'en est plus de même quand il s'agit d'évaluer une force. La pesanteur variant d'un lieu à l'autre, le poids marqué *un gramme* transporté en divers lieux correspond à des forces différentes ; pour empêcher toute confusion dans la mesure des forces, il est donc nécessaire de dire en quel lieu on suppose faite l'évaluation des forces en unités de poids. Convenons ici que l'unité servant à mesurer les forces sera la force représentée par l'unité de poids à Paris et au niveau de la mer ; cette convention n'est pas nécessaire dans la vie pratique et dans les applications ordinaires, parce que les variations de la pesanteur sont en réalité très-faibles.

13. Reprenons notre proportion

$$\frac{j}{j'} = \frac{\left(\dfrac{F}{P}\right)}{\left(\dfrac{F'}{P'}\right)},$$

dans laquelle F et F′ sont des forces données en unités de poids, et P et P′ les poids des deux points matériels M et M′. Supposons que le point M′ soit sollicité, à Paris et au niveau de la mer, par la pesanteur ; la force F′ qui agira sur lui sera égale à son poids P′ ; en même temps l'accélération j' sera égale à g ; et, par suite, nous aurons la relation

$$\frac{j}{g} = \frac{F}{P},$$

d'où l'on déduit

$$F = \frac{P}{g} \times j,$$

équation que nous avions déjà rencontrée plus haut (§ 8), mais que nous ne pouvions appliquer alors qu'à un point matériel en particulier, tandis qu'elle s'applique maintenant à un point matériel quelconque, et constitue un théorème tout à fait général.

Le rapport $\dfrac{P}{g}$, et plus généralement le rapport égal $\dfrac{F}{j}$, de la force à l'accélération qu'elle communique à un point matériel, rapport constant pour un même point, est nommé en mécanique la *masse* du point ; en le désignant par m, on a l'équation

$$F = mj,$$

et l'on peut dire que *la force a pour mesure le produit de la masse du point auquel elle est appliquée par l'accélération qu'elle lui communique.*

La masse est un coefficient spécial à chaque point matériel. Pour la déterminer, on doit prendre, à l'aide des balances, le poids P du point, sous la latitude de Paris et au niveau de la mer, puis diviser ce poids par le nombre 9,8088, valeur correspondante de l'accélération g ; le quotient sera le nombre m ; le point conservera ce coefficient quelque part qu'on le suppose placé. On voit que la masse d'un point est proportionnelle au poids de ce point déterminé par une pesée faite à Paris ; les masses des deux points sont donc entre elles comme les poids de ces deux points en un même lieu du globe, ou enfin comme les quantités de matière que ces points renferment (II, § 155) ; *la masse d'un point est* par suite *proportionnelle à la quantité de matière constituant ce point ;* c'est à proprement parler la mesure de cette quantité.

La *masse d'un système matériel* est la somme des masses de chacun des points qui le composent, et mesure par conséquent la quantité de matière qui y est contenue.

L'équation $F = mj$ montre encore que le coefficient m est égal à l'unité, quand F et j sont tous deux exprimés par un même nombre : la masse 1, ou l'unité de masse, est donc la masse du corps qui, sous la latitude de Paris et au niveau de la mer, a un poids égal à 9,8088 unités de poids.

On voit aussi que le point qui pèse P à Paris et au niveau de la mer, et qui a pour masse $\dfrac{P}{9,8088}$, posé sans vitesse sur une table fixe dans un lieu où l'accélération due à la pesanteur est g', exercera sur cette table une pression égale à

$$\frac{P}{9,8088} \times g',$$

laquelle peut être égale, inférieure ou supérieure à P, suivant
que l'accélération g' est égale, inférieure ou supérieure à
9,8088.

L'étude des variations de la pesanteur avec la latitude et l'altitude peut donc être ramenée à celle des variations de l'accélération g.

EXPÉRIENCES ET OBSERVATIONS A L'APPUI DU PRINCIPE DE L'INERTIE.

14. L'inertie de la matière se manifeste toutes les fois
qu'on cherche à faire sortir un corps du repos pour lui communiquer un mouvement, ou à modifier l'état de mouvement
d'un corps, soit qu'on veuille le ralentir, l'accélérer, ou en
changer la direction.

L'inertie ne permet pas à un corps de changer instantané-
ment de vitesse. Si à deux intervalles de temps, si rapprochés
qu'ils soient, on constate pour le corps des vitesses différentes,
on est certain que le corps a passé dans l'intervalle de ces
deux instants par tous les états de vitesse intermédiaires,
comme direction et comme grandeur, ce qu'on exprime en
disant que la vitesse d'un corps varie d'une manière continue.

La théorie rend compte de ces phénomènes qu'on peut observer chaque jour. La vitesse v d'un point matériel à un certain instant se compose avec la vitesse acquise élémentaire
jdt pour produire la vitesse v' au bout d'un intervalle de
temps égal à dt.

Or l'accélération j s'obtient en divisant la force F par la
masse m du point matériel. La force F est une quantité
finie, du même ordre de grandeur que la masse m; le
quotient $\dfrac{F}{m}$ est un nombre fini qui, multiplié par dt, devient
infiniment petit par rapport à la quantité finie v. La vitesse v'
diffère donc infiniment peu de v, tant en grandeur qu'en direction. Pour qu'il en fût autrement, il faudrait que la force

F fût infiniment grande par rapport à la masse m, ce qui n'est pas admissible.

On voit de plus que le quotient j est d'autant plus petit, *à égalité de forces*, que la masse du point mobile est plus grande; de sorte que l'influence de la force sur les variations de la vitesse est d'autant moindre que la masse est plus considérable; à ce point de vue la masse peut être appelée un *coefficient d'inertie*.

Supposons qu'un train de chemin de fer parte d'une station où il était en repos ; sa vitesse s'accélère graduellement jusqu'à une vitesse maximum qu'il conserve pendant un certain parcours (abstraction faite des variations de marche dues à diverses circonstances, par exemple aux déclivités de la voie), puis le mécanicien commence à ralentir le mouvement, et prépare ainsi l'arrêt à la station suivante. Si V est la vitesse maximum de la marche, les vitesses successives du train ont passé de 0 à V dans la première période, elles ont conservé la valeur V dans la seconde, et enfin elles ont varié de V à 0 dans la troisième. Supposons que la première et la dernière période aient duré chacune t secondes : l'*accélération tangentielle moyenne* pendant la première période s'obtiendra en divisant V par t ; elle sera nulle pendant la seconde ; enfin pendant la dernière période, elle sera négative et égale en moyenne à $-\dfrac{V}{t}$. La première période est celle pendant laquelle la force de traction l'emporte sur les résistances ; dans la seconde il y a équilibre entre ces deux forces ; dans la troisième, les résistances doivent l'emporter sur la force de traction, et si la suppression de celle-ci ne suffit pas pour que le train s'arrête dans le temps voulu, on augmente les résistances en renversant la vapeur ou en calant les roues au moyen des freins.

L'inertie se manifeste pendant ces diverses périodes sur les personnes et les objets placés dans les wagons. Les voyageurs du train sont généralement entraînés par la simple adhérence développée entre chacun d'eux et le banc sur lequel il est assis. L'inertie tend donc à incliner en arrière de la marche le buste de chaque voyageur quand la vitesse du train augmente, et à l'incliner en sens contraire quand elle diminue; si le train parcourt une courbe, l'inertie tend à entraîner les wagons en dehors de la voie, tendance que l'on corrige en inclinant le profil transversal de la voie vers le centre de la courbe. Plus l'augmentation ou la diminution de vitesse est rapide, plus l'inclinaison des voyageurs vers l'arrière ou vers l'avant du train se manifeste avec évidence, et quand un arrêt brusque[1] du train se produit, tous les voyageurs et tous les objets transportés sont violemment projetés vers l'avant.

[1] Par arrêt brusque nous entendons ici un arrêt qui s'opère dans un temps très-court, et non un arrêt *instantané*. Nous venons de voir en effet que les variations de la vitesse sont toujours graduelles.

LIVRE PREMIER

DYNAMIQUE DU POINT MATÉRIEL

CHAPITRE PREMIER

ÉQUATIONS DU MOUVEMENT D'UN POINT LIBRE.

15. Tous les théorèmes démontrés en cinématique pour le mouvement d'un point matériel ont en dynamique une interprétation qui résulte immédiatement de l'égalité

$$F = mj,$$

posée dans les paragraphes précédents. Cette égalité nous apprend en effet qu'en multipliant l'accélération totale j d'un point matériel libre, par la masse m de ce point, on obtient pour produit la mesure de la force F, qui communique au point cette accélération. Nous savons d'ailleurs (§ 1) que la force F coïncide en direction et en sens avec l'accélération j; qu'enfin, si l'accélération j est la résultante de plusieurs accélérations $j_1, j_2, \ldots, j_n$, la force F est pareillement la résultante des forces $f_1, f_2, \ldots, f_n$, respectivement égales à $mj_1, mj_2, \ldots, mj_n$, et appliquées suivant les directions mêmes des accélérations composantes.

A toute décomposition de l'accélération totale correspond par suite une décomposition analogue de la force F. Nous pouvons faire deux applications principales de cette remarque :

1° On a vu (I, § 95) que l'accélération totale j est décomposable en deux accélérations, l'une tangentielle, l'autre centripète ; la première a pour mesure $\dfrac{dv}{dt}$ ou *la vitesse de la vitesse* (I, § 31) ; la seconde a pour mesure $\dfrac{v^2}{\rho}$, ρ étant le rayon de courbure de la trajectoire.

La force F est de même décomposable en deux forces, l'une tangentielle, que nous désignerons par F_t, et l'autre normale, F_n ; la première est dirigée dans le sens du mouvement, et est égale au produit de l'accélération tangentielle par la masse, ou à

$$m\,\frac{dv}{dt} ;$$

la seconde, dirigée suivant la *normale principale* vers le *centre de courbure* (I, § 96), est égale au produit de l'accélération normale par la masse, ou à

$$m\,\frac{v^2}{\rho} .$$

2° Nous pouvons encore décomposer l'accélération totale j, parallèlement à trois axes fixes rectangulaires OX, OY, OZ (I, § 99), auxquels on rapporte le mouvement du point mobile. Les composantes $j_x = \dfrac{d^2x}{dt^2}$, $j_y = \dfrac{d^2y}{dt^2}$, $j_z = \dfrac{d^2z}{dt^2}$, sont les accélérations des mouvements projetés.

La force F peut de même être décomposée parallèlement aux trois mêmes axes, et chaque composante sera égale au produit de l'accélération correspondante par la masse, de sorte que si X, Y, Z désignent les trois composantes de la force F, on aura les relations :

$$X = m\,\frac{d^2x}{dt^2}, \qquad Y = m\,\frac{d^2y}{dt^2}, \qquad Z = m\,\frac{d^2z}{dt^2}$$

Lorsque le mouvement s'opère dans un plan, on peut prendre dans ce plan deux des axes coordonnés, OX et OY, et dé-

composer suivant ces deux axes la force F et l'accélération j ;
on a alors seulement deux équations :

$$X = m \frac{d^2x}{dt^2}$$

et

$$Y = m \frac{d^2y}{dt^2}.$$

Cela revient, en effet, à admettre un troisième axe OZ, perpendiculaire aux deux premiers, et sur lequel les projec-
tions Z et $\frac{d^2z}{dt^2}$ sont nulles à la fois ; la troisième équation différentielle du mouvement se réduit alors à une identité.

APPLICATIONS.

16. Reprenons le problème du mouvement parabolique
déjà traité, § 5.

*Un point matériel pesant est lancé dans le vide, avec une vi-
tesse V donnée, et dans une direction faisant un angle α avec
l'horizon. Déterminer sa trajectoire et la loi de son mouvement.*

Nous appliquerons à ce problème la décomposition du mouvement et des forces suivant trois axes rectangulaires fixes.

Soit O (fig. 8) la position du point au moment où il est abandonné à l'action de la pesanteur ; soit OA la direction de sa vitesse initiale, V ; elle fait avec le plan horizontal un angle α
donné. Par cette droite OA faisons passer un plan vertical
ZOX ; nous prendrons pour axe OX une droite horizontale
menée dans ce plan, pour axe OZ une verticale, et pour axe
OY une perpendiculaire au plan ZOX. En quelque point de
l'espace que se trouve le mobile, il sera sollicité par une
force unique, la pesanteur, qui est parallèle à l'axe OZ, et
dirigée dans le sens ZO. La force totale F qui agit sur lui est
donc égale à mg, en appelant m la masse du point ; elle se
projette en vraie grandeur sur l'axe OZ, et les projections sur
les deux autres axes sont nulles. On a, en définitive,

$$X = 0, \quad Y = 0, \quad Z = -mg,$$

en donnant une valeur négative à la composante **Z**, parce qu'elle est dirigée dans le sens négatif des coordonnées z.

Les équations du mouvement projeté sur les trois axes seront donc

$$m\frac{d^2x}{dt^2} = 0, \qquad m\frac{d^2y}{dt^2} = 0, \qquad m\frac{d^2z}{dt^2} = -mg,$$

ou bien, en supprimant le facteur m,

$$\frac{d^2x}{dt^2} = 0, \qquad \frac{d^2y}{dt^2} = 0, \qquad \frac{d^2z}{dt^2} = -g.$$

Ces équations nous montrent que les accélérations des mouvements projetés sur les axes OX et OY sont toutes deux égales à zéro; donc *les vitesses de ces mouvements sont constantes* et les mouvements eux-mêmes sont uniformes (I, § 35). Décomposons la vitesse initiale V suivant les trois axes; la composante suivant OX est égale à OB; suivant OY elle est nulle; enfin, suivant OZ, elle est égale à OC. Le mouvement projeté sur OX s'effectuera donc avec une vitesse constante représentée par OB, et le mouvement projeté sur OY s'effectuera avec une vitesse constamment nulle, ce qui montre que la projection du point restera immobile au point O : le point ne sortira pas du plan vertical ZOX dans lequel son mouvement était contenu à l'origine.

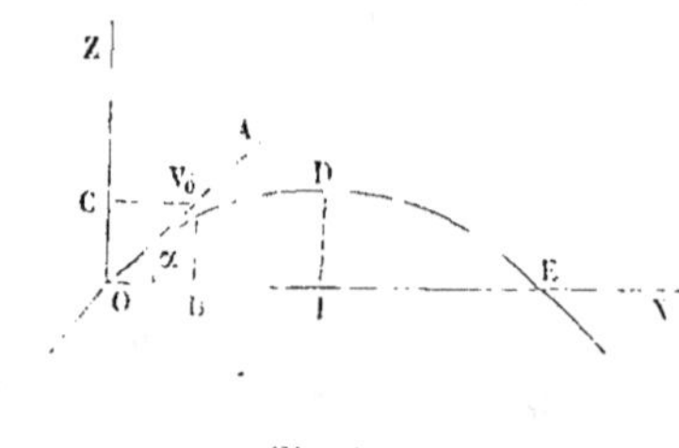

Fig 8.

Les composantes OB, OC de la vitesse initiale sont respectivement égales à $V\cos\alpha$ et à $V\sin\alpha$. Intégrons les équations différentielles en admettant qu'on compte le temps à partir du passage du mobile au point O. Il viendra pour équations définitives :

$$(1) \qquad x = Vt\cos\alpha,$$

$$(2) \qquad y = 0,$$

$$(3) \qquad z = Vt\sin\alpha - \frac{1}{2}gt^2.$$

Le mouvement réel du point est le résultat de la composition de deux mouvements rectilignes simultanés, l'un uniforme suivant OX et défini par l'équation (1), l'autre uniformément varié suivant OZ et défini par l'équation (3). On obtiendra la trajectoire en attribuant successivement à t différentes valeurs, et en construisant pour chacune les valeurs simultanées des coordonnées x et z. Nous avons vu plus haut que la courbe est une parabole ODE, tangente à la droite OA au point O; elle atteint en D son point le plus haut, puis elle recoupe en E l'horizontale OX menée par son point de départ. On peut facilement calculer les longueurs OI, ID, OE.

17. Pour avoir la hauteur ID à laquelle s'élèvera le mobile, il faut chercher la plus grande valeur que puisse avoir z; cette valeur correspond à $\dfrac{dz}{dt} = 0$, ou à $V \sin \alpha - gt = 0$.

Au moment où le point matériel atteint sa plus grande hauteur, sa vitesse verticale change en effet de sens, et par suite elle est nulle pendant un instant très-court; l'époque du passage du mobile au point D correspond donc à la valeur de t qui annule $V \sin \alpha - gt$, ou à

$$t = \frac{V \sin \alpha}{g}.$$

Substituant dans l'équation (2), il vient pour la valeur maximum de z, ou pour l'ordonnée ID,

$$z = \frac{V^2 \sin^2 \alpha}{2g},$$

ce qu'on savait déjà, puisque (I, § 39) $\dfrac{v^2}{2g}$ est la hauteur maximum atteinte par un mobile pesant lancé de bas en haut avec une vitesse *verticale* égale à v.

Si nous faisons $t = \dfrac{V \sin \alpha}{g}$ dans l'équation (1), il vient

$$x = \frac{V^2 \sin \alpha \cos \alpha}{g}$$

pour la valeur de l'abscisse OI du point le plus haut.

Pour avoir l'abscisse du point E, où la courbe rencontre une seconde fois l'horizontale OX, il suffit de faire $z = 0$ dans l'équation (2) :

$$V t \sin \alpha - \frac{1}{2} g t^2 = 0.$$

On en déduit $t = 0$, ce qui correspond au point de départ O, et

$$t = \frac{2 V \sin \alpha}{g} ;$$

cette dernière valeur définit l'époque du passage au point E ; le temps t est double de celui que le mobile emploie pour aller du point O au point D ; le mobile projeté sur OX met donc autant de temps à aller de I en E qu'il en a mis à aller de O en I, et comme ce mouvement projeté est uniforme, le point I est le milieu de OE. On a en définitive

$$OE = 2 OI = \frac{2 V_0^2 \sin \alpha \cos \alpha}{g} = \frac{V^2}{g} \sin 2\alpha.$$

18   La distance OE, qu'on appelle l'*amplitude du jet*, varie avec l'angle α ; elle se réduit à 0 quand cet angle est nul, car la courbe prend alors la forme OF (fig. 9), et il en est de même quand l'angle α est droit, car alors le mouvement du mobile s'accomplit le long de la verticale OZ. Il y a donc entre 0 et 90° une valeur de l'angle α qui correspond au maxi-

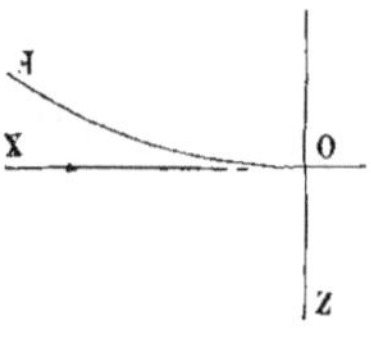

Fig. 9.

mum de la distance OE. Proposons-nous de la déterminer en laissant constante la vitesse initiale V imprimée au mobile.

Nous observerons pour cela que l'amplitude du jet est égale à $\frac{V^2}{g} \sin 2\alpha$, c'est-à-dire qu'elle est proportionnelle à $\sin 2\alpha$.

Elle est donc maximum quand le sinus de l'angle 2α est maximum, ou quand l'angle 2α est droit ; ce qui donne pour α un angle de 45°. Le maximum de l'amplitude du jet est égal à

$\dfrac{V^2}{g}$, ou au double de la hauteur maximum $\dfrac{V^2}{2g}$, à laquelle on puisse faire parvenir le mobile en lui imprimant de bas en haut, suivant la verticale, une vitesse initiale égale à V. La hauteur du jet est, sous cette inclinaison, égale au quart de l'amplitude.

REMARQUE SUR LE MOUVEMENT PARABOLIQUE.

19. Soit OX la coupe d'un terrain horizontal; OZ est la verticale. On suppose qu'au point O on lance, dans l'azimut défini par le plan ZOX, un projectile pesant, sous l'inclinaison AOX $= \alpha$, avec une vitesse V. Le projectile, sous l'action de la pesanteur, décrira la parabole ODE et retombera à terre au point E. Il est facile de reconnaître que toutes les trajectoires ODE, que l'on obtient en faisant varier l'angle α, sont renfermées dans une région limitée de l'espace, et qu'au delà, le projectile ne peut pénétrer, quel que soit l'angle α sous lequel on lui communique la vitesse V.

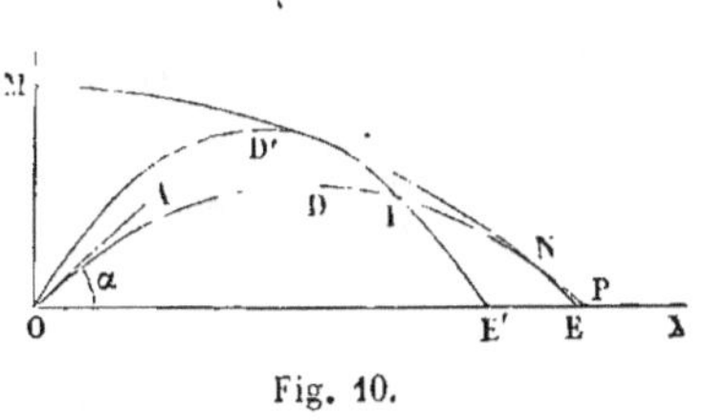

Fig. 10.

L'équation de la trajectoire s'obtient en effet en éliminant t entre les deux équations

$$x = V t \cos\alpha,$$
$$z = V t \sin\alpha - \frac{1}{2} g t^2.$$

L'équation finale est

$$z = V \sin\alpha \times \frac{x}{V\cos\alpha} - \frac{1}{2} g \frac{x^2}{V^2\cos^2\alpha} = x \tan\alpha - \frac{1}{2} \frac{g x^2}{V^2\cos^2\alpha},$$

ou bien, en remplaçant $\cos^2\alpha$ par $\dfrac{1}{1 + \tan^2\alpha}$,

$$z = x \tan\alpha - \frac{g}{2V^2} x^2 (1 + \tan^2\alpha).$$

Cherchons le lieu des intersections successives de la courbe ODE, quand elle se déforme par suite des variations de l'angle α; il suffit d'éliminer $\tan g\,\alpha$ entre l'équation de la courbe et sa dérivée prise par rapport à $\tan g\,\alpha$, considérée comme le paramètre variable qui sert à définir chaque courbe particulière; le résultat de la dérivation est

$$0 = x - \frac{gx^2}{2V^2} \times 2\tan g\,\alpha,$$

ou bien

$$\tan g\,\alpha \times \frac{gx}{V^2} = 1.$$

On en déduit

$$\tan g\,\alpha = \frac{V^2}{gx},$$

et substituant dans l'équation de la courbe, on trouve

$$= \frac{V^2}{g} - \frac{gx^2}{2V^2}\left(1 + \frac{V^4}{g^2x^2}\right) = \frac{V^2}{g} - \frac{gx^2}{2V^2} - \frac{V^2}{2g} = \frac{V^2}{2g} - \frac{g}{2V^2}\,x^2.$$

Cette équation représente une parabole, MNP, tangente à toutes les trajectoires possibles ODE, et limitant la région du plan vertical que les projectiles lancés du point O avec la vitesse V peuvent atteindre. Tout point I situé en dedans de l'espace OMP peut être atteint de deux manières, par la trajectoire ODE, et par la trajectoire OD'E'; les deux solutions se confondent en une seule lorsque le point I est sur la parabole limite MNP; enfin il n'y a aucune solution qui permette d'atteindre un point situé au delà de MNP.

Ces résultats sont modifiés dans la pratique par la résistance que l'air oppose au mouvement des projectiles.

Les trajectoires ne sont plus des paraboles; elles sont raccourcies horizontalement, et la courbe limite MNP, qu'on peut appeler la *courbe de sûreté*, prend pour une même vitesse V des dimensions plus restreintes.

PROBLÈMES SUR LE MOUVEMENT RECTILIGNE.

20. Les principaux problèmes relatifs au mouvement rectiligne reviennent tous à l'intégration d'une équation différentielle du second ordre, de la forme

$$m \frac{d^2x}{dt^2} = \mathrm{F},$$

x désignant l'espace parcouru le long de la droite qui sert de trajectoire, et F la force, constante ou variable, qui agit sur le point dans cette même direction. La force F est supposée exprimée en fonction de l'espace parcouru x, du temps t ou de la vitesse v du mobile.

Il n'existe pas de méthode générale pour intégrer l'équation précédente quand F est exprimée en fonction de ces trois variables à la fois, ou de deux d'entre elles; mais si F s'exprime au moyen d'une seule de ces variables, le problème analytique se ramène aisément à des quadratures.

1° Soit d'abord $F = f(t)$. Alors l'équation différentielle donne l'expression en fonction de t de la seconde dérivée de x par rapport à t; on a donc immédiatement, en intégrant deux fois de suite,

$$\frac{dx}{dt} = \frac{1}{m} \int_{t_0}^{t} \mathrm{F} dt + \mathrm{C}$$

et

$$x = \frac{1}{m} \int_{t_0}^{t} dt \int_{t_0}^{t} \mathrm{F} dt + \mathrm{C}(t - t_0) + \mathrm{C}',$$

en introduisant dans la solution deux constantes arbitraires C et C', qu'on déterminera en donnant les valeurs de x et de $v = \frac{dx}{dt}$ pour une époque particulière $t = t_0$.

2° Soit ensuite $F = f(x)$, ou bien

$$m \frac{d^2x}{dt^2} = f(x).$$

Ici l'intégration immédiate n'est plus possible, et il faut recourir à un changement de variable. Introduisons la vitesse v comme nouvelle variable, et chassons la variable t. Nous observerons que $v = \dfrac{dx}{dt}$; prenant la dérivée de chaque membre par rapport au temps, il vient $\dfrac{dv}{dt} = \dfrac{d^2x}{dt^2}$, et remplaçant, dans le dénominateur du premier membre, dt par $\dfrac{dx}{v}$, on a

$$m\,\frac{v\,dv}{dx} = f(x).$$

Donc

$$mv\,dv = f(x)\,dx,$$

équation dans laquelle les variables sont séparées.

Intégrons une première fois ; on obtient

$$\frac{1}{2}mv^2 - \frac{1}{2}mv_0^2 = \int_{x_0}^{x} f(x)\,dx,$$

équation qui fait connaître v en fonction de x et d'une constance arbitraire v_0. Pour achever la solution, résolvons par rapport à v :

$$v = \sqrt{v_0^2 + \frac{2}{m}\int_{x_0}^{x} f(x)\,dx}.$$

Remplaçant ensuite v par $\dfrac{dx}{dt}$, et résolvant par rapport à dt, on a

$$dt = \frac{dx}{\sqrt{v_0^2 + \dfrac{2}{m}\displaystyle\int_{x_0}^{x} f(x)\,dx}},$$

ou

$$t = t_0 + \int_{x_0}^{x} \frac{dx}{\sqrt{v_0^2 + \dfrac{2}{m}\displaystyle\int_{x_0}^{x} f(x)\,dx}}.$$

On évite le changement de variable en multipliant les deux membres de l'équation

$$m\,\frac{d^2x}{dt^2} = f(x)$$

par $2\,\dfrac{dx}{dt}\,dt$, ce qui donne

$$2m\,\frac{d^2x}{dt^2}\,\frac{dx}{dt}\,dt = 2\,f(x)\,dx\,;$$

on peut intégrer les deux membres, et l'on a

$$m\left(\frac{dx}{dt}\right)^2 + \mathrm{C} = 2\int f(x)\,dx,$$

équation qui ne diffère pas de celle que nous avons obtenue.

Nous aurons lieu bientôt d'en donner une interprétation mécanique, et d'y reconnaître l'expression analytique du *théorème des forces vives*.

3° Soit enfin $\mathrm{F} = f(v)$.

On aura à intégrer

$$m\,\frac{d^2x}{dt^2} = f(v).$$

Remplaçant $\dfrac{dx}{dt}$ par v, il vient

$$m\,\frac{dv}{dt} = f(v),$$

ou bien

$$m\,\frac{dv}{f(v)} = dt,$$

équation où les variables sont séparées.

L'intégration donne

$$m\int_{v_0}^{v}\frac{dv}{f(v)} = t - t_0.$$

équation de la forme $t = \varphi(v)$, de laquelle on tirera $v = \psi(t)$.

De cette nouvelle équation, qu'on peut écrire $\dfrac{dx}{dt} = \psi(t)$, on tirera x par une seconde quadrature.

Dans tous les cas, l'équation finale du mouvement renferme deux constantes arbitraires : on les déterminera au moyen des valeurs de l'espace parcouru et de la vitesse à un instant donné.

MOUVEMENT RECTILIGNE D'UN POINT ATTIRÉ VERS UN AUTRE POINT FIXE PROPORTIONNELLEMENT A LA DISTANCE A CE POINT.

21. Soit O le centre d'attraction ; A, le point de départ du mobile ; M, la position du point mobile à un certain instant t, et $OM = x$, la distance de cette position au point O. Nous pourrons représenter la force F en valeur absolue par le produit Kx, K étant une constante ; les x étant comptés positivement à partir du point O dans le sens OA, l'accélération du point mobile est positive quand il va dans le sens OA, et négative dans le cas contraire. Admettons le second cas pour fixer les idées ; la force agissant en sens contraire du sens positif, l'accélération doit être prise négativement. On posera donc

$$m \frac{d^2x}{dt^2} = - Kx,$$

Fig. 11.

et il est facile de s'assurer que cette équation est générale, quelle que soit la position du point mobile et quel que soit le sens de son mouvement.

L'intégrale générale de cette équation est, avec deux constantes arbitraires C et C',

$$x = C \sin t \sqrt{\frac{K}{m}} + C'\cos t \sqrt{\frac{K}{m}}.$$

Pour déterminer les constantes, supposons qu'on ait $t = 0$ lorsque le mobile part sans vitesse du point A, et soit $OA = a$.

On aura pour $t = 0$, $x = a$ et $\frac{dx}{dt} = 0$, ce qui exige que $C' = a$ et $C = 0$.

L'équation du mouvement est par conséquent

$$x = a \cos t \sqrt{\frac{K}{m}}.$$

Elle montre que le point M se meut sur la droite OA,

comme la projection d'un point géométrique qui parcour-

rait uniformément, avec une vitesse angulaire égale à $\sqrt{\dfrac{K}{m}}$,

la circonférence décrite du point O comme centre et d'un rayon égal à OA (Cf. I, § 56).

Le mouvement du point mobile est donc un mouvement oscillatoire qui s'accomplit en temps égaux entre le point A et un point A', symétrique de A par rapport au point O. Le temps T d'une excursion simple AA' est donné en faisant dans l'équation $x = -a$, et $t = T$. Il vient

$$-a = a\cos T \sqrt{\frac{K}{m}},$$

ou

$$\cos T \sqrt{\frac{K}{m}} = -1.$$

La moindre valeur de T correspond à

$$T \sqrt{\frac{K}{m}} = \pi,$$

ou à

$$T = \pi \sqrt{\frac{m}{K}},$$

formule très-remarquable en ce qu'elle est indépendante de la distance a.

L'attraction de la terre sur un point intérieur à sa surface est proportionnelle à la distance de ce point au centre du globe (II, § 165). Le mouvement oscillatoire que nous venons de définir est donc celui que prendrait un point matériel qu'on abandonnerait à l'attraction terrestre dans un puits rectiligne traversant le globe suivant un de ses diamètres. Beaucoup de phénomènes présentent des applications de la même loi.

MOUVEMENT RECTILIGNE D'UN POINT ATTIRÉ VERS UN CENTRE FIXE PROPORTIONNELLEMENT A L'INVERSE DU CARRÉ DE LA DISTANCE A CE CENTRE.

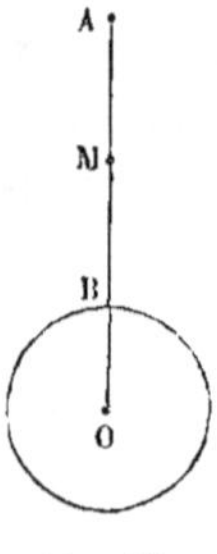

22. Soit O le centre d'attraction, pris pour origine;

M, la position du mobile au bout du temps t;

$OM = x$, l'abscisse du point mobile.

L'équation du mouvement sera

$$m \frac{d^2x}{dt^2} = - \frac{K}{x^2},$$

en appelant K une constante et m la masse du point.

Fig. 12.

Multiplions de part et d'autre par $2\frac{dx}{dt} dt$ et par $2dx$, puis intégrons; il viendra, en remplaçant $\frac{dx}{dt}$ par v,

$$mv^2 - mv_0^2 = - 2 \int \frac{K dx}{x^2} = + 2K \left(\frac{1}{x} - \frac{1}{x_0} \right);$$

v_0 est la vitesse du point à la distance x_0.

Soit A le point de départ du mobile, à la distance $OA = a$; on pourra faire $x_0 = a$ et $v_0 = 0$, puisque le point matériel part du point A sans vitesse. L'équation intégrale prend alors la forme

$$m.v^2 = 2K \left(\frac{1}{x} - \frac{1}{a} \right) = \frac{2K}{a} \cdot \frac{a - x}{x}.$$

Donc

$$v = \sqrt{\frac{2K}{ma} \cdot \frac{a - x}{x}},$$

et enfin

$$dt = \frac{dx}{\sqrt{\frac{2K}{ma} \times \frac{a - x}{x}}} = \sqrt{\frac{ma}{2K}} \times \sqrt{\frac{x}{a - x}} dx.$$

L'un des radicaux doit être pris avec le signe —, pour

rendre dt positif malgré la présence du facteur dx qui est négatif.

On est ramené à trouver l'intégrale de $\sqrt{\dfrac{x}{a-x}}\,dx$.

Pour cela observons qu'on peut mettre cette différentielle sous la forme

$$\frac{x}{\sqrt{ax-x^2}}\,dx,$$

ou encore sous la forme

$$\frac{x\,dx}{\sqrt{\left(\dfrac{a}{2}\right)^2-\left(\dfrac{a}{2}-x\right)^2}}.$$

Posons

$$\frac{\dfrac{a}{2}-x}{\dfrac{a}{2}}=u$$

On en déduit

$$x=\frac{a}{2}(1-u),$$

$$dx=-\frac{a}{2}\,du,$$

et par suite

$$\frac{x\,dx}{\sqrt{\left(\dfrac{a}{2}\right)^2-\left(\dfrac{a}{2}-x\right)^2}}=\frac{-\dfrac{a^2}{4}(1-u)\,du}{\sqrt{\left(\dfrac{a}{2}\right)^2(1-u^2)}}=-\frac{a}{2}\frac{du}{\sqrt{1-u^2}}+\frac{a}{2}\frac{u\,du}{\sqrt{1-u^2}}.$$

On connaît les intégrales de chaque terme pris séparément :

$$\int\frac{-du}{\sqrt{1-u^2}}=\arccos u,$$

$$\int\frac{u\,du}{\sqrt{1-u^2}}=-\sqrt{1-u^2},$$

abstraction faite des constantes.

On a donc, en remplaçant u par sa valeur en x,

$$\int \sqrt{\frac{x}{a-x}}\, dx = + \frac{a}{2} \arccos \frac{a-2x}{a} - \frac{a}{2} \sqrt{1 - \left(\frac{\frac{a}{2}-x}{\frac{a}{2}}\right)^2}$$

$$= + \frac{a}{2} \arccos \frac{a-2x}{a} - \sqrt{ax-x^2},$$

et enfin, en rétablissant les signes et introduisant une constante arbitraire t_0,

$$t = t_0 - \frac{a}{2} \sqrt{\frac{ma}{2K}} \arccos \frac{a-2x}{a} + \sqrt{\frac{ma}{2K}} \sqrt{ax-x^2}.$$

Prenons pour $\arccos \dfrac{a-2x}{a}$ le plus petit arc positif qui réponde au cosinus donné, et convenons de compter le temps à partir de l'instant où le mobile quitte le point A ; nous aurons pour $x=a$, $t=0$; $\arccos \dfrac{a-2x}{a} = \arccos(-1) = \pi$.

Donc

$$t_0 = \frac{\pi a}{2} \sqrt{\frac{ma}{2K}},$$

et l'équation finale est

$$t = \frac{a}{2} \sqrt{\frac{ma}{2K}} \left(\pi - \arccos \frac{a-2x}{a}\right) + \sqrt{\frac{ma}{2K}} \sqrt{ax-x^2}.$$

Le point O peut être considéré comme le centre du globe terrestre ; OB étant le rayon r du globe, on sait que l'attraction du globe sur un point de masse m placé au point B, c'est-à-dire à la distance r, est sensiblement égale à mg ; l'attraction à une distance égale à l'unité est représentée par K, et l'on aura la proportion

$$\frac{K}{mg} = \frac{\left(\frac{1}{1}\right)}{\left(\frac{1}{r^2}\right)} = r^2.$$

et par suite $K = mgr^2$.

Le facteur $\sqrt{\dfrac{m}{2K}}$ est donc égal à $\dfrac{1}{r} \sqrt{\dfrac{1}{2g}}$.

Pour avoir la durée de la chute du corps du point A au point B, il faut faire dans la formule $x = r$.

23. Supposons que le corps M soit lancé au point B suivant la droite OA et dans la direction BA, avec une vitesse v_0. Le mouvement de ce point satisfera encore à l'équation

$$mv^2 - mv_0^2 = 2\mathrm{K}\left(\frac{1}{x} - \frac{1}{x_0}\right),$$

qui devient dans ce cas particulier

$$mv^2 - mv_0^2 = 2\mathrm{K}\left(\frac{1}{x} - \frac{1}{r}\right).$$

On trouvera le point A où s'arrêtera le corps en cherchant la distance $\mathrm{OA} = x$ qui annule la vitesse v.

Faisant donc $v = 0$, il viendra

$$\frac{1}{x} = \frac{1}{r} - \frac{mv_0^2}{2\mathrm{K}}.$$

Donc

$$x = \frac{1}{\dfrac{1}{r} - \dfrac{mv_0^2}{2\mathrm{K}}} = \frac{2\mathrm{K}r}{2\mathrm{K} - mv_0^2 r}.$$

Cette équation donne pour x une valeur positive si $2\mathrm{K} > mv_0^2 r$, infinie si $2\mathrm{K} = mv_0^2 r$, et négative si $2\mathrm{K} < mv_0^2 r$. Dans le premier cas, le mobile s'arrête en un point A, pour retomber. Dans le second et le troisième, il continue indéfiniment sa route sans que jamais sa vitesse devienne nulle. La plus petite vitesse initiale qui puisse produire un tel résultat est donnée par l'équation

$$v_0 = \sqrt{\frac{2\mathrm{K}}{mr}} = \sqrt{2gr}.$$

Si l'on communiquait à un corps pesant, de bas en haut, une vitesse égale ou supérieure à $\sqrt{2gr}$, ce corps s'éloignerait indéfiniment de la surface du globe terrestre, résultat qu'on peut regarder comme fictif à cause de la grande valeur de cette limite, et aussi parce qu'on a négligé une foule de circonstances qui influent sur le mouvement, notamment la résistance de l'air.

En prenant par exemple $r = 6,366,000$ mètres pour le rayon de la surface terrestre, et $g = 9^m,8088$, on trouve pour la limite v_0 une valeur supérieure à 11 kilomètres par seconde.

CHUTE D'UN CORPS PESANT DANS L'AIR, EN SUPPOSANT
LA PESANTEUR CONSTANTE.

24. Supposons qu'un corps pesant, de masse m, tombe dans l'air suivant la droite OA. Appelons x l'espace parcouru par le corps à partir du point O ; les forces qui produisent le mouvement sont la pesanteur mg, agissant dans le sens MA, et la résistance de l'air qui est dirigée dans le sens MO. La résistance de l'air est une fonction de la vitesse du corps ; nous la représenterons d'abord par $\varphi(v)$. L'équation différentielle du mouvement est

$$m \frac{d^2x}{dt^2} = mg - \varphi(v).$$

L'intégration d'une telle équation se ramène à des quadratures (§ 20, 3°).

La fonction φ a été déterminée par expérience. On admet généralement avec Newton que $\varphi(v)$ est proportionnelle à l'aire S de la section transversale du corps, et au carré de la vitesse, et on peut la représenter par l'expression

$$\varphi(v) = ASv^2,$$

A étant un coefficient constant ; nous pouvons, en divisant l'équation par m, et posant $\dfrac{AS}{m} = \dfrac{g}{K^2}$, la ramener à la forme

$$\frac{d^2x}{dt^2} = g\left(1 - \frac{v^2}{K^2}\right).$$

Fig. 15.

On a donc

$$\frac{dv}{dt} = g\left(1 - \frac{v^2}{K^2}\right) = \frac{g}{K^2}(K^2 - v^2),$$

et par conséquent

$$dt = \frac{K^2}{g}\,\frac{dv}{K^2 - v^2} = \frac{K}{2g}\left(\frac{dv}{K + v} + \frac{dv}{K - v}\right).$$

Intégrant, il vient

$$t = \frac{K}{2g}\left[\log(K + v) - \log(K - v)\right] = \frac{K}{2g}\log\frac{K + v}{K - v}.$$

Si l'on fait $v = 0$, on a $t = 0$, et par suite il n'y a aucune constante à ajouter, pourvu qu'on compte le temps à partir de l'instant où le corps quitte le point O.

Cette équation peut être résolue par rapport à v; pour cela mettons-la sous la forme d'une proportion

$$\frac{K + v}{K - v} = \frac{e^{\frac{2gt}{K}}}{1}.$$

On en déduit, en faisant la somme et la différence des termes,

$$\frac{2K}{2v} = \frac{e^{\frac{2gt}{K}} + 1}{e^{\frac{2gt}{K}} - 1},$$

et par suite

$$v = K\cdot\frac{e^{\frac{2gt}{K}} - 1}{e^{\frac{2gt}{K}} + 1} = K\cdot\frac{e^{\frac{gt}{K}} - e^{-\frac{gt}{K}}}{e^{\frac{gt}{K}} + e^{-\frac{gt}{K}}}.$$

Donc

$$dx = vdt = K\,\frac{e^{\frac{gt}{K}} - e^{-\frac{gt}{K}}}{e^{\frac{gt}{K}} + e^{-\frac{gt}{K}}}\,dt,$$

et intégrant une seconde fois, il vient

$$x = \frac{K^2}{g} \log \left(e^{\frac{gt}{K}} + e^{-\frac{gt}{K}} \right) + C.$$

On déterminera la constante C en remarquant que, pour $t=0$, l'abscisse x est nulle; donc

$$0 = \frac{K^2}{g} \log 2 + C,$$

et par conséquent

$$C = -\frac{K^2}{g} \log 2.$$

En définitive

$$x = \frac{K^2}{g} \log \frac{e^{\frac{gt}{K}} + e^{-\frac{gt}{K}}}{2}.$$

Tous ces logarithmes sont pris dans le système népérien. L'équation

$$v = K \frac{e^{\frac{2gt}{K}} - 1}{e^{\frac{2gt}{K}} + 1},$$

qu'on peut écrire

$$v = K \frac{1 - e^{-\frac{2gt}{K}}}{1 + e^{-\frac{2gt}{K}}},$$

montre qu'à mesure que t grandit, v converge vers la valeur constante K, car la fraction $e^{-\frac{2gt}{K}}$ devient de plus en plus petite. La limite K n'est d'ailleurs jamais atteinte, puisque le numérateur de la fraction qui multiplie K reste toujours moindre que son dénominateur.

Or le coefficient K est donné par l'équation

$$\frac{AS}{m} = \frac{g}{K^2},$$

ou par celle-ci :

$$K = \sqrt{\frac{gm}{AS}} = \sqrt{\frac{P}{AS}},$$

P étant le poids du corps.

Le facteur A est une donnée expérimentale sur laquelle on ne peut influer ; le poids P étant donné, on pourra réduire autant qu'on le voudra la vitesse de la chute, en augmentant convenablement le facteur S, surface transversale du corps. Si la surface S est suffisamment étendue, la chute du corps peut s'effectuer avec une vitesse modérée ; tel est le principe des parachutes dont se servent quelquefois les aéronautes.

Si le corps est une sphère de rayon r et de poids spécifique p, on a $S = \pi r^2$, $P = \frac{4}{3} \pi r^3 \times p$, et, par suite,

$$K = \sqrt{\frac{\frac{4}{3} \pi r^3 \times p}{A \times \pi r^2}} = \sqrt{\frac{4pr}{3A}}.$$

La vitesse limite croît avec le diamètre et le poids spécifique du corps tombant, proportionnellement à la racine carrée du produit de ces deux quantités.

MOUVEMENT ASCENDANT D'UN POINT PESANT LANCÉ DE BAS EN HAUT DANS L'AIR.

25. Comptons positivement les abscisses dans le sens ascendant le long de la verticale OA ; la force, tant que le corps montera, sera dirigée de haut en bas et tendra à le ralentir ; l'équation du mouvement sera donc, en admettant pour la résistance de l'air la loi de Newton,

$$\frac{d^2x}{dt^2} = - g \left(1 + \frac{v^2}{K^2} \right),$$

Fig. 14.

ou

$$\frac{dv}{dt} = - g \left(1 + \frac{v^2}{K^2} \right).$$

Posons $\dfrac{v}{K} = u$; il viendra

$$K \frac{du}{dt} = -g(1 + u^2),$$

ou bien

$$\frac{du}{1 + u^2} = -\frac{g}{K}\, dt.$$

Intégrant, il vient : $\operatorname{arc\,tang} u = C - \dfrac{gt}{K}.$

Convenons de prendre pour $\operatorname{arc\,tang} u$ le plus petit arc positif qui corresponde à la tangente donnée. Soit v_0 la vitesse à l'instant de départ, et admettons qu'on compte le temps à partir de cet instant. On devra avoir $u = \dfrac{v_0}{K}$ pour $t = 0$. Donc

$$C = \operatorname{arc\,tang} \frac{v_0}{K}.$$

Il est facile d'en déduire l'époque à laquelle le point mobile s'arrêtera et commencera à descendre. Il suffit, en effet, de faire $u = 0$, ce qui donne $\operatorname{arc\,tang} u = 0$, et

$$t = \frac{K}{g} \operatorname{arc\,tang} \frac{v_0}{K}.$$

Quelque grande que soit la vitesse v_0, l'arc dont la tangente est $\dfrac{v_0}{K}$ est moindre qu'un quadrant, et par suite t est au plus égal à $\dfrac{K\pi}{2g}$. Cette conclusion peut paraître fausse ; car il est évident qu'en lançant un corps pesant de bas en haut, avec une vitesse extrêmement grande, on pourrait le faire sortir des limites de l'atmosphère et l'éloigner assez du globe, pour que son retour ne fût plus possible. Mais la contradiction n'existe pas dans notre calcul puisqu'il suppose expressément les facteurs K et g constants à toutes les hauteurs ; il faudrait donc, pour que la formule fût complétement vraie, que l'atmosphère eût une hauteur indéfinie et que sa densité fût constante, car la densité du milieu influe sur la valeur de la résistance au mouvement; qu'enfin la pesanteur fût la même à toute distance du globe. On voit sous quelles restrictions la formule est applicable en pratique.

Cherchons ensuite à exprimer x en fonction de t. Prenons les tangentes des deux arcs égaux

$$\text{arc tang } u \quad \text{et} \quad \text{arc tang } \frac{v_0}{K} - \frac{gt}{K}.$$

Ces tangentes sont égales, et par suite il viendra

$$u = \frac{\frac{v_0}{K} - \text{tang } \frac{gt}{K}}{1 + \frac{v_0}{K} \text{ tang } \frac{gt}{K}} = \frac{v_0 \cos \frac{gt}{K} - K \sin \frac{gt}{K}}{K \cos \frac{gt}{K} + v_0 \sin \frac{gt}{K}},$$

ou encore

$$v = \frac{dx}{dt} = K . \frac{v_0 \cos \frac{gt}{K} - K \sin \frac{gt}{K}}{K \cos \frac{gt}{K} + v_0 \sin \frac{gt}{K}}.$$

Donc

$$dx = K . \frac{v_0 \cos \frac{gt}{K} - K \sin \frac{gt}{K}}{v_0 \sin \frac{gt}{K} + K \cos \frac{gt}{K}} dt.$$

Le numérateur est, au facteur $\frac{g}{K}$ près, la dérivée du dénominateur par rapport à t. On a donc, en intégrant,

$$x = C + \frac{K^2}{g} \log \left(v_0 \sin \frac{gt}{K} + K \cos \frac{gt}{K} \right),$$

les logarithmes étant pris dans le système népérien. La constante se déterminera en exprimant que t et x s'annulent à la fois, ce qui donnera

$$0 = C + \frac{K^2}{g} \log K.$$

Donc enfin

$$x = \frac{K^2}{g} \log \left(\cos \frac{gt}{K} + \frac{v_0}{K} \sin \frac{gt}{K} \right).$$

Pour avoir la hauteur à laquelle le corps s'élève, faisons dans la formule

$$t = \frac{K}{g} \text{ arc tang } \frac{v_0}{K},$$

ou bien

$$\text{tang } \frac{gt}{K} = \frac{v_0}{K};$$

on en déduit

$$\sin \frac{gt}{K} = \frac{v_0}{\sqrt{v_0^2 + K^2}},$$

$$\cos \frac{gt}{K} = \frac{K}{\sqrt{v_0^2 + K^2}},$$

et par suite

$$x = \frac{K^2}{g} \log \left(\frac{K + \frac{v_0}{K} v_0}{\sqrt{v_0^2 + K^2}} \right) = \frac{K^2}{g} \log \frac{\sqrt{v_0^2 + K^2}}{K}.$$

A partir de ce point, le corps, abandonné sans vitesse, va redescendre; la résistance de l'air est alors dirigée en sens contraire de la pesanteur, et l'équation du mouvement devient

$$\frac{d^2x}{dt^2} = -g \left(1 - \frac{v^2}{K^2} \right),$$

si l'on continue à compter positivement les abscisses dans le sens ascendant, ou

$$\frac{d^2x}{dt^2} = g \left(1 - \frac{v^2}{K^2} \right),$$

si on les compte dans le sens descendant. On retombe sur le problème précédemment traité. Les deux périodes du mouvement ne sont pas représentées par une seule et même formule, et la loi du mouvement change à l'époque définie par la valeur du temps $t = \frac{K}{g} \text{ arc tang } \frac{v_0}{K}$. On ne doit donc pas étendre les premières équations qu'on a trouvées à des valeurs de t supérieures à cette limite.

MOUVEMENT DES PROJECTILES DANS L'AIR.

26. Les projectiles lancés dans l'air décrivent une trajectoire OMA, généralement comprise dans le plan vertical ZOA qui contient la direction de la vitesse initiale. Seuls les projectiles oblongs qui reçoivent un mouvement rapide de rotation autour de leur axe de figure, éprouvent une *dérivation* qui les éloigne graduellement du plan de tir. Le mouvement de rotation de la terre produit aussi dans

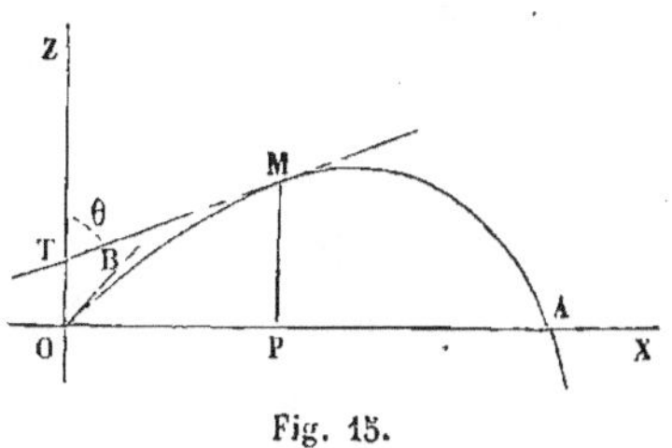

Fig. 15.

la trajectoire de tout projectile une altération analogue. Nous ferons ici abstraction de toutes ces tendances latérales, pour ne nous occuper que de la recherche de la trajectoire plane OMA.

Soit M la position occupée par le projectile au bout du temps t ; soient $OP = x$, $PM = z$ ses coordonnées, l'une horizontale, l'autre verticale. Menons au point M la tangente MT à la trajectoire, en sens contraire du mouvement du point. Les forces qui agiront sur le mobile seront la pesanteur dans le sens MP, et la résistance de l'air dans le sens MT. Cette dernière force est une certaine fonction de la vitesse, qui, rapportée à l'unité de masse du projectile, peut être représentée par $\varphi(v)$. Divisant par la masse les équations du mouvement, il vient

$$\frac{d^2x}{dt^2} = -\varphi(v)\sin\theta,$$

$$\frac{d^2z}{dt^2} = -\varphi(v)\cos\theta - g,$$

θ étant l'angle ZTM que fait la direction du mouvement avec la verticale.

Ces deux équations se ramènent à une équation du premier ordre entre v et θ ; une fois cette équation intégrée, le problème s'achève par des quadratures.

On a, en effet,

$$\frac{dx}{dt} = v \sin\theta,$$

$$\frac{dz}{dt} = v \cos\theta.$$

Différentiant ces équations, il vient

$$\frac{d^2x}{dt^2} = \sin\theta \, \frac{dv}{dt} + v \cos\theta \, \frac{d\theta}{dt},$$

$$\frac{d^2z}{dt^2} = \cos\theta \, \frac{dv}{dt} - v \sin\theta \, \frac{d\theta}{dt}.$$

Substituons dans les équations du mouvement, et divisons membre à membre pour éliminer dt :

$$\frac{\sin\theta dv + v \cos\theta d\theta}{\cos\theta dv - v \sin\theta d\theta} = \frac{\varphi(v) \sin\theta}{\varphi(v) \cos\theta + g},$$

ou bien, en chassant les dénominateurs,

$$\varphi(v) \sin\theta \cos\theta dv + v\varphi(v)\cos^2\theta d\theta + g \sin\theta dv + gv \cos\theta d\theta$$
$$= \varphi(v) \sin\theta \cos\theta dv - v\varphi(v) \sin^2\theta d\theta.$$

Ce qui conduit, après réduction, à l'équation du premier ordre

$$(1) \qquad \frac{dv}{d\theta} + v \cot\theta + \frac{v\varphi(v)}{g \sin\theta} = 0.$$

Cette équation devra être intégrée; l'équation intégrale contiendra une constante que l'on déterminera en y faisant à la fois $\theta = \theta_0$, inclinaison du tir sur la verticale, et $v = v_0$, vitesse initiale. On déduit ensuite la valeur du temps au moyen de l'équation

$$\sin\theta \, \frac{dv}{dt} + v \cos\theta \, \frac{d\theta}{dt} = -\varphi(v)\sin\theta,$$

qui donne

$$dt = -\frac{\sin\theta dv + v \cos\theta d\theta}{\varphi(v) \sin\theta}.$$

On pourra remplacer, dans le second membre de cette équation, v et dv par leurs valeurs en θ et $d\theta$, déduites de l'équation intégrale.

Enfin, les valeurs de x et de z s'obtiendront en intégrant les équations

$$dx = v \sin \theta \, dt,$$
$$dz = v \cos \theta \, dt,$$

dont les seconds membres peuvent être ramenés à ne contenir qu'une seule variable, θ par exemple.

Toute la difficulté du problème réside donc dans l'intégration de l'équation (1).

27. Cette équation se simplifie en prenant pour variable la composante horizontale de la vitesse, ou mieux le rapport de cette composante à l'accélération g.

Soit

$$u = \frac{v \sin \theta}{g};$$

on en déduit

$$v = \frac{gu}{\sin \theta}.$$

Donc

$$\frac{dv}{d\theta} = - \frac{gu}{\sin^2 \theta} \cos \theta + \frac{g}{\sin \theta} \frac{du}{d\theta}.$$

Remplaçant dans l'équation (1),

$$- \frac{gu}{\sin^2 \theta} \cos \theta + \frac{g}{\sin \theta} \frac{du}{d\theta} + \frac{gu}{\sin \theta} \cot \theta + \frac{\dfrac{gu}{\sin \theta} \times \varphi \left(\dfrac{gu}{\sin \theta} \right)}{g \sin \theta} = 0.$$

D'où résulte, après réduction et suppression du facteur $\frac{g}{\sin \theta}$, l'équation

$$(2) \qquad \frac{du}{d\theta} + \frac{u \varphi \left(\dfrac{gu}{\sin \theta} \right)}{g \sin \theta} = 0.$$

28. La forme de la fonction φ a été déterminée par expérience ; Newton, comme nous l'avons dit, avait proposé la loi du carré de la vitesse, d'après laquelle on aurait $\varphi(v) = \frac{v^2}{K^2}$. On a reconnu depuis que, dans les mouvements rapides des projectiles de l'artillerie, on aurait plutôt

$$\varphi(v) = M v^3 + N v^2 + P,$$

M, N, P étant des fonctions de la section transversale du projectile. La résistance croîtrait donc plus vite que le carré de la vitesse; l'excès serait dû en partie à l'accroissement de densité de l'air refoulé par le mouvement du projectile.

L'équation (1) n'est pas intégrable sous forme finie, si l'on donne à $\varphi(v)$ cette forme compliquée. On parvient seulement à l'intégrer, quand on prend pour $\varphi(v)$ la formule $Av^n + B$, qui peut représenter avec approximation la loi définie par la formule $Mv^3 + Nv^2 + P$, en disposant convenablement des coefficients A et B et de l'exposant n.

On a aussi reconnu, mais cette remarque n'a qu'un intérêt analytique, que l'équation (1) est intégrable lorsque $\varphi(v) = A \log v + B$.

Admettons la loi de Newton, et soit $\varphi(v) = \dfrac{v^2}{K^2}$. Il en résulte

$$\varphi\left(\frac{gu}{\sin\theta}\right) = \frac{g^2 u^2}{K^2 \sin^2\theta},$$

et l'équation (2) prend la forme

$$\frac{du}{u^3} + \frac{g}{K^2}\,\frac{d\theta}{\sin^3\theta} = 0.$$

Les variables sont donc séparées, et l'équation est intégrable par quadrature.

L'intégrale de $\dfrac{du}{u^3}$ est $-\dfrac{1}{2u^2}$. L'intégrale de $\dfrac{d\theta}{\sin^3\theta}$ se ramène à l'intégrale de $\dfrac{d\theta}{\sin\theta}$, laquelle est égale à $\log \operatorname{tang}\dfrac{\theta}{2}$. Connaissant la forme de l'intégrale cherchée, il est facile d'en déterminer les coefficients numériques par une identification des dérivées. Faisons, en effet, en appelant a et b des coefficients constants inconnus,

$$\int \frac{d\theta}{\sin^3\theta} = \frac{a\cos\theta}{\sin^2\theta} + b\,\mathrm{l\,g\,tang}\,\frac{1}{2}\theta.$$

Il vient, en prenant les dérivées des deux membres,

$$\frac{1}{\sin^3\theta} = a\cdot\frac{-\sin^2\theta\sin\theta - 2\cos^2\theta\sin\theta}{\sin^4\theta} + \frac{b}{\sin\theta}$$
$$\frac{-a\sin^2\theta - 2a\cos^2\theta + b\sin^2\theta}{\sin^3\theta},$$

équation qui devient identique en faisant $b - a = - 2a = 1$.

Ce qui donne $a = - \dfrac{1}{2}$ et $b = \dfrac{1}{2}$. L'intégrale générale de l'équation proposée est donc, en supprimant le facteur $\dfrac{1}{2}$,

$$\frac{1}{u^2} + \frac{g}{\mathrm{K}^2}\left(\frac{\cos\theta}{\sin^2\theta} - \log\operatorname{tang}\frac{1}{2}\theta \right) = \mathrm{C}.$$

De là on tirera v en fonction de θ, puis t, enfin x et z, au moyen de trois nouvelles quadratures. On pourra donc dresser des *tables de tir*, indiquant sous quelle inclinaison θ_0 il faut viser pour atteindre un point donné par ses coordonnées x et z.

Lorsqu'on prend pour $\varphi(v)$ la fonction simple $\mathrm{A}v^n$, l'équation (1) s'intègre en posant $v = \mathrm{XY}$, X et Y étant deux nouvelles fonctions de θ, entre lesquelles nous pouvons établir une liaison arbitraire.

On en déduit, en effet,

$$\frac{dv}{d\theta} = \mathrm{Y}\frac{d\mathrm{X}}{d\theta} + \mathrm{X}\frac{d\mathrm{X}}{d\theta},$$

$$v\varphi(v) = \mathrm{A}v^{n+1} = \mathrm{A}\mathrm{X}^{n+1}\mathrm{Y}^{n+1},$$

et, par suite, l'équation (1) devient

$$(3) \qquad \mathrm{Y}\frac{d\mathrm{X}}{d\theta} + \mathrm{X}\frac{d\mathrm{Y}}{d\theta} + \mathrm{XY}\cot\theta + \frac{\mathrm{A}\mathrm{X}^{n+1}\mathrm{Y}^{n+1}}{g\sin\theta} = 0.$$

Nous déterminerons X de manière à réduire à zéro le coefficient de Y; il viendra

$$\frac{d\mathrm{X}}{d\theta} + \mathrm{X}\cot\theta = 0,$$

ou

$$\frac{d\mathrm{X}}{\mathrm{X}} = - \frac{d\theta}{\operatorname{tang}\theta} = - \frac{\cos\theta\, d\theta}{\sin\theta}.$$

L'intégration de cette équation donne donc $\mathrm{X} = \dfrac{\mathrm{C}}{\sin\theta}$, en appelant C une constante.

Substituant dans l'équation (3), il vient pour déterminer Y l'équation

$$\frac{d\mathrm{Y}}{d\theta} = - \frac{\mathrm{A} \times \dfrac{\mathrm{C}^n}{\sin^n\theta}\mathrm{Y}^{n+1}}{g\sin\theta},$$

ou bien

$$\frac{d\mathrm{Y}}{\mathrm{Y}^{n+1}} = -\,\mathrm{AC}^n \times \frac{d\theta}{g\,\sin^{n+1}\theta},$$

équation qu'on intégrera par quadrature. La fonction v s'obtiendra en faisant le produit de X et de Y ; les deux constantes

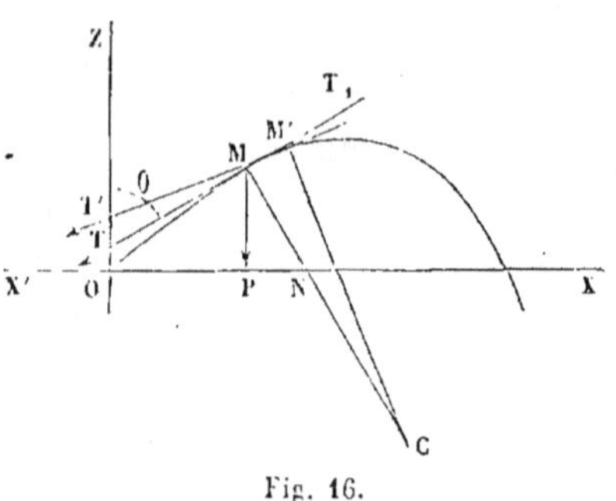
Fig. 16.

introduites par les deux intégrations, se fondront en une seule, et on la déterminera au moyen de la valeur initiale de v qui correspond à la valeur initiale de l'angle θ.

29. Nous appliquerons au même problème une autre méthode analytique, qui consiste à définir une courbe par une équation entre le rayon de courbure ρ, et l'inclinaison de la normale par rapport à l'axe des x.

Soit M (fig. 16) la position du point mobile, MM' l'arc infiniment petit qu'il décrit dans le temps dt ;

C le centre de courbure de cet arc,

Et $\rho = \mathrm{CM}$ le rayon de courbure.

La courbe OM peut être définie par une relation entre le rayon de courbure ρ et l'angle $\mathrm{MNO} = \mathrm{MTZ} = \theta$, que la normale MN fait avec une direction fixe XX'. L'angle MCM' est égal à $d\theta$, ou à la différence des angles ZT'M', ZTM.

Décomposons la résultante des forces qui agissent sur le mobile suivant la normale MN et la tangente MT. Nous aurons, pour la composante centripète, agissant suivant MN,

$$\frac{v^2}{\rho} = g\sin\theta,$$

et pour la composante tangentielle, qui agit dans le sens MT,

$$\frac{dv}{dt} = -\,g\cos\theta - \varphi(v).$$

D'ailleurs l'arc $\mathrm{MM}' = ds = \rho\,d\theta = v\,dt$.

Entre ces équations, éliminons v et dt. Il viendra une relation différentielle du premier ordre entre ρ et θ, qui définira la trajectoire à deux constantes arbitraires près.

On tire de la première

$$v^2 = \rho g \sin \theta.$$

Donc

$$v = \sqrt{\rho g \sin \theta},$$

radical qu'on prendra avec le signe $+$.

La différentiation donne

$$2v\,dv = g \sin \theta\, d\rho + \rho g \cos \theta\, d\theta.$$

Par suite

$$dv = \frac{g(\sin \theta\, d\rho + \rho \cos \theta\, d\theta)}{2\sqrt{g}\,\sqrt{\rho \sin \theta}} = \frac{1}{2}\sqrt{\frac{g \sin \theta}{\rho}}\,d\rho + \frac{1}{2}\sqrt{g\rho}\,\frac{\cos \theta\, d\theta}{\sqrt{\sin \theta}}.$$

D'un autre côté, on tire de l'équation $v\,dt = \rho\,d\theta$,

$$dt = \frac{\rho\,d\theta}{v} = \frac{\rho\,d\theta}{\sqrt{\rho g \sin \theta}} = \sqrt{\frac{\rho}{g \sin \theta}}\,d\theta.$$

Divisant dv par dt, il vient

$$\frac{dv}{dt} = \frac{1}{2}\,\frac{g \sin \theta}{\rho}\,\frac{d\rho}{d\theta} + \frac{1}{2}\,g \cos \theta,$$

ce qui conduit, en définitive, à l'équation différentielle

$$\frac{1}{2}\,\frac{g \sin \theta}{\rho}\,\frac{d\rho}{d\theta} + \frac{3}{2}\,g \cos \theta + \varphi\left(\sqrt{\rho g \sin \theta}\right) = 0.$$

Si l'on adopte la loi de Newton $\varphi(v) = \dfrac{v^2}{K^2}$, et qu'on divise par $\dfrac{\frac{1}{2}g \sin \theta}{d\theta}$, l'équation réduite prend la forme

$$\frac{d\rho}{\rho} + 3\,\frac{\cos \theta\, d\theta}{\sin \theta} + \frac{2\rho\,d\theta}{K^2} = 0.$$

Cette équation fournit une propriété de la trajectoire. Observons, en effet, que $\rho\,d\theta = ds$. Cette substitution rend l'équation intégrable, et l'on a par conséquent

$$\log \rho + 3 \log \sin \theta + \frac{2}{K^2}\,s = \text{constante},$$

ou bien

$$\rho \sin^5 \theta = e^{\,C - \dfrac{2s}{K^2}}.$$

A la place de $\rho \sin \theta$, nous pouvons mettre $\dfrac{v^2}{g}$; on remplace ainsi $\rho \sin^5 \theta$ par $\dfrac{v^2}{g} \sin^2 \theta$, ou par $g w^2$, w étant la composante horizontale de v. Il vient donc

$$w^2 = \frac{e^{\,C - \dfrac{2s}{K^2}}}{g},$$

ou encore

$$w = \frac{e^{\frac{C}{2}}}{\sqrt{g}}\, e^{-\frac{s}{K^2}}.$$

Cette équation nous montre qu'à mesure que le projectile avance sur sa trajectoire, ou à mesure que l'arc s grandit, la composante horizontale de la vitesse diminue proportionnellement aux valeurs successives de l'exponentielle $e^{-\frac{s}{K^2}}$. La diminution de la vitesse horizontale est très-rapide. Il en résulte qu'au bout d'un parcours suffisamment long, le projectile a perdu presque toute sa vitesse horizontale, et tend de plus en plus à se comporter comme un corps pesant qui tomberait dans l'air suivant la verticale. On sait que, dans ce cas, la vitesse verticale du mobile tend vers une limite supérieure qu'elle ne peut atteindre (§ 24). La trajectoire a donc une asymptote verticale; on en trouverait la position en cherchant vers quelle limite tend l'intégrale $\displaystyle\int_0^t v \sin \theta\, dt$ ou $\displaystyle\int_0^t w\, dt$, lorsqu'on donne à la seconde limite de l'intégration des valeurs indéfiniment croissantes.

AUTRE MÉTHODE D'INTÉGRATION.

30. Appelons toujours v la vitesse du projectile à un instant donné, et décomposons-la suivant les axes. Soit w la composante hori-zontale de v, et w' la composante verticale. Il viendra

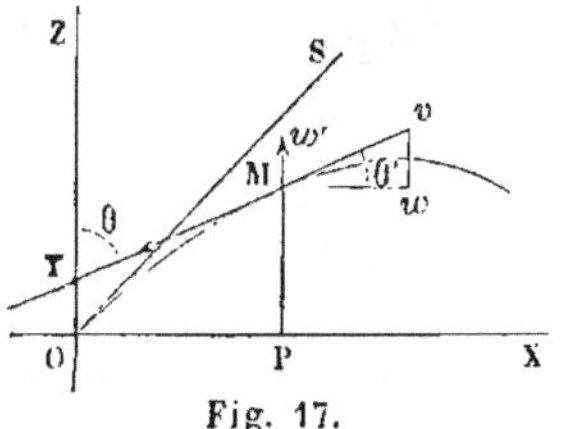

$$w = v \cos\theta',$$
$$w' = v \sin\theta',$$

en appelant θ' l'angle de la tangente avec l'horizon, complé-ment de l'angle θ.

Donc

$$\frac{w'}{w} = \tang\theta' = \frac{dz}{dx}.$$

Nous désignerons ce rapport par la lettre p. Il en résulte

$$w' = pw$$

et

$$v = w\sqrt{1 + p^2}.$$

Soit R la résistance de l'air dirigée dans le sens MT , les équa-tions du mouvement sont

$$(1) \quad \begin{cases} m\,\dfrac{dw}{dt} = -\,\mathrm{R}\,\dfrac{w}{v}, \\[2ex] m\,\dfrac{dw'}{dt} = -\,mg - \mathrm{R}\,\dfrac{w'}{v}; \end{cases}$$

ou bien

$$(2) \quad \begin{cases} \dfrac{dw}{dt} = -\,\dfrac{\mathrm{R}}{m}\,\dfrac{w}{v}, \\[2ex] \dfrac{dw'}{dt} = -\,g - \dfrac{\mathrm{R}}{m}\,\dfrac{w'}{v}. \end{cases}$$

Or l'équation $w' = pw$, différentiée, nous donne

$$\frac{dw'}{dt} = p\,\frac{dw}{dt} + w\,\frac{dp}{dt}.$$

Donc

$$(3) \quad p\,\frac{dw}{dt} + w\,\frac{dp}{dt} = -\,g - \frac{\mathrm{R}}{m}\,\frac{w'}{v}.$$

Multiplions par p la première des équations (2) et retranchons-la de l'équation (3) ; il viendra

$$(4) \qquad w\frac{dp}{dt} = -g - \frac{R}{m}\frac{w'}{v} + \frac{R}{m}\frac{pw}{v} = -g.$$

Les équations définitives du mouvement sont

$$\frac{dw}{dt} = -\frac{R}{m}\frac{w}{v},$$
$$(5) \qquad w\frac{dp}{dt} = -g.$$

Éliminons dt entre ces deux équations ; il vient

$$\frac{dw}{wdp} = \frac{R}{mg}\frac{w}{v},$$

ou bien

$$(6) \qquad dp = \frac{mgvdw}{Rw^2}.$$

La quantité R est connue en fonction de v ; de plus, $v = w\sqrt{1+p^2}$; l'équation (6) est donc une équation différentielle entre p et w, qu'on devra intégrer. Pour en déduire x et z, on emploiera l'équation (5), qu'on multipliera par w ; il vient alors

$$(7) \qquad w^2 dp = -gwdt = -gdx,$$

puis, multipliant par p l'équation (7),

$$(8) \qquad w^2 pdp = -gpdx = -gdz,$$

équations qu'on pourra intégrer par quadratures.

Nous allons développer la solution dans l'hypothèse où R est une fonction de v de la forme $Av^3 + Bv^2$, et nous poserons

$$\frac{R}{m} = \frac{v^2(K+v)}{C},$$

K et C étant des constantes.

Cette fonction, substituée dans l'équation (6), nous donne

$$dp = \frac{gCdw}{vw^2(K+v)},$$

ou bien, en remplaçant v par $w\sqrt{1+p^2}$,

$$(9) \qquad \left[K\sqrt{1+p^2} + (1+p^2)w\right]dp - gC\frac{dw}{w^3} = 0.$$

Cette équation n'est pas intégrable ; mais on peut se contenter d'une approximation. Si le tir ne fait pas un angle trop grand avec l'horizon, l'angle θ' varie peu dans la première branche de la trajectoire, de sorte que $1 + p^2$ diffère peu, tout le long de cette branche, de sa valeur initiale, $1 + \tan^2 \theta'_0$. Notre approximation consistera donc à remplacer p^2 par $\tan^2 \theta'_0$, tout en laissant dp dans l'équation comme si p était variable. L'équation (9) devient alors

$$(10) \qquad \left(\frac{\mathrm{K}}{\cos \theta'_0} + \frac{w}{\cos^2 \theta'_0} \right) dp - g\mathrm{C} \frac{dw}{w^3} = 0.$$

Tirant dp de cette équation, et substituant dans (7), il vient

$$(11) \qquad dx = - \frac{\mathrm{C} \cos^2 \theta'_0 \, dw}{w(\mathrm{K} \cos \theta'_0 + w)},$$

équation qu'on peut intégrer. Soit v_0 la vitesse initiale ; pour $x = 0$, on aura $w = v_0 \cos \theta'_0$; donc

$$(12) \qquad x = \frac{\mathrm{C} \cos \theta'_0}{\mathrm{K}} \log \text{nép.} \left(\frac{\dfrac{\mathrm{K} \cos \theta'_0}{w} + 1}{\dfrac{\mathrm{K}}{v_0} + 1} \right).$$

Résolvons cette équation par rapport à $\dfrac{1}{w}$:

$$(13) \qquad \frac{1}{w} = \frac{e^{\frac{\mathrm{K}x}{\mathrm{C} \cos \theta'_0}} \left(\dfrac{\mathrm{K}}{v_0} + 1 \right) - 1}{\mathrm{K} \cos \theta'_0}.$$

Pour trouver p, il est plus commode de changer de variable. Nous ferons

$$e^{\frac{\mathrm{K}x}{\mathrm{C} \cos \theta'_0}} = \zeta,$$

d'où l'on déduit

$$dx = \frac{\mathrm{C} \cos \theta'_0}{\mathrm{K}} \frac{d\zeta}{\zeta}.$$

Nous ferons aussi, pour abréger, $\dfrac{\mathrm{K}}{v_0} + 1 = a$, quantité constante ; l'équation (13) devient alors

$$(14) \qquad \frac{1}{w} = \frac{a\zeta - 1}{\mathrm{K} \cos \theta'_0}.$$

Remplaçons w et dx par leurs valeurs en ζ dans l'équation $dp = -\dfrac{g}{w^2}\,dx$, et nous aurons

$$(15) \qquad dp = -\frac{gC}{K^3 \cos\theta'_0}\left(a^2\zeta - 2a + \frac{1}{\zeta}\right)d\zeta.$$

Pour $x = 0$, on a à la fois $\zeta = 1$ et $p = \operatorname{tang}\theta_0$. L'intégrale de l'équation (15) est donc

$$(16) \quad p = \operatorname{tang}\theta'_0 - \frac{gC}{K^3\cos\theta'_0}\left[\frac{1}{2}a^2(\zeta^2 - 1) - 2a(\zeta - 1) + \log\zeta\right].$$

On intégrera ensuite l'équation $dz = pdx$, qui donnera, en observant que $z = 0$ pour $x = 0$, ou pour $\zeta = 1$,

$$(17) \qquad z = x\operatorname{tang}\theta'_0 - \frac{gC^2}{K^4}\left[\frac{1}{4}a^2(\zeta^2 - 1)\right.$$

$$\left. - \frac{1}{2}a^2\log\zeta - 2a(\zeta - 1) + 2a\log\zeta + \frac{1}{2}(\log\zeta)^2\right].$$

Cette équation est celle de la trajectoire. On remplacera ζ par sa valeur $e^{\frac{Kx}{C\cos\theta'_0}}$, et on développera les exponentielles en séries. Remplaçant aussi a par sa valeur $\dfrac{K}{v_0} + 1$, on arrive à mettre l'équation de la trajectoire sous la forme

$$(18) \qquad z = x\operatorname{tang}\theta'_0 - \frac{gx^2}{v_0^2\cos^2\theta'_0}\left(\frac{1}{2} + \frac{K'(K + v_0)}{3C\cos\theta'_0}\,x\right),$$

où le coefficient K' représente la somme de la série

$$K' = 1 + \frac{2K + v_0}{4K}\frac{Kx}{C\cos\theta'_0} + \frac{4K + 3v_0}{4.5.K}\frac{K^2x^2}{C^2\cos\theta'_0} + \cdots$$

La discussion de cette valeur montre que K' varie peu avec la distance horizontale x, de sorte qu'on peut, sans grande erreur, remplacer dans l'équation (18) K' par une valeur moyenne, applicable à la trajectoire au moins dans les premiers arcs parcourus par le projectile. Pour le tir de *plein fouet*, par exemple, on peut faire $K' = \dfrac{5}{2}$. L'équation (18) prend la forme

$$z = x\tan\theta'_0 - \frac{gx^2}{2v_0^2\cos^2\theta'_0}\left(1 + \frac{K + v_0}{C\cos\theta'_0}\,x\right).$$

Le premier terme $z = x\,\tan g\,\theta'_0$ représente une droite OS,
tangente à la trajectoire à l'origine : c'est la *ligne de tir* ; le
terme négatif

$$- \frac{gx^2}{2v_0^2\cos^2\theta'_0}\left(1 + \frac{K + v_0}{C\cos\theta'_0}\,x\right)$$

représente la *baisse verticale* M'M du projectile, au-dessous de
la ligne de tir OS. Au lieu de rapporter la trajectoire aux
axes rectangulaires OX, OY, on peut la rapporter à la ligne
de tir et à la verticale ; soit $x' = OM'$ la nouvelle abscisse, et
$z' = M'M$ la nouvelle ordonnée, comptée positivement en descendant ; nous aurons

$$x = x'.\cos\theta'_0$$

et

$$z' = \frac{gx'^2\cos^2\theta'_0}{2v_0^2\cos^2\theta'_0}\left(1 + \frac{K + v_0}{C\cos\theta'_0}\,x'\cos\theta'_0\right),$$

ou bien

$$z' = \frac{gx'^2}{2v_0^2}\left(1 + \frac{(K + v_0)\,x'}{C}\right),$$

quantité indépendante de l'angle θ'_0. Les variations de l'inclinaison du tir sont donc sans influence sur les *baisses* du projectile comptées verticalement à partir de la ligne de tir.
L'inclinaison plus ou moins grande de l'arme ne produit
qu'un déplacement angulaire de la trajectoire dans le plan
vertical, sans déformation sensible de la courbe. C'est sur ce
fait qu'est fondé le règlement des *hausses* que l'on emploie
dans l'infanterie pour viser à diverses distances.

CHAPITRE II

31. Jusqu'ici, nous avons posé les équations du mouvement en considérant l'élément infiniment petit de trajectoire décrit pendant le temps dt ; les *théorèmes généraux* substituent à ces arcs élémentaires des arcs de grandeur finie; ce sont les conséquences générales de l'intégration que l'on doit faire pour passer d'équations reconnues vraies pour une durée infiniment courte, à des équations applicables à une durée quelconque.

Il y a quatre théorèmes principaux sur le mouvement d'un point matériel unique, savoir :

Le théorème *des quantités de mouvement ;*

Le théorème *des quantités de mouvement projetées ;*

Le théorème *des moments des quantités de mouvement ;*

Le *théorème des forces vives ;*

32. On appelle *quantité de mouvement* d'un point matériel de masse m, animé d'une vitesse v, le produit mv de la masse par la vitesse. On peut assimiler ce produit à une force, en attribuant à la quantité de mouvement la direction de la vitesse v. On lui donne le signe de la vitesse.

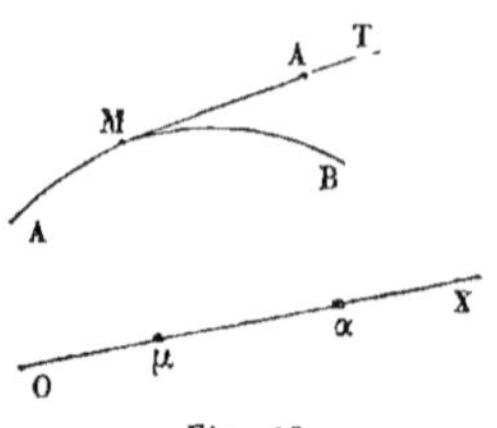

Fig. 18.

Ainsi le mobile M parcourant la trajectoire AB, dans le sens AB, possède, quand il occupe la position M, une certaine vitesse v suivant la direction MT de la tangente à la trajectoire. La quantité de mouvement du point matériel à cet instant sera le produit mv, et on pourra la représenter par une droite proportionnelle MA, portée sur la tangente à partir du point de contact dans le sens du mouvement.

Nous pouvons projeter le mouvement du point sur un axe fixe OX; pour plus de simplicité, supposons la projection orthogonale. Soit μ la projection du point M; la vitesse v_x du mouvement projeté sera égale à la projection de la vitesse v du mouvement réel (I, § 45). Attribuons au mobile fictif μ la même masse, m, qu'au mobile réel M; la quantité de mouvement du point μ sera mv_x, et sera représentée par une droite $\mu\alpha$, prise sur la trajectoire rectiligne OX dans le sens du mouvement, et égale à la projection de la droite MA. Le produit mv_x est donc *la projection de la quantité de mouvement MA sur l'axe* OX, ou *la quantité de mouvement projetée sur cet axe :* on lui donne le signe de la vitesse projetée, v_x.

La droite MA peut être décomposée à la manière des forces, suivant les directions de trois axes coordonnés; chaque composante sera la quantité de mouvement projetée sur l'axe correspondant parallèlement au plan des deux autres axes. En général, on emploie des axes rectangulaires, et les projections sont orthogonales.

La quantité de mouvement, MA, étant assimilée à une force, on peut prendre son moment par rapport à un axe OX quelconque; ce sera le produit de la projection de MA sur un plan perpendiculaire à OX, par la plus courte distance de la droite MA à l'axe, avec le signe + ou le signe —, suivant les conventions ordinaires de la statique (II, § 43).

33. On appelle *force vive* d'un point matériel de masse m et de vitesse v, le produit mv^2 de la masse du point par le carré de sa vitesse. On n'a pas besoin d'attribuer à la force vive une direction particulière, comme on le fait pour la quantité de mouvement.

L'expression impropre de force vive est consacrée par l'usage; il n'y faut voir qu'un nom donné au produit mv^2; nous indiquerons plus loin l'origine historique de cette définition, où le mot *force* perd sa signification ordinaire.

La force vive d'un point matériel est toujours positive.

Les théorèmes généraux font connaître des relations entre les quantités de mouvement, ou les quantités de mouvement projetées, ou les moments des quantités de mouvement, ou enfin les forces vives d'un point matériel mobile, considéré à deux époques de son mouvement. Ces relations sont exprimées par des équations qui contiennent dans un membre les forces, dans l'autre les masses et les vitesses.

THÉORÈME DES QUANTITÉS DE MOUVEMENT.

34. Le théorème des quantités de mouvement se déduit de l'équation qui donne la composante tangentielle de la force.

Soit F la force, ou la résultante des forces qui agissent sur le point matériel en mouvement ;

μ, l'angle que fait la force F avec la direction du mouvement ;

m, la masse ;

v, la vitesse,

et t, le temps.

On a l'équation différentielle

$$m \frac{dv}{dt} = \mathrm{F} \cos \mu,$$

ou bien

$$mdv = \mathrm{F} \cos \mu . dt.$$

Le premier membre est la différentielle de mv ; intégrons entre deux époques t_0 et t, et soit v_0 la vitesse du mobile à la première de ces époques.

Nous aurons pour équation intégrale

$$(1) \qquad mv - mv_0 = \int_{t_0}^{t} \mathrm{F} \cos \mu . dt.$$

On appelle *impulsion élémentaire* d'une force F, le produit

Fdt de cette force par l'intervalle de temps infiniment petit dt pendant lequel elle agit ; et *impulsion totale* de la force F, pendant l'intervalle compris entre deux valeurs du temps, t_0 et t, l'intégrale $\int_{t_0}^{t} F\,dt$, prise entre ces deux limites. Si l'on projette la force F sur une droite quelconque, faisant un angle α avec sa propre direction, $F\cos\alpha\,dt$ est ce qu'on appelle *la projection de l'impulsion élémentaire* de la force F, ou *l'impulsion élémentaire projetée;* et l'intégrale de $F\cos\alpha\,dt$, prise entre deux limites t_0 et t, est la *somme des impulsions élémentaires projetées.* Par analogie, si l'angle μ est, comme nous l'avons supposé, l'angle de la force F avec la tangente à la trajectoire, $F\cos\mu\,dt$ est l'*impulsion tangentielle élémentaire* de la force F pendant le temps infiniment court dt.

Faisant usage de ces définitions, nous pourrons traduire l'équation (1) en langage ordinaire, et poser ce théorème :

L'accroissement entre deux époques de la quantité de mouvement d'un point matériel est égal à la somme des impulsions tangentielles élémentaires de la force pendant ce même intervalle de temps.

La composante tangentielle $F\cos\mu$ de la résultante F est la somme algébrique des composantes, suivant la même tangente, de toutes les forces appliquées au point matériel. On peut donc modifier l'énoncé du théorème de la manière suivante :

L'accroissement entre deux époques de la quantité de mouvement d'un point matériel est égal à la somme des impulsions élémentaires tangentielles de toutes les forces qui agissent sur le point matériel entre ces deux époques.

35. On peut remarquer que ce théorème n'est qu'un simple corollaire d'un théorème de cinématique, établissant une propriété de l'indicatrice des accélérations totales (I, § 98). Si l'on transporte en un même point C de l'espace, parallèlement à elles-mêmes, les vitesses successives v, et qu'on joigne leurs extrémités, on obtient (fig. 19) les vitesses acquises élémentaires $j\,dt$ que possède successivement le point mobile entre deux époques

particulières t_0 et t de son mouvement ; on forme ainsi l'indicatrice des accélérations totales DD′, et l'on voit que la vitesse

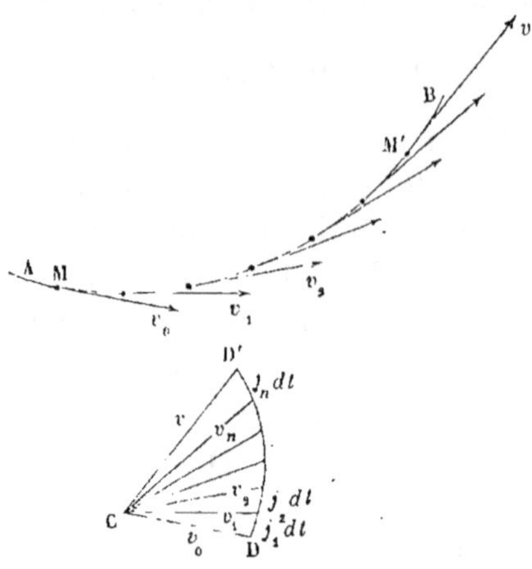

Fig. 19.

v à un instant quelconque est la résultante géométrique de la vitesse v_0 et de toutes les vitesses acquises intermédiaires, $j_1 dt$, $j_2 dt$, ..., $j_n dt$, supposées transportées parallèlement à elles-mêmes au point C.

Multipliant toutes ces quantités par la masse m du mobile, les vitesses deviennent les *quantités de mouvement*, les vitesses acquises élémentaires deviennent les *impulsions élémentaires de la force*.

L'accroissement $mv - mv_0$ de la quantité de mouvement entre les deux époques t et t_0 s'obtient sur la figure en faisant la somme des projections des quantités $mj_1 dt$, $mj_2 dt$,... $mj_n dt$, sur les rayons v_0, v_1, ..., v_n, ce qui revient à faire l'intégrale des produits $F \cos p. dt$, ou des impulsions tangentielles élémentaires.

Nous pouvons donc poser le théorème suivant, qui est plus général que celui que nous avons établi par l'analyse :

Si l'on considère le mouvement d'un point matériel entre deux époques quelconques, la quantité de mouvement à la seconde époque est la résultante de la quantité de mouvement à la première époque, et de toutes les impulsions élémentaires des forces qui ont agi sur le point matériel entre la première époque et la seconde, ces quantités de mouvement et ces impulsions élémentaires étant toutes transportées parallèlement à elles-mêmes en un même point de l'espace.

36. Le *théorème des quantités de mouvement projetées* est un corollaire de cette dernière proposition.

Projetons en effet les quantités de mouvement et les impulsions élémentaires sur un même axe fixe ; la projection de l'impulsion élémentaire $F\,dt$ d'une force F sur un axe OX avec lequel elle fait un angle α, n'est autre chose que le produit $F\cos\alpha\,dt$ de la projection de la force sur cet axe par l'élément du temps dt.

De même la projection de la quantité de mouvement sur l'axe est le produit $mv\cos\lambda$, λ étant l'angle de la vitesse avec l'axe ; la projection de la résultante étant la somme algébrique des projections de ses composantes, on a l'équation

$$mv\cos\lambda = mv_0\cos\lambda_0 + \int_{t_0}^{t} F\cos\alpha\,dt,$$

ou

$$mv\cos\lambda - mv_0\cos\lambda_0 = \int_{t_0}^{t} F\cos\alpha\,dt.$$

Donc *l'accroissement entre deux époques de la quantité de mouvement projetée sur un axe fixe est égal à l'intégrale prise entre ces deux époques des impulsions élémentaires de la force projetée sur le même axe; ou, ce qui revient au même, à la somme des impulsions élémentaires projetées de toutes les forces qui agissent sur le point mobile.*

37. Pour démontrer ce théorème analytiquement, il suffit de considérer l'équation du mouvement projeté sur l'un des axes coordonnés, sur l'axe des x par exemple. Cette équation est

$$m\frac{d^2x}{dt^2} = X,$$

en désignant par X la composante de la force.

Nous pouvons remplacer $\dfrac{d^2x}{dt^2}$ par $\dfrac{d\dfrac{dx}{dt}}{dt}$, ou encore par $\dfrac{du}{dt}$, en appelant u la vitesse de l'abscisse x, ou la projection de la vitesse du point sur l'axe des abscisses. On a donc

$$m\frac{du}{dt} = X,$$

et par suite

$$m\,du = X\,dt,$$

ou en intégrant

$$mu - mu_0 = \int_{t_0}^{t} X\,dt ;$$

ce qui démontre le théorème.

La proposition a un énoncé analogue au théorème des quantités de mouvement et des impulsions tangentielles. Mais elle exige que l'axe sur lequel on projette à chaque instant les forces et les vitesses soit fixe dans l'espace, tandis que le théorème des quantités de mouvement totales fait intervenir les projections des forces sur la direction de la tangente à la trajectoire, direction variable dans la suite du mouvement.

Si pendant un intervalle de temps quelconque la force reste normale à un plan fixe, le théorème des quantités de mouvement projetées montre que la vitesse du mobile projetée sur une droite quelconque tracée dans ce plan reste constante pendant tout cet intervalle. Car, en prenant pour axe de projection la droite ainsi tracée, on a, dans tout l'intervalle considéré, $X = 0$, et par suite $u = u_0$.

On remarquera l'identité de ces théorèmes avec ceux qui ont été établis en cinématique pour les accélérations (I, § 117, 1°).

THÉORÈME DES MOMENTS DES QUANTITÉS DE MOUVEMENT.

38. Le point matériel M, dont la masse est m, parcourt la trajectoire AB et occupe les positions M, M_1, M_2, M_3..., N au bout d'intervalles de temps égaux à

$$0, \quad dt, \quad 2dt, \quad 3dt, \quad \dots \quad ndt.$$

Soient Mv, $M_1 v_1$, $M_2 v_2$, $M_3 v_3$, ..., les directions et les grandeurs des vitesses qu'il possède successivement à son passage en ces divers points ; nous les représenterons par les lettres v, v_1, v_2, v_3, ... ; la vitesse au point N sera désignée par V.

Représentons aussi sur la figure les vitesses acquises élémentaires du mobile, pendant qu'il parcourt les arcs MM_1, M_1M_2, M_2M_3, ... La vitesse v du mobile au point M se compose avec la vitesse acquise élémentaire jdt pour produire la vitesse v_1 qu'il possède au point M_1, et le point M_1 est, à des infiniment petits d'ordre supérieur près, situé sur la direction de la

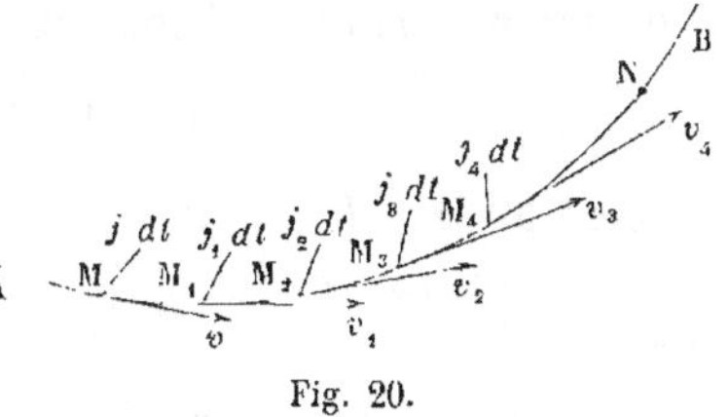

Fig. 20.

résultante des vitesses v et jdt, composées en M. En d'autres termes, v_1 *peut être regardée, en position et en grandeur, comme la résultante des vitesses* v *et* jdt *appliquées en* M. Donc, en multipliant par la masse les trois vitesses, on pourra dire que *la quantité de mouvement* mv_1 *est la résultante de la quantité de mouvement* mv, *et de la quantité* mjdt, laquelle n'est autre chose que *l'impulsion élémentaire* Fdt de la force qui agit sur le mobile pendant son passage de M en M_1.

On reconnaîtrait de même que mv_2, appliquée en M_2, est la résultante de mv_1 appliquée en M_1 et de F_1dt appliquée aussi en M_1 ; que mv_3 est la résultante de mv_2 et de F_2dt, et ainsi de suite ; si l'on s'arrête au point N, mV sera la résultante de mv_{n-1} et de $F_{n-1}dt$.

Donc la quantité de mouvement finale mV, appliquée en N, est la résultante de la quantité de mouvement mv appliquée en M, et des impulsions élémentaires Fdt, F_1dt, F_2dt..., $F_{n-1}dt$, respectivement appliquées en M, M_1, M_2..., M_{n-1}.

Le théorème du § 55 nous a montré que la quantité de mouvement mV est la résultante de mv et des impulsions élémentaires Fdt, toutes ces forces étant transportées parallèlement en un même point de l'espace ; nous pouvons ajouter maintenant que mV est la résultante de mv et des impulsions Fdt, en laissant à chacune de ces quantités son point d'application sur la trajectoire : s'il en est ainsi, on peut appliquer à ce groupe de forces, en changeant le sens de $m\mathrm{V}$, les six équations qui définissent l'équilibre d'un système invariable. Les trois premières nous donneraient le théorème des quantités de mouvement projetées, que nous connaissons déjà (§ 36); les trois autres nous conduisent au *théorème des moments des quantités de mouvement*, que nous pouvons exprimer par l'équation

$$\mathrm{M}_{ab}(m\mathrm{V}) - \mathrm{M}_{ab}(mv) = \mathrm{M}_{ab}(\mathrm{F}dt) + \mathrm{M}_{ab}(\mathrm{F}_1 dt) + \mathrm{M}_{ab}(\mathrm{F}_2 dt) + \ldots + \mathrm{M}_{ab}(\mathrm{F}_{n-1}dt),$$

la notation $\mathrm{M}_{ab}(\quad)$ indiquant le moment d'une force par rapport à un axe ab supposé fixe (II, § 41) ; en langage ordinaire,

L'accroissement, entre deux époques, du moment de la quantité de mouvement d'un point matériel par rapport à un axe fixe, est égal à la somme des moments, par rapport au même axe, des impulsions élémentaires des forces qui ont agi sur ce point entre ces deux époques.

DÉMONSTRATION ANALYTIQUE DU THÉORÈME DES MOMENTS
DES QUANTITÉS DE MOUVEMENT.

39. Les équations du mouvement d'un point matériel unique sont

$$m\frac{d^2x}{dt^2} = \mathrm{X},$$
$$m\frac{d^2y}{dt^2} = \mathrm{Y},$$
$$m\frac{d^2z}{dt^2} = \mathrm{Z}.$$

Les forces X, Y, Z sont les composantes parallèles aux axes de la résultante des forces qui sollicitent le point matériel; leur point d'application commun a pour coordonnées x, y, z.

Prenons la somme des moments de ces forces par rapport à un des axes coordonnés, l'axe OZ, par exemple. Nous savons (II, § 50) qu'elle est égale à

$$\mathrm{Y}x - \mathrm{X}y.$$

Pour obtenir cette fonction, multiplions la première équation du mouvement par y, la seconde par x, et retranchons la première de la seconde. Il viendra

$$m \left(x \frac{d^2y}{dt^2} - y \frac{d^2x}{dt^2} \right) = Yx - Xy.$$

Or le premier membre est la dérivée, par rapport au temps t, de la fonction $m \left(x \dfrac{dy}{dt} - y \dfrac{dx}{dt} \right)$; de sorte qu'on a, en multipliant par dt et en intégrant entre les limites t_0 et t, l'équation

$$m \left(x \frac{dy}{dt} - y \frac{dx}{dt} \right) = C + \int_{t_0}^{t} (Yx - Xy)\, dt.$$

L'intégrale du second membre représente la somme des moments des impulsions élémentaires de la force (X, Y, Z), pendant tout l'intervalle de temps $t - t_0$, par rapport à l'axe OZ.

Le premier membre peut s'écrire

$$m \frac{dy}{dt} \times x - m \frac{dx}{dt} \times y,$$

ce qui représente le *moment, par rapport à OZ, de la quantité de mouvement du point matériel*. Ce moment est pris à l'instant final défini par la valeur t du temps. La constante C est la valeur que prend le moment de la quantité de mouvement pour $t = t_0$, ou à l'instant initial. On peut donc la représenter par l'expression

$$m \left[x_0 \left(\frac{dy}{dt} \right)_0 - y_0 \left(\frac{dx}{dt} \right)_0 \right],$$

les indices montrant qu'il s'agit des valeurs particulières des fonctions x, y, $\dfrac{dx}{dt}$, $\dfrac{dy}{dt}$ à l'instant $t = t_0$.

L'équation prend en définitive la forme

$$m \left(x \frac{dy}{dt} - y \frac{dx}{dt} \right) - m \left[x_0 \left(\frac{dy}{dt} \right)_0 - y_0 \left(\frac{dx}{dt} \right)_0 \right] = \int_{t_0} (Yx - Xy)\, dt.$$

ou, en employant la notation des moments,

$$M_{OZ}(mv) - M_{OZ}(mv_0) = \int_{t_0}^{t} M_{OZ}(F dt).$$

ANALOGIE AVEC L'ÉQUILIBRE D'UN FIL.

40. Dans un fil en équilibre (II, § 323), chaque élément est en équilibre sous l'action des tensions qui agissent en sens contraires à ses deux extrémités et de la force qui sollicite l'élément. La tension à l'une des extrémités est donc *égale et contraire* à la résultante de la tension à l'autre extrémité et de la force extérieure. Cette remarque peut s'étendre à une portion finie de fil; la tension à l'une des extrémités sera aussi *égale et contraire* à la résultante de la tension à l'autre extrémité, et de toutes les forces appliquées à la portion de fil considérée; en d'autres termes, la tension à une extrémité est la résultante de la tension à l'autre extrémité, prise en sens contraire, et des forces changées toutes de sens. Sous cette forme, on voit que l'équilibre des courbes funiculaires donne lieu à une théorie analogue à celles des quantités de mouvement dans les trajectoires : aux tensions correspondent les quantités de mouvement; aux forces appliquées aux éléments, correspondent les impulsions élémentaires; au *polygone de Varignon* (II, § 324), correspond l'indicatrice des accélérations totales, ou plutôt cette indicatrice amplifiée dans le rapport de la masse à l'unité (§ 25). Le théorème des moments des quantités de mouvement que nous venons d'exposer, a pour analogue l'énoncé suivant, qui n'est autre que l'application pure et simple du théorème des moments aux tensions et aux forces en équilibre : *La somme algébrique des moments des tensions qui agissent aux extrémités d'une portion de fil, et des moments des forces qui sollicitent cette portion, est égale à zéro.*

41. L'analogie entre les deux théories s'établit analytiquement, en comparant entre elles les équations du mouvement d'un point et les équations de l'équilibre d'un fil.

Les premières sont :

$$(1) \quad \begin{cases} m \dfrac{d^2x}{dt^2} = X, \\[2mm] m \dfrac{d^2y}{dt^2} = Y, \\[2mm] m \dfrac{d^2z}{dt^2} = Z \end{cases}$$

Les secondes,

$$(2) \quad \begin{cases} d\left(T \dfrac{dx}{ds} \right) = - X'ds, \\[2mm] d\left(T \dfrac{dy}{ds} \right) = - Y'ds, \\[2mm] d\left(T \dfrac{dz}{ds} \right) = - Z'ds. \end{cases}$$

Si AB est la trajectoire décrite par le point mobile libre, d'après la loi représentée par les équations (1), et que $v, v', v'', \ldots$, soient les vitesses successives que le point possède à son passage aux points géométriques M, M', M'' ..., infiniment voisins les uns des autres, on pourra regarder AB comme la forme d'équilibre d'un fil, dans lequel la tension T serait en chaque point égale à la quantité de mouvement mv du mobile en ce point ; quant aux forces extérieures à appliquer à ce fil, on les déterminera en changeant en chaque point le sens de la force (X, Y, Z) qui sollicite le mobile, et en divisant cette force par la vitesse v. En effet, on peut écrire la première des équations (1) sous la forme

$$\frac{d}{dt}\left(m \frac{dx}{dt} \right) = X,$$

ou bien, en remplaçant dt par sa valeur $\dfrac{ds}{v}$,

$$\frac{d}{dt}\left(mv \frac{dx}{ds} \right) = X.$$

ou encore

$$d\left(mv \frac{dx}{ds} \right) = X dt = \frac{X}{v}\, ds,$$

équation identique à la première des équations (2) si l'on fait

$$T = mv \quad \text{et} \quad X' = -\frac{X}{v}$$

Pour que cette assimilation soit admissible, il faut d'ailleurs que mv n'ait en chaque point de la trajectoire qu'une valeur unique et positive, ce qui exige que le mouvement du point matériel se fasse sur sa trajectoire dans un seul et même sens.

Cette règle établit, par exemple, le lien entre la parabole considérée comme trajectoire d'un point pesant dans le vide (§ 16), et la parabole considérée comme forme d'équilibre d'un fil chargé de poids uniformément répartis suivant l'horizontale (II, § 327).

THÉORÈME DES AIRES.

42. Nous avons démontré en cinématique (I, § 109) que *lorsqu'un point mobile dans un plan décrit en temps égaux des aires égales autour d'un point fixe de ce plan, l'accélération totale du point mobile est constamment dirigée vers le point fixe.* La réciproque est vraie.

Nous avons étendu ensuite ce théorème au mouvement d'un point mobile dans l'espace : *quand la projection d'un point mobile sur un plan décrit en temps égaux des aires égales autour d'un point du plan, l'accélération totale du point mobile dans l'espace rencontre constamment la droite élevée par le point fixe perpendiculairement au plan de projection;* et réciproquement.

Nous pouvons donner une interprétation dynamique de ces théorèmes.

Soit AB (fig. 22) la trajectoire d'un point matériel M de masse m ; RS un plan de projection, et O un point fixe pris dans ce plan. La trajectoire AB se projette en ab sur le plan RS, et à un instant donné le point M s'y projette en M'. On suppose que la *vitesse aréolaire* du point m autour du point O est constante,

c'est-à-dire que l'aire décrite par le rayon vecteur pendant un
même temps dt reste constamment la même. Il en résulte,
d'après le théorème de cinématique que nous venons de rappeler, que l'accélération totale j du point M est dirigée suivant
une droite MN qui rencontre la droite OP, élevée en O perpendiculairement au plan RS ; comme
cas particulier, elle peut être parallèle à cette droite. Il résulte
de là que la force F qui sollicite
le point, a aussi pour direction
une droite MN qui rencontre
l'axe OP ou qui lui est parallèle ; la force F a donc un moment constamment nul par rap-

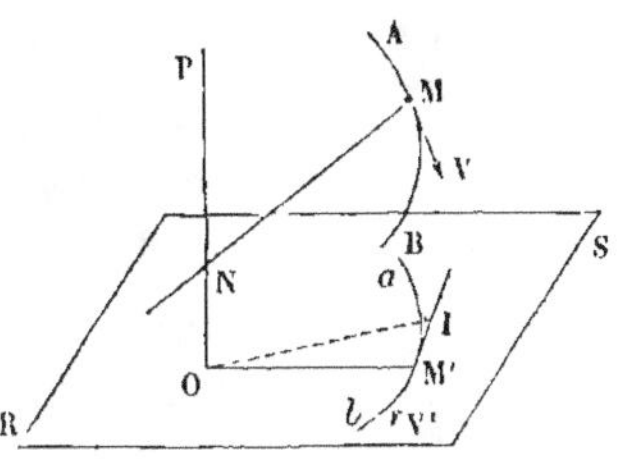

Fig. 22.

port à l'axe OP (II, § 42), et par suite la somme des moments
des impulsions élémentaires de la force pour une portion
quelconque de trajectoire est égale à zéro. Donc l'équation
des moments des quantités de mouvement par rapport à
l'axe OP se réduit, pour deux époques quelconques, à l'égalité

$$M_{OP}(mV) - M_{OP}(mV_0) = 0,$$

ou bien à celle-ci

$$M_{OP}(mV) = M_{OP}(mV_0);$$

c'est-à-dire que *le moment de la quantité de mouvement par rapport à l'axe OP est constant pendant toute la durée du mouvement.*

Il est facile de voir que cette égalité du moment implique
la proportionnalité des aires décrites en projection autour du
point O, au temps mis à les décrire.

En effet, pour prendre le moment de la quantité de mouvement du point M par rapport à l'axe OP, il faut projeter la
vitesse MV du point sur le plan RS normal à OP, ce qui donnera la vitesse M'V' du mobile projeté m ; puis on abaisse du
point O une perpendiculaire OI sur la direction M'V' ; v étant la

projection de la vitesse V dans l'espace, le moment demandé sera égal au produit

$$mv \times \mathrm{OI}.$$

S'il est constant, cela montre que le produit $v \times \mathrm{OI}$ est aussi constant ; multiplions par la durée dt du parcours d'un arc infiniment petit de trajectoire ; vdt sera l'arc M′M″ décrit pen-

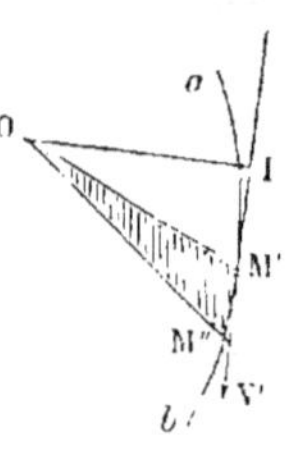

Fig. 25.

dant ce temps sur la trajectoire projetée ab, ou sur sa tangente M′V′ (fig. 25) ; le produit $vdt \times \mathrm{OI}$, ou M′M″ $\times$ OI, est égal au double de l'aire du triangle OM′M″, décrit autour du point O pendant le temps dt par le rayon vecteur OM′. Or le produit $v \times \mathrm{OI}$ est constant ; cette aire est donc proportionnelle au temps dt mis à la décrire. Remarquons que $\frac{1}{2} v \times \mathrm{OI}$ est la *vitesse de l'aire* (I, § 30), ou *la vitesse aréolaire du point* M *autour de l'axe* OP. *Par conséquent, le moment de la quantité de mouvement* m$v \times \mathrm{OI}$ *par rapport à l'axe* OP *est égal au produit de la masse du mobile par le double de la vitesse aréolaire du point* M *autour de cet axe.* Cette relation est générale. Si, à un instant quelconque, on porte sur la droite OP (fig. 22), dans le sens convenable (II, § 44), une longueur représentative du moment de la quantité de mouvement par rapport à OP, la même longueur représentera au même instant, après la division par le facteur $2m$, la vitesse aréolaire du mobile autour de OP.

GÉNÉRALISATION DU THÉORÈME DES AIRES.

45. Le théorème des aires, tel que nous l'avons énoncé, ne s'applique qu'à un cas particulier, celui où la force qui agit sur le point mobile est constamment dans un même plan avec une droite fixe. Mais on peut étendre ce théorème à un mouvement quelconque de la manière suivante.

Appliquons le théorème des moments des quantités de mouvement par rapport à un axe fixe OP à une durée infiniment petite dt; appelons V, V' les vitesses du mobile sur sa trajectoire au commencement et à la fin de cette durée; il viendra l'équation

$$\mathrm{M}_{\mathrm{OP}}(m\mathrm{V}') - \mathrm{M}_{\mathrm{OP}}(m\mathrm{V}) = \mathrm{M}_{\mathrm{OP}}(\mathrm{F}dt).$$

Mais nous venons de voir que le moment de $m\mathrm{V}$ par rapport à l'axe OP est égal au produit par $2m$ de la vitesse aréolaire A du mobile autour du même axe; on a donc

$$\mathrm{M}_{\mathrm{OP}}(m\mathrm{V}) = 2m\mathrm{A},$$

de même

$$\mathrm{M}_{\mathrm{OP}}(m\mathrm{V}') = 2m\mathrm{A}'.$$

L'équation des moments devient

$$2m(\mathrm{A}' - \mathrm{A}) = \mathrm{M}_{\mathrm{OP}}(\mathrm{F} \times dt) = dt \times \mathrm{M}_{\mathrm{OP}}(\mathrm{F}),$$

ou bien

$$m\,\frac{\mathrm{A}' - \mathrm{A}}{dt} = m\,\frac{d\mathrm{A}}{dt} = \frac{1}{2}\,\mathrm{M}_{\mathrm{OP}}(\mathrm{F}).$$

Le rapport $\dfrac{d\mathrm{A}}{dt}$ est la *vitesse de la vitesse aréolaire* (I, § 28), ce qu'on peut appeler *l'accélération de l'aire* décrite en projection sur un plan normal à OP. L'équation indique donc que *le produit de l'accélération de l'aire par la masse est égal à la moitié du moment de la force.*

Ce nouvel énoncé est, pour le mouvement projeté sur des plans, analogue aux équations $\mathrm{F}_x = mj_x$, qui définissent le mouvement projeté sur des axes.

Le point M, mobile sur la trajectoire AB, a pour projections sur trois axes rectangulaires OX, O Y, OZ, les points m, m', m'' (fig. 24); sur les trois plans coordonnés, il a pour projections les points μ, μ', μ'', mobiles sur les trajectoires ab, $a'b'$, $a''b''$. Les équations

$$m\,\frac{d^2x}{dt^2} = \mathrm{X},$$

$$m\,\frac{d^2y}{dt^2} = \mathrm{Y},$$

$$m\,\frac{d^2z}{dt^2} = \mathrm{Z},$$

posées dans le § 15, définissent les mouvements des points m, m', m'' le long des trois axes. Outre ces trois coordonnées Om, Om', Om'', on peut considérer comme coordonnées du point les aires décrites sur chacun des plans XOY, YOZ, ZOX, par les rayons vecteurs $O\mu$, $O\mu'$, $O\mu''$; si l'on appelle A, B, C les aires planes engendrées par ces rayons, à partir d'axes polaires arbitraires, nous aurons, en adoptant pour les moments

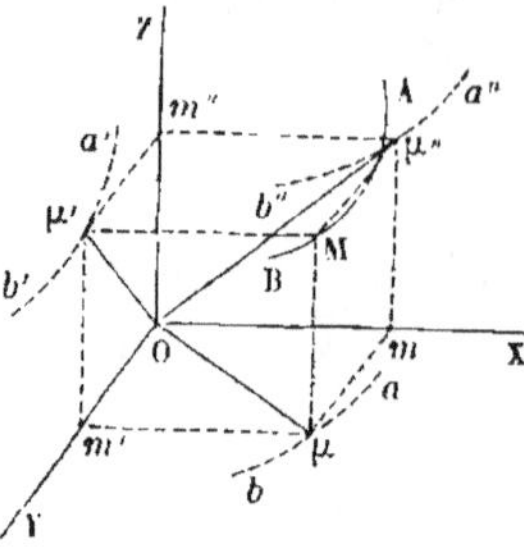

Fig. 24.

les mêmes notations qu'en statique (II, § 50), les trois équations différentielles :

$$m\,\frac{d^2A}{dt^2} = \frac{1}{2}\,M_{OZ}(F) = \frac{1}{2}(Yx - Xy) = \frac{1}{2}\,N,$$

$$m\,\frac{d^2B}{dt^2} = \frac{1}{2}\,M_{OX}(F) = \frac{1}{2}(Zy - Yz) = \frac{1}{2}\,L,$$

$$m\,\frac{d^2C}{dt^2} = \frac{1}{2}\,M_{OY}(F) = \frac{1}{2}(Xz - Zx) = \frac{1}{2}\,M$$

AUTRE INTERPRÉTATION DU THÉORÈME PRÉCÉDENT.

44. Reprenons l'équation générale

$$M_{OP}(mV') - M_{OP}(mV) = M_{OP}(Fdt),$$

et appliquons-la successivement aux trois axes rectangulaires OX, OY, OZ. Portons sur l'axe OX trois longueurs, l'une OA pour représenter le moment $M_{ox}(mV)$, l'autre OA', pour représenter le moment $M_{ox}(mV')$; la troisième enfin, Oα, pour représenter le moment $M_{ox}(F) = L$; opérons de même pour les deux autres axes

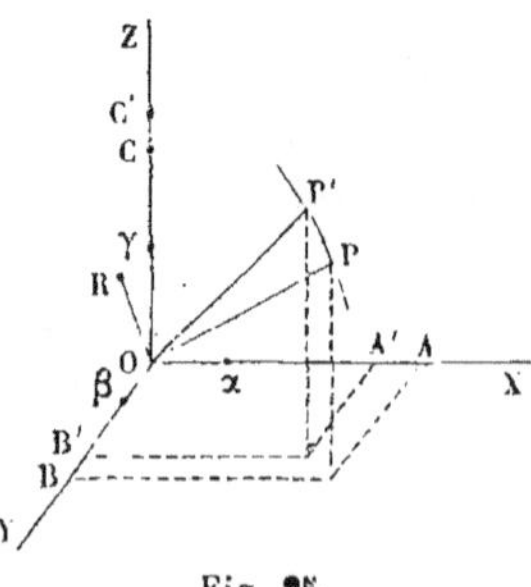

Fig. 25.

coordonnés ; nous obtiendrons les segments

$$OB = M_{OY}(mV),$$
$$OB' = M_{OY}(mV'),$$
$$O\beta = M_{OY}(F) = M,$$

et

$$OC = M_{OZ}(mV),$$
$$OC = M_{OZ}(mV'),$$
$$O\gamma = M_{OZ}(F) = N.$$

Composons les droites OA, OB, OC, à la manière des forces ; la résultante OP sera (II, § 52) *l'axe du moment de la quantité de mouvement mV par rapport au point* O ; de même la résultante OP' des droites OA', OB', OC', sera l'axe du moment de la quantité de mouvement finale mV' par rapport au point O, et OR, résultante de Oα, Oβ, Oγ, sera l'axe représentatif du moment de la force F par rapport à ce même point.

Le point P, extrémité libre de l'axe du moment de la quantité de mouvement par rapport au point O, parcourt une certaine trajectoire PP' pendant que le mobile se meut dans l'espace ; il se trouve en P' au bout de l'intervalle de temps dt ; par suite, l'arc PP' est la direction de sa vitesse, et la mesure de cette vitesse est la limite du rapport $\dfrac{PP'}{dt}$. Les composantes de la même vitesse suivant les axes sont $\dfrac{AA'}{dt}$, $\dfrac{BB'}{dt}$, $\dfrac{CC'}{dt}$. Mais les équations des moments des quantités de mouvement nous donnent

$$AA' = OA - OA' = O\alpha \times dt,$$
$$BB' = O\beta \times dt,$$
$$CC' = O\gamma \times dt,$$

et par suite

$$\frac{AA'}{dt} = O\alpha,$$
$$\frac{BB'}{dt} = O\beta,$$
$$\frac{CC'}{dt} = O\gamma.$$

Les composantes de la vitesse du point P sont donc respectivement égales aux composantes du moment de la force F ; et, par conséquent, *la vitesse du point P, extrémité de l'axe du moment de la quantité de mouvement par rapport au point O, est, à chaque instant, égale et parallèle à l'axe représentatif du moment de la force par rapport au même point.*

Cette interprétation, que nous étendrons plus loin à un système matériel quelconque, est due à M. Resal.

La trajectoire du point R dans la suite du mouvement est l'indicatrice des accélérations totales du mouvement du point P.

THÉORÈME DES FORCES VIVES.

45. De l'équation différentielle

$$m \frac{dv}{dt} = \mathrm{F} \cos \varphi,$$

qui donne la valeur de l'accélération tangentielle en fonction de la masse et de la composante tangentielle de la force F, on tire, en remplaçant dt par $\dfrac{ds}{v}$, et en chassant le dénominateur,

$$mvdv = \mathrm{F} \cos \varphi \, ds,$$

équation qui s'intègre et conduit à la relation suivante :

$$\frac{1}{2} mv^2 - \frac{1}{2} mv_0{}^2 = \int_{s_0}^{s} \mathrm{F} \cos \varphi \, ds.$$

Le *théorème des forces vives* est la traduction de cette équation en langage ordinaire. Observons que le produit $\mathrm{F} \cos \varphi \, ds$ est le travail élémentaire de la force F, pour le déplacement infiniment petit ds du point mobile (II, § 107). L'intégrale $\int_{s_0}^{s} \mathrm{F} \cos \varphi \, ds$ est donc la somme des travaux élémentaires de la force F, ou le travail total de cette force, entre les positions définies sur la trajectoire par les arcs s_0 et s qui limitent l'intégration. Les termes $\frac{1}{2} mv^2$ et $\frac{1}{2} mv_0{}^2$ sont les moitiés des forces vives du point matériel en ces deux positions, de sorte que l'on peut poser ce théorème :

Le demi-accroissement de la force vive d'un point matériel entre deux positions successivement occupées par ce point sur sa trajectoire, est égal à la somme des travaux élémentaires de la force qui agit sur le point, entre ces mêmes positions.

Le travail élémentaire de la résultante étant la somme algébrique des travaux élémentaires de ses composantes, on peut dire aussi que *le demi-accroissement de la force vive du point est la somme des travaux de toutes les forces qui agissent sur lui entre les deux positions successives dans lesquelles on le considère.*

Si l'on se reporte au § 117 de la *Cinématique*, on verra que le théorème des forces vives exprime simplement une propriété de l'indicatrice des accélérations totales ; il suffit, en effet, pour l'établir, de multiplier par la masse l'équation posée entre les carrés des vitesses et les accélérations totales, puis d'observer que les produits mj sont respectivement égaux aux forces F.

Les forces qui agissent sur le point matériel normalement à sa trajectoire, ayant un travail nul, ne figurent pas dans l'équation des forces vives. Elles ont pour effet d'altérer la courbure de la trajectoire sans rien changer à la vitesse du mobile.

Si l'on décompose chacune des forces qui agissent sur le point en trois composantes, X, Y, Z, parallèles à trois axes rectangulaires, le travail élémentaire de la force s'exprimera, comme on l'a vu (II, § 115), par la somme

$$X\,dx + Y\,dy + Z\,dz,$$

dx, dy, dz étant les composantes du chemin infiniment petit ds suivant les mêmes axes. Supposons qu'on ait opéré ainsi pour la résultante F des forces appliquées au mobile, et que X, Y, Z soient les composantes de cette résultante parallèles aux axes. Nous pourrons poser l'équation

$$\tfrac{1}{2}mv^2 - \tfrac{1}{2}mv_0^2 = \int_{s_0}^{s} (X\,dx + Y\,dy + Z\,dz),$$

et c'est sous cette forme qu'on la met ordinairement pour en tirer des conséquences analytiques.

INTÉGRALE DES FORCES VIVES.

46. Il peut arriver que la force F soit donnée, en grandeur et en direction, pour tous les points de l'espace. C'est ce qui a lieu, par exemple, pour une attraction vers un centre fixe ; en quelque point qu'on suppose le mobile placé, la force qui le sollicite est dirigée vers le centre d'attraction, et a une grandeur parfaitement définie. Il en serait autrement, si le point mobile était soumis à une force de frottement ou à la résistance d'un milieu ; car alors la direction de la résultante de toutes les forces qui lui seraient appliquées, serait variable avec la direction ou avec la vitesse de son mouvement, et ne dépendrait pas uniquement de la position du point.

Admettons le premier cas. Alors X, Y, Z, composantes de la force F, sont des fonctions connues des coordonnées x, y, z du point mobile. Si, en outre, la fonction

$$X dx + Y dy + Z dz,$$

qui ne contient que les coordonnées x, y, z, et leurs différentielles, est d'elle-même la différentielle exacte d'une fonction $\varphi(x, y, z)$ des trois coordonnées, on pourra intégrer cette expression sans rien connaître d'ailleurs des valeurs effectives de x, y, z en fonction du temps t, et faisant l'intégration entre deux positions successives (x, y, z) et (x_0, y_0, z_0) du mobile, on sera sûr que le mouvement satisfera, quel qu'il soit, à l'équation

$$\frac{1}{2} m v^2 - \frac{1}{2} m v_0^2 = \varphi(x, y, z) - \varphi(x_0, y_0, z_0),$$

de sorte que, si v_0 est la vitesse du mobile à son passage au point (x_0, y_0, z_0), v sera sa vitesse au point (x, y, z), s'il y passe.

Le théorème des forces vives conduit donc, suivant les cas, à des équations de formes analytiques différentes. L'équation

$$\frac{1}{2} mv^2 - \frac{1}{2} mv_0^2 = \int_{s_0}^{s} F \cos \mu \, ds,$$

est toujours vraie ; mais, dans le cas particulier que nous avons indiqué, on peut lui donner la forme

$$\frac{1}{2} mv^2 - \frac{1}{2} mv_0^2 = \varphi(x, y, z) - \varphi(x_0, y_0, z_0),$$

où l'intégration est achevée, sans pour cela que le mouvement du mobile soit connu. Lorsque $F \cos \mu \, ds$ n'est pas réductible à priori à une différentielle exacte, ce n'est qu'après avoir déterminé la trajectoire et la loi du mouvement du point qu'on peut déterminer la valeur de l'intégrale, et l'usage de l'équation peut ne pas offrir autant d'utilité.

Nous nous occuperons spécialement ici de l'équation sous sa forme intégrale, c'est-à-dire du cas où X, Y, Z sont exprimées par des fonctions connues de x, y, z, et où $X dx + Y dy + Z dz$ est la différentielle exacte d'une fonction $\varphi(x, y, z)$ des coordonnées.

Pour que cette dernière condition soit remplie, il faut et il suffit qu'on ait les trois identités

$$\frac{dX}{dy} = \frac{dY}{dx}, \quad \frac{dY}{dz} = \frac{dZ}{dy}, \quad \frac{dZ}{dx} = \frac{dX}{dz}.$$

Alors la fonction φ se déterminera par la somme de trois intégrales partielles,

$$\varphi = \int_{x_0}^{x} X(x, y, z) \, dx + \int_{y_0}^{y} Y(x_0, y, z) \, dy + \int_{z_0}^{z} Z(x_0, y_0, z) \, dz,$$

x_0, y_0, z_0 étant des quantités arbitraires, et l'équation des forces vives devient

$$\frac{1}{2} mv^2 = \varphi(x, y, z) + C,$$

en désignant par C la constante introduite par l'intégration.

SURFACES DE NIVEAU.

47. On appelle *surfaces de niveau* les surfaces représentées par l'équation générale

$$\varphi(x, y, z) = C,$$

C étant une constante qui peut recevoir toutes les valeurs réelles, positives ou négatives. Il n'y a de surfaces de niveau que lorsque la fonction φ existe, ou lorsque l'équation des forces vives est susceptible d'intégration immédiate. Dans ce cas, l'intégration fait connaître la fonction φ, et, par suite, l'équation des surfaces de niveau.

En général, la fonction φ sera déterminée à une constante près pour chaque point de l'espace, de sorte qu'en chaque point passe une certaine surface de niveau, et qu'il n'en passe qu'une seule. Deux surfaces de niveau ne peuvent généralement pas se rencontrer : la série de surfaces que l'on obtient en faisant varier le paramètre C, qui les distingue les unes des autres, partage l'espace en une série de tranches à faces sensiblement parallèles.

Cette conclusion n'est plus vraie si deux surfaces de niveau distinctes ont un point commun, chose possible pour certaines formes de la fonction φ. La théorie des surfaces de niveau n'offre plus alors qu'un intérêt analytique ; nous excluons ici ces cas particuliers.

Avant de présenter la théorie des surfaces de niveau, nous donnerons des exemples de la recherche de leur équation.

1° *Point matériel pesant.* Prenons l'axe des z parallèle à la pesanteur, et les axes des x et des y horizontaux. Les composantes de la force qui agissent sur le point de masse m sont

$$X = 0, \quad Y = 0, \quad Z = -mg,$$

en prenant le poids avec le signe —, si les z positifs sont comptés de bas en haut.

La fonction $Xdx + Ydy + Zdz$ se réduit à $- mgdz$, et, par suite, en intégrant,

$$\varphi = C - mgz.$$

L'équation des surfaces de niveau est $C - mgz =$ constante, ou bien $z =$ constante. Les surfaces de niveau sont donc des plans horizontaux.

2° *Point matériel attiré vers un centre fixe, proportionnelle-ment à une fonction de sa distance à ce centre.*

Soit O le centre d'attraction, M une position quelconque du point matériel ; la force est dirigée sui-vant MO, et est proportionnelle à une fonction de MO.

Soit $OM = r$. L'attraction pourra être représentée par $K f(r)$, K étant un coeffi-cient constant, et $f(r)$ la fonction don-née de la distance ; décomposons cette force parallèlement aux trois axes ; il suffira de la multiplier par les cosinus

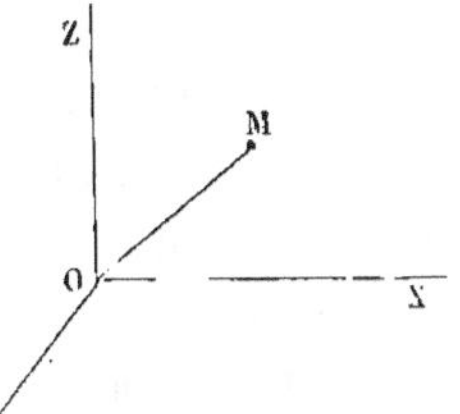

Fig. 26.

des angles qu'elle fait avec ces trois directions, et de prendre le produit négativement, pour indiquer que la force est di-rigée vers le point O. Ces cosinus sont respectivement égaux à $\dfrac{x}{r}, \dfrac{y}{r}, \dfrac{z}{r}$, en représentant par x, y, z les coordonnées du point M.

Donc

$$X = - K f(r) \frac{x}{r},$$

$$Y = - K f(r) \frac{y}{r},$$

$$Z = - K f(r) \frac{z}{r}.$$

Multiplions la première par dx, la seconde par dy, la troi-sième par dz, et ajoutons. Nous aurons

$$Xdx + Ydy + Zdz = - \frac{K f(r)}{r} (xdx + ydy + zdz),$$

Or

$$x^2 + y^2 + z^2 = r^2.$$

Donc

$$x\,dx + y\,dy + z\,dz = r\,dr,$$

et par conséquent

$$X\,dx + Y\,dy + Z\,dz = - K f(r)\,dr$$

différentielle exacte, puisqu'elle est exprimée en fonction d'une seule variable. On a donc

$$d\varphi = - K f(r)\,dr,$$

et

$$\varphi(x, y, z) = - K \int f(r)\,dr + C.$$

L'équation des surfaces de niveau s'obtient en égalant à une constante arbitraire la fonction φ. Cette fonction étant exprimée au moyen de la seule variable r, cela revient à poser $r =$ constante et les surfaces de niveau sont des surfaces sphériques décrites du point O comme centre.

3° *Point matériel soumis à une force qui a pour composantes parallèles aux axes*

$$X = \varphi(x), \quad Y = \psi(y), \quad Z = f(z).$$

La fonction

$$\varphi(x)\,dx + \psi(y)\,dy + f(z)\,dz$$

est la différentielle d'une fonction

$$\Phi(x) + \Psi(y) + F(z),$$

des trois coordonnées.

On arriverait à la même conclusion si l'on avait

$$X = K y, \quad Y = K x, \quad Z = f(z),$$

K désignant une constante, car $X\,dx + Y\,dy + Z\,dz$ devient alors $K(y\,dx + x\,dy) + f(z)\,dz$, différentielle de

$$K xy + \int f(z)\,dz.$$

PROPRIÉTÉS DES SURFACES DE NIVEAU.

48. 1° *Quelle que soit la trajectoire suivie par le point matériel mobile, sa vitesse au passage d'une surface de niveau particulière est connue dès qu'on donne la vitesse qu'il possède en un autre point de l'espace.*

Soit v_0 la vitesse donnée du point mobile à son passage au point A ; on demande quelle vitesse v il possédera lorsqu'il atteindra la surface de niveau S en un point quelconque B de cette surface.

Appliquons le théorème des forces vives à un mouvement fictif du point matériel qui l'amènerait du point A au point B, suivant une trajectoire quelcon-

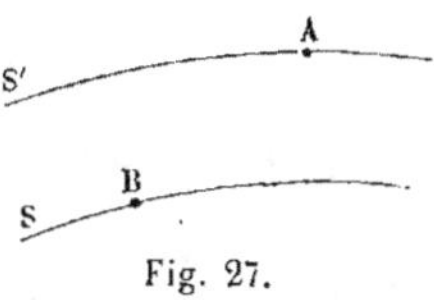

Fig. 27.

que. Appelons (x_0, y_0, z_0) les coordonnées du point A, et (x, y, z) celles du point B. L'équation des forces vives nous donnera

$$\frac{1}{2} mv^2 - \frac{1}{2} mv_0^2 = \varphi\,(x, y, z) - \varphi\,(x_0, y_0, z_0).$$

La fonction φ a une valeur constante pour tous les points de la surface de niveau S. Laissant donc constante la valeur v_θ de la vitesse au point A, l'équation précédente détermine v en fonction de φ, c'est-à-dire donne la valeur de v pour toute position du point prise sur la surface S[1].

Remarquons que l'équation assigne en général à v des va-

---

[1] Ce théorème suppose expressément que deux surfaces de niveau n'aient aucun point commun. Supposons la force donnée par les composantes suivantes :

$$X = -\frac{y}{x^2 + y^2},$$
$$Y = +\frac{x}{x^2 + y^2},$$
$$Z = 0.$$

On aurait $d\varphi = \dfrac{xdy - ydx}{x^2 + y^2} = d\,\mathrm{arc\,tang}\,\dfrac{y}{x}$, et les surfaces de niveau seraient une série de plans passant tous par l'axe OZ. Dans ce cas la fonction φ n'est pas bien définie, et la détermination de la vitesse du mobile en divers points de l'espace ne dépend pas seulement des coordonnées de ces points, mais encore de la forme de la trajectoire.

leurs imaginaires pour certains points de l'espace ; il suffit pour cela que la somme

$$\varphi\,(x,\,y,\,z) - \varphi\,(x_0,\,y_0,\,z_0) + \frac{1}{2}\,mv_0^2$$

soit négative. La moindre valeur admissible pour cette fonction étant zéro, l'équation

$$\varphi\,(x,\,y,\,z) - \varphi\,(x_0,\,y_0,\,z_0) + \frac{1}{2}\,mv_0^2 = 0$$

représente une surface de niveau au delà de laquelle le point matériel ne saurait pénétrer. D'un côté de cette surface, l'équation des forces vives attribue des valeurs réelles à la vitesse ; de l'autre, elle lui attribue des valeurs imaginaires de la forme $\alpha\,\sqrt{-1}$. La position de cette surface limite dépend de la vitesse v_0 attribuée au mobile en un point donné de l'espace.

Il faut observer du reste que le mobile dans son mouvement effectif peut ne pas atteindre la surface limite ainsi définie. Pour qu'il l'atteigne, il faut que sa vitesse devienne nulle. Si donc sa vitesse ne se réduit pas à zéro, la surface limite n'est pas rencontrée par la trajectoire effective du point.

49. 2° *En tout point, la surface de niveau est normale à la direction de la force correspondante à ce point.*

La force correspondante au point $(x,\,y,\,z)$ est la force dont les composantes sont X, Y, Z, fonctions connues des coordonnées de ce point. Or l'équation différentielle des surfaces de niveau est

$$X dx + Y dy + Z dz = 0.$$

Cette équation montre que la direction définie par les projections dx, dy, dz, sur les axes, direction appartenant à la surface S qui passe au point (x,y,z), fait un angle droit avec la direction définie par les composantes X, Y, Z, c'est-à-dire avec la direction de la force. Car le cosinus de l'angle des deux directions est égal à

$$\frac{X dx}{F ds} + \frac{Y dy}{F ds} + \frac{Z dz}{F ds},$$

quantité nulle en vertu de l'équation différentielle.

Si donc on imagine en chaque point de l'espace la direction

de la force qui serait appliquée au point matériel amené à occuper ce point, les surfaces de niveau sont partout normales
à ces directions et les rencontrent toutes à angle droit. Cette
remarque, qu'on a pu faire dans les cas particuliers indiqués
plus haut, montre bien à quelles restrictions l'existence des
surfaces de niveau est soumise. Étant donnée une série indéfinie de droites appliquées chacune à un point de l'espace,
il n'est pas toujours possible de déterminer une surface qui
coupe toutes ces droites à angle droit. En d'autres termes,
une équation de la forme $Xdx + Ydy + Zdz = 0$ n'est pas
toujours intégrable.

Si toutes les forces sont contenues dans un même plan, il
est toujours possible au contraire de tracer dans ce plan une
ligne qui rencontre à angle droit les directions des forces
appliquées en ses différents points : pro-
blème de géométrie qui revient à intégrer
l'équation à deux variables $Xdx + Ydy = 0$.

50. 3° *Si l'on considère deux surfaces
de niveau infiniment voisines, la distance
des deux surfaces est, en chaque point de la*

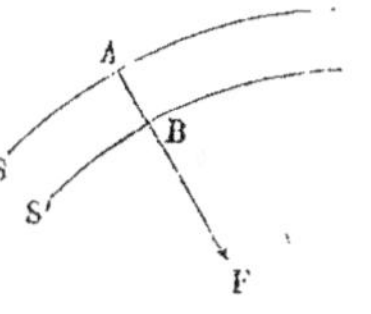

Fig. 28.

*couche intermédiaire, inversement proportionnelle à la valeur
correspondante de la force.*

Soient S, S′ deux surfaces de niveau infiniment voisines,
représentées par les équations

$$\varphi(x, y, z) = C \text{ pour l'une,}$$

et

$$\varphi(x, y, z) = C + dC \text{ pour l'autre.}$$

Prenons un point A sur la surface S, et de ce point abaissons AB perpendiculaire sur S′. La direction AB sera celle de
la force F correspondante au point A.

Imaginons que le point matériel mobile aille du point A
au point B, que sa vitesse soit v_0 sur la surface S, et v sur la
surface S′. Nous aurons, en appelant x_0, y_0, z_0 les cordonnées
du point A, et x, y, z celles du point B :

$$\frac{1}{2}mv^2 - \frac{1}{2}mv_0^2 = \varphi(x, y, z) - \varphi(x_0, y_0, z_0) = dC.$$

Or $\dfrac{1}{2}mv^2 - \dfrac{1}{2}mv_0^2$ est égal au travail de la force F, ou à $F \times AB$, puisque la force agit dans la direction de l'élément AB de chemin parcouru.

On a donc

$$F \times AB = dC \, ;$$

dC a la même valeur en tous les points de la couche infiniment mince comprise entre les surfaces S et S'. Donc en chaque point la valeur de la force est réciproquement proportionnelle à l'épaisseur de cette couche, ou à la distance des deux surfaces.

Il en résulte, par exemple, que si la force est constante en tous les points d'une surface de niveau S, une surface de niveau infiniment voisine est parallèle à cette surface S.

APPLICATION A LA PESANTEUR.

51. Supposons qu'un point matériel de masse m, sollicité par la pesanteur, parcoure une trajectoire définie AB ; nous admettrons qu'en outre de la pesanteur, le point mobile subisse l'action de forces normales à sa trajectoire, ne produisant aucun travail, mais ayant pour effet de faire suivre la courbe AB au point mobile, sans influer sur sa vitesse, laquelle sera réglée par la pesanteur seule.

Les surfaces de niveau sont alors des plans horizontaux S, S', S'', S''', qui rencontrent la trajectoire AB en des points C, D, E, F. Appliquons le théorème des forces vives au mouvement du point matériel entre deux positions C et D quelconques. Observons pour cela (II, § 233) que le travail de la pesanteur est égal au produit du poids mg du point matériel par la

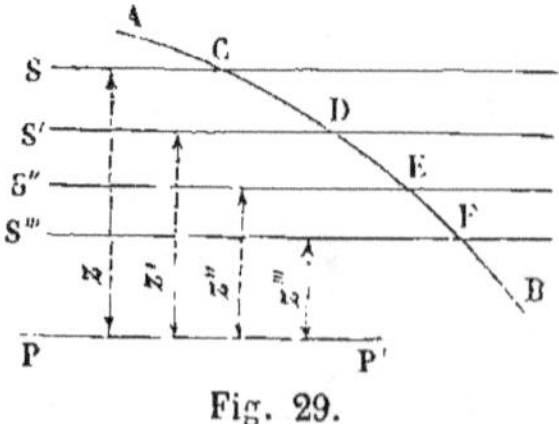

Fig. 29.

distance verticale parcourue par ce point ; soit donc z la hauteur du point C, ou du plan horizontal S, au-dessus d'un plan horizontal arbitraire PP′; z', la hauteur du plan S′ ou du point D; appelons encore v et v' les vitesses du mobile aux points C et D; le travail de la pesanteur sera $mg\,(z - z')$, et par suite l'équation des forces vives donnera

$$mv'^2 - mv^2 = 2mg\,(z - z'),$$

ou bien

$$v'^2 - v^2 = 2g\,(z - z').$$

Cette équation montre que la vitesse v' est entièrement définie dès qu'on donne la vitesse v et la *chute* verticale $z - z'$; de sorte que, quelle que soit la trajectoire, le mobile, animé au point C d'une vitesse v, acquerra la vitesse v' en tout point où il rencontre le plan S′. De même la vitesse v'' du point mobile, à la rencontre du plan S″, sera donnée par l'équation

$$v''^2 - v^2 = 2g\,(z - z''),$$

et à la rencontre du plan S‴, par l'équation

$$v'''^2 - v^2 = 2g\,(z - z''').$$

Lorsque la pesanteur est la seule force qui travaille (les autres forces qui agissent sur le mobile étant supposées normales à la direction de son mouvement et n'influant que sur la forme de sa trajectoire), *on peut assigner la vitesse du mobile en tout point de l'espace, dès qu'on connaît sa vitesse en un point particulier; et ces vitesses se retrouvent les mêmes à hauteurs égales.*

Soit AB, par exemple, une trajectoire quelconque, décrite sous l'action de la pesanteur et de forces normales. On donne la vitesse v du mobile au point C.

Par ce point menons un plan horizontal S, qui coupe la trajectoire en d'autres

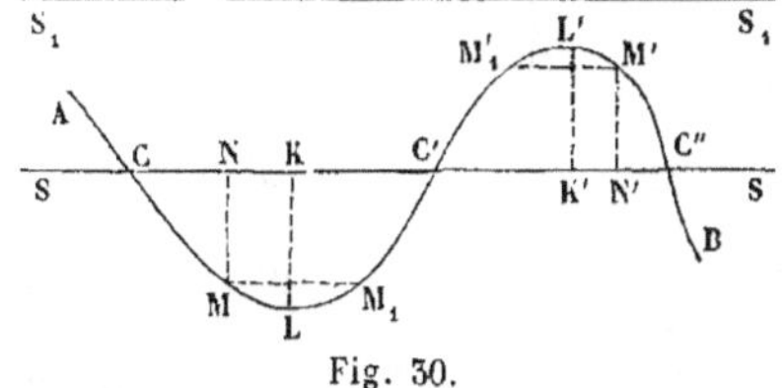

Fig. 30.

points C′, C″…; les vitesses du mobile en ces points seront toutes égales à v. Si l'on veut la vitesse du mobile en un autre point M, on mesurera la distance $MN = h$ du point M au plan horizontal CS, et on calculera cette vitesse v' par l'équation

$$v'^2 = v^2 + 2gh.$$

Si le point considéré était au-dessus de CS, comme cela arrive pour le point M′, la distance verticale M′N′ $= h'$ devrait être prise négativement, et on trouverait la vitesse v'' du mobile à son passage en M′ par l'équation

$$v''^2 = v^2 - 2gh'.$$

La vitesse du mobile à son passage en M_1, à la même hauteur que le point M, serait égale à v'; de même la vitesse du mobile en M'_1, à la même hauteur que M′, serait égale à v''. Aux points L et L′, où la trajectoire a une ordonnée maximum ou minimum, et où le plan horizontal touche la courbe, la vitesse est maximum ou minimum; faisant LK $=$ H, et L′K′ $=$ H′, la vitesse maximum V, correspondante au point L, sera donnée par l'équation

$$V^2 = v^2 + 2gH ;$$

tandis que la vitesse minimum V′, au point L′, est donnée par l'équation

$$V'^2 = v^2 - 2gH'.$$

La course du point mobile est limitée vers le haut; en effet, l'équation

$$v'^2 = v^2 - 2gh',$$

dans laquelle v'^2 doit toujours être positif, nous montre qu'on ne peut donner à h' une valeur plus grande que $\dfrac{v^2}{2g}$; cette quantité est la *hauteur due à la vitesse v*. Si l'on trace au-dessus du plan S un plan horizontal S_1 à la hauteur $\dfrac{v^2}{2g}$, ce plan limite en haut une région de l'espace d'où le point mobile ne peut sortir, par l'effet combiné de sa vitesse initiale et du travail de la pesanteur. Si donc on voulait, dans ces condi-

tions, faire suivre au mobile une trajectoire sortant de cette
région, comme la courbe A′B′ (fig. 31), le mobile pourrait
atteindre le point D, où elle perce le plan S_1S_1, mais là sa vitesse
serait nulle, et au lieu de con-
tinuer à suivre la trajectoire
dans le sens DB′, il rétrogra-
derait dans le sens DA′.

On voit par cet exemple
que la force vive mv^2 est une
quantité absolue, à laquelle

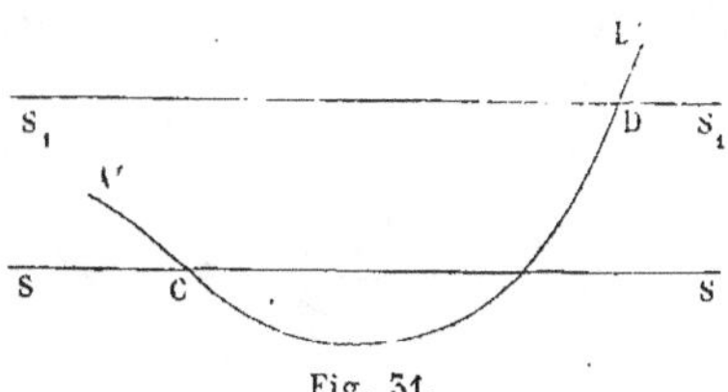

Fig. 31.

on ne peut attribuer une direction, et qui n'est pas susceptible de changer de signe. Donner la force vive d'un point matériel, dans une position quelconque, n'indique rien quant à
la direction de son mouvement effectif (§ 33).

52. Reprenons, pour donner un exemple de l'application
du théorème des forces vives, le problème, déjà souvent traité,
du mouvement parabolique des corps pesants.

Nous avons reconnu (§ 18) que la trajectoire est une pa-
rabole, et que le point le plus haut est à la hauteur $\dfrac{V^2\sin^2\alpha}{2g}$ au-
dessus du point de départ.

Le théorème des forces vives, joint au théorème des quantités de mouvement, nous donne immédiatement ce résultat.

En effet, la force étant normale à l'axe OX (fig. 32), la composante $V\cos\alpha$, de la vitesse estimée parallèlement à cet axe,
est constante, et la quantité de mouvement projetée sur
l'axe OX ne varie pas.

Au point le plus haut de la trajectoire, la vitesse du mobile
est horizontale, et se réduit à sa composante constante $V\cos\alpha$:
Appliquons le théorème des forces vives entre les positions O et
D, il viendra

$$\tfrac{1}{2}\,mV^2\cos^2\alpha - \tfrac{1}{2}\,mV^2 = -\,mg \times \mathrm{ID} = -\,mgh,$$

en désignant par h la hauteur maximum, ID, atteinte par le
mobile.

Donc

$$[h = \frac{V^2 - V^2 \cos^2 \alpha}{2g} = \frac{V^2 \sin^2 \alpha}{2g}.$$

et l'on retrouve le résultat connu.

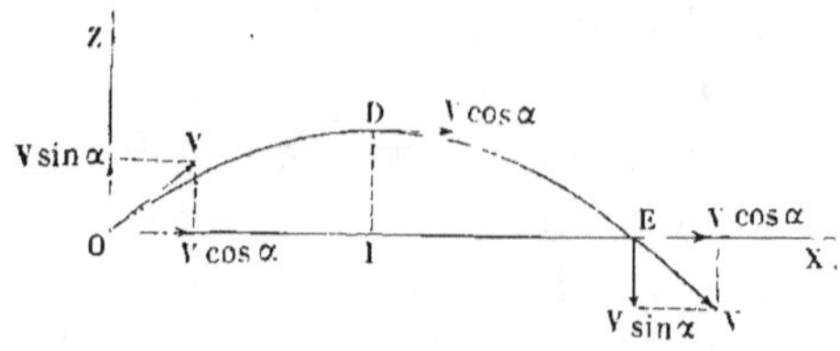

Fig. 32.

Le théorème des forces vives fait voir aussi que la vitesse du mobile au point E, où il traverse le plan horizontal OX, est la même en grandeur qu'au point O ; elle est donc égale à V. Mais sa direction est changée.

THÉORÈME DE LA MOINDRE ACTION POUR UN POINT LIBRE.

53. Supposons que l'équation des forces vives soit intégrable à priori, de sorte qu'on ait d'une manière générale, pour tous les points de l'espace, l'équation

$$\frac{1}{2} mv^2 - \frac{1}{2} mv_0^2 = \varphi(x, y, z) - \varphi(x_0, y_0, z_0),$$

ou d'une manière plus abrégée,

$$(1) \qquad \frac{1}{2} mv^2 = \varphi(x, y, z) + C,$$

C étant une constante arbitraire.

La fonction φ des coordonnées x, y, z est l'intégrale de l'expression différentielle

$$X dx + Y dy + Z dz.$$

Cela posé, si l'on attribue à la constante C une seule et même valeur, la vitesse v du mobile est définie par l'équation (1) pour

tous les points de l'espace. On peut supposer que pour aller
d'une position A à une autre position B, prise sur la trajectoire effective AMB, le mobile suive une route quelconque
ABC tracée de l'un à l'autre de ces points ; en chaque point
de cette route, l'équation (1) fera connaître
quelle vitesse est assignée au mobile par le théorème des forces vives. Partageons en éléments
infiniment petits ds la trajectoire fictive ainsi tracée du point A au point B, et formons le produit $mvds$ de la quantité de mouvement du point
par l'espace décrit. Faisons ensuite la somme
$\int mvds$, prise entre le point A et le point B. Le
théorème de la moindre action consiste en ce que
cette intégrale est minimum, en général, pour
la trajectoire effective AMB, c'est-à-dire moindre

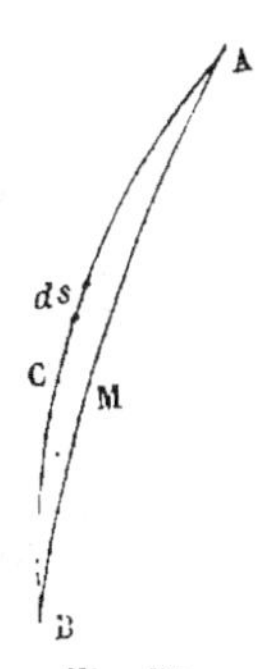

Fig. 33.

pour cette trajectoire que pour toute autre ligne ACB joignant
les mêmes extrémités.

Le produit $mvds$ est ce qu'on appelle, dans cette théorie,
la *quantité d'action* du point mobile dans le parcours de l'élément ds ; $\int mvds$ est la quantité d'action totale correspondante au passage du point A au point B.

On peut observer que $ds = vdt$, en sorte que $\int mvds$ est
égale à $\int mv^2 dt$, les intégrales étant prises entre les mêmes
limites. L'*action* est donc aussi la somme des produits de la
force vive par la durée infiniment petite dt.

Nous pouvons démontrer ce théorème soit géométriquement, soit analytiquement au moyen du calcul des variations.

54. *Démonstration géométrique.* — Par hypothèse, l'équation des forces vives est immédiatement intégrable ; il existe
par conséquent des surfaces de niveau. Menons une infinité de ces surfaces entre le point A et le point B, et supposons que la trajectoire effective AMB ne rencontre qu'une
seule fois chacune de ces surfaces. Soient S, S', S" trois
surfaces consécutives. Elles définissent la vitesse du mobile
et la quantité de mouvement en chacun des points M, M',

M″, ce qui revient, sauf une altération infiniment petite, à définir la quantité de mouvement mv qu'il possède quand il décrit l'arc MM′, et la quantité de mouvement mv' qu'il possède quand il décrit l'arc M′M″. La somme des actions

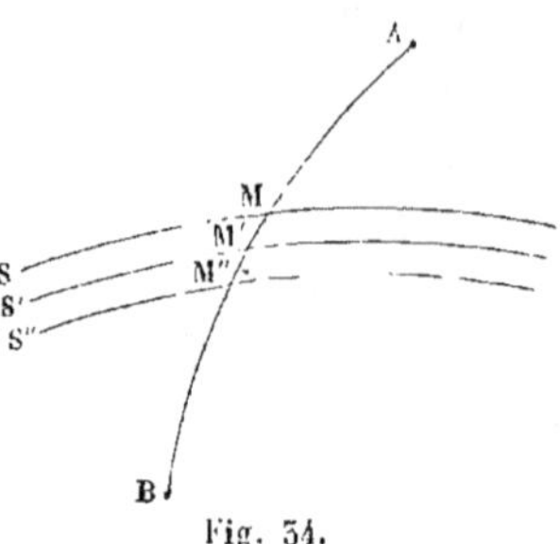

Fig. 34.

dans ces deux arcs est donc égale à $mvds + mv'ds'$, en appelant ds la longueur MM′ et ds' la longueur M′M″ (fig. 34). Laissons fixes les points M et M″, et faisons seulement varier la position du point M′ sur la surface S′. Pour que cette somme soit la moindre possible, il faut et il suffit (II, § 120) que deux forces,

égales l'une à mv, l'autre à mv', appliquées en M′, l'une dans la direction M′M, l'autre dans la direction M′M″, aient une résultante normale à la surface de séparation S′. Or il est facile de voir que cette condition est vérifiée en tous les points de la trajectoire AMB. Car on peut regarder (§ 58) la quantité de mouvement mv', dans l'élément M′M″, comme la résultante de la quantité de mouvement mv dans l'élément MM′, et de l'impulsion élémentaire Fdt de la force extérieure qui agit sur le point mobile dans son passage de l'un à l'autre de ces éléments. D'ailleurs la force F est normale à la surface de niveau S′ (§ 49). La quantité de mouvement mv étant la résultante de mv' et de Fdt, l'impulsion Fdt est la résultante de mv' et de $- mv$; et puisqu'elle a la même direction que la force F, la condition du minimum est remplie.

Cette condition étant satisfaite pour deux éléments consécutifs quelconques, assure le minimum pour l'arc AB tout entier.

La conclusion n'est admissible sans restriction qu'autant que l'arc AB coupe une seule fois chacune des surfaces de niveau comprises entre le point A et le point B ; il faut donc avoir soin de restreindre l'énoncé du théorème de la moindre action à des portions suffisamment petites de trajectoires. Autrement l'intégrale $\int mvds$ pourrait n'être pas minimum.

55. *Démonstration analytique.* — Soient x, y, z, les coor-

données du point mobile prises sur sa trajectoire effective ; pour passer de là aux coordonnées du point sur une trajectoire fictive infiniment voisine, il suffira de remplacer x, y, z par $x+\delta x$, $y+\delta y$, $z+\delta z$; les points extrêmes A et B restent fixes. Voyons ce que devient, dans ce changement, l'intégrale

$$V = \int mv\,ds,$$

prise sur la trajectoire entre le point A et le point B.

Cherchons la variation δV de cette intégrale. Nous aurons successivement

$$\delta V = \delta \int mv\,ds = \int \delta\,(mv\,ds) = \int m\,\delta v\,ds + \int mv\,\delta\,ds.$$

Chaque intégrale du dernier membre peut se transformer.

Remplaçons ds par $v\,dt$ dans la première, et observons que $v\,\delta v$ est la variation de la demi-force vive. En tous points de l'espace, nous avons par hypothèse

$$\frac{1}{2}\,mv^2 = \varphi(x, y, z) + C.$$

Donc

$$mv\,\delta v = \frac{d\varphi}{dx}\,\delta x + \frac{d\varphi}{dy}\,\delta y + \frac{d\varphi}{dz}\,\delta z$$
$$= X\,\delta x + Y\,\delta y + Z\,\delta z,$$

et par conséquent

$$\int m\,\delta v\,ds = \int dt\,(X\,\delta x + Y\,\delta y + Z\,\delta z).$$

Pour le second terme $\int mv\,\delta\,ds$, nous remarquerons que l'on a

$$ds^2 = dx^2 + dy^2 + dz^2.$$

Donc

$$ds\,\delta\,ds = dx\,\delta\,dx + dy\,\delta\,dy + dz\,\delta\,dz,$$

ou bien

$$\delta\,ds = \frac{dx}{ds}\,\delta dx + \frac{dy}{ds}\,\delta dy + \frac{dz}{ds}\,\delta dz.$$

Multiplions cette équation par $mv = m\dfrac{ds}{dt}$; il vient

$$mv\delta ds = m\frac{dx}{dt}\,\delta dx + m\frac{dy}{dt}\,\delta dy + m\frac{dz}{dt}\,\delta dz.$$

Intégrons et ajoutons à la première intégrale : nous aurons

$$\delta V = \int dt\,(X\delta x + Y\delta y + Z\delta z) + \int\left(m\frac{dx}{dt}\,\delta dx + m\frac{dy}{dt}\,\delta dy + m\frac{dz}{dt}\,\delta dz\right).$$

Nous pouvons ensuite séparer les caractéristiques d et δ au moyen de l'intégration par parties :

$$\int m\frac{dx}{dt}\,\delta dx = \int m\frac{dx}{dt}\,d\delta x = m\frac{dx}{dt}\,\delta x - \int \delta x\,m\frac{d^2x}{dt^2}\,dt.$$

De même,

$$\int m\frac{dy}{dt}\,\delta dy = m\frac{dy}{dt}\,\delta y - \int \delta y\,m\frac{d^2y}{dt^2}\,dt,$$

$$\int m\frac{dz}{dt}\,\delta dz = m\frac{dz}{dt}\,\delta z - \int \delta z\,m\frac{d^2z}{dt^2}\,dt.$$

Donc enfin,

$$\delta V = m\left(\frac{dx}{dt}\,\delta x + \frac{dy}{dt}\,\delta y + \frac{dz}{dt}\,\delta z\right) + \int dt\left[\left(X - m\frac{d^2x}{dt^2}\right)\delta x\right.$$
$$+ \left(Y - m\frac{d^2y}{dt^2}\right)\delta y$$
$$\left.+ \left(Z - m\frac{d^2z}{dt^2}\right)\delta z\right].$$

La quantité hors du signe $\int$ doit être prise aux deux limites ; or elle est nulle au point A et au point B, puisque ces points sont fixes. Pour le minimum de la fonction V, on doit avoir $\delta V = 0$, quels que soient δx, δy et δz ; la seule manière de réaliser cette condition est de poser

$$X - m\frac{d^2x}{dt^2} = 0,$$

$$Y - m\frac{d^2y}{dt^2} = 0,$$

$$Z - m\frac{d^2z}{dt^2} = 0,$$

équations qui sont précisément celles du mouvement du point

sur sa trajectoire. Ces équations rendent donc nulle la variation de l'intégrale $\int mvds$. En général, cela suffit pour que l'intégrale soit ou minimum ou maximum; il est clair que, par la nature de la question, l'intégrale proposée ne peut être un maximum, puisqu'il est toujours possible d'allonger le chemin fictif du point mobile de telle sorte que la somme $\int mvds$, prise le long de ce chemin, croisse au delà de toute limite. Donc ou bien l'intégrale $\int mvds$ est minimum, ou bien elle n'est ni maximum ni minimum; ce dernier cas se présente lorsque la variation seconde $\delta^2 V$ est égale à zéro, au lieu d'être positive.

Quoi qu'il arrive à cet égard, on voit que l'intégrale des forces vives, quand elle existe, contient les équations générales du mouvement du point libre, moyennant qu'on lui adjoigne une condition analytique unique, savoir :

$$\delta \int mvds = 0.$$

Nous verrons plus loin que le même théorème subsiste pour le mouvement d'un point assujetti à glisser sur une surface fixe, et plus généralement pour le mouvement d'un système matériel à liaisons. Le théorème de la moindre action ne fait connaître, en résumé, aucune équation nouvelle; c'est un complément de l'équation des forces vives, qui, pris isolément, n'aurait aucune signification.

56. L'équation $\dfrac{dv}{v} = \dfrac{d\omega}{\tang \mu}$, que nous avons posée en cinématique (I, § 96), est donnée directement par le théorème de la moindre action.

Soient S, S', S″ trois surfaces de niveau infiniment voisines, et AB, BC deux éléments consé-

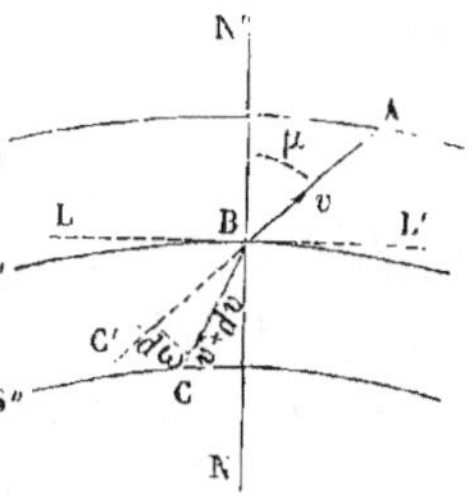

Fig. 35.

cutifs de la trajectoire compris entre ces surfaces ; soit v la vitesse du mobile dans l'élément AB ; $v + dv$ sera la vitesse du mobile dans l'élément BC. La composition d'une force égale à mv, appliquée en B, et dirigée dans le sens BA, avec une force appliquée au même point B, dans le sens BC, et ayant pour valeur $m (v + dv)$, donne une résultante dirigée suivant la normale BN à la surface S'. C'est la condition du minimum (II, § 20).

On peut diviser par m les deux composantes ; la direction de la résultante n'en sera pas altérée. Les trois droites BA, BN, BC sont donc d'abord dans un même plan.

Projetons les deux forces v et $v + dv$ sur une droite LL' menée dans ce plan perpendiculairement à BN ; les deux composantes devront se détruire.

Nous aurons en appelant μ l'angle de la force avec la trajectoire, angle égal à ABN', et $d\omega$ l'angle de contingence C'BC,

$$v \sin \mu = (v + dv) \sin (\mu - d\omega).$$

Développant les calculs, on trouve, en supprimant les infiniment petits d'ordre supérieur au premier,

$$\sin (\mu - d\omega) = \sin \mu - d\omega \cos \mu,$$

et

$$v \sin \mu = v \sin \mu + dv \sin \mu - v d\omega \cos \mu,$$

ou bien

$$dv \sin \mu = v d\omega \cos \mu.$$

et enfin

$$\frac{dv}{v} = \frac{d\omega}{\tang \mu}.$$

Si l'on projetait les forces mv et $m (v + dv)$ sur la direction BN, on sait qu'on aurait pour résultante l'impulsion élémentaire de la force F ; on doit donc trouver

$$m (v + dv) \cos (\mu - d\omega) - mv \cos \mu = F dt,$$

ou, en réduisant,

$$mv d\omega \sin \mu + m dv \cos \mu = F dt;$$

remplaçant ensuite dv par $\dfrac{vd\omega}{\tang \mu}$, il vient

$$\frac{mvd\omega}{\sin \mu} = \mathrm{F}dt;$$

d'où l'on déduirait la valeur connue, $\dfrac{mv^2}{\rho}$, de la composante normale de la force F.

REMARQUES SUR LES ÉQUATIONS DE LA DYNAMIQUE.

57. Les équations différentielles du mouvement d'un point libre sont au nombre de trois :

$$(1) \quad \left\{ \begin{aligned} m\,\frac{d^2x}{dt^2} &= \mathrm{X}, \\[1mm] m\,\frac{d^2y}{dt^2} &= \mathrm{Y}, \\[1mm] m\,\frac{d^2z}{dt^2} &= \mathrm{Z}. \end{aligned} \right.$$

L'intégration de ces équations, qui sont du second ordre, donnera trois équations entre x, y, z et le temps t, avec deux constantes arbitraires par équation, en tout six constantes arbitraires.

Pour définir ces six constantes arbitraires, on doit faire connaître dans chaque cas particulier le *point de départ* du point mobile, *la direction et la grandeur de sa vitesse initiale;* c'est-à-dire que, pour une valeur déterminée t_0 du temps, on donne les valeurs x_0, y_0, z_0 des coordonnées du point mobile, et les valeurs $\left(\dfrac{dx}{dt}\right)_0, \left(\dfrac{dy}{dt}\right)_0, \left(\dfrac{dz}{dt}\right)_0$ des composantes de sa vitesse.

Lorsque ces six quantités sont données, les équations différentielles définissent le mouvement sans aucune ambiguïté, pourvu que les fonctions X, Y, Z soient elles-mêmes bien définies pour toutes les valeurs des variables qui y figurent. Le mouvement est alors en effet complétement déterminé, et] problème d'analyse à résoudre n'est susceptible que d'une solution unique.

Une fois les équations différentielles intégrées, la solution se présente sous la forme

$$(2) \quad \begin{cases} x = \varphi(t, \alpha, \alpha', \beta, \beta', \gamma, \gamma'), \\ y = \psi(t, \alpha, \alpha', \beta, \beta', \gamma, \gamma'), \\ z = \chi(t, \alpha, \alpha', \beta, \beta', \gamma, \gamma'), \end{cases}$$

les lettres $\alpha, \alpha', \beta, \beta', \gamma, \gamma'$ désignant les six constantes arbitraires introduites par l'intégration.

On en déduit en différentiant

$$(3) \quad \begin{cases} \dfrac{dx}{dt} = \varphi'_t(t, \alpha, \alpha', \beta, \beta', \gamma, \gamma'), \\ \dfrac{dy}{dt} = \psi'_t(t, \alpha, \alpha', \beta, \beta', \gamma, \gamma'), \\ \dfrac{dz}{dt} = \chi'_t(t, \alpha, \alpha', \beta, \beta', \gamma, \gamma'). \end{cases}$$

Faisons ensuite dans ces six équations $t = t_0$. Les valeurs initiales connues nous donneront

$$(4) \quad \begin{cases} x_0 = \varphi(t_0, \alpha, \alpha', \beta, \beta', \gamma, \gamma'), \\ y_0 = \psi(t_0, \alpha, \alpha', \beta, \beta', \gamma, \gamma'), \\ z_0 = \chi(t_0, \alpha, \alpha', \beta, \beta', \gamma, \gamma'). \\ \left(\dfrac{dx}{dt}\right)_0 = \varphi'_t(t_0, \alpha, \alpha', \beta, \beta', \gamma, \gamma'), \\ \left(\dfrac{dy}{dt}\right)_0 = \psi'_t(t_0, \alpha, \alpha', \beta, \beta', \gamma, \gamma'), \\ \left(\dfrac{dz}{dt}\right)_0 = \chi'_t(t_0, \alpha, \alpha', \beta, \beta', \gamma, \gamma'), \end{cases}$$

et ces six équations feront connaître les six constantes $\alpha, \alpha', \beta, \beta', \gamma, \gamma'$, sans aucune ambiguïté.

Substituant leurs valeurs dans les équations (2) et (3), on aura les équations définitives du mouvement.

Mais, sans résoudre les équations (4), on peut déduire des équations (2) et (3) les constantes $\alpha, \alpha', \ldots$ exprimées d'une manière générale en fonction des quantités $t, x, y, z,$ $\dfrac{dx}{dt}, \dfrac{dy}{dt}, \dfrac{dz}{dt}.$

Imaginons que cette opération ait été effectuée. Au groupe des équations (2) et (3), nous pourrons substituer le groupe des six équations (5), qui ne sont que les équations (2) et (3) résolues par rapport aux constantes arbitraires :

$$(5) \quad \begin{cases} \alpha = F_1\left(t, x, y, z, \dfrac{dx}{dt}, \dfrac{dy}{dt}, \dfrac{dz}{dt}\right), \\[2mm] \alpha' = F_2\left(t, x, y, z, \dfrac{dx}{dt}, \dfrac{dy}{dt}, \dfrac{dz}{dt}\right). \\[2mm] \beta = F_3\left(t, x, y, z, \dfrac{dx}{dt}, \dfrac{dy}{dt}, \dfrac{dz}{dt}\right), \\[2mm] \cdots \cdots \cdots \cdots \cdots \end{cases}$$

Sous cette forme on reconnaît que la fonction $F_1\left(t, x, y, z, \dfrac{dx}{dt}, \dfrac{dy}{dt}, \dfrac{dz}{dt}\right)$ conserve une valeur constante, α, pendant toute la durée du mouvement. Il en est de même de la fonction F_2 qui conserve la valeur α', de la fonction F_3 qui conserve la valeur β, etc. En un mot, l'intégration des équations (1) fait connaître six fonctions du temps, des coordonnées et des vitesses, qui conservent chacune une valeur constante pendant toute la suite du mouvement.

Toute autre fonction des mêmes variables qui resterait constante pendant le mouvement serait exprimable au moyen des six premières fonctions. Car, si aux six équations (5) on ajoute une septième équation

$$(6) \qquad C = \Phi\left(t, x, y, z, \dfrac{dx}{dt}, \dfrac{dy}{dt}, \dfrac{dz}{dt}\right),$$

où C représente une nouvelle constante, on pourra éliminer x, y, z, $\dfrac{dx}{dt}, \dfrac{dy}{dt}, \dfrac{dz}{dt}$, entre les sept équations (5) et (6); ce qui fournira une équation finale

$$(7) \qquad \Psi\left(t, \alpha, \alpha', \beta, \beta', \gamma, \gamma', C\right) = 0.$$

D'où résulterait que C serait variable avec le temps t, résultat contraire à l'hypothèse. Si donc C est une constante, le temps doit disparaître de lui-même de l'équation (7), et cette équation exprime simplement C en fonction des six constantes

z, z', ... L'équation (6) n'exprime donc pas une propriété du mouvement distincte de celles qui résultent des équations (6).

Au lieu d'employer une notation spéciale pour désigner ces fonctions du temps, des coordonnées et de leurs vitesses, qu'on doit égaler à des constantes arbitraires z, z'..., on peut représenter par la même lettre la constante et la fonction qui lui est égalée, en les distinguant au besoin l'une de l'autre par des parenthèses. Ainsi la fonction (z) représentera la fonction $F_1 \left(t, x, z, \dfrac{dx}{dt}, \dfrac{dy}{dt}, \dfrac{dz}{dt} \right)$, qui est égalée à la constante z.

L'étude des fonctions (α), (α') ..., qui restent constantes pendant le mouvement d'un point ou d'un système, a conduit les analystes à des théories très-importantes. L'un des plus beaux résultats obtenus est un théorème dû à Poisson, au moyen duquel il suffit, dans certains cas, de connaître deux fonctions (z) et (α'), et de les combiner suivant une loi déterminée, pour trouver de nouvelles fonctions qui restent également constantes.

Pour résumer ces remarques, nous ferons observer que l'intégration des équations de la mécanique revient en définitive à chercher *ce qu'il y a de constant et de fixe dans le phénomène variable du mouvement.* C'est, à proprement parler, l'objet de toute science, de toute philosophie : chercher ce qu'il y a de stable parmi les changements incessants qui constituent les divers phénomènes.

APPLICATIONS DES THÉORÈMES GÉNÉRAUX A DES PROBLÈMES.

58. *Mouvement d'un point matériel attiré par un centre fixe proportionnellement à sa masse* m *et à sa distance à ce centre.*

Soit O, le centre d'attraction ;

A, une position du point matériel à un certain instant ;

AB, la direction de sa vitesse v ;

$OA = r$, la distance au centre.

La force appliquée au point est par hypothèse dirigée de A vers O, et elle est proportionnelle à r; on peut la représenter en valeur absolue par $K^2 mr$, en appelant K un nombre constant.

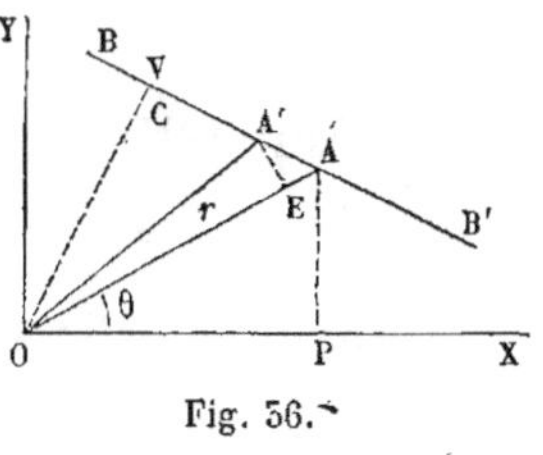

Fig. 56.

Le mouvement du point s'accomplira tout entier dans le plan passant par le point O et la vitesse AB; et comme la force passe par un point fixe O, le rayon OA décrira en temps égaux des aires égales autour de ce point.

Le théorème des aires et le théorème des forces vives suffisent pour déterminer la trajectoire.

Du point O abaissons une perpendiculaire $OC = p$ sur la vitesse. L'aire décrite dans un intervalle de temps dt par le rayon OA sera égale à $\frac{1}{2} p \times v\,dt$; la vitesse aréolaire étant constante, le produit pv est constant. Nous avons donc une première équation,

$$(1) \qquad pv = a^2,$$

en représentant par a^2 le double de l'aire constante décrite par le rayon vecteur dans l'unité de temps.

Le théorème des forces vives nous donne une seconde équation.

Considérons deux positions successives, A et A', du mobile sur la tangente AB. Exprimons que la demi-variation de force vive éprouvée par le mobile quand il passe du point A au point A', est égale au travail de la force, ou à $K^2 r \times AE$, AE étant la projection du chemin parcouru AA' sur la direction de la force. Le rayon OA étant représenté par r, le rayon OA' le sera par $r + dr$, et par suite $AE = - dr$. Le travail cherché est donc égal à

$$- K^2 mr\,dr.$$

La demi-variation de la force vive se réduit de même à un

de ses éléments, ou à la différentielle de $\frac{1}{2} mv^2$, ou enfin à $mvdv$.

D'où résulte l'équation différentielle

$$mvdv = - K^2 mrdr.$$

Cette équation s'intègre et donne

$$(2) \qquad \frac{1}{2} v^2 - \frac{1}{2} v_0^2 = \frac{1}{2} K^2 (r_0^2 - r^2),$$

en appelant v_0 la vitesse initiale, et r_0 la distance correspondante. Si entre les équations (1) et (2) on élimine v, on aura une relation entre p et r, qui sera, dans un système particulier de coordonnées, l'équation de la trajectoire (I, § 116).

L'équation (2) peut se mettre sous la forme simple

$$(3) \qquad v^2 = K^2 (b^2 - r^2),$$

b étant une nouvelle constante.

Or

$$r = \frac{a^2}{p}.$$

Donc, enfin, l'équation de la courbe est

$$(4) \qquad \frac{a^4}{K^2} = (b^2 - r^2) \times p^2.$$

59. Cette équation permettrait de tracer la courbe par l'intersection de ses tangentes successives ; pour la ramener aux coordonnées usuelles, soit rectangulaires, soit polaires, il serait nécessaire d'effectuer une nouvelle intégration. Si, au contraire, on trouve par une autre méthode l'équation de la trajectoire en coordonnées usuelles, l'équation (4) exprimera une propriété géométrique de la courbe.

Le problème se résout directement avec une grande facilité.

Par le point O menons dans le plan de la trajectoire deux axes rectangulaires OX, OY.

Appelons θ l'angle AOX ; faisons $OP = x$, $PA = y$.

Les équations différentielles du mouvement seront, après suppression du facteur m :

$$\frac{d^2x}{dt^2} = - \mathrm{K}^2 r \cos \theta = - \mathrm{K}^2 x,$$

$$\frac{d^2y}{dt^2} = - \mathrm{K}^2 r \sin \theta = - \mathrm{K}^2 y.$$

Elles s'intègrent indépendamment l'une de l'autre.

Soient A, B, C, D, quatre constantes arbitraires ; on parvient aux deux équations suivantes :

$$x = \mathrm{A} \sin \mathrm{K} t + \mathrm{B} \cos \mathrm{K} t,$$
$$y = \mathrm{C} \sin \mathrm{K} t + \mathrm{D} \cos \mathrm{K} t.$$

Prenant les dérivées de x et de y par rapport à t, on a

$$\frac{dx}{dt} = \mathrm{A} \mathrm{K} \cos \mathrm{K} t - \mathrm{B} \mathrm{K} \sin \mathrm{K} t,$$

$$\frac{dy}{dt} = \mathrm{C} \mathrm{K} \cos \mathrm{K} t - \mathrm{D} \mathrm{K} \sin \mathrm{K} t.$$

Supposons que pour $t = 0$ on donne les valeurs x_0, y_0, des coordonnées, et les valeurs $\left(\frac{dx}{dt}\right)_0$, $\left(\frac{dy}{dt}\right)_0$, de leurs vitesses. On devra avoir

$$x_0 = \mathrm{B},$$
$$y_0 = \mathrm{D},$$
$$\left(\frac{dx}{dt}\right)_0 = \mathrm{A} \mathrm{K},$$
$$\left(\frac{dy}{dt}\right)_0 = \mathrm{C} \mathrm{K},$$

équations qui font connaître les arbitraires.

L'équation de la trajectoire s'obtient en éliminant t entre les deux équations du mouvement. Il vient en résolvant par rapport à $\sin \mathrm{K} t$ et $\cos \mathrm{K} t$:

$$\sin \mathrm{K} t = \frac{\mathrm{D} x - \mathrm{B} y}{\mathrm{AD} - \mathrm{BC}},$$

$$\cos \mathrm{K} t = \frac{\mathrm{A} y - \mathrm{C} x}{\mathrm{AD} - \mathrm{BC}}.$$

Élevons au carré et ajoutons. Nous trouverons, après avoir chassé les dénominateurs,

$$(5) \qquad (\mathrm{A} y - \mathrm{C} x)^2 + (\mathrm{D} x - \mathrm{B} y)^2 = (\mathrm{AD} - \mathrm{BC})^2$$

équation qui représente une courbe du second ordre. Cette courbe est nécessairement limitée en tout sens ; car l'équation des forces vives a été ramenée à la forme

$$v^2 = \mathrm{K}^2 (b^2 - r^2),$$

ce qui montre que r a une limite supérieure b, au delà de laquelle v^2 deviendrait négatif. La courbe est donc une ellipse. Mais il y a un cas d'exception : c'est celui où AD — BC serait nul. Pour qu'il en soit ainsi, il faut que les données initiales satisfassent à la condition

$$y_\circ \left(\frac{dx}{dt}\right)_\circ - x_\circ \left(\frac{dy}{dt}\right)_\circ = 0,$$

ou bien que la direction de la vitesse initiale coïncide avec la direction du rayon OA correspondant. Dans ce cas, la trajectoire devient la ligne droite OA elle-même ; nous savons d'ailleurs que le mouvement n'amène jamais le point mobile en dehors d'un certain segment fini dont le point O est le milieu (§ 21). L'équation de la trajectoire se réduit dans ce cas à

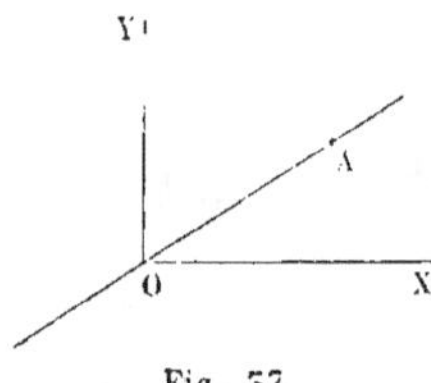

Fig. 57.

$$\mathrm{A}y - \mathrm{C}x = \mathrm{D}x - \mathrm{B}y = 0.$$

60. Le résultat obtenu n'est pas nouveau pour nous : Nous avons vu en cinématique (I, § 103) ; que, lorsqu'un point mobile parcourt une ellipse en décrivant en temps égaux des aires constantes autour de son centre, l'accélération totale est dirigée vers le centre et est proportionnelle à la longueur du rayon.

Si, au lieu d'une attraction, le point subissait une répulsion, la méthode serait la même, mais le calcul devrait être un peu modifié pour éviter les imaginaires. On aurait

$$\frac{d^2x}{dt^2} = \mathrm{K}^2 x,$$

$$\frac{d^2y}{dt^2} = \mathrm{K}^2 y.$$

On en déduirait

$$x = Ae^{Kt} + Be^{-Kt},$$
$$y = Ce^{Kt} + De^{-Kt}.$$

Résolvant par rapport à e^{Kt} et e^{-Kt}, on aurait

$$e^{Kt} = \frac{Dx - By}{AD - BC}, \qquad e^{-Kt} = \frac{Ay - Cx}{AD - BC},$$

et on éliminerait le temps en faisant le produit des deux équations. On trouverait $(Ay - Cx)(Dx - By) = (AD - BC)^2$ pour équation finale. Cette équation représente une hyperbole, ou une droite si $AD - BC = 0$.

61. Traitons encore ce problème par la simple géométrie.

La décomposition des accélérations et des forces peut se faire suivant des directions non rectangulaires, aussi bien que suivant des axes se coupant à angle droit. Prenons pour axes la droite OA, qui joint le point O à la position initiale du mobile, et une parallèle OD à la vitesse initiale AB.

Décomposons le mouvement cherché suivant les directions OA, OD. Soit M une position quelconque du point mobile ; la

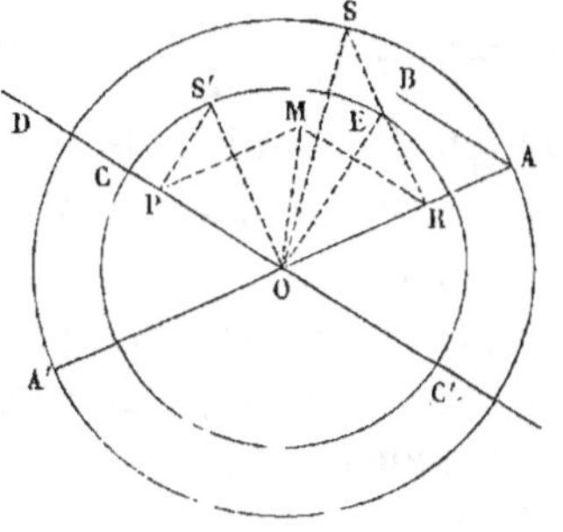

Fig. 38.

force $K^2 m \times OM$, qui sollicite le point dans la direction MO, peut se décomposer suivant les axes en deux composantes, l'une égale à $K^2 m \times MP$, l'autre égale à $K^2 m \times MR$. La projection R du point M sur OA se meut donc comme un point de masse m, qui serait attiré vers le centre O, le long de la droite OA, par une force égale à $K^2 m \times OR$; la projection P du mobile sur l'axe OD se meut de même comme un point de masse m attiré vers le point O par une force égale à $K^2 m \times OP$. Ces mouvements nous sont connus par le problème du § 21.

Pour le mouvement du point R, décrivons du point O, comme entre, une circonférence avec OA pour rayon, et imaginons qu'un mobile S parcoure cette circonférence avec une vitesse constante égale à aK, en appelant a la distance donnée OA. Le point R sera à chaque instant la projection orthogonale du mobile S sur le diamètre AOA'.

Quant au point P, nous savons qu'à l'origine du mouvement il occupe la position O, et qu'il a une vitesse égale à la projection de la vitesse v_0, c'est-à-dire la vitesse v_0 elle-même. On trouvera (§ 59) la limite extrême de ses oscillations en déterminant une longueur b par l'équation

$$v_0{}^2 = K^2 b^2,$$

ce qui donne

$$b = \frac{v_0}{K}.$$

On prendra de part et d'autre du point O deux distances $OC = OC' = b = \dfrac{v_0}{K}$; les points C et C' seront les limites de l'excursion du point mobile P. Ce point sera à chaque instant la projection orthogonale sur le diamètre CC', d'un point mobile S' qui parcourrait avec une vitesse constante égale à bK, ou égale à v_0, la circonférence décrite sur ce diamètre.

Les vitesses angulaires des deux rayons OS, OS' sont toutes deux égales à K.

Au point O élevons une perpendiculaire OE sur le diamètre CC'. A l'instant initial où le mobile part du point A, le point directeur S se trouve au point A, et le point directeur S' au point E. Faisons tourner dans le sens AB, avec une vitesse angulaire égale à K, le système invariable formé par les rayons OA, OE. Au bout d'un temps quelconque t, ce système occupera une position S'OS; projetant orthogonalement le point S sur le diamètre OA', et le point S' sur le diamètre CC', on aura les projections R et P du point mobile, et la position M de ce point s'obtiendra en achevant le parallélogramme PORM. Il est facile de reconnaître que le lieu du point M est une ellipse dont le centre est au point O.

62. On peut remarquer que, dans l'ellipse, CC' est, en grandeur et en direction, le diamètre conjugué du diamètre A'A; la

distance OC est égale $\dfrac{v_0}{K}$. Plus généralement le demi-diamètre

conjugué à un rayon quelconque r a pour valeur $\dfrac{v}{K}$, v étant

la vitesse correspondante à la distance r. Les équations que nous avons obtenues plus haut en appliquant les théorèmes des aires et des forces vives, peuvent être mises sous la forme

$$r^2 + \frac{v^2}{K^2} = r_0{}^2 + \frac{v_0{}^2}{K^2},$$

$$p\,\frac{v}{K} = p_0\,\frac{v_0}{K};$$

elles expriment les propriétés des diamètres conjugués de l'ellipse, connues sous le nom de *théorèmes d'Apollonius* :

Dans l'ellipse, la somme des carrés de deux diamètres conjugués est constante ;

L'aire de tout parallélogramme circonscrit à la courbe est constante.

MOUVEMENT D'UN POINT MATÉRIEL ATTIRÉ VERS UN CENTRE FIXE PROPORTIONNELLEMENT A SA MASSE ET A L'INVERSE DU CARRÉ DE SA DISTANCE A CE CENTRE.

63. Soit M la position du mobile au bout du temps t ; O, le centre d'attraction ; MO, la direction de la force, égale par hypothèse à $\dfrac{fm}{r^2}$, f étant un coefficient constant,

m la masse du point, et r la distance OM.

MA représente la direction de la vitesse v.

Le mouvement du point s'effectuera dans le plan mené par la vitesse MA et le point O. Menons dans ce plan, par le point O, une droite quelconque OP que nous prendrons pour axe polaire. La position du mobile sera définie à chaque instant par les coordonnées MOP $= \theta$ et OM $= r$.

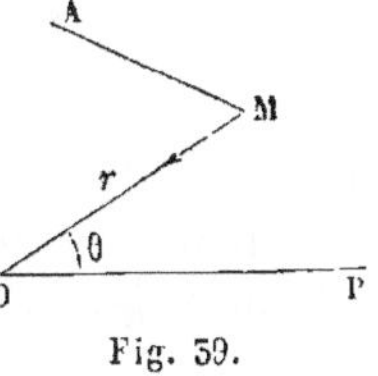

Fig. 59.

Le théorème des aires nous donne, puisque la force passe constamment par un point fixe, l'équation

$$(1) \qquad r^2 d\theta = A dt,$$

où A désigne une constante, qu'on peut regarder comme positive.

Le théorème des forces vives conduit à l'équation

$$\frac{1}{2} mv^2 - \frac{1}{2} mv_0^2 = \int - \frac{fm}{r^2} dr = fm \left(\frac{1}{r} - \frac{1}{r_0} \right),$$

qu'on peut écrire plus simplement sous la forme

$$(2) \qquad v^2 = \frac{2f}{r} + B,$$

B étant une constante égale à $v_0^2 - \dfrac{2f}{r_0}$.

L'équation de la trajectoire s'obtiendra en éliminant le temps entre les équations (1) et (2).

On a

$$v = \frac{ds}{dt} = \frac{\sqrt{dr^2 + r^2 d\theta^2}}{dt}.$$

Mais

$$dt = \frac{1}{A} r^2 d\theta.$$

Donc enfin

$$(3) \qquad A^2 \frac{dr^2 + r^2 d\theta^2}{r^4 d\theta^2} = \frac{2f}{r} + B,$$

équation qui ne contient plus que les variables r et θ.

Résolvons l'équation (3) par rapport à $d\theta$. Il vient

$$(4) \qquad d\theta = \frac{A dr}{r \sqrt{Br^2 + 2fr - A^2}},$$

équation différentielle que nous avons obtenue déjà en résolvant un autre problème (II, § 559).

Nous prendrons le radical avec le signe $+$ ou le signe $-$, suivant le signe de dr, de manière que $d\theta$ soit toujours positif. Car le mouvement s'opère, d'après l'équation (1), toujours dans le même sens autour du point C, et c'est ce sens que nous prenons pour sens positif.

La fonction contenue dans le second membre de l'équation (4) est intégrable, le radical carré qui y figure portant sur un polynome du second degré en r.

64. Ce radical est nécessairement réel. Donc il existe des valeurs de r qui rendent positif le trinome

$$\mathrm{B}r^2 + 2fr - \mathrm{A}^2$$

D'ailleurs le trinome se réduit à la valeur négative $-\mathrm{A}^2$ pour $r = 0$; pour r infini, il a le signe de B. Par conséquent, la trajectoire est limitée en tous sens si B est négatif, et les valeurs extrêmes du rayon vecteur r s'obtiendront en cherchant les racines de l'équation

$$\mathrm{B}r^2 + 2fr - \mathrm{A}^2 = 0.$$

Le rayon vecteur r ne peut varier qu'entre ces deux limites, et par suite la courbe est tout entière comprise entre deux cercles qu'on peut tracer à *priori*. C'est cette hypothèse que nous adopterons.

Nous représenterons les deux racines de cette équation par les expressions $a(1 - \varepsilon)$ et $a(1 + \varepsilon)$.

La somme des racines est $-\dfrac{2f}{\mathrm{B}}$; on aura donc

$$a = -\frac{f}{\mathrm{B}}.$$

Le produit des racines $a^2(1 - \varepsilon^2) = -\dfrac{\mathrm{A}^2}{\mathrm{B}}$.

Résolvant ces deux équations par rapport aux constantes A et B, il vient

$$\mathrm{B} = -\frac{f}{a}, \quad \mathrm{A} = \sqrt{fa(1 - \varepsilon^2)}.$$

Substituons dans l'équation (4); nous trouverons

$$(5) \qquad d\theta = \frac{\sqrt{fa(1 - \varepsilon^2)}\, dr}{r\sqrt{-\dfrac{f}{a}r^2 + 2fr - fa(1 - \varepsilon^2)}}.$$

Divisons haut et bas par r^2; en dénominateur, cela revient à supprimer le facteur r en dehors du radical, et à diviser par r^2 la quantité sous le radical.

On obtient ainsi l'équation

$$d\theta = \sqrt{fa\,(1-\varepsilon^2)}\ \dfrac{\dfrac{dr}{r^2}}{\sqrt{-\dfrac{f}{a}+\dfrac{2f}{r}-\dfrac{fa(1-\varepsilon^2)}{r^2}}},$$

ou encore, en supprimant haut et bas le facteur $\sqrt{fa\,(1-\varepsilon^2)}$,

$$(6)\qquad d\theta = \dfrac{\dfrac{dr}{r^2}}{\sqrt{-\dfrac{1}{a^2(1-\varepsilon^2)}+\dfrac{2}{a(1-\varepsilon^2)}\dfrac{1}{r}-\dfrac{1}{r^2}}}.$$

Faisons $\dfrac{1}{r}=r'$, d'où $\dfrac{dr}{r^2}=-\,dr'$. La quantité sous le radical prend la forme

$$-\dfrac{1}{a^2(1-\varepsilon^2)}+\dfrac{2}{a\,(1-\varepsilon^2)}r'-r'^2.$$

Complétons le carré en ajoutant et en retranchant $\dfrac{1}{a^2(1-\varepsilon^2)^2}$; il viendra

$$\dfrac{1}{a^2(1-\varepsilon^2)^2}-\dfrac{1}{a^2(1-\varepsilon^2)}-\left[r'-\dfrac{1}{a(1-\varepsilon^2)}\right]^2$$
$$=\dfrac{\varepsilon^2}{a^2(1-\varepsilon^2)^2}-\left[r'-\dfrac{1}{a(1-\varepsilon^2)}\right]^2.$$

L'équation (6) devient enfin

$$(7)\qquad d\theta = -\dfrac{dr'}{\sqrt{\dfrac{\varepsilon^2}{a^2(1-\varepsilon^2)^2}-\left[r'-\dfrac{1}{a(1-\varepsilon^2)}\right]^2}};$$

l'intégration donne alors immédiatement

$$\theta = \theta_1 + \arccos\dfrac{r'-\dfrac{1}{a(1-\varepsilon^2)}}{\dfrac{\varepsilon}{a(1-\varepsilon^2)}} = \theta_1 + \arccos\dfrac{a(1-\varepsilon^2)r'-1}{\varepsilon},$$

ou, en remplaçant r' par $\dfrac{1}{r}$,

$$(8)\qquad \theta = \theta_1 + \arccos\dfrac{1}{\varepsilon}\left[\dfrac{a(1-\varepsilon^2)}{r}-1\right];$$

θ_1 est la constante arbitraire introduite par l'intégration.

Résolvant par rapport à r, il vient en définitive

$$(9) \qquad r = \frac{a(1 - \varepsilon^2)}{1 + \varepsilon \cos(\theta - \theta_1)},$$

c'est-à-dire l'équation générale en coordonnées polaires d'une section conique rapportée à son foyer comme pôle.

Le coefficient ε est l'excentricité relative, et a le demi-axe qui contient les foyers réels de la courbe.

65. La nature de la courbe dépend de la grandeur de ε.

Si $\varepsilon < 1$, les deux racines, $a(1 - \varepsilon)$, $a(1 + \varepsilon)$, sont positives, et la courbe est une ellipse. Ce cas correspond, comme on l'a vu, à $B < 0$, ou à $v_0^2 < \dfrac{2f}{r_0}$. Si au contraire $B > 0$, ou si $v_0^2 > \dfrac{2f}{r_0}$, la courbe est une hyperbole. Enfin, si on avait $\varepsilon = 1$, il faudrait que a fût infini, et que B fût égal à 0; la courbe serait alors une parabole.

La nature de la courbe, ellipse, parabole ou hyperbole, dépend donc uniquement du signe de la quantité

$$v_0^2 - \frac{2f}{r_0};$$

elle dépend par conséquent de la grandeur v_0 de la vitesse initiale, et non de la direction de cette vitesse.

66. Pour achever le problème, il faut déterminer t en fonction de θ, ou d'une variable liée à θ par une relation connue. Quand le mouvement est elliptique, on exprime ordinairement le temps en fonction de l'angle appelé *anomalie excentrique.*

Soit O le foyer, centre d'attraction, C le centre de l'ellipse, AA'

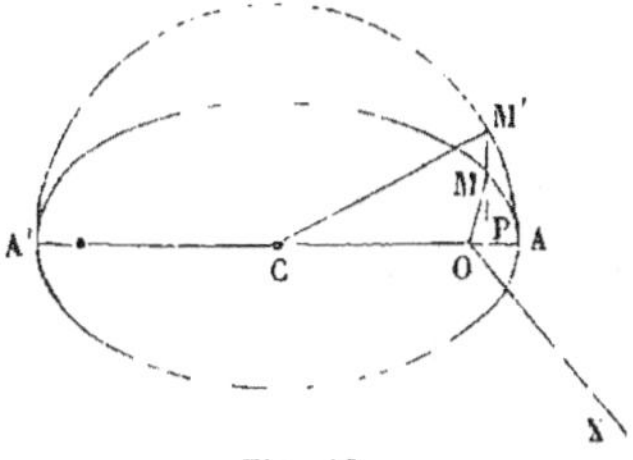

Fig. 40.

son grand axe, OX l'axe polaire arbitraire, mené par le point O dans le plan de la courbe. Décrivons un cercle sur AA' comme diamètre, et projetons le point M en P sur l'axe AA'; la droite PM prolongée coupe la circonférence AA' en un point M'. Joignons CM'. L'angle M'CA est ce qu'on nomme l'anomalie excentrique. Faisons $CA = a$, $CO = a\varepsilon$; l'angle $MOA = (\theta - \theta_1)$; $M'CA = u$. Projetons sur CA le contour COMM'; il viendra

$$a \cos u = a\varepsilon + r \cos(\theta - \theta_1).$$

L'équation de l'ellipse est d'ailleurs

$$r = \frac{a(1 - \varepsilon^2)}{1 + \varepsilon \cos(\theta - \theta_1)}.$$

Donc

$$\varepsilon r \cos(\theta - \theta_1) + r = a(1 - \varepsilon^2),$$
$$r \cos(\theta - \theta_1) = \frac{a(1 - \varepsilon^2) - r}{\varepsilon}.$$

Donc enfin

$$a \cos u = a\varepsilon + \frac{a(1 - \varepsilon^2)}{\varepsilon} - \frac{r}{\varepsilon} = \frac{a}{\varepsilon} - \frac{r}{\varepsilon}.$$

On en déduit

$$(10) \qquad r = a(1 - \varepsilon \cos u).$$

L'équation (4), dans laquelle on remplace $d\theta$ par sa valeur $\dfrac{A\,dt}{r^2}$, conduit à l'expression du temps t :

$$dt = \frac{r\,dr}{\sqrt{Br^2 + 2fr - A^2}},$$

ou, en remplaçant B et A par leurs valeurs en a et ε,

$$dt = \frac{r\,dr}{\sqrt{-\dfrac{f}{a} r^2 + 2fr - fa(1 - \varepsilon^2)}}.$$

Cette nouvelle équation est encore intégrable. L'intégration devient très-simple quand on remplace r par sa valeur en fonction de u.

On a en effet

$$-\frac{f}{a} r^2 + 2fr - fa(1 - \varepsilon^2)$$
$$= -\frac{f}{a} a^2 (1 - \varepsilon \cos u)^2 + 2fa(1 - \varepsilon \cos u) - fa(1 - \varepsilon^2)$$
$$= fa(1 + \varepsilon \cos u)(1 - \varepsilon \cos u) - fa(1 - \varepsilon^2)$$
$$= fa(1 - \varepsilon^2 \cos^2 u) - fa + \varepsilon^2 fa$$
$$= fa\varepsilon^2 \sin^2 u,$$

et

$$rdr = a(1 - \varepsilon \cos u) \times a\varepsilon \sin u\, du.$$

Donc

$$dt = \frac{a(1 - \varepsilon \cos u) \times a\varepsilon \sin u\, du}{\sqrt{fa\varepsilon^2 \sin^2 u}} = a\sqrt{\frac{a}{f}}(1 - \varepsilon \cos u)\, du.$$

Intégrant, il vient

$$t = a\sqrt{\frac{a}{f}}(u - \varepsilon \sin u) + C,$$

ou bien, en appelant α une nouvelle constante,

$$(11) \qquad t\frac{1}{a}\sqrt{\frac{f}{a}} + \alpha = u - \varepsilon \sin u.$$

Le coefficient $\dfrac{1}{a}\sqrt{\dfrac{f}{a}}$ est le *moyen mouvement* du mobile, c'est-à-dire la vitesse angulaire moyenne du rayon OM autour du point O. Car si u augmente de 2π, t augmente de la quantité T qui exprime la durée d'un tour entier de l'ellipse. On a donc

$$\frac{1}{a}\sqrt{\frac{f}{a}}\, T = 2\pi,$$

et par suite $\dfrac{1}{a}\sqrt{\dfrac{f}{a}}$ est la vitesse angulaire moyenne du rayon OM.

67. L'équation (11) fait connaître t en fonction de u, et par l'équation (10), en fonction de r.

Si au contraire on voulait connaître u en fonction de t, il faudrait résoudre par rapport à u l'équation (11). Ce problème est connu sous le nom de *problème de Kepler*.

Lorsque ε est très-petit, on peut par quelques approximations successives arriver à déterminer u en fonction de t. On a en effet, en négligeant d'abord $\varepsilon \sin u$,

$$u = \frac{t}{a}\sqrt{\frac{f}{a}} + \alpha.$$

Substituons cette valeur à u sous le signe sinus ; il viendra pour seconde approximation

$$u = \frac{t}{a}\sqrt{\frac{l}{a}} + \alpha + \varepsilon\sin\left(\frac{t}{a}\sqrt{\frac{l}{a}} + \alpha\right),$$

valeur qu'on peut corriger de nouveau en répétant la même opération.

La série de Lagrange donne immédiatement u en fonction de t.

La dérivée de $u - \varepsilon\sin u$ est $1 - \varepsilon\cos u$, quantité positive pour toute valeur réelle de l'angle u, pourvu que $\varepsilon < 1$, ce que nous admettons ici. La fonction $u - \varepsilon\sin u$ est donc croissante pour toutes les valeurs réelles de u, et par suite l'équation (11), pour une valeur donnée du temps, n'a qu'une racine réelle. C'est cette racine que la formule de Lagrange développe en série.

On commence par mettre l'équation sous la forme

$$u = \left(\frac{t}{a}\sqrt{\frac{l}{a}} + \alpha\right) + \varepsilon\sin u,$$

et faisant

$$\frac{t}{a}\sqrt{\frac{l}{a}} + \alpha = x,$$

elle est ramenée à la forme

$$u = x + \varepsilon\sin u,$$

qui rentre dans le type

$$u = x + \varepsilon\varphi(u).$$

La série de Lagrange est ordonnée suivant les puissances ascendantes de ε. Elle consiste dans l'égalité suivante, où f représente une fonction quelconque,

$$f(u) = f(x) + \varepsilon\varphi(x)f'(x) + \frac{\varepsilon^2}{1.2}\frac{d}{dx}[\varphi(x)^2 f'x] + \frac{\varepsilon^3}{1.2.3}\frac{d^2}{dx^2}[\varphi(x)^3 f'(x)] + \ldots,$$

ce qui donne, en faisant $f(u) = u$ et $\varphi(u) = \sin u$,

$$u = x + \varepsilon\sin x + \frac{\varepsilon^2}{1.2}\sin 2x + \frac{}{1.2}\sin^2 x \cos x + \ldots.$$

série d'autant plus convergente que l'excentricité ε est plus faible.

68. Le problème du mouvement elliptique peut être résolu géométriquement.

Nous avons démontré dans la *Cinématique* (I, § 115) que quand un point parcourt une ellipse, et que sa vitesse aréolaire autour de l'un des foyers de la courbe est constante, l'accélération totale, toujours dirigée vers ce foyer, est inversement proportionnelle au carré de la distance à ce point. Nous pouvons en conclure sur-le-champ que la trajectoire du point matériel soumis à une force centrale inversement proportionnelle au carré de la distance est une ellipse (plus généralement une courbe du second ordre), et que le centre d'attraction occupera l'un des foyers de la courbe ; toute la question est ramenée à déterminer cette ellipse d'après les données particulières du problème proposé.

Soit O le centre d'attraction, A la position initiale du point mobile, AB la direction de sa vitesse initiale, v_0 la grandeur de cette vitesse.

Nous connaissons un point de l'ellipse cherchée, le point A ; un foyer, O ; et une tangente, AB, au point donné.

Au point A, menons AN, perpendiculaire à AB ; cette droite est normale à l'ellipse, et coupe en deux parties égales l'angle formé par les droites qui joignent le point A aux deux foyers.

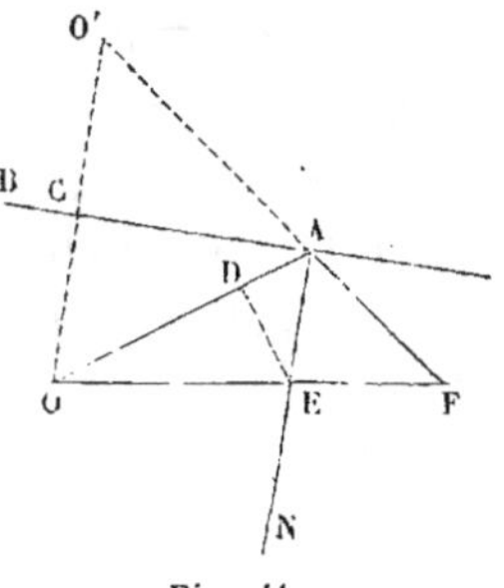

Fig. 41.

On aura donc une droite contenant le second foyer F en menant la droite AF qui fait avec AN un angle égal à l'angle OAN.

La force qui agit sur le point matériel placé en A a pour valeur $\dfrac{fm}{\overline{OA}^2}$, m étant la masse du point.

L'accélération totale au même instant est égale à $\dfrac{f}{\overline{OA}^2}$.

Or nous avons trouvé (I, § 115) pour valeur de cette accélération, la quantité $\dfrac{4\pi^2 a^3}{T^2} \times \dfrac{1}{OA^2}$, en appelant a le demi-grand axe et T la durée d'une révolution entière. Les deux valeurs seront égales si on a : $4\pi^2 a^3 = fT^2$.

Nous retrouvons en passant l'égalité $T = 2\pi \times \dfrac{a\sqrt{a}}{\sqrt{f}}$, qui nous montre que $\dfrac{\sqrt{f}}{a\sqrt{a}}$ est le moyen mouvement du mobile, c'est-à-dire la moyenne des vitesses angulaires pour un tour entier du rayon OA.

L'équation

$$(12) \qquad\qquad 4\pi^2 a^3 = fT^2$$

contient deux inconnues, a et T. Le théorème des aires va nous permettre d'en éliminer une.

La surface décrite dans l'unité de temps par le rayon OA est constante. Or abaissons sur la tangente la perpendiculaire $OC = p_0 = r_0 \sin \mu_0$, en appelant μ_0 l'angle BAO, et r_0 la distance OA. L'aire décrite dans l'unité de temps par le rayon vecteur est égale à $\frac{1}{2} v_0 p_0$. Soit b le demi-petit axe de l'ellipse. L'aire totale de l'ellipse sera πab, et par suite, T étant la durée du parcours du périmètre entier de la courbe, nous aurons

$$\pi ab = \frac{1}{2} v_0 p_0 \times T.$$

Donc

$$(13) \qquad\qquad T = \frac{2\pi ab}{v_0 p_0}.$$

Substituons cette valeur de T dans (12) ; il viendra

$$4\pi^2 a^3 = f \times \frac{4\pi^2 a^2 b^2}{v_0^2 p_0^2}.$$

ou, en réduisant,

$$(14) \qquad\qquad \frac{b^2}{a} = \frac{(v_0 p_0)^2}{f},$$

quantité connue. On sait (I, § 105) que dans l'ellipse $\dfrac{b^2}{a}$ est égal à la projection AD, sur la droite OA, de la portion AE de normale au point A, comprise entre ce point et le grand axe. On connaît donc la longueur AD, ce qui permet de construire le point D ; menons en ce point une perpendiculaire sur OA ; elle coupera la normale AN en un point E qui appartiendra au grand axe. Il restera à joindre OE et à prolonger cette droite jusqu'à la rencontre de AF, pour avoir au point d'intersection le second foyer F. La somme OA + AF sera le grand axe $2a$ de la courbe. Connaissant a, on en déduira b par l'équation $b = \sqrt{a \times AD}$, puis on déterminera T, et on aura tout ce qu'il faut pour construire la courbe et pour définir le mouvement du point mobile.

Le grand axe $2a$ ne dépend pas de la direction AB de la vitesse initiale. Il ne dépend que de la distance $OA = r_0$, de la grandeur v_0 de la vitesse initiale, et du coefficient donné f.

Prolongeons, en effet, la droite FA jusqu'à la rencontre avec OC, en un point O′, qui sera symétrique de O par rapport à la tangente AB. Par suite $FO' = FA + AO = 2a$.

Les droites parallèles AE, OO′, donnent la proportion

$$\frac{FO'}{OO'} = \frac{FA}{AE};$$

d'où l'on déduit

$$\frac{FO'}{OO'} = \frac{FO' - FA}{OO' - AE} = \frac{O'A}{OO' - AE} = \frac{OA}{OO' - AE}.$$

Mais les triangles COA, ADE sont semblables ; car ils ont les angles COA, DAE égaux comme alternes-internes, et les angles en D et C égaux comme droits. On a donc aussi la proportion

$$\frac{AE}{AD} = \frac{OA}{OC}.$$

Remplaçons dans la précédente équation AE par sa valeur tirée de la dernière ; il viendra

$$FO' = \frac{OA \times OO'}{OO' - \dfrac{OA}{OC} \times AD},$$

ou bien, en remplaçant FO' par $2a$, OA par r_0, OO' par $2p_0$, OC par p_0 et AD par sa valeur $\dfrac{v_0^2 p_0^2}{f}$,

$$2a = \frac{r_0 \times 2p_0}{2p_0 - \dfrac{r_0}{p_0} \times \dfrac{v_0^2 p_0^2}{f}} = \frac{2r_0 f}{2f - v_0^2 r_0},$$

quantité indépendante de p_0, ou de la direction assignée à la vitesse v_0.

De cette valeur on déduit successivement

$$a = \frac{r_0 f}{2f - v_0^2 r_0}, \qquad b = v_0 p_0 \sqrt{\frac{a}{f}} = v_0 p_0 \sqrt{\frac{r_0}{2f - v_0^2 r_0}},$$

$$T = \frac{2\pi ab}{v_0 p_0} = \frac{2\pi f r_0 \sqrt{r_0}}{(2f - v_0^2 r_0)^{\frac{3}{2}}}, \qquad \varepsilon^2 = \frac{a^2 - b^2}{a^2} = 1 - \frac{v_0^2 p_0^2}{f^2 r_0^2}(2f - v_0^2 r_0)^2.$$

La valeur de T, comme celle de a, est indépendante de la direction de la vitesse. On voit de plus, par ces constructions, à quelles conditions les données doivent satisfaire pour que la trajectoire soit une ellipse. Il faut, en effet, que $2a$ soit fini et positif, ou que $2f - v_0^2 r_0 > 0$, ce qui donne la condition déjà trouvée $v_0^2 < \dfrac{2f}{r_0}$.

Si $2f - v_0^2 r_0 = 0$, a est infini, l'ellipse se change en parabole ; et si $2f - v_0^2 r_0 < 0$, elle se change en une hyperbole ; la formule donne alors pour a la valeur, prise négativement, du demi-axe de la courbe.

REMARQUES SUR LES ÉQUATIONS DU MOUVEMENT D'UN POINT MATÉRIEL.

69. Les équations de la dynamique obtenues jusqu'ici appartiennent à différents types, que nous allons passer en revue.

Nous avons d'abord rencontré l'équation $F = mj$; elle exprime que la force qui intervient pour modifier le mouvement rectiligne et uniforme d'un point matériel, est égale à chaque instant au produit de la masse de ce point par l'accélération qu'elle lui imprime. Cette égalité suppose qu'on a fait choix d'une unité particulière pour évaluer les masses ; autrement, il faudrait substituer à cette équation l'équation plus générale

$$\frac{F}{F'} = \frac{m}{m'} \times \frac{j}{j'},$$

où figurent des rapports entre des quantités de même nature, rapports indépendants, chacun, de l'unité qui sert à en évaluer les deux termes.

Dans l'équation fondamentale

$$F = mj,$$

les nombres F et m représentent des quantités primitives, la *force* et la *masse*, tandis que le facteur j représente une quantité complexe, qui dépend à la fois du *temps* et de la *longueur* (I, § 4). Pour introduire explicitement dans l'équation ces deux autres éléments primitifs, il faut se reporter aux équations de la cinématique, qui établissent une relation entre l'accélération d'un mouvement varié, le temps t et l'espace s parcouru par le mobile. Nous avons en effet

$$s = \frac{1}{2} j t^2,$$

si l'accélération reste constante pendant tout le temps t.

Donc

$$j = \frac{2s}{t^2},$$

et par suite l'équation

$$F = \frac{2ms}{t^2}$$

est la relation cherchée. On parviendrait à une relation du même genre au moyen de l'équation $F = m \dfrac{d^2x}{dt^2}$.

70. Le mouvement du point M, dans un intervalle de temps infiniment petit t, s'obtient (fig. 42) en composant l'espace $MM' = vt$, parcouru sur la tangente, avec l'espace $M'M'' = \dfrac{1}{2} t^2$, décrit sous l'action de la force.

Considérons un autre point M_1, de masse m_1, animé d'une vitesse v_1 et sollicité par une force F_1, faisant avec la direction de v_1 un angle égal à l'angle que fait la force F avec la vitesse v; au bout d'un temps t_1, le point M_1 parvient en M''_1,

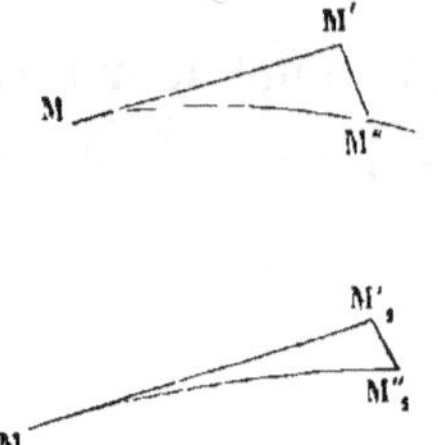

et son déplacement total se décompose de même en deux : l'un $M_1M'_1$ suivant la tangente, égal à v_1t_1; l'autre $M'_1M''_1$ suivant la direction de la force, égal à $\frac{1}{2}j_1t_1^2$. Cherchons les conditions nécessaires et suffisantes pour que le mouvement du point M_1 soit *semblable* au mouvement du point M. Il faut et

Fig. 42.

il suffit pour cela qu'il y ait similitude entre les figures $MM'M''$ et $M_1M'_1M''_1$; appelons donc α le rapport des longueurs quand on passe de l'une à l'autre; il faudra qu'on ait

$$\alpha = \frac{M_1M_1'}{MM'} = \frac{M_1'M_1''}{M'M''},$$

ou bien

$$\alpha = \frac{v_1t_1}{vt} = \frac{\frac{1}{2}j_1t_1^2}{\frac{1}{2}jt^2}.$$

Dans cette égalité, remplaçons j_1 par $\dfrac{F_1}{m_1}$ et j par $\dfrac{F}{m}$; il viendra

$$\alpha = \frac{\dfrac{F_1t_1^2}{m_1}}{\dfrac{Ft^2}{m}} = \frac{F_1}{F} \times \left(\frac{t_1}{t}\right)^2 \times \frac{1}{\left(\dfrac{m_1}{m}\right)};$$

c'est-à-dire que si l'on désigne par β le rapport des forces, par γ le rapport des temps et par ε le rapport des masses, la condition de similitude est

$$\alpha = \frac{\beta\gamma^2}{\varepsilon}.$$

Le rapport des vitesses $\dfrac{v_1}{v}$ est égal à

$$\frac{\alpha}{\left(\dfrac{t_1}{t}\right)} = \frac{\alpha}{\gamma}.$$

On déduit de ces égalités la loi de la *similitude mécanique*, formulée pour la première fois par Newton ; nous l'établissons ici pour le mouvement de points uniques ; mais il sera facile de voir, quand nous aurons étudié le mouvement des systèmes matériels, que le résultat est tout à fait général.

Pour que les mouvements de deux points matériels, ou de deux systèmes de points matériels, soient semblables, il faut et il suffit 1° que les deux systèmes soient géométriquement semblables dans l'état initial ; que les points homologues aient des masses proportionnelles, qu'ils soient animés à cet instant de vitesses proportionnelles et semblablement dirigées, et qu'ils soient sollicités pendant tout le cours du mouvement par des forces proportionnelles et semblablement dirigées ; 2° qu'entre le rapport α des dimensions linéaires homologues des systèmes et des longueurs décrites par les points homologues, le rapport β des forces, le rapport γ des intervalles de temps au bout desquels on compare les deux systèmes l'un à l'autre, et le rapport ε des masses des points homologues, on ait la relation :

$$\alpha = \frac{\beta \gamma^2}{\varepsilon} ;$$

le rapport λ des vitesses homologues est donné par l'équation

$$\lambda = \frac{\alpha}{\gamma}.$$

71. Comme application de cette loi, reprenons la question traitée au § 21.

Un point matériel de masse m abandonné sans vitesse au point A est attiré par le centre fixe O proportionnellement à sa masse et sa distance à ce point. La force a pour valeur $K^2 mr$. Un autre point matériel de masse m_1, abandonné sans vitesse en A_1, est de même attiré par le point O proportionnellement à sa masse et à sa distance au centre. La force a pour expression $K^2 m_1 r_1$. Les formules que nous avons trouvées § 21 montrent que le temps mis par le point m pour aller du point A au

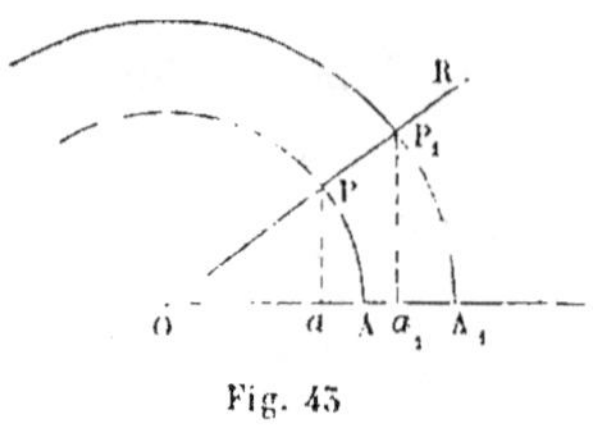

point O est égal au temps que met le point m_1 à aller du point A_1 au point O. Ce résultat ressort immédiatement des lois de la similitude. En effet, à l'origine du mouvement, on peut regarder OA et OA_1 comme des longueurs homologues ; le rapport de similitude des longueurs α est égal à $\dfrac{OA_1}{OA}$; le rapport β des forces est égal à $\dfrac{m_1 \times OA_1}{m \times OA}$, c'est-à-dire égal à $\varepsilon \times \alpha$; la condition de similitude est donnée par l'équation

$$\alpha = \frac{(\varepsilon \times \alpha) \times \gamma^2}{\varepsilon},$$

qui nous montre que $\gamma = 1$. C'est donc au bout de temps égaux que les deux mobiles doivent être comparés et qu'ils occuperont des positions homologues. La position homologue du point O est le point O lui-même, et les deux mobiles partis en même temps des points A et A_1 parviennent ensemble au point O.

Le rapport des vitesses λ est égal à α, c'est-à-dire au rapport des longueurs décrites.

Ces propositions s'aperçoivent directement par la construction suivante :

Si du point O comme centre on décrit deux circonférences OA, OA_1, et qu'on fasse tourner autour du point O le rayon OR avec une vitesse angulaire égale à K, les positions simultanées des deux points mobiles, qu'on suppose partis en même temps des points A et A_1, sont les projections, a et a_1, des points P et P_1, où le rayon mobile coupe ces deux circonférences.

FORCE D'INERTIE.

72. L'équation

$$F = mj$$

est susceptible d'une interprétation qui rend plus facile l'énoncé de certains théorèmes de mécanique.

Mettons-la sous la forme

$$F - mj = 0.$$

Nous pouvons regarder mj comme une force à laquelle nous attribuerons une direction contraire à l'accélération j du point mobile, ou, ce qui revient au même, contraire à la force F; l'équation précédente indique qu'il y a équilibre entre la force réelle F et la force fictive mj, qui lui est égale et contraire. Cette force mj, prise en sens contraire de l'accélération j, a reçu le nom de *force d'inertie*. Grâce à cette définition, on peut dire que *le mouvement d'un point matériel s'établit de manière qu'il y ait à chaque instant équilibre entre la force réelle* F *qui le sollicite et la force d'inertie.*

La force d'inertie, ainsi entendue, est une fiction et n'a rien de réel. On peut la mettre réellement en évidence ; pour cela, imaginons qu'au lieu d'appliquer directement la force F au point matériel M, nous enfermions ce point dans un système matériel S, animé du mouvement que le point M doit prendre; le système auxiliaire S sera, par exemple, la main de l'expérimentateur, qui guide le point M le long de sa trajectoire et lui communique à chaque instant la vitesse convenable. L'*action* exercée par le système sur le point M produisant les mêmes effets que la force F, est à chaque instant égale à la force F elle-même; la *réaction* exercée par le point M sur le système S est égale et contraire; c'est donc une force, $-F$, ou $-mj$, ou enfin, c'est ce que nous avons appelé la *force d'inertie*. On lui donne aussi le nom de *force de réaction*.

Nous pourrons donc définir la force d'inertie de la manière

suivante : *la force d'inertie d'un point matériel animé d'un certain mouvement est la réaction exercée par ce point sur un système matériel qui agirait sur lui pour lui communiquer le mouvement dont il est animé.*

73. La force d'inertie peut se décomposer suivant les trois axes coordonnés; si l'on appelle $\dfrac{d^2x}{dt^2}$, $\dfrac{d^2y}{dt^2}$, $\dfrac{d^2z}{dt^2}$, les composantes de l'accélération totale prises avec les signes convenables, la force d'inertie aura pour composantes, suivant les mêmes axes,

$$-m\,\frac{d^2x}{dt^2},$$

$$-m\,\frac{d^2y}{dt^2},$$

$$-m\,\frac{d^2z}{dt^2};$$

et les équations du § 15 (2°), mises sous la forme

$$X - m\,\frac{d^2x}{dt^2} = 0,$$

$$Y - m\,\frac{d^2y}{dt^2} = 0,$$

$$Z - m\,\frac{d^2z}{dt^2} = 0,$$

expriment l'équilibre entre les composantes de la force F et les composantes de la force d'inertie.

On peut aussi décomposer la force d'inertie en deux composantes, l'une suivant la tangente, l'autre suivant la normale à la trajectoire; la composante tangentielle est dirigée en sens contraire de l'accélération tangentielle; elle est égale au signe près à $m\,\dfrac{dv}{dt}$; on peut donc, en lui donnant un signe, la représenter par $-m\,\dfrac{dv}{dt}$. La composante normale est dirigée suivant la portion de la normale principale qui est extérieure à la courbe; elle sera opposée en direction à la composante centripète de l'accélération; on lui donne le nom de *force centrifuge*; elle a pour valeur $m\dfrac{v^2}{\rho}$, en désignant par ρ le rayon de courbure.

74. Cherchons le travail élémentaire de la force d'inertie pour un parcours $MM' = ds = v\,dt$ du point matériel.

La composante centrifuge de la force d'inertie, $m\dfrac{v^2}{\rho}$, a un travail nul, puisqu'elle est perpendiculaire à la trajectoire.

La composante tangentielle a pour valeur $-\,m\dfrac{dv}{dt}$, et le point d'application de cette force se déplace de la quantité $v\,dt$; chacun des deux facteurs porte son signe. Si la vitesse est positive et croissante, la force d'inertie a une direction opposée au mouvement, et par suite son travail élémentaire est négatif et égal à $-\,m\dfrac{dv}{dt}\times v\,dt = -\,mv\,dv$.

Il est facile, en prenant les autres combinaisons, de reconnaître que cette formule est générale. Le travail total de la force d'inertie est donc égal, pour un déplacement fini du point mobile, à l'intégrale de $-\,mv\,dv$ prise entre les extrémités de ce déplacement, ou à $\dfrac{1}{2}\,mv_0^2 - \dfrac{1}{2}\,mv^2$, v_0 et v étant les vitesses du mobile à ces deux extrémités.

Le travail de la force d'inertie, dans le passage du mobile d'un point A à un autre point B de sa trajectoire, est égal en valeur absolue, et de signe contraire, à la variation de la demi-force vive du point matériel dans ce parcours.

A chaque instant, il y a équilibre entre la force d'inertie et les forces qui sollicitent le point mobile. La somme des travaux virtuels de ces forces est donc à chaque instant égale à zéro, quel que soit le déplacement considéré. Parmi les déplacements virtuels qu'on peut imaginer, choisissons le déplacement réel du point, ce qui est évidemment permis, puisque le point est supposé libre. La somme des travaux des forces, y compris la force d'inertie, sera encore nulle. Faisons enfin la somme de tous ces travaux élémentaires depuis le point A jusqu'au point B, nous aurons une somme égale à zéro. Or, on trouve pour somme des travaux de la force d'inertie la demi-variation $\frac{1}{2} mv_0^2 - \frac{1}{2} mv^2$ de la force vive. Si donc T est la somme des travaux élémentaires des forces appliqués au point matériel, on aura l'équation

$$T + \frac{1}{2} mv_0^2 - \frac{1}{2} mv^2 = 0,$$

ou

$$\frac{1}{2} mv^2 - \frac{1}{2} mv_0^2 = T,$$

qui n'est autre chose que l'équation des forces vives.

L'équilibre entre la force réelle et la force fictive d'inertie conduit ainsi immédiatement à une démonstration du théorème des forces vives.

75. On voit en même temps la signification mécanique du produit $\frac{1}{2} mv^2$; c'est une fonction dont les différences, changées de signe, indiquent les valeurs du travail de la force d'inertie.

On a donné à cette quantité le nom de *puissance vive;* cette expression, déjà employée par Leibniz et proposée depuis par M. Belanger, qui s'en est servi dans ses cours et ses ouvrages, aurait l'avantage de bannir du langage le terme impropre de *force vive,* qui, comme nous allons le voir, date d'une époque où les principes de la mécanique n'étaient pas encore établis avec une parfaite exactitude, et faisaient le sujet de nombreuses controverses entre les géomètres[1].

---

[1] Quelques auteurs, entre autres Coriolis, appellent *force vive* le produit $\frac{1}{2} mv^2$, en y comprenant le facteur $\frac{1}{2}$. L'expression de *puissance vive* aurait avantage de prévenir toute équivoque.

INTERPRÉTATION DES MOTS : « FORCE D'UN CORPS EN MOUVEMENT. »

76. Le principal objet de ces discussions était la question de savoir comment on doit mesurer la *force d'un corps en mouvement*.

Cette expression n'a par elle-même aucun sens précis ; le mot *force* y est pris dans une acception vague, qui n'a rien de commun avec la signification attribuée à ce mot en mécanique.

La force est la cause qui intervient pour modifier l'état de repos ou de mouvement rectiligne et uniforme d'un point matériel ; dans un point matériel en mouvement, nous voyons d'abord deux éléments de natures différentes, une masse et une vitesse ; la force reste complétement étrangère au phénomène observé tant que la vitesse conserve sa direction et sa grandeur. Lorsque la vitesse change en grandeur, en direction ou à la fois en grandeur et en direction, nous savons qu'une force intervient pour produire les variations constatées ; mais *cette force n'appartient pas au corps* ; le corps la subit, et ne la possède pas ; on n'est pas fondé par conséquent à demander quelle est la force du point matériel.

Il n'est pas étonnant que les géomètres aient été en désaccord sur une question aussi mal posée. Les uns voulaient mesurer la force d'un corps en mouvement par le produit mv de la masse par la vitesse ; c'est-à-dire qu'ils appelaient force du corps ce que nous nommons sa *quantité de mouvement*. Les autres la mesuraient par le produit mv^2 de la masse par le carré de la vitesse, et c'est de ceux-ci que nous tenons l'expression de *force vive*, adoptée par eux pour désigner la force d'un corps animé d'un certain mouvement. Descartes et son école s'en tenaient à la première définition. Leibniz, Huyghens et les Bernoulli préféraient la seconde. La controverse dura jusqu'à ce que d'Alembert eût montré comment on pouvait concilier les deux opinions : il suffisait pour cela d'interpréter les principes, et d'introduire plus de précision dans le langage.

77. Lorsqu'un point matériel M, de masse m, parcourt une droite AB avec une vitesse v, on peut, en faisant agir sur ce point une force retardatrice constante F, réduire graduellement sa vitesse jusqu'à zéro ; le point matériel, abandonné alors à lui-même, restera indéfiniment en repos en un certain point M' de sa trajectoire, après avoir parcouru l'espace MM' $= s$ pendant toute la durée t de l'action de la force F. Nous pouvons appliquer au mouvement de ce point les théorèmes des quantités de mouvement et des forces vives.

Fig. 45.

La vitesse initiale du mobile est v, sa vitesse finale est zéro ; l'*accroissement* de la quantité de mouvement est donc négatif et égal à $- mv$; l'accroissement de la force vive est aussi négatif et égal à $- mv^2$. Le premier accroissement est égal à la somme des impulsions de la force, c'est-à-dire à $- Ft$; le second, au double du travail total de la force, c'est-à-dire à $- 2Fs$.

Les théorèmes nous donnent donc les deux équations :

$$mv = Ft,$$
$$mv^2 = 2Fs.$$

Au lieu d'une force F, appliquée au point en sens contraire de son mouvement, nous pouvons imaginer que le corps, pour aller de M en M', ait à vaincre un obstacle qui développe sur lui une résistance équivalente. En vertu du principe de l'action et de la réaction, le point matériel exercera contre l'obstacle, dans le sens de son mouvement, un effort égal à l'effort que l'obstacle exerce sur lui en sens opposé, c'est-à-dire un effort égal à F. Donc, *relativement à l'obstacle vaincu, le point matériel de masse* m, *animé de la vitesse* v, *représente un effort constant égal à* F, *qui s'exercerait pendant une durée égale à* t *et le long d'un parcours égal à* s.

La quantité de mouvement *mv* représente par conséquent l'*impulsion totale* Ft de la force F que le point mobile est capable de développer contre un obstacle jusqu'à son arrêt complet; et la demi-force vive, ou *puissance vive*, $\frac{1}{2} mv^2$, représente le *travail total*, Fs, de la même force pendant la même période. La force F reste d'ailleurs indéterminée; car elle varie, pour une masse et une vitesse données, avec les facteurs t et s qui ne sont pas définis d'avance. L'expression *force d'un corps en mouvement* n'a donc, comme nous l'avons déjà remarqué, aucun sens précis si on prend le mot *force* dans l'acception ordinaire; si par ces mots on entend, comme Descartes, le produit mv, ce sera, non pas une force proprement dite, mais l'*impulsion d'une force*, quantité complexe, égale au produit de la force par la durée de son action; si l'on adopte l'interprétation de Leibniz, et qu'on entende par ces mots la force vive, mv^2, ce n'est pas non plus une force proprement dite, mais bien un *travail*, c'est-à-dire le produit d'une force par un espace parcouru.

Dans les mathématiques, une expression est vicieuse quand elle possède ainsi deux sens différents entre lesquels la confusion est possible. Aussi la locution : « force d'un corps en mouvement » est-elle rayée depuis longtemps du vocabulaire de la mécanique.

L'expression de « force vive », qui date de la même époque, et qui représente même l'une des deux opinions alors en présence, aurait dû partager le même sort ; par une bizarrerie que nous ne chercherons pas à expliquer, elle a été conservée, mais les géomètres ne peuvent s'y tromper, et *force vive* n'est pour eux qu'une manière consacrée de désigner le produit mv^2. L'idée de force reste étrangère à cette définition.

Dans la pensée des anciens géomètres, *force vive* était l'antithèse de *force morte* ; les forces mortes, à dire vrai, étaient les forces de la statique, c'est-à-dire les forces proprement dites ; les forces vives étaient les forces produisant un mouvement effectif, ou plutôt encore les quantités complexes que l'on nomme aujourd'hui *travaux*. Ils partageaient aussi les forces en forces *actives* et forces *passives ;* par forces actives, ils désignaient les forces mouvantes ; par forces passives, certaines résistances ou les réactions d'appuis fixes. L'expression de *résistance passive*, que l'on emploie encore, est un legs malheureux de cette époque. A peu d'exceptions près, toutes ces locutions sont abandonnées aujourd'hui. On ne dit plus *force morte*, ni *force passive*, alliances de mots qui n'expriment aucune idée exacte, et personne n'est exposé à confondre la force avec la force vive ou avec le travail. Les définitions de la mécanique moderne préviennent ainsi une foule de discussions oiseuses, fondées sur de simples malentendus.

CHAPITRE III

MOUVEMENT D'UN POINT ASSUJETTI A DES LIAISONS

MOUVEMENT D'UN POINT ASSUJETTI A GLISSER SANS FROTTEMENT
SUR UNE SURFACE FIXE.

78. Les liaisons que nous étudierons dans ce chapitre sont de deux espèces : celles qui maintiennent le point matériel sur une surface fixe, et celles qui maintiennent le point matériel sur une courbe fixe. Nous y joindrons quelques problèmes sur la résistance des milieux.

Supposons d'abord qu'un point matériel de masse m soit assujetti à glisser sans frottement sur une surface fixe, définie par l'équation

$$(1) \qquad \Phi(x, y, z) = 0.$$

La réaction N de la surface sur le point sera normale à la surface, et, si l'on appelle α, β, γ les angles qu'elle fait avec les trois coordonnées, supposées rectangulaires, on aura la suite d'égalités

$$(2) \qquad \frac{\cos \alpha}{\dfrac{d\Phi}{dx}} = \frac{\cos \beta}{\dfrac{d\Phi}{dy}} = \frac{\cos \gamma}{\dfrac{d\Phi}{dz}} = \frac{1}{\pm \sqrt{\left(\dfrac{d\Phi}{dx}\right)^2 + \left(\dfrac{d\Phi}{dy}\right)^2 + \left(\dfrac{d\Phi}{dz}\right)^2}},$$

qui font connaître $\cos\alpha$, $\cos\beta$, $\cos\gamma$ en fonction de x, y et z. Le double signe du radical permet de distinguer sur la normale la portion *extérieure* et la portion *intérieure* à la surface.

Le point matériel subit, outre la réaction N, une force F, qui

l'on peut concevoir décomposée parallèlement aux trois axes.
Soient X, Y et Z ses composantes. En réunissant la force N et la
force F, le point peut être considéré comme libre, et, par
suite, son mouvement est défini par les équations

$$(3) \qquad \left\{ \begin{aligned} m \frac{d^2x}{dt^2} &= X + N\cos\alpha, \\ m \frac{d^2y}{dt^2} &= Y + N\cos\beta, \\ m \frac{d^2z}{dt^2} &= Z + N\cos\gamma. \end{aligned} \right.$$

Dans ces équations, remplaçons $\cos\alpha$, $\cos\beta$, $\cos\gamma$ par leurs
valeurs tirées des équations (2) ; nous aurons en tout quatre
équations, savoir : les trois équations (3) et l'équation (1),
entre les cinq variables x, y, z, N et t ; analytiquement, nous
pouvons donc définir quatre de ces variables en fonction de
la cinquième, et trouver, par conséquent, en fonction du
temps t les valeurs des coordonnées du point x, y, z, et de la
réaction de la surface.

Le double signe des valeurs de $\cos\alpha$, $\cos\beta$, $\cos\gamma$, ne donne
lieu à aucune ambiguïté. Remarquons, en effet, que nous pou-
vons prendre le radical dans les équations (2) avec tel signe que
nous voudrons, moyennant que nous donnions un signe à la
réaction N, au lieu de la prendre en valeur absolue. Le calcul
fera donc connaître la réaction N, non-seulement en grandeur,
mais encore en sens : positive, elle correspondra à la portion
de la normale définie par le signe $+$ du radical ; négative, à
la portion opposée.

79. Multiplions la première des équations (3) par dx, la seconde par dy, la troisième par dz, et ajoutons. Nous éliminons
ainsi la réaction N. Car on a, à un facteur près,

$$dx\cos\alpha + dy\cos\beta + dz\cos\gamma = \frac{d\Phi}{dx}\,dx + \frac{d\Phi}{dy}\,dy + \frac{d\Phi}{dz}\,dz = 0.$$

L'équation finale

$$(4) \qquad m\left(dx\,\frac{d^2x}{dt^2} + dy\,\frac{d^2y}{dt^2} + dz\,\frac{d^2z}{dt^2}\right) = X\,dx + Y\,dy + Z\,dz$$

est l'équation même qui sert de base au théorème des forces

vives. Intégrée, elle donne, en effet, en observant que

$$v^2 = \left(\frac{dx}{dt}\right) + \left(\frac{dy}{dt}\right)^2 + \left(\frac{dz}{dt}\right)^2,$$

$$(5) \qquad \frac{1}{2}\,mv^2 = C + \int X\,dx + Y\,dy + Z\,dz.$$

L'équation des forces vives s'applique donc au mouvement d'un point matériel glissant sans frottement sur une surface, sans qu'il soit besoin de tenir compte de la réaction de la surface : chose évidente, puisque cette réaction est toujours normale au chemin décrit par son point d'application.

80. Un cas particulier remarquable est celui où la force F est constamment nulle. On a alors $X = Y = Z = 0$.

L'équation (5) montre que la vitesse v est constante.

De plus, les équations (3) se réduisent à

$$m\,\frac{d^2x}{dt^2} = N\cos\alpha,$$

$$m\,\frac{d^2y}{dt^2} = N\cos\beta,$$

$$m\,\frac{d^2z}{dt^2} = N\cos\gamma,$$

de sorte que $\cos\alpha$, $\cos\beta$, $\cos\gamma$ sont respectivement proportionnels à d^2x, d^2y, d^2z. On a donc, en vertu des équations (2),

$$\frac{d^2x}{\left(\frac{d\Phi}{dx}\right)} = \frac{d^2y}{\left(\frac{d\Phi}{dy}\right)} = \frac{d^2z}{\left(\frac{d\Phi}{dz}\right)};$$

ce qui montre que la normale à la surface coïncide en direction avec la normale principale à la trajectoire. Nous retrouvons donc pour trajectoire du point matériel une *ligne géodésique* de la surface (II, § 339). Cette conclusion paraîtra encore mieux en traitant la question par la géométrie.

81. Lagrange a indiqué une méthode au moyen de laquelle on peut éliminer à la fois le temps t et la réaction N, et ramener à des termes purement géométriques la recherche de l'équation de la trajectoire.

Remplaçons dans les équations (3) les cosinus des angles

de la normale avec les axes par leurs valeurs déduites des équations (2). Posons, pour abréger,

$$R = \sqrt{\left(\frac{d\Phi}{dx}\right)^2 + \left(\frac{d\Phi}{dy}\right)^2 + \left(\frac{d\Phi}{dz}\right)^2},$$

en prenant le radical positivement; il viendra, en attribuant un signe à la réaction N, suivant qu'elle est extérieure ou intérieure à la surface,

$$(6) \quad \begin{cases} m\,\dfrac{d^2x}{dt^2} = X + \dfrac{N}{R}\dfrac{d\Phi}{dx}, \\[2mm] m\,\dfrac{d^2y}{dt^2} = Y + \dfrac{N}{R}\dfrac{d\Phi}{dy}, \\[2mm] m\,\dfrac{d^2z}{dt^2} = Z + \dfrac{N}{R}\dfrac{d\Phi}{dz}. \end{cases}$$

Multiplions la première par dy, la seconde par dx, et retranchons :

$$(7) \quad m\left(\frac{d^2y}{dt^2}\,dx - \frac{d^2x}{dt^2}\,dy\right) = Y\,dx - X\,dy + \frac{N}{R}\left(\frac{d\Phi}{dy}\,dx - \frac{d\Phi}{dx}\,dy\right).$$

De cette équation on peut chasser le temps t, en introduisant la vitesse v, laquelle est une fonction connue des coordonnées, d'après l'équation des forces vives.

On a identiquement

$$\frac{dy}{dx} = \frac{\left(\dfrac{dy}{dt}\right)}{\left(\dfrac{dx}{dt}\right)}.$$

Donc

$$d\,\frac{dy}{dx} = \frac{\dfrac{dx}{dt}\dfrac{d^2y}{dt^2} - \dfrac{dy}{dt}\dfrac{d^2x}{dt^2}}{\left(\dfrac{dx}{dt}\right)^2}\,dt = \frac{\dfrac{d^2y}{dt^2}\,dx - \dfrac{d^2x}{dt^2}\,dy}{\left(\dfrac{dx}{dt}\right)^2}.$$

On en déduit

$$\frac{d^2y}{dt^2}\,dx - \frac{d^2x}{dt^2}\,dy = \left(\frac{dx}{dt}\right)^2 d\,\frac{dy}{dx} = v^2\left(\frac{dx}{ds}\right)^2 d\,\frac{dy}{dx},$$

ce qui donne pour l'équation (7) :

$$(8) \quad mv^2\left(\frac{dx}{ds}\right)^2 d\left(\frac{dy}{dx}\right) = Y\,dx - X\,dy + \frac{N}{R}\left(\frac{d\Phi}{dy}\,dx - \frac{d\Phi}{dx}\,dy\right).$$

En combinant de même les deux dernières équations du groupe (6), on obtiendrait

$$(9) \qquad mv^2 \left(\frac{dy}{ds}\right)^2 d\left(\frac{dz}{dy}\right) = Z\,dy - Y\,dz + \frac{N}{R}\left(\frac{d\Phi}{dz}\,dy - \frac{d\Phi}{dy}\,dz\right).$$

Éliminons N entre ces deux équations ; l'équation finale ne contiendra plus que les coordonnées x, y, z, sauf la force vive mv^2, que nous supposons exprimable en fonction des mêmes coordonnées. L'équation finale est donc une équation différentielle entre x, y, z, qui achève de définir la trajectoire.

Lorsque la force extérieure X, Y, Z est constamment nulle, la vitesse v est constante, et l'élimination de mv^2 et de $\dfrac{N}{R}$ se fait par la simple division. L'équation de la trajectoire est alors

$$\frac{dx^2}{dy^2}\,\frac{d\left(\frac{dy}{dx}\right)}{d\left(\frac{dz}{dy}\right)} = \frac{\frac{d\Phi}{dy}\,dx - \frac{d\Phi}{dx}\,dy}{\frac{d\Phi}{dz}\,dy - \frac{d\Phi}{dy}\,dz},$$

équation qu'il serait aisé de déduire des équations données pour les lignes géodésiques (§ 80).

MOUVEMENT D'UN POINT MATÉRIEL ASSUJETTI A GLISSER SUR UNE SURFACE FIXE, SANS ÊTRE SOUMIS A AUCUNE FORCE.

82. La force appliquée au point étant nulle par hypothèse, le point est seulement soumis à la réaction de la surface directrice, et cette réaction est normale, puisque l'on suppose que la surface n'exerce aucun frottement. On peut donc considérer le point comme un point libre, soumis à l'action de cette force unique.

Soit, à un instant donné, M la position du point mobile sur la surface S ; m, la masse du point ; MT, la direction de sa vitesse v, tangente à la surface S ; MM', un arc de trajectoire, tangent à la droite MT.

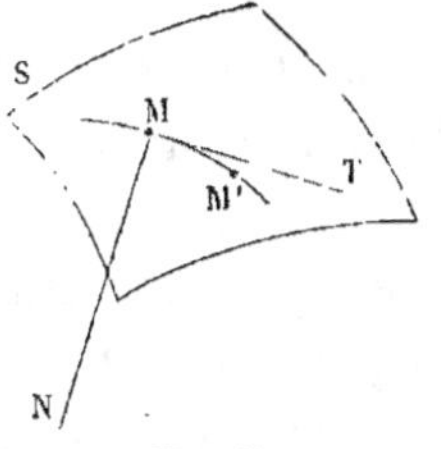

Fig. 46.

La réaction de la surface est une force dirigée suivant la normale MN, et c'est la seule force qui agisse sur le point.

Donc la normale MN à la surface S est contenue dans le plan osculateur de la trajectoire MM'; elle est d'ailleurs perpendiculaire à la tangente MT; elle est, par suite, la *normale principale* de la courbe MM' au point M.

La force totale qui sollicite un point matériel libre se décompose en deux composantes, l'une tangentielle et égale à $m\dfrac{dv}{dt}$, l'autre dirigée suivant la normale principale, et égale à $\dfrac{mv^2}{\rho}$, en désignant par ρ le rayon de courbure de la trajectoire. Ici, la force totale étant dirigée suivant la normale MN, la composante tangentielle est nulle, et l'on a constamment

$$m\frac{dv}{dt} = 0, \qquad \text{ou} \qquad dv = 0,$$

ou enfin $v =$ constante, ce qui montre que la *vitesse est constante*.

La force totale se réduit à la réaction N ; donc

$$N = m\frac{v^2}{\rho},$$

expression dans laquelle mv^2, force vive du point mobile, est constant, puisque v conserve toujours la même valeur ; *la réaction de la surface est donc inversement proportionnelle au rayon de courbure de la trajectoire*. Elle est dirigée vers la concavité de cette courbe.

Le mouvement d'un point matériel glissant sur une surface fixe, sans intervention d'aucune force, se réduit ainsi au parcours uniforme d'une ligne telle, qu'en chaque point la normale à la surface soit la normale principale de la ligne. Une ligne ainsi définie est une *ligne géodésique;* c'est sur la surface le chemin le plus court entre deux de ses points suffisamment rapprochés. C'est aussi la courbe que dessine un fil en équilibre tendu sur la surface (II, § 338). L'analogie des trajectoires et des courbes funiculaires se trouve encore ici vérifiée.

RAPPEL DE LA THÉORIE DE LA COURBURE DES SURFACES.

83. Par le point M pris sur la surface donnée S, menons la normale MN à cette surface ; puis conduisons par cette droite divers plans AMN, BMN ; ils coupent la surface suivant des lignes Mα, Mβ, qui passent toutes par le point M, et qui ont en ce point la droite MN pour normale commune. Les droites MA, MB, tangentes à ces mêmes lignes sont toutes perpendiculaires à MN et contenues dans le plan tangent à la surface.

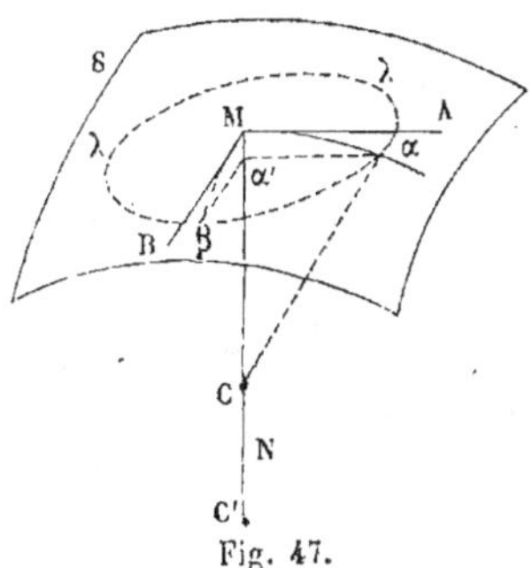
Fig. 47.

Déterminons sur MN les centres de courbure respectifs des courbes Mα, Mβ au point M. Pour avoir, par exemple, le centre de courbure de la courbe Mα, prenons un point α sur cette courbe à une distance infiniment petite du point M. Abaissons du point α une perpendiculaire $\alpha\alpha'$ sur MN, et observons que si l'arc Mα appartenait à un cercle de rayon R, on aurait

$$\text{corde } \overline{M\alpha}^2 = M\alpha' \times 2R.$$

D'où résulte $R = \dfrac{\overline{M\alpha}^2}{2M\alpha'}$, ou plutôt $R = \lim. \dfrac{\overline{M\alpha}^2}{2M\alpha'}$.

Le centre de courbure C de la courbe Mα s'obtiendra en prenant MC $=$ R sur la normale.

Pour une autre ligne Mβ, on trouvera par la même construction le centre de courbure C'. Remarquons que le rayon de courbure MC' $=$ R' peut être calculé par la formule

$$R' = \lim \frac{\overline{M\beta}^2}{2M\alpha'},$$

en prenant le point β à l'intersection de la courbe Mβ avec
plan mené par le point α′, ou par le point α, perpendiculairement à MN. Le point β et le point α appartiendront à la courbe
d'intersection λ de la surface S avec un plan mené parallèlement au plan tangent à une distance infiniment petite Mα′.

Les arcs infiniment petits Mα peuvent être confondus sans
erreur sensible avec les distances αα′ dont ils diffèrent d'un
infiniment petit du troisième ordre, et par conséquent les
rayons de courbure des sections normales sont proportionnels
aux carrés des rayons correspondants menés du point α′ à la
courbe αβ.

On a, en effet,

$$\frac{R}{R'} = \frac{\overline{M\alpha}^2}{\overline{M\beta}^2} = \frac{\overline{\alpha\alpha'}^2}{\overline{\beta\alpha'}^2}.$$

84. On démontre en analyse qu'à des infiniment petits
d'ordre supérieur près, la courbe λλ, obtenue en coupant la
surface par un plan parallèle au plan tangent et infiniment
voisin, est une courbe du second ordre. M. Charles Dupin lui
a donné le nom d'*indicatrice*. Cela revient à dire que tout autour
d'un point quelconque pris sur une surface donnée et à
des distances infiniment petites dans tous les sens, on peut
substituer à la surface une surface du second degré, sans altérer les courbures des sections faites dans la surface par des
plans normaux.

Soit toujours C le centre de courbure relatif à l'arc Mα. Si
l'on joint Cα, cette droite sera normale à la courbe Mα; mais
il est possible qu'elle ne soit pas normale à la surface. On reconnaît par l'analyse que la droite Cα n'est normale à la surface S que lorsque le point α est l'un des sommets de l'indicatrice : il y a en général deux directions seulement à partir
du point M, le long desquelles la normale à la surface rencontre la normale MN; ces deux directions définissent ce
qu'on appelle les *lignes de courbure;* elles correspondent aux
plus grandes ou aux plus petites valeurs des rayons de
courbure MC.

Les sections qui ont les rayons de courbure maximum ou minimum sont nommées *sections principales ;* et leurs rayons de courbure sont *les rayons de courbure principaux de la surface.* Les deux sections principales sont rectangulaires, à moins qu'il n'y en ait une infinité, comme cela arrive en tout point de la sphère, et aux points particuliers nommés *ombilics* des surfaces, auquel cas l'indicatrice se réduit à un cercle.

Connaissant les rayons de courbure principaux R et R′ d'une surface en un point, on peut en déduire le rayon de courbure de toute autre section normale. L'indicatrice les donne immédiatement.

En effet, pour obtenir l'indicatrice, il suffit de construire une ellipse dont les demi-axes MA, MB soient respectivement proportionnels à $\sqrt{R}$ et à $\sqrt{R'}$; cette ellipse étant construite, menons dans son plan, par son centre M, un rayon MD faisant avec MA un angle α égal à celui que fait le plan de la section donnée avec la section principale MA ; le rayon de courbure cherché, ρ, satisfera aux égalités

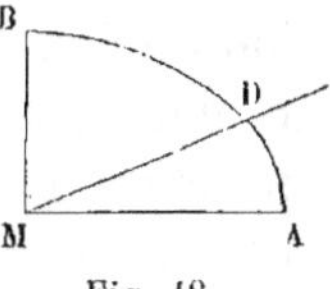

Fig. 48.

$$\frac{\rho}{\overline{\text{MD}}^2} = \frac{\text{R}}{\overline{\text{MA}}^2} = \frac{\text{R}'}{\overline{\text{MB}}^2}.$$

Soient a et b les demi-axes de l'ellipse, r la longueur MD, et α l'angle DMA ; on a en tous points de l'ellipse

$$\frac{1}{r^2} = \frac{\cos^2 \alpha}{a^2} + \frac{\sin^2 \alpha}{b^2}.$$

On aura donc aussi

$$\frac{1}{\rho} = \frac{1}{\text{R}} \cos^2 \alpha + \frac{1}{\text{R}'} \sin^2 \alpha,$$

formule au moyen de laquelle on pourra trouver le rayon de courbura ρ d'une section normale quelconque.

Ces résultats s'appliquent aux surfaces *à courbures op_posées*, pour lesquelles l'indicatrice, au lieu d'être une ellipse, est une hyperbole ; les rayons de courbure principaux sont alors de signes contraires, et le plan tangent au point M coupe la surface suivant deux lignes dont la courbure est nulle en ce point ; les tangentes à ces courbes sont parallèles aux asymptotes de l'indicatrice.

85. Passons à la courbure des sections obliques.

Un théorème, connu en géométrie sous le nom de *théorème de Meusnier*, donne le rayon de courbure d'une section oblique Mμ', connaissant le rayon de courbure de la section normale Mμ qui lui est tangente sur la surface.

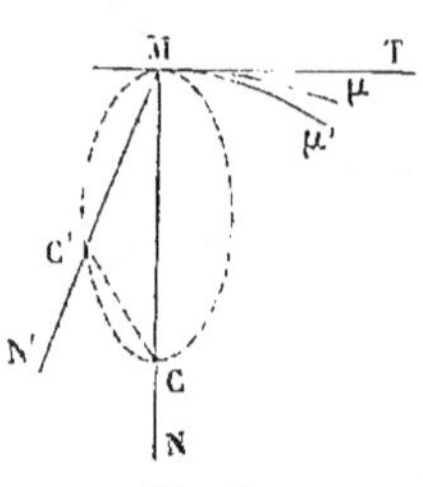

Fig. 49.

Soit MT la tangente commune à ces deux sections ; le plan de l'une est défini par les droites rectangulaires MN' et MT ; l'autre est dans le plan conduit par MT et la normale MN à la surface.

Soit C le centre de courbure de la section normale Mμ ; le théorème de Meusnier consiste en ce que le centre de courbure C' de la section oblique Mμ', peut s'obtenir en projetant le point C sur la droite MN'.

Il en résulte que la circonférence décrite sur MC comme diamètre, dans un plan perpendiculaire à la tangente commune MT, ou l'intersection de ce plan avec la sphère dont le diamètre est MC, est le lieu des centres de courbure de toutes les sections obliques obtenues en faisant passer des plans par cette droite MT.

Rappelons encore que la *transformée par rayons vecteurs réciproques* de la circonférence MC'C, par rapport au point M pris sur cette circonférence, est une droite perpendiculaire au diamètre MC (I, § 112).

MOUVEMENT D'UN POINT SUR UNE SURFACE FIXE. — SOLUTION GÉOMÉTRIQUE.

86. Soit S la surface fixe ; M, la position qu'occupe le point mobile, de masse m, à un instant donné ; v, sa vitesse, et MT, la direction de cette vitesse : ce sont les données initiales.

Soit F la force donnée, ou la résultante des forces données, qu'on suppose aussi connue en grandeur et en direction.

La réaction de la surface S est une force N de grandeur inconnue, dirigée suivant la normale MN.

Nous pouvons considérer le point comme libre, à la condition d'adjoindre la force N à la force F. Composant ces deux forces, nous aurons pour résultante une force MK, dont la direction coïncide avec celle de l'accélération totale du point mobile; la droite MK est donc contenue dans le plan osculateur de la trajectoire, plan qui contient d'ailleurs la tangente MT.

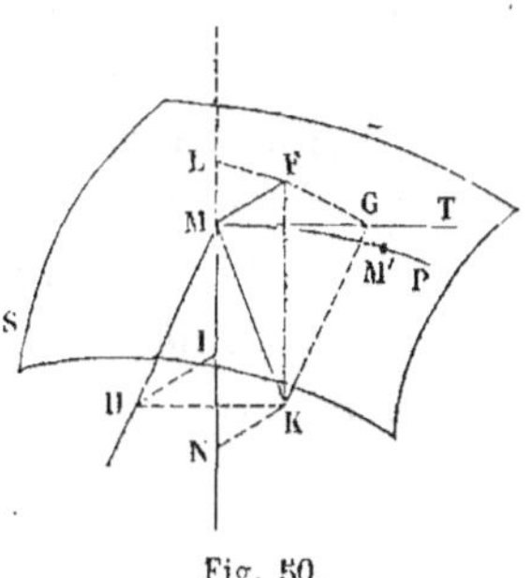

Fig. 50.

Menons dans le plan osculateur TMK une perpendiculaire MH à la tangente MT; la droite MH sera la normale principale de la trajectoire.

Or la force totale MK qui agit sur le point supposé libre a pour composante normale une force dirigée suivant la normale principale, et égale à $m\dfrac{v^2}{\rho}$, en appelant ρ le rayon de courbure; et pour composante tangentielle, une force MG qui est connue, car elle est la projection sur MT de la force donnée MF, la seconde force MN, perpendiculaire à MT, n'ayant point de projection sur cette droite.

Portons sur la normale principale une longueur $MH = \dfrac{mv^2}{\rho}$.

La position du plan osculateur HMT n'étant pas encore connue, considérons une série de plans conduits par la droite MT, et coupant chacun la surface suivant une certaine ligne; portons sur la normale à chacune de ces lignes une longueur $MH = \dfrac{mv^2}{\rho}$, en prenant pour ρ le rayon de courbure de la ligne correspondante. Le lieu des points H sera la transformée par rayons vecteurs réciproques de la circonférence lieu des centres de courbure ; c'est donc (§ 85) une droite III perpendiculaire à MN, menée dans le plan normal à MT, à une distance MI du point M égale à $\dfrac{mv^2}{R}$, R désignant le rayon de courbure de la section normale conduite par la tangente MT. La longueur MI est ainsi connue d'avance. Or, MI est la projection sur MN de la force totale MK ; elle est donc égale à la somme algébrique des projections sur la même droite des composantes MN et MF de cette force ; la force MN s'y projette en vraie grandeur ; la force MF a sur la normale à la surface une certaine projection connue ML, dont nous représenterons la grandeur par F cos α, et par suite nous aurons

$$MI = m\,\frac{v^2}{R} = N - F\cos\alpha,$$

équation où tout est connu, excepté N, et qui nous donne

$$N = F\cos\alpha + m\,\frac{v^2}{R}.$$

On peut remarquer que la distance III est égale à la projection de la force F sur un axe élevé au point M perpendiculairement au plan NMT.

Connaissant la réaction N de la surface, on la composera avec la force donnée MF, et l'on obtiendra la résultante MK, dont la direction achève de définir le plan osculateur de la trajectoire MP. La courbe MP, aux environs du point M, est l'intersection de la surface S et du plan TMK.

La composante tangentielle MG $=$ F cos β de la force F fait connaître la variation de la vitesse le long de la trajectoire, au moyen de l'équation

$$F\cos\beta = m\,\frac{dv}{dt}\,;$$

elle nous apprend quelle variation la vitesse du mobile éprouve pendant le temps infiniment petit du parcours de l'arc MM′ $= v\,dt$.

La direction de la vitesse $v + dv$ au point M′ s'obtiendra en composant la vitesse v, parallèle à MI, avec la vitesse acquise élémentaire parallèle à MK, et égale à $\dfrac{MK}{m} dt$.

On pourra donc répéter au point M′ les constructions que l'on a effectuées au point M, ce qui fournira un nouvel arc de la trajectoire.

87. Résumons cette méthode.

F étant la force donnée ;

MT, la direction de la vitesse v ;

α, β, γ, les angles de F avec la normale MN′, la tangente MT et une perpendiculaire MT′ élevée au point M sur le plan TMN.

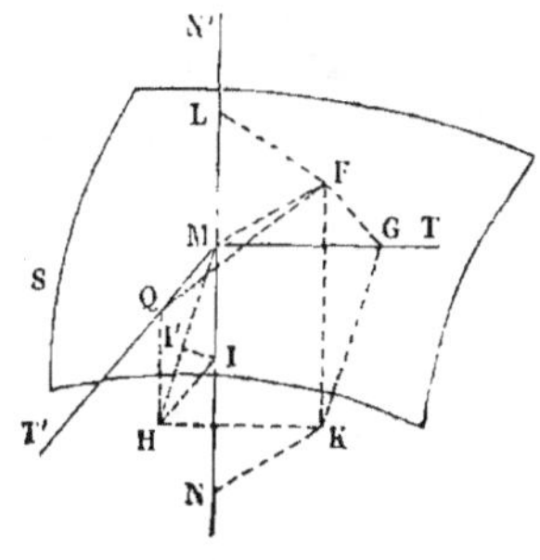

Fig. 51.

Décomposons la force F suivant les trois axes rectangulaires MT, MN et MT′.

Soient ML, MG, MQ les trois composantes, égales respectivement à

$$F \cos\alpha, \quad F \cos\beta, \quad F \cos\gamma.$$

La réaction N de la surface sur le point sera une force dirigée suivant MN, et égale à $\dfrac{mv^2}{R} + F \cos\alpha$; R désigne ici le rayon de courbure de la section faite dans la surface par le plan normal NMT.

Projetons le mouvement du point sur le plan tangent, nous obtiendrons pour la projection de la trajectoire une courbe tangente en M à la droite MT ; $F \cos\beta$ sera la composante tangentielle, et $F \cos\gamma$ la composante normale de la force qui produirait le mouvement ainsi projeté. Les vitesses sur la trajectoire projetée et sur la trajectoire effective sont d'ailleurs les mêmes au point M. L'équation

$$F \cos\gamma = \frac{mv^2}{\rho'}$$

nous donnera donc le rayon de courbure de la trajectoire projetée sur le plan tangent, c'est-à-dire le *rayon de courbure geo-désique* de la trajectoire.

Le triangle rectangle MIII lie ensemble trois rayons de courbure, car on a les trois égalités

$$MI = \frac{mv^2}{R},$$

$$MQ = III = \frac{mv^2}{\rho'},$$

$$MII = \frac{mv^2}{\rho};$$

et par suite

$$MI \times R = III \times \rho' = MII \times \rho.$$

Abaissons du point I une perpendiculaire II' sur l'hypo-ténuse MII du triangle MIH : nous aurons aussi

$$MI \times III = III \times MI = MII \times II',$$

ces trois produits mesurant chacun le double de la surface du triangle.

Divisant membre à membre, il vient

$$\frac{R}{III} = \frac{\rho'}{MI} = \frac{\rho}{II'},$$

de sorte que le rayon de courbure ρ de la section oblique, le rayon de courbure géodésique ρ' de la même section, et le rayon de courbure R de la section normale tangente sont entre eux comme les trois droites II', IM, III.

APPLICATION DES THÉORÈMES GÉNÉRAUX.

88. Un point matériel sollicité par des forces données F, F',... et assujetti à glisser sans frottement sur une surface fixe S, est dans les mêmes conditions qu'un point libre auquel serait appliquée, outre les forces données, une force N normale à la

surface et égale à la réaction qu'elle exerce à chaque instant sur le point.

Les théorèmes généraux s'appliquent au mouvement de ce point matériel, pourvu qu'on adjoigne la force N aux autres forces. Mais pour certains énoncés il arrive que la force N est éliminée.

1° *Le théorème des quantités de mouvement totales* (§ 34) consiste en ce que l'accroissement de la quantité de mouvement du point matériel entre deux époques est égal à la somme des impulsions élémentaires des composantes des forces F, F',... et N, projetées à chaque instant sur la tangente à la trajectoire. La trajectoire étant tracée sur la surface S est constamment normale à la force N, et par suite la somme des impulsions élémentaires de cette force estimée suivant la tangente est égale à zéro. Le théorème s'applique donc au mouvement du point matériel sans faire intervenir la réaction N de la surface.

Toutefois ce théorème est d'un usage peu commode, parce que la projection des forces doit se faire sur les tangentes successives à la trajectoire, qui, en général, n'est pas immédiatement connue.

2° *Le théorème des quantités de mouvement projetées* (§ 36), qui conduit à projeter les quantités de mouvement et les forces sur une droite fixe, n'élimine pas en général la réaction N de la surface. L'emploi de ce théorème, une fois le mouvement connu, permettra de déterminer cette réaction.

3° *Le théorème des moments des quantités de mouvement* (§ 38) n'élimine pas non plus en général la réaction N de la surface. Il y a cependant un cas très-étendu où l'élimination a lieu : c'est celui où les normales à la surface rencontren la droite fixe prise pour axe des moments. Dans ce cas, la surface est de révolution autour de cet axe. Le moment de la force N, constamment nul, n'entre pas dans l'équation.

Au contraire l'équation des moments pris par rapport à un autre axe contiendrait les moments de la force N.

4° *Le théorème des aires* (§ 42) s'applique lorsque la résultante de toutes les forces qui agissent sur le point mobile rencontre un axe fixe. On ne connaît pas d'avance l'intensité de la réaction N ; on ne peut donc pas, en général, s'assurer du premier coup qu'il existe une droite fixe rencontrant à chaque instant la résultante des forces F et N.

Mais il y a un cas particulier où le théorème des aires s'applique. C'est celui où la surface directrice étant une surface de révolution, la résultante des forces données F, F',... rencontre l'axe ou lui est parallèle. Alors la réaction N rencontrant aussi l'axe, la résultante de toutes les forces qui sollicitent le point a constamment un moment nul par rapport à l'axe de la surface. La proportionnalité des aires décrites aux temps mis à les décrire a lieu dans ce cas pour la projection du mouvement sur un plan normal à l'axe de révolution, pourvu qu'on prenne le pied de l'axe pour centre des aires.

5° Le *théorème des forces vives* (§ 45) s'applique, comme nous l'avons vu, au mouvement du point, sans qu'on ait à faire intervenir la réaction N ; car cette réaction étant constamment normale à la trajectoire, a un travail constamment nul. Dans l'application du théorème des forces vives, on pourra donc regarder le point comme libre, et s'occuper seulement des forces données F, F'... Si à la résultante de ces forces correspondent des *surfaces de niveau* (§ 47), définissant chacune une vitesse particulière pour le mobile, l'intersection de ces surfaces avec la surface S donnera des *lignes de niveau* où la vitesse du mobile sera de même définie.

6° Enfin le *théorème de la moindre action* s'applique à un point glissant sans frottement sur une surface fixe, lorsqu'il y a des lignes de niveau, tout aussi bien que si le point était libre. On pourrait facilement en donner une démonstration géométrique calquée sur celle que nous avons présentée pour le premier cas. La démonstration suivante est déduite de l'emploi du calcul des variations.

Soit $\varphi\,(x,\,y,\,z) = 0$ l'équation de la surface.

La vitesse v est donnée par l'équation des forces vives :

$$\frac{1}{2}\,mv^2 = \varphi(x,\,y,\,z) + \text{C}.$$

On propose de démontrer que la trajectoire satisfait à la condition $\delta \int mvds = 0$.

Les calculs donnent successivement

$$\delta\,(vds) = \delta vds + v\delta ds,$$
$$mv\delta v = \text{X}\delta x + \text{Y}\delta y + \text{Z}\delta z,$$

donc

$$mds\delta v = dt\,(\text{X}\delta x + \text{Y}\delta y + \text{Z}\delta z).$$

Mais

$$ds^2 = dx^2 + dy^2 + dz^2;$$

donc

$$\delta ds = \frac{dx}{ds}\,\delta dx + \frac{dy}{ds}\,\delta dy + \frac{dz}{ds}\,\delta dz$$

et

$$mv\delta ds = \frac{m}{dt}\,(dx\delta dx + dy\delta dy + dz\delta dz).$$

Intégrant entre les limites, il vient

$$\int m\delta vds = \int dt\,(\text{X}\delta x + \text{Y}\delta y + \text{Z}\delta z),$$
$$\int mv\delta ds = \int \frac{m}{dt}\,(dx\delta dx + dy\delta dy + dz\delta dz.$$

L'intégration par parties donne

$$\int \frac{dx}{dt}\,\delta dx = \frac{dx}{dt}\,\delta x - \int \delta x\,\frac{d^2x}{dt^2}\,dt,$$
$$\int \frac{dy}{dt}\,\delta dy = \frac{dy}{dt}\,\delta y - \int \delta y\,\frac{d^2y}{dt^2}\,dt,$$
$$\int \frac{dz}{dt}\,\delta dz = \frac{dz}{dt}\,\delta z - \int \delta z\,\frac{d^2z}{dt^2}\,dt;$$

et enfin

$$\delta \int mvds = m\left(\frac{dx}{dt}\,\delta x + \frac{dy}{dt}\,\delta y + \frac{dz}{dt}\,\delta s\right)$$
$$+ \int dt\left[\left(\text{X} - m\,\frac{d^2x}{dt^2}\right)\delta x + \left(\text{Y} - m\,\frac{d^2y}{dt^2}\right)\delta y + \left(\text{Z} - m\,\frac{d^2z}{dt^2}\right)\delta z\right].$$

La quantité en dehors du signe $\int$ s'annule aux limites,

puisque δx, δy, δz sont nuls pour les points qui forment les extrémités de l'arc considéré. La quantité sous le signe $\int$ s'annule également, en vertu des équations du mouvement du point sur la surface, car ces équations sont

$$m \frac{d^2 x}{dt^2} = X + N \cos \alpha,$$

$$m \frac{d^2 y}{dt^2} = Y + N \cos \beta,$$

$$m \frac{d^2 z}{dt^2} = Z + N \cos \gamma \, ;$$

N est la réaction de la surface, et α, β, γ les angles de la normale avec les axes coordonnés. Multipliant la première par δx, la seconde par δy, la troisième par δz, et ajoutant, il viendra :

$$\left(X - m \frac{d^2 x}{dt^2} \right) \delta x + \left(Y - m \frac{d^2 y}{dt^2} \right) \delta y + \left(Z - m \frac{d^2 z}{dt^2} \right) \delta z$$
$$= - N \left(\cos \alpha \, \delta x + \cos \beta \, \delta y + \cos \gamma \, \delta z \right) = 0,$$

puisque la direction définie par les variations δx, δy, δz, appartient à une surface normale à la droite définie par les angles α, β, γ.

Le minimum de la fonction $\int mv\,ds$, prise le long de la trajectoire, est ainsi démontré. La comparaison porte sur la trajectoire et des courbes tracées sur la surface donnée entre deux points fixes suffisamment rapprochés.

MOUVEMENT D'UN POINT PESANT SUR LA SPHÈRE.

89. Nous rapporterons la sphère sur laquelle le point est assujetti à glisser sans frottement, à trois axes rectangulaires, OX, OY, OZ, passant par son centre ; le plan XOY est horizontal ; l'axe OZ est vertical et dirigé de haut en bas, dans le sens de la pesanteur.

La position d'un point M de la surface peut être définie par ses trois coordonnées, $OT = x$, $TR = y$, $RM = z$; on a entre ces trois quantités la relation

$$(1) \qquad x^2 + y^2 + z^2 = R^2,$$

où R désigne le rayon OM de la sphère.

Elle peut être encore définie par deux angles, savoir, par l'angle dièdre $AOS = \varphi$, compris entre le plan fixe XOZ et un plan SOZ, mené par l'axe OZ et le point M; et par l'angle $COM = \theta$, compris entre l'axe OZ et le rayon OM. L'angle φ est pour ainsi dire la *longitude* du point M, et l'angle θ le complément de sa latitude, ou sa *colatitude*.

La réaction de la surface, N, est une force normale à la sphère, et dirigée suivant le rayon MO. Nous la supposerons dirigée vers le centre. La force N est, par exemple, la tension du fil ou de la tige OM, qui attache le point M au point O, et qui oblige le point M à se mouvoir sur la surface de la sphère. L'action exercée par ce fil ou cette tige sur le point M est

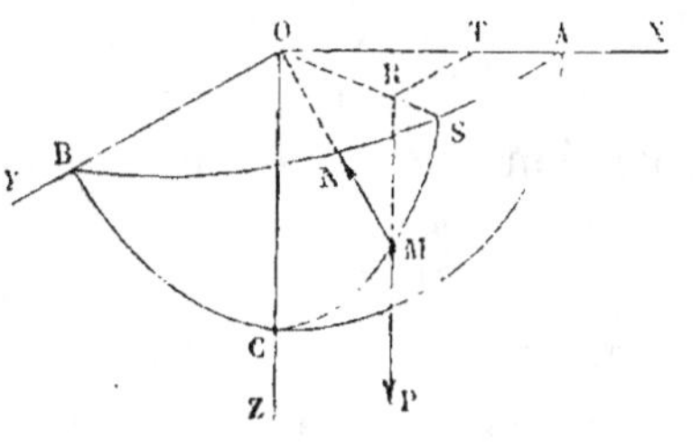

Fig. 52.

dirigée dans le sens MO si la tension est positive, et dans le sens opposé si la tension est négative, c'est-à-dire si elle se change en une compression. L'analyse nous fera connaître quelle hypothèse il convient d'adopter.

Les cosinus des angles que la force N, prise dans le sens OM, fait avec les trois axes coordonnés, sont respectivement égaux à $\dfrac{x}{R}$, $\dfrac{y}{R}$, $\dfrac{z}{R}$. Le poids P du point mobile est une force constante, parallèle à OZ et égale à mg. Les équations du mouvement sont donc

$$(2) \qquad \begin{cases} m\dfrac{d^2x}{dt^2} = -N\dfrac{x}{R}, \\[2mm] m\dfrac{d^2y}{dt^2} = -N\dfrac{y}{R}, \\[2mm] m\dfrac{d^2z}{dt^2} = mg - N\dfrac{z}{R}, \end{cases}$$

auxquelles il faut joindre l'équation (1).

Éliminons N entre les deux premières des équations (2) ; il viendra, en divisant par m,

$$x \frac{d^2 y}{dt^2} - y \frac{d^2 x}{dt^2} = 0,$$

ou en intégrant, et en appelant A une constante,

$$(3) \qquad\qquad x\,dy - y\,dx = A\,dt.$$

L'équation (3) est l'expression analytique du théorème des aires, quand on prend le plan XOY pour plan de projection et le point O pour centre des aires décrites par la projection du rayon OM. On aurait pu poser directement cette équation, en observant que les deux forces P et N qui agissent sur le point mobile, étant constamment situées dans un même plan avec l'axe OZ, les aires décrites autour de cet axe en projection sur un plan normal croissent proportionnellement au temps (§ 42).

Si l'on multiplie la première des équations (2) par dx, la seconde par dy, la troisième par dz, et qu'on ajoute, on élimine encore la réaction N, en vertu de la relation

$$x\,dx + y\,dy + z\,dz = 0,$$

que l'on obtient en différentiant l'équation (1). L'équation finale est

$$m \frac{dx\,d^2 x + dy\,d^2 y + dz\,d^2 z}{dt^2} = mg\,dz\,;$$

d'où l'on déduit par l'intégration, et par la suppression du facteur m

$$(4) \qquad\qquad \frac{dx^2 + dy^2 + dz^2}{dt^2} = 2gz + B.$$

Nous retrouvons le théorème des forces vives, que nous pouvions aussi appliquer directement.

Les équations (3) et (4), jointes à l'équation (1), renferment la solution du problème. Elles contiennent deux constantes arbitraires A et B, qu'on déterminera d'après les circonstances initiales du mouvement.

90. Pour intégrer ces équations (3) et (4), il convient de changer de variable, et d'exprimer x, y, z en fonction des angles φ et θ. On appliquera les formules de transformation :

$$x = R \sin \theta \cos \varphi,$$
$$y = R \sin \theta \sin \varphi,$$
$$z = R \cos \theta,$$

qui donnent par la différentiation

$$dx = R \cos \theta \cos \varphi\, d\theta - R \sin \theta \sin \varphi\, d\varphi,$$
$$dy = R \cos \theta \sin \varphi\, d\theta + R \sin \theta \cos \varphi\, d\varphi,$$
$$dz = - R \sin \theta\, d\theta,$$

et par suite

$$x\,dy - y\,dx = R^2 \sin^2 \theta\, d\varphi,$$
$$dx^2 + dy^2 + dz^2 = R^2 (d\theta^2 + \sin^2 \theta\, d\varphi^2).$$

La géométrie conduirait très-rapidement à ces dernières formules. Les équations (3) et (4) deviennent alors

$$R^2 \sin^2 \theta\, d\varphi = A\, dt,$$
$$R^2 (d\theta^2 + \sin^2 \theta\, d\varphi^2) = (2gR \cos \theta + B)\, dt^2.$$

Posons pour abréger

$$\frac{A}{R^2} = a,$$
$$\frac{B}{R^2} = b,$$
$$\frac{2g}{R} = c.$$

Les constantes a et b dépendront des arbitraires, tandis que c est une constante absolue, positive.

Les équations du mouvement prennent la forme

$$(5) \qquad \sin^2 \theta \frac{d\varphi}{dt} = a,$$

$$(6) \qquad \left(\frac{d\theta}{dt} \right)^2 + \sin^2 \theta \left(\frac{d\varphi}{dt} \right)^2 = c \cos \theta + b.$$

De l'équation (5) nous tirons $\dfrac{d\varphi}{dt} = \dfrac{a}{\sin^2 \theta}$; substituons cette valeur dans (6) ; il vient

$$(7) \qquad \left(\frac{d\theta}{dt} \right)^2 + \frac{a^2}{\sin^2 \theta} = c \cos \theta + b,$$

équation du premier ordre, qui suffit pour déterminer la relation entre 0 et t. Résolvons-la par rapport à dt. Nous aurons

$$(8) \qquad dt = \frac{d\theta}{\pm \sqrt{c\cos\theta - \dfrac{a^2}{\sin^2\theta} + b}}.$$

La différentielle dt est toujours positive; on devra donc prendre le radical avec le signe $+$ si $d\theta$ est positif, c'est-à-dire si le mobile monte, et avec le signe $-$ quand $d\theta$ est négatif, c'est-à-dire quand le mobile descend. Il faut d'ailleurs que le rapport $\dfrac{dt}{d\theta}$ soit toujours réel, ce qui exige que la quantité sous le radical, $c\cos\theta - \dfrac{a^2}{\sin^2\theta} + b$, soit toujours positive. Cette considération conduit à fixer deux parallèles de la sphère, entre lesquels le mouvement du point est nécessairement compris. Examinons comment varie la fonction

$$u = c\cos\theta - \frac{a^2}{\sin^2\theta} + b,$$

quand θ varie de 0 à π, ce qui embrasse toute la sphère. Pour $\theta = 0$, la fonction u est négative et infinie; pour $\theta = \dfrac{\pi}{2}$, elle est égale à $b - a^2$, quantité dont le signe n'est pas connu d'avance; enfin pour $\theta = \pi$, elle redevient égale à l'infini négatif. Entre les deux limites 0 et π, la fonction u varie d'ailleurs d'une manière continue. Le mouvement du point ne serait pas possible si u restait toujours négatif; il faut donc que cette fonction change deux fois de signe dans l'intervalle de $\theta = 0$ à $\theta = \pi$, pour deux valeurs θ_0 et θ_1, qui la rendent nulle. Entre ces deux valeurs, la fonction u reste positive.

Lorsque $u = 0$, il faut qu'on ait aussi $d\theta = 0$, sans quoi dt serait infini. Le mobile cesse donc pour ces valeurs θ_0 et θ_1 de monter ou de descendre, et $d\theta$ change de signe.

L'équation (5) donne ensuite φ par l'intégration de la fonction $\dfrac{a\,dt}{\sin^2\theta}$; remplaçant dt par sa valeur, on obtient

$$(9) \qquad d\varphi = \frac{a\,d\theta}{\pm \sin^2\theta \sqrt{c\cos\theta - \dfrac{a^2}{\sin^2\theta} + b}},$$

et l'on doit prendre encore le radical avec le signe qui assure toujours le même signe à $d\varphi$.

CAS PARTICULIERS.

94. 1° Si la vitesse initiale du mobile est dirigée dans un plan méridien, la constante a est nulle, et par suite $\dfrac{d\varphi}{dt} = 0$; on en déduit $\varphi =$ constante. Le mouvement s'opère le long d'un méridien de la sphère, et il est défini sur cette ligne par l'équation

$$\left(\frac{d\theta}{dt}\right)^2 = c\cos\theta + b,$$

que nous retrouverons plus loin dans la théorie du pendule simple.

2° Cherchons la condition nécessaire et suffisante pour que le point suive un parallèle. On aura alors $d\theta = 0$ et $\sin\theta =$ constante ; l'équation (5) donne

$$\frac{d\varphi}{dt} = \text{constante},$$

ce qui montre que le mouvement est uniforme.

Soit $\dfrac{d\varphi}{dt} = \omega$, vitesse angulaire constante du mobile autour de l'axe OZ. Il est facile de voir, en se reportant aux équations (2), que cette vitesse ω dépend l'angle θ, écart constant du rayon OM par rapport à la verticale.

En effet, les équations du mouvement du point sont dans cette hypothèse :

$$x = \text{R}\sin\theta\cos\omega t,$$
$$y = \text{R}\sin\theta\sin\omega t,$$
$$z = \text{R}\cos\theta.$$

On déduit de la première $\dfrac{d^2x}{dt^2} = -\text{R}\sin\theta\cos\omega t \times \omega^2 = -\omega^2 x.$

Mais la première des équations (2) nous donne

$$m\frac{d^2x}{dt^2} = -\text{N}\frac{x}{\text{R}}.$$

Divisant membre à membre, il vient

$$m = \frac{N}{R\omega^2},$$

ou

$$N = mR\omega^2.$$

La troisième des équations (2) donne en même temps

$$m\frac{d^2z}{dt^2} = mg - N\frac{z}{R},$$

ou, puisque z reste constant,

$$0 = mg - N\frac{z}{R}.$$

Donc

$$N = \frac{mgR}{z}.$$

Égalant les deux valeurs de N, il vient

$$\frac{mgR}{z} = mR\omega^2,$$

ou bien

$$z = \frac{g}{\omega^2},$$

ou encore

$$\cos\theta = \frac{g}{R\omega^2}.$$

Pour que cette relation soit admissible, il faut que $\frac{g}{\omega^2}$ soit plus petit que R. Si la vitesse angulaire ω était très-petite, la formule $\cos\theta = \frac{R\omega^2}{g}$ ne donnerait pas la vraie solution du problème.

Mais alors on pourrait satisfaire aux équations en posant $x = 0$, $y = 0$, et $z = \pm R$. Car ces hypothèses vérifient les deux premières équations (2) en laissant N indéterminé; la réaction N est ensuite donnée par la troisième des équations (2), $N = \pm mg$. Le point matériel reste alors en équilibre au point le plus bas, ou au point le plus haut de la sphère, et peut être considéré comme tournant autour de l'axe OZ avec une vitesse uniforme ω, aussi petite qu'on voudra.

3° Il y a encore un cas particulier très-remarquable : c'est celui où le mobile s'éloigne très-peu du point le plus bas de la sphère. S'il en est ainsi, z différera très-peu de R, et par suite $\dfrac{d^2z}{dt^2}$ sera sensiblement nul : la réaction N variera très-peu, et pourra sans erreur appréciable être confondue avec le poids mg. Les deux premières équations (2) deviennent, au même degré d'approximation,

$$m\,\frac{d^2x}{dt^2} = -mg\,\frac{x}{R},$$

$$m\,\frac{d^2y}{dt^2} = -mg\,\frac{y}{R},$$

ou

$$\frac{d^2x}{dt^2} = -\frac{g}{R}\,x,$$

$$\frac{d^2y}{dt^2} = -\frac{g}{R}\,y;$$

de sorte que le mouvement projeté sur le plan XOY est identique au mouvement d'un point matériel attiré vers un centre fixe, O, proportionnellement à la distance à ce point. La trajectoire est donc une ellipse dont le point O est le centre (§ 59)[1].

PRESSION DU POINT SUR LA SURFACE.

92. Pour trouver la pression N du point sur la sphère, nous appliquerons la formule du § 68,

$$N = F\cos\alpha + \frac{mv^2}{R},$$

où F désigne la force extérieure, α l'angle qu'elle fait avec la normale à la courbe et R le rayon de courbure de la section normale menée tangentiellement à la vitesse v.

Ici R est égal au rayon de la sphère, F est égal à mg, enfin α est l'angle que nous appelons θ. Donc

$$N = mg\cos\theta + \frac{mv^2}{R}.$$

[1] Si l'on pousse plus loin l'approximation, on trouve que le mouvement s'accomplit encore suivant une ellipse, mais que *cette ellipse est mobile autour de l'axe OZ*. Voy. H. Résal, *Traité de Mécanique générale*, 1873, t. I, p. 180 et suiv.

SOLUTION GÉOMÉTRIQUE DU PROBLÈME LORSQUE LE POINT PARCOURT
UNIFORMÉMENT UN PARALLÈLE.

93. Supposons que le point matériel parcoure un *parallèle*
de la sphère, c'est-à-dire un petit cercle
situé dans un plan horizontal ; soit IM la
trace de ce plan sur le plan de la figure.
Le théorème des forces vives, ou le théorème des aires, nous montre qu'alors la
vitesse du mobile est constante. Le mouvement cherché est donc celui d'un point
qui parcourt uniformément une circonférence.

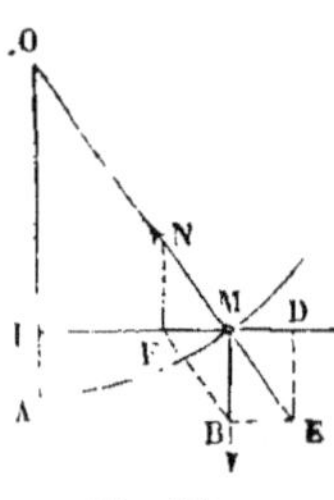

Fig. 53.

Appelons ω la vitesse angulaire du rayon mené du point I au
point mobile. La force qui produit le mouvement circulaire
uniforme est dirigée vers le centre I de la circonférence décrite,
et elle a pour valeur $\dfrac{mv^2}{r}$, en appelant v la vitesse linéaire,
m la masse du point, et r le rayon IM, ou bien $m\omega^2 r$, en remplaçant v par sa valeur ωr. Le point est en réalité sollicité par
deux forces, son poids $MB = mg$, et la réaction MN de la surface. La résultante MF de ces deux forces doit être dirigée
suivant MI, et égale à $m\omega^2 r$. Par conséquent la réaction N
est égale et contraire à la résultante ME de la force MB et
d'une force MD égale et contraire à MF. Cette propriété nous
fait connaître la relation qui existe entre la vitesse angulaire ω
et la distance OI, laquelle définit le plan de la trajectoire.
Les triangles OIM, MBE sont semblables et donnent la proportion

$$\frac{OI}{IM} = \frac{MB}{BE},$$

d'où l'on tire

$$OI = \frac{IM}{BE} \times MB = \frac{r}{m\omega^2 r} \times mg = \frac{g}{\omega^2}.$$

Cette équation ne contient pas le rayon R de la sphère donnée. Elle s'applique donc à une sphère quelconque; la vitesse angulaire du mobile qui parcourt uniformément un parallèle ne dépend que de la distance de ce parallèle au centre. On doit observer qu'à une vitesse angulaire donnée ω, correspond toujours une distance OI, mais que le problème peut n'avoir aucune solution réelle; car il faut, pour qu'on trouve un parallèle, que, cette distance soit moindre que le rayon OA. Nous avons vu (§ 91, 2°) que, lorsqu'il n'en est pas ainsi, le point matériel reste en équilibre au point le plus bas de la surface, ce qui correspond à la solution $r = 0$, écartée par la suppression d'un facteur commun.

Le résultat obtenu pour la sphère s'applique à toute surface de révolution à axe vertical; la distance OI est alors le segment intercepté sur l'axe entre l'ordonnée MI et la normale MO de la courbe méridienne, segment qu'on appelle en géométrie la *sous-normale* de cette courbe.

Dans la parabole rapportée à son axe de figure, la sous-normale est constante; si donc un point matériel pesant est assujetti à glisser sans trottement sur un paraboloïde de révolution à axe vertical, on pourra lui faire décrire tel parallèle que l'on voudra, en lui communiquant autour de l'axe une vitesse angulaire constante, égale à la racine carrée du quotient de g par la sous-normale de la courbe génératrice.

Cette propriété est utilisée dans la construction des *régulateurs*.

La durée d'une révolution entière s'obtiendra en divisant 2π par ω, ce qui donne

$$t = 2\pi \sqrt{\frac{\text{OI}}{g}}.$$

MOUVEMENT D'UN POINT SUR UNE COURBE FIXE.

94. Lorsqu'un point matériel est assujetti à glisser sans frottement sur une courbe fixe, la trajectoire est complétement définie, et il ne reste plus à déterminer que deux quantités, la vitesse du point à chaque instant, et la réaction nor-

male de la courbe, dont la grandeur et la direction sont à la fois inconnues.

Les théorèmes généraux s'appliquent à ce cas particulier, pourvu qu'on rende le point libre en introduisant la réaction de la ligne qui le dirige ; cette réaction disparaîtra de *l'équation des quantités de mouvement totales* et de *l'équation des forces vives*, parce qu'elle fait un angle droit avec la direction du mouvement. Mais elle ne disparaîtra pas, en général, des équations *des quantités de mouvement projetées*, ou des *moments des quantités de mouvement* ; le théorème des aires ne pourra être appliqué que si on a reconnu que la résultante des forces données et de la réaction normale est à chaque instant contenue dans un plan passant par une droite fixe.

95. Les équations générales du mouvement sont dans ce cas :

$$(1) \quad \begin{cases} m \dfrac{d^2 x}{dt^2} = X + N \cos \alpha, \\[2mm] m \dfrac{d^2 y}{dt^2} = Y + N \cos \beta, \\[2mm] m \dfrac{d^2 z}{dt^2} = Z + N \cos \gamma ; \end{cases}$$

N est la réaction normale de la courbe ; α, β, γ sont les angles qu'elle fait avec les trois axes. On a de plus entre x, y et z les équations de la courbe

$$(2) \quad \begin{cases} \Phi(x, y, z) = 0, \\ \Psi(x, y, z) = 0. \end{cases}$$

Les angles α, β, γ ne sont pas déterminés à priori en fonction de x, y, z, comme lorsqu'il s'agit du mouvement sur une surface. On a seulement entre eux les relations

$$(3) \quad dx \cos \alpha + dy \cos \beta + dz \cos \gamma = 0,$$

pour indiquer que l'angle de la réaction avec la courbe est droit, et

$$\cos^2 \alpha + \cos^2 \beta + \cos^2 \gamma = 1,$$

puisque les angles α, β, γ sont ceux qu'une même direction fait avec trois axes rectangulaires.

En tout sept équations, pour déterminer en fonction du temps t les sept quantités, x, y, z, α, β, γ et N.

L'équation des forces vives s'obtiendra en multipliant la première des équations (1) par dx, la seconde par dy, la troisième par dz, et en ajoutant ; N est éliminé en vertu de la relation (3), et il vient

$$(5) \qquad m \frac{dx d^2x + dy d^2y + dz d^2z}{dt^2} = X dx + Y dy + Z dz,$$

ou bien en intégrant, si l'intégration directe est possible,

$$\frac{1}{2} m v^2 - \frac{1}{2} m v_0^2 = \int (X dx + Y dy + Z dz).$$

Cette équation suffit, quand l'intégration peut être effectuée, pour déterminer les vitesses du point mobile le long de la trajectoire.

Si donc les forces données, composées ensemble, admettent des surfaces de niveau, c'est-à-dire si la fonction $X dx + Y dy + Z dz$ est intégrable, on cherchera les intersections de ces surfaces avec la ligne directrice, et la vitesse du point sera définie en valeur absolue pour chacune de ses positions, dès qu'on aura fait connaître la valeur particulière de la vitesse en l'une d'elles. Cette première partie du problème est alors immédiatement résolue.

96. Lorsque $X dx + Y dy + Z dz$ n'est pas intégrable, l'équation (5) ne peut plus être employée ; le mieux est alors de prendre pour variable l'arc s décrit par le mobile sur sa trajectoire, et d'employer l'équation de la composante tangentielle

$$(6) \qquad m \frac{dv}{dt} = F \cos \mu,$$

ou

$$m \frac{d^2s}{dt^2} = F \cos \mu,$$

où F est la force extérieure, résultante des forces X, Y, Z, et μ l'angle connu qu'elle fait avec la direction du mouvement.

Cette équation, où F et μ sont des fonctions données des variables s, t ou v, fait connaître de proche en proche les variations de la vitesse en chaque point de la trajectoire, et conduit par suite à la connaissance de la loi du mouvement.

97. Cherchons en second lieu la réaction de la courbe sur le point mobile.

Soit AB la courbe fixe, M la position du point, m sa masse, et v sa vitesse à un instant donné ; F la résultante des forces données qui agissent sur lui à cet instant.

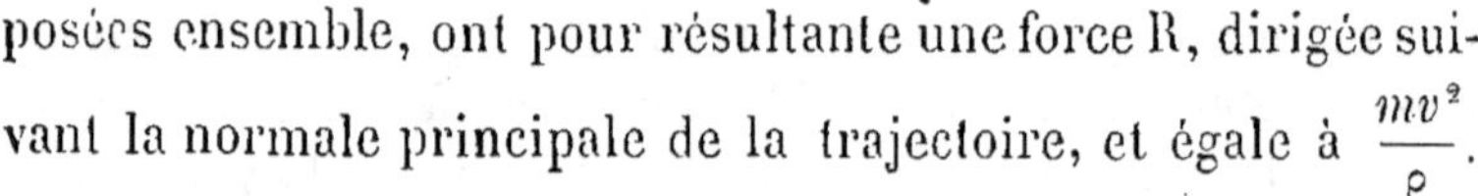

Décomposons la force F en deux forces, l'une MP, tangente à la trajectoire, et l'autre MQ, normale à la courbe.

Soit MS la réaction cherchée.

Le point matériel, sollicité par les forces F et S, peut être considéré comme libre.

Fig. 54.

Donc les forces normales Q et S, composées ensemble, ont pour résultante une force R, dirigée suivant la normale principale de la trajectoire, et égale à $\dfrac{mv^2}{\rho}$.

On connaît MQ et MR ; l'inconnue MS s'en déduit en achevant le parallélogramme QRSM.

R étant la résultante de S et Q, il y a équilibre entre S, Q et — R ; et par suite S est égale et opposée à la résultante de Q et de — R ; la réaction de la courbe est donc égale et contraire à la résultante de la composante normale des forces données et de la *force centrifuge* (§ 73).

MOUVEMENT D'UN POINT PESANT SUR UNE DROITE INCLINÉE.

98. Supposons que le point M glisse sans frottement le long de la droite AB, inclinée sur l'horizon AH, de l'angle BAH $= \alpha$.

La pesanteur, mg, est la seule force qui sollicite le point ; elle agit suivant la verticale MC. Projetons-la en MD sur la

droite AB. Comptons les distances à partir d'un point O quel
conque de cette droite, de sorte
que OM sera ce que nous appelons s. L'équation du mouvement
sera

$$m \frac{d^2 s}{dt^2} = mg \cos \mu = mg \sin \alpha,$$

en observant que $\mu = \frac{\pi}{2} - \alpha$.

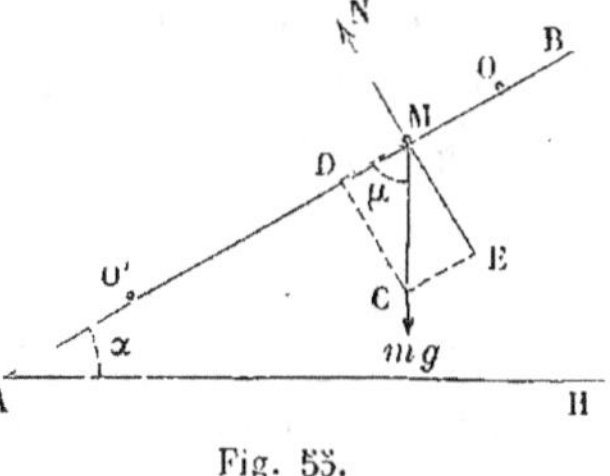

Fig. 55.

Donc $\frac{d^2 s}{dt^2}$ est constant; $\frac{ds}{dt}$, ou la vitesse, est une fonction linéaire du temps,

$$\frac{ds}{dt} = v = gt \sin \alpha + C,$$

et

$$s = \frac{1}{2} gt^2 \sin \alpha + Ct + C'.$$

Les constantes C et C' se déterminent en donnant la position
et la vitesse du point mobile pour un instant déterminé,
$t = 0$, par exemple. Si le mobile placé en O part du repos
à cet instant, on aura à la fois $t = 0$, $v = 0$, $s = 0$. Donc
$C = C' = 0$, et l'équation du mouvement sera $s = \frac{1}{2} gt^2 \sin \alpha$.

Tout se passe dans ce mouvement comme si le mobile
devenu libre parcourait la droite AB sous l'action d'une pesanteur dirigée suivant cette droite, et réduite dans le rapport g
à $g \sin \alpha$. Il est facile de reconnaître que le résultat serait le
même pour un point pesant, glissant sans frottement sur un
plan incliné suivant sa ligne de plus grande pente, en supposant toujours qu'au moment initial le point n'ait reçu aucune
vitesse. Comme on dispose de l'angle α, on peut réduire autant
qu'on le voudra l'accélération $g \sin \alpha$ du mouvement à observer.
C'est sur ce principe que Galilée a fondé son étude des lois de
la pesanteur (§ 12).

99. Reprenons l'équation

$$s = \frac{1}{2} gt^2 \sin \alpha;$$

qui définit le mouvement du point lorsque le mobile quitte le point O sans vitesse, et qu'on compte le temps à partir de l'instant du départ. La durée du trajet du point, pour aller du point O à un point O′ défini par la distance $OO' = s$, est donnée par l'équation

$$t = \sqrt{\frac{2s}{g \sin \alpha}} = \sqrt{\frac{2 \left(\frac{s}{\sin \alpha} \right)}{g}}.$$

On voit que cette durée est constante pour tout trajet OO′ tel que $\dfrac{s}{\sin \alpha}$ ait la même valeur. Élevons au point O′, dans le plan vertical, une perpendiculaire O′P sur OO′, et soit P le point où cette droite coupe la verticale OP. Nous aurons

$$OP = \frac{OO'}{\sin \alpha},$$

et par suite

$$t = \sqrt{\frac{2 OP}{g}}.$$

Sur OP comme diamètre décrivons une circonférence. Toute corde OO′, OO″, OO‴, sera parcourue dans le même temps par un mobile pesant, qui glisserait sans frottement le long de cette corde en partant sans vitesse du point O, et ce temps est le même que celui que mettrait le mobile à parcourir la distance OP en tombant librement suivant la verticale. Par la même raison un mobile abandonné sans vitesse au point O′, et glissant le long de la corde O′P, mettra encore le même temps à parvenir en P ; car ce mobile est dans les mêmes conditions qu'un mobile partant sans vitesse du point O et glissant le long de la corde OO‴, égale et parallèle à O′P.

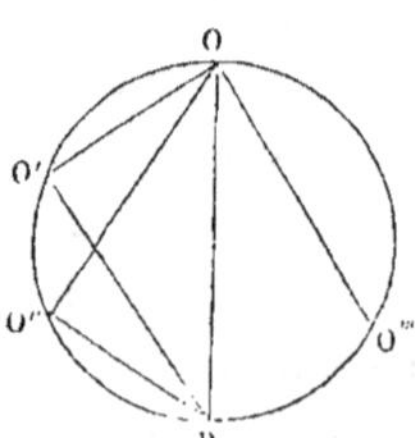

Fig. 56.

PROBLÈME DE SALADINI.

100. Proposons-nous de trouver dans un plan vertical une courbe OBM telle, qu'un mobile pesant mette le même temps

pour aller du point O, d'où il part sans vitesse, à un point M quelconque pris sur la courbe, en suivant la courbe OBM, ou en suivant la corde OM.

Rapportons la courbe à deux axes rectangulaires passant par le point O, l'un OZ vertical, l'autre OX horizontal.

Considérons sur la courbe deux points infiniment voisins M et M'. Le temps que mettra le mobile à aller de O en M', en suivant la courbe, se compose du temps qu'il met à aller de O en M, et du temps

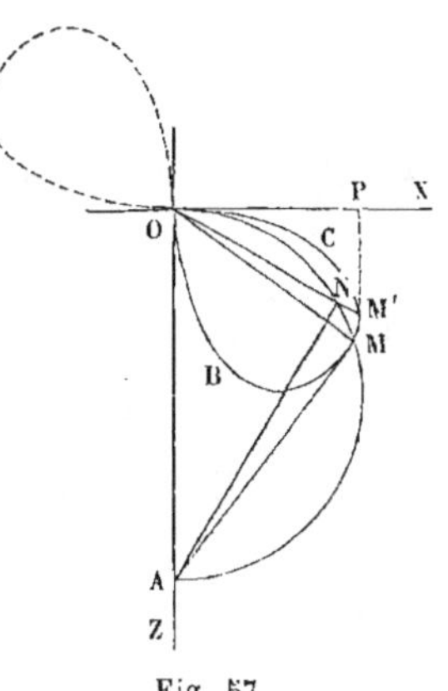

Fig. 57.

qu'il met à aller de M en M'; or dans ce dernier parcours infiniment petit, sa vitesse est connue et égale à la vitesse due à la hauteur verticale M'P dont il est tombé (§ 51).

Au point M, élevons MA perpendiculaire à OM, et sur OA comme diamètre décrivons une demi-circonférence, qui coupe la corde OM' en un point N. Deux mobiles partant sans vitesse du point O et suivant, l'un la corde OM, l'autre la corde ON, arrivent au bout du même temps aux points N et M (§ 99). Le parcours de la corde OM' comprend la durée du parcours ON, égale à celle du parcours OM, et la durée du parcours infiniment petit NM', pendant laquelle la vitesse du mobile est celle qui est due à la chute verticale M'P.

L'égalité des temps entraîne donc la condition NM' = MM', puisque les vitesses de parcours de ces deux éléments sont les mêmes.

L'équation de la courbe s'en déduit facilement en coordonnées polaires. Soit $OM = r$, $MOA = \theta$; $OM' = r + dr$, $M'OA = \theta + d\theta$. On aura

$$OA = \frac{r}{\cos \theta};$$

$$ON = OA \cos(\theta + d\theta) = r\,\frac{\cos(\theta + d\theta)}{\cos \theta} = r\,(1 - \operatorname{tang}\theta\, d\theta).$$

Donc

$$NM' = (r + dr) - ON = r + dr - r(1 - \tang \theta d\theta)$$
$$= dr + r \tang \theta d\theta.$$

L'équation différentielle du lieu cherché est par conséquent

$$ds = dr + r \tang \theta d\theta.$$

Élevant au carré et remplaçant ds^2 par $dr^2 + r^2 d\theta^2$, il vient

$$r^2 d\theta^2 = r^2 \tang^2 \theta d\theta^2 + 2 r dr \tang \theta d\theta,$$

ou bien en divisant par $r d\theta$, et multipliant par $\cos^2\theta$,

$$r d\theta (\cos^2 \theta - \sin^2 \theta) = 2 dr \sin \theta \cos \theta;$$

et enfin

$$\frac{dr}{r} = \frac{\cos 2\theta}{\sin 2\theta} d\theta = \frac{1}{2} \frac{\cos 2\theta \, d(2\theta)}{\sin 2\theta}.$$

Intégrant, on a

$$2 \log r = \log (A^2 \sin 2\theta),$$

en appelant A^2 une constante. L'équation finale est

$$r^2 = A^2 \sin 2\theta,$$

équation d'une lemniscate OBC, ayant pour centre le point O, et tangente en ce point aux axes OX, OZ, (II, § 204.)

REMARQUE SUR LE MOUVEMENT D'UN POINT SUR UNE LIGNE FIXE.

101. Le mouvement d'un point assujetti à glisser sans frottement sur une ligne fixe est défini par l'équation unique

$$m \frac{dv}{dt} = F \cos \mu,$$

qui exprime l'égalité entre la composante tangentielle de la force et le produit de la masse par l'accélération tangentielle. Or cette équation est indépendante de la forme de la ligne donnée.

La loi du mouvement du point sur la ligne donnée dépend uniquement de la vitesse initiale du point, et des valeurs successives prises par la composante tangentielle de la force qui lui est à chaque instant appliquée. On peut donc ramener le problème du mouvement du point sur la courbe donnée au mouvement d'un point de même masse sur toute autre ligne, pourvu que les vitesses initiales et les composantes tangentielles des forces soient respectivement égales pour les deux points ; on peut, par exemple, substituer à la trajectoire une ligne droite, et appliquer au point mobile dans la direction de cette droite une force égale à $F \cos \mu$. On ramène ainsi l'étude d'un mouvement curviligne suivant une courbe donnée, à l'étude du mouvement rectiligne d'un point libre.

MOUVEMENT D'UN POINT PESANT SUR LA CYCLOÏDE.

102. La *cycloïde* (I, § 141) est la courbe engendrée par un point d'une circonférence qui roule sans glisser sur une droite fixe.

Soit BMCA une cycloïde engendrée par le point M d'une circonférence RMP qui roule sans glisser dans le plan vertical *au-dessous* de l'horizontale AB.

La normale à la courbe au point M est la droite RM qui joint le point M au point de contact R de la circonférence génératrice et de la droite AB (I, § 141) et la tangente est la droite MP, qui joint le point M au point P, extrémité du diamètre mené par le point R dans la circonférence O.

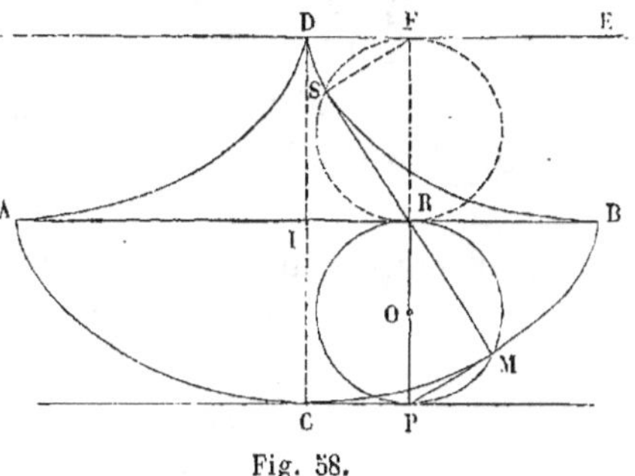

Fig. 58.

Le rayon de courbure de la cycloïde au point M est double de la normale RM (I, § 194). Le centre de courbure S s'obtiendra donc en prenant $RS = RM$ sur le prolongement de la normale. Cherchons le lieu de ces points S. Pour cela prolongeons PR d'une quantité RF = PR ; puis faisons passer une circonférence par les trois points R, S, F ; cette circonférence sera égale à la circonférence donnée ; elle sera tangente, au point F, à une droite DE parallèle à AB. Le lieu des points S est tangent à la droite MS, car le point S, centre de courbure de la cycloïde au point M, est l'intersection de deux normales successives menées à la courbe ; c'est le *lieu des intersections successives* de la normale à la cycloïde ACB, ou l'*enveloppe* des positions de cette normale (I, § 140) ; or on sait que la ligne mobile touche son enveloppe au point où elle rencontre sa position infiniment voisine. La normale à la courbe cherchée est donc la droite SF perpendiculaire à SA. On peut conclure de là (I, § 146) que le lieu du point S, ou la développée de la cycloïde, est une cycloïde égale à la première, engendrée par le point S de la circonférence RSF, qui roulerait sans glisser sur la droite DE.

103. On peut le vérifier géométriquement, en montrant que l'arc de cercle SF a une longueur égale à la droite DF, le point D étant la projection sur la droite DE du point le plus bas, C, de la cycloïde BCA.

En effet DF = IR. Or RB = arc RM = arc RS.

De plus IB est égal au développement de la demi-circonférence, ou à l'arc RSF.

Retranchant RB, il vient RI = arc PM = arc SF.

L'arc SF étant constamment égal à DF, le point S, attaché à la circonférence FSR, décrit une cycloïde DB, égale à la cycloïde ACB. On voit du même coup que SM est tangente à cette cycloïde en S.

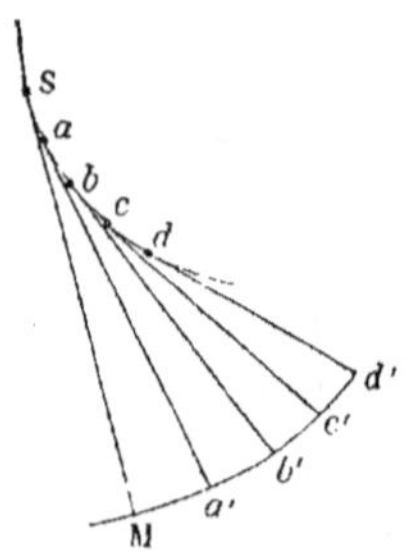

Fig. 59.

84. L'arc SB est égal à la droite SM.

En général, soit S*abcd* (fig. 59) une portion de l'enveloppe des normales, ou de la *développée*, d'une courbe M*a'b'c'd'*. Inscrivons dans la première courbe un polygone d'un très-grand nombre de côtés ; les arcs successifs de la courbe M$a'b'$... pourront être confondus avec des arcs de cercle décrits des points S, a, b,... comme centres, et nous aurons

$$Sa = SM - aa',$$
$$ab = aa' - bb',$$
$$bc = bb' - cc',$$
$$cd = cc' - dd'.$$

Additionnant toutes ces équations, il vient

$$Sa + ab + bc + cd = \operatorname{arc} Sd = SM - dd'.$$

La longueur d'un arc de la développée est donc la différence des rayons de courbure aux deux extrémités de l'arc correspondant de la *développante*.

Appliquons à la cycloïde SB cette règle générale (fig. 58), et observons que le rayon de courbure au point B de la courbe BC est nul ; il vient

$$\operatorname{arc} SB = SM = 2SR.$$

Cette équation peut s'appliquer aussi à un arc de la cycloïde égale CB, compté à partir du point C ; et elle donne par conséquent

$$\operatorname{arc} CM = 2MP.$$

104. Le *pendule cycloïdal* est formé essentiellement d'un Point pesant, glissant sans frottement sur une cycloïde ABC à axe vertical ; on suppose que ce point est abandonné sans vitesse en un point donné H de la courbe.

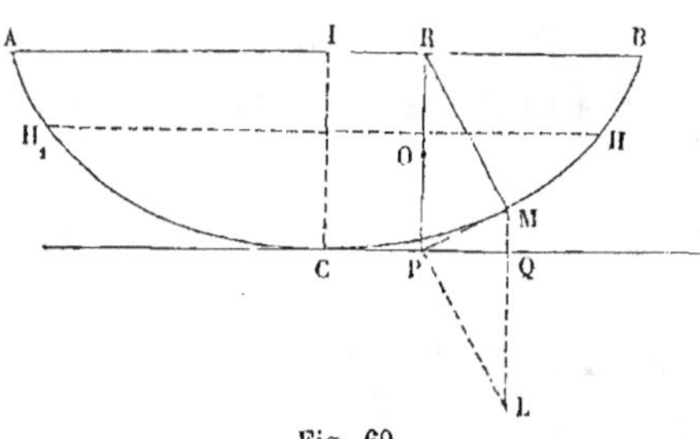

Fig. 60.

Parvenu en un point quelconque M, le point mobile est sollicité suivant la verticale par une force mg constante ; nous pouvons prendre pour représenter cette force une droite ML égale au diamètre PR du cercl générateur ; joignant LP, nous aurons en PM la composant

tangentielle de la force. Or, nous venons de voir que PM est la
moitié de l'arc CM $= s$, compté à partir du point le plus bas
de la courbe. L'équation du mouvement sera

$$m\,\frac{dv}{dt} = mg \times \frac{\mathrm{MP}}{\mathrm{ML}} = mg \times \frac{\frac{1}{2}\,s}{2\mathrm{R}} = \frac{mgs}{4\mathrm{R}}.$$

La composante tangentielle est donc proportionnelle à l'arc
s. Appliquons à ce mouvement la remarque faite § 101. Nous
y substituerons un mouvement suivant une droite C'H',
le point mobile étant
attiré, en chaque posi-
tion, vers le point fixe C',

Fig. 61.

proportionnellement à sa distance s à ce point. Cela revient à développer en C'H' l'arc CH de cycloïde; le point M
venant en M', la force qui sollicite le point suivant M'C' sera
égale à $\dfrac{mgs}{4\mathrm{R}}$, et les vitesses seront distribuées suivant C'H',
comme elles le sont par l'action de la pesanteur le long de
l'arc CH. Or nous avons étudié (§ 21) un mouvement rectiligne de cette nature. Nous savons que ce mouvement est
la projection du mouvement d'un point, qui parcourrait
la circonférence dont C' est le centre et C'H' le rayon, avec
une vitesse angulaire uniforme $\sqrt{\dfrac{g}{4\mathrm{R}}}$; la durée t du parcours de la demi-circonférence, ou d'une excursion simple du
mobile (du point H' au point symétrique H'$_1$), est égale à

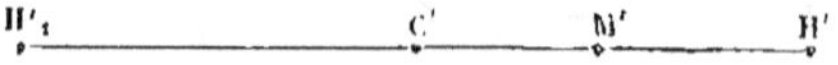

$$\frac{\pi}{\sqrt{\dfrac{g}{4\mathrm{R}}}} = \pi\,\sqrt{\dfrac{4\mathrm{R}}{g}}.$$

La durée de l'oscillation simple du pendule cycloïdal, entre
le point H et le point symétrique H$_1$, est donc aussi égale à

$$\pi\,\sqrt{\dfrac{4\mathrm{R}}{g}}.$$

Cette quantité est indépendante de la position du point de
départ H du mobile; de sorte que la durée des oscillations du

pendule cycloïdal est toujours la même, quelle qu'en soit l'amplitude. Cette propriété appartient, nous l'avons vu, au mouvement rectiligne d'un point attiré vers un centre fixe par une force proportionnellement à la distance à ce centre (§ 24) : résultat que nous avons déduit des lois de la similitude mécanique (§ 71).

105. La cycloïde à axe vertical est ainsi une courbe *tautochrone*; et on peut démontrer que c'est la seule courbe tautochrone qu'on puisse tracer dans un plan vertical. Avant d'établir ce théorème, nous traiterons le problème précédent par le calcul.

L'équation de la cycloïde peut être mise sous la forme

$$s^2 = 8Rz ;$$

s est l'arc CM, compté à partir d'un point C, sommet de la cycloïde, et z l'ordonnée verticale MQ, comptée jusqu'à la tangente au sommet.

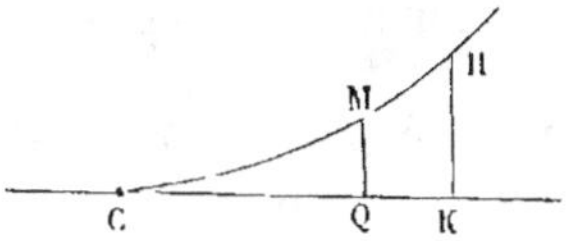

Cherchons en général le temps qu'un mobile pesant mettrait à aller d'un point H au point C, sous la seule action de la pesanteur, le long d'une courbe représentée par l'équation

Fig. 62.

$$s = \varphi(z).$$

On suppose la fonction φ telle, que pour $z = 0$ on ait $s = 0$, et $\dfrac{ds}{dz} = \infty$, conditions nécessaires pour que la courbe touche l'horizontale CK au point C.

Soit h l'ordonnée HK du point de départ. La vitesse au point M est donnée par l'équation des forces vives; en la représentant par v, on aura

$$v^2 = 2g(h - z).$$

Donc

$$v = \sqrt{2g(h - z)} = -\frac{ds}{dt}.$$

Par suite

$$dt = - \frac{ds}{\sqrt{2g\,(h - z)}} = - \frac{\varphi'(z)\,dz}{\sqrt{2g\,(h - z)}}.$$

Le temps cherché est donc

$$T = \int_{z=0}^{z=h} \frac{\varphi'(z)\,dz}{\sqrt{2g\,(h - z)}}.$$

Appliquons cette formule à l'équation de la cycloïde

$$s = \sqrt{8Rz}.$$

Nous avons à chercher l'intégrale

$$\int_0^h \sqrt{\frac{R}{g}}\,\frac{dz}{\sqrt{hz - z^2}};$$

cette quantité est indépendante de h; car si l'on fait $z = hz'$, on

transforme $\int_0^h \dfrac{dz}{\sqrt{hz - z^2}}$ en $\int_0^1 \dfrac{h\,dz'}{\sqrt{h^2(z' - z'^2)}}$ ou en $\int_0^1 \dfrac{dz'}{\sqrt{z' - z'^2}}$,

quantité parfaitement déterminée, d'où h a disparu comme facteur commun.

La valeur de $\displaystyle\int \frac{dz'}{\sqrt{z' - z'^2}}$ est arc $\sin \dfrac{z' - \frac{1}{2}}{\frac{1}{2}}$, et en prenant

la fonction entre les limites 0 et 1, il vient pour la valeur de l'intégrale définie :

$$\int_0^1 \frac{dz'}{\sqrt{z' - z'^2}} = \pi.$$

Donc

$$T = \pi\,\sqrt{\frac{R}{g}},$$

et le temps de l'oscillation complète est

$$2T = 2\pi\,\sqrt{\frac{R}{g}} = \pi\,\sqrt{\frac{4R}{g}}.$$

106. Passons à la réciproque. Le problème consiste à chercher, parmi toutes les courbes représentées par l'équation

$$s = \varphi(z),$$

sous la condition que pour $z=0$ on ait $s=0$ et $\dfrac{dz}{ds}=0$,

celle qui rend l'intégrale $\displaystyle\int_0^h \frac{\varphi'(z)\,dz}{\sqrt{2g\,(h-z)}}$ indépendante de h.

Nous supposerons la fonction φ développée en série de la forme

$$s = \varphi(z) = Az^{\alpha} + Bz^{\beta} + Cz^{\gamma} + \ldots,$$

α, β, γ,… étant des exposants numériques, entiers ou fractionnaires. On voit tout de suite que, $z=0$ devant annuler $\varphi(z)$, tous les exposants α, β, γ,… sont positifs, et qu'aucun d'eux n'est nul.

De plus on a, en prenant la dérivée,

$$\varphi'(z) = \alpha Az^{\alpha-1} + \beta Bz^{\beta-1} + \gamma Cz^{\gamma-1} + \ldots,$$

fonction qui doit être infinie pour $z=0$. Donc l'un au moins des coefficients α, β, γ,… est plus petit que l'unité, pour que l'un au moins des exposants $\alpha-1$, $\beta-1$,… soit négatif.

Formons la fonction $\dfrac{\varphi'(z)\,dz}{\sqrt{2g\,(h-z)}}$; elle devient

$$\frac{1}{\sqrt{2g}}\left(\alpha A\,\frac{z^{\alpha-1}\,dz}{\sqrt{h-z}} + \beta B\,\frac{z^{\beta-1}\,dz}{\sqrt{h-z}} + \gamma C\,\frac{z^{\gamma-1}\,dz}{\sqrt{h-z}} + \ldots\right),$$

et par suite

$$T = \frac{\alpha A}{\sqrt{2g}}\int_0^h \frac{z^{\alpha-1}\,dz}{\sqrt{h-z}} + \frac{\beta B}{\sqrt{2g}}\int_0^h \frac{z^{\beta-1}\,dz}{\sqrt{h-z}} + \frac{\gamma C}{\sqrt{2g}}\int_0^h \frac{z^{\gamma-1}\,dz}{\sqrt{h-z}} + \ldots$$

Cette formule peut se transformer, en remplaçant z par hz'; il viendra

$$T = \frac{\alpha Ah^{\alpha-\frac{1}{2}}}{\sqrt{2g}}\int_0^1 \frac{z'^{\alpha-1}\,dz'}{\sqrt{1-z'}} + \frac{\beta Bh^{\beta-\frac{1}{2}}}{\sqrt{2g}}\int_0^1 \frac{z'^{\beta-1}\,dz'}{\sqrt{1-z'}}$$
$$+ \frac{\gamma Ch^{\gamma-\frac{1}{2}}}{\sqrt{2g}}\int_0^1 \frac{z'^{\gamma-1}\,dz'}{\sqrt{1-z'}} + \ldots;$$

sous cette forme on voit que, pour rendre T indépendant de h, il faut que l'un des exposants α, β, γ,… soit égal à $\frac{1}{2}$, et que tous les autres soient égaux à zéro. Soit, par exemple, $\alpha=\frac{1}{2}$ et $\beta=\gamma=\ldots=0$.

L'équation se réduira à

$$s = A z^{\frac{1}{2}},$$

ou à

$$s^2 = A^2 z,$$

équation qui caractérise la cycloïde.

La cycloïde est donc la seule courbe tautochrone plane. Mais le mouvement d'un point pesant sur une courbe n'est pas altéré par toute déformation de cette courbe qui conserve ses arcs ds et les ordonnées verticales z de ses divers points, quelle que soit d'ailleurs l'altération des coordonnées x et y. En d'autres termes, si l'on fait passer par la courbe un cylindre vertical, et qu'on enroule ensuite ce cylindre sur d'autres cylindres verticaux, en conservant le parallélisme des génératrices droites et leur écartement mutuel, l'équation des forces vives assignera toujours les mêmes vitesses aux mêmes points de la courbe, et les mouvements du mobile seront les mêmes avant et après la déformation, pourvu que les points de départ soient deux points correspondants. La cycloïde, étant tautochrone dans le plan vertical, sera donc encore tautochrone si on enroule le plan vertical qui la contient sur un cylindre vertical quelconque, sans altération des hauteurs relatives.

107. *Autre démonstration*[1]. — Soit $s = \varphi(z)$ l'équation de la courbe CM, entre l'arc $s =$ CM et l'ordonnée MQ $= z$ (fig. 62).

Soit HK $= h$ la hauteur d'où part le mobile. L'équation des forces vives donne

$$v = \sqrt{2g(h - z)},$$

pour la vitesse en M. On en déduit

$$dt = - \frac{ds}{\sqrt{2g(h - z)}},$$

en remarquant que l'arc s diminue quand le temps t croît, le mouvement s'effectuant de H vers C.

La durée du parcours HC est donc

$$t = - \int_{z=h}^{z=0} \frac{ds}{\sqrt{2g(h-z)}} = \int_{z=0}^{z=h} \frac{ds}{\sqrt{2g(h-z)}}.$$

[1] M. H. Resal, *Traité de mécanique générale*, t. I, p. 83.

Le tautochronisme est défini par la condition que cette intégrale soit indépendante de h.

De l'équation $s = \varphi(z)$ on tire $ds = \varphi'(z)\,dz$. L'ordonnée z variant de 0 à h, nous pouvons poser $z = h\theta$, θ étant un nombre positif et moindre que l'unité. Il viendra

$$t = \int_{\theta=0}^{\theta=1} \frac{\varphi'(h\theta)\,h\,d\theta}{\sqrt{2gh(1-\theta)}},$$

qu'on peut écrire sous la forme

$$t = \int_0^1 \frac{\varphi'(h\theta)\sqrt{h\theta}\,d\theta}{\sqrt{2g\theta(1-\theta)}}.$$

Les limites de θ sont constantes. Pour que t soit indépendant de h, il faut et il suffit que la fonction $\varphi'(h\theta)\sqrt{h\theta}$ en soit indépendante. Soit, en effet, $\varphi'(\theta h)\sqrt{h\theta} = \psi(h\theta)$.

On aura

$$t = \int_0^1 \frac{\psi(h\theta)\,d\theta}{\sqrt{2g\theta(1-\theta)}}.$$

Prenons la dérivée de t par rapport à h, il viendra

$$\frac{dt}{dh} = \int_0^1 \frac{\psi'(h\theta)\,\theta\,d\theta}{\sqrt{2g\theta(1-\theta)}},$$

et cette fonction doit être nulle quel que soit h.

Donc $\psi'(h\theta)$ doit être identiquement nul ; sans quoi on pourrait prendre h assez petit pour que $\psi'(h\theta)$ conservât le même signe pour toute valeur de $h\theta$ comprise entre 0 et h. La somme ne pourrait être égale à zéro.

On a donc

$$\psi'(h\theta) = 0,$$

ou bien

$$\psi'(z) = 0;$$

donc

$$\psi(z) = \varphi'(z)\sqrt{z} = \text{constante},$$

et par suite, en appelant A la constante,

$$\varphi'(z) = \frac{A}{\sqrt{z}},$$

$$\varphi(z) = 2A\sqrt{z}.$$

L'équation de la courbe est en définitive

$$s^2 = 4A^2 z,$$

qui définit une cycloïde dans laquelle le rayon r du cercle générateur est donné par l'équation

$$8r = 4A^2, \quad \text{ou} \quad r = \frac{A^2}{2}.$$

BRACHISTOCHRONE.

108. La cycloïde à axe vertical a encore une propriété très-remarquable au point de vue mécanique. Soient A et B deux points à niveaux différents ; soit A le plus élevé des deux. On suppose qu'on mène de l'un à l'autre une courbe quelconque ACB, et qu'on abandonne au point A un point pesant assujetti à glisser sans frottement le long de cette courbe.

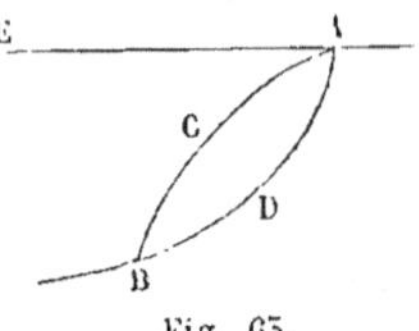

Fig. 65.

Le théorème des forces vives fait connaître les vitesses du mobile sur la courbe, et permet de calculer le temps t qu'il mettra à passer du point A au point B. A chaque courbe ACB correspondra un temps t. Cela posé, la cycloïde à axe vertical ADB, dont le point de rebroussement est au point A, et qui passe par le point B, est la courbe pour laquelle le temps t est le plus petit possible. Cette propriété a fait donner à la courbe ainsi placée le nom de *brachistochrone*. On la démontre, soit par la géométrie, soit par l'analyse.

88. Soit AB (fig. 64) la courbe qui jouit de la propriété

du minimum. La fonction qui est la plus petite possible le long de cette courbe, est la somme

$$\int \frac{ds}{v},$$

prise entre les points fixes A et B ; mais $v = \sqrt{2gz}$, si l'on désigne par z la hauteur du point de départ A au-dessus du point où la vitesse est v. La somme $\int \frac{ds}{\sqrt{z}}$ est donc aussi minimum.

Menons entre le point A et le point B une infinité de plans horizontaux S, S′, S″…, infiniment voisins. Ce seront les surfaces de niveau du problème ; la condition du minimum se traduit géométriquement de la façon suivante (II, § 120) : Si l'on applique en un point quelconque $m′$, pris sur la courbe à l'intersection d'un plan de niveau S′, deux forces,

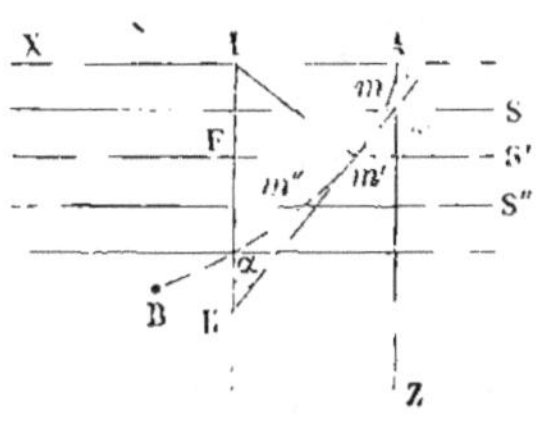

Fig. 64.

l'une égale à $\dfrac{1}{\sqrt{z}}$, et dirigée suivant l'arc élémentaire $m′m$,

l'autre égale à $\dfrac{1}{\sqrt{z+dz}}$ et dirigée suivant l'arc élémentaire $m′m″$, la résultante doit être normale à ce plan S′. Par conséquent, 1° la courbe est plane, car deux éléments consécutifs sont compris dans le même plan vertical ; 2° la projection horizontale de la force $\dfrac{1}{\sqrt{z}}$ sur l'horizontale est constante ; car elle est détruite par la projection de la force $\dfrac{1}{\sqrt{z+dz}}$, qui agit en sens contraire. Appelons α l'angle de l'élément $m′m$ avec la verticale. La solution du problème sera donnée par la relation

$$\frac{\sin \alpha}{\sqrt{z}} = \text{constante}.$$

Cette équation caractérise une cycloïde commençant au

point A, et qu'on obtiendra en faisant rouler un cercle au-dessous de la droite horizontale AX, menée dans le plan ver-tical passant par les points A et B. Menons, en effet, au point m' la normale m'I à la courbe, et au point I où elle coupe l'horizontale AX, élevons la perpendiculaire IK sur cette der-nière droite, jusqu'à la rencontre en K avec la tangente m'K. L'angle α est égal à l'angle IKm' ou à Fm'I; enfin, IF $= z$. Nous aurons

$$IF = Im' \sin \alpha,$$
$$Im' = IK \sin \alpha.$$

Donc

$$IF = IK \times \sin^2 \alpha,$$

et par suite

$$\frac{\sin \alpha}{\sqrt{IF}} = \frac{1}{\sqrt{IK}}.$$

La quantité IK est donc constante tout le long de la courbe ; il est facile de reconnaître que cette propriété appartient à la cycloïde, et à la cycloïde seule. Si l'on veut traiter analytique-ment cette seconde partie du problème, prenons deux axes rectangulaires AX et AZ, et rapportons la courbe à ces deux axes ; l'équation de la tangente au point m', dont les coor-données sont x et z, est

$$z' - z = \frac{dz}{dx}(x' - x);$$

l'équation de la normale

$$z'' - z = -\frac{dx}{dz}(x'' - x).$$

Faisons $z'' = 0$ dans la seconde équation. Il viendra

$$x'' = x + z\frac{dz}{dx},$$

pour l'abscisse du point I; et substituant cette valeur à x' dans la première équation, nous aurons

$$z' = z + \frac{dz}{dx} \times z\frac{dz}{dx} = z\left[1 + \left(\frac{dz}{dx}\right)^2\right] = z\frac{ds^2}{dx^2} = \frac{z}{\sin^2 \alpha}.$$

Cette quantité $z = IK$ est donc constante; appelons-la $2r$; l'équation différentielle de la courbe sera

$$z\left[1 + \left(\frac{dz}{dx}\right)^2\right] = 2r;$$

posons

$$z = r(1 - \cos\varphi),$$

en introduisant une variable auxiliaire φ.

Il en résulte $dz = r\sin\varphi\, d\varphi$.

Mais

$$dx = \frac{dz}{\sqrt{\dfrac{2r}{z} - 1}} = \frac{r\sin\varphi\, d\varphi}{\sqrt{\dfrac{2r - r(1 - \cos\varphi)}{r(1 - \cos\varphi)}}} = r\sqrt{\frac{1 - \cos\varphi}{1 + \cos\varphi}}\sin\varphi\, d\varphi,$$

ou bien encore

$$dx = r\tang\frac{1}{2}\varphi\sin\varphi\, d\varphi = 2r\sin^2\frac{1}{2}\varphi\, d\varphi.$$

Intégrons :

$$x = C + r(\varphi - \sin\varphi).$$

La constante C est nulle, pour qu'on ait à la fois $z = 0$, $x = 0$ quand $\varphi = 0$; et on obtient les équations de la cycloïde.

109. Nous allons traiter la même question par le calcul des variations. Le problème consiste à tracer du point A au point B une ligne telle que l'intégrale $\int \dfrac{ds}{\sqrt{z}}$, prise entre ces deux points le long de cette courbe, soit minimum.

En général, soit $\int V dx$ la fonction à rendre minimum ou maximum; V est une fonction de x, de z et de $\dfrac{dz}{dx} = p$. Nous supposerons, pour plus de simplicité, que la variation de x soit nulle, ce qui ne diminue pas la généralité du raisonnement. On aura dans cette hypothèse

$$\delta \int V dx = \int \delta(V dx) = \int \delta V \times dx,$$

Mais $\delta V = \dfrac{dV}{dz}\,\delta z + \dfrac{dV}{dp}\,\delta p$, en omettant le terme $\dfrac{dV}{dx}\,\delta x$, puisqu'on fait $\delta x = 0$.

On a de plus

$$\delta p = \delta\,\frac{dz}{dx} = \frac{\delta dz}{dx}.$$

Substituant à δp sa valeur $\dfrac{\delta dz}{dx}$, et remplaçant δV par sa valeur dans l'intégrale, il vient

$$\delta \int V dx = \int \frac{dV}{dz}\,\delta z\,dx + \int \frac{dV}{dp}\,\delta dz.$$

Intégrons par parties le second terme, pour séparer les caractéristiques d et δ :

$$\int \frac{dV}{dp}\,\delta dz = \frac{dV}{dp}\,\delta z - \int \delta z\,d\,\frac{dV}{dp}.$$

Donc

$$\delta \int V dx = \frac{dV}{dp}\,\delta z + \int \left(\frac{dV}{dz}\,dx - d\,\frac{dV}{dp} \right) \delta z.$$

La quantité en dehors du signe $\int$ est nulle aux limites, puisque les points extrêmes de la courbe cherchée sont donnés. La condition du minimum ou du maximum est donc

$$\frac{dV}{dz}\,dx - d\,\frac{dV}{dp} = 0,$$

pour laisser δz arbitraire tout le long de la courbe.

Pour appliquer cette méthode au problème de la brachistochrone, on pourrait remplacer ds par $dx\,\sqrt{1 + p^2}$, et on aurait $V = \dfrac{\sqrt{1 + p^2}}{\sqrt{z}}$.

On en déduirait

$$\frac{dV}{dz} = -\,\frac{\sqrt{1 + p^2}}{2z\,\sqrt{z}},$$

$$\frac{dV}{dp} = \frac{p}{\sqrt{z}\,\sqrt{1 + p^2}}.$$

On aurait donc à intégrer l'équation différentielle

$$\frac{\sqrt{1+p^2}}{2z\sqrt{z}}\,dx + d\,\frac{p}{\sqrt{z}\sqrt{1+p^2}} = 0.$$

Mais on peut aussi exprimer ds par $dz\sqrt{1+q^2}$, en appelant q la dérivée, $\dfrac{dx}{dz} = \dfrac{1}{p}$, de x par rapport à z; la fonction à rendre minimum ou maximum prend la forme

$$\int \frac{\sqrt{1+q^2}}{\sqrt{z}}\,dz,$$

laquelle ne contient que les variables z et q. La condition obtenue en prenant x pour variable indépendante nous conduisait à l'équation

$$\frac{dV}{dz}\,dx - d\,\frac{dV}{dp} = 0.$$

Nous aurions obtenu de même, en prenant z pour variable indépendante, l'équation

$$\frac{dV}{dx}\,dz - d\,\frac{dV}{dq} = 0.$$

Ici $\dfrac{dV}{dx}$ est nul; la condition du minimum est donc simplement $d\dfrac{dV}{dq} = 0$, ou enfin $\dfrac{dV}{dq} =$ constante.

Or

$$\frac{dV}{dq} = \frac{q}{\sqrt{z}\sqrt{1+q^2}},$$

et l'on retrouve l'équation

$$\frac{\left(\dfrac{q}{\sqrt{1+q^2}}\right)}{\sqrt{z}} = \text{constante},$$

identique à celle qu'on avait déjà obtenue; en effet $\dfrac{q}{\sqrt{1+q^2}}$ est le sinus de l'angle α que la tangente à la courbe fait avec la verticale.

Notre analyse suppose, il est vrai, que la courbe cherchée est plane. Il serait aisé de rendre au calcul toute sa généra-

lité, en admettant trois variables x, y et z, et la propriété de
la courbe d'être contenue dans un plan vertical aurait été re-
connue par le calcul fait dans ces conditions.

Remarque. — Si l'on donne le point A et le point B, et qu'on
propose de tracer de l'un à l'autre de ces points la courbe de
plus vite descente, on observera
que toutes les cycloïdes sont semblables.

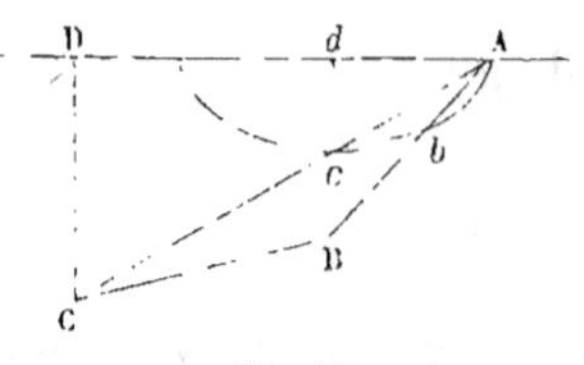

Fig. 65.

Ayant mené une horizontale AD,
dans le plan vertical passant par
les points donnés, on décrira une
cycloïde Abc en faisant rouler au-
dessous de AD une circonférence arbitraire ; le diamètre
de cette circonférence est égal à l'ordonnée maximum cd
de la courbe ainsi tracée. Il suffira ensuite d'amplifier dans
un même rapport les rayons vecteurs Ab, Ac, issus du point
A, de manière à faire passer la courbe par le point B. On
trouvera de cette manière le diamètre CD du cercle générateur de la cycloïde demandée.

PENDULE D'HUYGHENS.

110. Pour construire le pendule cycloïdal, Huyghens s'est
servi de la développée de la courbe (§ 102). Il s'agit de faire
parcourir au point M la courbe ACB ; pour cela on attache le
point mobile à un fil de lon-
gueur égale à 4R, ou à DC, et
on fixe l'extrémité supérieure
du fil au point D, centre de
courbure de la cycloïde en son
point le plus bas C. On construit deux surfaces cylindriques suivant les arcs de
cycloïde DA, DB, qui sont les
développées de la cycloïde ACB. Dans les oscillations du point M

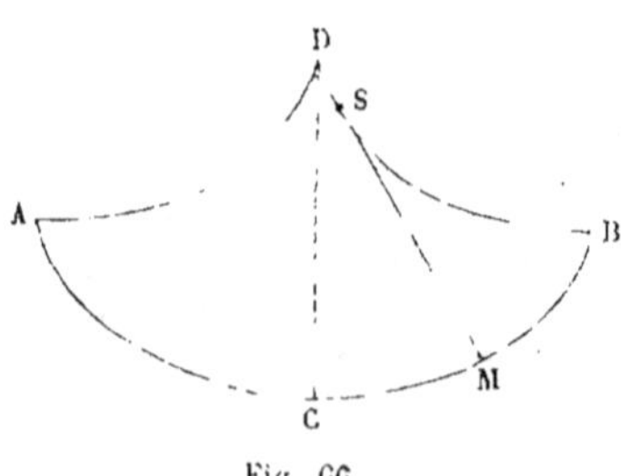

Fig. 66.

de part et d'autre du point C, le fil s'enroulera en partie sur l'une ou l'autre de ces surfaces cylindriques, et par suite le point M décrira la courbe ACB, sans que cette courbe soit réalisée matériellement.

PROBLÈMES DIVERS.

111. *Étant donné un point O dans un plan vertical, décrire une courbe OA telle, que le temps t, qu'un point pesant, abandonné sans vitesse au point O, mettra à aller de ce point en un point M quelconque, soit une fonction donnée de la hauteur de chute MP.*

Rapportons la courbe cherchée à deux axes, l'un vertical, OZ, l'autre horizontal, OX, tous deux passant par le point O ; soient $OP = x$, $PM = z$, les coordonnées du point M ; $Op = x'$, $pm = z'$, les coordonnées d'un point quelconque de l'arc OM. La vitesse au point m sera $\sqrt{2gz'}$,

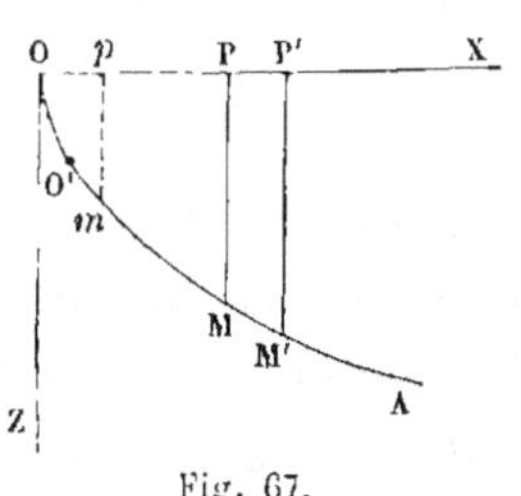

Fig. 67.

et la durée t du trajet de O en M sera l'intégrale

$$\int_{z'=0}^{z'=z} \frac{ds}{\sqrt{2gz'}}.$$

L'équation de la courbe est donc, en appelant f la fonction donnée, qui doit s'annuler pour $z = 0$,

$$\int_{z'=0}^{z'=z} \frac{ds}{\sqrt{2gz'}} = f(z).$$

Différentions cette équation en faisant varier seulement la limite supérieure z, ce qui revient à supposer que le point M passe en une position infiniment voisine M'. Il viendra

$$\frac{ds}{\sqrt{2gz}} = f'(z)\, dz,$$

équation qui exprime simplement que la durée du parcours

de l'arc infiniment petit MM' est égale à la différentielle de la fonction donnée.

On en déduit

$$ds = f'(z)\, \sqrt{2gz}\, dz.$$

L'arc s de la courbe, compté à partir du point O, sera donc égal à l'intégrale définie

$$s = \int_0^z f'(z)\, \sqrt{2gz}\, dz.$$

La valeur de l'abscisse x se déduira de l'équation $dx^2 + dz^2 = ds^2$, ce qui donne, en intégrant à partir du point O, l'équation de la courbe cherchée :

$$x = \int_0^z dz\, \sqrt{[f'(z)]^2 \times 2gz - 1}.$$

Sous cette forme, on voit que la fonction f est soumise à certaines conditions pour que le problème soit possible. Il faut en effet que, même pour les petites valeurs de z, le produit $f'(z) \times \sqrt{2gz}$ ne soit pas inférieur à l'unité; sans quoi ds serait moindre que dz, et x deviendrait imaginaire. Pour $z = 0$, $f'(z)$ doit donc être infini, et de l'ordre de grandeur de $\dfrac{1}{\sqrt{z}}$.

Par exemple, on pourra prendre $f(z) = z + \sqrt{z}$, parce que le produit $f'(z)\, \sqrt{2gz}$ sera égal à $\left[1 + \dfrac{1}{2\sqrt{z}} \right] \sqrt{2gz}$ ou à

$\sqrt{2gz} + \sqrt{\dfrac{g}{2}}$, quantité supérieure à l'unité pour $z = 0$. On ne pourrait pas trouver de courbe telle que $f(z)$ fût égal à Kz, parce qu'alors $f'(z)\, \sqrt{2gz}$ serait égal à $K\sqrt{2gz}$, qui est moindre que l'unité pour des valeurs de z suffisamment petites.

Proposons-nous de trouver la forme que doit avoir la fonction f pour que la propriété de la courbe subsiste à partir de l'un quelconque de ses points. Soit O' un nouveau point de départ pris sur la courbe. Soient ξ et ζ ses coordonnées ; faisons $O'M = \sigma$. L'arc OO' sera égal à $s - \sigma$. Appliquons nos équations à l'arc $O'M$. Il viendra

$$\sigma = \int_{\zeta}^{z} f'(z - \zeta) \sqrt{2g(z - \zeta)}\, dz.$$

On a d'ailleurs

$$s = \int_{0}^{z} f'(z) \sqrt{2gz}\, dz$$

et

$$s - \sigma = \int_{0}^{\zeta} f'(z) \sqrt{2gz}\, dz.$$

Donc la fonction f doit satisfaire à l'identité

$$\int_{\zeta}^{z} f'(z - \zeta) \sqrt{2g(z - \zeta)}\, dz = \int_{0}^{z} f'(z) \sqrt{2gz}\, dz - \int_{0}^{\zeta} f'(z) \sqrt{2gz}\, dz,$$

ou bien

$$\int_{\zeta}^{z} f'(z) \sqrt{2gz}\, dz = \int_{\zeta}^{z} f'(z - \zeta) \sqrt{2g(z - \zeta)}\, dz.$$

Cette identité, qui doit avoir lieu pour toutes les valeurs des limites ζ et z, entraine la relation

$$f'(z) \sqrt{2gz} = f'(z - \zeta) \sqrt{2g(z - \zeta)}.$$

En d'autres termes, le produit $f'(z) \sqrt{2gz}$ doit être constant. Il en résulte que le rapport $\dfrac{ds}{dz}$ est aussi constant, c'est-à-dire que le lieu cherché est une ligne droite. Le produit $f'(z) \sqrt{2gz}$ est égal à l'inverse du cosinus de l'angle α que fait la droite avec la verticale, et

$$f'(z) = \frac{1}{\cos\alpha \sqrt{2gz}}.$$

La fonction f est donc égale à

$$\frac{1}{\cos\alpha} \sqrt{\frac{2z}{g}}.$$

112. *Déterminer une courbe CMH, tangente à l'horizontale au point C, et telle, que le temps que met un corps pesant pour aller d'un point quelconque H au point le plus bas C, en glissant sans*

frottement sur la courbe, soit une fonction donnée F(h) *de la hauteur de chute* HK (fig. 62, p. 171)[1].

Soit $s = \varphi(z)$ l'équation cherchée de la courbe, entre l'arc CM $= s$ et l'ordonnée verticale MQ $= z$. Nous aurons pour équation du problème la relation

$$\int_{z=0}^{z=h} \frac{ds}{\sqrt{2g(h-z)}} = \int_0^h \frac{\varphi'(z)\,dz}{\sqrt{2g(h-z)}} = \mathrm{F}(h).$$

Faisons, comme au § 107, $z = h\theta$, θ étant un nombre positif et plus petit que l'unité. Nous obtiendrons, en opérant cette substitution,

$$\int_{\theta=0}^{\theta=1} \frac{\varphi'(h\theta)\,h\,d\theta}{\sqrt{2gh(1-\theta)}} = \int_0^1 \frac{\varphi'(h\theta)\sqrt{h\theta}\,d\theta}{\sqrt{2g\theta(1-\theta)}} = \mathrm{F}(h),$$

ou bien, en posant $\varphi'(h\theta)\sqrt{h\theta} = \psi(h\theta)$,

$$\int_0^1 \frac{\psi(h\theta)\,d\theta}{\sqrt{2g\theta(1-\theta)}} = \mathrm{F}(h).$$

Cette équation doit être vérifiée pour toute valeur de h, et c'est par cette condition qu'on doit déterminer la fonction ψ, jusqu'ici inconnue.

Nous admettrons que la fonction donnée F(h) soit exprimable par une somme de termes de la forme Ah^α, A et α étant des nombres quelconques, positifs ou négatifs, et qu'on ait identiquement l'égalité

$$\mathrm{F}(h) = \mathrm{A}h^\alpha + \mathrm{B}h^\beta + \mathrm{C}h^\gamma + \ldots,$$

en prenant un nombre fini ou infini de termes.

Cela posé, nous exprimerons de même la fonction cherchée ψ par une somme toute semblable, qui ne différera de la première que par les coefficients :

$$\psi(z) = \mathrm{A}'z^\alpha + \mathrm{B}'z^\beta + \mathrm{C}'z^\gamma + \ldots.$$

---

[1] Ce problème est un de ceux qu'on peut résoudre au moyen du calcul *des différentielles et des intégrales à indices fractionnaires.* Voy. J. Liouville, *Journal de l'École polytechnique*, 1832, p. 49.

Dans cette équation, remplaçons z par $h\theta$, multiplions par $\dfrac{d\theta}{\sqrt{2g\theta(1-\theta)}}$, et intégrons entre les limites 0 et 1. Il viendra

$$\frac{A'h^\alpha}{\sqrt{2g}}\int_0^1 \frac{\theta^\alpha d\theta}{\sqrt{\theta(1-\theta)}} + \frac{B'h^\beta}{\sqrt{2g}}\int_0^1 \frac{\theta^\beta d\theta}{\sqrt{\theta(1-\theta)}} + \frac{C'h^\gamma}{\sqrt{2g}}\int_0^1 \frac{\theta^\gamma d\theta}{\sqrt{\theta(1-\theta)}} + \cdots$$

$$= Ah^\alpha + Bh^\beta + Ch^\gamma + \cdots,$$

et le problème sera résolu en posant

$$A' = \frac{A\sqrt{2g}}{\displaystyle\int_0^1 \frac{\theta^\alpha d\theta}{\sqrt{\theta(1-\theta)}}}, \qquad B' = \frac{B\sqrt{2g}}{\displaystyle\int_0^1 \frac{\theta^\beta d\theta}{\sqrt{\theta(1-\theta)}}}, \text{ etc.}$$

Les intégrales définies qui entrent dans ces formules se transforment aisément en faisant $\theta = \sin^2\omega$, ω étant une nouvelle variable dont les limites seront 0 et $\dfrac{\pi}{2}$. Il vient en effet

$$\int_0^1 \frac{\theta^\alpha d\theta}{\sqrt{\theta(1-\theta)}} = \int_0^{\frac{\pi}{2}} \frac{\sin^{2\alpha}\omega \times 2\sin\omega\cos\omega\, d\omega}{\sqrt{\sin^2\omega \times \cos^2\omega}} = 2\int_0^{\frac{\pi}{2}} \sin^{2\alpha}\omega\, d\omega,$$

intégrale facile à calculer toutes les fois que α est entier, ou égal à un entier augmenté d'une demi-unité. Si, pour abréger, on désigne $\displaystyle\int_0^{\frac{\pi}{2}} \sin^{2\alpha}\omega\, d\omega$ par la notation (α), on aura la solution en posant

$$\psi(z) = \sum \frac{A\sqrt{2g}}{2(\alpha)} z^\alpha.$$

On en déduit

$$\varphi'(z) = \sum \frac{A\sqrt{2g}}{2(\alpha)} z^{\alpha - \frac{1}{2}},$$

et enfin

$$s = \varphi(z) = C + \sum \frac{A\sqrt{2g}}{2(\alpha)} \frac{z^{\alpha + \frac{1}{2}}}{\alpha + \frac{1}{2}}.$$

Les conditions particulières imposées à la courbe exigent

que s et z s'annulent ensemble, et que $\varphi'(z)$ soit infini pour $z = 0$. Cette dernière condition est satisfaite si l'un au moins des exposants α est moindre que $\dfrac{1}{2}$.

Soit par exemple $F(h) = A + B\sqrt{h} = Ah^0 + Bh^{\frac{1}{2}}$. Nous aurons :

$$\text{pour } \alpha = 0, \qquad \int_0^{\frac{\pi}{2}} \sin^{2\alpha}\omega\, d\omega = \int_0^{\frac{\pi}{2}} d\omega = \frac{\pi}{2},$$

$$\text{pour } \alpha = \frac{1}{2}, \qquad \int_0^{\frac{\pi}{2}} \sin^{2\alpha}\omega\, d\omega = \int_0^{\frac{\pi}{2}} \sin\omega\, d\omega = -1;$$

et par suite, abstraction faite du facteur constant $\sqrt{2g}$,
$\varphi'(z) = \dfrac{A}{\pi} z^{-\frac{1}{2}} - \dfrac{1}{2}B$, quantité qui devient infinie pour $z = 0$,
et $\varphi(z) = \dfrac{2A}{\pi}\sqrt{z} - \dfrac{1}{2}Bz$, quantité nulle pour $z = 0$; on n'ajoutera donc pas de constante.

PENDULE CIRCULAIRE.

115. Le *pendule circulaire* est formé par un point matériel pesant, suspendu à l'extrémité d'un fil inextensible et sans masse, dont l'autre extrémité est attachée en un point fixe. Le point matériel ainsi suspendu est assujetti à glisser sans frottement sur la surface d'une sphère ayant pour centre le point fixe, et pour rayon la longueur du fil; mais si on l'abandonne sans vitesse en un point quelconque de cette surface sphérique, ou si la vitesse qu'on lui communique en ce point est contenue dans un plan vertical passant par le centre de la surface, le mouvement du point s'effectue suivant le grand cercle d'intersection de ce plan et de la sphère (§ 91, 1°), et tout se passe comme s'il était assujetti à glisser sans frottement sur cette courbe.

Nous avons à déterminer, d'une part, la loi du mouvement, et de l'autre, la tension du fil; cette dernière recher-

che est d'autant plus utile qu'elle nous apprendra si le
point matériel reste sur la circonférence, ou bien s'il l'abandonne pour rentrer à l'intérieur : le
premier cas aura lieu si la tension du
fil est positive; le second, si elle devient nulle pour passer au négatif; car
ce changement de signe montre que,
pour maintenir le point mobile sur la
courbe, le fil devrait résister à un
effort de compression. Pour éviter la
distinction des deux cas, on peut supposer qu'on remplace le fil par une

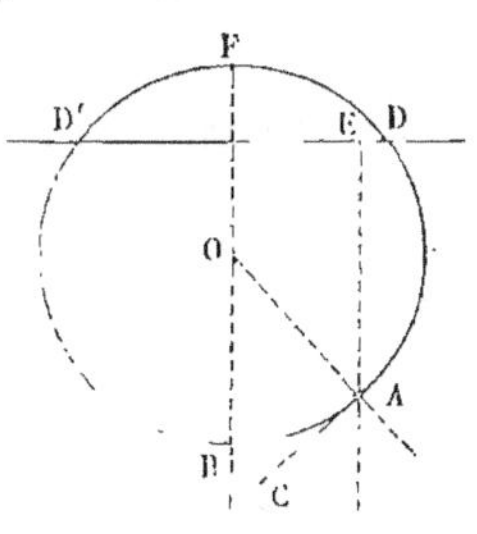

Fig. 68.

barre rigide, inextensible et incompressible, mais toujours
sans masse appréciable.

Soit A la position du mobile sur le cercle à un instant quelconque; soit v sa vitesse, dirigée dans le sens AC. Le théorème des forces vives donne tout de suite les vitesses aux
autres points du cercle, et permet de reconnaître le caractère particulier du mouvement. A la vitesse v correspond une

hauteur $h = \dfrac{v^2}{2g}$ (§ 51), que le mobile ne pourra dépasser, et

qu'il ne peut même atteindre sans perdre toute sa vitesse. A
une distance verticale $AE = h$ au-dessus du point A, menons
une horizontale DD'. Si cette horizontale coupe le cercle en
deux points D et D', le point mobile ne pourra sortir de l'arc
DBD', pour entrer dans l'arc supérieur DFD'. Parvenu en l'un
des points D, D', le mobile s'y trouve sans vitesse, et redes-
cend en prenant les mêmes vitesses en sens contraire. Le mouvement est alors *oscillatoire*.

Si la droite DD' est tout entière au-dessus de la circonférence, la vitesse du mobile ne peut devenir nulle, ni par conséquent changer de signe; dans ce cas, le mouvement est *révolutif*.

Enfin, entre ces deux cas, il y a un cas singulier remarquable, celui où la droite DD' toucherait la circonférence
en son point le plus haut F; dans ce cas, le mobile, en arri-

vant au point F, aurait perdu sa vitesse, et par suite, s'il parvient en ce point, il doit y demeurer indéfiniment. Mais, en réalité, le point mobile n'y pourrait parvenir, et il s'en approcherait de plus en plus sans jamais l'atteindre.

114. *Équation du mouvement.* — Soit V la vitesse du point mobile à son passage en B au point le plus bas, de la circonférence. Supposons cette vitesse dirigée dans le sens BM. La vitesse v en un point quelconque M sera donnée par l'équation des forces vives. Soit MOB $= \varphi$; projetons le point M en P sur la verticale OB; nous aurons PB $= l\,(1 - \cos \varphi)$, l étant la longueur OB

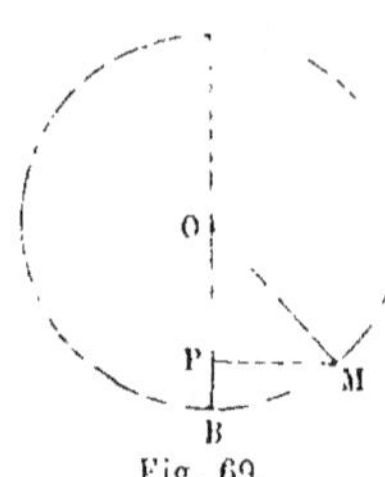

Fig. 69.

du fil, et l'équation du mouvement sera

$$v^2 = V^2 - 2gl\,(1 - \cos \varphi) = V^2 - 4gl \sin^2 \tfrac{1}{2}\varphi.$$

Faisons $\dfrac{V^2}{2g} = h$; nous aurons

$$v = \frac{l\,d\varphi}{dt} = \pm \sqrt{2g\left(h - 2l \sin^2 \tfrac{1}{2}\varphi\right)}$$

et

$$dt = \frac{l\,d\varphi}{\pm \sqrt{2g\left(h - 2l \sin^2 \tfrac{1}{2}\varphi\right)}}.$$

On prendra le signe convenable pour que dt soit toujours positif; d'après l'hypothèse faite sur le mouvement, $d\varphi$ est positif, et par suite il faut prendre le signe $+$. On aura donc

$$t = \int_0^\varphi \frac{l\,d\varphi}{\sqrt{2g\left(h - 2l \sin^2 \tfrac{1}{2}\varphi\right)}} = \int_0^\varphi \sqrt{\frac{l}{4g}} \, \frac{d\varphi}{\sqrt{\frac{h}{2l} - \sin^2 \tfrac{1}{2}\varphi}}$$

Les différents cas que nous avons indiqués se traduisent par les relations

$$h < 2l,$$
$$h > 2l,$$
$$h = 2l.$$

1° Soit $h < 2l$. Alors le mouvement sera oscillatoire. Faisons $\dfrac{h}{2l} = c^2$.

Le rapport $\dfrac{h}{2l}$ étant < 1, changeons de variable, en posant

$$\sin \tfrac{1}{2}\varphi = c \sin x.$$

Lorsque φ est nul, x est nul aussi. L'angle φ est d'ailleurs limité ; car il faut, pour que dt soit réel, que $\sin^2 \tfrac{1}{2}\varphi$ soit au plus égal à $\dfrac{h}{2l}$, ou à c^2. Le maximum admissible pour $\sin \tfrac{1}{2}\varphi$ est donc le nombre c ; ce qui donne $x = \dfrac{\pi}{2}$.

On a enfin, en différentiant,

$$\tfrac{1}{2}\cos \tfrac{1}{2}\varphi \, d\varphi = c \cos x \, dx,$$

et la fraction

$$\frac{d\varphi}{\sqrt{\dfrac{h}{2l} - \sin^2 \tfrac{1}{2}\varphi}}$$

devient

$$\frac{2c \cos x \, dx}{\cos \tfrac{1}{2}\varphi \sqrt{c^2 - c^2 \sin^2 x}} = \frac{2 \, dx}{\sqrt{1 - c^2 \sin^2 x}}.$$

Par suite

$$t = \int_0^x \sqrt{\frac{l}{g}} \, \frac{dx}{\sqrt{1 - c^2 \sin^2 x}}.$$

Pour avoir la durée de la demi-oscillation, il faut faire $\sin \tfrac{1}{2}\varphi = c$, ou $x = \dfrac{\pi}{2}$; ce qui donne

$$t = \sqrt{\frac{l}{g}} \times \int_0^{\frac{\pi}{2}} \frac{dx}{\sqrt{1 - c^2 \sin^2 x}}.$$

La somme $\displaystyle\int_0^x \frac{dx}{\sqrt{1 - c^2 \sin^2 x}}$ est une *fonction elliptique de première espèce*, que Legendre représente par la notation $F(c, x)$; prise entre les limites 0 et $\frac{\pi}{2}$, elle devient la *fonction complète*, qu'il représente par la notation $F^1(c)$.

On a donc la solution du premier cas, en faisant

$$t = \sqrt{\frac{l}{g}}\, F(c, x),$$

et pour la durée de l'oscillation entière,

$$T = 2\sqrt{\frac{l}{g}}\, F^1(c).$$

2° Le second cas, celui du mouvement révolutif, se ramène à la même intégrale.

Posons $\frac{2l}{h} = c^2$; c^2 sera < 1; et la formule devient

$$t = \int_0^{\varphi} \sqrt{\frac{l}{4g}}\, \frac{d\varphi}{\sqrt{\frac{1}{c^2} - \sin^2 \frac{1}{2}\varphi}} = c\sqrt{\frac{l}{g}} \int_0^{\varphi} \frac{d\frac{1}{2}\varphi}{\sqrt{1 - c^2 \sin^2 \frac{1}{2}\varphi}},$$

qu'on peut écrire avec la notation de Legendre :

$$t = c\sqrt{\frac{l}{g}}\, F\left(c, \frac{1}{2}\varphi\right).$$

Pour avoir la durée du tour entier, on fera $\varphi = 2\pi$, et viendra

$$T = c\sqrt{\frac{l}{g}}\, F(c, \pi) = 2c\sqrt{\frac{l}{g}}\, F^1(c).$$

3° Enfin quand $\frac{h}{2l} = 1$, la formule générale devient

$$= \sqrt{\frac{l}{g}} \int_0^{\varphi} \frac{d\frac{1}{2}\varphi}{\sqrt{1 - \sin^2 \frac{1}{2}\varphi}} = \sqrt{\frac{l}{g}} \int_0^{\varphi} \frac{d\frac{1}{2}\varphi}{\cos \frac{1}{2}\varphi}.$$

Le temps nécessaire au mobile pour atteindre le point le plus haut de la circonférence sera

$$T = \sqrt{\frac{l}{g}} \int_0^\pi \frac{d\frac{1}{2}\varphi}{\cos\frac{1}{2}\varphi}.$$

L'intégrale générale de $\dfrac{d\psi}{\sin\psi}$ est $\log\operatorname{tang}\dfrac{1}{2}\psi$.

Faisons donc

$$\psi = \frac{\pi}{2} - \frac{1}{2}\varphi,$$

il viendra

$$\sin\psi = \cos\frac{1}{2}\varphi$$

et

$$d\psi = -\frac{1}{2}d\varphi$$

Donc

$$\int_0^\pi \frac{d\frac{1}{2}\varphi}{\cos\frac{1}{2}\varphi} = \int_{\frac{\pi}{2}}^0 -\frac{d\psi}{\sin\psi} = \left[\log\operatorname{tang}\frac{1}{2}\psi\right]_0^{\frac{\pi}{2}}.$$

Si l'on fait $\psi = 0$, la tangente de $\dfrac{1}{2}\psi$ est nulle, et son logarithme infini. Donc T a une valeur infiniment grande. Nous le reconnaîtrons plus loin d'une manière plus élémentaire.

RECHERCHE DE $F^1(c)$.

115. La durée du tour entier dans le cas du mouvement révolutif, et la durée de l'oscillation simple dans le cas du mouvement oscillatoire, sont données par des formules où entre en facteur la fonction complète

$$F^1(c) = \int_0^{\frac{\pi}{2}} \frac{d\varphi}{\sqrt{1 - c^2\sin^2\varphi}}.$$

Le nombre c est moindre que l'unité.

Le développement en série de $\dfrac{1}{\sqrt{1 - c^2 \sin^2 \varphi}}$ fait connaître la valeur de cette intégrale.

On a, en effet,

$$(1 - c^2\sin^2\varphi)^{-\frac{1}{2}} = 1 - \left(-\frac{1}{2}\right) c^2 \sin^2\varphi + \frac{\left(-\frac{1}{2}\right)\left(-\frac{1}{2}-1\right)}{1} \frac{}{2} c^4\sin^4\varphi$$

$$- \frac{\left(-\frac{1}{2}\right)\left(-\frac{1}{2}-1\right)\left(-\frac{1}{2}-2\right)}{1.2.3} c^6\sin^6\varphi + \dots$$

$$= 1 + \frac{1}{2}c^2\sin^2\varphi + \frac{1.3}{1.2\times 2^2}c^4\sin^4\varphi + \frac{1.3.5}{1.2.3\times 2^3}c^6\sin^6\varphi$$

$$+ \frac{1.3.5.7}{1.2.3.4\times 2^4} c^8\sin^8\varphi + \dots,$$

série convergente, puisque $c^2 \sin^2 \varphi$ est moindre que l'unité.

Multiplions par $d\varphi$, et faisons l'intégration de 0 à $\dfrac{\pi}{2}$:

$$\mathrm{F}^1(c) = \frac{\pi}{2} + \frac{1}{2}c^2 \int_0^{\frac{\pi}{2}} \sin^2\varphi\, d\varphi + \frac{1.3}{1.2}\times\frac{1}{2^2} c^4 \int_0^{\frac{\pi}{2}} \sin^4\varphi\, d\varphi + \dots$$

Toutes les intégrales sont de la forme

$$\int_0^{\frac{\pi}{2}} \sin^{2m}\varphi\, d\varphi.$$

On les réduit facilement par l'intégration par parties :

$$\int \sin^{2m}\varphi\, d\varphi = \int \sin^{2m-1}\varphi \sin\varphi\, d\varphi$$

$$= -\sin^{2m-1}\varphi \cos\varphi + (2m-1)\int \cos^2\varphi \sin^{2m-2}\varphi\, d\varphi$$

$$= -\sin^{2m-1}\varphi \cos\varphi + (2m-1)\int \sin^{2m-2}\varphi\, d\varphi - (2m-1)\int \sin^{2m}\varphi\, d\varphi,$$

ou bien

$$2m \int \sin^{2m}\varphi\, d\varphi = (2m-1)\int \sin^{2m-2}\varphi\, d\varphi - \sin^{2m-1}\varphi \cos\varphi.$$

Prenons les intégrales entre les limites 0 et $\dfrac{\pi}{2}$; la partie en dehors des signes $\int$ disparaît aux limites ; il vient donc

$$\int_0^{\frac{\pi}{2}} \sin^{2m} \varphi\, d\varphi = \frac{2m-1}{2m} \int_0^{\frac{\pi}{2}} \sin^{2m-2} \varphi\, d\varphi.$$

Changeant dans cette égalité m en $m-1$, puis en $m-2$, etc , on parviendra à la fin à l'égalité

$$\int_0^{\frac{\pi}{2}} \sin^2 \varphi\, d\varphi = \frac{1}{2} \int_0^{\frac{\pi}{2}} d\varphi = \frac{1}{2}\,\frac{\pi}{2},$$

et par suite, en multipliant membre à membre, on aura

$$\int_0^{\frac{\pi}{2}} \sin^{2m} \varphi\, d\varphi = \frac{(2m-1)\,(2m-3)\ldots 3.1.}{2m\,(2m-2)\ldots 4.2.} \times \frac{\pi}{2}.$$

Donc

$$F^{(1)}(c) = \frac{\pi}{2} + \frac{1}{2}c^2 \times \frac{1}{2}\cdot\frac{\pi}{2} + \frac{1.3}{1.2} \times \frac{1}{2^2}c^4 \times \frac{3.1}{4.2} \times \frac{\pi}{2}$$
$$+ \frac{1.3.5}{1.2.3} \times \frac{1}{2^3}c^6 \frac{5.3.1}{6.4.2} \times \frac{\pi}{2} + \ldots$$
$$= \frac{\pi}{2}\left(1 + \frac{1^2}{2^2}c^2 + \frac{1^2.3^2}{2^2.4^2}c^4 + \frac{1^2.3^2.5^2}{2^2.4^2.6^2}c^6 + \ldots\right).$$

La durée de l'oscillation complète dans le cas du mouvement oscillatoire sera représentée par la série

$$T = \pi\sqrt{\frac{l}{g}}\left(1 + \frac{1}{4}c^2 + \frac{9}{64}c^4 + \ldots\right).$$

Lorsque $c = \sqrt{\dfrac{h}{2l}}$ est très-petit, ce qui correspond à un angle d'écart très-petit lui-même, on pourra prendre comme approximation, soit le premier terme de la série,

$$T = \pi\sqrt{\frac{l}{g}},$$

soit les deux premiers,

$$T = \pi\sqrt{\frac{l}{g}}\left(1 + \frac{c^2}{4}\right).$$

Or h est la flèche de l'arc total décrit par le point mobile. Si l'on appelle α l'écart angulaire total, mesuré à partir de la verticale, on aura $h = l\,(1 - \cos \alpha)$. Donc

$$\frac{h}{2l} = \frac{1 - \cos\alpha}{2} = \sin^2 \tfrac{1}{2}\,\alpha.$$

L'angle α étant très-petit, on peut confondre l'arc avec son sinus ; on fera donc $\sin \tfrac{1}{2}\,\alpha = \dfrac{\alpha}{2}$ et $\sin^2 \tfrac{1}{2}\,\alpha = \dfrac{\alpha^2}{4}$.

La seconde formule devient donc

$$T = \pi \sqrt{\frac{l}{g}} \left(1 + \frac{\alpha^2}{16} \right).$$

116. L'équation $T = \pi \sqrt{\dfrac{l}{g}}$, qui donne la durée d'une oscillation très-petite, peut être trouvée sans le secours de l'analyse.

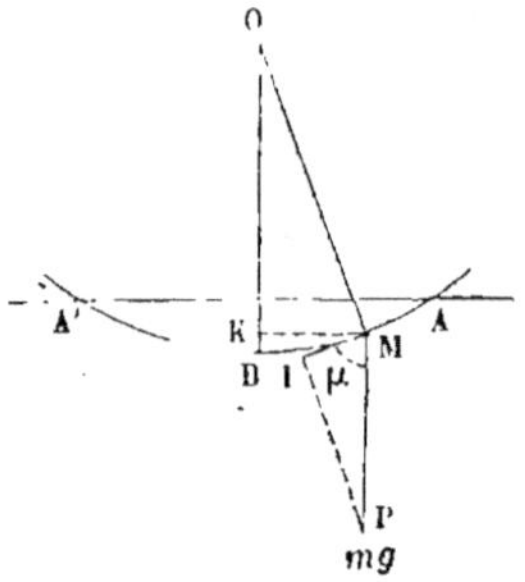

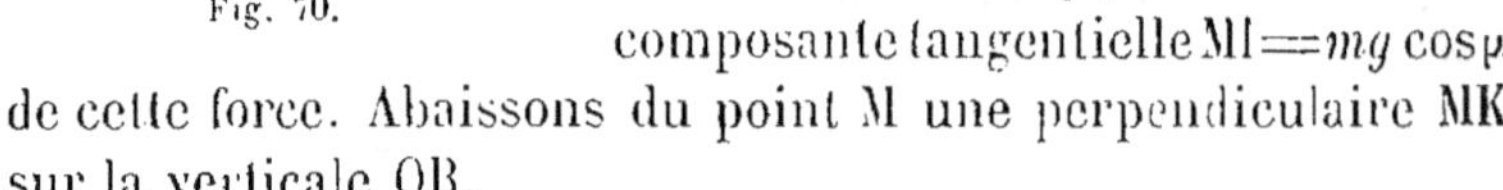
Fig. 70.

Soient A et A′ les limites de l'excursion du mobile ; considérons le mobile allant de A vers A′, en partant sans vitesse du point A.

Parvenu en un point M, le mobile est sollicité suivant la verticale par une force $MP = mg$; déterminons la composante tangentielle $MI = mg \cos \mu$. de cette force. Abaissons du point M une perpendiculaire MK sur la verticale OB.

Les triangles semblables OKM, IMP, nous donnent

$$\frac{MI}{MP} = \frac{KM}{OM}.$$

Mais l'angle BOM étant supposé très-petit, on a à très-peu près KM = arc BM.

Appelons s l'arc BM, compté positivement à partir du point B dans le sens BA. Nous aurons

$$MI = MP \times \frac{s}{OM} = mg \times \frac{s}{l},$$

l étant la longueur du fil.

L'équation du mouvement est donc

$$m \frac{dv}{dt} = m \frac{d^2s}{dt^2} = - \frac{mg}{l} s.$$

La composante tangentielle est proportionnelle à la longueur de l'arc, et l'on retombe sur le problème déjà traité pour la cycloïde ; la durée t de l'excursion simple est donnée par la formule

$$t = \pi \sqrt{\frac{l}{g}}.$$

Mais cette formule, qui est rigoureuse pour la cycloïde, n'est qu'approximative pour le cercle. On remarquera qu'on aurait pu la déduire de la formule de la cycloïde, en substituant à cette dernière courbe, à son point le plus bas, le cercle osculateur, dont le rayon est le quadruple du rayon de la circonférence génératrice.

117. *Recherche de la tension du fil.* — Pour trouver la tension du fil, qui représente ici la réaction normale de la courbe directrice, il faut (§ 97) chercher la résultante de la composante normale de la pesanteur, et de la force centrifuge.

Soit A la position du mobile, v sa vitesse, AP son poids, AQ la composante normale de ce poids ; la tension T du fil sera égale à

$$T = AQ + \frac{mv^2}{l} = mg \cos \alpha + \frac{mv^2}{l}.$$

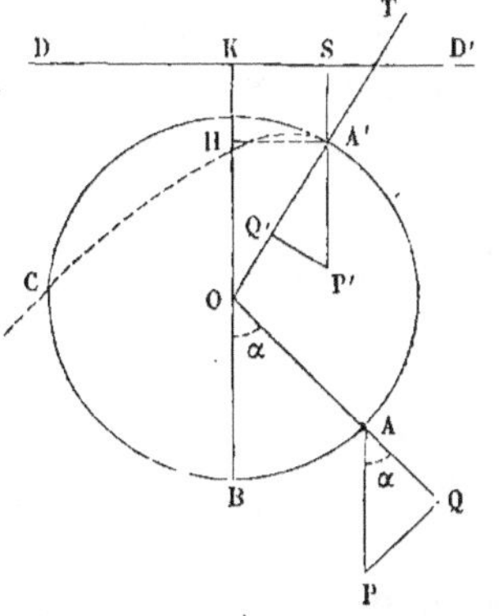

Fig. 71.

Les deux forces s'ajoutent dans toute la demi-circonférence inférieure, parce que l'angle α variant de $-\frac{\pi}{2}$ à $+\frac{\pi}{2}$ a un cosinus positif ; elles se retranchent pour tout point A′ situé dans la demi-circonférence supérieure. On peut déterminer la position du point A′ pour lequel l'égalité aurait lieu entre A′Q′ et $\frac{mv^2}{l}$; à partir de ce point, le mobile, s'il est soutenu par un fil, et non par une barre incompressible, rentrera dans le cercle et décrira, comme un point libre, une parabole (§ 16) qui, partant tangentiellement au cercle au point A', amènera le mobile en un autre point C de la circonférence.

Pour trouver ce point A', traçons la droite horizontale DD', ligne de niveau correspondante à la vitesse nulle, et abaissons A'S perpendiculaire sur cette droite. La vitesse v en A' sera donnée par l'équation

$$v^2 = 2g \times SA'.$$

La force centrifuge, qui est dirigée suivant A'T, a pour valeur

$$\frac{2mg \times SA'}{l}.$$

La composante normale de la pesanteur, AQ', doit lui être égale. Du point A', abaissons une perpendiculaire A'H sur la verticale OK. Les triangles semblables A'HO, P'Q'A' nous donnent la proportion

$$\frac{A'Q'}{A'P'} = \frac{OH}{OA'},$$

et par suite

$$A'Q' = \frac{mg}{l} \times OH.$$

Donc

$$\frac{2mg \times SA'}{l} = \frac{mg}{l} \times OH,$$

ou bien

$$2SA' = OH.$$

Mais SA' $=$ KH. Donc le point H est au tiers supérieur de la distance OK.

Pour que la tension du fil devienne nulle, il faut donc que la ligne de niveau DD' qui correspond à une vitesse nulle soit au-dessus du point O, et que l'horizontale menée au tiers supérieur de sa distance à ce point rencontre la circonférence.

118. Nous avons vu (§ 114, 3°) que lorsque la droite DD'

touche le cercle en son point le plus haut, F, le mobile,
supposé maintenu sur la circonférence, ne peut atteindre le
point F, bien qu'il s'en approche indéfiniment. Nous allons le
reconnaître par la géométrie.

Soit M une position du mobile très-voisine du point F ;
appelons s l'arc MF. Du point M abais-
sons une perpendiculaire MI sur la
verticale passant par le point F. Le
mobile au point M aura pour vitesse v
la vitesse due à la hauteur FI$=h$. Or,

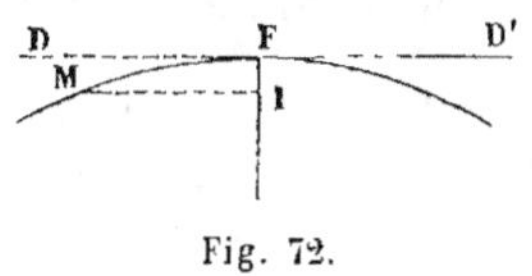

Fig. 72.

dans le cercle, le carré de la corde FM est égal au produit
de FI par le diamètre $2l$; et comme l'arc MF est très-petit, on
a sensiblement

$$s^2 = 2hl.$$

Or

$$v^2 = 2gh,$$

et par suite

$$\frac{v^2}{s^2} = \frac{g}{l},$$

ou bien

$$v = s\sqrt{\frac{g}{l}}.$$

La vitesse v est donc proportionnelle à l'arc qui sépare
le point mobile du point fixe F. Dans ces conditions, il est facile de reconnaître que le mobile mettra un temps infini à décrire le petit arc MF.

Développons cet arc en ligne droite pour simplifier la figure,
et partageons-le en un grand nom-
bre, n, de parties égales, aux points
a, b, c,..., d. La vitesse en M étant
égale à v, conserve approximativement cette valeur dans tout
le parcours Ma ; dans le parcours ab, elle prend la valeur
$v \times \dfrac{n-1}{n}$; dans le parcours bc, la valeur $v \times \dfrac{n-2}{n}$;.... dans
le parcours dF, la valeur $v \times \dfrac{1}{n}$.

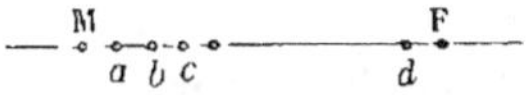

Fig. 73.

Or soit T le temps fini que le mobile mettrait à parcourir l'arc MF, s'il conservait d'un bout à l'autre de cet arc la vitesse v. Ce temps est égal à $\dfrac{s}{v}$. La durée du parcours de l'arc Ma est donc égale à $\dfrac{T}{n}$; la durée du parcours de l'arc ab sera à la durée du parcours Ma dans le rapport inverse des vitesses, c'est-à-dire dans le rapport de n à $n-1$; elle sera donc égale à $\dfrac{T}{n}\times\dfrac{n}{n-1}$; on prouverait de même que la durée du parcours bc est $\dfrac{T}{n}\times\dfrac{n}{n-2}$, et ainsi de suite, jusqu'au parcours dF qui demandera le temps $\dfrac{T}{n}\times\dfrac{n}{1}$. Le temps total du trajet est la somme

$$\frac{T}{n}+\frac{T}{n}\times\frac{n}{n-1}+\frac{T}{n}\times\frac{n}{n-2}+\ldots+\frac{T}{n}\times\frac{n}{1},$$

ou bien

$$T\times\left(\frac{1}{n}+\frac{1}{n-1}+\frac{1}{n-2}+\ldots+1\right),$$

formule rigoureuse quand on suppose n infiniment grand. La quantité entre parenthèses est alors la somme des inverses des nombres naturels :

$$1+\frac{1}{2}+\frac{1}{3}+\frac{1}{4}+\ldots+\frac{1}{n-1}+\frac{1}{n}+\frac{1}{n+1}+\ldots$$

Or cette somme grandit au delà de toute limite à mesure que le nombre de ses termes augmente. Car prenons les 2^k termes consécutifs

$$\frac{1}{2^k}+\frac{1}{2^k+1}+\frac{1}{2^k+2}+\ldots+\frac{1}{2^k+(2^k-1)}.$$

Chacun est, séparément, plus grand que $\dfrac{1}{2^{k+1}}$; leur somme surpasse le produit $\dfrac{1}{2^{k+1}} \times 2^{k}$, c'est-à-dire $\dfrac{1}{2}$. On peut donc partager la série en groupes de termes

$$1$$
$$\frac{1}{2} + \frac{1}{3},$$
$$\frac{1}{4} + \frac{1}{5} + \frac{1}{6} + \frac{1}{7},$$
$$\frac{1}{8} + \frac{1}{9} + \frac{1}{10} + \frac{1}{11} + \frac{1}{12} + \frac{1}{13} + \frac{1}{14} + \frac{1}{15}, \text{ etc.,}$$

tels que chaque groupe soit plus grand que $\dfrac{1}{2}$. Par suite on peut prendre assez de termes dans la série pour que leur somme surpasse tel multiple de $\dfrac{1}{2}$ qu'on voudra. La somme grandit donc au delà de toute limite, et le temps du trajet du point M au point F est infiniment grand.

119. La formule qui donne le temps t des oscillations simples d'un pendule de longueur l,

$$t = \pi \sqrt{\frac{l}{g}},$$

fournit un moyen très-précis de calculer la valeur de l'accélération g due à la pesanteur.

Il suffit en effet d'abandonner le pendule après l'avoir écarté de la verticale d'un angle très-petit ; les oscillations commencent ; on compte le nombre n d'oscillations simples dans un temps donné, une minute par exemple ; la durée d'une oscillation simple est alors de $\dfrac{60}{n}$ secondes; on connaît la longueur l du pendule ; l'équation devient

$$\frac{60}{n} = \pi \sqrt{\frac{l}{g}},$$

et l'on en déduit

$$g = l \times \frac{n^2 \pi^2}{60 \times 60}.$$

Nous verrons plus loin (Livre IV) comment les oscillations d'un corps solide pesant se ramènent aux oscillations d'un point matériel unique.

Il suffira, pour déterminer g en divers points du globe, de faire osciller le pendule en ces divers points, et de compter le nombre n d'oscillations dans une minute.

Voici un tableau de quelques résultats ainsi obtenus.

LIEU DE L'OBSERVATION	LATITUDE	ALTITUDE	LONGUEUR DU PENDULE QUI BAT LA SECONDE	VALEUR DE g
Quito, au bord de la mer.	0°14′	—	0ᵐ,990941	9ᵐ,78019
Quito, dans la ville. . .	0°14′	2940ᵐ	0ᵐ,990056	9ᵐ,77127
Alger.	36°47′	—	0ᵐ,992785	9ᵐ,79859
Toulouse.	43°36′	150ᵐ	0ᵐ,993540	9ᵐ,80387
Bordeaux.	44°50′	—	0ᵐ,993497	9ᵐ,80542
Paris.	48°50′	—	0ᵐ,993855	9ᵐ,80895
Pétersbourg.	59°57′	—	0ᵐ,994794	9ᵐ,81822
Cap Nord.	71°10′	—	0ᵐ,995130	9ᵐ,82154

MOUVEMENT DU PENDULE CIRCULAIRE DANS L'AIR.

120. L'expérience du pendule se fait dans l'air et non pas dans le vide, comme le supposent les équations que nous avons employées. Il y a donc lieu de se demander si la formule $t = \pi \sqrt{\dfrac{l}{g}}$ est modifiée par la résistance du milieu. Nous allons voir qu'elle subsiste encore approximativement lorsqu'on suppose la résistance du milieu proportionnelle au carré de la vitesse.

Soit A le point de départ du point mobile; $OA = l$; $AOB = \alpha$, l'écart initial. Le mouvement du point se fait d'abord dans le sens ABA′; il s'arrête en un point A′, moins élevé que le point A, puisque la résistance du milieu le long du parcours AA′ produit un travail négatif qui s'ajoute au travail de la pesanteur dans le parcours BA′, et qui contribue à réduire à zéro la vitesse du mobile le long d'un chemin moindre que l'arc AB.

Nous allons chercher la durée du trajet de A en A′; ce sera la durée d'une oscillation simple.

Soit M la position du point au bout du temps t, v sa vitesse. On pourra représenter la résistance de l'air, qui est une force tangentielle en M à l'arc AB, par l'expression

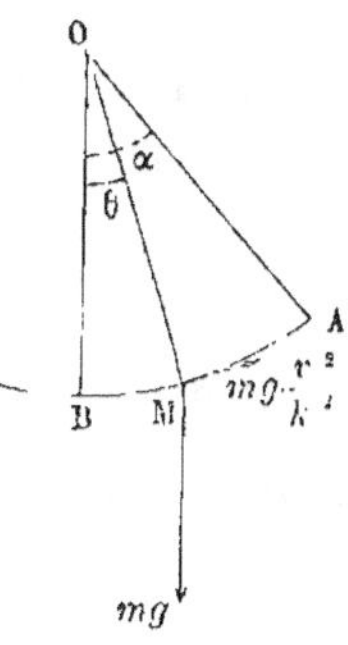

$$mg\,\frac{v^2}{k^2}.$$

Fig. 74.

Cette force agit en sens contraire du mouvement.

La pesanteur mg, projetée sur la tangente à l'arc AB, donne une composante égale à $mg\sin\theta$, dans le sens du mouvement si θ est positif.

L'équation du mouvement est

$$m\,\frac{dv}{dt} = mg\sin\theta - mg\,\frac{v^2}{k^2},$$

ou bien en divisant par m,

$$(1) \qquad \frac{dv}{dt} = g\sin\theta - g\,\frac{v^2}{k^2}.$$

La vitesse v peut s'exprimer en fonction de θ; observons que v est regardé comme positif quand le point va de A vers A′, c'est-à-dire dans le sens où l'angle θ diminue. Nous aurons donc

$$v = -l\,\frac{d\theta}{dt},$$

et par suite

$$\frac{dv}{dt} = -l\,\frac{d^2\theta}{dt^2}.$$

Nous pouvons simplifier l'équation (1) en substituant à

$\sin\theta$ l'arc θ lui-même. L'erreur commise est inférieure à $\dfrac{\alpha^3}{6}$, quantité que nous regarderons comme négligeable.

L'équation (1) devient, après ces substitutions et ces transformations,

$$l\frac{d^2\theta}{dt^2} + g\theta - \frac{gl^2}{k^2}\left(\frac{d\theta}{dt}\right)^2 = 0.$$

Divisant par l, et posant $\dfrac{gl}{k^2}=\mu$, quantité constante, nous aurons à intégrer l'équation

$$(2)\qquad\qquad \frac{d^2\theta}{dt^2} + \frac{g}{l}\theta - \mu\left(\frac{d\theta}{dt}\right)^2 = 0.$$

La quantité μ est extrêmement petite ; nous admettrons qu'on peut développer θ en une série ordonnée suivant les puissances entières ascendantes de μ, de la forme

$$\theta = P + P_1\mu + P_2\mu^2 + \ldots,$$

P, P_1, P_2, étant des fonctions de t et de l'angle α ; et comme nous ne cherchons ici qu'une formule approximative, nous nous contenterons des deux premiers termes de la série, ce qui donne

$$(3)\qquad\qquad \theta = P + P_1\mu.$$

La fonction P est ce que devient θ quand on fait $\mu=0$. Introduisons cette hypothèse dans l'équation (2). Elle devient

$$(4)\qquad\qquad \frac{d^2\theta}{dt^2} + \frac{g}{l}\theta = 0,$$

équation dont l'intégrale générale est, avec deux constantes arbitraires A et B,

$$\theta = A\cos t\sqrt{\frac{g}{l}} + B\sin t\sqrt{\frac{g}{l}}.$$

Les constantes peuvent être déterminées ; si l'on convient de faire commencer le temps à l'instant du départ du point A, on doit avoir pour $t=0$, $\theta=\alpha$ et $\dfrac{d\theta}{dt}=0$. Donc

$$A = \alpha,$$
$$B = 0.$$

L'intégrale de l'équation (4) est

$$(5) \qquad \theta = \alpha \cos t \sqrt{\frac{g}{l}},$$

et, par suite, $\alpha \cos t \sqrt{\dfrac{g}{l}}$ est la valeur de la fonction P.

Nous remplacerons donc, dans l'équation (3), P par $\alpha \cos t \sqrt{\dfrac{g}{l}}$; nous y remplacerons aussi P_1 par $\alpha^2 \theta_1$, en désignant par θ_1 une nouvelle fonction du temps t ; en sorte que la valeur corrigée de θ sera donnée par l'équation

$$(6) \qquad \theta = \alpha \cos t \sqrt{\frac{g}{l}} + \mu \alpha^2 \theta_1.$$

Sous cette forme, on voit que $t = 0$, donnant à la fois $\theta = \alpha$ et $\dfrac{d\theta}{dt} = 0$, donne aussi $\theta_1 = 0$ et $\dfrac{d\theta_1}{dt} = 0$.

Nous déterminerons la fonction θ_1 en substituant la valeur (6) de θ dans l'équation (2). Différentiant deux fois de suite l'équation (6), il vient

$$(7) \qquad \left\{ \begin{aligned} \frac{d\theta}{dt} &= -\alpha \sqrt{\frac{g}{l}} \sin t \sqrt{\frac{g}{l}} + \mu \alpha^2 \frac{d\theta_1}{dt}, \\ \frac{d^2\theta}{dt^2} &= -\alpha \frac{g}{l} \cos t \sqrt{\frac{g}{l}} + \mu \alpha^2 \frac{d^2\theta_1}{dt^2}. \end{aligned} \right.$$

Substituons ces valeurs dans (2), développons les calculs, et supprimons les termes qui contiennent μ à une puissance supérieure à la première. Il vient d'abord

$$-\frac{\alpha g}{l} \cos t \sqrt{\frac{g}{l}} + \mu \alpha^2 \frac{d^2\theta_1}{dt^2} + \frac{g\alpha}{l} \cos t \sqrt{\frac{g}{l}} + \mu \alpha^2 \frac{g}{l} \theta_1$$

$$-\mu \left[\alpha^2 \times \frac{g}{l} \sin^2 t \sqrt{\frac{g}{l}} - 2\mu \alpha^3 \sqrt{\frac{g}{l}} \sin t \sqrt{\frac{g}{l}} \frac{d\theta_1}{dt} + \mu^2 \alpha^4 \left(\frac{d\theta_1}{dt} \right)^2 \right] = 0;$$

ensuite, en réduisant, supprimant les termes négligeables, et divisant par $\mu \alpha^2$,

$$(8) \qquad \frac{d^2\theta_1}{dt^2} + \frac{g}{l} \theta_1 - \frac{g}{l} \sin^2 t \sqrt{\frac{g}{l}} = 0.$$

Pour intégrer cette équation, il convient de remplacer le carré du sinus par sa valeur en fonction du cosinus de l'arc double. On a en général

$$\cos 2\varphi = 1 - 2\sin^2 \varphi\,;$$

donc

$$\sin^2 \varphi = \frac{1 - \cos 2\varphi}{2}\,.$$

Par suite

$$\sin^2 t \sqrt{\frac{g}{l}} = \frac{1 - \cos 2t \sqrt{\frac{g}{l}}}{2}\,,$$

expression qui, introduite dans l'équation (8), lui donne la forme suivante

$$(9) \qquad \frac{d^2\theta_1}{dt^2} + \frac{g}{l}\theta_1 - \frac{g}{2l} + \frac{g}{2l}\cos 2t \sqrt{\frac{g}{l}} = 0.$$

L'intégrale de cette équation peut s'écrire

$$(10) \qquad \theta_1 = M + N\cos t \sqrt{\frac{g}{l}} + P\cos 2t \sqrt{\frac{g}{l}}.$$

M, N, P étant des coefficients constants, que nous allons déterminer. On déduit d'abord de l'équation (10)

$$(11) \qquad \frac{d\theta_1}{dt} = -N\sqrt{\frac{g}{l}}\sin t \sqrt{\frac{g}{l}} - 2P\sqrt{\frac{g}{l}}\sin 2t \sqrt{\frac{g}{l}},$$

$$(12) \qquad \frac{d^2\theta_1}{dt^2} = -N\frac{g}{l}\cos t \sqrt{\frac{g}{l}} - 4P\frac{g}{l}\cos 2t \sqrt{\frac{g}{l}}.$$

Si l'on fait $t = 0$, θ_1 se réduit à $M + N + P$, qui est par conséquent nul, et $\dfrac{d\theta_1}{dt}$ se réduit à zéro quels que soient les coefficients N et P. Substituons dans l'équation (9) les valeurs de θ_1 et de $\dfrac{d^2\theta_1}{dt^2}$, et disposons des coefficients M, N et P de manière à ramener cette équation à une identité. Il viendra

$$-N\frac{g}{l}\cos t \sqrt{\frac{g}{l}} - 4P\frac{g}{l}\cos 2t \sqrt{\frac{g}{l}} + \frac{g}{l}M + \frac{g}{l}N\cos t \sqrt{\frac{g}{l}}$$

$$+ \frac{g}{l}P\cos 2t \sqrt{\frac{g}{l}} - \frac{g}{2l} + \frac{g}{2l}\cos 2t \sqrt{\frac{g}{l}} = 0,$$

équation qui se réduit d'elle-même à

$$\frac{g}{l}\left(\mathrm{M}-\frac{1}{2}\right)+\frac{g}{l}\cos 2t\sqrt{\frac{g}{l}}\left(\frac{1}{2}-3\mathrm{P}\right)=0.$$

L'identité est assurée si l'on fait

$$\mathrm{M}=\frac{1}{2},$$

$$3\mathrm{P}=\frac{1}{2}\quad\text{ou}\quad\mathrm{P}=\frac{1}{6}.$$

On en déduit

$$\mathrm{N}=-\frac{1}{2}-\frac{1}{6}=-\frac{2}{3}.$$

Donc enfin l'équation (10) devient

$$(13)\qquad \theta_1=\frac{1}{2}-\frac{2}{3}\cos t\sqrt{\frac{g}{l}}+\frac{1}{6}\cos 2t\sqrt{\frac{g}{l}},$$

et la valeur de θ fournie par l'équation (6) prend la forme

$$(14)\qquad \theta=\alpha\cos t\sqrt{\frac{g}{l}}+\mu\alpha^2\left(\frac{1}{2}-\frac{2}{3}\cos t\sqrt{\frac{g}{l}}+\frac{1}{6}\cos 2t\sqrt{\frac{g}{l}}\right),$$

ou bien

$$(15)\qquad \theta=\frac{1}{2}\mu\alpha^2+\left(\alpha-\frac{2\mu\alpha^2}{3}\right)\cos t\sqrt{\frac{g}{l}}+\frac{1}{6}\mu\alpha^2\cos 2t\sqrt{\frac{g}{l}}.$$

Pour trouver le point A' où s'arrêtera le mobile, cherchons à quel instant $\dfrac{d\theta}{dt}$ s'annule pour la première fois après l'instant du départ correspondant à $t=0$.

Différentiant l'équation (15), il vient

$$\frac{d\theta}{dt}=-\left(\alpha-\frac{2\mu\alpha^2}{3}\right)\sqrt{\frac{g}{l}}\sin t\sqrt{\frac{g}{l}}-\frac{1}{3}\mu\alpha^2\sqrt{\frac{g}{l}}\sin 2t\sqrt{\frac{g}{l}}$$

$$=-\sqrt{\frac{g}{l}}\sin t\sqrt{\frac{g}{l}}\left[\left(\alpha-\frac{2\mu\alpha^2}{3}\right)+\frac{2}{3}\mu\alpha^2\cos t\sqrt{\frac{g}{l}}\right]=0.$$

On peut satisfaire algébriquement à cette équation de deux manières, soit en posant

$$\sin t\sqrt{\frac{g}{l}}=0,$$

soit en posant

$$\left(o - \frac{2\mu\alpha^2}{3} \right) + \frac{2}{3} \mu\alpha^2 \cos t \sqrt{\frac{g}{l}} = 0.$$

Or cette seconde manière donnerait

$$\cos t \sqrt{\frac{g}{l}} = - \frac{\alpha - \dfrac{2\mu\alpha^2}{3}}{\dfrac{2}{3} \mu\alpha^2} = - \frac{3 - 2\mu\alpha}{2\mu\alpha},$$

nombre évidemment supérieur à l'unité en valeur absolue lorsque μ et α sont des fractions très-petites, ce que nous supposons expressément ici. Cette solution ne fournit donc pas pour t une valeur réelle. La première donne pour l'arc $t \sqrt{\frac{l}{g}}$ une infinité de valeurs réelles, dont les deux moin-dres sont

$$t \sqrt{\frac{g}{l}} = 0$$

et

$$t \sqrt{\frac{g}{l}} = \pi.$$

Cette seconde valeur donne $t = \pi \sqrt{\frac{l}{g}}$ pour la durée de l'excursion du point A au point A'. On retrouve ainsi la même formule que si l'oscillation avait lieu dans le vide, et par suite la résistance de l'air, supposée proportionnelle au carré de la vitesse, n'altère pas la durée des oscillations, et ne change que leur amplitude.

Si, dans l'équation (15), on fait $t = \pi \sqrt{\frac{l}{g}}$, on aura l'angle θ qui fixe la position du point A'; il vient

$$\theta = \frac{1}{2} \mu\alpha^2 + \left(\alpha - \frac{2\mu\alpha^2}{3} \right) \cos \pi + \frac{1}{6} \mu\alpha^2 \cos 2\pi$$

$$= \frac{1}{2} \mu\alpha^2 - \left(\alpha - \frac{2\mu\alpha^2}{3} \right) + \frac{1}{6} \mu\alpha^2 = - \alpha + \frac{4}{3} \mu\alpha^2;$$

Ce qui indique que la résistance de l'air réduit l'angle d'oscillation de la quantité $\frac{4}{3}\mu.\alpha^2$. Les angles d'écart successifs vont donc en diminuant d'après la loi suivante : α étant l'écart initial du pendule, le premier angle décrit est $2\alpha - \frac{4}{3}\mu.\alpha^2$, ce qui donne un nouvel écart $\alpha - \frac{4}{3}\mu.\alpha^2 = \alpha_1$; le second angle est par conséquent $2\alpha_1 - \frac{4}{3}\mu.\alpha_1^2$, et l'écart correspondant est $\alpha_1 - \frac{4}{3}\mu.\alpha_1^2 = \alpha_2$; le troisième angle décrit est $2\alpha_2 - \frac{4}{3}\mu.\alpha_2^2$, et ainsi de suite.

BRACHISTOCHRONE DANS UN MILIEU RÉSISTANT.

121. Soit O le point de départ d'un mobile M, assujetti à suivre une courbe OB tracée dans le plan vertical, sous l'action de son poids P, et de la résistance F d'un milieu qui agit en sens contraire du mouvement, proportionnellement à une fonction donnée, φ, de la vitesse. On demande comment il faut tracer la courbe OB, du point O à un point B donné, pour que le mobile arrive à ce second point dans le moindre temps possible.

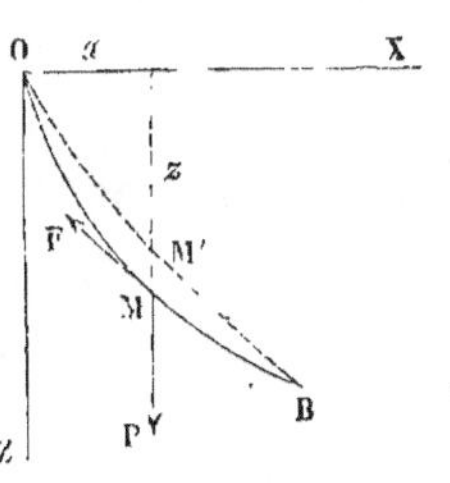

Fig. 75.

Ce problème a été résolu pour la première fois par Euler. Lagrange, dans la leçon XXIIe du *Calcul des fonctions*, l'a traitée par la *Méthode des variations*, que nous allons suivre.

Rapportons la courbe à deux axes menés par le point O, l'un OX horizontal, l'autre OZ vertical et descendant. L'équation des forces vives appliquée au mouvement du mobile, différentiée et divisée par la masse m, nous donnera

$$(1) \qquad\qquad v\,dv = g\,dz - \varphi\,(v)\,ds.$$

Faisons $ds = dz\sqrt{1+p^2}$, en désignant par p le rapport

$\dfrac{dx}{dz}$; posons aussi $v^2 = u$, et remplaçons vdv par $\frac{1}{2}\,du$, et $\varphi(v)$ par $\psi(u)$. L'équation du mouvement devient

$$(2) \qquad du - 2gdz + 2\psi(u)\sqrt{1+p^2}\,dz = 0.$$

Imaginons qu'on altère infiniment peu le tracé de l'arc OB entre ses deux extrémités, et soit OM'B la nouvelle courbe que l'on obtient par cette altération. Le mouvement du mobile le long de cette courbe satisferait aussi à l'équation (2), dans laquelle on aurait remplacé u, p et z par leurs valeurs relatives à la courbe OM'B. Nous pouvons admettre qu'on passe de la première courbe à la seconde en conservant la même valeur de z, et en donnant à u et à p des variations infiniment petites δu et δp. L'équation (2), s'appliquant au mouvement suivant la courbe altérée, sera satisfaite quand on y remplacera u par $u + \delta u$, et p par $p + \delta p$; retranchant, on aura

$$(3) \qquad \delta du + 2\psi'(u)\sqrt{1+p^2}\,dz\,\delta u + 2\psi(u)\,\frac{p\,\delta p}{\sqrt{1+p^2}}\,dz = 0,$$

équation vraie pour tous les éléments correspondants des courbes OMB, OM'B.

La durée t du trajet de O en M est donnée par l'intégrale

$$(4) \qquad t = \int_0^{\mathrm{B}} \frac{dz}{v} = \int_0^{\mathrm{B}} \frac{dz\,\sqrt{1+p^2}}{\sqrt{u}}.$$

Comme la valeur de t est supposée minimum le long de la courbe OMB, elle ne doit subir qu'une variation infiniment petite du second ordre quand on passe à la courbe infiniment voisine OM'B, et la condition du minimum est $\delta t = 0$, cette quantité δt étant la variation de l'intégrale précédente prise entre les limites correspondantes aux points O et B. Nous aurons donc

$$(5) \qquad \delta t = \int_0^{\mathrm{B}} \delta\,\frac{dz\,\sqrt{1+p^2}}{\sqrt{u}}$$
$$= \int_0^{\mathrm{B}} \left(\frac{dz}{\sqrt{u}}\,\frac{p\,\delta p}{\sqrt{1+p^2}} - \frac{dz\,\sqrt{1+p^2}}{2u\sqrt{u}}\,\delta u \right)$$

L'équation (5) est une équation unique, qui s'applique au parcours entier OB. L'équation (3) tient lieu, au contraire, d'une infinité d'équations particulières, qui établissent une relation entre les éléments correspondants des deux courbes que l'on compare.

Multiplions l'équation (3) par une fonction indéterminée λ, ce qui revient à multiplier par un coefficient indéterminé chacune des équations dont cette relation (3) tient la place, puis faisons la somme de toutes les équations ainsi préparées, c'est-à-dire intégrons entre les points O et B ; ajoutons enfin à l'équation (5). Il viendra pour équation finale, tenant lieu, grâce à l'indétermination de λ, des équations (3) et (5),

$$(6) \qquad \int_0^B \left[\begin{array}{l} \dfrac{dz}{\sqrt{u}}\,\dfrac{p\,\partial p}{\sqrt{1+p^2}} - \dfrac{dz\sqrt{1+p^2}}{2u\sqrt{u}}\,\partial u + \lambda\,\partial du \\[2ex] +\ 2\lambda\psi(u)\,dz\,\dfrac{p\,\partial p}{\sqrt{1+p^2}} + 2\lambda\psi'(u)\sqrt{1+p^2}\,dz\,\partial u \end{array} \right] = 0.$$

Le terme $\int \lambda\,\partial du$ se ramène, au moyen de l'intégration par parties, à la différence $\lambda\,\partial u - \int \partial u\,d\lambda$; et l'équation (6) prend la forme

$$(7) \quad \left[\lambda\,\partial u\right]_0^B + \int_0^B \left[\left(\dfrac{p\,dz}{\sqrt{u}\,\sqrt{1+p^2}} + 2\lambda\psi(u)\,\dfrac{p\,dz}{\sqrt{1+p^2}} \right) \partial p \right.$$

$$\left. - \left(\dfrac{dz\sqrt{1+p^2}}{2u\sqrt{u}} - 2\lambda\psi'(u)\sqrt{1+p^2}\,dz + d\lambda \right) \partial u \right] = 0 ;$$

la notation $\left[\lambda\,\partial u\right]_0^B$ représente la différence des valeurs prises par la fonction $\lambda\,\partial u$ quand on passe du point O au point B.

Nous pouvons profiter de l'indétermination du facteur λ pour réduire à zéro le coefficient de ∂u sous le signe $\int$; il suffit pour cela de poser

$$(8) \qquad d\lambda - 2\lambda\psi'(u)\sqrt{1+p^2}\,dz + \dfrac{\sqrt{1+p^2}}{2u\sqrt{u}}\,dz = 0,$$

équation que devra vérifier la fonction λ; l'équation (7) deviendra alors

$$(9) \qquad \left[\lambda \delta u\right]_0^B + \int_0^B \left[\frac{p}{\sqrt{1 + p^2}} \left(\frac{1}{\sqrt{u}} + 2\lambda \psi'(u)\right) dz \delta p\right] = 0.$$

Mais observons que $p = \dfrac{dx}{dz}$; par conséquent

$$\delta p = \delta \frac{dx}{dz} = \frac{\delta dx}{dz},$$

puisque dz est pour nous une constante. Donc $dz \delta p = \delta dx$. Posons pour abréger

$$\frac{p}{\sqrt{1 + p^2}} \left(\frac{1}{\sqrt{u}} + 2\lambda \psi'(u)\right) = V.$$

L'intégrale indiquée prendra la forme

$$\int_0^B V \delta dx = V \delta x - \int_0^B \delta x dV.$$

Aux limites O et B, δx est nul, puisque les extrémités de la courbe sont données de position, de sorte que l'équation (9) se réduit à

$$(10) \qquad \left[\lambda \delta u\right]_0^B - \int_0^B \delta x dV = 0.$$

Le mobile étant supposé partir du point O sans vitesse sur les deux courbes, on a en ce point $\delta u = 0$; ce qui annule la fonction $\lambda \delta u$ à sa première limite. Pour l'annuler à sa seconde limite, il suffit de faire en sorte que $\lambda = 0$ au point B. Or λ étant assujetti à vérifier l'équation (9), équation différentielle du premier ordre, sa valeur générale contient nécessairement une constante arbitraire, grâce à laquelle nous pouvons rendre cette fonction nulle en tel point que nous voudrons, au point B, par exemple. Adoptant cette définition particulière de la fonction λ, l'équation de condition (10) se réduit à

$$\int_0^B \delta x dV = 0;$$

et comme δx doit rester arbitraire, nous devons avoir en tous points $dV = 0$, ou $V =$ constante. L'équation de la courbe est donc, outre l'équation (2) et l'équation (8),

$$(11) \qquad \frac{p}{\sqrt{1+p^2}}\left[\frac{1}{\sqrt{u}} + 2\lambda\psi(u)\right] = \text{constante.}$$

De l'équation (11) on tirera λ en fonction de u et de p; on différentiera pour avoir $d\lambda$, puis on substituera dans l'équation (8); on aura une équation qui contiendra les trois variables u, p, z, et leurs différentielles; jointe à l'équation (2), cette équation définira à la fois la forme de la courbe et le mouvement du point.

Voici la marche suivie par Lagrange dans ces opérations.

Appelons $\dfrac{1}{\sqrt{a}}$ la constante du second membre de l'équation (11), et posons pour abréger

$$(12) \qquad \frac{1}{\sqrt{u}} + 2\lambda\psi(u) = \mathrm{H}.$$

L'équation (11) devient

$$(13) \qquad \frac{p\mathrm{H}}{\sqrt{1+p^2}} = \frac{1}{\sqrt{a}}\,.$$

L'équation (12) différentiée nous donne

$$(14) \qquad d\mathrm{H} = -\frac{du}{2u\sqrt{u}} + 2\lambda\psi'(u)\,du + 2\psi(u)\,d\lambda,$$

d'où l'on déduit

$$\left[\frac{1}{2u\sqrt{u}} - 2\lambda\psi'(u)\right] = -\frac{d\mathrm{H} - 2\psi(u)\,d\lambda}{du}\,.$$

Substituons cette valeur dans (8); il viendra

$$d\lambda - \frac{d\mathrm{H} - 2\psi(u)\,d\lambda}{du}\,dz\,\sqrt{1+p^2} = 0,$$

ou bien

$$(15) \qquad d\lambda\,du - [d\mathrm{H} - 2\psi(u)\,d\lambda]\,dz\,\sqrt{1+p^2} = 0.$$

Nous pouvons remplacer dans cette dernière équation du par sa valeur tirée de (2); il vient alors

$$d\lambda\left[2g - 2\psi(u)\sqrt{1+p^2}\right]dz - \left[d\Pi - 2\psi(u)\,d\lambda\right]dz\sqrt{1+p^2} = 0,$$

ou bien, en supprimant le facteur commun dz et en réduisant les termes semblables,

$$(16) \qquad 2g\,d\lambda - d\Pi\sqrt{1+p^2} = 0.$$

Cette équation est intégrable. On a en effet en intégrant par parties :

$$2g\lambda - \int d\Pi\sqrt{1+p^2} = 2g\lambda - \Pi\sqrt{1+p^2} + \int \Pi\,d\sqrt{1+p^2}$$

$$= 2g\lambda - \Pi\sqrt{1+p^2} + \int \frac{\Pi p}{\sqrt{1+p^2}}\,dp = \text{constante.}$$

Mais $\dfrac{\Pi p}{\sqrt{1+p^2}} = \dfrac{1}{\sqrt{a}}$ en vertu de l'équation (13). Donc enfin

$$2g\lambda - \Pi\sqrt{1+p^2} + \frac{p}{\sqrt{a}} = b,$$

b désignant une nouvelle constante ; remplaçant Π par $\dfrac{\sqrt{1+p^2}}{p\sqrt{a}}$, il vient en définitive pour déterminer λ,

$$2g\lambda - \frac{1+p^2}{p\sqrt{a}} + \frac{p}{\sqrt{a}} = b,$$

ou encore

$$(17) \qquad 2g\lambda - \frac{1}{p\sqrt{a}} = b.$$

Substituons dans (11) la valeur de λ déduite de (17), il viendra

$$(18) \qquad \frac{p}{\sqrt{1+p^2}}\left[\frac{1}{\sqrt{u}} + \frac{1}{g}\left(b + \frac{1}{p\sqrt{a}}\right)\psi(u)\right] = \frac{1}{\sqrt{a}},$$

équation qui ne contient plus que u et p, et qui doit être jointe à l'équation (2). De l'équation (18) on tirera u en fonction de p; puis on exprimera du en fonction de dp, et substituant dans (2), on aura une équation différentielle du premier

Si l'on joint CB, un point pesant, glissant à frottement sur
cette corde, et partant du repos au point C, mettra encore le
temps t à la parcourir. En effet, considérons la courbe AD_1B,
symétrique de ADB par rapport à la verticale AB. Le point glissant mettra le temps t à parcourir toute corde AC_1 partant
du point A. Menons cette corde parallèlement à CB ; elle sera
égale à CB, et les conditions du parcours des deux cordes CB,
AB, seront les mêmes.

Les tangentes en A et en B à l'arc ADB font avec l'horizon un
angle égal à φ. Ce sont les limites de l'inclinaison sous laquelle
le point mobile tend à glisser ;
pour une inclinaison moindre il
reste en équilibre sous l'action de
la pesanteur et du frottement.

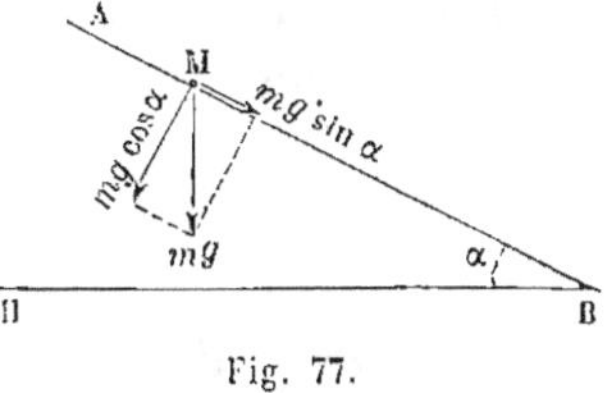

Fig. 77.

123. Un plan AB fait avec l'horizon BH un angle donné égal à α.
Le point M, de masse égale à m,
est lancé avec une vitesse V suivant la ligne de plus grande
pente du plan, en montant ou en descendant. On demande de
déterminer le mouvement que va prendre le point.

Prenons une origine arbitraire A sur la ligne que décrit le
point, et définissons ses positions successives par la distance
$AM = x$; cette distance est comptée positivement dans le
sens AB.

La pesanteur a une composante $mg \sin \alpha$, dirigée suivant la
ligne de plus grande pente dans le sens descendant, et une
composante $mg \cos \alpha$ normale au plan, qui donne naissance à
un frottement $mgf \cos \alpha$, *tant que le point glisse* ; ce frottement
est dirigé dans le sens positif si le point monte, et dans le
sens négatif s'il descend.

L'équation du mouvement est donc, en divisant par m,

$$\frac{d^2x}{dt^2} = g \sin \alpha \mp fg \cos \alpha,$$

le signe — étant pris tant que le corps descend, et le signe +
tant qu'il monte.

Intégrons, il viendra

$$x = C + C't + \frac{1}{2}\, g\,(\sin\alpha \mp f\cos\alpha)\,t^2,$$

C et C' étant des constantes. Nous allons discuter cette équation.

1° Supposons d'abord que le point soit lancé dans le sens MB, ce qui rend sa vitesse V positive. Il faudra prendre le signe —, puisque le frottement agit alors dans le sens MA ; supposons de plus que le corps parte du point A, à l'époque $t = 0$, avec la vitesse V. L'équation du mouvement sera, au moins dans les premiers instants,

$$x = Vt + \frac{1}{2}\, gt^2\,(\sin\alpha - f\cos\alpha).$$

Mais ici deux cas sont à distinguer :

Si $\tang\alpha > f$, le facteur $\sin\alpha - f\cos\alpha$ est positif, les deux termes de la valeur de x sont tous deux positifs, et croissent indéfiniment avec la valeur de t ; le glissement se continue toujours dans le même sens, et l'équation est vraie sans restriction. La même conclusion s'applique encore au cas limite où $f = \tang\alpha$; car alors le point, toujours en équilibre sous l'action des deux forces, conserve constamment la vitesse V.

Si, au contraire, $\tang\alpha < f$, ou si le plan est incliné d'un angle moindre que l'angle du frottement, le facteur $\sin\alpha - f\cos\alpha$ est négatif, et le second terme de la valeur de x est de signe contraire au premier.

Quand on applique la formule à des valeurs de t indéfiniment croissantes, x devient négatif pour les très-grandes valeurs de t ; or ceci suppose que le point mobile remonte dans le sens BA, après avoir descendu le plan dans le sens AB, résultat évidemment impossible. D'ailleurs l'équation, établie dans l'hypothèse que le glissement a lieu dans le sens AB, ne doit plus s'appliquer au cas où le mouvement aurait lieu en sens contraire. Pour savoir jusqu'à quelle limite le mouvement est défini par l'équation obtenue, nous chercherons le signe de la vitesse $\frac{dx}{dt}$ du mobile. Il vient, en différentiant,

$$\frac{dx}{dt} = V + gt(\sin\alpha - f\cos\alpha).$$

La vitesse reste positive tant que t est moindre que $\dfrac{V}{g(f\cos\alpha - \sin\alpha)}$; elle devient nulle quand t prend cette valeur. L'équation ne doit plus s'appliquer au delà, car elle donnerait pour $\frac{dx}{dt}$ une valeur négative.

Mais alors le mobile, parvenu en un point où sa vitesse est nulle, est comme un point posé sans vitesse sur un plan d'une inclinaison inférieure à l'angle du frottement. Dans de telles conditions, il ne tend pas à se mouvoir, et, par conséquent, au delà de l'époque pour laquelle l'équation rend $\frac{dx}{dt}$ égal à zéro, le point reste indéfiniment en repos.

2° Examinons ce qui se passe quand le mobile est lancé de bas en haut. Alors V est négatif, et l'équation du mouvement devient

$$x = Vt + \frac{1}{2} gt^2(\sin\alpha + f\cos\alpha),$$

et par suite

$$\frac{dx}{dt} = V + gt(\sin\alpha + f\cos\alpha).$$

Le multiplicateur du second terme est toujours positif. Mais V étant négatif, il arrive un instant où $\frac{dx}{dt}$ change de signe : il en est ainsi quand on donne à t la valeur positive

$$t = \frac{-V}{g(\sin\alpha + f\cos\alpha)}.$$

Si l'on continuait à attribuer à t des valeurs croissantes à partir de cette limite, la vitesse $\frac{dx}{dt}$ serait positive, le point descendrait au lieu de monter, mais en même temps l'équation ne s'appliquerait plus, car elle suppose que le frottement s'exerce dans le sens descendant. A partir de la valeur de t qui vient d'être indiquée, le point mobile restera indéfiniment en repos si l'angle α est égal ou inférieur à l'angle du frottement ; il se trouve alors posé sans vitesse sur un plan où le frottement détruit intégralement la composante de la pesanteur. Si, au contraire, α est supérieur à l'angle du frottement, le point glissera en descendant après s'être arrêté, et tout se passera comme s'il partait sans vitesse de la position où l'a laissé le mouvement ascendant ; par suite, son mouvement, dans cette nouvelle période, est défini par l'équation

$$x = \frac{1}{2} g t^2 (\sin \alpha - f \cos \alpha),$$

en comptant les abscisses x à partir du nouveau point de départ.

Le théorème des forces vives donne immédiatement, dans tous les cas, les positions où le point s'arrête ou change de mouvement.

Si le point est lancé vers le bas, sur un plan assez peu incliné pour que $\tan \alpha < f$, il parcourra jusqu'à l'arrêt D, sur la ligne de plus grande pente, un espace x tel que sa demi-force vive initiale $\frac{1}{2} m V^2$ soit réduite à zéro par la somme algébrique des travaux de la pesanteur et du frottement, c'est-à-dire par la différence $mgf \cos \alpha \times x - mg \times x \sin \alpha$. On aura donc

$$x = \frac{V^2}{2g(f \cos \alpha - \sin \alpha)} = \frac{V^2}{2g} \frac{\cos \varphi}{\sin (\varphi - \alpha)}.$$

Si le point est lancé vers le haut, il cessera de monter quand le travail négatif de la pesanteur et du frottement aura réduit à zéro sa demi-force vive initiale $\frac{1}{2} m V^2$, c'est-à-dire lorsqu'il aura parcouru la longueur

$$x = \frac{V^2}{2g(f \cos \alpha + \sin \alpha)} = \frac{V^2}{2g} \frac{\cos \varphi}{\sin (\varphi + \alpha)}.$$

De là résulte la construction suivante : soit AB le plan incliné, M le point de départ du mobile; sur la verticale MI de ce point, prenons une longueur $MC = \dfrac{V^2}{2g}$, hauteur due à la vitesse initiale V. Par le point C, menons deux droites CP, CQ, faisant avec l'horizon BH des angles égaux à l'angle φ du frottement. Ces deux droites couperont la droite AB en deux points D et E qui seront les points d'arrêt du mobile.

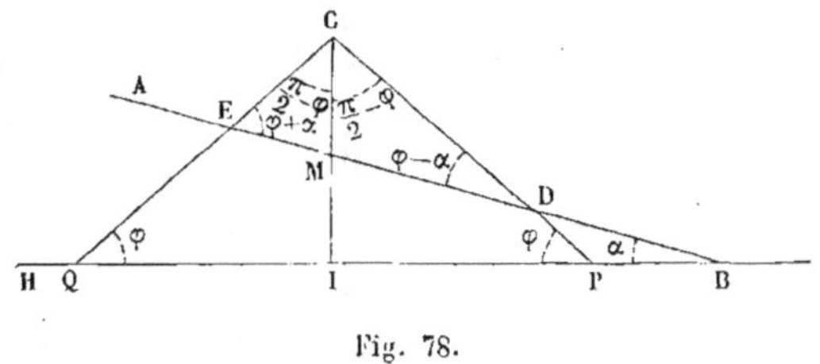

Fig. 78.

En effet, on a dans les triangles CMD, CME,

$$MD = MC \times \frac{\sin MCD}{\sin MDC} = \frac{V^2}{2g} \frac{\cos\varphi}{\sin(\varphi - \alpha)},$$

$$EM = MC \times \frac{\sin MCE}{\sin MEC} = \frac{V^2}{2g} \frac{\cos\varphi}{\sin(\varphi + \alpha)}.$$

L'existence du point d'arrêt D suppose, comme nous l'a indiqué l'analyse du problème, que le plan BA fait avec l'horizon un angle α plus petit que l'angle φ.

MOUVEMENT GÉNÉRAL D'UN POINT PESANT SUR UN PLAN INCLINÉ, QUAND ON TIENT COMPTE DU FROTTEMENT.

124. Désignons par m la masse du point et par α l'angle du plan avec l'horizon. Le poids mg du point mobile se décompose en deux forces, l'une $mg \sin\alpha$, dirigée suivant la ligne de plus grande pente du plan, l'autre $mg \cos\alpha$, normale. Celle-ci mesure la pression qui s'exerce entre le point et le plan, et, par suite, tant que le glissement aura effectivement lieu, le point subira de la part du plan, en sens contraire

de son mouvement, un frottement égal à $mgf\cos\alpha$, f étant le coefficient du frottement.

Rapportons le mouvement à deux axes rectangulaires tracés dans le plan donné, l'un OX suivant l'horizontale, l'autre OY suivant la ligne de plus grande pente dans le sens montant. Soit OA la trajectoire décrite par le mobile dans le sens OA : en une position quelconque M, il sera sollicité par deux forces constantes en grandeur, l'une MF parallèle à OY et égale à $mg\sin\alpha$, l'autre MF′, tangente à la trajectoire, dirigée en sens contraire du mouvement et égale à $mgf\cos\alpha$. La première a seule une direction constante.

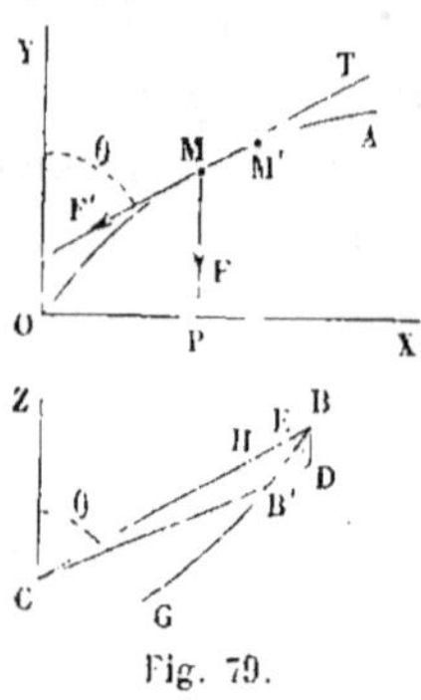
Fig. 79.

Les accélérations correspondantes à ces forces sont $g\sin\alpha$ et $gf\cos\alpha$.

Construisons, en un point C du plan, l'indicatrice des accélérations totales. Pour cela menons une droite CB parallèle à la tangente MT en un point M de la trajectoire, et prenons sur cette droite, à partir du point C, une longueur CB égale à la vitesse V du mobile en M ; répétons la même construction en un point M′ infiniment voisin, ce qui nous donnera un nouveau rayon, $CB' = v + dv$, de l'indicatrice. Pour passer de la vitesse v à la vitesse $v + dv$, il suffira de composer avec la première une vitesse acquise élémentaire égale à $g\sin\alpha\,dt$, dans le sens de la ligne de plus grande pente du plan, et une autre vitesse acquise, égale à $gf\cos\alpha\,dt$, parallèle à la vitesse v et de sens contraire. Prenons donc sur la figure une longueur $BD = g\sin\alpha\,dt$, parallèle à la ligne de plus grande pente, puis une longueur $DB' = gf\cos\alpha\,dt$, parallèle à BC ; nous passerons par le contour BDB′ du point B de l'indicatrice au point B′, infiniment voisin.

Cette construction nous permet de trouver l'équation de l'indicatrice BG en coordonnées polaires ; nous prendrons le point C pour pôle, la ligne de plus grande pente montante

CZ pour axe polaire ; l'angle polaire ZCB sera égal à l'angle θ, que la tangente à la trajectoire fait avec l'axe OY ; le rayon vecteur CB sera égal à la vitesse v.

Projetons les points D et B′ en E et H sur la direction du rayon CB ; nous aurons

$$\text{HB} = \text{BE} + \text{EH} = \text{BD}\cos\theta + \text{DB}',$$

ou bien

$$- dv = g\sin\alpha\,dt \times \cos\theta + gf\cos\alpha\,dt,$$

ou encore

$$(1) \qquad \frac{dv}{dt} = - g\sin\alpha\cos\theta - gf\cos\alpha ;$$

et de plus

$$\text{HB}' = \text{CB}' \times d\theta = \text{BD}\sin\theta = g\sin\alpha\,dt \times \sin\theta,$$

équation qui devient, en remplaçant B′C par $v + dv$, puis en effaçant le terme du second ordre $dv\,d\theta$,

$$(2) \qquad v\frac{d\theta}{dt} = g\sin\alpha\sin\theta.$$

Divisons membre à membre l'équation (1) par l'équation (2), il viendra

$$(3) \qquad \frac{dv}{v\,d\theta} = - \frac{\cos\theta}{\sin\theta} - \frac{f}{\tang\alpha\sin\theta},$$

équation différentielle de l'indicatrice BG.

On peut l'écrire sous la forme

$$\frac{dv}{v} + \frac{\cos\theta\,d\theta}{\sin\theta} + \frac{f}{\tang\alpha}\frac{d\theta}{\sin\theta} = 0,$$

ce qui donne en intégrant

$$v\sin\theta \times \left(\tang\frac{\theta}{2}\right)^{\frac{f}{\tang\alpha}} = \text{constante.}$$

Posons, pour simplifier l'écriture, $\dfrac{f}{\tang\alpha} = k$, et remplaçons la constante par une lettre A ; il viendra pour l'équation de l'indicatrice

$$(4) \qquad v\sin\theta\,\tang^{k}\frac{\theta}{2} = \text{A}.$$

Le cas où $f = \tang \alpha$ doit être remarqué. On a alors $k = 1$; le produit $\sin \theta \times \tang \dfrac{\theta}{2}$ se réduit à $2 \sin^2 \theta$, et l'indicatrice a pour équation

$$v = \frac{A}{2 \sin^2 \dfrac{\theta}{2}} = \frac{A}{1 - \cos \theta} ;$$

c'est l'équation d'une parabole GB rapportée à son foyer C et à son grand axe GZ (fig. 80).

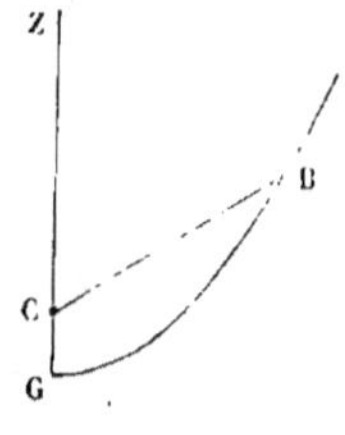

Fig. 80

Connaissant l'équation de l'indicatrice, c'est-à-dire la valeur de v en fonction de θ, il sera facile d'achever la solution par de simples quadratures. On aura d'abord la valeur du temps t au moyen de l'équation (2), qui donne

$$dt = \frac{v \, d\theta}{g \sin \alpha \sin \theta},$$

ou, en remplaçant v par sa valeur tirée de (4),

$$(5) \qquad dt = \frac{A \, d\theta}{g \sin \alpha \sin^2 \theta \, \tang^k \dfrac{\theta}{2}}.$$

Pour avoir les coordonnées $x = OP$, $y = PM$ du mobile (fig. 79), on observera qu'on a

$$dx = v \sin \theta \, dt$$

et

$$dy = v \cos \theta \, dt.$$

Remplaçant v et dt par leurs valeurs en fonction de θ, on obtiendra les équations

$$(6) \quad
\begin{cases}
dx = \dfrac{A}{\tang^k \dfrac{\theta}{2}} \times \dfrac{A \, d\theta}{g \sin \alpha \sin^2 \theta \, \tang^k \dfrac{\theta}{2}} = \dfrac{A^2}{g \sin \alpha} \dfrac{d\theta}{\sin^2 \theta \, \tang^{2k} \dfrac{\theta}{2}}, \\[4ex]
dy = \dfrac{A}{\tang \theta \, \tang^k \dfrac{\theta}{2}} \times \dfrac{A \, d\theta}{g \sin \alpha \sin^2 \theta \, \tang^k \dfrac{\theta}{2}} = \dfrac{A^2}{g \sin \alpha} \dfrac{\cos \theta \, d\theta}{\sin^3 \theta \, \tang^{2k} \dfrac{\theta}{2}}.
\end{cases}$$

Les quadratures se ramènent aisément à l'intégration de fonctions simples ; posons en effet

$$\tan \frac{\theta}{2} = u.$$

Il viendra

$$\sin\theta = \frac{2u}{1 + u^2}, \quad \cos\theta = \frac{1 - u^2}{1 + u^2},$$

$$d\theta = 2\,d\,\text{arc tang}\,u = \frac{2\,du}{1 + u^2};$$

ce qui donne aux équations (4), (5) et (6) les formes suivantes :

$$(7) \qquad v = \frac{A(1 + u^2)}{2u^{k+1}},$$

$$(8) \qquad t = \frac{A}{2g\sin\alpha} \int \frac{(1 + u^2)\,du}{u^{k+2}},$$

$$(9) \qquad \left\{ \begin{aligned} x &= \frac{A^2}{2g\sin\alpha} \int \frac{(1 + u^2)\,du}{u^{2k+2}}, \\ y &= \frac{A^2}{4g\sin\alpha} \int \frac{(1 - u^4)\,du}{u^{2k+3}}. \end{aligned} \right.$$

125. *Discussion.* — Pour que ces équations soient applicables indéfiniment, *il faut que le mobile n'ait jamais une vitesse nulle;* car un point posé sans vitesse sur un plan incliné y demeure indéfiniment en repos si l'on a $\tan\alpha =$ ou $< f$, et descend avec un mouvement accéléré suivant la ligne de plus grande pente si $\tan\alpha > f$. La loi du mouvement change donc à partir de l'instant pour lequel on a $v = 0$.

Or, en vertu de l'équation (7), $v = 0$ suppose le rapport $\frac{1 + u^2}{u^{k+1}}$ infiniment petit, ce qui ne peut avoir lieu que pour une valeur infiniment grande de u. Si l'on fait $u = \infty$ dans ce rapport, il prend la valeur 0 si $k > 1$, la valeur 1 si $k = 1$, auquel cas v prend la valeur finie $\frac{A}{2}$, et enfin une valeur infinie si $k < 1$.

La vitesse ne peut donc s'annuler que si $k > 1$, c'est-à-dire si le plan fait avec l'horizon un angle moindre que l'angle du frottement. Elle s'annule alors pour $\theta = \pi$, car cette hypothèse rend infini $u = \tang \dfrac{\theta}{2}$.

Mais il faut vérifier que cette valeur $\theta = \pi$ correspond à une valeur finie du temps t. Pour le reconnaître, faisons la quadrature indiquée dans l'équation (8). Il viendra

$$(10) \qquad t = \frac{A}{2g \sin \alpha} \left[C - \frac{1}{(k+1) u^{k+1}} - \frac{1}{(k-1) u^{k-1}} \right],$$

C étant une constante définie par les circonstances initiales du mouvement. Si $k > 1$, les deux termes qui contiennent u en dénominateur deviennent infiniment petits quand u croît au delà de toute limite, de sorte que l'angle θ atteint la valeur π au bout d'un temps fini, égal à $\dfrac{AC}{2g \sin \alpha}$.

Si $k = 1$, l'intégrale change de forme. On a alors

$$= \frac{A}{2g \sin \alpha} \int \left(\frac{du}{u^3} + \frac{du}{u} \right),$$

ce qui donne

$$(11) \qquad t = \frac{A}{2g \sin \alpha} \left(C - \frac{1}{2u^2} + \log u \right);$$

u infini rend aussi t infini, et jamais l'angle θ ne devient égal à π.

Enfin si $k < 1$, ou si le plan est incliné à l'horizon d'un angle supérieur à l'angle du frottement, la valeur de t s'exprime encore par l'équation (10), mais le terme

$$- \frac{1}{(k-1) u^{k-1}},$$

ou

$$\frac{u^{1-k}}{1-k},$$

est alors positif et croît indéfiniment avec u; de sorte que l'angle θ ne devient encore égal à π qu'au bout d'un temps infini.

L'abscisse x peut avoir une limite finie ; on l'obtiendra en intégrant la première des équations (9) ; ce qui donne

$$x = \frac{A^2}{2g\sin\alpha}\left[C' - \frac{1}{(2k+1)\,u^{2k+1}} - \frac{1}{(2k-1)\,u^{2k-1}}\right].$$

A une valeur infinie de u correspond une valeur finie pour x si $2k > 1$; dans ce cas la trajectoire a pour asymptote une ligne de plus grande pente du plan. Si, au contraire, $2k = 1$ ou $2k < 1$, x croît sans limite en même temps que u, et la trajectoire s'éloigne indéfiniment de l'axe OY.

Le tableau suivant résume cette discussion.

PREMIER CAS		
$k > 1$.	$\tang\alpha < f$.	Le point mobile s'arrête, sa vitesse devenant nulle au bout d'un temps fini.
DEUXIÈME CAS		
$k = 1$.	$\tang\alpha = f$.	Le point mobile continue indéfiniment son mouvement ; sa vitesse tend vers une limite constante $\frac{A}{2}$. La trajectoire a une asymptote dirigée suivant la ligne de plus grande pente.
TROISIÈME CAS		
1° $k < 1$, et $> \frac{1}{2}$.	$\tang\alpha$ compris entre f et $2f$.	Le point mobile continue indéfiniment son mouvement, et la trajectoire s'approche indéfiniment d'une asymptote dirigée suivant la ligne de plus grande pente.
2° $k = \frac{1}{2}$ ou $< \frac{1}{2}$.	$\tang\alpha = 2f$ ou $> 2f$.	Le mouvement se continue indéfiniment, et éloigne indéfiniment le mobile dans le sens horizontal.

MOUVEMENT D'UN POINT PESANT SUR UNE COURBE FIXE CONTENUE DANS UN PLAN VERTICAL.

126. Soit OA la courbe donnée, que nous supposerons rapportée à deux axes fixes tracés dans son plan, l'un OX horizontal, l'autre OY, vertical et dirigé de bas en haut.

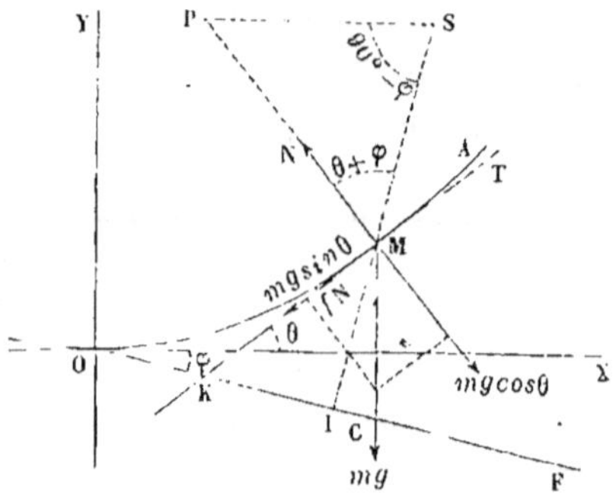

Nous admettrons pour fixer les idées que la courbe OA soit tangente en O à l'axe OX ; qu'elle tourne sa concavité vers le haut ; qu'enfin le point mobile M soit lancé à partir du point O avec une vitesse donnée, dirigée dans le sens positif OX ;

Fig. 81.

nous allons étudier le mouvement qu'il prendra le long de l'arc OA jusqu'à l'instant où sa vitesse deviendra nulle.

Les forces qui agissent sur le point M sont :

Le poids mg, dirigé parallèlement à OY, mais dans le sens négatif ;

Et la réaction de la courbe ; cette force se décompose en deux, l'une normale N, l'autre tangentielle, *égale à ƒN tant que le glissement a lieu*. Celle-ci est dirigée suivant la tangente MK à la trajectoire, et dans le sens MK opposé au mouvement du mobile.

La réaction N est située dans le plan osculateur à la trajectoire, c'est-à-dire ici dans le plan vertical YOX. En effet, la résultante des forces mg, N et ƒN est la force totale qui sollicite le point mobile supposé libre. Elle est donc contenue dans le plan osculateur de la courbe qu'il décrit. Or les forces mg et ƒN sont déjà situées dans ce plan. Donc il en est de même de la force N.

Soit θ l'angle de la tangente avec l'axe des x. Décomposons les forces suivant la tangente MT et la normale MN. La force mg a pour composantes $mg\cos\theta$, suivant le prolongement de la normale, et $mg\sin\theta$ suivant la tangente, en sens contraire du mouvement.

Soit ρ le rayon de courbure de la courbe au point M ; nous aurons les deux équations :

$$(1) \quad \left\{ \begin{aligned} & m\frac{dv}{dt} = -mg\sin\theta - f\mathrm{N}, \\ & m\frac{v^2}{\rho} = \mathrm{N} - mg\cos\theta. \end{aligned} \right.$$

Nous allons déterminer v en fonction de l'angle θ. Soit ds l'élément de l'arc décrit par le mobile dans le temps dt ; nous aurons

$$ds = vdt;$$

de plus

$$\rho = \frac{ds}{d\theta}.$$

Remplaçons dt et ρ dans les équations (1) par leurs valeurs

$$\frac{ds}{v} \quad \text{et} \quad \frac{ds}{d\theta};$$

il viendra, en multipliant par ds,

$$(2) \quad \left\{ \begin{aligned} & mvdv = -mgds\sin\theta - f\mathrm{N}ds, \\ & mv^2 d\theta = \mathrm{N}ds - mgds\cos\theta. \end{aligned} \right.$$

Le produit $ds\sin\theta$ est égal à dy, et le produit $dx\cos\theta$ à dx ; les équations (2) prennent donc la forme

$$(3) \quad \left\{ \begin{aligned} & mvdv = -mgdy - f\mathrm{N}ds, \\ & mv^2 d\theta = \mathrm{N}ds - mgdx. \end{aligned} \right.$$

La première est la forme différentielle de l'équation des forces vives.

Éliminons N entre ces deux équations, en multipliant la seconde par f, et en l'ajoutant à la première ; il viendra

$$(4) \quad m(vdv + fv^2 d\theta) = -mg(dy + fdx).$$

L'équation de la courbe OA étant connue, on pourra exprimer en fonction de θ les coordonnées y et x, puis former la fonction

$$(5) \qquad y + fx = F(\theta),$$

d'où l'on déduit en différentiant

$$dy + fdx = F'(\theta)\,d\theta.$$

Substituons dans l'équation (4) ; il viendra

$$(6) \qquad \frac{vdv}{d\theta} + fv^2 = -gF'(\theta),$$

équation linéaire du premier ordre entre les variables v^2 et θ. Posons $v^2 = u$; l'équation devient

$$\frac{du}{d\theta} + 2fu = -2gF'(\theta);$$

l'intégrale générale est, en désignant par C une constante arbitraire,

$$u = e^{-2f\theta}\left[C - 2g\int e^{2f\theta}F'(\theta)\,d\theta\right],$$

et par suite

$$(7) \qquad v = \sqrt{e^{-2f\theta}\left[C - 2g\int e^{2f\theta}F'(\theta)\,d\theta\right]}.$$

Connaissant v en fonction de θ, on en déduira v en fonction de l'arc s, qui est lui-même exprimable en fonction de θ ; puis une seconde quadrature déterminera la valeur du temps t.

Si la vitesse v devient nulle en un point où l'angle θ soit au plus égal à l'angle du frottement, le mobile s'arrête en ce point, et le mouvement ne se prolonge pas au delà.

Si, au contraire, la vitesse v devient nulle en un point pour lequel l'angle θ soit supérieur à l'angle du frottement, le mobile parvenu en ce point s'arrête, puis revient sur ses pas. Les équations de son mouvement sont alors, en comptant toujours positivement les vitesses dans le sens OA des arcs positifs,

$$m \frac{dv}{dt} = - mg \sin \theta + fN,$$

$$m \frac{v^2}{\rho} = N - mg \cos \theta.$$

On a encore les équations

$$v = \frac{ds}{dt} \quad \text{et} \quad \rho = \frac{ds}{d\theta},$$

puisque v, ds et $d\theta$ sont négatifs ensemble pendant cette période du mouvement. La seule modification à introduire dans le calcul consiste donc à changer f en $- f$. L'équation (4) devient

$$m (v\,dv - fv^2 d\theta) = - mg (dy - f\,dx),$$

de sorte que la fonction F (θ) doit changer de forme ; au lieu de représenter la somme $y + fx$, elle représente la différence $y - fx$. Si l'on appelle $\Phi (\theta)$ cette nouvelle fonction, on aura pour les vitesses dans la période descendante

$$v = - \sqrt{c^{2f\theta} \left[C' - 2g \int c^{-2f\theta} \Phi'(\theta)\,d\theta \right]},$$

et cette équation sera applicable jusqu'au point de la trajectoire où elle attribue à v la valeur zéro. Alors le mouvement s'arrête si θ est au plus égal, en valeur absolue, à l'angle du frottement ; il se prolonge, au contraire, et l'équation (7) devient de nouveau applicable, si θ est supérieur en valeur absolue à cette limite.

127. Remarque. — Les fonctions F (θ), $\Phi (\theta)$ et leurs dérivées F$'(\theta)$, $\Phi'(\theta)$ peuvent être représentées par des droites sur la figure. Occupons-nous seulement des fonctions F et F$'$.

Par le point O menons une droite OF, faisant au-dessous de l'axe OX un angle FOX égal à l'angle φ du frottement. L'équation de cette droite sera

$$y + fx = 0.$$

La fonction F (θ) exprime, pour chaque point M de la courbe, la *puissance* de ce point par rapport à cette droite OF, ou la longueur MC comprise sur l'ordonnée entre la droite et la courbe.

Pour avoir de même la représentation de la dérivée F'(θ), observons que cette fonction est égale à $\dfrac{dy + f dx}{d\theta}$. Or nous avons

$$dy = ds\sin\theta = \rho\sin\theta d\theta,$$
$$dx = \rho\cos\theta d\theta;$$

donc

$$\frac{dy + f dx}{d\theta} = \rho(\sin\theta + f\cos\theta) = \rho\frac{\sin(\theta + \varphi)}{\cos\varphi},$$

φ étant l'angle du frottement.

Soit P le centre de courbure de la courbe au point M. Menons par le point P une horizontale PS, et par le point M une perpendiculaire IS à la droite OF. Nous formons ainsi un triangle MSP, dans lequel l'angle S est le complément de l'angle FOX $= \varphi$, et l'angle M est égal à l'angle MKF des droites MT, OF, ou à la somme $\theta + \varphi$. Donc

$$\frac{PS}{PM} = \frac{\sin(\theta + \varphi)}{\sin(90° - \varphi)} = \frac{\sin(\theta + \varphi)}{\cos\varphi},$$

et par suite PS $=$ F'(θ).

On peut observer que le triangle MPS est semblable au triangle KCM, et que les côtés MC, PS qui représentent les fonctions F(θ), F'(θ), sont homologues.

128. *Application au cercle.* — Soit R le rayon du cercle. Nous aurons

$$F'(\theta) = R(\sin\theta + f\cos\theta),$$
$$\int e^{2f\theta} F'(\theta) d\theta = R\int e^{2f\theta}\sin\theta d\theta + Rf\int e^{2f\theta}\cos\theta d\theta.$$

L'intégration par parties donne immédiatement

$$\int e^{2f\theta}\sin\theta d\theta = -e^{2f\theta}\cos\theta + 2f\int e^{2f\theta}\cos\theta d\theta,$$
$$\int e^{2f\theta}\cos\theta d\theta = e^{2f\theta}\sin\theta - 2f\int e^{2f\theta}\sin\theta d\theta.$$

D'où l'on déduit, en résolvant par rapport aux intégrales :

$$\int e^{2f\theta} \sin\theta\, d\theta = \frac{e^{2f\theta}(2f\sin\theta - \cos\theta)}{1 + 4f^2},$$

$$\int e^{2f\theta} \cos\theta\, d\theta = \frac{e^{2f\theta}(\sin\theta + 2f\cos\theta)}{1 + 4f^2},$$

et l'équation (7) devient

$$v = \sqrt{e^{-2f\theta}\left(C - \frac{2gRe^{2f\theta}}{1 + 4f^2}\left[(2f\sin\theta - \cos\theta) + f(\sin\theta + 2f\cos\theta)\right]\right)}$$

$$= \sqrt{Ce^{-2f\theta} - \frac{2gR}{1 + 4f^2}\left[3f\sin\theta - (1 - 2f^2)\cos\theta\right]}.$$

On pourra déterminer la constante C en exprimant que, pour $\theta = 0$, v a une valeur connue v_0, ce qui donne

$$C + \frac{1 - 2f^2}{1 + 4f^2}\, 2gR = v_0^2\,;$$

le point d'arrêt du mobile dans sa course ascendante correspond à la plus petite racine positive de l'équation

$$\left(v_0^2 - \frac{1 - 2f^2}{1 + 4f^2}\, 2gR\right)e^{-2f\theta} = \frac{2gR}{1 + 4f^2}\left[3f\sin\theta - (1 - 2f^2)\cos\theta\right].$$

LIVRE II

DYNAMIQUE DES SYSTÈMES MATÉRIELS

CHAPITRE PREMIER

THÉORÈME GÉNÉRAL DE D'ALEMBERT

---

129. La dynamique des systèmes matériels se déduit de la dynamique du point isolé. Un système matériel est toujours formé d'un nombre plus ou moins grand de points matériels, réunis les uns aux autres soit par des forces, soit par des liaisons qu'on peut remplacer par des forces équivalentes. Écrivons les équations du mouvement de chacun de ces points, sous l'action des forces données qui les sollicitent et des forces inconnues qui tiennent lieu des liaisons; nous formerons ainsi un groupe d'équations simultanées qui déterminent entièrement le mouvement du système à partir d'un état initial donné.

Le *théorème de d'Alembert* est une loi générale du mouvement des systèmes matériels : il est fondé sur une remarque que nous avons déjà faite à l'occasion du mouvement d'un point unique (§ 72). Nous avons vu qu'il y a à chaque instant équilibre entre les forces effectives qui sollicitent un point matériel, et une force fictive, $-mj$, que nous avons appelée *force d'inertie*, et qui est égale en valeur absolue au produit de la masse par l'accélération communiquée au point. La force d'inertie est dirigée en sens contraire de l'accélération. Le théorème de d'Alembert n'est que l'extension de cette remarque presque évidente au mouvement d'un système composé d'autant de points qu'on voudra.

150. Soient M, M′, M″,... les différents points qui composent le système ;

Appelons $m, m', m'',\ldots$ leurs masses ;

               $j, j', j'',\ldots$ leurs accélérations totales à un instant donné, défini par une valeur particulière du temps t.

Nous désignerons par

               F, F′, F″,... les forces données qui sont appliquées directement à ces points,

et par   R, R′, R″,... les forces résultantes inconnues, tenant lieu des liaisons qui agissent respectivement sur chacun d'eux.

A l'instant donné, le point M peut être considéré comme libre, pourvu qu'à la force F, directement appliquée à ce point, on adjoigne la force R, résultante de toutes les liaisons auxquelles il est soumis. Il y a donc équilibre à ce même instant entre la force F, la force R, et la force d'inertie du point, $-\,mj$. De même il y a équilibre autour du point M′ entre les forces F′, R′ et $-\,m'j'$, autour du point M″ entre F″, R″ et $-\,m''j''$, et ainsi de suite pour tous les points du système. Remarquons bien qu'il s'agit là d'un équilibre entre des forces, ce qui n'implique pas l'équilibre effectif du point auquel elles sont appliquées, car l'une des forces qu'il faut joindre aux forces réelles pour satisfaire à cet équilibre idéal n'est qu'une pure conception de l'esprit. Pour distinguer un tel équilibre fictif de l'équilibre réel entre des forces sollicitant un même point, on donne quelquefois au premier le nom d'*équilibre dynamique*.

Chacun des points M, M′, M″.... étant, à l'instant considéré, soumis à des forces qui se font équilibre, en comprenant dans ces forces la force d'inertie, nous dirons pour abréger, en fai-

sant abstraction du mouvement, que le point est à cet instant
en équilibre sous l'action de ces forces, et par suite que le système matériel composé de tous ces points est lui-même en
équilibre à chaque instant, sous l'action commune des forces
données F, des forces inconnues R et des forces d'inertie $-mj$.

Prenons donc le système dans la position qu'il occupe et
faisons abstraction du mouvement qui l'amène à une position
voisine. Tout se passe à l'instant considéré comme si le système,
assujetti aux liaisons qui équivalent aux forces R, était en équilibre sous l'action des forces données F et des forces d'inertie
$-mj$. Il suffira par conséquent d'écrire les équations d'équilibre de ce système à liaisons, sous l'action commune des
forces F et $-mj$, pour avoir les équations différentielles du
mouvement du système, car ces équations nous donneront à
chaque instant les accélérations totales, j, de ses divers points.

131. Le théorème du travail virtuel (II, § 135) permet
d'exprimer par une seule équation toutes les conditions
d'équilibre d'un système quelconque. Si X, Y, Z sont les composantes parallèles aux axes de la force appliquée au point
dont les coordonnées sont x, y, z, la condition générale de
l'équilibre du système est

$$\Sigma(X\delta x + Y\delta y + Z\delta z) = 0,$$

les déplacements virtuels δx, δy, δz, étant supposés compatibles avec les liaisons; c'est à cette condition seulement que
les forces tenant lieu des liaisons sont éliminées. Quand
les déplacements virtuels restent quelconques, l'équation
générale devient

$$\Sigma\left[(X + x)\,\delta x + (Y + y)\,\delta y + (Z + z)\,\delta z\right] = 0,$$

en désignant par x, y, z, les composantes parallèles aux axes
des forces qui tiennent lieu des liaisons.

La seule modification à introduire dans cette équation pour
passer du repos au mouvement, et de l'équilibre réel à l'équilibre dynamique, consiste à joindre aux forces X, Y, Z, les for-

ces d'inertie décomposées suivant les axes, et dont les composantes sont (§ 73)

$$- m\frac{d^2x}{dt^2}, \quad - m\frac{d^2y}{dt^2}, \quad - m\frac{d^2z}{dt^2};$$

de sorte que l'on aura pour l'équation générale du mouvement du système donné, l'équation suivante

$$\Sigma\left[\left(X + x - m\frac{d^2x}{dt^2}\right)\delta x + \left(Y + y - m\frac{d^2y}{dt^2}\right)\delta y\right.$$
$$\left. + \left(Z + z - m\frac{d^2z}{dt^2}\right)\delta z\right] = 0,$$

quand on laisse δx, δy, δz, complétement arbitraires, et l'équation

$$(1) \quad \Sigma\left[\left(X - m\frac{d^2x}{dt^2}\right)\delta x + \left(Y - m\frac{d^2y}{dt^2}\right)\delta y + \left(Z - m\frac{d^2z}{dt^2}\right)\delta z\right] = 0,$$

quand on assujettit les déplacements virtuels δx, δy, δz à satisfaire aux liaisons auxquelles le système est soumis, de manière à éliminer les forces R.

De ces deux équations, la première n'apprend rien de nouveau, car l'indétermination complète des facteurs δx, δy, δz, sépare chaque terme de tous les autres, et conduit à égaler à zéro chacune des fonctions $X + x - m\dfrac{d^2x}{dt^2}$, $Y + y - m\dfrac{d^2y}{dt^2}$, etc.;

en d'autres termes, le théorème de d'Alembert ainsi compris amène à poser les équations du mouvement de chaque point considéré seul. Il n'y aurait là aucun progrès sur la dynamique du point. Mais la seconde équation, celle que nous appelons l'équation (1), a une tout autre portée; car, moyennant la restriction imposée aux facteurs indéterminés δx, δy, δz, elle élimine les forces dues aux liaisons, x, y, z, et nous donne en définitive les équations différentielles du mouvement du système indépendamment de ces forces inconnues. Nous allons faire voir qu'on peut tirer de l'équation (1) toutes les équations différentielles du mouvement d'un système, lorsque les liaisons sont exprimées par des équations entre le temps et les coordonnées des différents points.

132. Nous supposerons que le système matériel dont on cherche le mouvement comprenne n points, dont les coordonnées sont x_1, y_1, z_1 pour le premier, x_2, y_2, z_2 pour le second, et ainsi de suite jusqu'au dernier, qui a pour coordonnées x_n, y_n, z_n.

Le problème du mouvement du système sera résolu lorsque ces $3n$ coordonnées seront connues en fonction du temps t. Les liaisons sont, par hypothèse, exprimables par des équations où entrent les coordonnées de certains points et où peut entrer le temps. Nous supposerons qu'il y ait k équations de cette nature, que nous représenterons par le tableau :

$$(2) \qquad \left\{ \begin{array}{l} L_1 = 0, \\ L_2 = 0, \\ \vdots \\ L_k = 0. \end{array} \right.$$

Ces k relations étant données d'avance, il n'y a plus que $3n - k$ équations à trouver pour que le mouvement du système soit analytiquement défini. Nous allons montrer que l'équation

$$(1) \quad \Sigma \left[\left(X - m \frac{d^2x}{dt^2} \right) \delta x + \left(Y - m \frac{d^2y}{dt^2} \right) \delta y + \left(Z - m \frac{d^2z}{dt^2} \right) \delta z \right] = 0$$

conduit aux $3n - k$ relations cherchées.

Les variations δx, δy, δz, représentent les projections du déplacement virtuel imprimé au point du système dont les coordonnées sont x, y, z, à l'instant défini par une valeur quelconque t du temps, sous la condition que le déplacement soit compatible avec les liaisons, c'est-à-dire avec les équations (2).

Il résulte de là que, pour une même valeur du temps t, les équations (2) sont satisfaites à la fois par les coordonnées x_1, y_1, z_1, x_2, y_2, z_2... des points du système, et par les mêmes coordonnées augmentées de leurs variations, $x_1 + \delta x_1$, $y_1 + \delta y_1$, $z_1 + \delta z_1$,..., lesquelles définissent la position du système après qu'il a subi le déplacement virtuel. Retranchant l'une de l'autre chaque équation ainsi transformée, on aura

la série d'équations suivantes, qu'on obtiendrait en différentiant les équations (2) *sans faire varier le temps t :*

$$(3)\ \begin{cases} \left(\dfrac{dL_1}{dx_1}\,\delta x_1 + \dfrac{dL_1}{dy_1}\,\delta y_1 + \dfrac{dL_1}{dz_1}\,\delta z_1 + \dfrac{dL_1}{dx_2}\,\delta x_2 + \ldots \right) \\[2ex] \qquad = \Sigma\left(\dfrac{dL_1}{dx_i}\,\delta x_i + \dfrac{dL_1}{dy_i}\,\delta y_i + \dfrac{dL_1}{dz_i}\,\delta z_i \right) = 0, \\[2ex] \dfrac{dL_2}{dx_1}\,\delta x_1 + \ldots = \Sigma\left(\dfrac{dL_2}{dx_i}\,\delta x_i + \dfrac{dL_2}{dy_i}\,\delta y_i + \dfrac{dL_2}{dz_i}\,\delta z_i \right) = 0, \\[2ex] \vdots \\[1ex] \dfrac{dL_k}{dx_1}\,\delta x_1 + \ldots = \Sigma\left(\dfrac{dL_k}{dx_i}\,\delta x_i + \dfrac{dL_k}{dy_i}\,dy_i + \dfrac{dL_k}{dz_i}\,\delta z_i \right) = 0. \end{cases}$$

La compatibilité du déplacement avec les liaisons conduit
donc à poser ces k équations (3), ce qui permet d'exprimer k
variations par des fonctions linéaires des $3n - k$ autres;
celles-ci restent arbitraires. Substituons dans l'équation (1)
les valeurs des k variations ainsi exprimées; elle sera ramenée à ne contenir que $3n - k$ variations toutes arbitraires;
elle les contiendra d'ailleurs toutes au premier degré, et
pour satisfaire à l'équation (1) en les laissant arbitraires,
il suffira d'égaler à zéro séparément chacun de leurs coefficients. Cela fournira $3n - k$ équations, contenant, outre
le temps t qui peut y figurer explicitement, les coordonnées des points, les dérivées partielles des fonctions L_1,
$L_2,\ldots L_n$, par rapport aux coordonnées, enfin les forces et
les secondes dérivées des coordonnées par rapport au temps.
Ces $3n - k$ équations, jointes aux k équations de liaisons,
complètent le nombre $3n$ d'équations nécessaires, et le problème est ramené à une question d'analyse.

133. Cette méthode montre l'importance de la notation
adoptée pour représenter les déplacements virtuels. La carac-
téristique δ est affectée à cet usage; les quantités δx, δy...
sont de simples facteurs auxiliaires, qui ne figureront plus
dans les équations différentielles définitives; tandis que
dx, $dy,\ldots$ sont les projections de l'élément effectivement
parcouru par un point du système pendant le temps dt.

Les δx, δy,... sont assujettis à la condition de satisfaire aux équations (3) quand le temps t reste constant ; en dehors de cette condition, ils sont complétement arbitraires. Les dx, dy..., projections du déplacement réel du point, satisfont aux équations (2) différentiées en y faisant varier le temps ainsi que les coordonnées ; la première de ces équations donne, par exemple,

$$\frac{dL_1}{dx_1}\, dx + \frac{dL_1}{dy_1}\, dy + \ldots + \frac{dL_1}{dt}\, dt = 0.$$

De là résulte que parmi tous les déplacements virtuels compatibles avec les liaisons à un instant donné, le déplacement effectif du système peut n'être pas compris, bien qu'il soit évidemment compatible avec ces liaisons pendant une durée infiniment petite ; car, dans le premier cas, le temps doit être traité comme une constante dans les équations (2), tandis que dans le second il doit être considéré comme variable. Pour qu'il n'y ait pas lieu de faire cette distinction, il faut et il suffit que le temps n'entre pas dans les équations de liaisons. Alors le déplacement effectif du système pendant le temps dt est compris parmi les déplacements virtuels, compatibles avec les liaisons, qu'on peut imaginer à l'instant défini par la valeur t du temps.

EXEMPLE DE L'EMPLOI DE LA MÉTHODE.

134. Deux points pesants, M, M', sont réunis à distance invariable $MM' = l$. Le système est libre dans l'espace. On demande les équations différentielles de son mouvement, rapporté à trois axes rectangulaires.

La tige MM' est supposée sans masse et sans poids.

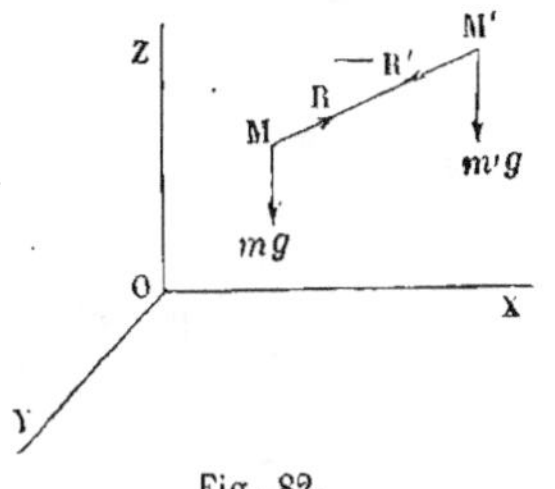

Fig. 82.

L'équation exprimant la liaison des deux points sera, en

appelant x, y, z, les coordonnées de M, et x', y', z', celles de M',

$$(1) \qquad (x - x')^2 + (y - y')^2 + (z - z')^2 = l^2.$$

Par suite, les déplacements virtuels compatibles avec les liaisons satisferont à l'équation

$$(2) \quad (x - x')(\delta x - \delta x') + (y - y')(\delta y - \delta y') + (z - z')(\delta z - \delta z') = 0.$$

L'équation générale est pour un système de deux points

$$(3) \quad \left(X - m\frac{d^2x}{dt^2} \right)\delta x + \left(Y - m\frac{d^2y}{dt^2} \right)\delta y + \left(Z - m\frac{d^2z}{dt^2} \right)\delta z$$
$$+ \left(X' - m'\frac{d^2x'}{dt^2} \right)\delta x' + \left(Y' - m'\frac{d^2y'}{dt^2} \right)\delta y' + \left(Z' - m'\frac{d^2z'}{dt^2} \right)\delta z' = 0.$$

On a d'ailleurs, en supposant l'axe OZ vertical,

$$\begin{aligned} X &= 0, & X' &= 0, \\ Y &= 0, & Y' &= 0, \\ Z &= -mg, & Z' &= -m'g. \end{aligned}$$

Tirons de l'équation (2) la valeur de $\delta z'$. Nous aurons

$$\delta z' = \frac{(x - x')\delta x + (y - y')\delta y + (z - z')\delta z - (x - x')\delta x' - (y - y')\delta y'}{z - z'}.$$

Substituant dans (3), il vient

$$\left[-m\frac{d^2x}{dt^2} - m'g\,\frac{x - x'}{z - z'} - m'\frac{d^2z'}{dt^2}\,\frac{x - x'}{z - z'} \right]\delta x$$

$$+ \left[-m\frac{d^2y}{dt^2} - m'g\,\frac{y - y'}{z - z'} - m'\frac{d^2z'}{dt^2}\,\frac{y - y'}{z - z'} \right]\delta y$$

$$+ \left[-mg - m\frac{d^2z}{dt^2} - m'g - m'\frac{d^2z'}{dt^2} \right]\delta z$$

$$+ \left[-m'\frac{d^2x'}{dt^2} + m'g\,\frac{x - x'}{z - z'} + m'\frac{d^2z'}{dt^2}\,\frac{x - x'}{z - z'} \right]\delta x'$$

$$+ \left[-m'\frac{d^2y'}{dt^2} + m'g\,\frac{y - y'}{z - z'} + m'\frac{d^2z'}{dt^2}\,\frac{y - y'}{z - z'} \right]\delta y' = 0.$$

Les cinq variations $\delta x, \dots \delta y'$, étant indépendantes, on égalera leurs coefficients à zéro, et on aura les cinq équations différentielles

$$(4)\quad\begin{cases} m\dfrac{d^2x}{dt^2} + m'\left(g + \dfrac{d^2z'}{dt^2}\right)\dfrac{x-x'}{z-z'} = 0, \\[2mm] m\dfrac{d^2y}{dt^2} + m'\left(g + \dfrac{d^2z'}{dt^2}\right)\dfrac{y-y'}{z-z'} = 0, \\[2mm] m\left(g + \dfrac{d^2z}{dt^2}\right) + m'\left(g + \dfrac{d^2z'}{dt^2}\right) = 0, \\[2mm] m'\dfrac{d^2x'}{dt^2} - m'\left(g + \dfrac{d^2z'}{dt^2}\right)\dfrac{x-x'}{z-z'} = 0, \\[2mm] m'\dfrac{d^2y'}{dt^2} - m'\left(g + \dfrac{d^2z'}{dt^2}\right)\dfrac{y-y'}{z-z'} = 0. \end{cases}$$

Les cinq équations (4), jointes à l'équation (1), définissent analytiquement les six fonctions x, y, z, x' y', z', en fonction du temps t. L'intégration des équations (4), qui sont du second ordre, introduira dix constantes arbitraires; on les déterminera en donnant la position et la vitesse du point M à l'instant $t = 0$, ce qui fait déjà six constantes; la position et la vitesse du point M' au même instant donneraient aussi six constantes; mais ces six constantes sont liées aux six premières par deux équations, savoir l'équation (1), et la dérivée de cette équation prise par rapport au temps t; il y a donc deux des six dernières constantes qu'on pourra exprimer en fonction des dix autres, ce qui réduit à dix le nombre des constantes dont on peut disposer arbitrairement.

135. Traitons le même problème directement.

La tension R de la tige qui joint les deux points M et M', est une force inconnue, équivalente à la liaison établie entre ces deux points.

Soient α, β, γ, les angles de la droite MM' avec les axes; nous pourrons, en introduisant les forces mutuelles R et — R, regarder les points M et M' comme libres.

Nous aurons donc les six équations :

$$(5)\quad\begin{cases} m\dfrac{d^2x}{dt^2} = R\cos\alpha, & m'\dfrac{d^2x'}{dt^2} = -R\cos\alpha, \\[2mm] m\dfrac{d^2y}{dt^2} = R\cos\beta, & m'\dfrac{d^2y'}{dt^2} = -R\cos\beta, \\[2mm] m\dfrac{d^2z}{dt^2} = -mg + R\cos\gamma, & m'\dfrac{d^2z'}{dt^2} = -m'g - R\cos\gamma. \end{cases}$$

D'ailleurs

$$(6) \qquad \cos\alpha = \frac{x'-x}{l}, \qquad \cos\beta = \frac{y'-y}{l}, \qquad \cos\gamma = \frac{z'-z}{l}.$$

Substituons ces valeurs dans les équations (5), et tirons de chacune la valeur de $\dfrac{R}{l}$, puis égalons ; il viendra la série d'égalités

$$(7) \qquad \frac{R}{l} = \frac{m\,\dfrac{d^2x}{dt^2}}{x'-x} = \frac{m\,\dfrac{d^2y}{dt^2}}{y'-y} = \frac{m\,\dfrac{d^2z}{dt^2} + mg}{z'-z}$$

$$= -\frac{m'\,\dfrac{d^2x'}{dt^2}}{x'-x} = -\frac{m'\,\dfrac{d^2y'}{dt^2}}{y'-y} = -\frac{m'\,\dfrac{d^2z'}{dt^2} + m'g}{z'-z};$$

ce qui, en laissant de côté l'inconnue R, forme un groupe de cinq équations distinctes, identiques aux cinq équations du groupe (4). On y joindra l'équation (1).

Cette marche fait connaître du même coup la valeur de la force R qui équivaut à la liaison. Nous allons voir que la méthode fondée sur l'application du théorème du travail virtuel conduit toujours à la détermination de la *tension des liens*.

MÉTHODE DES MULTIPLICATEURS.

136. Reprenons les équations

$$(1) \qquad \Sigma\left[\left(X - m\,\frac{d^2x}{dt^2}\right)\delta x + \left(Y - m\,\frac{d^2y}{dt^2}\right)\delta y + \left(Z - m\,\frac{d^2z}{dt^2}\right)\delta z\right] = 0,$$

$$(2) \qquad \begin{cases} L_1 = 0, \\ L_2 = 0, \\ \cdot \\ L_k = 0. \end{cases}$$

Pour trouver les équations du mouvement à joindre aux équations (2), il suffit de différentier ces équations sans y faire varier le temps t, puis de tirer les valeurs de k variations δx, δy,... en fonction des autres, de les substituer dans l'équation (1), et d'égaler à zéro les coefficients de toutes les variations qui y restent après la substitution. On peut procéder d'une autre manière à cette élimination. Formons les n équations

$$(3) \quad \begin{cases} \dfrac{dL_1}{dx_1}\,\delta x_1 + \dfrac{dL_1}{dy_1}\,\delta y_1 + \dfrac{dL_1}{dz_1}\,\delta z_1 + \dfrac{dL_1}{dx_2}\,\delta x_2 + \ldots = 0, \\[2mm] \dfrac{dL_2}{dx_1}\,\delta x_1 + \ldots\ldots\ldots\ldots\ldots\ldots\ldots = 0, \\[2mm] \vdots \\[2mm] \dfrac{dL_k}{dx_1}\,\delta x_1 + \ldots\ldots\ldots\ldots\ldots\ldots = 0. \end{cases}$$

Au lieu d'en tirer les valeurs de k variations en fonction des $3n - k$ autres, nous pouvons lier les $3n$ variations à k nouvelles variables. Appelons $\lambda_1, \lambda_2 \ldots \lambda_k$ des multiplicateurs indéterminés; multiplions la première équation par λ_1, la seconde par $\lambda_2, \ldots$ la $k^{ième}$ par λ_k; puis faisons la somme de toutes ces équations, et ajoutons-les à l'équation (1) : nous aurons pour résultat l'équation

$$(4) \quad \begin{aligned} &\left(X_1 + \lambda_1 \frac{dL_1}{dx_1} + \lambda_2 \frac{dL_2}{dx_1} + \ldots + \lambda_k \frac{dL_k}{dx_1} - m \frac{d^2 x_1}{dt^2} \right) \delta x_1 \\ &+ \left(Y_1 + \lambda_1 \frac{dL_1}{dy_1} + \lambda_2 \frac{dL_2}{dy_1} + \ldots + \lambda_k \frac{dL_k}{dy_1} - m \frac{d^2 y_1}{dt^2} \right) \delta y_1 \\ &+ \left(Z_1 + \lambda_1 \frac{dL_1}{dz_1} + \lambda_2 \frac{dL_2}{dz_1} + \ldots + \lambda_k \frac{dL_k}{dz_1} - m \frac{d^2 z_1}{dt^2} \right) \delta z_1 \\ &+ \text{etc.} \end{aligned} \Bigg\} = 0;$$

équation qui doit être identiquement vérifiée, quelles que soient les $3n$ variations $\delta x_1,\ \delta y_1,\ \delta z_1,\ \delta x_2, \ldots$, pourvu qu'on donne aux deux nouvelles indéterminées $\lambda_1, \lambda_2 \ldots \lambda_k$ les valeurs convenables. L'équation (4) se décompose donc en $3n$ équations distinctes, savoir :

$$(5) \quad \begin{cases} X_1 + \lambda_1 \dfrac{dL_1}{dx_1} + \ldots + \lambda_k \dfrac{dL_k}{dx_1} - m \dfrac{d^2 x_1}{dt^2} = 0, \\[2mm] Y_1 + \lambda_1 \dfrac{dL_1}{dy_1} + \ldots + \lambda_k \dfrac{dL_k}{dy_1} - m \dfrac{d^2 y_1}{dt^2} = 0, \\[2mm] \ldots\ldots\ldots\ldots\ldots\ldots\ldots\ldots\ldots\ldots, \end{cases}$$

et pour avoir les $3n - k$ équations du mouvement, il suffira d'éliminer entre ces $3n$ équations les k inconnues $\lambda_1, \lambda_2 \ldots \lambda_k$.

On pourra aussi déduire de ces $3n$ équations les valeurs des k multiplicateurs $\lambda_1, \ldots, \lambda_k$. Ces valeurs substituées dans les équations (5) les vérifieront identiquement. Or chacune de ces équations est l'équation du mouvement d'un point libre, projeté sur l'un des axes coordonnés. Les trois premières équations représentent, par exemple, le mouvement du point m_1, considéré comme libre, sous l'action de la force donnée (X_1, Y_1, Z_1) et des k forces

$$\left(\lambda_1 \frac{dL_1}{dx_1},\quad \lambda_1 \frac{dL_1}{dy_1},\quad \lambda_1 \frac{dL_1}{dz_1}\right),\quad \left(\lambda_2 \frac{dL_2}{dx_1},\quad \lambda_2 \frac{dL_2}{dy_1},\quad \lambda_2 \frac{dL_2}{dz_1}\right),\ldots,$$

$$\left(\lambda_k \frac{dL_k}{dx_1},\quad \lambda_k \frac{dL_k}{dy_1},\quad \lambda_k \frac{dL_k}{dz_1}\right),$$

qui, jointes à la force donnée, assurent au point le mouvement effectif qu'il prend sous l'action de la force donnée et des liaisons. Ces k forces équivalent donc aux k liaisons définies par les équations (2). La première $\left(\lambda_1 \dfrac{dL_1}{dx_1}, \lambda_1 \dfrac{dL_1}{dy_1}, \lambda_1 \dfrac{dL_1}{dz_1}\right)$ équivaut à la liaison $L_1 = 0$, la seconde équivaut à la liaison $L_2 = 0 \ldots$, la dernière à la liaison $L_k = 0$. En un mot, l'emploi de la méthode des multiplicateurs conduit non-seulement à la détermination des équations différentielles du mouvement du système, mais encore à la détermination des forces qui tiennent lieu des liaisons, ou de ce qu'on appelle les *tensions des liens*.

137. Revenons au problème du § 134.

Nous avons à la fois l'équation fournie par le théorème de d'Alembert, qui se réduit à

$$- m \frac{d^2x}{dt^2} \delta x - m \frac{d^2y}{dt^2} \delta y - \left(mg + m \frac{d^2z}{dt^2}\right) \delta z - m' \frac{d^2x'}{dt^2} \delta x'$$
$$- m' \frac{d^2y'}{dt^2} \delta y' - \left(m'g + m' \frac{d^2z'}{dt^2}\right) \delta z' = 0,$$

et l'équation de liaison

$$(x - x')^2 + (y - y')^2 + (z - z')^2 = l^2.$$

Celle-ci, différentiée par les δ, donne

$$(x - x')(\delta x - \delta x') + (y - y')(\delta y - \delta y') + (z - z')(\delta z - \delta z') = 0.$$

Multiplions cette équation par λ, facteur indéterminé, et ajoutons à la première, il viendra

$$\left[\lambda(x - x') - m\frac{d^2x}{dt^2}\right]\delta x + \left[\lambda(y - y') - m\frac{d^2y}{dt^2}\right]\delta y$$
$$+ \left[-mg + \lambda(z - z') - m\frac{d^2z}{dt^2}\right]\delta z + \left[\lambda(x' - x) - m'\frac{d^2x'}{dt^2}\right]\delta x'$$
$$+ \left[\lambda(y' - y) - m'\frac{d^2y'}{dt^2}\right]\delta y' + \left[-m'g + \lambda(z' - z) - m'\frac{d^2z'}{dt^2}\right]\delta z' = 0.$$

Nous profiterons de l'indétermination du facteur λ pour égaler à zéro les six fonctions qui multiplient δx, δy,... $\delta z'$. Nous aurons donc les six équations

$$\lambda(x - x') - m\frac{d^2x}{dt^2} = 0,$$
$$\lambda(y - y') - m\frac{d^2y}{dt^2} = 0,$$
$$mg - \lambda(z - z') + m\frac{d^2z}{dt^2} = 0,$$
$$\lambda(x - x') + m'\frac{d^2x'}{dt^2} = 0,$$
$$\lambda(y - y') + m'\frac{d^2y'}{dt^2} = 0,$$
$$m'g + \lambda(z - z') + m'\frac{d^2z'}{dt^2} = 0.$$

Tirant λ de la première, et substituant dans les cinq autres, on aura les cinq équations du mouvement déjà trouvées. De plus $\lambda(x - x')$, $\lambda(y - y')$, $\lambda(z - z')$ sont les composantes suivant les axes de la force qui, appliquée au point m, équivaut à la liaison des deux points ; $\lambda(x' - x)$, $\lambda(y' - y)$, $\lambda(z' - z)$, force égale et contraire, est la force appliquée au point m'.

AUTRE ÉNONCÉ DU THÉORÈME DE D'ALEMBERT.

138. L'équation générale

$$\Sigma\left[\left(X - m\frac{d^2x}{dt^2}\right)\delta x + \ldots\right] = 0$$

multipliée par dt, peut se mettre sous la forme

$$\Sigma\left[\left(\mathrm{X}dt - md\,\frac{dx}{dt}\right)\delta x + \ldots\right] = 0.$$

Le produit $\mathrm{X}dt$ est l'impulsion élémentaire de la force X pendant le temps dt; le produit $md\,\dfrac{d\dot{x}}{dt}$, ou $d\left(m\,\dfrac{dx}{dt}\right)$ est l'accroissement de la quantité de mouvement du point m pendant le même temps. Si le point m était libre, l'action de la force X, Y, Z, ferait varier la quantité de mouvement de ce point, en projection sur les axes, de quantités respectivement égales à $\mathrm{X}dt$, $\mathrm{Y}dt$, $\mathrm{Z}dt$ (§ 37). Nous pouvons assimiler ces quantités de mouvement à des forces. Soit MF la résultante des impulsions $\mathrm{X}dt$, $\mathrm{Y}dt$, $\mathrm{Z}dt$; MΦ, la résultante des accroissements élémentaires $d\left(m\,\dfrac{dx}{dt}\right)$, $d\left(m\,\dfrac{dy}{dt}\right)$, $d\left(m\,\dfrac{dz}{dt}\right)$. Achevons le parallélogramme MΦFP, de manière que MF en soit la diagonale.

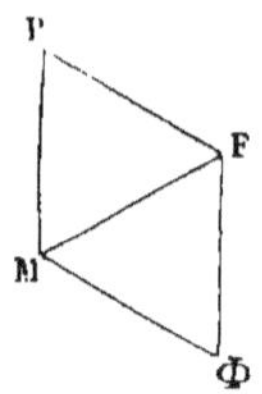

La force MF sera la résultante de MΦ et de MP. Si le point était libre, la quantité de mouvement qu'il possède se composerait avec MF; par le fait des liaisons elle se compose avec MΦ; et comme MF est la résultante de MΦ et de MP, on peut dire que la seconde composante MP représente *la quantité élémentaire de mouvement perdue par le point* M, *sous l'influence des liaisons auxquelles il est soumis.* Les projections de MP sur les axes sont d'ailleurs respectivement égales à

Fig. 85.

$$\mathrm{X}dt - md\left(\frac{dx}{dt}\right), \quad \mathrm{Y}dt - md\left(\frac{dy}{dt}\right), \quad \mathrm{Z}dt - md\left(\frac{dz}{dt}\right),$$

et l'équation générale exprime que ces forces MP se font équilibre au moyen des liaisons.

D'où résulte ce nouvel énoncé du théorème de d'Alembert :

Dans le mouvement d'un système, il y a à chaque instant équilibre, à l'aide des liaisons, entre ses quantités élémentaires de mouvement perdues par ses différents points;

Ou encore : *Il y a à chaque instant équilibre, à l'aide des liai-*

z sons, entre les impulsions élémentaires Fdt *appliquées aux di-*
vers points du système, et les quantités de mouvement élémen-
taires changées de sens, — mjdt, *communiquées à chacun de ses*
points.

EXEMPLE DE L'APPLICATION DU THÉORÈME.

139. Deux corps, M et M′, l'un de masse m, l'autre de
masse m', sont réunis par une tige incompressible et inextensible AB, dont la masse μ par unité de longueur est donnée,
et qui a une longueur l.

Le système est animé d'un mouvement de translation suivant la direction CD de la tige ; les corps M et M′ sont d'ailleurs
sollicités suivant cette
même droite par deux
forces données F et F′.
On demande de déter-
miner le mouvement du système et la tension de la tige en un
point quelconque E de sa longueur.

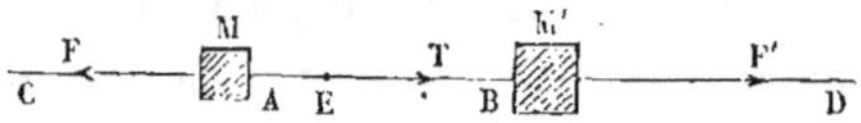

Fig. 84.

Le mouvement du système étant une translation dans laquelle chaque point parcourt une trajectoire rectiligne, les
accélérations totales des différents points se réduisent aux accélérations tangentielles ; de plus, elles sont égales entre
elles à un même instant. Les forces d'inertie se composent donc
en une force unique, égale à leur somme algébrique, et égale
en valeur absolue au produit de l'accélération commune j par
la masse totale du système, $m + m' + \mu l$. L'équilibre des forces
données et des forces d'inertie conduit ainsi à l'équation

$$F' - F - (m + m' + \mu l)j = 0 ;$$

elle est établie en supposant que le mouvement s'accélère dans
le sens de la force F′, mais elle est vraie d'une manière absolue, eu égard aux signes.

On en déduit

$$j = \frac{F' - F}{m + m' + \mu l} ;$$

l'accélération des divers points du système étant constante, le mouvement est uniformément varié. Il est défini par l'équation

$$x = x_0 + v_0 t + \frac{1}{2} \frac{F' - F}{m + m' + \mu l} t^2,$$

dans laquelle x est, au bout du temps t, la distance d'un point particulier du système à une origine fixe prise sur la droite CD, x_0 la distance du même point à cette origine, et v_0 la vitesse commune des points du système à l'instant $t = 0$. La première partie du problème est donc résolue.

Pour trouver la tension T de la tige au point E, défini par la distance AE $= h$, coupons la tige en ce point, et considérons à part le système formé par l'un des deux tronçons, y compris celui des corps M et M′ qui y est attaché. Prenons, par exemple, le tronçon à gauche du point E : les forces qui agissent sur ce tronçon, considéré comme isolé, sont la tension T et la force F ; il a d'ailleurs un mouvement commun avec l'ensemble du système, et, par suite, son accélération est j ; on peut donc remplacer dans l'équation qui donne j, la force F′ par la force T, la masse m' par 0, et la masse μl par μh. On aura encore

$$j = \frac{T - F}{m + \mu h}.$$

Donc

$$\frac{T - F}{m + \mu h} = \frac{F' - F}{m + m' + \mu l},$$

proportion qui nous donnera T.

On en déduit

$$T = F + \frac{m + \mu h}{m + m' + \mu l} (F' - F).$$

On obtiendra, par exemple, la tension de la tige aux points A et B en faisant dans cette équation $h = 0$, $h = l$.

Il est possible que la masse de la tige AB soit négligeable par rapport aux masses m et m' des deux corps reliés l'un à l'autre. Dans ce cas, on peut faire $\mu = 0$, ce qui réduit l'équation des tensions à

$$T = F + \frac{m}{m + m'}(F' - F) = \frac{Fm' + F'm}{m + m'}.$$

La tension est alors constante dans toute l'étendue du lien.

Si, au contraire, les forces F et F' sont appliquées directement aux extrémités de la tige, sans interposition des masses m et m', on aura, en faisant $m = m' = 0$,

$$T = F + \frac{h}{l}(F' - F) = \frac{F(l - h) + F'h}{l};$$

la tension de la tige varie alors de $T = F$, au point A, à $T = F'$, au point B.

AUTRE EXEMPLE.

140. Supposons qu'un train de chemin de fer, AB, de masse m, se déplace le long de la droite CD, de manière à parcourir la distance $CD = l$ dans un temps donné t. On suppose qu'il parte du point C sans vitesse, et qu'il arrive au point D également sans vitesse. Le mouvement doit donc s'accélérer au départ, puis atteindre un maximum, enfin se ralentir jusqu'au point d'arrivée, et pour rendre l'accélération de ces divers mouvements la moindre possible en valeur absolue, il faut évidemment faire en sorte que l'accélération soit constante pendant la première moitié du trajet, puis qu'elle devienne négative

Fig. 85.

sans changer de valeur absolue pendant la seconde moitié.

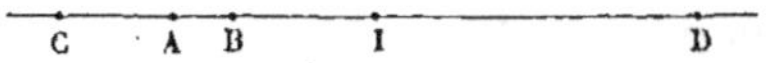

La vitesse moyenne du trajet est égale à $\frac{l}{t}$; la vitesse maximum du train aura lieu, dans cette hypothèse, au milieu I de son parcours, et sera égale au double $\frac{2l}{t}$ de la vitesse moyenne.

L'accélération j, constante au signe près pendant tout le trajet, sera égale au quotient de la vitesse $\dfrac{2l}{t}$, acquise dans le temps $\dfrac{t}{2}$, par le temps $\dfrac{t}{2}$ employé à l'acquérir, c'est-à-dire j sera égale à $\dfrac{4l}{t^2}$.

La force d'inertie qui correspond à cette accélération est égale en valeur absolue à $\dfrac{4lm}{t^2}$; c'est la mesure de la force F, d'abord mouvante, puis résistante, qu'il faut appliquer au train pendant le trajet du point C au point D; c'est l'excès de la force de traction développée par la locomotive, sur les résistances éprouvées par le train pendant la première période; c'est l'excès des résistances sur la force de traction pendant la seconde.

Si donc R désigne la somme de ces résistances à un certain instant, la force de traction T sera donnée par l'équation

$$T = R + \frac{4lm}{t^2}.$$

Cet effort de traction transmis au train mesure la tension des barres d'attelage du tender avec le premier wagon. On voit qu'elle surpasse la somme des résistances de la quantité $\dfrac{4lm}{t^2}$, laquelle est d'autant plus grande que les facteurs l et m sont plus grands, et que la durée t du trajet est plus petite. On pourra par cette formule calculer la tension des barres d'attelage, et s'assurer que l'effort de la locomotive n'en compromet pas la solidité.

Dans les trains express, le nombre $\dfrac{l}{t^2}$ a une grande valeur, parce que les trajets sont grands, et que temps t consacré à chacun est réduit le plus possible; mais la masse m du train est faible. L'excès de tension due à l'inertie n'acquiert pas une très-grande valeur. Le contraire a lieu pour les l trains de marchandises : le rapport $\dfrac{l}{t^2}$ est, à la vérité, plus petit que dans les express, mais le facteur m est beaucoup plus grand, et en définitive le terme $\dfrac{4lm}{t^2}$ peut avoir beaucoup plus d'importance.

TRACTION A DISTANCE.

141. Supposons qu'on se serve, pour mettre en mouvement le train AB, d'un câble inextensible qu'on enroulera sur le cylindre D à mesure qu'il se déroule du cylindre C. Soit

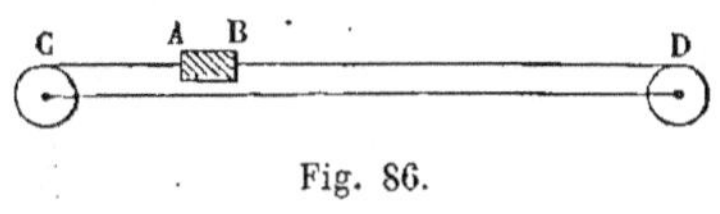

Fig. 86.

encore $CD = l$ la longueur, et t le temps du trajet ; l'accélé-
ration du train, uniformément répartie le long du trajet, sera égale à $\pm\dfrac{4l}{t^2}$, le signe $+$ se rappportant à la première période, et le signe $-$ à la seconde.

Soit ω la section du câble, ρ le poids spécifique du métal dont il est formé ; le câble aura à chaque instant la même accélération que le train AB, et, par suite, si l'on appelle P le poids du train et R la somme des résistances qu'il oppose au mouvement, l'excès de la tension du câble au point D sur la tension développée au point C sera égal, d'après le problème précédent, à

$$R + \left(\frac{\omega\rho l}{g} + \frac{P}{g}\right) \times \frac{4l}{t^2},$$

pendant toute la période d'accélération positive.

La limite inférieure de cette tension correspond au cas idéal où l'on supprimerait le train sans modifier les vitesses, et où la tension au point C serait nulle. Elle est égale à

$$\frac{\omega\rho l}{g} \times \frac{4l}{t^2} = \frac{4\omega\rho l^2}{gt^2};$$

divisant par ω, on aura $\dfrac{4\rho l^2}{gt^2}$ pour limite inférieure de la tension du câble par unité de section.

Pour que cette tension ne compromette pas la solidité du métal (nous supposons que ce soit du fer), il faut qu'elle n'excède pas 4 kilogrammes par millimètre carré, ou 4000000 kilogrammes par mètre carré, limite pratique des efforts qui se prolongent pendant un certain temps. On aura donc l'inégalité

$$\frac{4\rho l^2}{g t^2} < 4000000,$$

et par suite

$$\frac{l}{t} < \sqrt{\frac{4000000 \times g}{4\rho}}$$

ou

$$\frac{l}{t} < \frac{1}{2} \sqrt{4000000 \times \frac{g}{\rho}}.$$

Pour le fer, $\rho = 7800$ kilogrammes par mètre cube. D'ailleurs $g = 9,8$; la limite supérieure de $\dfrac{l}{t}$, vitesse moyenne du trajet, est 35 mètres environ; au delà, on serait certain d'altérer rapidement l'élasticité du câble et de le rompre au bout de quelques voyages[1].

PROBLÈMES DIVERS.

142. Deux corps pesants M, M', sont réunis l'un à l'autre par un fil inextensible et sans masse, qui passe en A sur une poulie infiniment petite. Ces deux corps glissent sans frottement, l'un sur le plan incliné BC, l'autre sur le plan incliné BC'. On demande

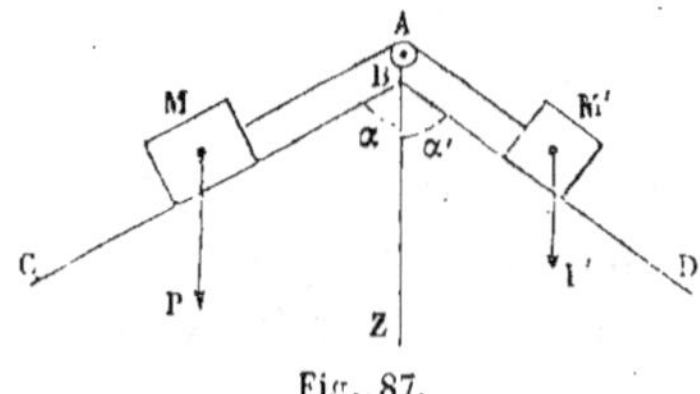

Fig. 87.

l'équation du mouvement de ce système.

---

[1] La quantité $\sqrt{\dfrac{4000000 \times g}{\rho}}$ est, d'après la formule de Newton, la vitesse du son dans un gaz fictif dont le poids par mètre cube serait ρ, et qui serait

Soit BZ la verticale, α et α' les angles que font avec cette droite les plans inclinés, P et P' les poids des deux corps.

Les mouvements des corps M et M' sont rectilignes; ils s'accomplissent suivant les lignes de plus grande pente des deux plans qui les guident. Appelons v la vitesse du premier, v' celle du second; nous conviendrons de regarder ces vitesses comme positives quand les corps descendent, et comme négatives lorsqu'ils montent. Dans ces conditions on a $v = -v'$, car l'un des corps parcourt en montant un chemin égal à celui que l'autre parcourt en descendant, à cause de l'inextensibilité du fil. Les mouvements étant rectilignes, l'accélération totale se réduit à sa composante tangentielle, $\dfrac{dv}{dt}$ pour l'un, $\dfrac{dv'}{dt} = -\dfrac{dv}{dt}$ pour l'autre.

Le corps M est sollicité par son poids P, qui, projeté sur la ligne de plus grande pente du plan BC, donne une composante positive égale à $P\cos\alpha$; de même le poids P', estimé parallèlement au plan, donne lieu à la composante positive $P'\cos\alpha'$. Les masses des corps M et M' sont $\dfrac{P}{g}$, $\dfrac{P'}{g}$, et, par suite, les forces d'inertie sont pour le premier $-\dfrac{P}{g}\dfrac{dv}{dt}$, pour le second $-\dfrac{P'}{g}\dfrac{dv'}{dt}$, ou $+\dfrac{P'}{g}\dfrac{dv}{dt}$.

L'équation d'équilibre dynamique est

$$P\cos\alpha - \frac{P}{g}\frac{dv}{dt} = P'\cos\alpha' + \frac{P'}{g}\frac{dv}{dt}.$$

Car cette égalité exprime l'équilibre du fil passant sur la poulie A, sous l'action des forces réelles et des forces d'inertie. On en déduit

$$\frac{dv}{dt} = \frac{P\cos\alpha - P'\cos\alpha'}{\dfrac{P}{g} + \dfrac{P'}{g}} = g \times \frac{P\cos\alpha - P'\cos\alpha}{P + P'}.$$

soumis à une pression par mètre carré de 4000000 kilogrammes. On peut donc dire que la vitesse moyenne du train doit être inférieure à la moitié de la vitesse du son dans un gaz placé dans de telles conditions de pression et de densité.

En numérateur, les composantes des poids se retranchent parce qu'elles agissent en sens contraire l'une de l'autre ; en dénominateur, les poids s'ajoutent parce qu'ils représentent les masses dont les forces entretiennent le mouvement..

Intégrant, on aura

$$v = g\, \frac{P\cos\alpha - P'\cos\alpha'}{P + P'}\, t,$$

sans ajouter de constante, si l'on compte le temps à partir de l'instant du départ.

L'espace parcouru par chaque corps à partir de sa position primitive sera égal à

$$\frac{1}{2}\, g\, \frac{P\cos\alpha - P'\cos\alpha'}{P + P'}\, t^2.$$

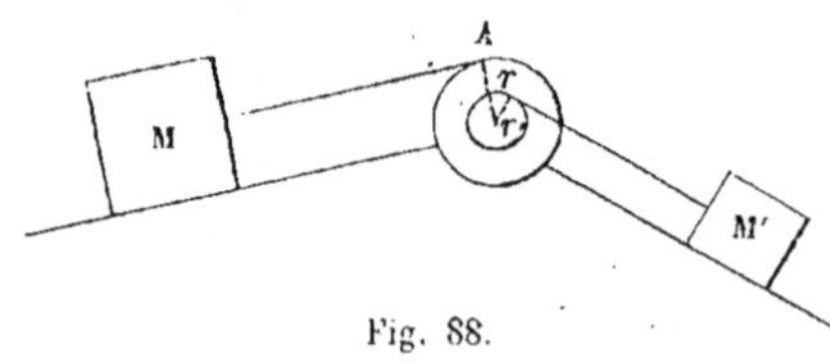

Fig. 88.

143. Si, au lieu de passer sur une poulie, le fil était coupé en deux brins distincts, attachés chacun à la roue d'un treuil A sans masse, r et r' étant les rayons des deux roues, on aurait d'abord

$$\frac{v'}{r'} = - \frac{v}{r},$$

ce qui donne : $\dfrac{dv'}{dt} = - \dfrac{dv}{dt} \times \dfrac{r'}{r}.$

D'un autre côté, l'équilibre du treuil, sous l'action des tensions des fils aboutissant à M et à M', serait

$$\left(P\cos\alpha - \frac{P}{g}\,\frac{dv}{dt} \right) r = \left(P'\cos\alpha' + \frac{P'}{g}\,\frac{dv}{dt} \times \frac{r'}{r} \right) r' ;$$

d'où l'on tirerait

$$\frac{dv}{dt} = g \times \frac{P r\cos\alpha - P'r'\cos\alpha'}{(Pr^2 + P'r'^2)}\, r,$$

équation de même forme que dans le premier cas.

Le problème que nous venons de traiter comprend la théorie de la machine d'Atwood pour l'étude de la pesanteur. Mais pour obtenir un résultat exact, il faut tenir compte de l'inertie de la poulie et des galets qui la soutiennent. Nous reprendrons plus tard la question ainsi complétée.

144. Au lieu de supposer le fil MAM' sans masse, et réunissant seulement deux corps pesants M et M', supposons qu'il soit remplacé par une chaîne massive, de longueur $MA + AM' = l$, et pesant p unités de poids par unité de longueur, et cherchons le mouvement du système matériel ainsi composé. La chaîne se mouvra encore suivant les lignes de plus grande pente des deux plans. Appelons x la longueur AM; la

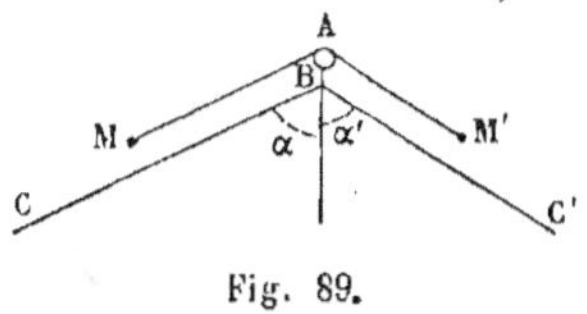

Fig. 89.

longueur AM' sera égale à $l - x$; par suite, la longueur AM, qui à un certain instant glisse sur le plan BC, a un poids égal à px, et une masse égale à $\dfrac{px}{g}$; v étant sa vitesse, la force d'inertie de cette masse est $-\dfrac{px}{g}\dfrac{dv}{dt}$; de même la portion AM' a pour vitesse $-v$, pour poids $p(l-x)$, et pour force d'inertie $+\dfrac{p(l-x)}{g}\dfrac{dv}{dt}$. L'équation d'équilibre de la chaîne passant sur la poulie infiniment petite A est donc

$$px\cos\alpha - \frac{px}{g}\frac{dv}{dt} = p(l-x)\cos\alpha' + \frac{p(l-x)}{g}\frac{dv}{dt},$$

ou bien, en remplaçant $\dfrac{dv}{dt}$ par $\dfrac{d^2x}{dt^2}$, et en divisant par $\dfrac{pl}{g}$,

$$\frac{d^2x}{dt^2} - \frac{g(\cos\alpha + \cos\alpha')}{l}\,x + g\cos\alpha' = 0,$$

équation différentielle du second ordre de la forme

$$\frac{d^2x}{dt^2} - \mu^2 x + \beta = 0$$

L'intégrale générale de cette équation, avec deux constantes arbitraires, est

$$x = \frac{\beta}{\mu^2} + Ce^{\mu t} + C'e^{-\mu t}.$$

On voit que x sera constant et que la chaîne restera fixe si les constantes C et C' sont nulles ensemble, ce qui donne

$$x = \frac{\beta}{\mu^2} = \frac{g\cos\alpha'}{\dfrac{g}{l}(\cos\alpha + \cos\alpha')} = \frac{l\cos\alpha'}{\cos\alpha + \cos\alpha'}.$$

C'est la condition de l'équilibre statique de la chaîne.

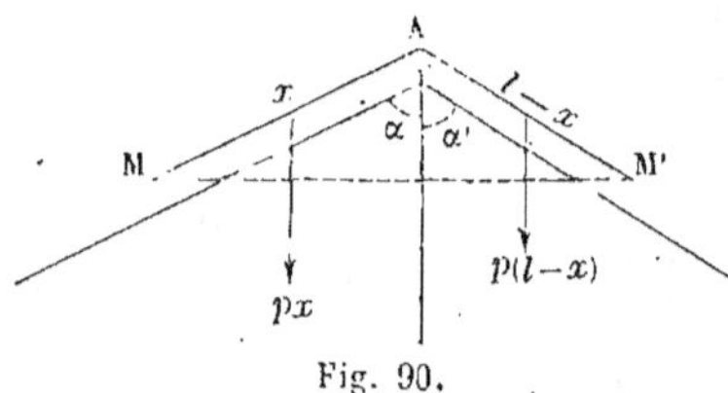

Fig. 90.

En effet, pour l'équilibre de la poulie A, il faut et il suffit que la force $px\cos\alpha$, qui tend à faire glisser la chaîne dans le sens AM, soit égale à la force $p(l-x)\cos\alpha'$ qui tend à la faire glisser dans le sens AM'. On doit donc avoir

$$px\cos\alpha = p(l-x)\cos\alpha';$$

d'où l'on déduit

$$x = \frac{l\cos\alpha'}{\cos\alpha + \cos\alpha'}.$$

Les deux extrémités M et M' de la chaîne doivent pour l'équilibre être à la même hauteur.

Dans le cas du mouvement, l'équation $x = \dfrac{\beta}{\mu^2} + Ce^{\mu t} + C'e^{-\mu t}$ ne peut être appliquée qu'aux valeurs de x comprises entre 0 et l; au delà de ces limites, la chaîne, tout entière sur un seul et même plan incliné, se meut le long de la ligne de plus grande pente de ce plan comme un corps solide qui y glisserait sans frottement, ou comme un point matériel soumis à l'une des deux accélérations $g\cos\alpha$, $g\cos\alpha'$.

145. Une chaîne indéfinie AB, posée en B sur un plan horizontal MN, est soulevée à son extrémité A par un fil AC, qui passe sur une poulie O. Au point C le fil porte un

poids P. On demande l'équation du mouvement du système en faisant abstraction des masses du fil AC et de la poulie O. La chaîne a un poids constant, p, par unité de longueur.

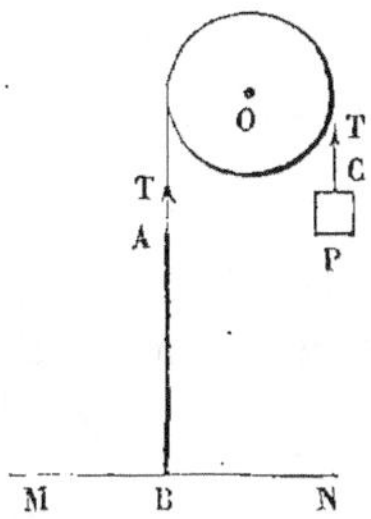

Toute la portion de la chaîne située au delà du point B par rapport à l'extrémité A ne participe pas au mouvement. Écrivons l'équation de l'équilibre dynamique du corps P et de la portion de chaîne AB.

Le corps P est sollicité par son poids P, qui agit de haut en bas, et par la tension T du fil, qui agit de bas en haut. Si v désigne la vitesse du corps, positive quand il descend, négative quand il monte, l'équation de son mouvement rectiligne est

$$\frac{P}{g}\frac{dv}{dt} = P - T.$$

Fig. 91.

Les forces qui agissent sur la portion de chaine AB sont la pesanteur et la tension du fil. La tension de la chaîne au point B est nulle, puisqu'on suppose que la chaine pose en ce point sur le plan horizontal. En réalité, la chaîne dessine au point B une courbe qui la ramène dans ce plan, et la tension développée au point où cette courbe devient horizontale est équilibrée par le frottement de la chaîne sur le plan. Dans tous les cas, cette tension, étant horizontale, n'a pas d'influence sur le mouvement vertical de la portion AB.

Soit $AB = x$. Le poids de la partie AB sera px, la masse $\frac{px}{g}$. La tension du fil T, qui agit de bas en haut sur la chaîne au point A, est égale à la tension T du même fil au point C, puisque nous admettons que le fil n'a ni poids ni masse. Enfin la vitesse v est commune aux deux systèmes P et AB; seulement elle est dirigée pour l'un en sens inverse du sens qu'elle a pour l'autre. L'équation du mouvement de AB est donc

$$\frac{px}{g}\frac{dv}{dt} = T - px.$$

Ajoutons ces deux équations, T s'élimine, et on a

$$\frac{P + px}{g}\,\frac{dv}{dt} = P - px.$$

Donc

$$\frac{dv}{dt} = g \times \frac{P - px}{P + px},$$

et remplaçant dt par $\dfrac{dx}{v}$, il vient, en séparant les variables,

$$v\,dv = g\,\frac{P - px}{P + px}\,dx = g\left(\frac{2P}{px + P} - 1\right)dx.$$

Intégrons :

$$\frac{1}{2}v^2 = C + g\left[\frac{2P}{p}\log\left(x + \frac{P}{p}\right) - x\right],$$

les logarithmes étant pris dans le système népérien. Supposons que le mouvement commence lorsque la chaîne est tout entière sur le plan MN ; on aura $v = 0$ pour $x = 0$. Donc

$$C = -g \times \frac{2P}{p}\log\frac{P}{p},$$

et l'équation devient

$$\frac{1}{2}v^2 = g\left(\frac{2P}{p}\log\frac{x + \dfrac{P}{p}}{\dfrac{P}{p}} - x\right) = g \times \left(\frac{2P}{p}\log\frac{px + P}{P} - x\right).$$

La vitesse est nulle et le système s'arrête lorsque

$$\frac{2P}{p}\log\frac{px + P}{P} = x,$$

équation qui a nécessairement une racine réelle positive. Parvenu à ce point, le système reprend une vitesse en sens contraire. On obtiendra l'équation du mouvement en cherchant la valeur de dt, et en intégrant. On a d'abord

$$v = \frac{dx}{dt} = \pm\sqrt{2g \times \left(\frac{2P}{p}\log\frac{px + P}{P} - x\right)},$$

puis

$$dt = \frac{dx}{\pm\sqrt{2g\left(\dfrac{2P}{p}\log\dfrac{px + P}{P} - x\right)}}$$

On prendra le signe du radical de manière à rendre la valeur de dt toujours positive.

Pour que le système reste en équilibre, il faut qu'on ait constamment $v = 0$, ce qui entraîne les relations $dv = 0$, $P = px$, et $x = \dfrac{P}{p}$

La constante arbitraire C doit alors recevoir la valeur

$$C = -g\left(\frac{2P}{p}\log\frac{2P}{p} - \frac{P}{p}\right) = -g\frac{P}{p}\left(2\log\frac{2P}{p} - 1\right).$$

Par cet exemple on voit comment il faut opérer quand *la masse en mouvement est variable*. La théorie et les méthodes ne sont pas en défaut pour cela, car, bien que les masses élémentaires entrent successivement en mouvement, elles existent toutes à toute époque, soit à l'état de mouvement, soit à l'état de repos, et la seule difficulté de la mise en équation consiste à les introduire dans le calcul avec l'accélération qu'elles ont à l'instant que l'on considère. L'équation (1) du § 131, qui suppose la masse de chaque point du système constante pendant toute la durée du mouvement, ne manque donc en aucune façon de généralité.

CHAPITRE II

LES THÉORÈMES GÉNÉRAUX

146. Les théorèmes généraux démontrés pour le mouvement d'un point unique s'étendent au mouvement d'un système composé d'un nombre quelconque de points matériels. Il suffit de poser pour chaque point l'équation qui est la traduction analytique d'un théorème général, puis de faire la somme de toutes ces équations membre à membre. L'équation finale, après réduction des termes qui se détruisent, est l'expression du théorème étendu au système donné.

Le théorème de d'Alembert faisant connaître d'un autre côté toutes les équations nécessaires pour définir le mouvement d'un système matériel, les théorèmes généraux y sont nécessairement compris, et n'en sont, au fond, que des corollaires.

Rappelons que les forces agissant sur les différents points d'un système matériel se partagent en deux classes : les forces *extérieures* et les forces *intérieures ;* celles-ci sont conjuguées deux à deux. A un autre point de vue, on partage les forces en forces *données*, et forces *tenant lieu des liaisons*, celles-ci pouvant être intérieures ou extérieures, ainsi qu'on l'a vu par des exemples.

THÉORÈME DES QUANTITÉS DE MOUVEMENT PROJETÉES.

147. Soit m la masse d'un point matériel qui fait partie d'un système libre dans l'espace. Ce point est sollicité par une force

extérieure, ou par plusieurs forces que l'on peut composer
en une seule, et par des forces intérieures dirigées vers les
autres points du système. Projetons à chaque instant toutes
ces forces et les quantités de mouvement du point sur un
axe fixe, et appliquons le théorème des quantités de mouvement (§ 36). Appelons F la projection de la force extérieure
et f_1, f_2,... f_n les projections des forces intérieures, v_0 la
vitesse du point à l'instant t_0, v sa vitesse à l'instant t, ces
vitesses et ces forces étant projetées sur le même axe. Le
théorème nous donnera l'équation

$$mv - mv_0 = \int_{t_0}^{t} F\,dt + \int_{t_0}^{t} f_1\,dt + \int_{t_0}^{t} f_2\,dt + \dots + \int_{t_0}^{t} f_n\,dt.$$

Appliquons la même équation à chacun des points composant le système, puis faisons la somme. Dans cette sommation
les forces intérieures disparaîtront, car à toute force intérieure f correspond une force conjuguée $-f$, égale et contraire, et la somme de ces forces projetées sur un même axe
est égale à chaque instant à zéro. Représentons par le signe
Σ la sommation étendue à tous les points du système; nous
aurons en définitive

$$\Sigma mv - \Sigma mv_0 = \Sigma \int_{t_0}^{t} F\,dt.$$

Cette équation s'exprime comme il suit en langage ordinaire :

*Dans le mouvement d'un système matériel libre, l'accroisse-
ment, entre deux époques, de la somme des quantités de mouvement projetées sur un axe fixe, est égal à la somme, pendant le
même intervalle de temps, des impulsions élémentaires des forces
extérieures projetées sur le même axe.*

Les forces intérieures, qui se détruisent en projection deux
à deux, sont sans influence sur la somme des quantités de
mouvement projetées.

Nous avons établi (§ 34) le théorème des *quantités de mouvements totales* pour un point matériel unique. Ce théorème
pourrait être étendu par la même méthode au mouvement

d'un système; mais alors les forces intérieures, qui seraient projetées chacune sur la tangente à la trajectoire de son point d'application particulier, ne se détruiraient plus deux à deux et subsisteraient dans l'équation finale.

148. Pour démontrer la proposition au moyen du théorème de d'Alembert, remarquons que, puisqu'on suppose le système libre dans l'espace, les forces extérieures et les forces d'inertie projetées sur un axe quelconque ont à chaque instant une somme algébrique égale à zéro. Prenons l'axe des x pour axe de projection, et appelons X la projection d'une des forces extérieures sur cet axe. L'équation de l'équilibre dynamique sera, en étendant la sommation à tous les points du système,

$$\Sigma \left(X - m \frac{d^2 x}{dt^2} \right) = 0.$$

On en déduit

$$\Sigma X = \Sigma m \frac{d^2 x}{dt^2}.$$

Multipliant par dt et intégrant, il vient

$$\Sigma m \frac{dx}{dt} = C + \int_{t_0}^{t} \Sigma X dt = C + \Sigma \int_{t_0}^{t} X dt.$$

$\Sigma m \dfrac{dx}{dt}$ est la somme des quantités de mouvement projetées; la constante C est la valeur que prend la même somme à l'époque t_0, qui sert de limite inférieure à l'intégrale $\int X dt$ des impulsions élémentaires, et le théorème est démontré.

Les forces X désignent toutes les forces extérieures, y compris les forces tenant lieu des liaisons quand elles sont extérieures, puisque l'on suppose expressément le système libre. Si, par exemple, il y avait dans le système un point fixe, il faudrait introduire dans l'équation des quantités de mouvement projetées, la composante de la pression exercée sur ce point par l'obstacle auquel il est attaché.

MOUVEMENT DU CENTRE DE GRAVITÉ.

149. Nous avons défini (II, § 168) le *centre de gravité* d'un système de points pesants. Si l'on appelle

$$p_1, p_2 \ldots p_n,$$

les poids respectifs des n points qui le composent, et

$$x_1, x_2, \ldots x_n,$$
$$y_1, y_2, \ldots y_n,$$
$$z_1, z_2, \ldots z_n.$$

les coordonnées de ces n points, le centre de gravité du système est le point qui a pour coordonnées :

$$\xi = \frac{p_1 x_1 + p_2 x_2 + \ldots + p_n x_n}{p_1 + p_2 + \ldots + p_n} = \frac{\Sigma px}{\Sigma p},$$

$$\eta = \frac{p_1 y_1 + p_2 y_2 + \ldots + p_n y_n}{p_1 + p_2 + \ldots + p_n} = \frac{\Sigma py}{\Sigma p}$$

$$\zeta = \frac{p_1 z_1 + p_2 z_2 + \ldots + p_n z_n}{p_1 + p_2 + \ldots + p_n} = \frac{\Sigma pz}{\Sigma p}.$$

Cette définition suppose que le système occupe un espace assez petit dans tous les sens, pour que les poids de ses divers points soient des forces parallèles, et que l'intensité de la pesanteur, mesurée par l'accélération g qu'elle communique à chaque point supposé libre, soit la même pour tous. S'il en est ainsi, on peut remplacer chaque poids p par le produit mg qui lui est égal, m désignant la masse du point considéré. Le facteur g, commun aux deux termes de chaque fraction, disparaîtra, et l'on parviendra aux équations

$$(1) \quad \begin{cases} \xi = \dfrac{\Sigma mx}{\Sigma m}, \\[2mm] \eta = \dfrac{\Sigma my}{\Sigma m}, \\[2mm] \zeta = \dfrac{\Sigma mz}{\Sigma m}, \end{cases}$$

où la pesanteur ne figure plus, et qu'on peut par suite appliquer sans aucune restriction à un système matériel quelconque, grand ou petit, solide ou non. Le point défini par ces trois équations s'appelle encore *centre de gravité* du système, bien que la gravité soit tout à fait étrangère à la détermination d'un tel point, qu'il serait préférable d'appeler *centre de masse.*

150. Lorsqu'un système est en mouvement, le centre de gravité du système est généralement un point mobile. Pour déterminer la vitesse de ce point, il suffit de différentier les équations (1), ce qui donne

$$\frac{d\xi}{dt} = \frac{\Sigma m \dfrac{dx}{dt}}{\Sigma m},$$

$$\frac{d\eta}{dt} = \frac{\Sigma m \dfrac{dy}{dt}}{\Sigma m},$$

$$\frac{d\zeta}{dt} = \frac{\Sigma m \dfrac{dz}{dt}}{\Sigma m},$$

ou bien, en faisant pour abréger $M = \Sigma m$, masse totale du système,

$$(2) \quad \left\{ \begin{aligned} M\frac{d\xi}{dt} &= \Sigma m \frac{dx}{dt}, \\ M\frac{d\eta}{dt} &= \Sigma m \frac{dy}{dt}, \\ M\frac{d\zeta}{dt} &= \Sigma m \frac{dz}{dt}. \end{aligned} \right.$$

La somme $\Sigma m \dfrac{dx}{dt}$ est la somme algébrique des quantités de mouvement des divers points du système, projetées sur l'axe des x; $M\dfrac{d\xi}{dt}$ est la quantité de mouvement, projetée sur le même axe, d'un point de masse M, qui coïnciderait avec le centre de gravité dans toute la suite du mouvement. Donc, *dans le mouvement d'un système matériel, la somme des quantités de mouvement projetées sur un axe quelconque est à chaque instant égale à la quantité de mouvement, projetée sur le même axe, d'un point matériel fictif qui coïnciderait avec le centre de gravité du système, et qui aurait pour masse la somme des masses de ses différents points.*

Assimilant les quantités de mouvement à des forces, on reconnaît, par les trois équations (2) prises ensemble, que la force dont les composantes sont $M\dfrac{dx}{dt}$. $M\dfrac{dy}{dt}$, $M\dfrac{dz}{dt}$, est la résultante des forces dont les composantes suivant les mêmes axes sont

$$m_1\frac{dx_1}{dt}, \qquad m_1\frac{dy_1}{dt}, \qquad m_1\frac{dz_1}{dt},$$

$$m_2\frac{dx_2}{dt}, \qquad m_2\frac{dy_2}{dt}, \qquad m_2\frac{dz_2}{dt},$$

c'est-à-dire des forces qui représentent les quantités de mouvement des divers points. En d'autres termes, *les quantités de mouvement de tous les points matériels qui composent un système, transportées chacune parallèlement à elles-mêmes à son centre de gravité, ont pour résultante la quantité de mouvement de la masse totale du système concentré en ce point.*

151. Différentions une seconde fois : les équations (2) nous donneront le groupe

$$(3)\qquad \left\{ \begin{aligned} M\frac{d^2\xi}{dt^2} &= \Sigma m\,\frac{d^2x}{dt^2}, \\[1mm] M\frac{d^2\eta}{dt^2} &= \Sigma m\,\frac{d^2y}{dt^2}, \\[1mm] M\frac{d^2\zeta}{dt^2} &= \Sigma m\,\frac{d^2z}{dt^2}. \end{aligned} \right.$$

Ces équations nous font connaître les trois composantes de l'accélération totale du centre de gravité ; et si l'on observe que $M\dfrac{d^2\xi}{dt^2}$, $M\dfrac{d^2\eta}{dt^2}$, $M\dfrac{d^2\zeta}{dt^2}$, sont, avec un signe contraire, les composantes de la force d'inertie d'un point de masse M placé au centre de gravité, on arrive au théorème suivant :

A chaque instant, les forces d'inertie de tous les points qui composent un système en mouvement, transportées parallèlement à elles-mêmes au centre de gravité, ont pour résultante la force d'inertie de la masse totale du système concentré au même point.

125. Nous avons obtenu (§ 148) les équations

$$\Sigma m \frac{d^2 x}{dt^2} = \Sigma X,$$

$$\Sigma m \frac{d^2 y}{dt^2} = \Sigma Y,$$

$$\Sigma m \frac{d^2 z}{dt^2} = \Sigma Z,$$

où X, Y, Z, sont les composantes des forces extérieures, y compris les réactions des appuis s'il y en a. Rapprochant ces équations du groupe (3), il vient

$$(4) \quad \left\{ \begin{array}{l} M \dfrac{d^2 \xi}{dt^2} = \Sigma X, \\[2mm] M \dfrac{d^2 \eta}{dt^2} = \Sigma Y, \\[2mm] M \dfrac{d^2 \zeta}{dt^2} = \Sigma Z, \end{array} \right.$$

équations différentielles du mouvement d'un point de masse M, placé au centre de gravité, et sollicité par toutes les forces extérieures X, Y, Z, transportées en ce point parallèlement à elles-mêmes. Les forces intérieures transportées aussi en ce point s'y détruiraient deux à deux.

Donc, enfin, *le centre de gravité d'un système matériel en mouvement se meut comme un point dont la masse serait égale à la somme des masses des points du système, et qui serait sollicité par les forces extérieures, transportées en ce point parallèlement à elles-mêmes.*

C'est cette propriété qui a fait donner le nom de *résultante de translation* à la résultante de toutes les forces extérieures qui agissent sur un système, transportées parallèlement à elles-mêmes en un même point de l'espace (II, § 62). La force ainsi obtenue, appliquée au centre de gravité où l'on suppose la masse totale concentrée, agit sur ce point comme s'il était isolé. Jusqu'ici nous avons dû regarder le mouvement d'un point unique comme une abstraction impossible à réaliser. Nous voyons maintenant dans le centre de gravité d'un système un point géométrique qui possède les propriétés du mouvement d'un point matériel isolé.

153. Lorsqu'un système n'est sollicité que par des forces intérieures, le centre de gravité de ce système se meut comme un point matériel qui ne serait sollicité par aucune force, c'est-à-dire que son mouvement est rectiligne et uniforme ; comme cas particulier, son mouvement peut être nul, et le centre de gravité rester immobile.

Il en est probablement ainsi du système planétaire. Ce système, pris dans son ensemble, comprend le soleil, les planètes, leurs satellites, et une multitude de corps : comètes, bolides, matière chaotique, etc., dont toutes les particules subissent de la part des autres et exercent sur celles-ci des attractions égales et contraires. Il est placé, sinon dans le vide absolu, du moins dans un milieu d'une densité extrêmement faible. Enfin, il est à une distance tellement grande des autres systèmes répandus çà et là dans l'espace, que les attractions exercées par ces sytèmes peuvent être regardées comme nulles. Dans ces conditions, les forces extérieures sont négligeables, et le système solaire est un ensemble de corps soumis seulement à des actions intérieures et mutuelles. Son centre de gravité est donc ou immobile, ou animé dans l'espace d'un mouvement rectiligne et uniforme. L'observation du ciel conduit à penser qu'effectivement le système planétaire possède un mouvement commun qui l'entraîne dans la direction de la constellation d'Hercule. Mais les distances des étoiles sont si grandes qu'à peine peut-on au bout de plusieurs siècles constater le déplament relatif dû à ce mouvement général.

154. L'altération des forces intérieures mutuelles ne peut modifier l'état de mouvement du centre de gravité.

Un point matériel pesant, lancé dans le vide, prend le mouvement parabolique qui a été défini ($\S$ 16), et qui est indépendant de la masse. Si, au lieu d'un point isolé, on lance dans le vide un système matériel pesant, le centre de gravité du système prendra identiquement le même mouvement que le point isolé, pourvu que les circonstances initiales soient les mêmes. Les mouvements volontaires, par exemple, que produit un animal vivant pendant sa chute, étant le résultat du jeu de forces intérieures, sont sans influence sur le mouvement du centre de gravité, et ne peuvent contribuer à modifier la parabole qu'il a commencé à décrire.

Une bombe qui éclaterait dans le vide, en un point de sa trajectoire, présenterait le même phénomène. Le centre de gravité de la bombe continuerait son mouvement sans ressentir aucune influence de la rupture du projectile.

La présence de l'air atmosphérique modifie ces résultats. L'air oppose une résistance sensible au mouvement des corps animés d'une grande vitesse. Cette résistance est une force extérieure : elle dépend des vitesses relatives, des formes, et de l'étendue des morceaux sur lesquels elle se développe. Il peut donc y avoir, par suite de la rupture de la bombe, une modification des forces extérieures dues à la présence de l'air, et, par conséquent, *le mouvement du centre de gravité de la bombe* sera modifié par le fait de la rupture. Pour trouver un point dont le mouvement ne subit pas cette influence, il faudrait considérer *le système formé par la bombe et une portion de l'atmosphère assez grande pour que le mouvement et la rupture de la bombe fussent sans action sensible sur l'air situé au delà de ses limites.* Le centre de gravité d'un tel système matériel, pour lequel la résistance de l'air devient une force intérieure, conserve son mouvement sans altération au moment où la bombe éclate.

155. C'est la conservation du mouvement du centre de gravité qui explique la marche des animaux sur le sol, la propulsion des navires au moyen des rames, des palettes ou de l'hélice, le vol des oiseaux, la natation, le recul des bouches à feu au moment du tir. Dans tous ces phénomènes il y a développement de forces intérieures; dans le dernier, par

exemple, le boulet est lancé en avant, la pièce est lancée en arrière, et les vitesses prises par les deux parties du système sont dans les premiers instants réciproquement proportionnelles aux masses, de telle sorte que le centre de gravité général de la pièce et du boulet reste immobile au moment où le coup part. Dans la marche des animaux, à la force qui produit la progression correspond une force égale qui pousse la terre en sens opposé; le centre de gravité général de la planète n'est pas déplacé par cette action mutuelle. Le recul de la terre est d'ailleurs négligeable, parce que sa masse est infiniment grande par rapport à la masse de l'animal. La propulsion des navires au moyen des rames, des aubes ou de l'hélice met mieux encore la même loi en évidence; car ces moyens de propulsion consistent à chasser en arrière une certaine quantité d'eau pour produire le déplacement du corps flottant vers l'avant; le centre de gravité du système formé par le bateau et par l'eau qu'il déplace, soit en l'entraînant vers l'avant, soit en la chassant en arrière, reste immobile pendant toute la suite du mouvement, puisqu'il n'y a là que des forces mutuelles, et que le centre de gravité du système était immobile au moment du départ.

Le centre de gravité d'une planète décrit autour du soleil, conformément aux lois de Képler, une ellipse dont le soleil occupe un des foyers (I, § 115). Si cette planète éclatait comme la bombe que nous considérions tout à l'heure, le centre de gravité de la planète conserverait son mouvement à l'instant où la rupture aurait lieu, sans subir aucune influence des forces mutuelles qui auraient produit cet accident. Mais il ne serait pas exact de dire que le mouvement du centre de gravité se continuerait sans modification, après comme avant la rupture. Le théorème montre simplement que le centre de gravité *se mouvrait comme un point de masse M, sollicité par les forces extérieures transportées en ce point parallèlement à elles-mêmes.* La rupture de la planète aurait pour conséquence une altération de ces forces extérieures, qui produirait dans le mouvement du centre de gravité une altération correspondante. Soient m et m' deux morceaux de la planète M, que nous supposons partagée en deux portions inégales. Quand cette planète était entière et sensiblement sphérique, on pouvait supposer (II, § 159) que toute sa masse M était concentrée en son centre de gravité G ; l'attraction F du soleil S était dirigée suivant GS et proportionnelle à $\dfrac{M}{GS^2}$.

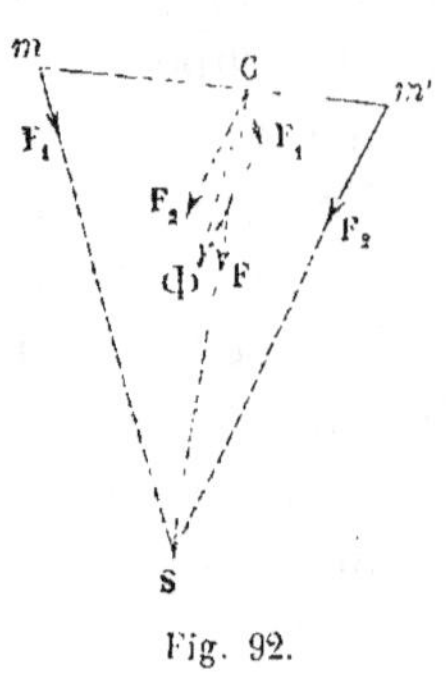

Fig. 92.

Les deux morceaux m et m' sont attirés de même suivant les droites mS, $m'S$, par des forces F_1 et F_2, proportionnelles $\dfrac{m}{mS^2}$, $\dfrac{m'}{m'S^2}$. Le mouvement du point G est ainsi déterminé après la rupture par la résultante des forces F_1, F_2, transportées parallèlement à elles-mêmes en ce point G. Or la résultante de ces deux forces est généralement une force Φ, différente de F. La loi du mouvement du point G est donc modifiée par la rupture. Par exemple, la proportionnalité des aires aux temps, qui avait lieu dans le premier mouvement, n'existe plus pour le second, puisque la force Φ ne passe plus constamment par le point fixe S, comme cela avait lieu pour la force F.

THÉORÈME DES MOMENTS DES QUANTITÉS DE MOUVEMENT.

156. Le théorème des moments des quantités de mouvement pour un point matériel unique s'exprime par l'équation

$$M(mv) - M(mv_0) = \int_{t_0}^{t} M(Fdt).$$

Le signe M indique les moments pris par rapport à un axe fixe quelconque ; v_0 et v sont les vitesses du point matériel aux époques t_0 et t, et F la résultante des forces qui agissent sur le point.

Cette équation est applicable à chacun des points qui composent un système donné ; désignons par F la résultante des forces extérieures pour un point en particulier, par $f_1, f_2\ldots,$ f_n, les forces intérieures dirigées de ce point vers tous les autres ; l'équation précédente deviendra pour le point considéré :

$$\mathrm{M}\,(mv) - \mathrm{M}\,(mv_0) = \int_{t_0}^{t} \mathrm{M}\,(\mathrm{F}dt) + \int_{t_0}^{t} \mathrm{M}\,(f_1 dt) + \int_{t_0}^{t} \mathrm{M}\,(f_2 dt) + \cdots$$
$$+ \int_{t_0}^{t} \mathrm{M}\,(f_n dt).$$

Il y aura autant d'équations semblables qu'il y a de points matériels dans le système. Faisons la somme de toutes ces équations, et observons que les forces intérieures sont, dans l'ensemble, deux à deux égales, contraires et dirigées suivant une même droite ; que, par conséquent, la somme des moments de deux forces conjuguées est nulle à chaque instant par rapport à un axe quelconque. L'addition des équations éliminera les forces intérieures, et conduira à l'équation finale

$$\Sigma\mathrm{M}\,(mv) - \Sigma\mathrm{M}\,(mv_0) = \Sigma \int_{t_0}^{t} \mathrm{M}\,(\mathrm{F}dt),$$

où n'entrent plus que les moments des forces extérieures.

Donc *l'accroissement, entre deux époques, de la somme des moments, pris par rapport à un axe fixe, des quantités de mouvement de tous les points qui composent un système matériel, est égal à la somme, prise entre les deux mêmes époques, des moments par rapport au même axe des impulsions élémentaires des forces extérieures qui agissent sur tous ces points.*

157. On déduit la même proposition du théorème général de d'Alembert. Puisqu'il y a équilibre entre les forces d'inertie et les forces qui agissent sur le système, on peut, en appliquant les trois dernières équations d'équilibre du système considéré comme solide, écrire que les sommes

des moments de toutes ces forces par rapport aux trois axes coordonnés sont égales à zéro.

Appliquons cette remarque aux moments pris par rapport à l'axe des z. Soient encore X, Y, Z les composantes de la résultante des forces extérieures appliquées au point dont les coordonnées sont x, y, z; le moment de la force par rapport à l'axe OZ sera $Yx - Xy$; le moment de la force d'inertie de ce point, dont on suppose la masse égale à m, est de même

$$- \left(m \frac{d^2 y}{dt^2} x - m \frac{d^2 x}{dt^2} y \right),$$

et, par suite, on a, en faisant la somme de tous ces moments pour la totalité des points qui composent le système,

$$\Sigma (Yx - Xy) - \Sigma m \left(x \frac{d^2 y}{dt^2} - y \frac{d^2 x}{dt^2} \right) = 0,$$

ou bien

$$\Sigma m \left(x \frac{d^2 y}{dt^2} - y \frac{d^2 x}{dt^2} \right) = \Sigma Yx - Xy).$$

Multiplions par dt et intégrons : $x d^2 y - y d^2 x$ est la différentielle de $x dy - y dx$, de sorte qu'on a

$$\Sigma m \left(x \frac{dy}{dt} - y \frac{dx}{dt} \right) = \Sigma \left(m \frac{dy}{dt} x - m \frac{dx}{dt} y \right) = C + \int_{t_0}^{t} (Yx - Xy)\, dt.$$

Le premier membre est la somme des moments des quantités de mouvement par rapport à l'axe des z, à l'instant défini par la valeur t du temps; dans le second membre, la constante C est la même somme pour l'époque t_0, et $\int_{t_0}^{t} (Yx - Xy)\, dt$ est la somme, entre les deux époques, des moments des impulsions élémentaires des forces extérieures, y compris celles qui peuvent tenir lieu de certaines liaisons.

Les forces intérieures sont sans influence sur la somme des moments des quantités de mouvement, comme sur la somme des projections de ces quantités sur les axes.

158. *Corollaires.* — 1° Si, à tout instant du mouvement, la somme des moments des forces extérieures est

nulle par rapport à un axe donné, la somme des moments des quantités de mouvement est constante par rapport à cet axe, car l'équation précédente devient alors

$$\Sigma M(mv) = \Sigma M(mv_0).$$

2° Il en est ainsi quand les forces extérieures appliquées au système sont à chaque instant réductibles à une force unique, c'est-à-dire quand ces forces, *composées comme si le système était solide*, ont une résultante unique (II, § 67), pourvu que l'on puisse trouver un axe fixe qui rencontre les directions successives des résultantes. Alors la somme des moments des forces extérieures par rapport à cet axe est constamment égale à zéro.

3° Lorsque les forces extérieures se réduisent à chaque instant à une résultante unique, et que cette résultante passe par un point fixe, la somme des moments des quantités de mouvement est constante par rapport à tout axe mené par ce point.

4° Lorsque enfin les forces extérieures sont toutes nulles, la somme des moments des quantités de mouvement est constante par rapport à un axe fixe quelconque.

COMPOSITION DES QUANTITÉS DE MOUVEMENT APPLIQUÉES A UN SYSTÈME.

159. Les quantités de mouvement des divers points d'un système peuvent, à un instant quelconque, être assimilées à des forces ; si l'on imagine au même instant que le système soit solidifié, on pourra appliquer à ces forces fictives les mêmes raisonnements qu'aux forces qui sollicitent un corps solide, et par suite les ramener soit à deux forces (II, § 61), soit à une force et à un couple (II, § 62).

Pour opérer cette dernière transformation, rapportons le mouvement du système à trois axes fixes rectangulaires, OX, OY et OZ.

Soit M un point du système, m sa masse ; v sa vitesse à un instant donné, MA la direction de cette vitesse. Prenons sur la droite MA une longueur MA égale à la quantité de mouvement mv du point, évaluée à une échelle arbitraire. Considérons cette droite MA comme représentant une force ; puis

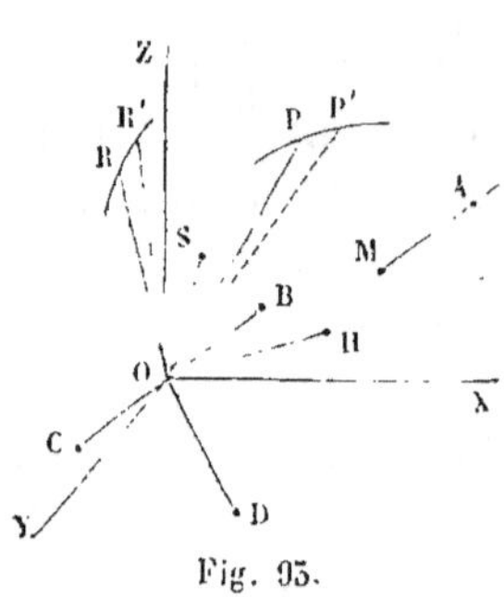

Fig. 95.

appliquons à l'origine, O, supposée liée invariablement au système, deux forces OB , OC , égales et parallèles à MA, l'une OB dans le même sens, l'autre OC en sens contraire. Les deux forces OC, MA, parallèles et de sens opposés, formeront un couple dont on pourra représenter l'*axe* (II, § 55) par une droite OD, proportionnelle au moment du couple, perpendiculaire à son plan, et dirigée dans un sens défini par les conventions connues. Nous substituerons ainsi aux quantités de mouvement effectives, sans altérer ni les projections, ni les moments, les mêmes quantités de mouvement transportées parallèlement à elles-mêmes au point O, et une série de couples dont les axes peuvent être aussi supposés appliqués en ce point. On composera toutes les forces ensemble, ce qui donne une résultante OP ; on composera ensuite tous les axes des couples, ce qui donne un axe résultant OR. La somme des projections, à l'instant considéré, des quantités de mouvement sur un axe quelconque, l'axe OX par exemple, sera représentée par la projection sur cet axe de la droite OP ; de même, la somme des moments des quantités de mouvement par rapport à l'axe OX sera représentée par la projection sur OX de l'axe résultant OR.

160. La traduction géométrique que nous avons donnée, d'après M. Resal, du théorème des moments des quantités de mouvement pour un point unique (§ 44), s'étend facilement à un système.

Considérons le système à deux époques très-voisines, séparées par un intervalle de temps infiniment petit, dt. Les forces extérieures restent sensiblement constantes pendant cet intervalle. Composons-les à la façon des forces appliquées à un système solide, en les transportant toutes parallèlement à elles-mêmes au point O. Nous obtiendrons ainsi une *résultante de translation* OH, et un *axe du couple résultant*, OS ; on aura la somme des projections des forces extérieures sur l'axe OX, en projetant OH sur cet axe, et la somme des moments des forces extérieures par rapport à OX, en projetant l'axe résultant OS.

Au bout du temps dt, la résultante des quantités de mouvement OP et l'axe du couple résultant OR auront varié de position, et seront venus, l'une en OP′, l'autre en OR′. Les extrémités P et R de ces deux droites parcourent respectivement les arcs infiniment petits PP′, RR′. Soient $x_1, y_1, z_1, \xi, \eta, \zeta$, les coordonnées du point P et du point R ; les coordonnées du point P′ seront $x_1 + dx_1, y_1 + dy_1, z_1 + dz_1$, celles du point R′ seront $\xi + d\xi, \eta + d\eta, \zeta + d\zeta$, et nous aurons les égalités

$$x_1 = \Sigma m \frac{dx}{dt}, \qquad\qquad x_1 + dx_1 = \Sigma m \frac{dx}{dt} + d\Sigma m \frac{dx}{dt},$$

$$y_1 = \Sigma m \frac{dy}{dt}, \qquad\qquad y_1 + dy_1 = \Sigma m \frac{dy}{dt} + d\Sigma m \frac{dy}{dt},$$

$$z_1 = \Sigma m \frac{dz}{dt}, \qquad\qquad z_1 + dz_1 = \Sigma m \frac{dz}{dt} + d\Sigma m \frac{dz}{dt},$$

$$\xi = \Sigma m \left(y \frac{dz}{dt} - z \frac{dy}{dt} \right), \qquad \xi + d\xi = \Sigma m \left(y \frac{dz}{dt} - z \frac{dy}{dt} \right)$$

$$\eta = \Sigma m \left(z \frac{dx}{dt} - x \frac{dz}{dt} \right), \qquad\qquad + d\Sigma m \left(y \frac{dz}{dt} - z \frac{dy}{dt} \right).$$

$$\zeta = \Sigma m \left(x \frac{dy}{dt} - y \frac{dx}{dt} \right);$$

Appelons X_1, Y_1, Z_1 les coordonnées du point H, et L, M, N les coordonnées du point S. Nous aurons

$$X_1 = \Sigma X, \qquad\qquad L = \Sigma(Zy - Yz),$$

$$Y_1 = \Sigma Y, \qquad\qquad M = \Sigma(Xz - Zx),$$

$$Z_1 = \Sigma Z, \qquad\qquad N = \Sigma(Yx - Xy).$$

Les équations des quantités de mouvement projetées et des

moments des quantités de mouvement nous donnent d'ailleurs, pour l'intervalle infiniment petit de temps dt,

$$d\Sigma m \frac{dx}{dt} = \Sigma X dt,$$

$$d\Sigma m \frac{dy}{dt} = \Sigma Y dt,$$

$$d\Sigma m \frac{dz}{dt} = \Sigma Z dt,$$

$$d\Sigma m \left(y \frac{dz}{dt} - z \frac{dy}{dt} \right) = \Sigma (Zy - Y$$

$$d\Sigma m \left(z \frac{dx}{dt} - x \frac{dz}{dt} \right) = \Sigma (Xz - Zx) dt,$$

$$d\Sigma m \left(x \frac{dy}{dt} - y \frac{dx}{dt} \right) = \Sigma (Yx - Xy) dt,$$

et par conséquent

$$dx_1 = dt \Sigma X = X_1 dt. \qquad \text{ou bien} \qquad \frac{dx_1}{dt} = X_1,$$

$$dy_1 = dt \Sigma Y = Y_1 dt, \qquad\qquad\qquad \frac{dy_1}{dt} = Y_1,$$

$$dz_1 = dt \Sigma Z = Z_1 dt, \qquad\qquad\qquad \frac{dz_1}{dt} = Z_1,$$

$$d\xi = dt \Sigma (Zy - Yz) = L dt, \qquad\qquad \frac{d\xi}{dt} = L,$$

$$d\eta = dt \Sigma (Xz - Zx) = M dt, \qquad\qquad \frac{d\eta}{dt} = M,$$

$$d\zeta = dt \Sigma (Yx - Xy) = N dt, \qquad\qquad \frac{d\zeta}{dt} = N.$$

En d'autres termes, les composantes X_1, Y_1, Z_1 de la résultante de translation sont respectivement égales aux composantes de la *vitesse du point* P, extrémité de la résultante des quantités de mouvement ; et les composantes L, M, N du couple résultant des forces extérieures sont respectivement égales aux composantes de la *vitesse du point* R, extrémité de l'axe du couple résultant des quantités de mouvement.

Par conséquent, *la vitesse du point* P *est égale et parallèle à la droite finie* OH, *résultante de translation des forces extérieures, et la vitesse du point* R *est égale et parallèle à la droite finie* OS, *axe du couple résultant des mêmes forces.*

En même temps que les points P et R décrivent chacun une

certaine trajectoire, les points H et S décrivent d'autres courbes, et il est facile de voir, en se reportant à la définition donnée en cinématique (I, § 98), que *le lieu décrit par le point* H *est l'indicatrice des accélérations totales du point* P, *et que le lieu décrit par le point* S *est l'indicatrice des accélérations totales du point* R.

161. *Remarque.* — Lorsque l'axe OS du couple résultant des forces est nul, le point R reste immobile. L'axe du couple résultant des quantités de mouvement transportées à l'origine O est alors immobile, et conserve indéfiniment une direction et une grandeur constantes ; il en est ainsi quand les forces extérieures appliquées au système solidifié sont réductibles à une résultante unique OH, passant par le point O. Il en serait encore de même si la résultante était nulle, auquel cas le système, supposé solidifié, serait en équilibre sous l'action des forces extérieures. Dans ce cas la droite OP serait aussi constante en grandeur et en direction. Cela a lieu, par exemple, quand les forces extérieures sont toutes nulles, et en particulier (§ 153), pour le système solaire ; le point O peut alors être pris où l'on voudra : la résultante de toutes les quantités de mouvement transportées en ce point, et l'axe résultant de leurs moments, sont deux droites fixes dans l'espace, en grandeur et en direction.

Nous verrons que cette propriété subsiste encore dans le mouvement relatif, lorsque les axes mobiles sont animés d'un mouvement de translation rectiligne et uniforme, ou lorsque les axes, menés par le centre de gravité du système parallèlement à des directions fixes, sont entraînés par le mouvement de ce point.

THÉORÈME DES AIRES.

162. Le moment, par rapport à un axe fixe OX, de la quantité de mouvement d'un point matériel M, représente (§ 42) le double du produit de la masse de ce point par sa vitesse aréolaire autour de cet axe, c'est-à-dire par la vitesse de l'aire que décrit sur le plan YOZ, normal à l'axe OX, la projection Om du rayon vecteur OM.

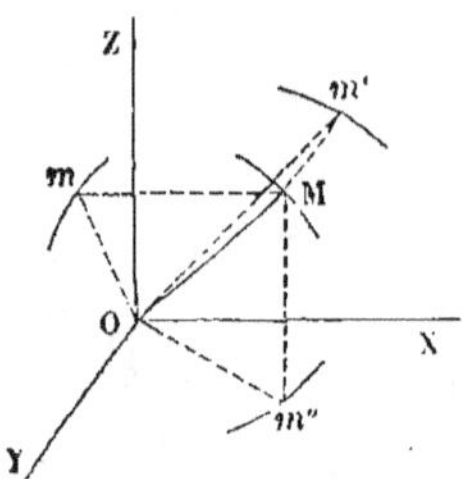

Fig. 94.

Appelons m la masse d'un point, x, y, z ses coordonnées, à un certain instant, par rapport à trois axes rectangulaires OX, OY, OZ ; v sa vitesse à cet instant ; $\dfrac{dx}{dt}$, $\dfrac{dy}{dt}$, $\dfrac{dz}{dt}$, les composantes de v parallèles aux axes. Soient A, A′, A″, les aires décrites sur les plans YOZ, ZOX, XOY, par les projections Om, Om', Om'', du rayon vecteur OM.

Nous aurons les égalités

$$M_{OX}(mv) = 2m\,\frac{dA}{dt},$$

$$M_{OY}(mv) = 2m\,\frac{dA'}{dt},$$

$$M_{OZ}(mv) = 2m\,\frac{dA''}{dt}.$$

D'ailleurs (§ 157)

$$M_{OX}(mv) = m\left(y\,\frac{dz}{dt} - z\,\frac{dy}{dt}\right),$$

$$M_{OY}(mv) = m\left(z\,\frac{dx}{dt} - x\,\frac{dz}{dt}\right),$$

$$M_{OZ}(mv) = m\left(x\,\frac{dy}{dt} - y\,\frac{dx}{dt}\right).$$

Par conséquent

$$\frac{dA}{dt} = \frac{1}{2}\left(y\,\frac{dz}{dt} - z\,\frac{dy}{dt}\right),$$

$$\frac{dA'}{dt} = \frac{1}{2}\left(z\,\frac{dx}{dt} - x\,\frac{dz}{dt}\right),$$

$$\frac{dA''}{dt} = \frac{1}{2}\left(x\,\frac{dy}{dt} - y\,\frac{dx}{dt}\right),$$

formules que nous avons déjà démontrées directement dans la cinématique (I, § 55).

163. Lorsqu'un système est en mouvement, les sommes des moments des quantités de mouvement de tous les points matériels qui le composent, par rapport aux trois axes coordonnés, sont égales à $\Sigma m \dfrac{dA}{at}$, $\Sigma m \dfrac{dA'}{at}$, $\Sigma m \dfrac{dA''}{at}$. Appliquons au système le théorème des moments des quantités de mouvement, entre deux époques infiniment rapprochées, séparées par un intervalle de temps dt. Prenons par exemple les moments par rapport à l'axe OX. Le théorème nous donne

$$d\Sigma M\,(mv) = \Sigma M\,(F\,dt),$$

F désignant les forces extérieures.

Mais $d\Sigma M\,(mv) = d\Sigma\, 2m\,\dfrac{dA}{dt} = 2\,\Sigma m\,\dfrac{d^2A}{dt^2}\,dt.$

Donc, en supprimant le facteur dt, qui est commun à tous les termes de chaque somme, il vient

$$\Sigma m\,\frac{d^2A}{dt^2} = \frac{1}{2}\,\Sigma M\,(F).$$

A chaque instant, la somme des produits de chaque masse par l'accélération aréolaire, $\dfrac{d^2A}{dt^2}$, *sur l'un des plans coordonnés, est égale à la moitié de la somme des moments des forces extérieures par rapport à l'axe perpendiculaire à ce plan.*

C'est la généralisation du théorème du § 43, relatif au mouvement d'un point unique.

164. Si la somme $\Sigma M(F)$ est constamment nulle par rapport à un certain axe, la somme $\Sigma m\,\dfrac{d^2A}{dt^2}$ est aussi constamment nulle sur un plan perpendiculaire à cet axe. Par suite, la somme $\Sigma m\,\dfrac{dA}{dt}$ est constante, et ΣmA est une fonction linéaire du temps.

Il en est ainsi sur les trois plans coordonnés, lorsque la somme des moments des forces extérieures est nulle pour chacun des trois axes; ceci suppose que les forces données, composées comme si le système était solide, se font équilibre, ou se réduisent à une force unique passant par l'origine. Dans ce cas particulier, la somme des produits des masses par les aires décrites en projection sur chacun des plans coordonnés est une fonction linéaire du temps, c'est-à-dire s'accroît de quantités égales en temps égaux. C'est à ce cas particulier qu'on donne spécialement le nom de *théorème des aires*.

PLAN DU MAXIMUM DES AIRES.

165. A un instant quelconque, transportons à l'origine O, parallèlement à elles-mêmes, les quantités de mouvement assimilées à des forces, et composons en un seul les couples qui

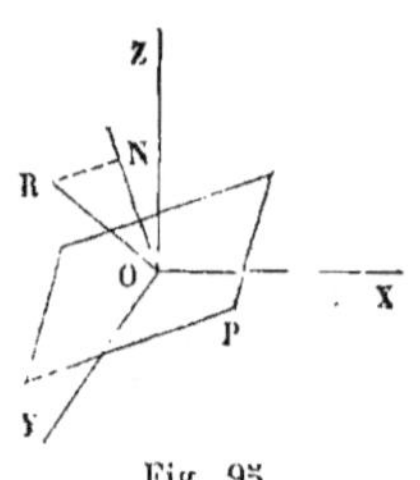
Fig. 95.

proviennent de ce transport. Nous obtenons ainsi un axe résultant OR, dont les projections sur les axes coordonnés OX, OY, OZ, sont respectivement égales aux sommes des moments des quantités de mouvement par rapport aux mêmes axes. Plus généralement, on obtient la somme des moments des quantités de mouvement par rapport à une droite ON passant par l'origine, en projetant sur ON l'axe OR. La même longueur ON représente le double de la somme des produits que l'on obtient en multipliant chaque masse par la vitesse aréolaire $\dfrac{d\Omega}{dt}$ de son mouvement projeté sur un plan P, normal à la droite ON.

Pour trouver cette somme $\Sigma m \dfrac{d\Omega}{dt}$, relative à un plan P donné, on devra donc élever une perpendiculaire ON à ce plan, et projeter OR sur cette droite. La projection $ON = OR \cos (RON)$ représentera le double de la somme cherchée.

La droite ON ne peut être plus grande que la droite OR. Par

suite, le plan P, pour lequel la somme $\Sigma m \dfrac{d\Omega}{dt}$ des masses par les vitesses aréolaires est la plus grande possible, est le plan normal à OR, c'est-à-dire le plan normal à l'*axe du couple résultant des moments des quantités de mouvement transportées à l'origine*. C'est ce plan qu'on appelle le *plan du maximum des aires*. On voit qu'il en existe un à chaque instant pour un système quelconque en mouvement.

Lorsque la somme des moments des forces extérieures est constamment nulle par rapport aux trois axes coordonnés, l'axe OR du couple résultant des quantités de mouvement est fixe dans l'espace (§ 161), et par suite le plan du maximum des aires, perpendiculaire à OR, conserve dans l'espace une position invariable.

166. Proposons-nous de déterminer directement, pour un système mobile donné, la position du plan du maximum des aires à un instant t quelconque.

Nous considérerons les aires élémentaires dA, dA', dA'' décrites, pendant l'intervalle de temps dt qui suit cet instant, par les projections de chaque rayon vecteur OM sur les trois plans coordonnés ; multiplions chacune de ces aires par la masse correspondante, et faisons les sommes. Soit

$$d\mathrm{A} = \Sigma m\, d\mathrm{A},$$
$$d\mathrm{A}' = \Sigma m\, d\mathrm{A}',$$
$$d\mathrm{A}'' = \Sigma m\, d\mathrm{A}''.$$

Nous pouvons regarder $d\mathrm{A}$, $d\mathrm{A}'$, $d\mathrm{A}''$, comme les projections d'une même aire $d\Omega$, située dans un plan P, qui fait avec les plans coordonnés certains angles α, β, γ. Il suffira, en effet, de déterminer les angles α, β, γ par la série d'égalités

$$\frac{\cos\alpha}{d\mathrm{A}} = \frac{\cos\beta}{d\mathrm{A}'} = \frac{\cos\gamma}{d\mathrm{A}''} = \frac{1}{\sqrt{\overline{d\mathrm{A}}^2 + \overline{d\mathrm{A}'}^2 + \overline{d\mathrm{A}''}^2}} = \frac{1}{d\Omega}.$$

On connaît ainsi la grandeur $d\Omega$, et l'orientation (α, β, γ) d'une aire plane qui, projetée sur les trois plans coordonnés, donne sur chacun une aire égale à celle qui y est décrite par les projections des différents points du corps. Pour avoir la somme des aires décrites en projection sur un plan Q quelconque, il suffira de même de projeter l'aire $d\Omega$ sur le plan Q; la somme cherchée sera donc $d\Omega \cos\left(\widehat{P,Q}\right)$; le maximum de cette somme a lieu pour le plan P lui-même, puisque alors la somme est égale à $d\Omega$. Donc enfin le plan cherché fait avec les plans coordonnés les angles α, β et γ, fournis par les égalités précédentes.

Si les aires $d\Lambda$, $d\Lambda'$, $d\Lambda''$ sont égales à des constantes multipliées par dt, c'est-à-dire si les aires croissent sur les trois plans proportionnellement au temps, dt disparaissant comme facteur commun dans les équations qui font connaître α, β et γ, le plan P est invariable.

DÉCOMPOSITION EN DEUX PARTS DE LA SOMME DES MOMENTS DES QUANTITÉS DE MOUVEMENT.

167. La somme des moments des quantités de mouvement d'un système matériel par rapport à l'axe OZ a pour expression

$$\Sigma m \left(x\,\frac{dy}{dt} - y\,\frac{dx}{dt} \right).$$

On peut transformer cette expression en la somme de deux expressions semblables, dont l'une exprime le moment, par rapport à l'axe OZ, de la masse entière du système concentrée en son centre de gravité G, et dont l'autre exprime la somme des moments des quantités de mouvement du système par rapport à un axe GZ', mené par le centre de gravité parallèlement à l'axe OZ. Cette transformation est utile pour traiter certains problèmes de mouvement relatif.

Soient OX, OY, OZ, les axes donnés;

G le centre de gravité du système matériel, et GX', GY', GZ' les nouveaux axes, menés parallèlement aux anciens par le point G, et mobiles avec lui. Soit M un point quelconque du système; $MN = z$, $NP = y$, $OP = x$, ses coordonnées rapportées aux axes OX, OY, OZ; et $MN' = z'$, $N'P' = y'$, $GP' = x'$, ses coordonnées rapportées aux axes GX', GY', GZ'.

Si l'on appelle ξ, η, ζ les coordonnées OK, KH, HG du centre de gravité G par rapport aux premiers axes, on aura les trois relations :

$$x = x' + \xi,$$
$$y = y' + \eta,$$
$$z = z' + \zeta.$$

Quant aux vitesses du point M, il y a lieu de considérer la vitesse absolue du point M, sa vitesse relativement aux axes GX', GY', GZ', et enfin la vitesse d'entraînement du point M, considéré comme lié aux axes mobiles. Le mouvement d'entraînement étant ici une translation, la vitesse d'entraînement du point M est égale et parallèle à la vitesse du point G. La vitesse absolue du point M est donc la résultante de sa

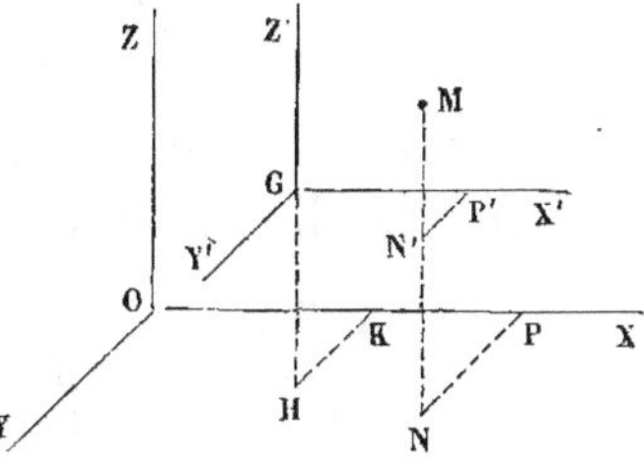

Fig. 96.

vitesse relative prise par rapport aux axes mobiles, et de la vitesse du centre de gravité, et on aura, en additionnant algébriquement les composantes de ces vitesses,

$$\frac{dx}{dt} = \frac{dx'}{dt} + \frac{d\xi}{dt},$$
$$\frac{dy}{dt} = \frac{dy'}{dt} + \frac{d\eta}{dt},$$
$$\frac{dz}{dt} = \frac{dz'}{dt} + \frac{d\zeta}{dt},$$

équations auxquelles la différentiation conduirait directement. Formons l'expression

$$m\left(x\,\frac{dy}{dt} - y\,\frac{dx}{dt}\right),$$

et remplaçons les coordonnées et leurs différentielles par leurs valeurs en fonction des nouvelles variables; il vient

$$m\left[(x'+\xi)\left(\frac{dy'}{dt}+\frac{d\eta}{dt}\right) - (y'+\eta)\left(\frac{dx'}{dt}+\frac{d\xi}{dt}\right)\right]$$
$$= m\left[\left(x'\frac{dy'}{dt} - y'\frac{dx'}{dt}\right) + \left(\xi\frac{dy'}{dt} - \eta\frac{dx'}{dt}\right) + \left(x'\frac{d\eta}{dt} - y'\frac{d\xi}{dt}\right)\right.$$
$$\left. + \left(\xi\frac{d\eta}{dt} - \eta\frac{d\xi}{dt}\right)\right].$$

Cette transformation n'est, du reste, qu'un cas particulier de la théorie des déterminants. On pourrait l'indiquer de la façon suivante, en adoptant la notation particulière des déterminants, et en supprimant le facteur m :

$$\begin{vmatrix} x' + \xi, & y' + \eta, \\ \dfrac{dx'}{dt} + \dfrac{d\xi}{dt}, & \dfrac{dy'}{dt} + \dfrac{d\eta}{dt}, \end{vmatrix} = \begin{vmatrix} x', & y', \\ \dfrac{dx'}{dt}, & \dfrac{dy'}{dt}, \end{vmatrix} + \begin{vmatrix} \xi, & \eta, \\ \dfrac{dx'}{dt}, & \dfrac{dy'}{dt}, \end{vmatrix}$$

$$+ \begin{vmatrix} x', & y', \\ \dfrac{d\xi}{dt}, & \dfrac{d\eta}{dt}, \end{vmatrix} + \begin{vmatrix} \xi, & \eta. \\ \dfrac{d\xi}{dt}, & \dfrac{d\eta}{dt}. \end{vmatrix}$$

Faisons ensuite la somme de toutes les quantités semblables, ce que nous indiquerons en mettant le signe Σ devant tous les termes de l'équation :

$$\Sigma m \left(x \frac{dy}{dt} - y \frac{dx}{dt} \right) = \Sigma m \left(x' \frac{dy'}{dt} - y' \frac{dx'}{dt} \right) + \Sigma m \left(\xi \frac{dy'}{dt} - \eta \frac{dx'}{dt} \right)$$

$$+ \Sigma m \left(x' \frac{d\eta}{dt} - y' \frac{d\xi}{dt} \right) + \Sigma m \left(\xi \frac{d\eta}{dt} - \eta \frac{d\xi}{dt} \right).$$

Observons que ξ, η, $\dfrac{d\xi}{dt}$, $\dfrac{d\eta}{dt}$, sont, à un même instant, des facteurs communs à tous les termes de quelques-unes des sommes indiquées ; ce qui permet d'écrire le second membre de l'équation sous cette forme :

$$\Sigma m \left(x' \frac{dy'}{dt} - y' \frac{dx'}{dt} \right) + \xi \Sigma m \frac{dy'}{dt} - \eta \Sigma m \frac{dx'}{dt}$$

$$+ \left(\xi \frac{d\eta}{dt} - \eta \frac{d\xi}{dt} \right) \Sigma m + \frac{d\eta}{dt} \Sigma m x' - \frac{d\xi}{dt} \Sigma m y'.$$

Or $\Sigma m x' = 0$, et $\Sigma m y' = 0$; car $\Sigma m x'$, $\Sigma m y'$, sont les sommes des moments des masses par rapport aux plans Y'GZ', Z'GX', conduits par leur centre de gravité G. Elles sont donc nulles toutes deux. Par suite, on a aussi $\Sigma m \dfrac{dx'}{dt} = 0$ et $\Sigma m \dfrac{dy'}{dt} = 0$. De tous les termes du développement il ne reste que les suivants :

$$\left(\xi \frac{d\eta}{dt} - \eta \frac{d\xi}{dt} \right) \mathrm{M} + \Sigma m \left(x' \frac{dy'}{d} - y' \frac{dx'}{dt} \right),$$

qui opèrent la décomposition annoncée ; M représente la masse totale Σm.

On aurait autour des deux autres axes une décomposition identique.

Les sommes

$$\Sigma m \frac{dA}{dt}, \quad \Sigma m \frac{dA'}{dt}, \quad \Sigma m \frac{dA''}{dt},$$

qui ne sont, au fond, que des représentations géométriques des moments des quantités des mouvement, sont susceptibles des mêmes transformations.

168. Les forces intérieures, qui sont sans effet sur le mouvement du centre de gravité d'un système matériel,. n'ont aucun effet, non plus, sur la somme des moments des quantités de mouvement par rapport à un axe quelconque. Étant donné un système matériel soumis à certaines forces extérieures, le mouvement du centre de gravité est complétement défini, et l'axe du couple résultant des quantités de mouvement, transportées parallèlement à elles-mêmes en un même point de l'espace, a à chaque instant une direction et une longueur parfaitement déterminées, quelles que soient les forces intérieures développées dans le système. On peut appliquer cette théorie à tous les exemples donnés §§ 153, 154 et 155 ; non-seulement dans ces exemples le mouvement du centre de gravité n'est pas altéré par le développement de forces intérieures nouvelles, mais encore les moments des quantités de mouvement, ou. ce qui revient au même, les sommes des produits des masses par les aires décrites pendant l'unité de temps en projection sur des plans fixes ne subissent aucune modification pour cette cause.

Si, par exemple, un corps tourne autour d'un axe fixe, et qu'un effort intérieur rapproche de l'axe de rotation certaines parties éloignées, la somme des produits des masses par les aires décrites pendant l'unité de temps, en projection sur un plan normal à l'axe, ne devra pas changer par suite de cette action intérieure ; d'où résulte que la vitesse angulaire ω augmente ; car l'aire décrite dans l'unité de temps par un rayon vecteur égal à r a pour valeur $\frac{1}{2}\omega r^2$; si r devient plus petit, ω doit augmenter pour que le produit ωr^2 reste constant.

Le refroidissement d'un corps solide entraîne en général une contraction que l'on peut attribuer à l'action de forces intérieures. Un corps tournant doit donc acquérir des vitesses angulaires de plus en plus grandes, à mesure qu'il se refroidit. La constance presque absolue du mouvement de rotation de la terre, depuis Hipparque jusqu'à nos jours, permet de penser que, dans une période de 2,000 ans, la température du globe n'a pas variée d'une manière sensible.

On a un exemple de l'accélération due à un rapprochement de l'axe, dans le mouvement rapide de rotation d'un danseur qui porte sur le sol par le bout du pied, et qui tourne sur lui-même en étendant horizontalement l'autre jambe; sa vitesse angulaire s'accroît lorsqu'il replie la jambe étendue. Quant à la manière dont il parvient à s'imprimer à lui-même une vitesse de rotation rapide, c'est en développant des efforts du pied qui pose par terre. Le frottement au contact du sol est la force extérieure qui accroît graduellement sa vitesse.

THÉORÈME DES FORCES VIVES.

169. Soient v_0 la vitesse d'un point matériel de masse m, à l'instant où ce point occupe une certaine position A_0;

v, la vitesse du même point lorsqu'il occupe une autre position A;

F, la résultante de toutes les forces qui agissent à un instant quelconque sur le point mobile;

μ, l'angle qu'elle fait au même instant avec la direction du mouvement;

ds, l'arc élémentaire décrit par le mobile à partir de cet instant.

L'équation des forces vives appliquées au mouvement du point considéré sera

$$\frac{1}{2}mv^2 - \frac{1}{2}mv_0^2 = \int_{s_0}^{s} F\cos\mu\, ds.$$

Les limites s_0 et s sont les arcs qui définissent les positions A_0 et A sur la trajectoire.

Appliquons la même équation à tous les points qui composent un système, en prenant comme limites pour chacun les positions qu'il occupe à l'instant où le premier point est en A_0, et à l'instant où il est en A. Ajoutons ensemble toutes ces équations, et nous aurons pour résultat final

$$\Sigma \frac{1}{2} mv^2 - \Sigma \frac{1}{2} mv_0^2 = \Sigma \int F \cos \mu . ds.$$

Le premier membre de cette équation est l'accroissement de la demi-force vive totale du système, de sa première à sa seconde position; le second membre est la somme des travaux accomplis par toutes les forces quand le système passe de l'une à l'autre; parmi ces forces se trouvent à la fois les forces extérieures et les forces intérieures, les forces données et les forces tenant lieu des liaisons, sauf les cas particuliers où leur travail individuel est nul de lui-même.

On obtient donc le théorème suivant :

Dans tout système en mouvement, l'accroissement de la demi-force vive totale du système entre deux positions successives est égal à la somme des travaux des forces, tant extérieures qu'intérieures, qui agissent sur le système de l'une à l'autre de ces deux positions.

Tel est le théorème des forces vives, le plus important de toute la dynamique.

170. Il est essentiel d'observer que les forces intérieures ne disparaissent pas nécessairement de l'équation des forces vives; de là une différence importante entre cette équation et celles qui traduisent analytiquement les autres théorèmes généraux. Pour ceux-ci, en effet, les forces intérieures sont éliminées. Une autre différence, c'est que les sommes de forces vives, Σmv^2, sont des quantités absolues, toujours positives, et pour lesquelles on n'a pas égard aux directions des vitesses, mais seulement à leurs grandeurs. Le théorème des forces vives donne

ainsi une équation unique, tandis que les théorèmes des quantités de mouvement projetées, et des moments des quantités de mouvement, donnent six équations distinctes, en faisant successivement usage des divers axes de coordonnées. On pourrait même en tirer une infinité d'autres équations en adoptant d'autres axes, mais elles seraient comprises analytiquement dans les six premières. Enfin, un des caractères du théorème des forces vives, c'est qu'il ne fait pas intervenir explicitement la considération du temps, et qu'il introduit seulement dans l'un des membres de l'équation les travaux des forces, c'est-à-dire des produits de la forme F cos μ.*ds*. De là d'importantes conséquences analytiques. Avant de les développer, nous déduirons l'équation des forces vives du théorème de d'Alembert.

171. Nous avons mis l'équation générale du mouvement sous la forme

$$\Sigma\left[\left(X - m\frac{d^2x}{dt^2}\right)\delta x + \left(Y - m\frac{d^2y}{dt^2}\right)\delta y + \left(Z - m\frac{d^2z}{dt^2}\right)\delta z\right] = 0.$$

Dans cette équation, X, Y, Z sont les composantes suivant les axes des forces *données*, c'est-à-dire de toutes les forces qui agissent sur le système, à l'exception des forces tenant lieu des liaisons; δx, δy, δz, sont les projections de déplacements arbitraires compatibles avec les liaisons, et c'est sous cette condition que les forces équivalentes aux liaisons s'éliminent.

Si, au contraire, on veut mettre en évidence les forces qui tiennent lieu des liaisons, et dont les composantes sont représentées par x, y, z, il faudra adopter l'équation

$$\Sigma\left[\left(X + x - m\frac{d^2x}{dt^2}\right)\delta x + \left(Y + y - m\frac{d^2y}{dt^2}\right)\delta y \right.$$
$$\left. + \left(Z + z - m\frac{d^2z}{dt^2}\right)\delta z\right] = 0,$$

où δx, δy, δz, sont complétement arbitraires, sans restriction d'aucune sorte.

La démonstration du théorème des forces vives exige qu'on

considère tantôt l'une, tantôt l'autre forme de l'équation générale.

1° On prendra l'équation sous sa première forme si les équations de liaison

$$L_1 = 0,$$
$$L_2 = 0,$$
$$\vdots$$
$$L_n = 0,$$

sont indépendantes du temps t. Il résulte de là en effet qu'on a à la fois les équations

$$\frac{dL_1}{dx}\,\delta x + \frac{dL_1}{dy}\,\delta y + \ldots = 0,$$
$$\frac{dL_2}{dx}\,\delta x + \ldots\ldots = 0,$$
$$\vdots$$
$$\frac{dL_n}{dx}\,\delta x + \ldots\ldots = 0,$$

où entrent les projections des déplacements virtuels imprimés fictivement au système à l'instant t, et les équations

$$\frac{dL_1}{dx}\,dx + \frac{dL_1}{dx}\,dy + \ldots = 0,$$
$$\frac{dL_2}{dx}\,dx + \ldots\ldots = 0,$$
$$\vdots$$
$$\frac{dL_n}{dx}\,dx + \ldots\ldots = 0,$$

où entrent les projections des déplacements réels subis par le système pendant l'intervalle de temps dt. S'il en est ainsi, on peut faire $\delta x = dx$, $\delta y = dy$, $\delta x_1 = dx_1$, ... etc.; en d'autres termes, on peut appliquer l'équation générale de l'équilibre dynamique au mouvement réel du système. Elle devient

$$\Sigma\left[\left(X - m\,\frac{d^2x}{dt^2}\right)dx + \left(Y - m\,\frac{d^2y}{dt^2}\right)dy + \left(Z - m\,\frac{d^2z}{dt^2}\right)dz\right] = 0,$$

on peut l'écrire

$$\Sigma m\left(\frac{d^2x}{dt^2}\,dx + \frac{d^2y}{dt^2}\,dy + \frac{d^2z}{dt^2}\,dz\right) = \Sigma\,(Xdx + Ydy + Zdz)\,;$$

et, en intégrant les deux membres, on a

$$\Sigma\,\frac{1}{2}\,m\left[\left(\frac{dx}{dt}\right)^2 + \left(\frac{dy}{dt}\right)^2 + \left(\frac{dz}{dt}\right)^2\right] = C + \int \Sigma(Xdx + Ydy + Zdz),$$

ou enfin

$$\Sigma\,\frac{1}{2}\,mv^2 = C + \Sigma\int (Xdx + Ydy + Zdz).$$

Nous trouvons ainsi l'équation des forces vives : le second membre renferme la somme des travaux des forces données, à l'exclusion des forces de liaison. La condition pour qu'il en soit ainsi, c'est que les équations de liaison soient indépendantes du temps.

2° Si au contraire une ou plusieurs des équations $L_1 = 0$, $L_2 = 0\ldots$, contenaient explicitement la variable t, le déplacement réel du système pendant le temps dt ne pourrait être considéré comme l'un des déplacements virtuels compatibles avec ces équations. En effet, les projections du premier satisfont aux relations

$$\frac{dL}{dx}\,dx + \frac{dL}{dy}\,dy + \ldots + \frac{dL}{dt}\,dt = 0,$$

tandis que les projections de l'un quelconque des seconds satisfont aux relations

$$\frac{dL}{dx}\,\delta x + \frac{dL}{dy}\,\delta y + \ldots = 0,$$

où le temps t est traité comme une constante.

Pour qu'on puisse dans ce cas identifier le déplacement réel à un déplacement virtuel, il faut que les δx, δy, $\delta z,\ldots$ soient complétement arbitraires, ce qui suppose qu'on prenne l'équation générale sous sa seconde forme. Il vient alors

$$\Sigma\left[\left(X + x - m\,\frac{d^2x}{dt^2}\right)dx + \left(Y + y - m\,\frac{d^2y}{dt^2}\right)dy + \left(Z + z - m\,\frac{d^2z}{dt^2}\right)dz\right] = 0,$$

ou bien

$$\Sigma m \left[\frac{d^2x}{dt^2}\,dx + \frac{d^2y}{dt^2}\,dy + \frac{d^2z}{dt^2}\,dz\right]$$
$$= \Sigma(X dx + Y dy + Z dz) + \Sigma(x dx + y dy + z dz),$$

et en intégrant

$$\Sigma \frac{1}{2} mv^2 = C + \Sigma \int (X dx + Y dy + Z dz) + \Sigma \int (x dx + y dy + z dz).$$

C'est encore l'équation des forces vives, mais avec une somme de termes qui représentent les travaux des forces de liaison, somme qui était nulle dans le premier cas.

172. Le théorème des forces vives peut se démontrer très-simplement de la manière suivante, en s'appuyant toujours sur le théorème de d'Alembert.

Les forces d'inertie et les autres forces se faisant à chaque instant équilibre, la somme des travaux des forces d'inertie, des forces données, tant extérieures qu'intérieures, et des forces tenant lieu des liaisons, est constamment nulle pour un déplacement virtuel quelconque du système, et, en particulier, pour le déplacement effectif qu'il subit pendant chaque durée infiniment petite dt. Mais (§ 74) le travail total de la force d'inertie est égal à la demi-différence changée de signe des forces vives du point matériel à l'instant initial et à l'instant final. Donc le demi-accroissement de la somme des forces vives, ou, en adoptant le langage de M. Belanger (§ 75), l'accroissement de la *puissance vive* du système entre deux époques, est égal à la somme des travaux de toutes les forces, forces intérieures, forces extérieures, et forces tenant lieu des liaisons, dans le cas où celles-ci n'auraient pas d'elles-mêmes un travail égal à zéro.

173. Comme exemple de l'introduction de forces tenant lieu des liaisons dans l'équation des forces vives, imaginons qu'un point du système matériel soit assujetti à glisser sans frottement sur une surface mobile suivant une loi donnée. Le temps figurera explicitement dans l'équation de cette surface; la réaction de la surface sur le point qui la parcourt devra entrer dans l'équation des forces vives,

car son travail n'est pas nul, la trajectoire effective du point n'étant pas constamment normale à la direction de cette force.

174. Le théorème des forces vives prend quelquefois le nom de *théorème de l'effet du travail*. Il montre que le travail positif des forces a pour effet d'augmenter la force vive totale d'un système mobile, tandis que le travail négatif a pour effet de la diminuer. Le travail moteur *dépensé* par les forces pendant un certain parcours des points mobiles se retrouve sous forme de force vive, au bout de ce parcours, dans le système en mouvement, et la force vive que le système perd pour vaincre des résistances se retrouve de même dans le travail négatif accompli par ces résistances. A ce point de vue, on peut dire que *le mouvement d'un système matériel est une suite non interrompue d'échanges de travail en force vive et de force vive en travail.*

175. Soit T la somme algébrique des travaux des forces mouvantes ou résistantes ; appliquons l'équation des forces vives

$$\Sigma \frac{1}{2}\, mv^2 - \Sigma \frac{1}{2}\, mv_0^2 = \text{T},$$

à un certain intervalle de temps, et supposons qu'au commencement et à la fin de cet intervalle les vitesses se retrouvent les mêmes pour les mêmes points, ce que nous exprimerons d'une manière générale en écrivant $v = v_0$. Il en résultera $\Sigma \frac{1}{2}\, mv^2 = \Sigma \frac{1}{2}\, mv_0^2$; le premier membre étant nul, le second, T, l'est aussi ; donc le travail total des forces est nul pendant l'intervalle considéré.

Cette conclusion s'applique notamment aux *mouvements périodiques*, c'est-à-dire aux mouvements en vertu desquels les divers points matériels composant un système reviennent au bout de temps égaux aux positions précédemment occupées, et s'y retrouvent animés des mêmes vitesses. Quand il en est ainsi, le travail total des forces est nul pour une ou plusieurs périodes.

Une machine qui commence à travailler part du repos, et elle y revient quand son travail cesse; on a donc $v_0 = 0$ pour tous les points au commencement du mouvement, et $v = 0$ à la fin. Donc $T = 0$, c'est-à-dire que la somme des travaux de toutes les forces qui agissent sur la machine depuis la mise en train jusqu'à l'arrêt, est identiquement nulle; le travail positif des forces mouvantes est ainsi, pendant cet intervalle, égal en valeur absolue au travail négatif des résistances.

176. Le théorème des forces vives renferme la solution du problème général de la statique.

Un système matériel à liaisons est sollicité par des forces F; quelle est la condition d'équilibre?

Imprimons par la pensée au système un déplacement infiniment petit compatible avec les liaisons; nous pourrons appliquer à ce mouvement infiniment petit le théorème des forces vives. Appelons v_0 la vitesse initiale imprimée à un point matériel pris dans une certaine position, et v la vitesse que le même point possède après avoir parcouru l'arc infiniment petit ds. Le travail de la force F qui sollicite ce point sera $F \cos \mu.ds$, et nous aurons pour l'ensemble du système

$$\Sigma \frac{1}{2} mv^2 - \Sigma \frac{1}{2} mv_0^2 = \Sigma F \cos \mu.ds.$$

La quantité positive $\Sigma \frac{1}{2} mv^2$ est moindre que $\Sigma \frac{1}{2} mv_0^2$, si $\Sigma F \cos \mu.ds$ est négatif, ou au plus égale à cette quantité, si $\Sigma F \cos \mu.ds$ est nul.

Si donc $\Sigma F \cos \mu.ds = 0$, ou $\Sigma F \cos \mu.ds < 0$, le système, placé sans vitesse dans la position initiale, ne pourra l'abandonner en suivant le déplacement que nous avons admis; les vitesses initiales v_0 sont en effet nulles pour chaque point, et par suite $\Sigma \frac{1}{2} mv_0^2 = 0$; le système ne pourrait quitter sa position initiale qu'en acquérant des vitesses v qui rendraient positive la somme $\Sigma \frac{1}{2} mv^2$; or ce résultat est impossible, car l'équation des forces vives conduirait à égaler une quantité positive à une autre quantité qui, par hypothèse, est négative ou nulle.

Pour que le système demeure en repos dans sa position initiale, il faut donc et il suffit que la somme des travaux élémentaires de toutes les forces qui le sollicitent soit nulle ou négative pour tout déplacement infiniment petit compatible avec les liaisons.

Certains déplacements virtuels sont possibles dans les deux sens suivant les mêmes directions; la somme des travaux virtuels correspondants doit être nulle pour l'équilibre; car si elle était négative pour l'un de ces déplacements en particulier, elle serait positive pour le déplacement contraire, et la condition d'être négative ou nulle pour tous ne pourrait être remplie (II, § 118). Nous retrouvons ainsi d'une manière très-directe, et comme conséquence des principes de la dynamique, la règle donnée en statique sous le nom de *Théorème du travail virtuel.*

177. Considérons un *système à liaisons complètes*, c'est-à-dire un système dont le mouvement puisse se définir au moyen d'une variable unique exprimée en fonction du temps (I, § 205). Lorsqu'on fait abstraction des frottements et de la résistance des milieux, l'équation des forces vives appliquée à ce système peut en général définir complétement son mouvement.

Il n'en est plus de même, comme nous le verrons tout à l'heure, dans le cas où l'on tient compte des *résistances passives*, qui restent inconnues dans l'équation du travail. Quoi qu'il en soit, on pourra toujours appliquer au système mobile l'équation des forces vives, et poser

$$\Sigma \frac{1}{2} mv^2 - \Sigma \frac{1}{2} mv_0^2 = T,$$

en appelant T le travail total de toutes les forces, données ou inconnues. Dans cette équation $\Sigma \frac{1}{2} mv^2$ est une fonction de la quantité T. Différentions cette équation ; il vient

$$\Sigma mv\,dv = dT.$$

Supposons encore que les vitesses v des divers points aient entre elles des rapports constants, ainsi que cela a lieu dans la plupart des machines; leurs différentielles auront les mêmes rapports, et par suite, elles s'annulent toutes à la fois : ainsi les vitesses de tous les points passent à la fois par leurs plus grandes ou par leurs plus petites valeurs. Le premier membre s'annule pour $dv = 0$, ce qui donne en même temps $dT = 0$. Or dT est la somme des travaux élémentaires des forces, et l'équation $dT = 0$ indique que, grâce aux liaisons, les forces se font équilibre. Le maximum et le minimum des vitesses des divers points mobiles a donc lieu lorsque le système passe par une position d'équilibre.

178. Si T est constamment nul, auquel cas dT est constamment nul aussi, on a à chaque instant $\Sigma \frac{1}{2} mv^2 = \Sigma \frac{1}{2} mv_0^2$; la force vive du système est donc constante lorsque les forces se font constamment équilibre. La réciproque est vraie. Par conséquent, si l'on a toujours $v = v_0$, c'est-à-dire si le mouvement de chaque point est uniforme sur sa trajectoire, les forces qui agissent sur le système se font constamment équilibre : proposition dont nous avons fait un fréquent usage dans le livre VI de la statique, mais qu'il importait de démontrer d'une manière rigoureuse (II, § 265).

179. A un instant donné, supprimons les forces mouvantes qui agissent sur un système, et ne conservons que les forces résistantes. La force vive totale du système va diminuer graduellement, et nous pouvons admettre en général qu'elle se réduira à zéro au bout d'un temps fini. Appliquons le théorème des forces vives à la période comprise entre l'instant de la suppression des forces mouvantes et l'instant où

le système rentre dans le repos. Soit — T la somme des travaux négatifs accomplis par les forces résistantes pendant cette période. A l'instant initial, la force vive du système est représentée par $\Sigma\, mv^2$; elle est nulle à l'instant final, et l'on a

$$0 - \Sigma\, \tfrac{1}{2}\, mv^2 = -\,\mathrm{T},$$

ou bien

$$\Sigma\, \tfrac{1}{2}\, mv^2 = \mathrm{T}.$$

Donc *à un instant quelconque, la force vive totale d'un système matériel en mouvement est égale au double du travail résistant que le système est capable de subir, ou au double du travail qu'il est capable de produire, jusqu'à extinction de sa vitesse.*

Pour ramener au repos un système matériel, il faut faire subir à ce système un travail résistant égal à la moitié de sa force vive. Prenons pour exemple un corps solide pesant, glissant en vertu de sa vitesse acquise sur une table horizontale. Soit P son poids, f le coefficient du frottement relatif aux substances en contact, v la vitesse du corps. Le parcours s au bout duquel le corps s'arrêtera sera donné par l'équation

$$\tfrac{1}{2}\, \frac{\mathrm{P}}{g}\, v^2 = \mathrm{P}f \times s.$$

Car cette égalité exprime que le travail résistant $\mathrm{P}f \times s$, développé par le frottement $\mathrm{P}f$ le long de l'espace parcouru s, est égal à la demi-force vive initiale du corps.

Donc

$$s = \frac{v^2}{2gf} = \frac{\mathrm{H}}{f},$$

H étant la hauteur due à la vitesse v. Le poids du corps disparaît de cette équation. Ce résultat était facile à prévoir. Le parcours horizontal s, sous l'action résistante d'un frottement $\mathrm{P}f$, équivaut, comme travail négatif, à un parcours vertical égal à fs sous l'action d'une force retardatrice égale au poids P. L'arrêt du corps se produira donc quand $fs = \mathrm{H}$,

H étant la hauteur à laquelle s'élèverait le corps si on le lançait verticalement de bas en haut avec la vitesse v.

180. Dans cet exemple, le corps mobile, doué à l'instant initial de la vitesse v, arrive au repos après un parcours fini ; puis, une fois en repos, il y demeure indéfiniment.

Fig. 97.

La résistance des milieux peut, dans certains cas, conduire à une conclusion analogue.

Supposons qu'un corps, animé d'une vitesse initiale v_0, parcoure une droite horizontale AB, et qu'il ne soit sollicité que par la résistance de l'air.

Soit m la masse du point, v sa vitesse à un instant quelconque ; la résistance du milieu sera une force retardatrice, fonction de la vitesse, qu'on pourra représenter par l'expression $-kv^\alpha$, k et α étant des nombres donnés. L'équation du mouvement est donc

$$(1) \qquad m\frac{dv}{dt} = -kv^\alpha.$$

On en déduit, en séparant les variables,

$$v^{-\alpha} dv = -\frac{k}{m} dt \, ;$$

et par suite

$$(2) \qquad \frac{v^{1-\alpha}}{1-\alpha} = C - \frac{kt}{m},$$

si α est différent de l'unité, ou

$$\log v = C - \frac{kt}{m},$$

si $\alpha = 1$.

Admettons la première hypothèse, et supposons de plus que α soit moindre que l'unité ; nous aurons $v = 0$ pour $t = \dfrac{mC}{k}$, c'est-à-dire que la vitesse du mobile s'annule au bout d'un temps fini. Au delà de cette valeur du temps, l'équation (2) cesse d'être admissible ; car le second membre devient négatif, et le premier reste positif pour toute valeur positive de v. Le mouvement du point dans le sens BA est évidemment impossible; il n'y a plus en effet, à l'instant où le point arrive sans vitesse au point B, aucune force qui agisse sur lui pour le déplacer le long de sa trajectoire, et il demeure dans cette position. Au delà du temps $t = \dfrac{Cm}{k}$, la solution n'est plus donnée par l'équation (2), mais bien par l'équation $v = 0$, équation qui satisfait, du reste, à l'équation (1), et qui en est une *solution singulière*.

181. Dans tous les cas, l'*arrêt instantané* d'un système en mouvement est rigoureusement impossible. La production du travail résistant nécessaire pour réduire à zéro la force vive du système suppose un espace parcouru par les points d'application des forces qui agissent sur lui. Cet espace est, il est vrai, d'autant plus petit que les forces résistantes sont plus grandes. Mais il ne peut être réduit à zéro, ce qui supposerait des résistances infinies : hypothèse d'autant moins admissible que les diverses parties du système matériel dont on veut produire l'arrêt ne sont pas douées d'une solidité indéfinie, et que l'accroissement sans limite des résistances aurait pour effet d'y produire des déformations et des ruptures.

INTÉGRALE DES FORCES VIVES.

182. L'équation des forces vives peut s'écrire sous l'une ou l'autre des formes suivantes :

$$(1) \qquad \Sigma \frac{1}{2} mv^2 - \Sigma \frac{1}{2} mv_0^2 = \Sigma \int (X dx + Y dy + Z dz).$$

$$(2) \qquad \Sigma \frac{1}{2} mv^2 - \Sigma \frac{1}{2} mv_0^2 = \Sigma \int F \cos \varphi \, ds + \Sigma \int f dr.$$

La première forme est celle qu'il convient d'employer lorsque les composantes X, Y, Z des forces qui agissent sur les différents points du système sont exprimables par des fonctions connues des coordonnées x, y, z, x', y', z',... de ses différents points. Dans la seconde, F représente les forces extérieures, f les forces intérieures conjuguées, et r les distances de leurs points d'application. S'il arrive que $\Sigma(X dx + Y dy + Z dz)$ soit la différentielle exacte d'une fonction $\varphi(x, y, z, x', y', z'....)$ des mutuelles coordonnées, l'équation des forces vives prend la forme très-simple

$$(3) \qquad \Sigma \frac{1}{2} mv^2 - \Sigma \frac{1}{2} mv_0^2 = \varphi(x, y, z, x', y', z', \ldots)$$
$$- \varphi(x_0, y_0, z_0, x_0', y_0', z_0', \ldots).$$

La force vive du système ne dépend plus alors que de la position des différents points, et si, à deux époques différentes, les points du système repassent à la fois par les mêmes positions, la force vive à ces deux époques se retrouvera identiquement la même.

Cette circonstance analytique se réalise dans un cas particulier très-remarquable, celui où le système n'est sollicité que par des forces intérieures conjuguées deux à deux, et fonctions des distances mutuelles.

Alors, en effet, l'équation des forces vives, mise sous la forme (2), se réduit à

$$\Sigma \frac{1}{2} mv^2 - \Sigma \frac{1}{2} mv_0^2 = \Sigma \int f dr,$$

où f est la valeur commune de deux forces conjuguées, et dr la variation infiniment petite de la distance de leurs points d'application. Si f est une fonction de r, chaque terme $f dr$ de la dernière somme Σ est une différentielle exacte, et l'intégration indiquée est possible sans qu'on connaisse le mouvement effectif du système. La même conclusion subsiste quand il y a des forces extérieures F, pourvu que chacune tende vers un centre fixe, et qu'elle soit fonction de la distance λ de ce centre à son point d'application; car alors $F \cos \mu . ds$ se transforme en $F d\lambda$, fonction intégrable si F est une fonction connue de λ. La pesanteur rentre dans ce cas particulier, en rendant les forces F toutes parallèles et constantes; la quantité λ doit être alors supposée infinie. Dans tous ces cas, le second

membre contiendra après les intégrations une somme de fonctions des distances mutuelles des divers points, des distances
de ces points à des points fixes, et enfin des distances des
mêmes points à des plans fixes : toutes fonctions exprimables
au moyen des coordonnées des points mobiles. L'équation
peut donc être ramenée à la forme (5).

183. S'il n'y a que des forces intérieures, exprimables par
des fonctions des distances mutuelles, chaque terme $\int f\,dr$
s'annule de lui-même lorsque les deux limites entre lesquelles on prend l'intégrale sont égales. Si donc les distances
mutuelles reprennent à certains intervalles les mêmes valeurs, le travail accompli par ces forces est nul pendant
chacun de ces intervalles, et la force vive repasse aussi par
la même valeur.

Lorsque la distance mutuelle de deux points, sans être constante, oscille dans chaque groupe entre deux limites fixes, la
force vive oscille aussi entre un maximum et un minimum.

C'est ce qui a lieu, par exemple, pour la force vive totale
du système solaire ; les distances mutuelles des principaux
corps qui le composent restent, en effet, comprises entre des
limites déterminées.

Huygens et les géomètres qui l'ont suivi ont réuni toutes
ces conclusions sous le titre général de *principe de la conservation des forces vives*. A proprement parler, ce principe n'est
applicable qu'au cas particulier où la somme $\Sigma(X\,dx + Y\,dy + Z\,dz)$
est une différentielle exacte ; s'il n'est pas modifié lorsque le
système est assujetti à des liaisons qui ne produisent aucun
travail, il cesse d'être applicable lorsque le système subit
des frottements où des résistances de milieux. Mais écartons
les fictions admises sous les noms de *forces tenant lieu des liaisons*, de *frottements*, de *résistances des milieux* (II, § 75), pour
nous en tenir à l'hypothèse des actions mutuelles entre les
molécules, exprimables en fonction de leurs distances, hypothèse qui paraît plus conforme à la réalité et qui rend mieux
compte de tous les phénomènes ; nous pouvons concevoir
qu'on applique l'équation des forces vives à la totalité de l'uni-

vers. La fonction $\Sigma(X dx + Y dy + Z dz)$ sera alors intégrable, car elle se réduit à une somme de la forme $\Sigma f dr$, et le principe de la conservation des forces vives sera vérifié : en d'autres termes, la force vive totale ne dépend que des positions des différentes molécules ; elle est indépendante des trajectoires qui les font passer de l'une à l'autre, et reprend la même valeur quand les mêmes molécules se retrouvent à la fois dans les mêmes positions relatives.

184. Le travail des forces intérieures peut, dans trois cas principaux, ne pas figurer dans l'équation des forces vives. Il est nul, en effet :

1° Lorsque le système est un solide invariable, parce qu'alors les distances mutuelles sont constantes. Le travail élémentaire $f dr$ est nul, puisque le facteur dr est égal à zéro ;

2° Lorsque le système est un liquide parfait, non compressible et non dilatable ; ou bien alors les forces intérieures sont nulles, ou bien les variations des distances mutuelles sont nulles ; dans les deux cas, le produit élémentaire $f dr$ est nul, et la somme l'est aussi ;

3° Lorsque les distances mutuelles redeviennent les mêmes après certains intervalles de temps, et qu'on prend la somme des travaux des forces entre les époques correspondantes. Nous avons déjà indiqué cette circonstance dans le paragraphe précédent. Il en est ainsi dans les vibrations périodiques et isochrones d'un système matériel élastique. A des intervalles de temps égaux entre eux, les points matériels composant le système se retrouvent dans les mêmes positions relatives et animés des mêmes vitesses ; la somme des travaux des forces intérieures s'annule donc périodiquement.

185. L'équation des forces vives ne renferme pas les sommes des travaux des forces équivalentes aux liaisons, lorsque ces travaux sont nuls d'eux-mêmes : lorsque, par exemple, on fait abstraction des frottements des courbes et des surfaces fixes le long desquelles le système matériel glisse, des réactions obliques des surfaces mobiles suivant lesquelles ses diverses parties se touchent les unes les autres, des ten-

sions ou pressions développées dans les barres et les fils qui joignent les points matériels deux à deux, et qu'on suppose de longueur invariable, etc. (II , § 119). Dans ces conditions et dans toutes les circonstances analogues, on n'aura à tenir aucun compte des liaisons quand on posera l'équation des forces vives.

Dans la mécanique appliquée, au contraire, les points fixes, les axes de rotation, sont remplacés par des solides de dimensions finies, à la surface desquels les parties en contact glissent avec un certain frottement ; les réactions des courbes, des surfaces sont obliques au lieu d'être normales ; les barres, les fils sont extensibles et déformables. Les forces tenant lieu des liaisons ont alors un travail dont il importe de tenir compte, et l'équation des forces vives ne les élimine plus.

DÉCOMPOSITION DE LA FORCE VIVE EN DEUX PARTIES.

186. La force vive d'un système matériel peut, comme la somme des moments des quantités de mouvement par rapport à un axe, se décomposer en deux parties : l'une est la force vive de la masse entière concentrée au centre de gravité ; l'autre est la force vive correspondante au mouvement relatif du système par rapport à des axes de direction constante menés par le centre de gravité.

Reprenons, en effet, les notations du § 167, et posons

$$x = x' + \xi,$$
$$y = y' + \eta,$$
$$z = z' + \zeta ;$$

de là on tire, en différentiant,

$$\frac{dx}{dt} = \frac{dx'}{dt} + \frac{d\xi}{dt},$$
$$\frac{dy}{dt} = \frac{dy'}{dt} + \frac{d\eta}{dt},$$
$$\frac{dz}{dt} = \frac{dz'}{dt} + \frac{d\zeta}{dt}.$$

Élevons au carré chacune de ces équations, multiplions par la masse et ajoutons ; il viendra

$$m\left[\left(\frac{dx}{dt}\right)^2 + \left(\frac{dy}{dt}\right)^2 + \left(\frac{dz}{dt}\right)^2\right] = m\left[\left(\frac{dx'}{dt}\right)^2 + \left(\frac{dy'}{dt}\right)^2 + \left(\frac{dz'}{dt}\right)^2\right]$$

$$+ m\left[\left(\frac{d\xi}{dt}\right)^2 + \left(\frac{d\eta}{dt}\right)^2 + \left(\frac{d\zeta}{dt}\right)^2\right] + 2m\left(\frac{dx'}{dt}\frac{d\xi}{dt} + \frac{dy'}{dt}\frac{d\eta}{dt} + \frac{dz'}{dt}\frac{d\zeta}{dt}\right).$$

Écrivons cette équation pour chaque point du système e faisons la somme. Nous observerons que $\dfrac{d\xi}{dt}$, $\dfrac{d\eta}{dt}$, $\dfrac{d\zeta}{dt}$, sont les mêmes dans toutes les équations, et sortent des signes Σ comme facteurs communs. On obtient enfin

$$\Sigma m\left[\left(\frac{dx}{dt}\right)^2 + \left(\frac{dy}{dt}\right)^2 + \left(\frac{dz}{dt}\right)^2\right] = \Sigma m\left[\left(\frac{dx'}{dt}\right)^2 + \left(\frac{dy'}{dt}\right)^2 + \left(\frac{dz'}{dt}\right)^2\right]$$

$$+ \left[\left(\frac{d\xi}{dt}\right)^2 + \left(\frac{d\eta}{dt}\right)^2 + \left(\frac{d\zeta}{dt}\right)^2\right]\Sigma m$$

$$+ 2\frac{d\xi}{dt}\Sigma m\frac{dx'}{dt} + 2\frac{d\eta}{dt}\Sigma m\frac{dy'}{dt} + 2\frac{d\zeta}{dt}\Sigma m\frac{dz'}{dt}.$$

Les trois derniers termes sont nuls d'eux-mêmes, puisqu'on a $\Sigma mx' = 0$, $\Sigma my' = 0$, $\Sigma mz' = 0$; l'équation se réduit à

$$\Sigma mv^2 = \Sigma mv'^2 + u^2\Sigma m,$$

en appelant v la vitesse absolue d'un point, v' sa vitesse relative, et u la vitesse du centre de gravité, et la décomposition annoncée est opérée.

La nouvelle théorie de la chaleur conduit à introduire un troisième terme dans le second membre de cette équation ; ce terme est la somme des forces vives correspondantes à l'état vibratoire des molécules, c'est-à-dire à l'état calorifique du système. Alors $\Sigma mv'^2$ représente la force vive du système dans son *mouvement relatif apparent*, abstraction faite des oscillations de chaque molécule autour de sa position moyenne. On peut généralement faire abstraction, dans les problèmes de la mécanique appliquée, de ce troisième terme afférent à la quantité de chaleur contenue dans les corps.

STABILITÉ DE L'ÉQUILIBRE D'UN SYSTÈME.

187. La condition générale de l'équilibre d'un système matériel à liaisons, sous l'action de forces données, s'exprime par l'équation du travail virtuel

$$\Sigma(X\delta x + Y\delta y + Z\delta z) = 0,$$

où δx, δy, δz, représentent des déplacements infiniment petits, compatibles avec les liaisons, mais du reste arbitraires, imprimés aux divers points.

Nous supposerons que X, Y, Z..., soient des fonctions connues de x, y, z, x', y', z'..., et que de plus la fonction $\Sigma(X\delta x + Y\delta y + Z\delta z)$ soit la différentielle exacte d'une fonction Φ de ces différentes variables, de sorte qu'on ait identiquement

$$\Phi = \int \Sigma(X\delta x + Y\delta y + Z\delta z).$$

Cette fonction Φ prend une certaine valeur quand les coordonnées correspondent à la position d'équilibre : nous représenterons cette valeur par Φ, et nous écrirons Φ' au lieu de Φ quand il s'agira de la valeur que prend la même fonction lorsque x, y, z, x', y', z'..., se changent en $x+\delta x, y+\delta y, z+\delta z$, $x'+\delta x'....$, les différences δx, δy,... étant supposées finies, mais très-petites. Nous aurons, en appliquant la série de Taylor,

$$\Phi' = \Phi + \frac{\partial\Phi}{1} + \frac{\partial^2\Phi}{1.2} + \cdots$$

Imaginons maintenant qu'on imprime aux points du système des vitesses v_0 telles, que ces points reçoivent les déplacements δx, δy, δz.... L'équation des forces vives appliquée à ce mouvement nous donnera, en appelant v ce que devient la vitesse v_0,

$$\Sigma \frac{1}{2} mv^2 - \Sigma \frac{1}{2} mv_0^2 = \int \Sigma(X\delta x + Y\delta y + Z\delta z),$$

l'intégrale étant prise entre la position d'équilibre du système et la position atteinte par suite des vitesses qui lui ont été imprimées : δx, δy,... représentent sous le signe $\int$ des différentielles infiniment petites. On aura donc entre ces limites

$$\int \Sigma (X\delta x + Y\delta y + Z\delta z) = \Phi' - \Phi = \frac{\delta\Phi}{1} + \frac{\delta^2\Phi}{1.2} + \cdots$$

Mais $\delta\Phi = \Sigma (X\delta x + Y\delta y + Z\delta z) = 0$, en vertu de la condition d'équilibre. L'équation des forces vives se réduit donc à

$$\Sigma \frac{1}{2} mv^2 - \Sigma \frac{1}{2} mv_0{}^2 = \frac{\delta^2\Phi}{1.2} \quad \cdots$$

Cela posé, on sait qu'on peut prendre les quantités δx, δy, δz..., assez petites pour que le développement ait le signe de son premier terme. Deux cas principaux sont ici à distinguer.

1° Si, quels que soient δx, δy, δz..., pourvu qu'ils soient très-petits en valeur absolue, $\delta^2\Phi$ est négatif, on aura toujours $\Sigma \frac{1}{2} mv^2 < \Sigma \frac{1}{2} mv_0{}^2$ pour tous les déplacements du système autour de sa position d'équilibre. On pourra donc imprimer aux différents points des vitesses v_0 suffisamment petites pour que les vitesses v, acquises par suite des déplacements, soient aussi petites qu'on voudra. Dans ce cas, la force vive du système reste toujours infiniment petite, et le système ne peut subir qu'un écart très-petit à partir de sa position d'équilibre. Les forces agissent *à la façon d'un frein*, et la stabilité de l'équilibre est assurée.

2° Si au contraire $\delta^2\Phi$ est ou toujours positif, ou tantôt positif, tantôt négatif, $\Sigma \frac{1}{2} mv^2$ n'est pas toujours moindre que $\Sigma \frac{1}{2} mv_0{}^2$, et il y aura certains déplacements au moins qui accroîtront la force vive ; le travail des forces tend, pour ces déplacements, à augmenter les vitesses, et à éloigner le système de sa position primitive. La stabilité n'existe donc pas.

La condition de la stabilité est en résumé que la fonction Φ soit maximum.

APPLICATION AUX SYSTÈMES PESANTS A LIAISONS.

188. Lorsque la force extérieure qui agit sur les points du système est la pesanteur, on peut faire $X = 0$, $Y = 0$, $Z = -mg$, et la fonction Φ devient l'intégrale de $-\Sigma mg\delta z$; on a donc $\Phi = -g\,\Sigma mz = -gMz_1$, en appelant M la masse totale, et z_1 l'ordonnée verticale du centre de gravité. Le maximum de Φ correspond au minimum de z_1, et, par suite, la stabilité est assurée quand le centre de gravité, qu'on suppose assujetti par les liaisons à décrire soit une courbe, soit une surface, soit enfin à rester dans une région limitée par une ligne ou une surface, occupe la position la plus basse possible (II, §§ 238 et 356). Il serait facile de démontrer ce théorème directement.

THÉORÈME DE LA MOINDRE ACTION.

189. Lorsque les équations de liaison sont indépendantes du temps, et que la fonction $\Sigma\,(X dx + Y dy + Z dz)$ est une différentielle exacte d'une fonction φ des coordonnées, le *théorème de la moindre action* exprime une condition de minimum qui permet de déduire du théorème des forces vives l'équation générale du mouvement.

Cette condition s'exprime ainsi : *Parmi tous les mouvements par lesquels on peut imaginer que le système passe d'une de ses positions à une autre, en satisfaisant aux équations de liaison, le mouvement effectif est celui qui rend minimum la somme des produits des quantités de mouvement de chaque point matériel par les arcs élémentaires qu'il décrit successivement sur sa trajectoire réelle ou fictive.*

En d'autres termes, le mouvement effectif rend minimum la somme

$$\Sigma \int mv\,ds,$$

ou satisfait à la condition

$$\delta \Sigma \int mvds = 0.$$

La différentiation donne

$$\delta \Sigma \int mvds = \Sigma \int m\delta vds + \Sigma \int mv\delta ds.$$

Transformons d'abord la première somme en y remplaçant ds par vdt. Il vient

$$\Sigma \int m\delta vds = \Sigma \int mv\delta vdt = \int dt\Sigma mv\delta v = \int dt\delta \Sigma \frac{1}{2} mv^2,$$

en observant que les signes Σ et $\int$ sont permutables, et que dt est facteur commun. Or l'équation des forces vives définit, à une constante près, la vitesse pour chaque position du système, réelle ou fictive. On a en effet

$$\Sigma \frac{1}{2} mv^2 = C + \int \Sigma (Xdx + Ydy + Zdz) = C + \varphi,$$

et par suite, en prenant les variations des deux membres,

$$\Sigma mv\delta v = \delta\varphi = \Sigma (X\delta x + Y\delta y + Z\delta z).$$

Donc

$$\Sigma \int m\delta vds = \int \Sigma (X\delta x + Y\delta y + Z\delta z)\, dt.$$

La seconde somme se transforme comme s'il s'agissait d'un point unique. On a

$$ds^2 = dx^2 + dy^2 + dz^2.$$

Donc

$$ds\delta ds = dx\delta dx + dy\delta dy + dz\delta dz.$$

Divisant par dt, et multipliant par m, il vient

$$mv\delta ds = m \frac{dx}{dt} \delta dx + m \frac{dy}{dt} \delta dy + m \frac{dz}{dt} \delta dz,$$

et

$$\Sigma \int mv\delta ds = \Sigma \int m \frac{dx}{dt} \delta dx + \Sigma \int m \frac{dy}{dt} \delta dy + \Sigma \int m \frac{dz}{dt} \delta dz.$$

Intégrons par parties pour séparer les caractéristiques d et δ, il viendra

$$\Sigma \int m \frac{dx}{dt} \delta dx = \Sigma m \frac{dx}{dt} \delta x - \Sigma \int \delta x . m \frac{d^2x}{dt^2} \, dt,$$

et ainsi pour les autres sommes. Donc enfin

$$\Sigma \int mv\delta ds = \Sigma m \left(\frac{dx}{dt} \delta x + \frac{dy}{dt} \delta y + \frac{dz}{dt} \delta z \right)$$
$$- \Sigma \int \left(\delta x . m \frac{d^2 x}{dt^2} + \delta y . m \frac{d^2 y}{dt^2} + \delta z . m \frac{d^2 z}{dt^2} \right) dt.$$

Réunissant les deux parties de la somme, on a en définitive

$$\delta \Sigma \int mvds = \Sigma m \left(\frac{dx}{dt} \delta x + \frac{dy}{dt} \delta y + \frac{dz}{dt} \delta z \right)$$
$$+ \int \Sigma (X\delta x + Y\delta y + Z\delta z) dt$$
$$- \Sigma \int \left(\delta x . m \frac{d^2 x}{dt^2} + \delta y . m \frac{d^2 y}{dt^2} + \delta z . m \frac{d^2 z}{dt^2} \right) dt$$
$$= \Sigma m \left(\frac{dx}{dt} \delta x + \frac{dy}{dt} \delta y + \frac{dz}{dt} \delta z \right)$$
$$+ \int \Sigma \left[\left(X - m \frac{d^2 x}{dt^2} \right) \delta x + \left(Y - m \frac{d^2 y}{dt^2} \right) \delta y + \left(Z - m \frac{d^2 z}{dt^2} \right) \delta z \right] dt.$$

La somme en dehors du signe $\int$ est nulle aux deux limites, puisque les positions de départ et d'arrivée de chaque point sont supposées fixes; de plus, le mouvement effectif par lequel le système passe de la première position à la seconde est celui qui annule à chaque instant la seconde somme

$$\Sigma \left(X - m \frac{d^2 x}{dt^2} \right) \delta x + \left(Y - m \frac{d^2 y}{dt^2} \right) \delta y + \left(Z - m \frac{d^2 z}{dt^2} \right) \delta z = 0.$$

Donc l'intégrale est aussi nulle éléments par éléments. Il en résulte $\delta \Sigma \int mvds = 0$, condition qui suffit, sauf certains cas exceptionnels, à assurer le minimum de la fonction $\Sigma \int mvds$. Cette fonction n'a évidemment pas de maximum.

On remarquera qu'en appliquant la démonstration du théorème analogue relatif aux courbes funiculaires (II, § 353), on pourrait opérer la transformation de la somme $\Sigma \int mv\delta ds$ par la simple géométrie.

DÉFINITION DES FORCES INSTANTANÉES.

190. Une force constante F, appliquée à un point matériel de masse m, et agissant sur lui à partir du repos pendant un temps θ, lui communique, dans sa propre direction, une vitesse v donnée par l'équation

$$mv = F\theta.$$

Si le temps θ est très-court, la vitesse v peut avoir telle valeur qu'on voudra, pourvu que l'autre facteur F soit suffisamment grand.

La vitesse effective du point mobile a varié pendant le temps θ de 0 à v, et sa valeur moyenne est $\frac{1}{2}v$. L'espace parcouru est donc $\frac{1}{2}v\theta$ pendant la durée de l'action de la force F. Or si le temps θ est très-court, le produit $\frac{1}{2}v\theta$ sera très-petit, de sorte que l'effet de la force F pendant une très-courte durée aura été de communiquer au point matériel une vitesse finie v, sans lui faire parcourir un espace appréciable.

Les mêmes conclusions s'appliquent à des forces variables pendant la durée θ de leur action. De l'équation

$$mv = \int_0^\theta F\,dt$$

on tire la vitesse finale v; l'espace parcouru est encore $\int_0^\theta v\,dt$, ou $\int_0^\theta dt \int_0^\theta \frac{F}{m}\,dt$, intégrale double qui est toujours très-petite si θ est très-petit, lors même que le facteur F passerait par de très-grandes valeurs. On rentre d'ailleurs dans le premier cas en substituant au facteur variable F sa valeur moyenne.

On appelle en mécanique *force instantanée* une force dont l'intensité moyenne F est très-grande, et qui agit sur un point matériel pendant un temps θ trop court pour pouvoir être apprécié. Telle est, par exemple, la force qui se développe dans le choc de deux corps solides.

Des deux facteurs F et θ, l'un est très-grand, l'autre très-petit; tous deux échappent ainsi à une mesure précise. Mais leur produit Fθ est fini et appréciable; il se mesure par la quantité de mouvement mv que la force communique, pendant la durée de son action, au point de masse m auquel elle est appliquée. Une force *instantanée*, dans le sens rigoureux du mot, devrait être une force infinie, agissant sur un point matériel pendant un temps nul. Dans ce cas, la seule quantité susceptible d e mesure serait le produit $F\theta$, dont la *vraie valeur* serait égale à la quantité de mouvement mv communiquée au point matériel soumis à l'action instantanée de la force F. Le temps θ étant nul, l'espace parcouru par le point mobile pendant que la force F agit, serait nul lui-même

En réalité, il n'y a point de force instantanée dans la nature ; mais il y a des forces très-grandes qui agissent pendant des temps très-courts, et que l'on peut assimiler, à titre d'approximation, à des forces infinies agissant pendant un temps nul ou infiniment petit. Au lieu de donner la mesure de ces forces en kilogrammes, on donne le produit $F\theta$, c'est-à-dire la mesure de leur impulsion totale.

Pour rendre au langage toute la précision nécessaire, il serait convenable d'employer le terme d'*impulsion*, au lieu de *force instantanée*, pour désigner cette mesure. Le mot de *percussion* s'emploie aussi dans le même sens.

Les forces instantanées, ainsi comprises, ont une analogie complète avec les *forces isolées* que l'on admet dans la statique rationnelle. Il n'y a pas de force isolée dans la nature, c'est-à-dire que la force qui sollicite un point matériel est toujours du même ordre de grandeur que ce point ; les forces isolées sont des résultantes fictives de forces réparties entre les divers points des systèmes. Prenons pour exemple un solide en équilibre : les solides naturels n'étant pas susceptibles d'une résistance indéfinie, toute force finie appliquée à un point de ce solide excéderait la limite de résistance, et l'équilibre intérieur serait impossible à réaliser.

EXTENSION DU THÉORÈME DE D'ALEMBERT AUX FORCES INSTANTANÉES.

191. Lorsqu'à un certain instant un système matériel en mouvement subit une percussion, d'une durée θ infiniment petite, on peut faire abstraction pendant cette durée des forces finies qui sollicitent le même système, car elles sont négligeables par rapport aux forces instantanées, et leur effet est nul pendant le temps θ. L'effet des forces instantanées se résume dans une variation finie des vitesses des points matériels, sans altération appréciable des positions de ces points. S'il en est ainsi, on pourra admettre que pendant toute la durée θ de la percussion le système matériel conserve sa position, et que les vitesses de ses divers points changent seules en direction et en grandeur ; leurs nouvelles valeurs seront les *vitesses initiales* que les forces finies viendront ultérieurement modifier, d'après les lois ordinaires du mouvement.

Nous pouvons appliquer, à un instant quelconque compris dans la durée θ, le théorème de d'Alembert au mouvement du système, en effaçant tout ce qui a rapport aux forces finies, et en ne conservant que les forces infiniment grandes. L'équation sera toujours

$$\Sigma \left[\left(X - m \frac{d^2x}{dt^2} \right) \delta x + \left(Y - m \frac{d^2y}{dt^2} \right) \delta y + \left(Z - m \frac{d^2z}{dt^2} \right) \delta z \right] = 0;$$

où X, Y, Z, sont les composantes des forces, et où les variations δx, δy, δz, compatibles avec les liaisons, peuvent être considérées comme identiques pendant toute la durée de la percussion, puisqu'on suppose que le système conserve sa position pendant cette durée.

Multiplions par dt, et intégrons entre les limites 0 et θ, de manière à comprendre toute la durée de la percussion ; il viendra

$$\Sigma \left[\left(\int_0^\theta X dt - m \frac{dx}{dt} + m \left(\frac{dx}{dt} \right)_o \right) \delta x + \left(\int_0^\theta Y dt - m \frac{dy}{dt} + m \left(\frac{dy}{dt} \right)_o \right) \delta y \right.$$
$$\left. + \left(\int_0^\theta Z dt - m \frac{dz}{dt} + m \left(\frac{dz}{dt} \right)_o \right) \delta z \right] = 0.$$

Les intégrales $\int_0^\theta X dt$, $\int_0^\theta Y dt$, $\int_0^\theta Z dt$, sont les composantes de la percussion donnée, appliquée au point de masse m ;

$m \dfrac{dx}{dt}$, $m \dfrac{dy}{dt}$, $m \dfrac{dz}{dt}$, sont les composantes de la quantité de mouvement du même point à la fin de la percussion ;

$m \left(\dfrac{dx}{dt}\right)_0$, $m \left(\dfrac{dy}{dt}\right)_0$, $m \left(\dfrac{dz}{dt}\right)_0$, en sont les composantes au commencement.

L'équation obtenue a une interprétation statique : elle nous montre qu'*il y a équilibre, à l'aide des liaisons, entre les percussions appliquées au système, les quantités de mouvement finales changées de sens, et les quantités de mouvement initiales prises dans le sens direct ;*

Ou bien, si l'on observe que les différences $m\left[\left(\dfrac{dx}{dt}\right)_0 - \left(\dfrac{dx}{dt}\right)\right]$, $m\left[\left(\dfrac{dy}{dt}\right)_0 - \dfrac{dy}{dt}\right]$, $m\left[\left(\dfrac{dz}{dt}\right)_0 - \left(\dfrac{dz}{dt}\right)\right]$, sont les composantes de *la quantité de mouvement perdue par le point m*, par suite de la percussion subie par le système, *il y a équilibre, à l'aide des liaisons, entre les percussions et les quantités de mouvement perdues par les différents points.*

L'usage de l'équation générale du mouvement est le même que s'il s'agissait de forces finies : on pourra toujours joindre aux équations de liaison autant d'équations qu'il en faut pour déterminer les variations de la vitesse de chaque point matériel.

LIVRE III

DU MOUVEMENT RELATIF

CHAPITRE PREMIER

DU MOUVEMENT RELATIF DU POINT

---

192. Le *mouvement relatif* ou *apparent* a été étudié au point de vue cinématique dans notre premier volume. Nous avons démontré d'abord (I, § 67) que *la vitesse absolue d'un point dont on rapporte le mouvement à des axes mobiles, est la résultante de sa vitesse relative et de sa vitesse d'entraînement, c'est-à-dire de la vitesse que possède, en vertu du* mouvement des axes, le point géométrique avec lequel coïncide le point considéré. Ensuite (I, § 184) nous avons opéré pour les accélérations une décomposition analogue, et nous avons reconnu que *l'accélération j du mouvement absolu est la résultante de trois accélérations, savoir : l'accélération j_e, du mouvement d'entraînement, l'accélération j_r, du mouvement relatif, enfin l'accélération complémentaire $j_c = 2v_r \omega \sin \alpha$, qui est perpendiculaire à la fois à la vitesse relative et à l'axe instantané de rotation, et qui est dirigée dans le sens où la rotation instantanée tend à faire tourner l'extrémité de la droite représentant la vitesse relative.* Ce mouvement relatif est supposé rapporté à trois axes mobiles, qui forment un système invariable, animé de la vitesse angulaire ω autour d'un certain axe instantané ; $v_r \sin \alpha$ est la projection de la vitesse

relative sur un plan normal à cet axe. Enfin, en supposant les axes rectangulaires, nous avons donné (I, §§ 185 et suiv.) la décomposition suivant les trois axes de cette accélération complémentaire ; si on appelle $\frac{dx}{dt}$, $\frac{dy}{dt}$, $\frac{dz}{dt}$, les composantes de la vitesse relative v_r, et p, q, r, les composantes de la rotation ω, les composantes $j_{c,x}$, $j_{c,y}$, $j_{c,z}$, de la troisième accélération seront données par les équations :

$$j_{c,x} = 2 \left(q \frac{dz}{dt} - r \frac{dy}{dt} \right),$$

$$j_{c,y} = 2 \left(r \frac{dx}{dt} - p \frac{dz}{dt} \right),$$

$$j_{c,z} = 2 \left(p \frac{dy}{dt} - q \frac{dx}{dt} \right).$$

193. Le problème qu'il s'agit de résoudre ici consiste à déterminer, par rapport à des axes mobiles animés d'un certain mouvement d'entraînement, le mouvement relatif d'un système matériel sollicité par des forces données.

Considérons en particulier un point M de ce système, sollicité par des forces, les unes données, les autres inconnues et tenant lieu des liaisons ; nous représenterons par F la résultante de toutes ces forces, et le point M devra être considéré comme libre. Soit m la masse du point. La force F lui imprime dans sa propre direction une accélération *absolue*; j, qui est égale à $\frac{F}{m}$; en vertu du théorème que nous venons de rappeler, cette accélération j est la résultante des trois accélérations j_r, j_e et j_c. Donc aussi j_r, accélération du mouvement relatif, est la résultante de j, de $- j_e$ et $- j_c$, et si l'on multiplie par la masse, mj_r est la résultante de $mj = F$, de $- mj_e$ et de $- mj_c$.

Le produit mj_r est la mesure de la force qui, agissant sur le point M, lui imprimerait une accélération absolue égale à son accélération relative. Elle est la résultante de la force réelle F, qui tient lieu de toutes les forces appliquées au point, et de deux forces $- mj_e$ et $- mj_c$, qu'on appelle les *forces appa-*

rentes, l'une, — mj_e, est la *force d'inertie* du point m, supposé entraîné dans le mouvement des axes mobiles ; on l'appelle la *force d'inertie d'entraînement* ; l'autre, — mj_c, agit en sens contraire de l'accélération complémentaire j_c ; Coriolis l'a nommée la *force centrifuge composée*. Projetée sur les axes, elle a pour composantes

$$X' = 2m \left(r \frac{dy}{dt} - q \frac{dz}{dt} \right),$$

$$Y' = 2m \left(p \frac{dz}{dt} - r \frac{dx}{dt} \right)$$

$$Z' = 2m \left(q \frac{dx}{dt} - p \frac{dy}{dt} \right).$$

On parvient ainsi au théorème suivant, qui contient toute la théorie des forces dans le mouvement relatif :

On peut traiter un problème de mouvement relatif comme s'il s'agissait d'un mouvement absolu, pourvu qu'on adjoigne aux forces réelles qui sollicitent chaque point du système matériel, deux forces apparentes, savoir la force d'inertie d'entraînement, — mj_e, et la force centrifuge composée, — mj_c, égale en valeur absolue à $2\,m\,\omega v_r \sin \alpha$.

194. Les forces apparentes peuvent dans certains cas particuliers se réduire à une seule, ou disparaître tout à fait.

L'accélération complémentaire est nulle dans trois cas : 1° lorsque $\omega = 0$, c'est-à-dire lorsque le mouvement d'entraînement se réduit à une simple translation ; 2° lorsque $v_r = 0$, c'est-à-dire lorsque la vitesse relative v_r est nulle, auquel cas le point est en *repos relatif* ; 3° lorsqu'elle est dirigée suivant l'axe instantané de rotation, ou, ce qui revient au même, parallèlement à cet axe, car alors $\sin \alpha = 0$. Dans ces trois cas, la force centrifuge composée est égale à zéro, et les forces apparentes se réduisent à la force d'inertie d'entraînement.

La force d'inertie d'entraînement est elle-même nulle lorsque le mouvement d'entraînement est une translation rectiligne et uniforme, car alors $j_e = 0$.

Il n'y a dans ce cas aucune force apparente à adjoindre aux forces réelles.

195. Rappelons (I, § 187) que l'on peut décomposer la vitesse relative v et la rotation ω en autant de vitesses et en autant de rotations qu'on voudra ; l'accélération complémentaire est la résultante des accélérations complémentaires partielles que l'on obtient en associant chacune des vitesses composantes à chacune des rotations composantes. Si l'on multiplie par la masse, on passe des accélérations aux forces, et on obtient un théorème analogue : *la force centrifuge composée correspondante à une vitesse relative v et à une rotation ω est la résultante de toutes les forces centrifuges composées qui correspondent aux composantes de v associées successivement aux composantes de ω.*

PROBLÈMES SUR LE MOUVEMENT RELATIF.

196. Un point matériel M, de masse m, est assujetti à glisser sans frottement le long d'une droite OA qui tourne dans son plan, autour d'un de ses points O, avec une vitesse angulaire uniforme ω, dans le sens de la flèche f. On demande le mouvement relatif du point M sur cette droite.

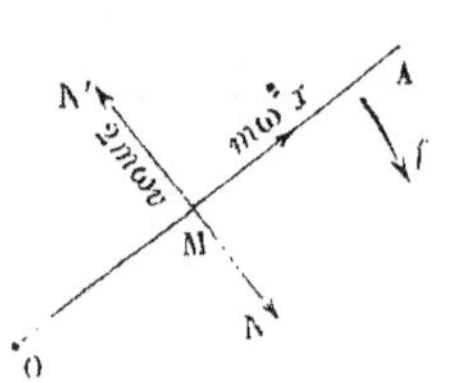

Fig. 98.

Appelons v la vitesse relative du point M à un certain instant, et x la distance OM. L'accélération relative du point M est la résultante de la force réelle qui agit sur le point, de la force d'inertie d'entraînement, et de la force centrifuge composée. La force réelle est ici la réaction de la droite, c'est-à-dire une force N, perpendiculaire à OA, et dirigée dans le sens du mouvement d'entraînement. Pour déterminer la force d'inertie d'entraînement, il suffit de considérer le point M comme lié au système de comparaison OA ; dans ce mouvement, il décrit un cercle de rayon $OM = x$, avec une vitesse angulaire constante ω ; l'accélération totale du mouvement d'entraînement se réduit à l'accélération centripète $\omega^2 x$, et par suite la force d'inertie d'entraînement est égale à $m\omega^2 x$, et elle est dirigée dans le sens MA. La seconde force apparente est perpendiculaire à la fois à la vitesse relative, c'est-à-dire à OA, et à l'axe instantané, c'est-à-dire à la normale élevée au point O sur le plan de la figure; elle a donc la direction MN′; son sens sera déterminé tout à l'heure. Elle est égale à $2m\omega v_r \sin\alpha$; or la projection $v_r \sin\alpha$ de la vitesse relative sur un plan perpendiculaire à l'axe est égale à cette vitesse même v_r, ou à ce que nous appelons ici v. Si la vitesse relative est dirigée de M vers A, la force centrifuge composée a une direction MN′ opposée au mouvement d'entraînement; le contraire aurait lieu si le mouvement relatif rapprochait le point M du point O.

La force mj, qui produit le mouvement relatif du point M, est la résultante des trois forces N, $m\omega^2 x$ et $2m\omega v$. Elle est dirigée suivant la droite OA, puisque le mouvement du point considéré comme libre est dirigé suivant cette droite. Les forces N et $2m\omega v$, normales à cette direction, doivent donc se détruire, et il reste l'égalité $mj = m\omega^2 x$, ou bien $j = \omega^2 x$, ou enfin $\dfrac{d^2x}{dt^2} = \omega^2 x$; c'est l'équation du mouvement cherché, tandis que la relation $N = 2m\omega v$ définit la pression de la droite. On voit de plus que les forces N et $2m\omega v$ devant se faire équilibre, la force $2m\omega v$ a une direction contraire à la force N, c'est-à-dire contraire au mouvement d'entraînement, que par conséquent la vitesse relative v est dirigée dans le sens OA.

Nous avions déjà étudié dans la cinématique une question semblable (§ 191).

197. Il reste à intégrer l'équation $\dfrac{d^2x}{dt^2} = \omega^2 x$. On obtient l'équation

$$x = Ae^{\omega t} + Be^{-\omega t},$$

e étant la base des logarithmes népériens, et A et B deux nombres arbitraires qu'on déterminera d'après les circonstances initiales du mouvement. La vitesse v sera donnée par la différentiation

$$v = \omega \times \left(Ae^{\omega t} - Be^{-\omega t}\right).$$

Si on définit pour $t=0$ la position, $x=x_0$, et la vitesse, $v=v_0$, du mobile, on devra avoir

$$x_0 = A + B,$$
$$\frac{v_0}{\omega} = A - B;$$

on en déduit

$$A = \frac{1}{2}\left(x_0 + \frac{v_0}{\omega}\right), \qquad B = \frac{1}{2}\left(x_0 - \frac{v_0}{\omega}\right),$$

et l'équation du mouvement devient

$$x = \frac{1}{2}\left(x_0 + \frac{v_0}{\omega}\right) e^{\omega t} + \frac{1}{2}\left(x_0 - \frac{v_0}{\omega}\right) e^{-\omega t}.$$

RECHERCHE GÉOMÉTRIQUE DU MOUVEMENT ABSOLU DU POINT M.

198. Proposons-nous de construire la trajectoire absolue du point M.

L'accélération relative, j, est égale à $\omega^2 x$, et elle a la direction MA. Tout se passe dans le mouvement relatif comme si

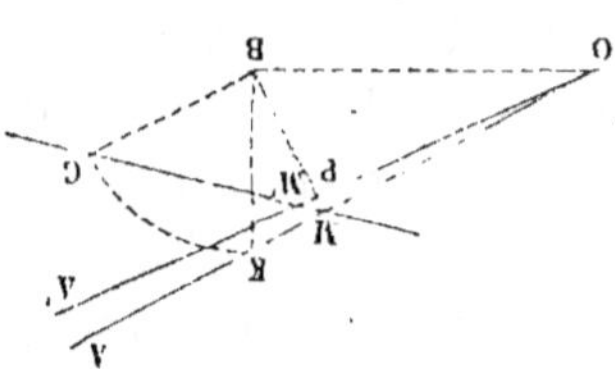

Fig. 99.

le point parcourait la droite OA, avec une accélération $j = \omega^2 x$. Appliquons à ce mouvement le théorème des forces vives. Soit v_0 la vitesse du mobile au point $x=x_0$, et v sa vitesse au point défini par l'abscisse x. Le travail de la force $m\omega^2 x$, pour le déplacement considéré, est égal à $\frac{1}{2} m\omega^2 (x^2 - x_0^2)$ (Cf. § 58); et l'équation des forces vives, divisée par la masse, prend la forme

$$v^2 - v_0^2 = \omega^2 (x^2 - x_0^2),$$

ou bien, en posant pour abréger $v_0^2 - \omega^2 x_0^2 = a^2 \omega^2$,

$$v^2 = \omega^2 (x^2 + a^2),$$

et enfin

$$(1) \qquad v = \omega \sqrt{x^2 + a^2}.$$

Soit M la position du point mobile à un certain instant, à la distance $OM = x$ de l'axe de rotation. Pendant un temps dt infiniment petit, la droite OA tourne d'un angle $A'OA = \omega dt$, et le point M passe en M'. Élevons en M sur la droite OA une perpendiculaire MB, que nous prendrons égale à la quantité constante a. Cette droite coupe OA' en un point P, et l'on a $OP = OM$, à des infiniment petits d'ordre supérieur près (I, § 61) ; donc PM' est la quantité dont, pendant le temps dt, le mobile glisse le long de la droite OA en vertu de la vitesse relative v, et l'on a $PM' = vdt$ et $PM = \omega x dt$; l'équation (1) multipliée par dt nous donne par conséquent

$$(2) \qquad PM' = \frac{PM}{x} \sqrt{x^2 + a^2} = \frac{PM}{OM} \times OB,$$

égalité vraie à la limite, lorsque PM' et PM deviennent infiniment petits. Menons par le point B une parallèle BC à la droite OA, jusqu'à la rencontre de la tangente MC à la trajectoire absolue du point mobile. Nous aurons la proportion $\dfrac{PM'}{PM} = \dfrac{BC}{MB}$, et par suite l'équation (2) fait connaître BC,

$$BC = \frac{MB \times OB}{OM},$$

ce qui permet de construire la tangente à la courbe cherchée.

Au point B, élevons une perpendiculaire BK à la droite OB. Les triangles OMB, MBK, sont semblables et donnent la proportion

$$\frac{BK}{MB} = \frac{OB}{OM},$$

ou bien

$$BK = \frac{MB \times OB}{OM}.$$

Donc $BK = BC$.

Pour construire la tangente en M à la trajectoire absolue, on prendra $MB = a$ sur une perpendiculaire à la droite OA menée par le point M ; on joindra OB, puis on élèvera BK perpendiculaire à OB, on prolongera cette droite jusqu'à la rencontre de OA, enfin on rabattra la longueur BK en BC, sur une parallèle à OA menée par le point B. Le point C sera un point de la tangente cherchée.

Le point M′, très-voisin du point M sur cette tangente, sera la position du point mobile au bout du temps dt que la droite OA aura mis à tourner de l'angle AOA′. On pourra répéter la construction pour le point M′, ce qui donnera une seconde tangente ; celle-ci servira de même à en trouver une troisième, et ainsi de suite. La courbe se tracera par les intersections successives de ses tangentes.

199. La longueur MB, toujours égale à a, reste constante dans toutes ces constructions, tandis que la longueur $OM = x$ est indéfiniment croissante. L'angle MOB diminue de plus en plus à mesure que le point mobile s'éloigne du centre de rotation. Pour les très-grandes valeurs de x, cet angle est très-petit, et les longueurs BM, BK deviennent sensiblement égales ; on commet donc une erreur de moins en moins grande en prenant BC = BM, au lieu de BC = BK. Mais alors le triangle rectangle MBC devient isoscèle, et l'angle CMA, que la tangente à la trajectoire forme avec le rayon vecteur OA, est égal à 45°. Ainsi, pour les très-grandes valeurs de x, la trajectoire absolue du mobile se confond sensiblement avec la spirale logarithmique qui coupe sous un angle de 45° ses rayons vecteurs.

La connaissance de la trajectoire absolue suffit dans cet exemple pour faire connaître le mouvement du mobile sur sa trajectoire relative. On n'a qu'à mener par le point O des droites faisant entre elles l'angle constant ω décrit par la droite OA dans l'unité de temps ; les points d'intersection de ces droites avec la trajectoire seront les positions successives du mobile au bout d'intervalles de temps égaux à l'unité.

L'équation de la trajectoire absolue s'obtient en coordonnées polaires, en remplaçant dans l'équation du mouvement relatif le produit ωt par l'angle polaire, φ, décrit par le rayon vecteur x; elle prend la forme

$$x = \frac{1}{2}\left(x_0 + \frac{v_0}{\omega}\right)e^{\varphi} + \frac{1}{2}\left(x_0 - \frac{v_0}{\omega}\right)e^{-\varphi}.$$

REPOS RELATIF ET MOUVEMENT RELATIF A LA SURFACE DE LA TERRE.

200. Nous supposerons d'abord que le globe terrestre soit animé seulement d'un mouvement de rotation uniforme autour de la ligne des pôles. Son mouvement de translation serait rigoureusement sans influence s'il était rectiligne et uniforme (§ 194); nous verrons plus loin qu'en réalité l'influence de ce mouvement est à peu près nulle pour chaque point de la terre, parce que si l'on tient compte des forces apparentes qui y correspondent, il faut aussi tenir compte des forces réelles qui le produisent, et que ces deux systèmes de force se font sensiblement équilibre.

Faisons donc pour un moment abstraction de la translation pour ne nous occuper que de la rotation autour d'un axe à peu près fixe (I, § 177).

Nous nous occuperons d'abord du repos relatif d'un corps placé

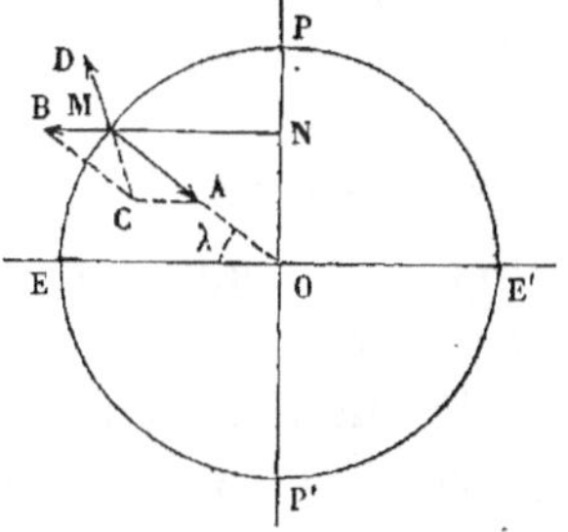

Fig. 100.

en équilibre à la surface de la terre. Soient P et P' les pôles, EE' l'équateur; M la position du corps; MN le rayon du parallèle sur lequel il se trouve placé; O le centre de la terre que nous supposerons sphérique; $\lambda = $ MOE la latitude.

Le corps étant en repos relatif, la *force centrifuge composée* est nulle (§ 194, 2°) et la seule force apparente à introduire dans les raisonnements est la *force d'inertie d'entraînement*, laquelle est ici la *force centrifuge*; elle a pour valeur $m\omega^2 \times$ MN $= m\omega^2 \times$ R cosλ et sa direction est le prolongement du rayon NM. Le corps est donc en équilibre relatif sous l'action de trois forces : l'attraction terrestre, MA, dirigée suivant le rayon MO (II, § 159), la force centrifuge, MB, dirigée suivant le prolongement de NM, et la réaction de la surface terrestre, MD, égale et contraire à la résultante MC des deux premières forces.

La force MC, résultante de l'attraction terrestre et de la force centrifuge, est ce qu'on appelle le *poids* du corps ; c'est le produit de la masse du corps par l'accélération g correspondante au point M, et sa direction MC est la *verticale*. Quand bien même la terre serait rigoureusement sphérique, les verticales ne passeraient pas toutes par le centre de figure du globe ; il n'en serait ainsi qu'à l'équateur et aux deux pôles ; partout ailleurs, la force centrifuge produirait une déviation de la verticale par rapport au rayon terrestre. Cette déviation est la véritable cause de l'aplatissement du globe aux pôles ; le globe a pris la forme ellipsoïdale qui amène sa surface moyenne à couper à angle droit les directions des verticales successives. En même temps la loi de l'attraction n'est plus rigoureusement celle des sphères homogènes.

201. Au pôle, la force centrifuge est nulle ; elle est maximum à l'équateur ; l'accélération g varie en conséquence ; c'est à l'équateur qu'elle a sa plus petite valeur. Si l'on appelle g' l'accélération particulière imprimée par l'attraction terrestre à un corps placé à l'équateur, et R le rayon équatorial, on aura

$$g = g' - \omega^2 R,$$

et par suite

$$g' = g + \omega^2 R.$$

Si l'on pouvait accroître suffisamment la vitesse de rotation ω, on pourrait rendre le terme $\omega^2 R$ égal à g', ce qui donnerait $g = 0$; la pesanteur serait supprimée à l'équateur, et les corps qui y seraient placés quitteraient la surface de la terre, en vertu de leur inertie : ils suivraient avec une vitesse uniforme une ligne droite tangente à leur trajectoire absolue. Un observateur placé à demeure sur la terre les verrait donc s'élever en décrivant une développante de cercle dont les premiers éléments seraient verticaux. En réalité on a à l'équateur et au niveau de la mer (§ 82)

$$g = 9^m,781031.$$

Le rayon terrestre équatorial $R = 6\ 376\ 821^m$.

La vitesse angulaire du globe, ω, s'obtient en divisant la circonférence 2π par la durée du jour *sidéral* évaluée en secondes sexagésimales, c'est-à-dire par 86164 (I, § 176); ce qui donne

$$\omega = \frac{2\pi}{86164} = 0{,}000073.$$

On en déduit

$$\omega^2 R = 0^m,03398,$$
$$g' = g + \omega^2 R = 9^m,81501$$

et

$$\frac{\omega^2 R}{g} = 0{,}00347 = \text{environ } \frac{1}{289} = \left(\frac{1}{17}\right)^2.$$

La force centrifuge est donc à l'équateur la 289e partie de l'attraction terrestre; et si le globe avait une vitesse angulaire 17 fois plus rapide, la force centrifuge, devenue 289 fois plus grande, ferait équilibre à l'attraction terrestre; la pesanteur serait nulle à l'équateur.

Quand on tient compte de la forme ellipsoïdale du globe terrestre, on reconnaît qu'il existe de chaque côté de l'équateur un parallèle sur lequel l'attraction de la terre est la même que si le globe était ramené à la forme sphérique. La latitude de ce parallèle est de 35°16'; la valeur de g correspondante est d'environ $9^m,80$; pour avoir l'accélération due à l'attraction terrestre, il faut y ajouter la composante verticale de la force centrifuge; on trouve ainsi que l'accélération qui correspondrait à l'attraction terrestre si la terre avait la forme sphérique, est égale à

$$9^m,82265.$$

DÉTERMINATION DES COMPOSANTES DE LA FORCE CENTRIFUGE COMPOSÉE EN UN POINT DU GLOBE.

202. Lorsque, au lieu d'être en repos relatif sur la surface de la terre, le point matériel est en mouvement, la force centrifuge composée, $2m\omega v_r \sin\alpha$, n'est plus égale à zéro, sauf le cas où la vitesse relative est parallèle à l'axe du globe. Étudions l'effet de cette force dans le mouvement d'un corps pesant. Les forces qui agissent sur le corps sont l'attraction du globe, et les deux forces apparentes, savoir la force d'inertie d'entraînement, qui est ici la force centrifuge, et la force centrifuge composée. Or la force que nous appelons *pesanteur* est, ainsi qu'on vient de le voir, la résultante de l'attraction du globe et de la force centrifuge, et elle a pour direction la *verticale*. Il reste donc à composer la pesanteur, connue en grandeur et en direction, avec la force centrifuge composée, que nous allons déterminer.

Soient P, P′ les pôles du globe : P est le pôle nord et P′ le pôle sud ; EE′ est l'équateur, O le centre de la terre. Le point A est le lieu de l'observation, que nous supposons dans l'hémisphère nord ; AZ est la verticale, et g l'accélération due à la pesanteur.

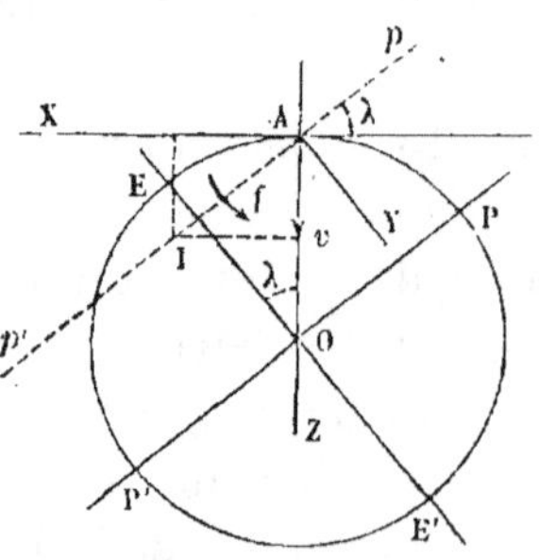

Fig. 101.

Nous rapporterons le mouvement du point à trois axes coordonnés, AX, AY, AZ ; l'axe AZ est dirigé suivant la verticale dans le sens descendant. L'axe AX est mené dans le plan horizontal au point A, tangentiellement au méridien dans la direction du sud ; l'axe AY est tangent au parallèle du point A et dirigé vers l'est.

Nous décomposerons la force centrifuge composée suivant les trois axes, en appliquant les équations du § 193. Il faut d'abord décomposer suivant les trois axes la rotation ω du globe.

Elle s'effectue de l'ouest à l'est autour de la ligne PP', ou autour de la ligne pp', menée parallèlement par le point A.

Le sens de la rotation ω est donc Ap' ; décomposée suivant les axes AX, AY, AZ, elle donne

$$p = \omega \cos\lambda,$$
$$q = 0,$$
$$r = \omega \sin\lambda.$$

Substituant dans les formules des composantes de la force centrifuge composée, on a

$$X' = 2m\left(r\frac{dy}{dt} - q\frac{dz}{dt}\right) = 2m\omega\sin\lambda\,\frac{dy}{dt},$$
$$Y' = 2m\left(p\frac{dz}{dt} - r\frac{dx}{dt}\right) = 2m\omega\left(\frac{dz}{dt}\cos\lambda - \frac{dx}{dt}\sin\lambda\right),$$
$$Z' = 2m\left(q\frac{dx}{dt} - p\frac{dy}{dt}\right) = -2m\omega\cos\lambda\,\frac{dy}{dt}.$$

Appelons X, Y, Z, les composantes de la force extérieure appliquée au point mobile, abstraction faite de la pesanteur que nous représenterons par un terme à part. Les équations du mouvement du point mobile, *aux environs du point* A, seront

$$m\frac{d^2x}{dt^2} = X + 2m\omega\sin\lambda\,\frac{dy}{dt},$$
$$m\frac{d^2y}{dt^2} = Y + 2m\omega\left(\frac{dz}{dt}\cos\lambda - \frac{dx}{dt}\sin\lambda\right),$$
$$m\frac{d^2z}{dt^2} = Z + mg - 2m\omega\cos\lambda\,\frac{dy}{dt}.$$

APPLICATIONS. — CHUTE D'UN CORPS D'UNE GRANDE HAUTEUR.

203. Pour trouver le mouvement que prend un point sous l'action de la pesanteur seule, quand on l'abandonne en **A** sans vitesse, il suffit de faire dans les équations précédentes X $= 0$, Y $= 0$, Z $= 0$.

Observons que $\dfrac{dx}{dt}$ et $\dfrac{dy}{dt}$ sont très-petits, car le mouvement du point s'opère sensiblement le long de la verticale AZ. Supprimant les termes qui contiennent ces facteurs, on est ramené au système d'équations :

$$m \frac{d^2x}{dt^2} = 0,$$

$$m \frac{d^2y}{dt^2} = 2m\omega \cos\lambda \frac{dz}{dt},$$

$$m \frac{d^2z}{dt^2} = mg.$$

On tire de la dernière $\dfrac{dz}{dt} = gt$, sans ajouter de constante, si l'on compte le temps à partir de l'instant où le mouvement commence.

Substituant dans la seconde équation, il vient

$$\frac{d^2y}{dt^2} = 2\omega \cos\lambda \times gt,$$

et par suite

$$\frac{dy}{dt} = \omega \cos\lambda \times gt^2,$$

$$y = \frac{1}{3} \omega \cos\lambda \, gt^3,$$

sans ajouter non plus de constante, puisque pour $t = 0$ on a $y = 0$ et $\dfrac{dy}{dt} = 0$.

Si l'on veut pousser plus loin l'approximation, on remplacera dans les équations rigoureuses $\dfrac{dx}{dt}$ par zéro, et $\dfrac{dy}{dt}$ par $\omega \cos\lambda \, gt^2$, valeurs fournies par la première approximation. Il vient alors :

$$\frac{d^2x}{dt^2} = 2\omega^2 \sin\lambda \cos\lambda \, gt^2,$$

$$\frac{d^2z}{dt^2} = g - 2\omega^2 \cos^2\lambda \, gt^2.$$

Ces équations intégrées nous donnent

$$\frac{dx}{dt} = \frac{2}{3} \omega^2 \sin\lambda \cos\lambda \, gt^3,$$

$$\frac{dz}{dt} = gt - \frac{2}{3} \omega^2 \cos^2\lambda \, gt^3,$$

valeurs qui, substituées dans la seconde équation du même groupe, conduisent à la nouvelle relation

$$\frac{d^2y}{dt^2} = 2\omega \cos\lambda \left(gt - \frac{2}{3}\,\omega^2\cos^2\lambda\,gt^3 \right) - 2\omega\sin\lambda \times \frac{2}{3}\,\omega^2\sin\lambda\cos\lambda\,gt^3$$

$$= 2\omega\cos\lambda\,gt - \frac{4}{3}\,\omega^3\cos\lambda\,gt^3,$$

ce qui fournit par l'intégration une valeur plus exacte de la déviation y.

On voit que la partie principale de la déviation

$$y = \frac{1}{3}\,\omega\cos\lambda\,gt^3$$

est dirigée vers l'est; en outre, il y a une petite déviation vers le sud, que l'on obtient en intégrant l'équation.

$$\frac{dx}{dt} = \frac{2}{3}\,\omega^2\sin\lambda\cos\lambda\,gt^3,$$

ce qui donne

$$x = \frac{1}{6}\,\omega^2\sin\lambda\cos\lambda\,gt^4.$$

En s'en tenant à la première approximation, on peut exprimer la déviation y en fonction de la hauteur de chute h. On a approximativement

$$h = \frac{1}{2}\,gt^2.$$

Donc $t = \sqrt{\dfrac{2h}{g}}$, et, par suite,

$$y = \frac{1}{3}\,\omega\cos\lambda\,gt^3 = \frac{2\sqrt{2}}{3g\sqrt{g}}\,\omega\cos\lambda\,h\sqrt{h}.$$

La hauteur h ne doit pas être trop grande, pour que l'accélération g ait la même valeur en tous les points de la trajectoire parcourue par le mobile.

La formule a été vérifiée par une expérience directe faite dans un puits de mine à Freyberg.

La latitude était de 51°; la hauteur de chute de 158^m,50; la moyenne des déviations constatées a été de 0^m,0283. La formule donne 0^m,0276.

L'accord est presque complet entre la théorie et l'observation.

TENDANCE LATÉRALE DES CORPS EN MOUVEMENT
DANS LE PLAN HORIZONTAL.

204. Supposons qu'un point de masse m se meuve dans le plan horizontal avec une vitesse uniforme v, dans une direction OM qui fasse un angle α avec l'axe des x, c'est-à-dire avec la portion du méridien dirigée vers le sud. Cet angle sera positif s'il est compté à l'est du méridien, ou dans le sens qui amène l'axe des x vers l'axe des y.

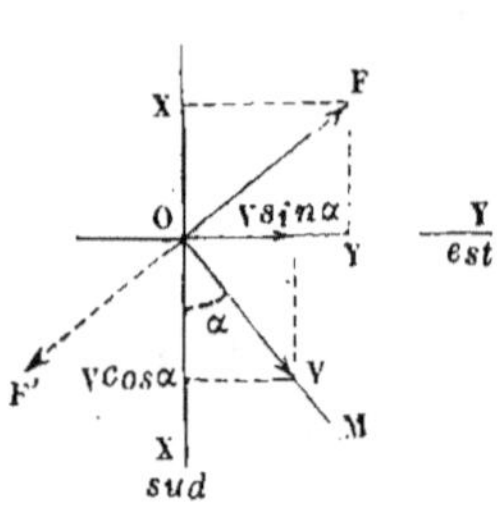

Fig. 102.

Le mouvement du point étant rectiligne et uniforme, on aura

$$\frac{d^2x}{dt^2} = 0, \qquad \frac{d^2y}{dt^2} = 0, \qquad \frac{d^2z}{dt^2} = 0.$$

et pour lui faire suivre la droite OM, il faudra lui appliquer une force dont les composantes X, Y, Z, seront données par les équations :

$$X + 2m\omega \sin \lambda\, v \sin \alpha = 0,$$
$$Y - 2m\omega \sin \lambda\, v \cos \alpha = 0,$$
$$Z + mg - 2m\omega \cos \lambda\, v \sin \alpha = 0.$$

La troisième équation donne la réaction verticale du plan ou de la droite qui sert de guide au point. S'il était en repos, cette réaction serait égale à son poids mg. Le mouvement du point diminue la pression exercée sur le guide lorsque α est positif, et l'augmente lorsque α est négatif ; le premier cas a lieu lorsque le point se dirige à l'est, le second lorsqu'il se dirige à l'ouest du méridien. La pression verticale est égale au poids quand $\alpha = 0$ ou $\alpha = \pi$.

Outre la réaction verticale, il y a encore une réaction horizontale F, dont les composantes sont X et Y.

La tangente trigonométrique de l'angle que cette force

fait avec l'axe OX est $\dfrac{Y}{X} = -\dfrac{2\,m\,\omega\,v\,\sin\lambda\,\cos\alpha}{2\,m\,\omega\,v\,\sin\lambda\,\sin\alpha} = -\dfrac{1}{\tang\alpha}$.

Donc la force F est normale à la direction OM ; on voit de plus que, X étant égal à $-2\,m\,\omega\,v\,\sin\lambda\,\sin\alpha$ et Y à $+2\,m\,\omega\,v\,\sin\lambda\,\cos\alpha$, la force F a le sens indiqué sur la figure, c'est-à-dire qu'elle est dirigée à gauche de OM par rapport à un observateur animé le long de cette droite de la vitesse v. Enfin $F = \sqrt{X^2 + Y^2} = 2\,m\,\omega\,v\,\sin\lambda$, quantité indépendante de l'angle α.

La pression horizontale du point sur la droite OM est égale et contraire à la réaction de la droite sur le point. C'est donc une force OF′, indépendante de l'angle α, normale à OM, et dirigée à droite de la vitesse v. Si le point, au lieu d'être guidé par une droite, était libre dans le plan horizontal, il appuierait vers la droite.

La tendance ainsi constatée est nulle à l'équateur et elle atteint aux pôles sa plus grande valeur.

205. Cette théorie rend compte d'une foule de phénomènes. Un boulet, lancé horizontalement avec une grande vitesse, mais sans mouvement giratoire autour de son axe, sort du plan vertical dans lequel il a été tiré, et est fortement dévié vers la droite ; la force centrifuge composée a dans ce cas une grande valeur, parce que le facteur v est très-grand.

Les fleuves qui coulent dans l'hémisphère Nord, sous des latitudes élevées, exercent en moyenne une plus forte pression sur leur rive droite que sur leur rive gauche ; la vitesse v n'est sans doute pas bien grande, mais l'action subie par la rive est proportionnelle à la masse, c'est-à-dire au débit du fleuve, ce qui donne un facteur très-considérable quand il s'agit d'un grand fleuve en crue. L'Oural et le Volga, dans la Russie d'Europe, manifestent sensiblement cette tendance.

Elle persiste à l'embouchure des fleuves, dont les eaux, en se jetant à la mer, appuient vers la droite dans l'hémisphère boréal. Peu sensible dans l'Océan, à cause des courants et des marées, ce phénomène s'observe très-bien dans les mers intérieures, telles que la Méditerranée, la mer Noire, la mer Caspienne ; le courant littoral y est dirigé de gauche à droite pour un observateur placé sur le rivage.

Les mouvements de l'air atmosphérique subissent la même influence. On connaît la régularité des *vents alizés*, qui soufflent des pôles vers l'équateur en appuyant vers l'ouest. Une raison semblable explique le courant du *Gulf-Stream*, qui du golfe du Mexique aux côtes d'Angleterre et de Norvége suit une ligne oblique aux méridiens, en appuyant vers la droite, c'est-à-dire vers l'est.

Enfin, nous allons montrer que la force centrifuge composée est la vraie cause de la rotation du plan d'oscillation du *pendule Foucault* (I, § 178), et fait dévier ce plan dans le sens *est-sud-ouest-nord*, c'est-à-dire toujours de gauche à droite.

PENDULE FOUCAULT.

206. Soit M un point pesant, suspendu au point A par un fil inextensible de longueur AM = l.

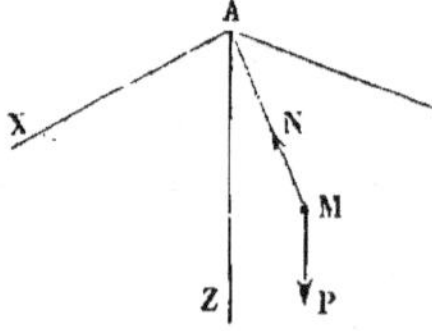

Fig. 103.

Les forces qui agissent sur ce point supposé libre sont la pesanteur, dans le sens MP, parallèle à l'axe AZ, la tension du fil, N, dirigée dans le sens MA, enfin la force centrifuge composée.

Les composantes de la force N sont

$$X = - N \frac{x}{l},$$

$$Y = - N \frac{y}{l},$$

$$Z = - N \frac{z}{l},$$

et les équations du mouvement deviennent

$$m \frac{d^2x}{dt^2} = - N \frac{x}{l} + 2m\omega \sin\lambda \frac{dy}{dt},$$

$$m \frac{d^2y}{dt^2} = - N \frac{y}{l} + 2m\omega \left(\frac{dz}{dt} \cos\lambda - \frac{dx}{dt} \sin\lambda \right),$$

$$m \frac{d^2z}{dt^2} = - N \frac{z}{l} + mg - 2m\omega \cos\lambda \frac{dy}{dt}.$$

Nous chercherons seulement la loi approximative du mouvement du plan d'oscillation du pendule. Pour cela, il suffit d'éliminer N entre les deux premières équations. Multiplions la première par y, la seconde par x, et retranchons la première de la seconde. Il viendra

$$m\left(x\,\frac{d^2y}{dt^2} - y\,\frac{d^2x}{dt^2}\right) = 2m\omega\cos\lambda.x\,\frac{dz}{dt} - 2m\omega\sin\lambda\left(\frac{xdx + ydy}{dt}\right).$$

Le terme $2m\omega\cos\lambda \times x\,\dfrac{dz}{dt}$ est nul aux pôles, car alors $\cos\lambda = 0$, et il est très-petit dans tous les autres points ; car $\dfrac{dz}{dt}$ est négligeable si les oscillations du pendule sont petites ; le point sort à peine en effet du plan tangent au point le plus bas de la sphère qu'il est assujetti à décrire. Supprimant ce terme et divisant par m, on obtient l'équation approchée

$$x\,\frac{d^2y}{dt^2} - y\,\frac{d^2x}{dt^2} = -\,2\omega\sin\lambda\left(\frac{xdx + ydy}{dt}\right),$$

dont l'intégrale est

$$x\,\frac{dy}{dt} - y\,\frac{dx}{dt} = C - \omega\sin\lambda\,(x^2 + y^2).$$

La constante C est nulle lorsqu'on a à la fois $x = 0$ et $y = 0$, c'est-à-dire lorsque le mouvement du pendule ramène à chaque oscillation le fil à passer par la verticale. Cette condition exige qu'en lançant le pendule après l'avoir écarté de la verticale, on lui imprime latéralement une vitesse particulière, car si on l'abandonnait sans vitesse latérale, le premier membre $x\,\dfrac{dy}{dt} - y\,\dfrac{dx}{dt}$ serait nul à cet instant, et la constante C aurait la valeur initiale de $\omega\sin\lambda\,(x^2 + y^2)$. Supposons donc qu'à l'origine du mouvement on ait pris les précautions nécessaires pour que C soit égal à zéro.

L'équation se réduit alors à

$$x\,\frac{dy}{dt} - y\,\frac{dx}{dt} = -\,\omega\sin\lambda\,(x^2 + y^2).$$

ou bien à

$$\frac{x\,dy - y\,dx}{x^2 + y^2} = -\,\omega \sin \lambda\,dt,$$

équation intégrable, qui donne

$$\operatorname{arc\,tang} \frac{y}{x} = C' - \omega t \sin \lambda.$$

En d'autres termes, le plan d'oscillation a autour de la verticale OZ une vitesse angulaire égale à $-\,\omega \sin \lambda$, c'est-à-dire une vitesse angulaire constante, dans le sens contraire au sens qui amène l'axe des x vers l'axe des y, ou enfin dans le sens *est-sud-ouest-nord-est*. Cette conclusion est rigoureuse aux pôles, puisqu'alors on ne néglige rien dans les équations des mouvements. Ailleurs elle n'est qu'approximativement vraie.

207. Supposons que la constante C ne soit pas nulle, de sorte que le mouvement du pendule ne s'opère plus dans un plan passant par la verticale du point de suspension. Si les oscillations sont encore très-petites, on pourra procéder comme il suit à l'intégration.

Soit M la projection du point mobile sur le plan XAY; supposons qu'à l'époque $t = 0$ on ait abandonné le point sans vitesse dans le plan vertical AY; à cet instant, nous pouvons concevoir un plan vertical mobile, animé autour de AZ d'une vitesse angulaire $\omega \sin \lambda$ dans le sens Y vers X : au bout du temps t, ce plan occupera la position AB, et on aura BAY $= \omega t \sin \lambda$. Rapportons la position du point aux deux axes mobiles AB, AC, rectangulaires; si l'on appelle ξ et η les coordonnées, MQ et AQ, du point rapporté à ces axes, on aura

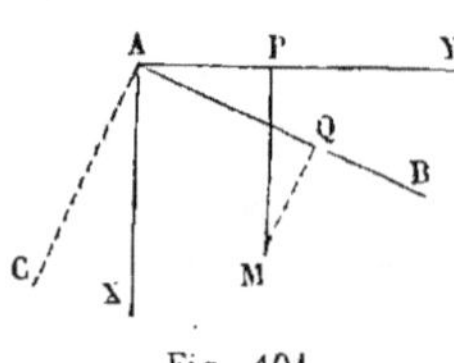

Fig. 104.

$$x = \eta \sin(\omega t \sin \lambda) + \xi \cos(\omega t \sin \lambda),$$
$$y = \eta \cos(\omega t \sin \lambda) - \xi \sin(\omega t \sin \lambda).$$

De ces relations on déduit successivement :

$$\frac{dx}{dt} = \eta \cos(\omega t \sin \lambda) \times \omega \sin \lambda - \xi \sin(\omega t \sin \lambda) \times \omega \sin \lambda$$
$$+ \frac{d\eta}{dt} \sin(\omega t \sin \lambda) + \frac{d\xi}{dt} \cos(\omega t \sin \lambda),$$

$$\frac{dy}{dt} = -\eta \sin(\omega t \sin \lambda) \times \omega \sin \lambda - \xi \cos(\omega t \sin \lambda) \times \omega \sin \lambda,$$
$$+ \frac{d\eta}{dt} \cos(\omega t \sin \lambda) - \frac{d\xi}{dt} \sin(\omega t \sin \lambda),$$

$$\frac{d^2 x}{dt^2} = -\eta \sin(\omega t \sin \lambda) \times \omega^2 \sin^2 \lambda - \xi \cos(\omega t \sin \lambda) \times \omega^2 \sin^2 \lambda$$
$$+ 2 \frac{d\eta}{dt} \cos(\omega t \sin \lambda) \times \omega \sin \lambda - 2 \frac{d\xi}{dt} \sin(\omega t \sin \lambda) \times \omega \sin \lambda$$
$$+ \frac{d^2 \eta}{dt^2} \sin(\omega t \sin \lambda) + \frac{d^2 \xi}{dt^2} \cos(\omega t \sin \lambda),$$

$$\frac{d^2 y}{dt^2} = -\eta \cos(\omega t \sin \lambda) \times \omega^2 \sin^2 \lambda + \xi \sin(\omega t \sin \lambda) \times \omega^2 \sin^2 \lambda$$
$$- 2 \frac{d\eta}{dt} \sin(\omega t \sin \lambda) \times \omega \sin \lambda - 2 \frac{d\xi}{dt} \cos(\omega t \sin \lambda) \times \omega \sin \lambda$$
$$+ \frac{d^2 \eta}{dt^2} \cos(\omega t \sin \lambda) - \frac{d^2 \xi}{dt^2} \sin(\omega t \sin \lambda).$$

Substituons dans les deux équations qui donnent $\frac{d^2 x}{dt^2}$, $\frac{d^2 y}{dt^2}$, en

négligeant $\frac{dz}{dt}$ et tous les termes qui contiennent ω^2 en facteur.

Il viendra pour la première

$$2m \frac{d\eta}{dt} \cos(\omega t \sin \lambda) \times \omega \sin \lambda - 2m \frac{d\xi}{dt} \sin(\omega t \sin \lambda) \times \omega \sin \lambda$$
$$+ m \frac{d^2 \eta}{dt^2} \sin(\omega t \sin \lambda) + m \frac{d^2 \xi}{dt^2} \cos(\omega t \sin \lambda)$$
$$= -\frac{N}{l} [\eta \sin(\omega t \sin \lambda) + \xi \cos(\omega t \sin \lambda)]$$
$$+ 2m\omega \sin \lambda \frac{d\eta}{dt} \cos(\omega t \sin \lambda) - 2m\omega \sin \lambda \frac{d\xi}{dt} \sin(\omega t \sin \lambda),$$

ou bien

$$\left(m \frac{d^2 \eta}{dt^2} + \frac{N\eta}{l} \right) \sin(\omega t \sin \lambda) + \left(m \frac{d^2 \xi}{dt^2} + \frac{N\xi}{l} \right) \cos(\omega t \sin \lambda) = 0;$$

et pour la seconde

$$m \frac{d^2\eta}{dt^2} \cos(\omega t \sin\lambda) - m \frac{d^2\xi}{dt^2} \sin(\omega t \sin\lambda)$$

$$- 2m \frac{d\eta}{dt} \sin(\omega t \sin\lambda) \times \omega\sin\lambda - 2m \frac{d\xi}{dt} \cos(\omega t \sin\lambda) \times \omega\sin\lambda$$

$$= - \frac{N}{l}\left[\eta\cos(\omega t \sin\lambda) - \xi\sin(\omega t \sin\lambda)\right]$$

$$- 2m\omega\sin\lambda \frac{d\eta}{dt}\sin(\omega t \sin\lambda) - 2m\omega\sin\lambda \frac{d\xi}{dt}\cos(\omega t \sin\lambda),$$

ce qui se réduit à

$$\left(m\frac{d^2\eta}{dt^2} + \frac{N\eta}{l}\right)\cos(\omega t \sin\lambda) - \left(m\frac{d^2\xi}{dt^2} + \frac{N\xi}{l}\right)\sin(\omega t \sin\lambda) = 0.$$

Par rapport aux axes mobiles AB, AC, le mouvement du point est donc défini par les équations

$$m\frac{d^2\eta}{dt^2} = - \frac{N\eta}{l},$$

$$m\frac{d^2\xi}{dt^2} = - \frac{N\xi}{l},$$

qu'on déduit des précédentes en éliminant l'angle $\omega t \sin\lambda$; c'est-à-dire que le point parcourt une ellipse dont le point **A** est le centre (§ 59), cette ellipse tournant autour du point **A** dans le sens *est-sud-ouest-nord* avec une vitesse angulaire égale à $\omega\sin\lambda$.

EXEMPLE DE L'EMPLOI DE LA THÉORIE DU MOUVEMENT RELATIF. — MOUVEMENT D'UN POINT PESANT SUR UN PARABOLOÏDE DE RÉVOLUTION A AXE VERTICAL.

208. Soit

$$(1) \qquad\qquad 2Rz = x^2 + y^2$$

l'équation d'un paraboloïde de révolution OA, rapporté à trois axes rectangulaires, OX, OY, OZ, dont l'un, l'axe OZ, est vertical et dirigé de bas en haut.

Un point pesant est assujetti à glisser sans frottement sur la surface; les forces qui agissent sur lui sont la pesanteur, et la réaction normale du paraboloïde ; elles sont toutes deux comprises dans un plan passant par l'axe OZ, et par suite le théorème des aires est applicable au mouvement projeté sur le plan XOY en prenant pour centre des aires l'origine O.

Une autre équation est fournie par le théorème des forces vives ; il n'y entrera que le travail de la pesanteur. Les deux équations du mouvement sont donc, en appelant v la vitesse, r la distance $MN = \sqrt{x^2 + y^2}$ du mobile à l'axe OZ, et θ l'angle décrit autour de cet axe par le méridien ZOM,

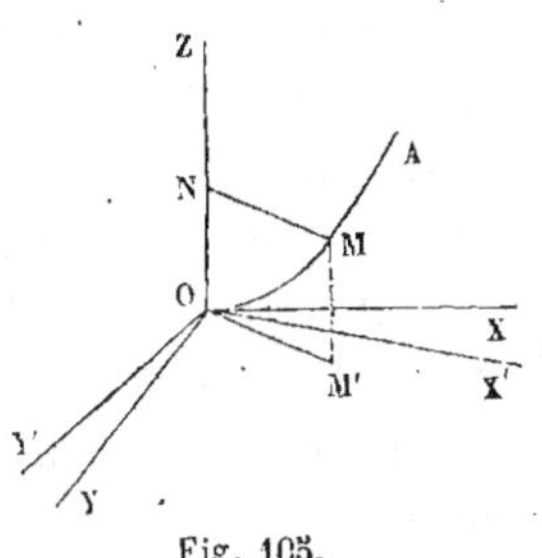

Fig. 105.

$$(2) \qquad \frac{1}{2} r^2 d\theta = A dt,$$

$$(3) \qquad v dv = - g dz.$$

La constante A représente l'aire décrite pendant l'unité de temps sur le plan horizontal par le rayon vecteur projeté OM'. Nous admettrons que le mouvement du rayon OM' s'effectue dans le sens positif, de sorte que A soit positif.

Au lieu de traiter directement la question, rapportons le mouvement à des axes horizontaux mobiles OX', OY', que nous supposerons animés autour du point O, dans le plan XOY, d'une vitesse angulaire constante ω. Pour traiter ce mouvement relatif comme un mouvement absolu, il faudra adjoindre aux forces réelles les forces apparentes, qui sont ici la force centrifuge, $m\omega^2 r$, et la force centrifuge composée. Nous déterminerons la vitesse angulaire ω de telle sorte que la résultante de la pesanteur, $- mg$, et de la force centrifuge, $m\omega^2 r$, soit normale à la surface. On sait (§ 93) qu'il en est ainsi quand on fait $\omega = \sqrt{\dfrac{g}{R}}$, le mouvement d'entraînement s'effectuant d'ailleurs dans un sens ou dans l'autre. C'est cette valeur que nous adopterons, et nous admettrons, pour fixer les idées, que la rotation ω soit positive, ou qu'elle s'opère dans le sens XY, c'est-à-dire dans le sens du mouvement absolu du rayon OM'.

Dans ces conditions, les quatre forces, réelles ou apparentes, qui sollicitent le point ont un travail nul : car la réaction de la surface, qui lui est normale, et la force centrifuge composée, toujours perpendiculaire à la vitesse relative, ne produisent aucun travail ; et il en est de même de la pesanteur et de la force centrifuge, qui se composent en une force unique normale à la surface. De là résulte que dans le mouvement relatif le point mobile aura une vitesse apparente constante V.

Le théorème des aires ne s'applique plus, il est vrai, au mouvement relatif, puisque le moment de la force centrifuge composée n'est pas nul par rapport à l'axe OZ ; mais on a toujours, entre l'angle azimutal θ rapporté au plan fixe ZOX et l'angle θ' rapporté au plan mobile ZOX', la relation très-simple

$$(4) \qquad \theta = \theta' + \omega t.$$

Substituant cette valeur de θ dans l'équation (2), elle devient

$$(5) \qquad \frac{1}{2} r^2 (d\theta' + \omega dt) = A dt.$$

et jointe à l'équation

$$(6) \qquad V = \text{constante},$$

elle suffit pour définir le mouvement relatif cherché.

L'expression analytique de la vitesse relative s'obtiendra en divisant l'arc ds de la trajectoire apparente par le temps dt mis à le décrire. Or

$$ds^2 = dr^2 + r^2 d\theta'^2 + dz^2.$$

Mais de l'équation (1) on tire, en remplaçant $x^2 + y^2$ par r^2,

$$(7) \qquad dz = \frac{r dr}{R} ;$$

en définitive l'équation

$$(8) \qquad V^2 = \frac{dr^2}{dt^2} + \frac{r^2 d\theta'^2}{dt^2} + \frac{r^2}{R^2}\frac{dr^2}{dt^2} = \text{constante}$$

est la seconde équation du mouvement cherché.

De l'équation (5) on tire

$$(9) \qquad \frac{d\theta'}{dt} = \frac{2A}{r^2} - \omega,$$

valeur qui, substituée dans (8), donne, en résolvant par rapport à dt,

$$(10) \qquad dt = \pm \frac{dr\sqrt{1 + \dfrac{r^2}{R^2}}}{\sqrt{V^2 - r^2\left(\dfrac{2A}{r^2} - \omega\right)^2}} = \pm \frac{dr\sqrt{1 + \dfrac{r^2}{R^2}}}{\sqrt{V^2 - \left(\dfrac{A}{r} - \omega r\right)^2}}.$$

On trouvera donc par une quadrature la valeur de t en fonction de r. Les radicaux étant supposés pris en valeur absolue, on donnera au second membre le signe $+$ si dr est positif, le signe $-$ s'il est négatif, de manière que dt soit toujours positif.

L'équation (10) montre que la trajectoire apparente du point reste en général comprise entre deux parallèles de la surface, propriété qui appartient par conséquent aussi au mouvement absolu. En effet la quantité sous le radical inférieur doit toujours rester positive pour que la valeur de dt soit réelle. Développons le carré indiqué, nous obtenons la condition

$$(11) \qquad \frac{4A^2}{r^2} + \omega^2 r^2 < V^2 + 4A\omega,$$

le signe $<$ n'excluant pas l'égalité. Pour discuter cette condition, trois cas sont à distinguer.

1° Supposons A et V différents de zéro. Alors le second membre a une certaine valeur positive constante, que le premier doit au plus atteindre. Donc r varie entre deux limites fixes, car pour de très-petites valeurs le terme $\dfrac{4A^2}{r^2}$, et pour de très-grandes le terme $\omega^2 r^2$, croissent chacun indéfiniment.

Ces limites s'obtiendront en résolvant l'équation

$$(12) \qquad \frac{4\mathrm{A}^2}{r^2} + \omega^2 r^2 = \mathrm{V}^2 + 4\omega\mathrm{A},$$

ou bien

$$\frac{2\mathrm{A}}{r} - \omega r = \pm \mathrm{V},$$

dont on prendra seulement les racines positives. Elles indiquent les valeurs pour lesquelles dr devient nul et change de signe, ce qui exige qu'on change le signe avec lequel on prend la formule (10) pour maintenir la valeur positive de dt.

Le produit des deux termes $\dfrac{4\mathrm{A}^2}{r^2} \times \omega^2 r^2$ est constant et égal à $4\mathrm{A}^2\omega^2$; le minimum de la somme $\dfrac{4\mathrm{A}^2}{r^2} + \omega^2 r^2$ correspond à l'égalité des deux termes, et est égal à $4\mathrm{A}\omega$, quantité moindre que $\mathrm{V}^2 + 4\omega\mathrm{A}$; l'équation (12) donne donc nécessairement pour r^2 deux racines réelles et positives.

2° Soit $\mathrm{A} = 0$; alors le mouvement absolu du point s'effectue suivant la méridienne de la surface, et on rentre dans le cas du pendule simple. L'inégalité (11) se réduit à $\omega^2 r^2 < \mathrm{V}^2$, d'où l'on déduit pour limites de r les valeurs $\pm \dfrac{\mathrm{V}}{\omega}$.

La limite inférieure de r est zéro en valeur absolue, et correspond au passage du mobile au point O. Mais, pour l'application de la formule (10), on devra admettre les valeurs négatives de r jusqu'à la limite $-\dfrac{\mathrm{V}}{\omega}$, et ne changer le signe du second membre que lorsque dr aura changé de signe, c'est-à-dire lorsque le mobile, ayant atteint l'extrémité de sa course, reviendra sur ses pas le long de la méridienne qu'il décrit.

Ce cas particulier, appliqué aux très-petites oscillations, résout le problème du pendule simple. Faisons dans l'équation (10) $A = 0$, et supprimons au numérateur $\dfrac{r'^2}{R^2}$ devant l'unité. Il viendra

$$(13) \qquad dt = \pm \frac{dr}{\sqrt{V^2 - \omega^2 r^2}},$$

et on aura pour la durée d'une oscillation complète

$$T = \int_{-r_0}^{+r_0} \frac{dr}{\sqrt{V^2 - \omega^2 r^2}},$$

r_0 étant la valeur de r qui rend $\omega^2 r^2$ égal à V^2. Donc

$$T = \int_{-r_0}^{+r_0} \frac{dr}{\sqrt{\omega^2 \left(r_0^2 - r^2\right)}} = \frac{1}{\omega} \int_{-r_0}^{+r_0} \frac{dr}{\sqrt{r_0^2 - r^2}} = \frac{\pi}{\omega} = \pi \sqrt{\frac{R}{g}}.$$

Cherchons, dans ce cas, quel est le mouvement apparent du point par rapport aux axes mobiles OX′, OY′. Nous admettrons que le point reste dans le plan ZOX et qu'on ait constamment $0 = 0$. Donc

$$\theta' = -\omega t,$$

et

$$dt = -\frac{d\theta'}{\omega}.$$

Substituant cette valeur de dt dans l'équation (13), il vient pour l'équation de la trajectoire relative

$$\frac{d\theta'}{\omega} \pm \frac{dr}{\sqrt{\omega^2 \left(r_0^2 - r^2\right)}} = 0,$$

ou bien

$$d\theta' \pm \frac{dr}{\sqrt{r_0^2 - r^2}} = 0.$$

L'intégrale est, en adoptant le signe supérieur,

$$\theta' = \arccos \frac{r}{r_0} + \text{constante}.$$

Nous pouvons faire la constante égale à zéro, en comptant l'angle θ' à partir du plan méridien qui passe par le point mobile quand $r = r_0$; il vient

$$r = r_0 \cos \theta',$$

équation d'une circonférence de diamètre $r_0 = OA$ décrite sur l'axe OX', et tangente en O à l'axe OY'.

Le point mobile décrit cette circonférence avec une vitesse uniforme $V = \omega r_0$, dans le sens de la flèche f, pendant que

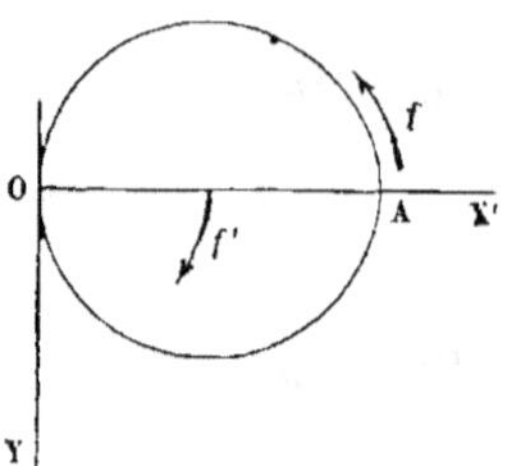

Fig. 106.

la circonférence elle-même tourne avec la vitesse ω autour du centre O dans le sens f'. Nous verrons bientôt que le mouvement général est susceptible d'une semblable image.

3° Le troisième cas à examiner est celui où $V = 0$.

Dans ce cas, le point est en repos relatif par rapport aux axes mobiles, et par suite r et θ' sont constants; ce qui exige qu'on ait la relation

$$\frac{2A}{r^2} = \omega^2,$$

ou bien

$$A = \frac{1}{2}\omega^2 r^2.$$

Le mouvement absolu du point est alors un mouvement uniforme, avec la vitesse angulaire ω, le long d'un parallèle de la surface, et la durée de la révolution entière est

$$\frac{2\pi}{\omega}, \quad \text{ou} \quad 2\pi\sqrt{\frac{R}{g}}.$$

Laissons de côté les cas particuliers, et revenons au cas général. L'intégration de l'équation (10) fera connaître t en fonction de r; puis on déterminera θ' en fonction de la même variable au moyen de l'équation (9), et enfin θ au moyen de l'équation (4). Le problème est donc analytiquement résolu au moyen de deux quadratures. Mais les intégrations ne peuvent s'effectuer en termes finis.

Nous achèverons le problème en supposant que le point en mouvement reste dans une région assez voisine du point O pour que l'on puisse négliger $\dfrac{r^2}{R^2}$ devant l'unité au

rnumérateur du second membre de l'équation (10). Cela revient à identifier le mouvement sur la surface avec le mouvement projeté sur le plan XOY ; car l'équation (8) devient dans
cette hypothèse

$$(14) \qquad dr^2 + r^2d\theta'^2 = V^2dt^2,$$

et jointe à l'équation (9), elle définit un mouvement qui s'accomplit dans le plan horizontal.

A l'équation (14) substituons l'équation plus simple

$$ds = Vdt.$$

L'équation (9) peut se mettre sous la forme

$$\frac{1}{2}\,\frac{r^2d\theta'}{dt} = \left(A - \frac{1}{2}\,\omega r^2\right).$$

Soit AB la trajectoire relative rapportée aux axes OY', OY'.
Soit M la position du point mobile : nous aurons OM = r. Au
point M, menons la tangente MP ; abaissons la perpendiculaire OP, que nous représenterons par p. La trajectoire peut
être rapportée aux coordonnées p et r (I, § 116). Or $\frac{1}{2}\,\frac{r^2d\theta'}{dt}$
représente l'aire décrite par le rayon vecteur OM dans l'unité
de temps. Cette aire est égale à la moi-
tié du produit de la vitesse V par la
perpendiculaire OP = p ; on a donc

$$(15) \qquad \frac{1}{2}pV = A - \frac{1}{2}\omega r^2,$$

relation entre p et r, qui définit la trajectoire.

En général, lorsqu'une courbe est dé-
finie par une relation entre les variables p et r, le rayon de

courbure ρ est égal à $\frac{rdr}{dp}$. Différentions l'équation (15) ; il

viendra

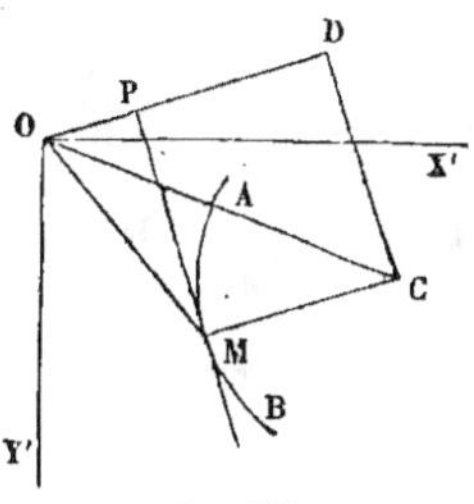

Fig. 107.

$$\frac{1}{2}Vdp = -\,\omega rdr,$$

et par suite

$$\rho = \frac{r\,dr}{dp} = -\frac{V}{2\omega},$$

quantité constante, qui montre que la trajectoire relative est une circonférence.

Le signe — attribué au rayon de courbure indique que dp et dr ont des signes différents, de sorte que la trajectoire, supposée orientée comme elle l'est sur la figure, est parcourue dans le sens AB par le mobile.

Le point mobile décrit cette circonférence d'un mouvement uniforme; sa vitesse angulaire autour de son centre est donc égale à $\dfrac{V}{\rho}$ ou à 2ω. Elle est double de la vitesse angulaire d'entraînement des axes OX', OY'.

Pour trouver la distance $OC = a$ du centre C à l'origine O, remarquons que cette distance est l'hypoténuse d'un triangle rectangle ODC dans lequel $OD = OP + MC = p - \rho = p + \dfrac{V}{2\omega}$ et $DC = PM = \sqrt{r^2 - p^2}$. Donc

$$a^2 = \left(p + \frac{V}{2\omega}\right)^2 + r^2 - p^2 = p\frac{V}{\omega} + \frac{V^2}{4\omega^2} + r^2$$
$$= \frac{1}{\omega}(2A - \omega r^2) + \frac{V^2}{4\omega^2} + r^2$$
$$= \frac{2A}{\omega} + \frac{V^2}{4\omega^2}.$$

Le mouvement absolu présente en résumé l'image suivante.

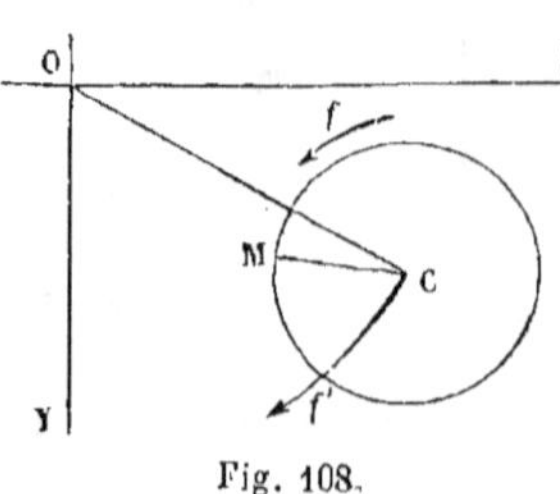

Fig. 108.

Le point M parcourt uniformément, dans le sens f, une circonférence dont le centre C est situé à la distance $OC = \sqrt{\dfrac{2A}{\omega} + \dfrac{V^2}{4\omega^2}}$ du sommet de la surface, et dont le rayon $\rho = CM$ est égal à $\dfrac{V}{2\omega}$; la vitesse linéaire du point M dans ce mouvement est V, et sa vitesse angulaire autour de C est 2ω. En même temps le rayon

OC tourne uniformément autour du point O dans le sens f' avec une vitesse angulaire ω. Le point M est comme un *satellite* qui accompagnerait la *planète* C dans son mouvement autour du *soleil* O.

Le mouvement résultant est elliptique. Toutes les conditions seront remplies en imaginant un cercle mobile de rayon OC, décrit du point C comme centre, qui roulerait uniformément au dedans d'un cercle fixe, décrit du point O avec un rayon OA = 2OC, la vitesse angulaire du rayon OA étant égale à ω. Le point M du plan du cercle mobile décrit dans ce mouvement épicycloïdal une ellipse

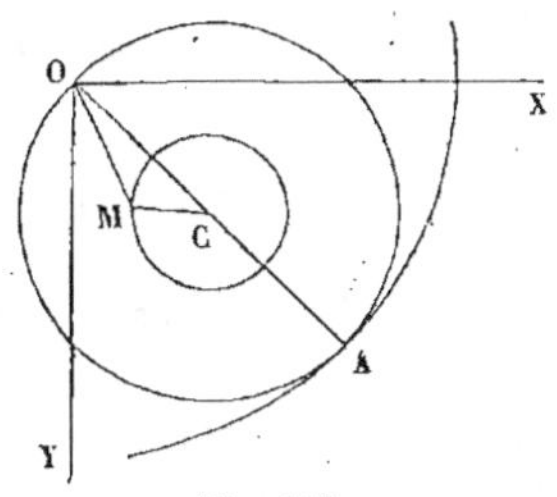

Fig. 109

dont le centre est le point O; son accélération, constamment dirigée suivant MO, est proportionnelle à la distance OM (I, § 194). La durée du parcours entier de cette ellipse est égale à la durée de la révolution du point C autour du point O, c'est-à-dire à $2\pi\sqrt{\dfrac{R}{g}}$. Ces résultats s'appliquent au mouvement d'un point pesant sur toute surface de révolution aux environs du sommet, R représentant le rayon de courbure de la surface en ce point.

MOUVEMENT D'UN CORPS PESANT DANS LE VIDE. — CAS GÉNÉRAL.

209. Reprenons les équations posées (§ 202), et faisons-y X = 0, Y = 0, Z = 0; elles deviennent par cette substitution, après avoir divisé par m,

$$(1) \qquad \frac{d^2x}{dt^2} = 2\omega\sin\lambda\,\frac{dy}{dt},$$

$$(2) \qquad \frac{d^2y}{dt^2} = 2\omega\cos\lambda\,\frac{dz}{dt} - 2\omega\sin\lambda\,\frac{dx}{dt},$$

$$(3) \qquad \frac{d^2z}{dt^2} = g - 2\omega\cos\lambda\,\frac{dy}{dt}.$$

Au lieu de supposer le mouvement presque vertical, comme dans le § 205, nous ne ferons ici aucune hypothèse sur le mouvement du point mobile.

Multiplions la première équation par $\cos\lambda$, la troisième par $\sin\lambda$, et ajoutons : le terme en $\dfrac{dy}{dt}$ s'élimine, et il vient

$$\cos\lambda\,\frac{d^2x}{dt^2} + \sin\lambda\,\frac{d^2z}{dt^2} = g\sin\lambda,$$

équation intégrable, qui nous donne

$$(4)\qquad \cos\lambda\,\frac{dx}{dt} + \sin\lambda\,\frac{dz}{dt} = gt\sin\lambda + \mathrm{A},$$

A étant une constante arbitraire.

Cette équation, jointe à l'équation (2), nous permet d'exprimer $\dfrac{dx}{dt}$ et $\dfrac{dz}{dt}$ en fonction de t et de $\dfrac{d^2y}{dt^2}$. On obtient $\dfrac{dx}{dt}$, par exemple, en multipliant l'équation (4) par $2\omega\cos\lambda$, l'équation (2) par $\sin\lambda$, et en retranchant, ce qui donne

$$(5)\qquad 2\omega\,\frac{dx}{dt} = 2\omega gt\sin\lambda\cos\lambda + 2\omega\mathrm{A}\cos\lambda - \sin\lambda\,\frac{d^2y}{dt^2}.$$

Différentions cette équation et remplaçons $\dfrac{d^2x}{dt^2}$ par sa valeur tirée de (1) ; nous aurons comme résultat une équation différentielle du troisième ordre entre y et t :

$$2\omega \times 2\omega\sin\lambda\,\frac{dy}{dt} = 2\omega g\sin\lambda\cos\lambda - \sin\lambda\,\frac{d^3y}{dt^3},$$

équation linéaire qu'on peut écrire

$$(6)\qquad \frac{d^3y}{dt^3} + 4\omega^2\,\frac{dy}{dt} = 2\omega g\cos\lambda.$$

L'intégrale générale de cette équation est

$$(7)\qquad y = \mathrm{C} + \frac{gt\cos\lambda}{2\omega} + \mathrm{C}'e^{2\omega t\sqrt{-1}} + \mathrm{C}''e^{-2\omega t\sqrt{-1}}$$

$$= \mathrm{C} + \frac{gt\cos\lambda}{2\omega} + \mathrm{E}\cos 2\omega t + \mathrm{F}\sin 2\omega t,$$

C, E, F étant des constantes arbitraires.

L'équation (5) nous fera connaître ensuite $\dfrac{dx}{dt}$ en fonction de t, puisque $\dfrac{d^2y}{dt^2}$ est une fonction de t connue par l'équation (7). Une intégration nous donnera x avec une nouvelle constante H. Enfin, des équations (2) et (4) on peut tirer $\dfrac{dz}{dt}$ comme on l'a fait pour $\dfrac{dx}{dt}$; on aura alors $\dfrac{dz}{dt}$ en fonction de t, et une dernière intégration fera connaître z, avec une constante arbitraire K. Il y aura en tout six constantes, savoir : A, C, E, F, H et K, qu'on déterminera d'après les circonstances initiales.

On trouvera

$$x = H + \frac{1}{2} g t^2 \sin\lambda \cos\lambda + A t \cos\lambda + E \sin\lambda \sin 2\omega t - F \sin\lambda \cos 2\omega t,$$

$$z = K + \frac{1}{2} g t^2 \sin^2\lambda + A t \sin\lambda - E \cos\lambda \sin 2\omega t + F \cos\lambda \cos 2\omega t.$$

Si, par exemple, on suppose le point pesant abandonné sans vitesse à l'instant $t = 0$, on trouvera pour les constantes :

$$A = 0, \qquad E = 0, \qquad C = 0,$$
$$H = - \frac{g \cos\lambda \sin\lambda}{4\omega^2}, \qquad F = - \frac{g \cos\lambda}{4\omega^2}, \qquad K = \frac{g \cos^2\lambda}{4\omega^2}.$$

Et les équations du mouvement prendront la forme :

$$x = \frac{1}{2} g \cos\lambda \sin\lambda \left(t^2 - \frac{\sin^2\omega t}{\omega^2} \right),$$
$$y = \frac{g \cos\lambda}{2\omega} \left(t - \frac{\sin 2\omega t}{2\omega} \right),$$
$$z = \frac{1}{2} g \left(t^2 \sin^2\lambda + \cos^2\lambda \, \frac{\sin^2\omega t}{\omega^2} \right).$$

La petitesse de ω permet de développer les sinus en séries très-rapidement convergentes, et en s'arrêtant aux premiers termes, on retrouve les valeurs données § 203.

CHAPITRE II

EXTENSION DES THÉORÈMES GÉNÉRAUX DU MOUVEMENT RELATIF

210. Le mouvement relatif peut être traité comme un mouvement absolu, pourvu qu'on adjoigne aux forces réelles les forces apparentes que nous avons définies. Les théorèmes généraux établis pour les mouvements absolus s'appliquent donc aussi aux mouvements relatifs, pourvu que l'on comprenne les forces apparentes au nombre des forces qui sollicitent les divers points du système mobile. Mais cette règle générale est souvent susceptible de notables simplifications.

211. En général, pour étudier le mouvement d'un système matériel, on commence par étudier le mouvement de son centre de gravité, en y supposant toute la masse concentrée, et toutes les forces extérieures transportées parallèlement à elles-mêmes ($\S 152$). Cette première partie du problème résolue, on imagine trois axes rectangulaires menés par le centre de gravité, parallèlement à des directions fixes dans l'espace. Le système d'axes ainsi défini possède un mouvement de translation qu'on prend pour mouvement d'entraînement, et qui n'est autre que le mouvement du centre de gravité lui-même.

On cherche ensuite le mouvement relatif du système matériel par rapport aux axes mobiles. L'entraînement étant une translation, la force centrifuge composée est nulle pour chaque point ($\S 194$). Restent donc à adjoindre aux forces réelles les forces d'inertie d'entraînement ; or, si l'on appelle m la masse d'un point matériel en particulier, et j l'accélération du centre de gravité, la force d'inertie d'entraînement du point sera égale à mj, et elle sera dirigée parallèlement à l'accélération j, mais en sens contraire. Toutes les forces d'inertie d'entraînement sont donc parallèles et proportionnelles aux masses.

Cherchons ce qui arrive lorsqu'on introduit ces forces apparentes dans les énoncés des théorèmes généraux. Le *théorème du mouvement du centre de gravité* nous apprend que l'accélération de ce point est nulle dans le mouvement relatif, ce que nous savions déjà, puisque le centre de gravité est en repos relatif.

212. Le *théorème des quantités de mouvement projetées* nous donne l'équation suivante, en supposant que la projection se fasse sur l'axe des x :

$$\Sigma m \frac{dx}{dt} - \Sigma m \left(\frac{dx}{dt}\right)_0 = \Sigma \int_{t_0}^{t} X dt - \Sigma \int_{t_0}^{t} m \frac{d^2\xi}{dt^2} dt;$$

$\dfrac{dx}{dt}$, $\left(\dfrac{dx}{dt}\right)_0$ sont les composantes de la vitesse relative du point m aux époques t et t_0 ; X est la composante de la force extérieure ; et $\dfrac{d^2\xi}{dt^2}$ est l'accélération absolue du centre de gravité projetée sur un axe parallèle à l'axe des x. On voit que $\dfrac{d^2\xi}{dt^2}$ est à chaque instant commun à tous les points, ce qui permet d'écrire à la place du dernier terme

$$- \int_{t_0}^{t} \frac{d^2\xi}{dt^2} dt \Sigma m,$$

ou enfin

$$- M \int_{t_0}^{t} \frac{d^2\xi}{dt^2} dt = - M \left[\left(\frac{d\xi}{dt}\right) - \left(\frac{d\xi}{dt}\right)_0 \right],$$

M étant la masse totale du système.

Le résultat final est donc

$$\Sigma m \frac{dx}{dt} - \Sigma m \left(\frac{dx}{dt}\right)_0 = \Sigma \int_{t_0}^{t} X dt - M \left[\frac{d\xi}{dt} - \left(\frac{d\xi}{dt}\right)_0 \right],$$

ou bien

$$\left(\mathrm{M}\, \frac{d\xi}{dt} + \Sigma m\, \frac{dx}{dt} \right) - \left[\mathrm{M} \left(\frac{d\xi}{dt} \right)_{0} + \Sigma m \left(\frac{dx}{dt} \right)_{0} \right] = \Sigma \int_{t_0}^{t} \mathrm{X}\, dt,$$

équation qui ne nous apprend rien de nouveau, car elle exprime simplement l'application du théorème des quantités de mouvement projetées au mouvement absolu du système : la somme $\mathrm{M}\, \dfrac{d\xi}{dt} + \Sigma\, m\, \dfrac{dx}{dt}$ est en effet la somme des quantités de mouvement projetées sur l'axe des x dans le mouvement absolu.

213. Le *théorème des moments des quantités de mouvement* élimine toutes les forces apparentes, pourvu que l'on prenne les moments par rapport aux axes mobiles. En effet toutes les forces d'inertie d'entraînement, $- mj$, sont parallèles et proportionnelles aux masses; composées ensemble, elles ont une résultante qui passe par le centre de gravité; le moment de cette résultante par rapport à un axe est égal à la somme des moments des composantes par rapport au même axe; par conséquent la somme des moments de ces forces par rapport à chacun des axes coordonnés mobiles, qui passent par le centre de gravité, est égale à zéro. Il n'y a donc pas lieu, dans les équations des moments des quantités de mouvement, de tenir compte des moments des forces d'inertie d'entraînement, dont la somme est toujours nulle d'elle-même. En d'autres termes, les équations des moments dans le mouvement relatif ne diffèrent pas des équations analogues dans le mouvement absolu.

Nous avons vu (§ 167) que la somme des moments des quantités de mouvement dans le mouvement absolu est décomposable en deux parties : l'une est le moment de la quantité de mouvement de la masse entière concentrée au centre de gravité, et l'autre la somme des moments des quantités de mouvement relatives par rapport à des axes de direction constante menés par le centre de gravité. C'est cette seconde partie seule qui figurera dans les équations des moments établies pour le mouvement relatif.

Toutes les propositions déduites du théorème des moments des quantités de mouvement, telles que le *théorème de M. Resal* (§ 160), le *théorème des aires* (§§ 162 et 163), s'appliquent au mouvement relatif rapporté au centre de gravité. Dans le mouvement relatif comme dans le mouvement absolu, il existe donc à chaque instant un *plan du maximum des aires* (§ 165), perpendiculaire à *l'axe du couple résultant des moments des quantités de mouvement*; si la résultante des forces extérieures est nulle, ou si elle passe par le centre de gravité du système, point commun aux trois axes mobiles, le plan du maximum des aires conservera dans l'espace un parallélisme absolu; l'axe résultant des moments des quantités de mouvement aura en même temps une orientation et une grandeur constantes.

214. L'*équation des forces vives* ne différera pas non plus pour le mouvement relatif de ce qu'elle serait si le mouvement était absolu. En effet la seule modification à y introduire consiste à ajouter au travail des forces, tant intérieures qu'extérieures, le travail des forces apparentes — mj; ces forces sont assimilables à la pesanteur, car elles sont toutes parallèles et proportionnelles aux masses de leurs points d'application; la somme de leurs travaux est égale au travail de leur résultante, c'est-à-dire au produit de leur somme par le déplacement du centre de gravité projeté sur leur direction commune. Or le centre de gravité est un point fixe dans le mouvement relatif; la somme des travaux des forces apparentes est donc nulle, et par suite l'adjonction de ces forces ne modifie pas l'équation des forces vives.

En résumé, *lorsque le mouvement d'un système est rapporté à des axes de direction constante menés par son centre de gravité, le théorème des moments des quantités de mouvement pris par rapport aux axes, et le théorème des forces vives s'appliquent au mouvement relatif sans qu'il y ait à tenir compte des forces apparentes.*

215. Il en est de même quels que soient les axes des moments, lorsque le mouvement relatif est rapporté à un système d'axes animé d'un mouvement d'entraînement rectiligne

et uniforme ; tous les théorèmes généraux s'appliquent dans ce cas au mouvement relatif sans adjonction de forces apparentes, puisque ces forces sont toutes nulles.

CAS OÙ LE MOUVEMENT D'ENTRAINEMENT EST UNE ROTATION UNIFORME AUTOUR D'UN AXE FIXE.

216. Il arrive souvent, principalement dans la théorie des machines, que le mouvement d'entraînement des axes auquel on doit rapporter le mouvement d'un système, est une rotation uniforme autour d'un axe fixe. Le problème du § 198, et les questions relatives au globe terrestre (§§ 200, 201, 202), sont des exemples de ce cas particulier. Alors la force d'inertie d'entraînement se réduit à la force centrifuge, $m\omega^2 r$; la force centrifuge composée, $2m\omega v_r \sin\alpha$, a une certaine valeur que nous savons calculer. Les forces apparentes s'introduisent dans les équations des théorèmes généraux. Si on prend, par exemple, les moments par rapport à l'axe de rotation, les forces centrifuges $m\omega^2 r$ ont un moment nul, mais les forces $2m\omega v_r \sin\alpha$ ne disparaissent généralement pas.

Quelle que soit la nature du mouvement d'entraînement, les forces centrifuges composées n'entrent jamais dans l'équation des forces vives ; car chacune est perpendiculaire à la vitesse relative de son point d'application, et par suite son travail est constamment nul. On peut d'ailleurs vérifier que la somme

$$2m\left[\left(r\frac{dy}{dt}-q\frac{dz}{dt}\right)dx+\left(p\frac{dz}{dt}-r\frac{dx}{dt}\right)dy+\left(q\frac{dx}{dt}-p\frac{dy}{dt}\right)dz\right]$$

est identiquement égale à zéro.

Dans le cas qui nous occupe, il n'y a, pour appliquer l'équation des forces vives au mouvement relatif, qu'à tenir compte du travail de la force $m\omega^2 r$. Soit O la projection de l'axe fixe, AB la trajectoire relative ; M la position du point de masse m, et M' une position infiniment voisine du même point. Projetant M' en M'' sur la direction OM, qui est celle de la force apparente $m\omega^2 r$, on aura pour le travail de cette force

$$m\omega^2 r \times MM'' = m\omega^2 r\,(r' - r) = m\omega^2 r\,dr.$$

La somme de tous ces travaux élémentaires entre deux positions A et B du point mobile est donc

$$\frac{1}{2}\,m\omega^2\,(r_1{}^2 - r_0{}^2),$$

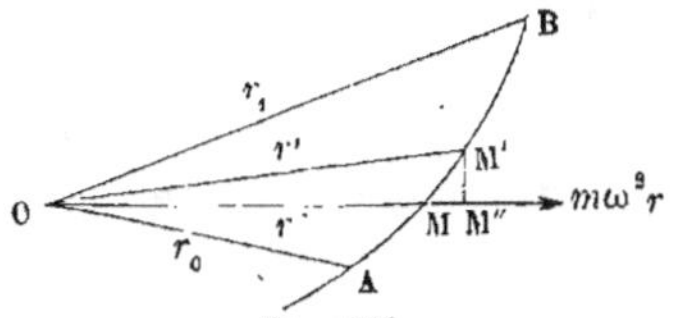

Fig. 110.

r_1 et r_0 étant les distances OB, OA. On peut donner aussi à cette expression la forme

$$\frac{1}{2}\,m\,(w_1{}^2 - w_0{}^2),$$

en désignant par w_1 et w_0 les *vitesses linéaires d'entraînement* des points B et A de la trajectoire.

CHAPITRE III

217. Le système planétaire a été défini § 153.

Les corps qu'il comprend agissent les uns sur les autres, et
ne subissent aucune action de la part des corps étrangers,
qui sont placés à des distances extrêmement grandes. Enfin,
on peut négliger la résistance du milieu, à cause de sa faible
densité.

Le mouvement du centre de gravité de ce système est rectiligne et uniforme, et, par suite, tous les théorèmes généraux
s'appliquent au mouvement relatif, rapporté au centre de gravité, comme s'il s'agissait du mouvement absolu.

Si, au lieu de supposer nulles les actions extérieures, on
en admettait de faibles, provenant de corps très-éloignés,
les actions d'un de ces corps sur tous les corps du système
planétaire seraient à chaque instant sensiblement parallèles, et à peu près proportionnelles aux masses des corps
attirés; car les distances de chacun de ces corps au corps
attirant sont sensiblement égales. La résultante de toutes
ces actions serait donc une force passant par le centre de
gravité du système; il en serait de même de toutes les actions
exercées par chaque corps étranger. Le mouvement du centre
de gravité, dans ce cas, ne serait plus rectiligne ni uniforme,
mais on pourrait appliquer les propositions démontrées dans
les §§ 211 et suivants, et rapporter le mouvement à des axes

de direction constante menés par le centre de gravité. Le théorème des moments des quantités de mouvement pris par rapport à ces axes, et le théorème des forces vives, n'exigeront
l'adjonction d'aucune force apparente. Les forces extérieures
n'entreront pas non plus dans les équations qui traduisent
algébriquement ces théorèmes. Car, puisque chaque groupe de
forces émanant d'un même centre, comprend des forces parallèles et proportionnelles aux masses des corps attirés, la
somme de leurs moments, par rapport à des axes menés par
le centre de gravité de ces corps, est constamment nulle, et
la somme de leurs travaux est également nulle dans le mouvement relatif. Cette décomposition du mouvement a donc
l'avantage d'éliminer à la fois les forces apparentes et les forces
extérieures sur lesquelles on n'a aucune donnée positive.

On peut en conclure que *dans le mouvement relatif du système planétaire rapporté à des axes de direction constante
passant par son centre de gravité, l'axe du couple résultant
des moments des quantités de mouvement a dans l'espace une
orientation constante et conserve une longueur invariable; le
plan du maximum des aires conserve donc aussi un parallélisme absolu; enfin, la somme des forces vives du système
ne varie qu'en vertu du travail des forces intérieures mutuelles.*

Cette remarque a une grande importance dans la mécanique céleste, car elle montre que, quel que soit le mouvement général du système planétaire dans l'espace, il existe un
plan dont le parallélisme n'est pas altéré par les mouvements
relatifs; c'est le plan sur lequel la somme des aires décrites
en projection autour du centre de gravité pendant l'unité de
temps est la plus grande possible. Laplace qui, le premier,
a mis en évidence l'existence de ce plan, lui a donné le nom
de *plan invariable.*

S'il n'y avait dans le système planétaire que le soleil et
une planète, réduits chacun pour plus de simplicité à un
point matériel, le plan invariable serait le plan de l'orbite
relative de la planète par rapport au soleil.

Pour le système planétaire pris dans son ensemble, le plan invariable est une sorte de plan moyen entre les plans de toutes les orbites. En toute rigueur, la détermination du plan invariable suppose que l'on tienne compte, non-seulement des mouvements de translation des centres du soleil et des planètes autour du centre de gravité général, mais encore des mouvements de rotation de chacun de ces corps autour de son axe. Les sommes des aires projetées sont, en effet, susceptibles de la même décomposition que les moments des quantités de mouvement (§ 167), dont elles sont la traduction géométrique (§ 42).

GRAVITATION UNIVERSELLE

218. La *gravitation universelle*, loi naturelle formulée pour la première fois par Newton, est une extension des lois de la pesanteur. Nous en avons déjà donné l'expression générale (I, § 157). Nous la rappellerons ici. Soient A et B deux

Fig. 111.

molécules, séparées par une distance $AB = r$. Soient m la masse de la molécule A, m' la masse de la molécule B, et f un nombre constant; la molécule A exerce sur la molécule B une attraction F exprimée par la formule

$$F = \frac{fmm'}{r^2}.$$

Il en résulte que l'accélération de la molécule A due à la force F est égale à $\dfrac{fm'}{r^2}$, et l'accélération de la molécule B due à la même force est égale à $\dfrac{fm}{r^2}$.

Nous allons montrer comment l'observation des mouvements des divers corps du système planétaire peut conduire à la démonstration de cette loi.

219. La première vérification faite par Newton a consisté à comparer la pesanteur, telle qu'on l'observe à la surface de la terre, avec la force qui retient la lune dans une orbite à peu près circulaire dont la terre occupe le centre.

L'orbite de la lune L peut être assimilée à un cercle dont le rayon TL serait égal à 60 rayons terrestres. Faisons abstraction du mouvement propre de la terre. La lune fait le tour entier de l'orbite en un temps égal à 27 jours, 321 661 [1], ce qui équivaut à 27,321 661 × 86 400, ou à 2 360 591 secondes, 51. La vitesse linéaire moyenne V de la lune est donc égale à $\dfrac{2\pi R}{2\,360\,591}$, en appelant R la distance TL. L'accélération totale dans le mouvement circulaire uniforme est centripète et égale à $\dfrac{v^2}{R}$, c'est-à-dire à $\left(\dfrac{2\pi}{2\,360\,591}\right)^2 \times R$.

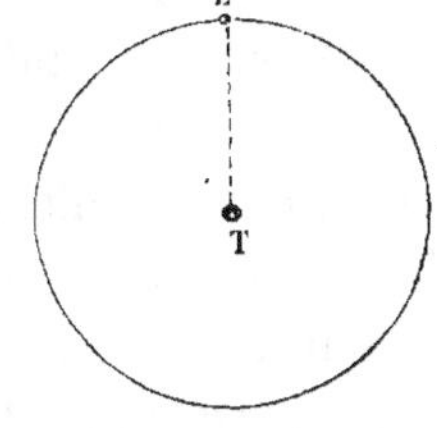

Fig. 112.

Le rayon R étant égal en moyenne à 60 rayons terrestres, la circonférence $2\pi R$ est égale à 60 fois le tour de la terre, ou à 60 fois 40 000 000 de mètres.

En définitive, l'accélération totale de la lune est égale à

$$\frac{2\pi \times 40\,000\,000 \times 60}{(2\,360\,591)^2} = 0,0027061.$$

Mais l'accélération due à la pesanteur, à la surface de la terre, est égale à $9^m,8088$, pour une distance au centre d'attraction égale au rayon terrestre. A la distance R, égale à 60 fois le rayon terrestre, elle serait donc égale à

$$\frac{9.8088}{60 \times 60} = 0,0027246,$$

si l'on admet la proportionnalité des attractions à l'inverse des carrés des distances.

Les deux accélérations ainsi calculées sont à peu près égales ; la divergence peut d'ailleurs être attribuée à diverses

---

[1] C'est la durée en jours solaires moyens de la *révolution sidérale* de la lune. (Cf. I, § 176.)

inexactitudes du calcul précédent. Ainsi, on a pris 9,8088 pour l'accélération due à l'*attraction terrestre* sur un point placé à sa surface, tandis que cette accélération correspond à la *pesanteur* sous la latitude de Paris. On a supposé la terre en repos, tandis qu'elle a un mouvement propre, qui n'est ni rectiligne ni uniforme, et qui influe par conséquent sur le mouvement relatif. On a admis que la lune décrivait autour de la terre, avec une vitesse constante, un cercle dont la terre occupait le centre : autant d'hypothèses qui ne sont que grossièrement approximatives. L'égalité des résultats obtenus, à moins d'un centième de leur valeur moyenne, peut donc être considérée comme une confirmation de la loi qu'on voulait vérifier.

MOUVEMENT RELATIF D'UNE PLANÈTE PAR RAPPORT AU SOLEIL.

220. L'étude du mouvement relatif des planètes par rapport au soleil en fournit une nouvelle vérification.

Rappelons d'abord les lois de Kepler, qui, résumant les observations de Ticho-Brahé, définissent complétement ce mouvement relatif, abstraction faite de certaines *perturbations* dont nous verrons plus loin la cause. Ces lois, que nous avons déjà indiquées (I, § 115), ne doivent pas être regardées comme rigoureusement vraies, mais bien comme offrant un haut degré d'approximation.

1° *Chaque planète du système solaire décrit une ellipse dont le soleil occupe un des foyers.*

2° *Le rayon vecteur mené du centre du soleil au centre de la planète décrit dans le plan de l'ellipse des aires égales en temps égaux.*

3° *Les carrés des temps des révolutions de chaque planète sont entre eux comme les cubes des grands axes de leurs trajectoires.*

Il résulte des deux premières lois que l'accélération totale du centre de chaque planète est à chaque instant dirigée vers le centre du soleil, et que si l'on appelle a le demi grand axe de l'ellipse qu'elle décrit, T la durée d'une révolution entière, et r la distance du centre du soleil au centre de la planète à un instant donné, l'accélération totale j du centre de la planète à cet instant est égale à

$$= \frac{4\pi^2 a^3}{T^2} \times \frac{1}{r^2};$$

la troisième loi nous montre que $\frac{a^3}{T^2}$ est constant pour toutes les planètes ; donc l'accélération totale est inversement proportionnelle au carré de la distance au soleil, non-seulement quand on considère une même planète dans la suite de son mouvement, mais encore quand on compare entre elles deux planètes différentes.

Il s'agit de déduire de cette loi cinématique l'expression de la force qui produit les mouvements observés.

Si le soleil était immobile, le problème serait immédiatement résolu ; car il suffirait de multiplier l'accélération j par la masse m de la planète pour avoir la force cherchée mj. Mais le soleil est un corps libre dans l'espace ; l'action qu'il exerce sur la planète suppose une réaction exercée par la planète sur lui, et, par suite, l'immobilité absolue du soleil est inadmissible.

Pour rapporter le mouvement à une origine qu'on pût considérer comme fixe, il faudrait prendre le centre de gravité du système formé par la planète et le soleil. Car le mouvement rectiligne et uniforme que possède le centre de gravité d'un système soumis seulement à des forces mutuelles, est sans influence sur les forces dans le mouvement relatif rapporté à des axes de direction constante menés par ce point.

221. Mais ce que nous cherchons, c'est le mouvement rapporté à des axes de direction constante menés par le centre du soleil. Il est donc nécessaire d'introduire les forces ap-

parentes, qui se réduisent ici à la force d'inertie d'entraîne-ment, puisque le mouvement des axes est une simple translation.

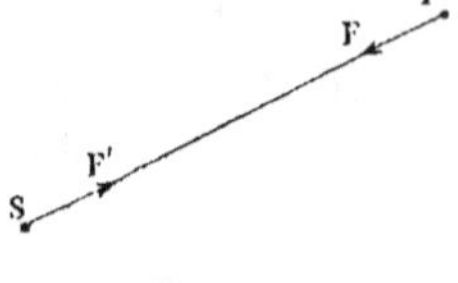

Fig. 113.

Soient à un instant quelconque P la planète, S le soleil, F la force exercée par le soleil sur la planète, et F′ la réaction égale à F, exercée par la planète sur le soleil. Appelons m la masse de la planète, et M la masse du soleil.

L'accélération de la planète P sera dirigée dans le sens PS, et égale à $\dfrac{F}{m}$; l'accélération du soleil sera dirigée dans le sens SP, et égale à $\dfrac{F}{M}$. Cette dernière accélération est celle du mouvement d'entraînement. La force d'inertie d'entraînement de la planète, supposée liée aux axes mobiles, est donc égale en valeur absolue à $\dfrac{F}{M} \times m$, et elle est dirigée dans le sens PS, car elle est de sens contraire à l'accélération d'entraînement. On pourra donc regarder le soleil comme fixe à condition qu'on adjoigne à la force réelle F, qui agit sur la planète P, la force apparente $F \times \dfrac{m}{M}$, agissant dans la même direction et dans le même sens ; la force qui produit le mouvement relatif est donc égale à $F \times \left(1 + \dfrac{m}{M}\right)$, c'est-à-dire au produit de la force mutuelle F par le facteur constant $1 + \dfrac{m}{M}$.

Or l'accélération totale j du mouvement relatif est donnée par les lois de Kepler ; elle est égale, pour une distance PS $= r$, à

$$\frac{4\pi^2 a^3}{T^2} \times \frac{1}{r^2}.$$

La force qui produit le mouvement de la planète par rapport au soleil supposé fixe, est donc

$$\frac{4\pi^2 a^3}{T^2} \times \frac{m}{r^2},$$

et comme elle est d'ailleurs égale à $F \times \left(1 + \dfrac{m}{M}\right)$, on a l'égalité

$$\frac{4\pi^2 a^3}{T^2} \times \frac{m}{r^2} = F \times \left(1 + \frac{m}{M}\right).$$

D'où l'on déduit

$$F = \frac{4\pi^2 a^3}{T^2} \times \frac{m}{r^2 \left(1 + \dfrac{m}{M}\right)} = \frac{4\pi^2 a^3}{T^2(M + m)} \times \frac{Mm}{r^2}.$$

La loi de la gravitation universelle nous donne pour expression de la force F

$$F = \frac{f\,Mm}{r^2}.$$

Les deux expressions sont identiques si l'on a

$$f = \frac{4\pi^2 a^3}{T^2(M + m)}.$$

Si la troisième loi de Kepler était mathématiquement exacte, le rapport $\dfrac{4\pi^2 a^3}{T^2}$ serait rigoureusement constant pour toutes les planètes, et le coefficient f serait légèrement variable de l'une à l'autre, puisque la masse m n'est pas la même pour toutes. Mais, au contraire, les lois de Kepler ne sont qu'approximativement vraies ; la masse M du soleil étant très-grande par rapport à la masse m d'une planète quelconque, on peut admettre que le coefficient f est rigoureusement constant, tandis que le rapport $\dfrac{a^3}{T^2}$ varie d'une planète à l'autre proportionnellement à la somme $M + m$, qui a pour toutes à très-peu près la même valeur.

La vérification réussit donc encore par ce moyen, et la petite divergence que l'on constate doit être attribuée au caractère approximatif des lois de Kepler ; en d'autres termes, des lois de Kepler, qui sont seulement approximatives, Newton a déduit la loi de gravitation universelle qu'on peut regarder comme rigoureuse ; car les perturbations des mou-

vements planétaires, qui constituent des exceptions aux lois
de Kepler, rentrent toutes dans la loi de Newton.

Les lois de Kepler n'en sont pas moins la base nécessaire
de la théorie de la gravitation universelle, et il est fort heu-
reux pour les progrès de l'astronomie qu'elles aient été nettement posées, même à titre d'approximation. Un plus grand
degré d'exactitude dans les observations de Ticho et de Kepler aurait introduit dans les lois du mouvement toutes les
perturbations causées par les actions des planètes les unes
sur les autres; il eût été plus difficile, il eût peut-être été
impossible, d'en déduire la loi de l'attraction. Cette loi était
un corollaire des lois de Kepler, qui isolent pour ainsi
dire les planètes les unes des autres, et définissent seulement la part la plus importante de leurs mouvements, celle
qui résulte de l'action du soleil.

C'est principalement l'observation de la planète Mars qui
a révélé à Kepler ses deux premières lois ; jusqu'alors on avait
admis que les planètes décrivaient des courbes circulaires.
La faible excentricité des orbites de la terre (0,0168) et de
Vénus (0,007) permet, jusqu'à un certain point, de les confondre avec des circonférences ; mais l'excentricité de l'orbite
de Mars (0,093) est assez grande pour rendre la confusion
impossible.

Les mouvements des comètes autour du soleil dans des
trajectoires elliptiques très-allongées, les révolutions des satellites autour de leurs planètes, vérifient aussi avec une grande
approximation les lois de Kepler, et rentrent complétement
dans la loi de Newton. On reconnaît la même loi d'attraction
dans les mouvements relatifs des étoiles doubles. La gravitation paraît, en définitive, une loi générale de la nature.

MOUVEMENT DU SOLEIL ET D'UNE PLANÈTE PAR RAPPORT AU CENTRE DE GRAVITÉ DE L'ENSEMBLE DE CES DEUX CORPS.

222. Le centre de gravité du système formé par le soleil
S et la planète P se trouve à chaque instant sur la ligne PS,

en un point C qui partage la distance SP en deux segments SC, CP, réciproquement proportionnels aux masses M et m. On a donc

$$\frac{SC}{CP} = \frac{m}{M},$$

et par suite

$$\frac{SC}{SP} = \frac{m}{M + m}.$$

La trajectoire du point C, dans le mouvement relatif de P autour de S, est une ellipse semblable à la trajectoire du point P lui-même ; le point S est donc le foyer de cette ellipse, et les aires décrites par le rayon SC sont proportionnelles aux temps mis à les décrire. Supposons maintenant le point C immobile, et les points S et P animés de leurs mouvements absolus. Le mouvement relatif de S par rapport à C sera égal et contraire au mouvement de C par rapport à S, et s'ac-

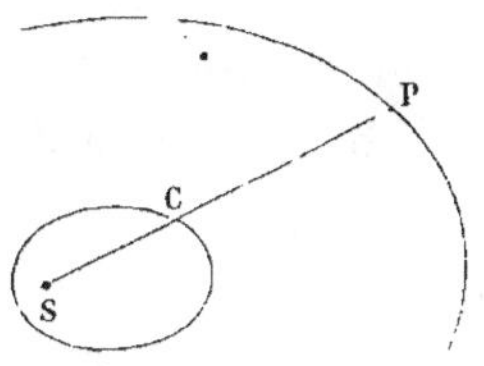

Fig. 114

complira dans une ellipse égale à la trajectoire apparente du point C autour de S. (I, § 78). Le soleil décrit donc autour du centre de gravité C une ellipse dont ce point occupe un des foyers, conformément aux deux premières lois de Kepler, et comme il n'y a dans tout ce calcul aucune différence de rôle entre le corps S et le corps P, il en résulte aussi que P obéit aux deux premières lois de Kepler dans son mouvement autour de C.

On pourra vérifier, connaissant les rapports des masses M et m, que le point C est en réalité très-voisin du point S, de sorte qu'il n'y a pas grande erreur à supposer fixe le centre du soleil.

223. On déduit des calculs précédents le rapport $\frac{M}{m}$ de la masse M du soleil à la masse m de la terre.

Nous avons en effet trouvé l'équation

$$f = \frac{4\pi^2 a^3}{T^2(M+m)},$$

qui peut s'appliquer au système formé par la terre et le soleil; il suffira de remplacer le demi grand axe a par la distance du soleil à la terre, et le temps T par la durée de l'année sidérale, évaluée en secondes.

L'attraction exercée par la terre sur un point matériel de masse égale à l'unité, placé à sa surface, est exprimée par $\frac{mf}{r^2}$, r étant le rayon terrestre; ce nombre est égal à l'accélération g' due à l'attraction de la terre, c'est-à-dire (§ 201) à $9^m,82265$. On a d'ailleurs

$$a = 24000\,r, \qquad r = 6366210 \text{ mètres,}$$

et

$$T = 365,2563835 \times 86400^s.$$

Des équations

$$f(M+m) = \frac{4\pi^2 a^3}{T^2},$$

$$\frac{fm}{r^2} = g',$$

on tire, en divisant membre à membre,

$$\frac{M}{m} + 1 = \frac{4\pi^2 a^3}{g' r^2 T^2},$$

et substituant les valeurs de a, de r, de T et de g', il vient

$$\frac{M}{m} = 355159$$

pour le rapport de la masse du soleil à la masse de la terre. Cette valeur du rapport n'est qu'approximative, car on a pris pour mesure du demi grand axe de l'orbite 24000 rayons terrestres, distance moyenne peu rigoureuse de la terre au soleil. En faisant le calcul avec plus de précision dans les données, on trouve pour le rapport cherché le nombre 354936, qui diffère peu du précédent. C'est la valeur que nous adopterons dans ce qui suit.

INTENSITÉ DE L'ATTRACTION EXERCÉE PAR LE SOLEIL
SUR UN CORPS PLACÉ A SA SURFACE.

224. Le rayon R du soleil est égal à 112 fois le rayon r de la terre. L'attraction exercée par le soleil sur l'unité de masse placée à la distance R de son centre est donnée par l'expression

$$\frac{fM}{R^2} = G,$$

G désignant l'accélération imprimée par l'attraction du soleil à tout corps pesant qui tomberait à sa surface.

Pour la terre, on aurait de même

$$\frac{fm}{r^2} = g'.$$

Donc

$$\frac{M}{m} \times \frac{r^2}{R^2} = \frac{G}{g'},$$

et par suite

$$G = g' \times \left(\frac{r}{R}\right)^2 \times \frac{M}{m} = g' \times \left(\frac{1}{112}\right)^2 \times 354936 = g' \times 28,20.$$

L'intensité de l'attraction du soleil sur un point de sa surface est donc 28 fois plus grande que l'intensité de l'attraction terrestre sur un point de la surface de la terre. La *pesanteur* à la surface du soleil est la résultante de l'attraction solaire et de la force centrifuge, laquelle dépend de la durée de la rotation du soleil autour de son axe. Cette durée est connue : elle est égale à 25 jours 8 heures 10 minutes. On a ainsi tous les éléments nécessaires pour calculer l'intensité de la pesanteur en chaque point de la surface solaire.

Une méthode identique peut être employée pour déterminer l'intensité de l'attraction à la surface d'une planète quelconque; il suffit pour cela de connaître le rapport $\frac{r'}{r}$ des rayons de la planète au rayon de la terre, et le rapport $\dfrac{m'}{m}$ de leurs masses.

Pour évaluer ensuite l'influence de la force centrifuge, il faut connaître la durée de la rotation propre.

MASSES DES PLANÈTES.

225. La recherche du rapport $\dfrac{m'}{M}$ de la masse d'une planète à la masse du soleil se ramène aux mêmes principes que la recherche du rapport $\dfrac{M}{m}$ de la masse du soleil à celle de la terre, lorsque la planète considérée est une de celles qui ont des satellites ; car l'observation du mouvement des satellites fait connaître l'intensité de l'attraction exercée sur eux par la planète autour de laquelle ils se meuvent, et on obtient ainsi une donnée équivalente à celle que fournirait l'observation du mouvement parabolique des corps pesants, si l'on pouvait la faire à la surface de cette planète.

Soit a, le demi grand axe de l'orbite de la planète,

      T, la durée de la révolution,

      m', la masse de la planète,

      M, la masse du soleil,

      a', le demi grand axe de l'orbite d'un satellite autour de la planète,

      T', la durée de la révolution du satellite autour de la planète,

      m'', la masse du satellite.

On aura, en appliquant au mouvement de la planète autour du soleil et au mouvement du satellite autour de la planète les formules du § 221, déduites des lois de Kepler,

$$f(M + m') = \frac{4\pi^2 a^3}{T^2}.$$

$$f(m' + m'') = \frac{4\pi^2 a'^3}{T'^2}.$$

1Donc

(1)
$$\frac{M + m'}{m' + m''} = \left(\frac{a}{a'}\right)^3 \times \left(\frac{T'}{T}\right)^2.$$

Le premier membre peut être simplifié sans erreur sensible, car m' est très-petit par rapport à M, et m'' est très-petit par rapport à m'. La fraction $\frac{M + m'}{m' + m''}$ est donc à peu près égale à $\frac{M}{m'}$; l'équation

$$\frac{M}{m'} = \left(\frac{a}{a'}\right)^3 \times \left(\frac{T'}{T}\right)^2$$

fait connaître le rapport cherché, et détermine m' en fonction de M.

On pourrait en déduire ensuite le rapport de la masse m' à celle de la terre, nombre qu'il est utile de connaître pour déterminer l'intensité de l'attraction à la surface de la planète.

Cette méthode s'applique à Jupiter, à Saturne, à Uranus; la terre ayant un satellite, on pourrait aussi se servir de cette méthode pour déterminer le rapport de sa masse à celle du soleil; le résultat du calcul serait peu exact, parce que la masse de la lune, qui entrerait dans l'équation (1) à la place de m'', n'est pas négligeable par rapport à la masse m de la terre, Mais on connaît $\frac{M}{m}$, et on sait que m est négligeable par rapport à M. L'équation (1) peut donc se simplifier de la manière suivante :

$$\frac{M}{m + m''} = \left(\frac{a}{a'}\right)^3 \times \left(\frac{T'}{T}\right)^2,$$

et de là on déduit la valeur m'' de la masse de la lune. On a trouvé environ $m'' = \frac{m}{88}$

Pour les planètes qui n'ont pas de satellites, telles que Mercure, Vénus, Mars,..., la détermination de leurs masses est un problème beaucoup plus difficile; on l'a résolu par l'étude des perturbations de leurs mouvements.

En définitive on connaît aujourd'hui les rapports des masses des principaux corps du système solaire.

INFLUENCE DU MOUVEMENT DE TRANSLATION DE LA TERRE
SUR LA PESANTEUR A SA SURFACE.

226. On a déjà apprécié ($ 200) l'influence de la rotation de la terre sur la *pesanteur*, qui est en chaque point du globe la résultante de l'attraction et de la force centrifuge. Nous allons chercher quelle est l'influence du mouvement de translation de la terre sur la pesanteur ainsi définie. Nous rapporterons pour cela le mouvement des corps pesants à des axes de direction constante passant par le centre de gravité du globe, et nous ferons abstraction du mouvement de rotation, dont nous avons déjà tenu compte dans notre définition de l'accélération g.

Le mouvement d'entraînement sera une simple translation, et, par conséquent, la force apparente à adjoindre aux forces réelles sera la force d'inertie d'entraînement, c'est-à-dire la force d'inertie du point matériel dont on étudie le mouvement, supposé pour un instant lié aux axes mobiles.

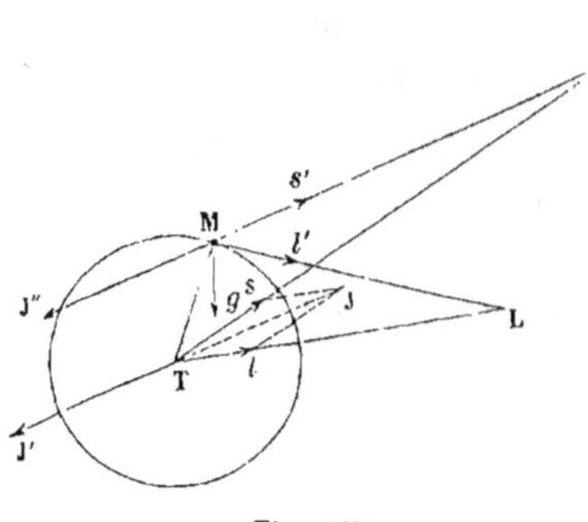

Fig. 115.

Le mouvement du centre de la terre est produit par l'attraction des autres corps du système solaire, et notamment par le soleil et par la lune, dont les actions sont prépondérantes : le soleil à cause de sa grande masse, la lune à cause de sa proximité.

Nous ferons abstraction des autres corps, qui ont une masse attirante peu considérable, ou qui sont très-éloignés de la terre.

Soit T, le centre de la terre,

M, un point de sa surface,

S, le centre du soleil,
L, le centre de la lune,
M, la masse du soleil,
m, la masse de la terre,
m', la masse de la lune.

Le soleil exerce sur la terre une attraction dirigée suivant TS et égale à $\dfrac{f\,\mathrm{M}\,m}{\mathrm{TS}^2}$; l'accélération correspondante du centre T du globe terrestre s'obtient en divisant la force par m, ce qui donne une accélération $\mathrm{T}s = \dfrac{f\,\mathrm{M}}{\mathrm{TS}^2}$.

De même l'accélération correspondante à l'attraction de la lune sera représentée par une droite $\mathrm{T}l = \dfrac{f\,m'}{\mathrm{TL}^2}$.

La résultante des accélérations $\mathrm{T}s$ et $\mathrm{T}l$ est l'accélération totale TJ du centre de la terre ; menant en sens contraire la droite $\mathrm{TJ}' = \mathrm{TJ}$, on aura, en grandeur et en direction, l'accélération qui doit entrer dans l'expression de la force d'inertie d'entraînement.

Le point matériel M est donc sollicité dans le mouvement relatif par les forces suivantes :

La pesanteur, comprenant l'influence de la rotation du globe ; nous représenterons par la droite Mg la grandeur et la direction de l'accélération correspondante ;

L'attraction du soleil, qui donne lieu à une accélération $\mathrm{M}s' = \dfrac{f\,\mathrm{M}}{\mathrm{MS}^2}$;

L'attraction de la lune, qui produit l'accélération $\mathrm{M}l' = \dfrac{f\,m'}{\mathrm{ML}^2}$;

Enfin la force d'inertie d'entraînement due à la translation du globe ; l'accélération correspondante est représentée sur la figure par une droite MJ″, égale et parallèle à TJ′.

La droite Mg représentant la pesanteur abstraction faite de la translation terrestre, l'influence de cette translation est donnée par la résultante des trois accélérations Ml', Ms' et MJ″.

Or il est facile de voir que la résultante de ces trois droites est très-près d'être nulle ; en effet, le rayon terrestre TM est très-petit par rapport aux distances TL, TS, de sorte que l'on peut sans grande erreur regarder MS comme égale et parallèle à TS, et ML comme égale et parallèle à TL. Alors la figure formée par les trois droites Ms', Ml', MJ', ne serait autre chose que la figure formée par les droites Ts, Tl, TJ', transportée parallèlement à elle-même.

La résultante des trois accélérations étant rigoureusement nulle autour du point T, il en serait de même autour du point M, et les trois forces correspondantes se détruiraient sur ce point. S'il n'en est pas rigoureusement ainsi, du moins la résultante est très-près d'être nulle ; elle est si petite, en effet, que l'observation directe ne parvient pas à la mettre en évidence. Elle se révèle cependant à nous dans un grand phénomène naturel, les marées de l'Océan, qui sont dues aux déviations périodiques de la verticale causées par l'attraction solaire et lunaire et par le mouvement de translation de notre globe.

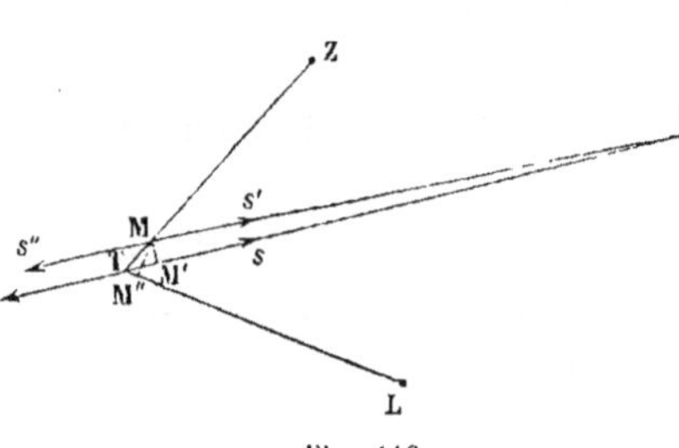

Fig. 116.

227. Au lieu de composer ensemble comme nous l'avons fait, l'action du soleil et celle de la lune, cherchons à évaluer séparément ces deux influences. On peut, en pareille matière, se contenter d'une approximation.

Cherchons en particulier l'action du soleil.

L'accélération Ts du centre du globe est égale à $\dfrac{fM}{\overline{TS}^2}$. L'accélération M$s'$ du point M placé à la surface est égale à $\dfrac{fM}{\overline{MS}^2}$.

Il faut composer ensemble l'accélération Ms' avec une accélération Ms'', égale et parallèle, mais de sens contraire à TS. La droite MS faisant avec ST un très-petit angle, les droites Ms',

Ms'' sont à très-peu près en prolongement l'une de l'autre, et la résultante des deux droites est égale à leur différence Ms' — Ms'', ou à

$$ f\mathrm{M} \left(\frac{1}{\overline{\mathrm{MS}}^2} - \frac{1}{\overline{\mathrm{TS}}^2} \right) ; $$

elle a une direction sensiblement parallèle à TS.

Mais la droite MS est à peu près égale à sa projection M'S sur la droite TS. Remplaçons donc $\dfrac{1}{\overline{\mathrm{MS}}^2}$ par $\dfrac{1}{\overline{\mathrm{M'S}}^2}$.

Il viendra

$$ \frac{1}{\overline{\mathrm{M'S}}^2} - \frac{1}{\overline{\mathrm{TS}}^2} = \frac{\overline{\mathrm{TS}}^2 - \overline{\mathrm{M'S}}^2}{\overline{\mathrm{M'S}}^2 \times \overline{\mathrm{TS}}^2} $$

$$ = \frac{(\mathrm{TS} - \mathrm{M'S}) \times (\mathrm{TS} + \mathrm{M'S})}{\overline{\mathrm{M'S}}^2 \times \overline{\mathrm{TS}}^2} = \frac{\mathrm{TM'} \times (\mathrm{TS} + \mathrm{M'S})}{\overline{\mathrm{M'S}}^2 \times \overline{\mathrm{TS}}^2}. $$

Cette dernière expression est réductible par approximation à $\dfrac{2\mathrm{TM'}}{\overline{\mathrm{TS}}^3}$, en confondant la distance M'S avec la distance TS qui lui est à peu près égale.

L'accélération à composer avec la pesanteur pour tenir compte de l'action du soleil et du mouvement de translation de la terre dû à cette action est donc égale à

$$ \frac{2 f\mathrm{M} \times \mathrm{TM'}}{\overline{\mathrm{TS}}^3}. $$

De même l'accélération par laquelle on tiendra compte à la fois de l'action de la lune et du mouvement de translation de la terre dû à cette action, est approximativement égale à

$$ \frac{2 f m' \times \mathrm{TM''}}{\overline{\mathrm{TL}}^3}. $$

Les quantités TM', TM'', sont les projections sur les droites menées du centre de la terre aux centres du soleil et de la lune, du rayon terrestre qui aboutit au point M ; le rapport de ces quantités au rayon terrestre dépend des angles

ZTS, ZTL, qui mesurent à peu près les distances du soleil et de la lune au zénith du point M, ou les compléments des hauteurs du soleil et de la lune au-dessus de l'horizon du même point. On voit donc qu'à *égalité de hauteur au-dessus de l'horizon, les influences du soleil et de la lune sur la pesanteur sont proportionnelles à la masse du corps attirant, et inversement proportionnelles au cube de sa distance à la terre.*

Le rapport des deux influences, toujours à égalité de hauteur au-dessus de l'horizon, est égal à

$$\frac{M}{m'} \times \left(\frac{TL}{TS}\right)^3.$$

Or on a

$$M = m \times 355000 \text{ environ (§ 223)},$$
$$m' = m \times \frac{1}{88} \text{ (§ 225)},$$
$$TL = 60\, r \quad \text{en moyenne},$$
$$TS = 24000\, r.$$

Donc

$$\left(\frac{M}{m'}\right) \times \left(\frac{TL}{TS}\right)^3 = \frac{355000}{\left(\frac{1}{88}\right)} \times \left(\frac{60}{24000}\right)^3 = \frac{355000 \times 88}{(400)^3} = 0,488.$$

L'action de la lune est par conséquent plus énergique que l'action du soleil ; c'est ce qui est vérifié par l'observation des marées.

DÉFINITION DES ÉLÉMENTS ELLIPTIQUES.

228. Bien que les lois de Képler ne soient pas vraies d'une manière absolue, elles permettent de définir avec exactitude, pour un temps plus ou moins long, tous les mouvements planétaires. Les divergences ne commencent à s'accuser qu'au bout d'un certain intervalle de temps. Aussi doit-on regarder ces lois comme le premier pas fait dans la voie des approximations successives au moyen desquelles on serre de plus en plus près les mouvements réels du système solaire.

On appelle *éléments elliptiques* les quantités qui, à un instant déterminé, définiraient le mouvement elliptique d'une planète si elle obéissait rigoureusement aux lois de Képler. Ces éléments sont au nombre de six.

Rappelons d'abord que le centre de gravité du système solaire peut être considéré comme immobile, et qu'on peut déduire des positions, des vitesses et des masses des planètes un plan, dit *plan invariable*, dont le parallélisme dans l'espace n'est pas altéré par les mouvements planétaires. On pourrait prendre le centre de gravité pour origine des axes coordonnés, et le plan invariable pour l'un des plans coordonnés. On préfère généralement, dans l'astronomie usuelle, rapporter les mouvements des planètes à des axes menés par le centre de gravité du soleil, et on prend pour l'un des plans coordonnés le plan de l'*écliptique*, c'est-à-dire le plan qui contient l'orbite de la terre. Les positions des planètes sont alors supposées projetées sur la *sphère héliocen-trique;* les axes coordonnés sont :

Une droite OY menée du centre du soleil O au point de l'écliptique appelé *équinoxe de printemps*, A ;

Une droite OX menée du centre du soleil au point de l'écliptique appelé *solstice d'été*, B ; ces deux droites sont contenues dans le

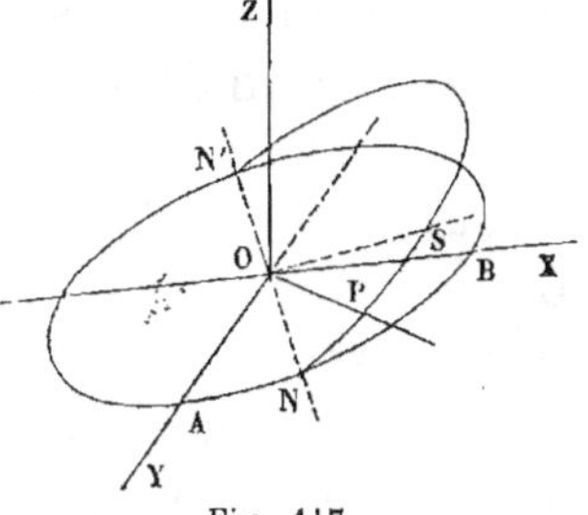

Fig. 117.

plan de l'écliptique et se coupent à angle droit au point O ;

Une troisième droite, OZ, menée par le centre du soleil, perpendiculairement au plan de l'écliptique, du côté du nord.

229. Pour définir le mouvement elliptique d'une planète, il suffit de faire connaître les six quantités suivantes :

1° La *longitude du nœud ascendant ;* c'est l'angle AON que fait avec la ligne des équinoxes OA la ligne ON, intersection du plan de l'orbite avec le plan de l'écliptique ; le *nœud ascendant* est le point où la planète passe de l'hémisphère austral à l'hémisphère boréal.

2° L'*inclinaison de l'orbite* est l'angle dièdre formé par le plan de l'orbite avec le plan de l'écliptique ; c'est le dièdre dont la ligne des nœuds ON est l'arête. Ces deux premiers éléments définissent la position du plan de l'orbite.

3° La *longitude vraie du périhélie* fait connaître la direction OP, dans laquelle est situé le *périhélie* de la planète, c'est-à-dire le point de l'orbite qui est le plus voisin du soleil ; on sait que ce point est une des extrémités du grand axe de l'ellipse. La longitude vraie du périhélie est la somme des angles AON + NOP. Le troisième élément sert donc à orienter l'orbite elliptique dans son plan.

4° L'*excentricité* de l'orbite est l'excentricité relative de l'ellipse, c'est-à-dire le rapport $\dfrac{\sqrt{a^2-b^2}}{a}$ de la demi-distance des foyers au demi grand axe ; connaissant l'excentricité, on peut construire une courbe semblable à l'orbite.

5° Le *demi grand axe* de l'orbite est cette quantité a ; dès qu'on la connaît, on peut ramener l'ellipse semblable à la vraie grandeur qu'elle doit avoir. Les éléments 4 et 5 définissent donc la forme et la grandeur de l'orbite elliptique, dont les trois premiers définissaient la position dans l'espace.

6° Le dernier élément est la *longitude de l'époque*, qui fixe la position de la planète sur sa trajectoire à un instant déterminé ; c'est l'angle SON formé par la ligne des nœuds et la direction OS de la droite menée à cet instant du centre du soleil à la planète, augmenté de l'angle NOA, longitude du nœud ascendant.

Pour éviter toute ambiguïté, des conventions supplémentaires fixent le sens dans lequel ces angles doivent être comptés.

230. La durée de la révolution T se déduit de la troisième loi de Képler et de la connaissance du grand axe. On a en effet

$$f(M+m) = \frac{4\pi^2 a^3}{T^2}.$$

La masse m de la planète étant très-petite par rapport à la masse M du soleil, $f(M+m)$ est sensiblement constant pour toutes les planètes. On peut remarquer que T est la durée d'une révolution entière du rayon OS, autour du point O dans le plan de l'orbite; l'angle moyen décrit par ce rayon vecteur pendant l'unité de temps est $\frac{2\pi}{T}$; on appelle cet angle, qui n'est autre chose que la vitesse angulaire moyenne du rayon vecteur, le *moyen mouvement* de la planète, et on le désigne par la lettre n. La troisième loi de Képler s'exprime alors par l'équation

$$n^2 a^3 = f(M + m).$$

La place occupée par la planète à un instant donné sur sa trajectoire se déduira du moyen mouvement et du théorème des aires, en suivant, par exemple, la marche indiquée dans le § 67.

231. Le problème du mouvement de la planète serait entièrement résolu, sans les perturbations dues aux actions mutuelles des planètes les unes sur les autres.

Au lieu de reprendre la question pour chercher les effets de ces nouvelles forces, on regarde les perturbations comme faisant varier les éléments elliptiques, lesquels resteraient constants si les perturbations n'existaient pas. Ainsi on admettra que le mouvement des planètes s'effectue suivant les lois de Képler, mais *dans des orbites elliptiques qui se déforment et se déplacent*, et le nouveau problème à résoudre consistera à déterminer en fonction du temps les variations des éléments.

Le *problème des trois corps* a pour objet de déterminer les perturbations produites dans le mouvement elliptique de l'un des trois corps, dit *corps principal*, autour du second corps supposé fixe et appelé *corps central*, par l'attraction du troisième, le *corps troublant* dont le mouvement propre est supposé connu. Par exemple, l'étude du mouvement de la terre conduit à prendre pour corps central le soleil, pour corps principal la terre, et successivement pour corps troublant, la Lune, Mars, Jupiter, et les autres planètes; on appréciera ainsi les variations partielles dues à chacun de ces corps et il ne restera plus qu'à les composer ensemble. Si l'on étudie le mouvement de la lune, le corps central sera la terre, autour de laquelle la lune a un mouvement sensiblement elliptique ; le corps troublant sera successivement le Soleil, Vénus, Jupiter.... Toutefois le problème analytique sera plus difficile dans ce second cas que dans le premier, à cause de la grande masse du soleil, l'un des corps troublants ; cette influence perturbatrice produit les grandes *inégalités* du mouvement de la lune, dont quelques-unes ont été connues dès l'antiquité.

Sans entrer dans le détail de ces problèmes, qu'on ne peut attaquer qu'avec le secours de la haute analyse, nous dirons que les *inégalités* du mouvement des planètes sont classées par les astronomes en deux catégories : les *inégalités séculaires*, qui affectent les éléments de l'orbite elliptique moyenne, et les *inégalités périodiques*, qui affectent la position de la planète par rapport à son orbite moyenne. Par inégalité séculaire il ne faut pas entendre une inégalité qui croisse indéfiniment avec le temps, car il existe des inégalités séculaires qui sont périodiques.

232. L'existence des perturbations donne lieu à une recherche relative à la *stabilité* du système solaire. On peut se demander en effet si les modifications lentes des orbites ne peuvent pas entraîner dans l'avenir une altération profonde de leurs situations relatives. Cette question a été traitée par les plus grands géomètres, et leur conclusion a été que le système solaire est stable en dépit des perturbations. Lagrange a montré, par exemple, que les excentricités et les inclinaisons des orbites éprouvent des variations périodiques dont la période est très-longue ; Laplace a établi l'invariabilité moyenne des grands axes et des moyens mouvements. Ces résultats supposent que les planètes se meuvent dans le vide, tandis que tout porte à croire qu'elles se déplacent dans un milieu résistant, qui tend à réduire leurs vitesses et à resserrer leurs orbites ; mais la densité de ce milieu est assez faible pour qu'il soit impossible en général d'en constater l'influence.

NOTE

PROBLÈME DE M. J. BERTRAND [1].

233. *Trouver les lois d'attraction qui imposent des trajectoires fermées aux mobiles soumis à l'influence d'une force centrale.*

Les équations du mouvement d'un point attiré vers un centre fixe 0, proportionnellement à une fonction $f(r)$ de sa distance à ce point, sont, en coordonnées polaires (I, § 121) :

$$\frac{1}{2} r^2 d\theta = A dt,$$

$$\frac{d^2 r}{dt^2} = \frac{4A^2}{r^3} + f(r).$$

La fonction $f(r)$, positive, indique une répulsion ; négative, une attraction.

On en déduit, en éliminant le temps, l'équation de la trajectoire :

$$(1) \qquad d\theta = \frac{2A dr}{\pm r^2 \sqrt{C + \int \left(2f(r) dr + \dfrac{8A^2 dr}{r^3} \right)}}$$

$$= \frac{2A \dfrac{dr}{r^2}}{\pm \sqrt{C - \dfrac{4A^2}{r^2} + 2 \int f(r) dr}}.$$

On prendra alternativement le signe $+$ et le signe $-$, de manière à maintenir un même signe pour $d\theta$, malgré les changements de signe de dr.

Nous supposerons que la trajectoire soit comprise entre deux circonférences décrites du point 0 comme centre, avec des rayons r_0, r_1, limites de la distance r. Elle comprendra par conséquent une série indéfinie d'arcs qui font passer alternativement le mobile, les uns de la distance r_0 à la distance r_1, les autres de la distance r_1 à la distance r_0 ; en vertu de l'équation (1) les variations de l'angle θ dépendent uniquement des valeurs successives de r, de sorte que ces arcs successifs sont la simple reproduction de l'un quelconque d'entre eux ; chacun se déduit du précédent en le répétant symétriquement par rapport au rayon qui les sépare. Un de ces arcs pris individuellement correspond à un angle au centre constant, que nous appellerons θ_0.

---

[1] *Comptes rendus de l'Académie des sciences*, 20 octobre 1873.

Cette hypothèse ne suffit pas pour que la trajectoire soit une courbe fermée; car si l'angle θ_0 est incommensurable avec l'angle droit, la trajectoire fera autour du point O une infinité de circonvolutions, sans jamais retomber sur les arcs déjà décrits. Nous n'aurons donc qu'à exprimer que θ_0 est commensurable avec π, c'est-à-dire à poser $\theta_0 = m\pi$, en désignant par m un nombre commensurable, et c'est cette condition qui doit définir la forme de la fonction $f(r)$.

Pour simplifier l'écriture, nous ferons $\dfrac{1}{r} = z$, et $C = 4A^2 h$, h étant une nouvelle constante. Posons enfin

$$(2) \qquad 2 \int f(r)\, dr = F(z);$$

il viendra, en divisant par 2A les deux termes du second membre de l'équation (1),

$$d\theta = \frac{-dz}{\pm \sqrt{h - z^2 + \dfrac{1}{4A^2} F(z)}}\cdot$$

Intégrons cette équation le long d'un arc particulier, pris entre les limites $r = r_0$ et $r = r_1$; soient $\dfrac{1}{r_0} = \alpha$, $\dfrac{1}{r_1} = \beta$, les limites correspondantes de z, et supposons pour fixer les idées $\alpha < \beta$; nous aurons, abstraction faite du signe,

$$(3) \qquad \theta_0 = \int_{z=\alpha}^{z=\beta} \frac{dz}{\sqrt{h - z^2 + \dfrac{1}{4A^2} F(z)}} = m\pi.$$

Des limites α et β l'une correspond au minimum de z, l'autre à son maximum; on a pour ces limites $dz = 0$; donc le dénominateur de la fonction sous le signe $\int$ est nul aussi à ces limites, ce qui fournit les deux équations

$$h + F(\alpha)\, \frac{1}{4A^2} = \alpha^2,$$
$$(4)$$
$$h + F(\beta)\, \frac{1}{4A^2} = \beta^2.$$

Elles permettent d'exprimer les constantes h et $\dfrac{1}{4A^2}$ en fonction de α et β. On a, en résolvant par rapport aux constantes,

$$(5) \qquad h = \frac{\alpha^2 F(\beta) - \beta^2 F(\alpha)}{F(\beta) - F(\alpha)}, \quad \frac{1}{4A^2} = \frac{\beta^2 - \alpha^2}{F(\beta) - F(\alpha)}\cdot$$

Substituant ces valeurs dans (2), il vient

$$(6) \qquad \int_{\alpha}^{\beta} \frac{dz \sqrt{F(\beta) - F(\alpha)}}{\sqrt{\alpha^2 F(\beta) - \beta^2 F(\alpha) + (\beta^2 - \alpha^2) F(z) - z^2 [F(\beta) - F(\alpha)]}} = m\pi,$$

équation qui doit être vraie pour toutes les valeurs de α et de β, et pour toute valeur de z intermédiaire.

Pour déterminer la fonction F, nous supposerons un cas particulier, celui où β est très-peu différent de α; nous poserons en conséquence

$$\beta = \alpha + \varepsilon,$$
$$z = \alpha + \zeta,$$

ζ étant une nouvelle variable comprise entre 0 et le nombre ε qui est supposé infiniment petit. De la dernière équation on déduit

$$dz = d\zeta.$$

Développons les fonctions $F(\beta)$ et $F(z)$ par la série de Taylor, en nous arrêtant aux infiniment petits du premier ordre en numérateur, et aux infiniment petits du second ordre en dénominateur :

$$F(z) = F(\alpha) + \zeta F'(\alpha) + \frac{\zeta^2}{2} F''(\alpha), \qquad F(\beta) = F(\alpha) + \varepsilon F'(\alpha) + \frac{\varepsilon^2}{2} F''(\alpha),$$

$$\beta^2 = \alpha^2 + 2\alpha\varepsilon + \varepsilon^2, \qquad z^2 = \alpha^2 + 2\alpha\zeta + \zeta^2.$$

Substituons dans l'équation (6) ; il viendra, en faisant les réductions, et en effaçant les termes infiniment petits par rapport à ceux que l'on conserve,

$$(7) \quad \int_0^\varepsilon \frac{d\zeta \sqrt{\varepsilon F'(\alpha)}}{\sqrt{\alpha^2 \left[F(\alpha) + \varepsilon F'(\alpha) + \frac{\varepsilon^2}{2} F''(\alpha) \right] - (\alpha^2 + 2\alpha\varepsilon + \varepsilon^2) F(\alpha) + (2\alpha\varepsilon + \varepsilon^2)\left[F(\alpha) + \zeta F'(\alpha) + \frac{\zeta^2}{2} F''(\alpha) \right] - (\alpha^2 + 2\alpha\zeta + \zeta^2)\left[\varepsilon F'(\alpha) + \frac{\varepsilon^2}{2} F''(\alpha) \right]}}$$

$$= \int_0^\varepsilon \frac{\sqrt{F'(\alpha)}}{\sqrt{F'(\alpha) - \alpha F''(\alpha)}} \frac{d\zeta}{\sqrt{\zeta(\varepsilon - \zeta)}} = m\pi.$$

L'intégrale de $\dfrac{d\zeta}{\sqrt{\zeta(\varepsilon - \zeta)}}$, prise entre les limites 0 et ε, est indépendante de ε et égale à π (§ 105); de sorte que la condition se réduit à la relation suivante

$$(8) \qquad \frac{\sqrt{F'(\alpha)}}{\sqrt{F'(\alpha) - \alpha F''(\alpha)}} = m,$$

équation différentielle du premier ordre en $F'(\alpha)$, qui va nous servir à déterminer cette fonction.

Faisons $F'(\alpha) = V$; on en déduit

$$F''(\alpha) = \frac{dV}{d\alpha};$$

l'équation (8) devient, en séparant les variables,

$$m^2 \frac{dV}{V} + (1 - m^2) \frac{d\alpha}{\alpha} = 0.$$

Intégrant, on a

$$V^{m^2} \times \alpha^{(1 - m^2)} = \text{constante},$$

et par suite

$$V = \frac{H}{\alpha^{\frac{1}{m^2} - 1}} = H\alpha^{1 - \frac{1}{m^2}},$$

H désignant une constante arbitraire. Telle est la forme de $F'(\alpha)$; l'intégration de $V d\alpha$ donne ensuite pour la fonction F, en appelant H' une nouvelle
constante,

$$F(\alpha) = \frac{H\alpha^{2 - \frac{1}{m^2}}}{2 - \frac{1}{m^2}} + H',$$

et par conséquent

$$F(z) = \frac{Hz^{2 - \frac{1}{m^2}}}{2 - \frac{1}{m^2}} + H' = \frac{H}{\left(2 - \frac{1}{m^2}\right) r^{2 - \frac{1}{m^2}}} + H'.$$

Nous pouvons supposer nulle la constante H', qui disparaîtrait dans l'équation (6).

La fonction $F(z)$ étant exprimée en r, il suffira, en vertu de l'équation (2),
d'en prendre la dérivée par rapport à r et de diviser par 2 pour avoir $f(r)$;
on trouve ainsi

$$f(r) = - \frac{H}{2r^{3 - \frac{1}{m^2}}}.$$

Mais ce résultat est trop général, car il correspond à l'hypothèse d'une
différence infiniment petite entre r_0 et r_1, tandis que nous ne devons
imposer au maximum et au minimum de r aucune restriction de cette
nature.

Le problème s'achèvera en déterminant le nombre m de telle manière
que l'équation (6) soit satisfaite pour des valeurs quelconques de α et de β.
Nous opérerons pour cela sur des valeurs particulières de ces deux quantités.

1° Soit $\dfrac{1}{m^2} < 2$, ou bien $m > \dfrac{1}{\sqrt{2}}$. Faisons $\alpha = 0$ et $\beta = 1$; il vient

$$F(\alpha) = F(0) = 0,$$

$$F(\beta) = F(1) = \frac{\mathrm{H}}{2 - \dfrac{1}{m^2}},$$

et l'équation (6) prend la forme

$$\int_0^1 \frac{dz \, \sqrt{\dfrac{\mathrm{H}}{2 - \dfrac{1}{m^2}}}}{\sqrt{\dfrac{\mathrm{H} z^{2 - \frac{1}{m^2}}}{2 - \dfrac{1}{m^2}} - z^2 \left(\dfrac{\mathrm{H}}{2 - \dfrac{1}{m^2}} \right)}} = \int_0^1 \frac{dz}{\sqrt{z^{2 - \frac{1}{m^2}} - z^2}} = m\pi.$$

L'intégrale indiquée s'obtient aisément en posant $z^{\frac{1}{m^2}} = u$. On a en effet

$$z = u^{m^2},$$

$$dz = m^2 u^{m^2 - 1} \, du.$$

Les limites de u sont les mêmes que celles de z, c'est-à-dire 0 et 1; et il vient en définitive

$$\int_0^1 \frac{dz}{\sqrt{z^{2 - \frac{1}{m^2}} - z^2}} = \int_0^1 \frac{m^2 u^{m^2 - 1} \, du}{\sqrt{u^{2m^2 - 1} - u^{2m^2}}} = m^2 \int_0^1 \frac{du}{\sqrt{u(1 - u)}} = m^2 \pi.$$

La condition donne donc

$$m^2 \pi = m\pi$$

c'est-à-dire

$$m = 1;$$

d'où

$$f(r) = -\frac{\mathrm{H}}{2r^2}.$$

L'attraction suit alors la loi newtonienne.

2° Soit $\dfrac{1}{m^2} > 2$ ou $m < \dfrac{1}{\sqrt{2}}$. Nous ferons $\alpha = 1$ et $\beta = 0$:

$$F(\alpha) = F(1) = -\frac{\mathrm{H}}{\dfrac{1}{m^2} - 1}.$$

$$F(\beta) = F(0) = -\infty.$$

Substituant dans l'équation (6), divisée haut et bas par $\sqrt{F(\beta) - F(\alpha)}$, puis faisant $\alpha = 1$ et $F(\beta)$ infini, il vient

$$\int_0^1 \frac{dz}{\sqrt{1 - z^2}} = m\pi.$$

Mais

$$\int_0^1 \frac{dz}{\sqrt{1 - z^2}} = \frac{\pi}{2}.$$

Donc $m = \frac{1}{2}$ en valeur absolue, ce qui donne

$$f(r) = - \frac{H}{2r^{3-4}} = -\frac{H}{2} r,$$

et l'attraction est proportionnelle à la distance.

Ces deux lois, $\frac{A}{r^2}$ et Ar, sont donc les seules qui imposent à la trajectoire, supposée comprise entre deux cercles concentriques, la condition de se fermer après un nombre entier de révolutions autour du centre d'attraction. On a reconnu d'ailleurs (§§ 58 et 63) que dans ces deux cas la trajectoire est une ellipse, c'est-à-dire une courbe fermée.

Ainsi, dit M. Bertrand, « parmi les lois d'attraction qui supposent l'action nulle à une distance infinie, celle de la nature est la seule pour laquelle un mobile lancé *arbitrairement*, avec une vitesse inférieure à une certaine limite, et attiré vers un centre fixe, décrive nécessairement autour de ce centre une courbe fermée. Toutes les lois d'attraction *permettent* des orbites fermées, mais la loi de la nature est la seule qui les *impose*. »

LIVRE IV

DYNAMIQUE DES CORPS SOLIDES

CHAPITRE PREMIER

MOUVEMENT D'UN SOLIDE AUTOUR D'UN AXE FIXE. — THÉORIE DES MOMENTS D'INERTIE

---

234. Le problème général que nous nous proposons de traiter dans ce livre consiste à déterminer le mouvement d'un corps solide sous l'action de forces données, et comme cas particulier, sous l'action de forces nulles, ce qui nous fera connaître le rôle de l'inertie dans le mouvement d'un pareil système. Nous supposerons successivement :

1° Que le corps solide est assujetti à tourner autour d'un axe fixe ;

2° Qu'il est assujetti à tourner autour d'un point fixe ;

3° Qu'il est libre dans l'espace ;

4° Qu'il est assujetti à rester en contact avec une surface fixe, comme l'est, par exemple, un cylindre pesant roulant sur un plan incliné.

Nous terminerons ce livre par l'étude de certaines théories relatives au mouvement des solides naturels.

MOUVEMENT D'UN SOLIDE AUTOUR D'UN AXE FIXE.

235. La règle générale pour résoudre ces sortes de problèmes consiste à appliquer soit le théorème de d'Alembert, soit les théorèmes généraux qui s'en déduisent, en choisissant, pour trouver l'équation du mouvement, ceux qui éliminent les réactions inconnues. Ici, par exemple, les réactions inconnues sont celles de l'axe fixe ; les théorèmes qui les élimineront sont le théorème des moments des quantités de mouvement pris par rapport à l'axe, et le théorème des forces vives. L'application de l'un ou de l'autre de ces théorèmes conduira donc à l'équation du mouvement, équation unique, puisqu'ici le système est à *liaisons complètes*.

Soit, à un instant donné, ω la vitesse angulaire du solide autour de l'axe fixe OZ. Soit M un point du solide, m sa masse ; abaissons de ce point une perpendiculaire MM' sur l'axe, et appelons r la longueur de cette perpendiculaire. Pendant le temps infiniment petit dt, le rayon $M'M$ décrira un angle $MM'M_1 = \omega dt$ autour du point M' dans un plan perpendiculaire à l'axe OZ ; quand il est parvenu en M_1, la vitesse angulaire du corps peut avoir varié, et nous la représenterons par $\omega + d\omega$. La vitesse linéaire du point mobile quand il passe en M est ωr ; sa quantité de mouvement est $m\omega r$, et le moment de sa quantité de mouvement par rapport à l'axe OZ est $m\omega r \times r = m\omega r^2$.

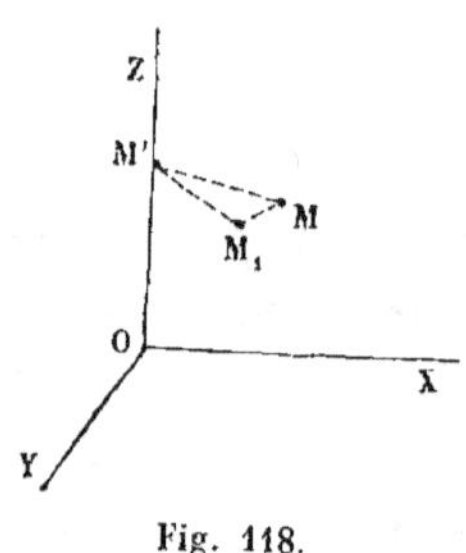

Fig. 118.

La somme des moments de toutes les quantités de mouvement du système au même instant s'exprimera par la notation $\Sigma\, m\omega r^2$, ou par $\omega \Sigma mr^2$, puisque le facteur ω est commun à tous les termes de la somme ; c'est le produit de la vitesse angulaire ω par la somme constante Σmr^2, qui ne dépend que de la forme du corps solide et de la distribution des masses entre ses différentes parties ; on donne à cette somme le nom de *moment d'inertie du corps par rapport à l'axe* OZ ; nous la représenterons par la lettre I.

Au bout du temps dt, la somme des moments des quantités de mouvement par rapport à l'axe sera de même $I\,(\omega + d\omega)$.

L'accroissement des moments des quantités de mouvement

est donc égal à $I d\omega$, et c'est cet accroissement que nous devons égaler à la somme des moments des impulsions élémentaires des forces extérieures F, ou au produit par dt de la somme des moments des forces extérieures par rapport à l'axe OZ, ou enfin à $dt \Sigma_{oz} MF$; nous obtenons l'équation

$$I d\omega = dt \Sigma M_{oz} F,$$

ou bien

$$\frac{d\omega}{dt} = \frac{\Sigma M_{oz} F}{I};$$

$\dfrac{d\omega}{dt}$ est l'*accélération angulaire* du solide, et l'équation précédente équivaut en langage ordinaire à l'énoncé suivant :

L'accélération angulaire d'un solide assujetti à tourner autour d'un axe fixe est à chaque instant égale à la somme des moments des forces extérieures par rapport à cet axe divisée par le moment d'inertie du corps.

Cette formule est homogène, au même titre que la formule $F = mj$ qui sert de base à la dynamique. En effet, dans celle-ci, l'accélération j est une accélération *linéaire*, ou le rapport d'une longueur au carré d'un temps; la force F est égale au produit de la masse par une longueur divisé par le carré d'un temps. Dans la nouvelle formule $\dfrac{d\omega}{dt}$ est une accélération *angulaire*, c'est-à-dire le rapport d'un nombre au carré d'un temps; le facteur I est le produit d'une masse par le carré d'une longueur; enfin le numérateur $\Sigma M_{oz} F$ représente le produit d'une force par une longueur. Remplaçons donc $\Sigma M_{oz} F$ par le produit Fl d'une force par une longueur, I par le produit ml'^2 d'une masse par le carré d'une longueur, enfin $\dfrac{d\omega}{dt}$ par un nombre k divisé par le carré d'un temps, t^2; il viendra

$$\frac{k}{t^2} = \frac{Fl}{ml'^2},$$

d'où l'on tire

$$F = \frac{m \times \left(\frac{kl'}{l}\right) \times l'}{l^2},$$

équation de même forme que $F = mj$.

APPLICATION DU THÉORÈME DES FORCES VIVES.

236. On parvient au même résultat en appliquant le théorème des forces vives.

La vitesse linéaire du point M est égale à ωr; le carré de cette vitesse est $\omega^2 r^2$, la force vive $m\omega^2 r^2$, et la somme des forces vives à un même instant est exprimée par $\Sigma m\omega^2 r^2 = \omega^2 \Sigma m r^2 = I\omega^2$.

Lorsque le point M est parvenu en M_1, la vitesse angulaire est devenue $\omega + d\omega$, et l'accroissement de la force vive totale est par conséquent $d(I\omega^2) = 2I\omega\, d\omega$.

Il faut égaler cet accroissement au double de la somme des travaux des forces extérieures; or la somme des travaux des forces appliquées à un système solide qui reçoit un déplacement angulaire infiniment petit autour d'un axe, s'obtient en multipliant par l'angle décrit la somme des moments des forces (I, § 114). Ici le déplacement angulaire subi par le corps pendant le temps dt est égal à ωdt.

Donc on a l'équation

$$2I\omega d\omega = 2\omega dt \Sigma M_{oz} F,$$

et par suite, en divisant par $2I\omega dt$,

$$\frac{d\omega}{dt} = \frac{\Sigma M_{oz} F}{I}.$$

237. *Corollaires.* — 1° Si la somme $M_{oz}F$ est constamment nulle, l'accélération $\dfrac{d\omega}{dt}$ est aussi constamment nulle, et la vitesse angulaire du solide est constante.

2° Si la somme $\Sigma M_{oz}F$, sans être constamment nulle, devient égale à zéro pour une certaine position du solide, l'accélération $\frac{d\omega}{dt}$ devient nulle en même temps, et en général elle change de signe lorsque le solide traverse cette position : d'un côté $\frac{d\omega}{dt}$ est positif et la vitesse angulaire du corps augmente ; de l'autre $\frac{d\omega}{dt}$ est négatif, et la vitesse angulaire diminue. Donc *la position du solide pour laquelle la somme des moments des forces est nulle, est en général celle qui rend la vitesse angulaire maximum ou minimum* (Cf., § 177).

DES MOMENTS D'INERTIE.

238. Le *moment d'inertie*, $I = \Sigma mr^2$, d'un corps solide par rapport à un axe, est la somme des produits des masses de tous les points matériels qui le composent, par le carré de la distance de chacun d'eux à cet axe.

On a reconnu dans les paragraphes précédents que si ω est la vitesse angulaire du corps tournant autour de l'axe, le produit $I\omega^2$ représente la force vive du corps, et le produit $I\omega$ la somme des moments des quantités de mouvement par rapport à l'axe de rotation.

On appelle *rayon de giration* d'un corps par rapport à un axe la longueur k dont le carré, multiplié par la masse totale M du corps, donne le moment d'inertie du corps par rapport à l'axe. On a en vertu de cette définition

$$Mk^2 = I.$$

Si toute la masse était concentrée à une distance k de l'axe, sur la surface d'un cylindre à base circulaire, le moment d'inertie du corps par rapport à l'axe ne serait pas modifié. On peut dire aussi que le carré du rayon de giration est la moyenne, eu égard aux masses, des carrés des distances à l'axe des différents points du solide.

239. Soit I le moment d'inertie d'un solide par rapport à

un axe LL′ ; par le centre de gravité G du solide, menons une droite λλ′ parallèle à LL′, et soit $a = $ GH la distance de ces deux droites ; appelons enfin I_0 le moment d'inertie du solide par rapport à λλ′ et M la masse totale du solide. On aura entre ces quatre quantités la relation

$$I = I_0 + Ma^2.$$

Nous avons déjà démontré ce théorème dans le § 226 de la statique, car il suffit de diviser dans l'équation finale tous les poids $p_1, p_2, \dots p_n$, par l'accélération g due à la pesanteur pour passer des poids aux masses et pour obtenir l'équation cherchée.

On peut en donner une autre démonstration fondée sur les théorèmes de la dynamique et de la cinématique.

Nous nous appuierons sur la décomposition de la force vive d'un système en deux parts, l'une qui correspond au mouvement du centre de gravité où l'on aurait réuni toute la masse, et l'autre au mouvement du système autour de son centre de gravité (§ 186).

Fig. 119.

Imaginons qu'on imprime au solide une rotation ω autour de l'axe LL′. La force vive du solide sera égale à $I\omega^2$.

La rotation ω autour de l'axe LL′ peut se décomposer en deux mouvements, l'un de rotation, l'autre de translation (I, § 167) ; il suffit pour cela que le nouvel axe de rotation soit parallèle au premier, et que la translation soit perpendiculaire au plan des deux axes. La vitesse de rotation ω n'est pas changée, et la vitesse de translation est égale au produit de la vitesse ω par la distance des deux axes.

Nous décomposons ainsi le mouvement ω autour de LL′ en une rotation ω autour de λλ′, et une translation perpendiculaire au plan des deux axes avec une vitesse égale à ωa.

La force vive de la masse entière concentrée au centre de gravité est due à cette translation : elle est donc égale à $M\omega^2 a^2$; la force vive du système dans son mouvement relatif

autour du centre de gravité est $I_0\omega^2$; et le théorème cité nous
donne l'équation

$$I\omega^2 = M\omega^2 a^2 + I_0\omega^2,$$

ou, en divisant par ω^2,

$$I = I_0 + Ma^2.$$

La décomposition des moments des quantités de mouvement (§ 167) conduirait à la même conclusion.

240. Appelons k le rayon de giration du solide par rap-
port à l'axe $\lambda\lambda'$ passant par le centre de gravité; nous aurons

$$I_0 = Mk^2.$$

Donc

$$I = M(k^2 + a^2),$$

ce qui montre que $\sqrt{k^2 + a^2}$ est le rayon de giration du solide
par rapport à l'axe LL', mené parallèlement à $\lambda\lambda'$, à la distance a.

Coupons les deux axes par un plan perpendiculaire mené
par le centre de gravité G, et soit H le pied de l'axe LL'. Au
point G, élevons sur HG une perpendicu-
laire GA $= k$. Nous aurons HA $= \sqrt{k^2 + a^2}$;
par conséquent le point A est un point où
l'on peut supposer toute la masse du solide
réunie, sans altérer les moments d'inertie

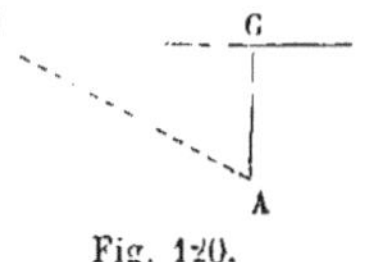

Fig. 120.

du solide par rapport à un axe parallèle à $\lambda\lambda'$ mené en un
point quelconque de la droite indéfinie GH.

Le minimum des moments d'inertie autour d'axes parallèles correspond à l'axe qui passe au point G; les moments
d'inertie croissent indéfiniment à mesure que la distance
HG $= a$ augmente. Lorsque cette distance est très-grande, le
rayon de giration correspondant HA est sensiblement égal
à HG.

241. Nous comparerons ensuite les moments d'inertie d'un
même solide pris par rapport à différentes droites OI menées
par un même point O.

Par ce point, menons arbitrairement trois axes rectangulaires OX, OY, OZ; nous commencerons par déterminer les moments d'inertie du solide par rapport à chacun d'eux. Soient A le moment d'inertie par rapport à l'axe OX, B le moment d'inertie par rapport à OY, C le moment d'inertie par rapport à OZ. Pour le calcul de ces quantités, de la quantité A par exemple, observons qu'elle est la somme des produits $m \times \overline{MP}^2$, où m est la masse d'un point M, et MP sa distance à l'axe OX. Or, si l'on abaisse du point M une perpendiculaire MN sur le plan

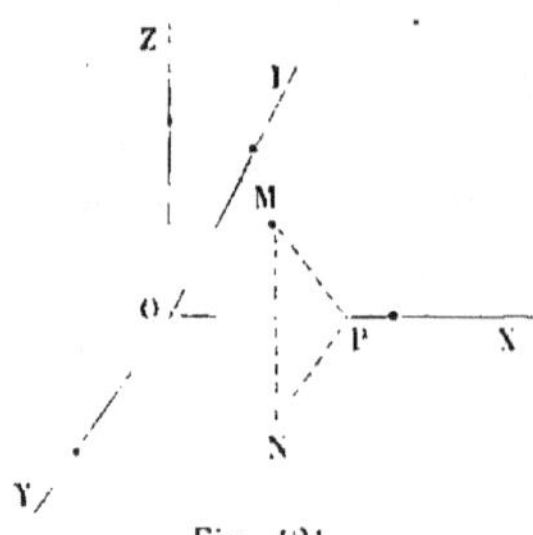

Fig. 121.

XOY, et qu'on joigne NP, MN sera la coordonnée z, et NP la coordonnée y du point M ; on aura donc

$$\overline{MP}^2 = y^2 + z^2,$$

et par suite

$$A = \Sigma m\,(y^2 + z^2) = \Sigma m y^2 + \Sigma m z^2.$$

Par la même raison, on aurait

$$B = \Sigma m z^2 + \Sigma m x^2,$$
$$C = \Sigma m x^2 + \Sigma m y^2.$$

La recherche des moments d'inertie A, B, C se ramène donc à la recherche des sommes plus simples $\Sigma m x^2$, $\Sigma m y^2$, $\Sigma m z^2$, qu'on peut appeler *les moments d'inertie du solide par rapport aux plans coordonnés*.

Réciproquement, connaissant A, B, C, on peut déduire des équations précédentes les sommes $\Sigma m x^2$, $\Sigma m y^2$, $\Sigma m z^2$; si, par exemple, on ajoute ensemble les deux dernières équations et qu'on en retranche la première, il vient, en divisant par 2,

$$\Sigma m x^2 = \frac{1}{2}\,(B + C - A).$$

On trouverait de même

$$\Sigma m y^2 = \frac{1}{2}\,(C + A - B),$$
$$\Sigma m z^2 = \frac{1}{2}\,(A + B - C),$$

et comme il est impossible que dans un solide à trois dimensions, aucune des sommes Σmx^2, Σmy^2, Σmz^2 soit nulle, comme elles ne peuvent d'ailleurs être négatives, on en déduit les inégalités

$$B + C > A,$$
$$C + A > B,$$
$$A + B > C.$$

En d'autres termes, *avec des droites finies proportionnelles aux moments d'inertie* A, B, C *d'un même solide autour de trois axes rectangulaires, on peut toujours construire un triangle.*

Si l'on ajoute ensemble les trois équations, il vient

$$\Sigma m(x^2 + y^2 + z^2) = \frac{1}{2}(A + B + C).$$

La somme $\Sigma m(x^2 + y^2 + z^2)$ peut être appelée *le moment d'inertie du solide par rapport au point* O, ou encore le *moment d'inertie polaire* du solide.

SURFACE REPRÉSENTATIVE DES MOMENTS D'INERTIE.

242. On représente à l'aide d'une surface les moments d'inertie d'un solide par rapport à des droites qui concourent en un même point O.

Soit OS la droite par rapport à laquelle on demande le moment d'inertie d'un solide ; elle est définie par les angles α, β, γ qu'elle fait avec les trois axes coordonnés. Prenons sur cette droite une longueur arbitraire, OS$=$L, et déterminons les trois coordonnées X, Y, Z du point S. Soit M un point quelconque du solide, m sa masse ; $x = $OR, $y = $RN, $z = $NM ses trois coordonnées. Abaissons du point M sur la droite OS une perpendiculaire

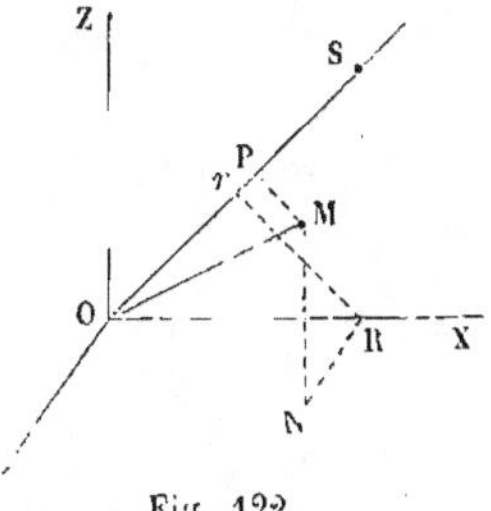

Fig. 122.

MP, et formons le produit $m \times \overline{MP^2}$; la somme de tous les produits semblables sera le moment d'inertie I cherché.

Joignons OM. Le triangle OPM, rectangle en P, nous donne

$$\overline{MP}^2 = \overline{OM}^2 - \overline{OP}^2.$$

$\overline{OM}^2$ est égal à la somme des carrés des coordonnées du point M, ou à $x^2 + y^2 + z^2$. La droite OP, projection sur OS du contour polygonal ORNM, est égale à la somme algébrique des projections sur OS des trois coordonnées x, y, z du point M.

On a donc

$$OP = x\cos\alpha + y\cos\beta + z\cos\gamma = \frac{Xx + Yy + Zz}{L}$$

et

$$\overline{MP}^2 = (x^2 + y^2 + z^2) - \left(\frac{Xx + Yy + Zz}{L}\right)^2.$$

Multiplions par m les deux membres de cette équation et faisons la somme de toutes les équations semblables, étendues à tous les points du solide; il viendra

$$I = \Sigma m \times \overline{MP}^2 = \Sigma m \left[x^2 + y^2 + z^2 - \left(\frac{Xx + Yy + Zz}{L}\right)^2 \right].$$

Développons le carré du dernier terme de la quantité entre crochets; nous aurons

$$\frac{X^2x^2 + Y^2y^2 + Z^2z^2 + 2XYxy + 2XZxz + 2YZyz}{L^2} ;$$

et par suite

$$I = \Sigma m \left[\left(1 - \frac{X^2}{L^2}\right) x^2 + \left(1 - \frac{Y^2}{L^2}\right) y^2 + \left(1 - \frac{Z^2}{L^2}\right) z^2 \right.$$
$$\left. - \frac{2XY}{L^2} xy - \frac{2XZ}{L^2} xz - \frac{2YZ}{L^2} yz \right].$$

Cette expression peut se transformer : observons que

$$X^2 + Y^2 + Z^2 = L^2 ;$$

donc

$$1 - \frac{X^2}{L^2} = \frac{Y^2 + Z^2}{L^2},$$

$$1 - \frac{Y^2}{L^2} = \frac{X^2 + Z^2}{L^2},$$

$$1 - \frac{Z^2}{L^2} = \frac{X^2 + Y^2}{L^2} ;$$

de plus X, Y, Z et L sont des facteurs communs aux termes
de la somme Σ, de sorte qu'on peut les faire sortir de cette
somme, et écrire

$$I = \frac{1}{L^2}[(Y^2 + Z^2)\,\Sigma mx^2 + (X^2 + Z^2)\Sigma my^2 + (X^2 + Y^2)\Sigma mz^2 - 2YX\Sigma mxy$$
$$- 2XZ\Sigma mxz - 2YZ\Sigma myz].$$

Les sommes Σmx^2, Σmy^2, Σmz^2 sont les *moments d'inertie
du solide par rapport aux trois plans coordonnés*; les autres sommes Σmxy, Σmyz, Σmxz représentent d'autres quantités, homogènes aux moments d'inertie, et dans lesquelles, au lieu
du carré d'une cordonnée, on fait entrer le produit de deux
coordonnées distinctes.

L'équation précédente peut encore s'écrire

$$IL^2 = X^2 (\Sigma my^2 + \Sigma mz^2) + Y^2 (\Sigma mx^2 + \Sigma mz^2) + Z^2 (\Sigma mx^2 + \Sigma my^2)$$
$$- 2YZ\Sigma myz - 2XZ\Sigma mxz - 2XY\Sigma mxy.$$

Or $\Sigma my^2 + \Sigma mz^2$ est le *moment d'inertie* A *par rapport à
l'axe OX*, $\Sigma mx^2 + \Sigma mz^2$ est le moment d'inertie B par rapport
à OY, et $\Sigma mx^2 + \Sigma my^2$ est le moment d'inertie C par rapport à
OZ. Posons pour abréger

$$\Sigma myz = P, \qquad \Sigma mxz = Q, \qquad \Sigma mxy = R,$$

et nous aurons pour déterminer I l'équation

$$(1) \qquad IL^2 = AX^2 + BY^2 + CY^2 - 2PYZ - 2QXZ - 2RXY.$$

Dans cette équation, il ne faut pas oublier que L^2 est égal à
la somme $X^2 + Y^2 + Z^2$, et que cette somme est entièrement
arbitraire.

Divisons par L^2, et réintroduisons les cosinus des angles
avec les axes, il viendra

$$I = A\cos^2\alpha + B\cos^2\beta + C\cos^2\lambda - 2P\cos\beta\cos\lambda - 2Q\cos\alpha\cos\lambda - 2R\cos\alpha\cos\beta.$$

On peut faire sur la longueur L une convention telle, que
l'équation (1) devienne l'équation d'une surface représentative des moments d'inertie.

Convenons, par exemple, que l'on prendra la longueur

L égale au rayon de giration ρ du solide par rapport à l'axe
OS. Le moment d'inertie I est égal au produit de la masse M
par le carré de ce rayon, ou à $M\rho^2$. Si l'on fait $L = \rho$, il en résulte $IL^2 = ML^4 = M (X^2 + Y^2 + Z^2)^2$, et l'équation (1) devient

$$M (X^2 + Y^2 + Z^2)^2 = AX^2 + BY^2 + CZ^2 - 2PYZ - 2QXZ - 2RXY,$$

équation d'une surface du quatrième degré, dont le centre est
au point O, et dans laquelle chaque rayon vecteur OS est égal
au rayon de giration du solide par rapport à sa propre direction.

ELLIPSOÏDE D'INERTIE.

243. La convention qu'on fait ordinairement conduit à des
résultats plus simples. Elle consiste à prendre la longueur L
proportionnelle à l'inverse de ρ, et à poser

$$L = \frac{\lambda^2}{\rho},$$

λ étant une longueur arbitraire.

Moyennant cette convention, le premier membre IL^2 de l'équation (1) devient une quantité constante, $M\lambda^4$, et cette équation prend la forme

$$(2) \qquad M\lambda^4 = AX^2 + BY^2 + BZ^2 - 2PYZ - 2QXZ - 2RXY.$$

Elle représente une surface du second degré, qu'on déduirait de la surface du quatrième degré que nous avions
trouvée tout à l'heure au moyen d'une *transformation par
rayons vecteurs réciproques*.

Un solide fini a un moment d'inertie fini et différent de
zéro par rapport à une direction quelconque ; ρ n'étant nul
pour aucune des droites OS, le rayon L de la surface
auxiliaire n'est jamais infini; la surface est ainsi limitée
en tous sens, et l'équation (2) représente un *ellipsoïde*. On
donne à cette surface le nom d'*ellipsoïde d'inertie*. Elle a pour

centre le point O. Ses dimensions absolues ne sont d'ailleurs pas fixées, car elles dépendent de la quantité λ qui reste jusqu'ici arbitraire; mais toutes les surfaces que l'on obtient en faisant varier cette quantité sont semblables et semblablement placées par rapport au point O.

Il est remarquable que, quelles que soient la forme extérieure du solide et la distribution intérieure des masses, on parvienne toujours à un ellipsoïde, et que le moment d'inertie autour d'une droite menée par le point O dépende seulement des sommes A, B, C, P, Q, R, et des quantités X, Y, Z, ou des angles α, β, γ, qui fixent la direction de la droite.

244. L'ellipsoïde d'inertie a, en général, trois *plans principaux* rectangulaires, dont les intersections mutuelles sont les *axes principaux* de la surface ou les *axes principaux d'inertie* du solide. Il y a symétrie de la surface par rapport à chaque plan principal. Si donc, au lieu de mener au hasard trois plans rectangulaires par le point O, on choisit les plans principaux pour plans coordonnés, tout se passera comme si les points matériels du solide étaient distribués symétriquement par rapport à ces trois plans ; alors les sommes P, Q, R seront nulles. En effet, considérons la somme $P = \Sigma myz$. Tout se passant comme s'il y avait symétrie des masses par rapport au plan ZOX, par exemple, on peut supposer qu'à la masse m, dont les coordonnées sont z et y, correspond de l'autre côté du plan ZOX une masse égale, m, dont les coordonnées seront z et $-y$; la somme des produits myz correspondants à ces deux masses sera donc égale à zéro.

Rapporté à ses axes principaux, l'ellipsoïde d'inertie a pour équation

$$(3) \qquad AX^2 + BY^2 + CZ^2 = M\lambda^4.$$

On sait que des quantités A, B, C, chacune est moindre que la somme des deux autres ; tout ellipsoïde donné ne peut donc pas être regardé comme un ellipsoïde d'inertie.

On transformera l'équation (3) en introduisant les demi-axes de la surface; appelons a le demi-axe correspondant au moment d'inertie A, b le demi-axe correspondant à B, c à C; nous aurons, en nous reportant à la convention,

$$Aa^2 = M\lambda^4, \quad Bb^2 = M\lambda^4, \quad Cc^2 = M\lambda^4.$$

Résolvant, par rapport A, B, C, et substituant, il vient

$$\frac{X^2}{a^2} + \frac{Y^2}{b^2} + \frac{Z^2}{c^2} = 1.$$

Les quantités $\dfrac{\lambda^2}{a}$, $\dfrac{\lambda^2}{b}$, $\dfrac{\lambda^2}{c}$ sont les *rayons de giration principaux* du solide.

245. L'ellipsoïde d'inertie peut être une surface de révolution ; dans ce cas, l'axe de révolution est un des axes principaux du solide. Le plan de l'*équateur* de l'ellipsoïde en est le plan principal conjugué. Si, par exemple, l'axe OZ est l'axe de révolution, le plan XOY sera le plan de l'équateur, et l'on aura $A = B$ et $a = b$. On peut prendre alors pour les deux autres axes principaux deux droites rectangulaires quelconques menées dans le plan de l'équateur.

Enfin, l'ellipsoïde d'inertie peut se réduire à une sphère; on a dans ce cas $A = B = C$, et $a = b = c$, et trois droites rectangulaires quelconques menées par le point O peuvetn être considérées comme un système d'axes principaux conjugués.

CARACTÈRES DES AXES PRINCIPAUX D'INERTIE.

246. La discussion de l'équation (2) montre à quels caractères on reconnaîtra qu'un des axes coordonnés est un axe principal d'inertie. L'axe OZ sera principal si le plan XOY est principal, ou si l'ellipsoïde est symétrique par rapport à ce plan; pour cela il faut et il suffit que l'équation (2) ne change pas quand on y change Z en $-$ Z, ce qui suppose qu'elle manque des termes contenant Z au premier degré; la condition nécessaire et suffisante est donc qu'on ait à la fois $P = 0$ et $Q = 0$, ou bien

$$\Sigma myz = 0 \quad \text{et} \quad \Sigma mxz = 0.$$

Si à ces deux équations on ajoute la condition $\mathrm{R} = \Sigma\, mxy = 0$, les trois axes coordonnés seront les axes principaux de l'ellipsoïde.

247. Supposons en second lieu qu'on ait seulement l'une des trois égalités $\mathrm{P} = 0$, $\mathrm{Q} = 0$, $\mathrm{R} = 0$, mais que le centre de gravité G du solide soit contenu dans l'un des plans coordonnés ; qu'on ait, par exemple, $\mathrm{P} = \Sigma\, myz = 0$ et $\Sigma\, my = 0$; l'axe OZ sera alors axe principal pour un certain point O′ de sa direction.

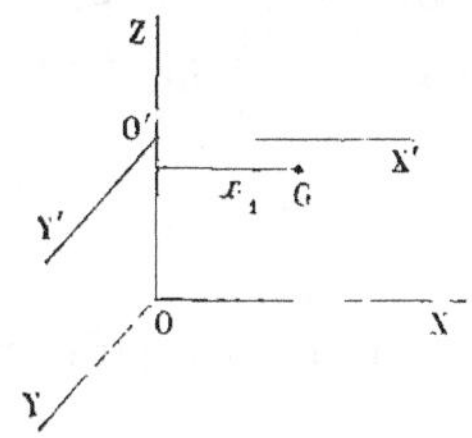

Fig. 125.

Faisons $OO' = h$, et transportons le plan YOX parallèlement à lui-même en Y′O′X′ ; prenons O′X′, OY′, OZ′ pour nouveaux axes coordonnés. Les deux coordonnées x et y ne varieront pas quand on passera d'un système d'axes à l'autre ; la coordonnée z seule variera, et deviendra $z' = z - h$.

On aura donc

$$\Sigma\, myz = \Sigma\, my\,(z' + h) = \Sigma\, myz' + \Sigma\, myh$$
$$= \Sigma\, myz' + h\,\Sigma\, my = \Sigma\, myz',$$

et par conséquent $\Sigma\, myz' = 0$.

Mais on a aussi

$$\Sigma\, mxz = \Sigma\, mx\,(z' + h) = \Sigma\, mxz' + h\,\Sigma\, mx.$$

$\Sigma\, mx$ est égal au produit $\mathrm{M}x_1$, de la masse totale M par l'abscisse x_1 du centre de gravité. La quantité h étant arbitraire, on peut en disposer de manière que la différence

$$\Sigma\, mxz - h\,\Sigma\, mx = \Sigma\, mxz'$$

soit égale à zéro ; il suffit en effet de prendre

$$h = \frac{\Sigma\, mxz}{\mathrm{M}x_1} ;$$

cette valeur de h détermine un point O′, pour lequel on aura à la fois

$$\Sigma\, myz' = 0, \qquad \Sigma\, mxz' = 0,$$

et pour lequel l'axe OZ sera par conséquent un axe principal d'inertie (§ 246).

En général, la condition pour que l'axe OZ soit principal en l'un O′ de ses points, est qu'on puisse déterminer la distance $OO' = h$, de manière à annuler les deux sommes $\Sigma mx(z - h)$ et $\Sigma my(z - h)$; ce qui exige qu'on ait à la fois

$$\Sigma mxz - h\Sigma mx = 0,$$
$$\Sigma myz - h\Sigma my = 0;$$

d'où l'on tire, en éliminant h,

$$\Sigma mxz\,\Sigma my - \Sigma myz\,\Sigma mx = 0.$$

Quand l'axe OZ est principal pour le point O; et qu'il contient le centre de gravité G du solide; il est principal pour l'un quelconque de ses points.

En effet, on a alors à la fois les équations

$$\Sigma myz = 0, \qquad \Sigma mxz = 0,$$
$$\Sigma my = 0, \qquad \Sigma mx = 0;$$

de sorte que si l'on déplace le plan YOX d'une quantité $OO' = h$, ce qui n'altère pas les coordonnées x et y, mais ce qui change z en $z' = z - h$, les sommes $\Sigma myz'$, $\Sigma mxz'$, respectivement égales à

$$\Sigma my(z - h) = \Sigma myz - h\Sigma my,$$
$$\Sigma mx(z - h) = \Sigma mxz - h\Sigma mx,$$

seront encore nulles.

Les conditions qui font de OZ un axe principal au point O′ sont donc remplies quel que soit h, c'est-à-dire pour tous les points de la direction de cet axe. On dit alors que OZ est un *axe naturel d'inertie :* dénomination qui sera justifiée plus loin.

L'ellipsoïde d'inertie construit au centre de gravité prend le nom d'*ellipsoïde central.*

DÉTERMINATION DES MOMENTS D'INERTIE.

248. La détermination des moments d'inertie des solides est ramenée (§ 242) à la recherche des sommes A, B, C, P, Q, R, relatives à trois axes coordonnés. On a vu (§ 239) comment on ramenait la recherche du moment d'inertie par rapport à un axe quelconque à la recherche analogue par rapport à un axe parallèle mené par le centre de gravité. Si on mène trois axes rectangulaires par le centre de gravité, et qu'on détermine les sommes A, B, C, P, Q, R correspondantes, on saura en déduire le moment d'inertie pour un axe quelconque.

On simplifiera les opérations en prenant pour axes coordonnés les axes principaux du solide en son centre de gravité ; mais il n'est pas toujours aisé de les déterminer *à priori*.

Quand il y a symétrie du solide par rapport à un plan, ce plan est nécessairement principal dans l'ellipsoïde central d'inertie ; on sait d'ailleurs qu'il contient le centre de gravité du solide. Si un solide est symétrique par rapport à deux plans qui se coupent sous un angle différent de l'angle droit, on peut trouver d'autres plans de symétrie passant tous par l'intersection des deux premiers, et l'*ellipsoïde central* est de révolution autour de cette intersection. Par exemple, un prisme droit homogène ayant pour base un polygone régulier, a pour ellipsoïde central un ellipsoïde de révolution dont l'axe est parallèle aux faces latérales du prisme. Un polyèdre régulier homogène a pour ellipsoïde central une sphère.

Les sommes A, B, C, P, Q, R se déterminent en général par les méthodes du calcul intégral.

Nous verrons plus loin comment on trouve empiriquement les moments d'inertie des solides qui entrent dans la composition des machines ; enfin nous allons donner quelques exemples simples de la recherche géométrique de ces quantités.

DÉTERMINATION GÉOMÉTRIQUE DE QUELQUES MOMENTS D'INERTIE.

249. Dans les exemples qui suivent, nous appliquerons à la recherche des moments d'inertie des corps solides homogènes le principe de la *similitude géométrique*.

Il est facile de démontrer que, *lorsqu'on altère dans un même rapport les distances à l'axe de rotation de tous les points matériels qui composent un système solide, sans en changer les masses, le rayon de giration du solide correspondant à cet axe est augmenté dans ce même rapport.* L'application de cette remarque fournit presque immédiatement un certain nombre de moments d'inertie.

Prenons pour exemple une barre droite homogène AB, d'épaisseur très-petite; appelons K son rayon de giration par rapport à un axe perpendiculaire à sa direction, mené par son centre de gravité, C.

Le point C partage la droite AB en deux parties égales; chaque moitié AC, CB peut être considérée comme la droite entière qu'on aurait comprimée uniformément dans le rapport de 2 à 1. La remarque précédente est donc applicable à chacune de ces parties, et

Fig. 124.

le rayon de giration des deux tronçons par rapport à leurs milieux respectifs, D et E, est égal à $\dfrac{K}{2}$.

Soit M la masse entière de la barre; $\dfrac{M}{2}$ sera la masse de chaque moitié. Le moment d'inertie total sera MK^2; le moment d'inertie de AC par rapport à son centre de gravité D sera $\dfrac{M}{2} \times \dfrac{K^2}{4}$, et par rapport au point C il sera égal à $\dfrac{M}{2}\left(\dfrac{K^2}{4} + \overline{DC}^2\right)$, en vertu du théorème du § 239; il en est de même du moment d'inertie de CB par rapport au point C, et on aura l'équation

$$\text{M}\text{K}^2 = 2\left[\frac{\text{M}}{2}\left(\frac{\text{K}^2}{4} + \overline{\text{DC}}^2\right)\right] = \text{M}\left(\frac{\text{K}^2}{4} + \overline{\text{DC}}^2\right).$$

Donc

$$\frac{3}{4}\,\text{K}^2 = \overline{\text{DC}}^2$$

et

$$\text{K}^2 = \frac{4\,\overline{\text{DC}}^2}{3}.$$

DC est le quart de la longueur L de la barre entière ; $4\overline{\text{DC}}^2$ est égal à $\dfrac{\text{L}^2}{4}$, et enfin

$$\text{K}^2 = \frac{\text{L}^2}{12},$$

ou bien

$$\text{K} = \frac{\text{L}}{2\sqrt{3}}.$$

Si p est le poids de la barre par unité de longueur, M sera égal à $\dfrac{p\text{L}}{g}$, et le moment d'inertie I par rapport à une normale passant par le point C aura pour valeur

$$\text{I} = \frac{p}{g}\,\frac{\text{L}^3}{12}.$$

Pour avoir le moment d'inertie I' de la barre par rapport à un axe O normal à sa direction, mais ne passant pas par son point milieu, on appliquerait encore le théorème du § 239 et on aurait

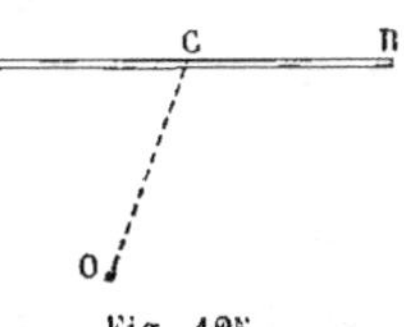

Fig. 125.

$$\text{I}' = \text{I} + \text{M} \times \overline{\text{OC}}^2$$
$$= \frac{p}{g}\,\frac{\text{L}^3}{12} + \frac{p}{g}\,\text{L} \times \overline{\text{OC}}^2 = \frac{p}{g}\,\text{L}\left(\frac{\text{L}^2}{12} + \overline{\text{OC}}^2\right).$$

MOMENT D'INERTIE DU PRISME RECTANGULAIRE DROIT PAR RAPPORT A UNE PARALLÈLE AUX ARÊTES MENÉE PAR LE CENTRE DE GRAVITÉ.

250. Soient ABCD la base du prisme, O la projection de l'axe par rapport auquel on demande le moment d'inertie I.

Par la droite O menons deux plans MN, PQ, parallèlement

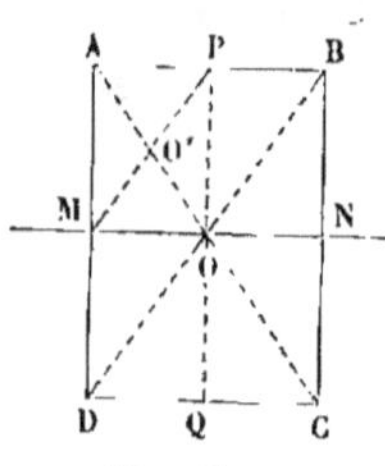

Fig. 126.

aux faces AB, BC. Ces plans partagent le prisme en quatre prismes rectangulaires égaux, dont chacun peut être regardé comme dérivé du prisme total par une réduction de ses dimensions perpendiculaires à l'axe O, dans le rapport de 2 à 1. Si le rayon de giration du prisme total est K par rapport à l'axe O, le rayon de giration de chaque prisme partiel sera $\dfrac{K}{2}$ par rapport à l'axe parallèle passant par le milieu de sa diagonale. Soit donc M la masse totale du prisme donné ; la masse de chaque prisme partiel sera $\dfrac{M}{4}$; le moment d'inertie de l'un de ces prismes, AMOP, par rapport à l'axe O', sera $\dfrac{M}{4} \times \left(\dfrac{K}{2}\right)^2$, et par rapport à l'axe O,

$$\frac{M}{4} \times \left(\frac{K}{2}\right)^2 + \frac{M}{4} \times \overline{OO'}^2.$$

Pour passer de là au moment d'inertie cherché, il suffit de quadrupler ce résultat ; on obtient l'équation

$$MK^2 = M \times \left(\frac{K}{2}\right)^2 + M \times \overline{OO'}^2,$$

ou bien

$$K^2 = \frac{K^2}{4} + \overline{OO'}^2;$$

donc

$$K^2 = \frac{4}{3} \times \overline{OO'}^2.$$

Mais OO′ étant le quart de la diagonale AC, $4\overline{OO'}^2$ est égal à $\dfrac{\overline{AC}^2}{4}$, et par suite

$$K^2 = \frac{\overline{AC}^2}{12} \qquad \text{et} \qquad K = \frac{AC}{2\sqrt{3}}.$$

La barre que nous examinions tout à l'heure est assimilable à un prisme rectangulaire, dont on réduirait indéfiniment l'épaisseur AB ; à la limite la diagonale AC devient égale à la longueur BC, et l'on retombe sur la formule déjà trouvée.

251. Soient a, b, c, les trois arêtes du prisme rectangulaire, ou du parallélipipède rectangle. Le rayon de giration par rapport à l'axe mené par le centre de gravité perpendiculairement à la face $a \times b$ sera

$$\frac{\sqrt{a^2 + b^2}}{2\sqrt{3}};$$

par rapport à l'axe mené perpendiculairement à la face $a \times c$, ce sera $\dfrac{\sqrt{a^2 + c^2}}{2\sqrt{3}}$, et par rapport à l'axe perpendiculaire à la face $b \times c$, $\dfrac{\sqrt{b^2 + c^2}}{2\sqrt{3}}$.

Le volume du solide est $a \times b \times c$, et si p est son poids spécifique, sa masse est $\dfrac{pabc}{g}$.

Les trois moments d'inertie *principaux* (§ 244) sont donc respectivement

$$\frac{pabc}{g} \times \frac{(a^2 + b^2)}{12}, \quad \frac{pabc}{g} \times \frac{b^2 + c^2}{12}, \quad \frac{pabc}{g} \times \frac{a^2 + c^2}{12}.$$

MOMENT D'INERTIE DU PRISME DROIT TRIANGULAIRE.

252. La même méthode s'applique au prisme droit homogène à base triangulaire ABC, et fait connaître le moment

d'inertie par rapport à la parallèle aux arêtes latérales menée par le centre de gravité, G, de la base.

Le point G est l'intersection commune des trois médianes, Aa, Bb, Cc du triangle ABC. Les plans menés parallèlement aux arêtes latérales par les droites cb, ac, ab, partagent le prisme donné en quatre prismes Acb, Cab, Bac, abc, égaux entre eux, et qu'on peut regarder comme dérivés du prisme donné par une réduction de moitié des dimensions latérales. Si K est le rayon de giration du prisme total par rapport à l'axe G, $\dfrac{K}{2}$ sera le rayon de giration des prismes partiels par rapport aux axes g, g', g'' et G. La masse M du prisme total étant partagée également entre les quatre prismes partiels, le moment d'inertie de l'un de ces prismes par rapport à l'axe mené par son centre de gravité est $\dfrac{M}{4} \times \dfrac{K^2}{4}$.

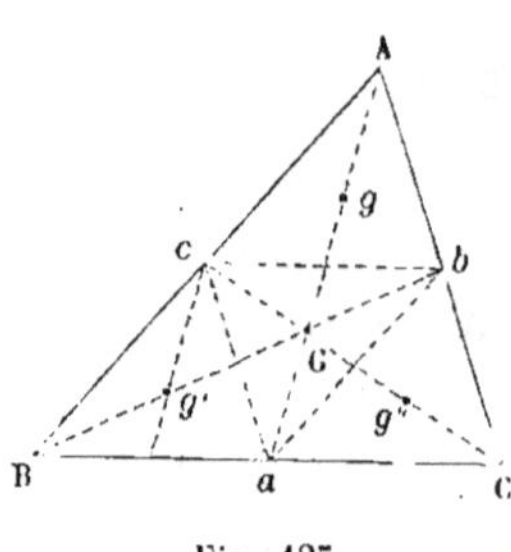
Fig. 127.

Les moments d'inertie des trois prismes Acb, Cba, Bac, par rapport à l'axe G, sont donc égaux respectivement à

$$\frac{M}{4} \times \frac{K^2}{4} + \frac{M}{4} \times \overline{Gg}^2,$$

$$\frac{M}{4} \times \frac{K^2}{4} + \frac{M}{4} \times \overline{Gg''}^2,$$

$$\frac{M}{4} \times \frac{K^2}{4} + \frac{M}{4} \times \overline{Gg'}^2.$$

Les centres de gravité du triangle total ABC et du triangle central abc coïncidant au point G, il n'y a qu'à ajouter $\dfrac{M}{4} \times \dfrac{K^2}{4}$ à la somme de ces trois premiers moments pour avoir le moment total MK^2.

Donc

$$MK^2 = M\,\frac{K^2}{4} + \frac{M}{4}\left(\overline{Gg}^2 + \overline{Gg'}^2 + \overline{Gg''}^2\right),$$

ou bien

$$\frac{3}{4} K^2 = \frac{1}{4} \left(\overline{Gg}^2 + \overline{Gg'}^2 + \overline{Gg''}^2 \right),$$

et

$$K^2 = \frac{1}{3} \left(\overline{Gg}^2 + \overline{Gg'}^2 + \overline{Gg''}^2 \right).$$

Mais Gg est le tiers de la médiane entière Aa; le carré $\overline{Gg}^2$ est le neuvième du carré $\overline{Aa}^2$. De même $\overline{Gg'}^2$, $\overline{Gg''}^2$ sont égaux à la neuvième partie de $\overline{Bb}^2$, $\overline{Cc}^2$, et l'on a en définitive $K^2 = \frac{1}{27} \left(\overline{Aa}^2 + \overline{Bb}^2 + \overline{Cc}^2 \right)$, et comme dans un triangle la somme des carrés des médianes est égale aux $\frac{3}{4}$ de la somme des carrés des côtés, on a aussi $K^2 = \frac{1}{36} \left(\overline{AB}^2 + \overline{BC}^2 + \overline{AC}^2 \right)$.

On pourra calculer à l'aide de cette formule le moment d'inertie d'un prisme triangulaire droit par rapport à l'axe qui passe par les centres de gravité de ses bases. Tout prisme est décomposable en prismes triangulaires : sachant passer du moment d'inertie autour d'une droite au moment d'inertie autour d'une parallèle à cette droite, on saura calculer le moment d'inertie de tout prisme droit par rapport à un axe quelconque mené parallèlement aux arêtes latérales.

CYLINDRE DROIT A BASE CIRCULAIRE.

253. La même méthode un peu modifiée s'applique encore à la recherche du moment d'inertie du cylindre homogène droit à base circulaire par rapport à son axe de figure.

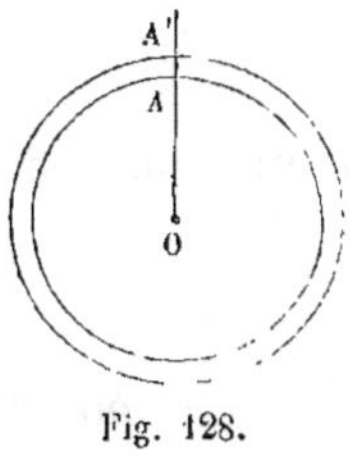

Soit $OA = R$ le rayon du cylindre. Nous pourrons représenter le rayon de giration, K, par une certaine fraction du rayon R et poser $K = R\alpha$. En effet si l'on augmente ou si l'on diminue dans un certain rapport les dimensions du cylindre

Fig. 128.

perpendiculaires à l'axe, le rayon de giration augmente ou diminue dans le même rapport; il y a donc entre le rayon du cylindre et le rayon de giration un rapport constant que nous pouvons représenter par α.

La question est ramenée à déterminer ce nombre α; pour cela nous examinerons comment varie le moment d'inertie du cylindre lorsqu'on y ajoute une couche cylindrique infiniment mince, de manière à porter son rayon de la valeur $OA = R$ à la valeur $OA' = R + dR$, sans changer ni la hauteur H, ni le poids spécifique p du solide.

Le moment d'inertie I du cylindre OA est égal à

$$I = \frac{p}{g} \times \pi R^2 H \times K^2 = \frac{p}{g} \times \pi R^2 H \times R^2 \alpha^2,$$

ou enfin à

$$\frac{p}{g} \pi R^4 H \alpha^2.$$

Le moment d'inertie $I + dI$ du cylindre OA′ sera de même donné par la formule

$$I + dI = \frac{p}{g} \pi (R + dR)^4 H \alpha^2 = \frac{p}{g} \pi R^4 H \alpha^2 + \frac{4p}{g} \pi R^3 H \alpha^2 dR.$$

La différence dI représente le moment d'inertie par rapport à l'axe O de la couronne cylindrique annulaire comprise entre les cercles OA et OA′; elle a pour volume $2\pi R H dR$, pour masse $\frac{p}{g} \times 2\pi R H dR$, et tous ses points sont à la distance R de l'axe O; le moment d'inertie de cette couche est égal à

$$2 \frac{p}{g} \pi R^3 H dR,$$

et on a pour déterminer α la relation

$$\frac{4p}{g} \pi R^3 H \alpha^2 = \frac{2p}{g} \pi R^3 H.$$

On en déduit

$$\alpha^2 = \frac{1}{2}.$$

Le rayon de giration du cylindre est donc égal au produit du rayon OA par $\dfrac{1}{\sqrt{2}}$, et le moment d'inertie à

$$\frac{1}{2}\,\frac{p}{g}\times\pi R^4 H.$$

Le moment d'inertie d'une couche annulaire comprise entre deux surfaces cylindriques concentriques, dont les rayons sont R_1 et R, est la différence des moments d'inertie des cylindres pleins limités à ces deux surfaces :

$$I = \frac{1}{2}\,\frac{p}{g}\times\pi(R^4 - R'^4)H.$$

CÔNE DROIT A BASE CIRCULAIRE.

254. Soit S le sommet, SO l'axe, AB la base d'un cône droit homogène à base circulaire. Coupons le solide par une infinité de plans infiniment voisins, qui le partagent en tranches qu'on peut regarder comme cylindriques. Soit $cbb'c'$ une tranche; le moment d'inertie de cette tranche par rapport à l'axe SO, est, d'après la formule du cylindre, égal à

$$\frac{1}{2}\,\frac{p}{g}\times\pi\overline{ab}^4\times aa'.$$

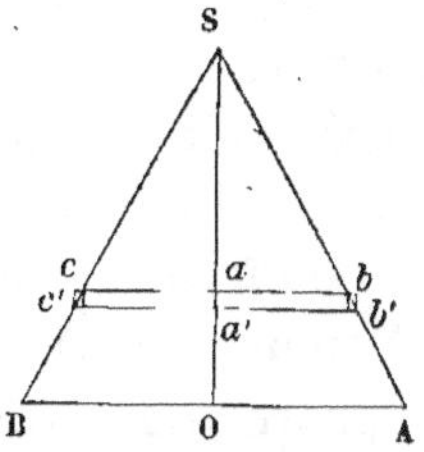

Le moment total cherché est la somme de tous ces moments partiels, et l'on aura par conséquent

$$I = \frac{1}{2}\,\frac{p}{g}\times\pi\Sigma\left(\overline{ab}^4\times aa'\right).$$

Mais les triangles Sab, SOA donnent la proportion $\dfrac{ab}{OA}=\dfrac{Sa}{SO}$.

Appelons R le rayon OA de la base, H la hauteur, x la distance Sa de la tranche considérée au sommet S, et $x+dx$ la distance Sa'. Nous pourrons remplacer ab par sa valeur $\dfrac{Rx}{H}$, aa' par dx, et l'équation précédente deviendra

$$I = \frac{1}{2}\,\frac{p}{g} \times \pi\,\frac{R^4}{H^4}\int_0^H x^4 dx = \frac{1}{2}\,\frac{p}{g}\,\pi\,\frac{R^4}{H^4} \times \frac{1}{5}\,H^5.$$

La masse totale

$$M = \frac{1}{3}\,\frac{p}{g}\,\pi R^2 H.$$

Le rayon de giration du cône par rapport à son axe est

$$K = \sqrt{\dfrac{\dfrac{1}{10}\,\dfrac{p}{g} \times \pi R^4 H}{\dfrac{1}{3}\,\dfrac{p}{g} \times \pi R^2 H}} = \sqrt{\frac{3}{10}\,R^2} = R\sqrt{\frac{3}{10}}.$$

MOMENT D'INERTIE DE LA SPHÈRE HOMOGÈNE PAR RAPPORT A UN DIAMÈTRE.

255. Le moment d'inertie I de la sphère homogène par rapport à un diamètre est le même quel que soit le diamètre considéré. Cette remarque permet de ramener la recherche du moment d'inertie par rapport à un diamètre à celle du *moment d'inertie par rapport au centre* (§ 241).

Menons, en effet, trois axes rectangulaires par le centre de la sphère ; nous aurons les égalités

$$I = \Sigma m\,(x^2 + y^2) = \Sigma m\,(y^2 + z^2) = \Sigma m\,(x^2 + z^2).$$

Donc le moment d'inertie I est le tiers de la somme des trois sommes indiquées, et par suite

$$I = \frac{1}{3}\,\Sigma\,[m\,(x^2 + y^2) + m\,(y^2 + z^2) + m\,(x^2 + z^2)]$$

$$= \frac{1}{3}\,\Sigma 2m\,(x^2 + y^2 + z^2) = \frac{2}{3}\,\Sigma m\,(x^2 + y^2 + z^2).$$

Cette dernière somme est ce que nous avons appelé par analogie le *moment d'inertie de la sphère par rapport à son centre*. Représentons-la par la lettre V. Nous aurons

$$I = \frac{2}{3} V.$$

La quantité V est, quel que soit le système dont il s'agisse, homogène aux moments d'inertie proprement dits, et on peut la mettre sous la forme Mu^2 du produit de la masse entière du système par le carré d'une ligne u, qui jouera un rôle analogue à celui des rayons de giration. Si l'on multiplie par un même nombre *toutes les dimensions* du système, la longueur u sera multipliée par ce même nombre. Pour la sphère, nous sommes certains d'avance que u est dans un rapport constant avec son rayon R, et nous représenterons la longueur u par le produit $R\alpha$, α étant un nombre constant à déterminer. Il en résulte

$$V = MR^2\alpha^2 = \frac{4}{3} \frac{p}{g} \times \pi R^5\alpha^2.$$

Ajoutons à la sphère une couche sphérique homogène, infiniment mince, qui porte son rayon de R à $R + dR$; la nouvelle quantité $V + dV$ sera donnée par la même formule :

$$V + dV = \frac{4}{3} \times \frac{p}{g} \times \pi(R + dR)^5\alpha^2 = \frac{4}{3} \frac{p}{g} \pi\alpha^2 (R^5 + 4R^4 dR).$$

Retranchant, il vient

$$dV = \frac{16}{3} \times \frac{p}{g} \pi\alpha^2 R^4 dR.$$

Mais dV n'est autre chose que le produit de la masse de la couche additionnelle par le carré R^2 de la distance de chacun de ses points au centre ; on a donc

$$dV = \frac{p}{g} \times 4\pi R^2 dR \times R^2,$$

et α est donné par l'équation

$$\frac{16}{3} \frac{p}{g} \pi\alpha^2 R^4 dR = \frac{4p}{g} \times \pi R^4 dR.$$

qui se réduit à $\alpha^2 = \dfrac{3}{5}$.

Donc

$$V = \frac{4}{3}\,\frac{p}{g}\,\pi R^5 \times \frac{3}{5} = \frac{4}{5}\,\frac{p}{g}\,\pi R^3$$

et enfin

$$I = \frac{2}{3}\,V = \frac{8}{15}\,\frac{p}{g}\,\pi R^5.$$

La masse totale de la sphère $M = \frac{4}{3}\,\frac{p}{g}\,\pi R^3$.

Le rayon de giration de la sphère par rapport à un quelconque de ses diamètres est par conséquent

$$K = \sqrt{\dfrac{\frac{8}{15}\,\frac{p}{g}\,\pi R^5}{\frac{4}{3}\,\frac{p}{g}\,\pi R^3}} = R \times \sqrt{\frac{2}{5}}.$$

MOMENT D'INERTIE D'UN ELLIPSOÏDE HOMOGÈNE.

256. 1° Proposons-nous d'abord de trouver le moment d'inertie d'un cylindre homogène d'une hauteur infiniment petite, ayant pour base une ellipse NPN'P', par rapport à l'un PP' des axes principaux de la base.

Du point M comme centre, avec le demi grand axe MN pour rayon, décrivons une circonférence NQN'Q', et supposons que cette circonférence serve de base à un cylindre homogène, de même hauteur et de même poids que le cylindre elliptique.

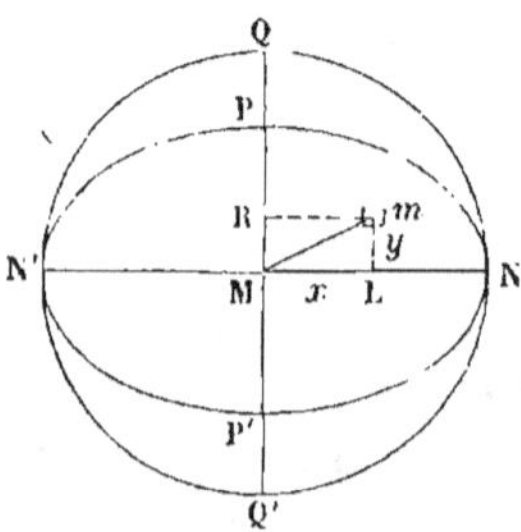

Fig. 150.

Soit $MN = n$, $MP = n'$, les demi-axes de l'ellipse. Le rayon du cylindre circulaire sera n, et son moment d'inertie par rapport à l'axe M, normal au plan de la figure, sera, comme nous l'avons vu, $M \times \frac{1}{4}\,n^2$ (§ 253).

La hauteur du cylindre étant infiniment petite, toutes les

masses qui le composent peuvent être regardées comme situées dans le plan de la base, et le moment d'inertie par rapport à l'axe projeté en M est la somme des moments d'inertie par rapport aux droites rectangulaires MN, MQ ; car si l'on considère un élément de masse quelconque m, on a $m \times \overline{Mm}^2 = m \times \overline{mL}^2 + m \times \overline{mR}^2$. La même égalité s'étend aux sommes de tous ces produits élémentaires. D'ailleurs, le cercle étant symétrique par rapport à toute droite passant par son centre, le moment $\Sigma m \times \overline{mR}^2$ est égal au moment $\Sigma m \times \overline{mL}^2$; donc les moments d'inertie du cylindre circulaire par rapport aux droites MQ, MN sont égaux tous deux à $M \times \frac{1}{8} n^2$, moitié du moment d'inertie par rapport à l'axe projeté en M.

L'ellipse massive NPN'P' se déduit du cercle NQN'Q' sans altération des masses, en réduisant dans un même rapport les ordonnées parallèles à QQ' sans rien changer aux abscisses, et, par suite, sans rien changer au moment d'inertie pris par rapport à l'axe QQ'. Le moment d'inertie de l'ellipse par rapport à son axe PP' est donc encore égal à $M \times \frac{1}{8} n^2$, M étant la masse du cylindre infiniment mince qui a cette ellipse pour base. Par analogie $M \times \frac{1}{8} n'^2$ est le moment d'inertie du système par rapport au grand axe MN.

2° Soit ABC l'ellipsoïde homogène dont on cherche le moment d'inertie par rapport à l'axe OZ ; appelons a, b, c, ses demi-axes. Coupons l'ellipsoïde par une infinité de plans parallèles à ZOY, et soit PMN l'ellipse obtenue par une de ces sections, faite à la distance $OM = x$ du centre. Considérons le cylindre elliptique qui a pour base cette ellipse, et pour hauteur la quantité infiniment petite $MM' = dx'$. Ce sera une tranche

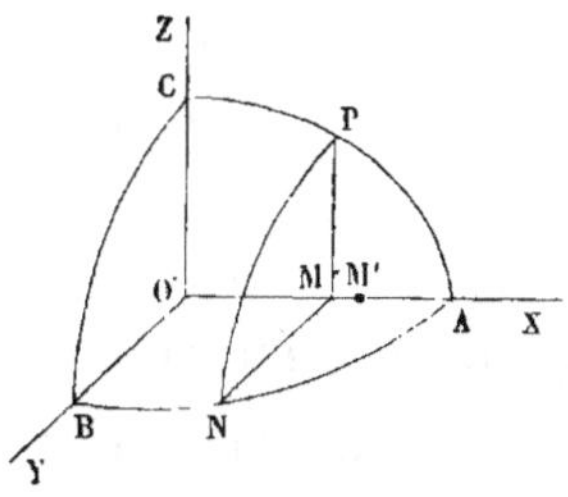

Fig. 131.

élémentaire de l'ellipsoïde. Prenons son moment d'inertie par rapport à l'axe MP de la base. Nous aurons à appliquer la formule $M \times \frac{1}{8} n^2$.

Ici $n = MN$; quant à M, on l'exprimera par le produit

$$\frac{p}{g} \times \pi nn' dx,$$

n' étant le petit axe NP; car $\pi nn'$ est la base, dx la hauteur, et $\frac{p}{g}$ la masse spécifique du cylindre élémentaire; le moment cherché est donc

$$\frac{p}{g} \times \frac{\pi}{8} n^3 n' dx$$

par rapport à la droite MP.

Par rapport à l'axe parallèle OC, le moment d'inertie du même cylindre est

$$\frac{p}{g} \frac{\pi}{8} nn' dx (n^2 + a^2),$$

et enfin, le moment cherché C est l'intégrale de tous ces moments élémentaires, entre les limites $x = -a$ et $x = +a$:

$$C = \int_{-a}^{+a} \frac{p}{g} \frac{\pi}{8} nn' dx (n^2 + x^2).$$

L'ellipse OAB ayant pour équation

$$\frac{x^2}{a^2} + \frac{n^2}{b^2} = 1,$$

on a

$$n = b \sqrt{1 - \frac{x^2}{a^2}};$$

de même on a dans l'ellipse OAC, $n' = c \sqrt{1 - \frac{x^2}{a^2}}$.

Substituant dans l'intégrale, il vient

$$C = \frac{p}{g} \times \frac{\pi}{8} \times bc \int_{-a}^{+a} \left(1 - \frac{x^2}{a^2}\right) \left(b^2 - \frac{b^2 x^2}{a^2} + x^2\right) dx.$$

La quantité sous le signe $\int$ est un polynome entier dont l'intégration se fait sans difficulté. On trouve en définitive

$$C = \frac{4}{15}\frac{p}{g} \times \pi \times abc \times (a^2 + b^2);$$

on trouverait de même

$$A = \frac{4}{15}\frac{p}{g}\,\pi abc\,(b^2 + c^2),$$

$$B = \frac{4}{15}\frac{p}{g}\,\pi abc\,(c^2 + a^2);$$

$\frac{4}{3}\pi abc$ est le volume, et $\frac{4}{3}\frac{p}{g}\pi abc$ la masse de l'ellipsoïde; les carrés des rayons de giration sont donc

$$\frac{a^2 + b^2}{5},\quad \frac{b^2 + c^2}{5},\quad \frac{b^2 + a^2}{5},$$

par rapport aux axes

$$OC, \qquad OA, \qquad OB.$$

PRESSIONS EXERCÉES PAR UN CORPS TOURNANT SUR SON AXE DE ROTATION. — DÉTERMINATION DES COMPOSANTES DES FORCES D'INERTIE.

257. Le théorème de d'Alembert ramène la recherche des pressions exercées par un corps tournant sur son axe de rotation au problème analogue de statique, dans lequel on se propose de déterminer les pressions exercées par un corps en équilibre sur un axe fixe autour duquel il est assujetti à tourner. (II, § 89.) Il suffit pour le résoudre de joindre les forces d'inertie aux forces données et aux réactions inconnues de l'axe, et d'exprimer qu'il y a équilibre.

La première partie du problème est donc la détermination des forces d'inertie et des moments de ces forces pour un corps qui tourne.

Soit OZ l'axe de rotation (fig. 132); nous supposerons que cet axe soit fixé en deux points particuliers, O et A, à une distance $OA = a$.

Par le point O, menons deux axes rectangulaires, OX, OY, perpendiculaires à l'axe OZ.

Soit M un point quelconque du corps tournant ; appelons x, y, z, les coordonnées de ce point, m sa masse.

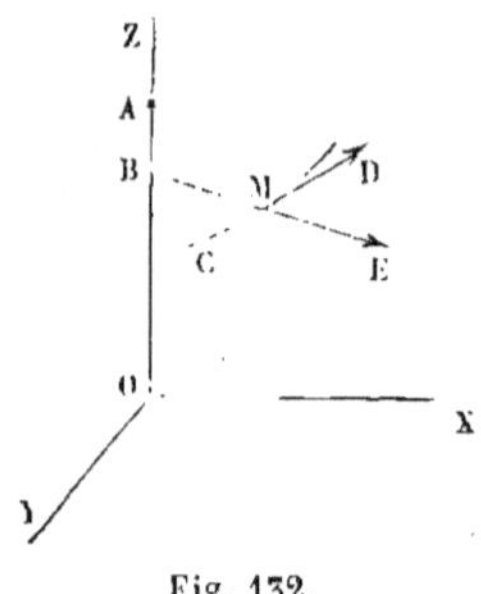

Fig. 132.

Le mouvement du point M s'accomplit le long d'une circonférence de cercle MC, dont le centre est au point B, pied de la perpendiculaire abaissée du point M sur l'axe OZ, et dont le plan est parallèle au plan XOY. Projetons cette circonférence sur le plan XOY, et rabattons ensuite ce plan sur le plan du papier (fig. 133). Appelons ω la vitesse angulaire du solide autour de l'axe OZ ; $\dfrac{d\omega}{dt}$ sera l'accélération angulaire ; nous supposerons que le mouvement s'opère dans le sens positif des rotations, c'est-à-dire dans le sens MC.

La vitesse linéaire du point M sera égale à $r\omega$, en appelant r la distance OM ; l'accélération tangentielle, ou vitesse de la vitesse, sera $r\dfrac{d\omega}{dt}$, et l'accélération centripète $\dfrac{(r\omega)^2}{r}$ ou $\omega^2 r$. Donc la force d'inertie du point M a pour composante tangentielle dans le sens MD, opposé au mouvement, le produit $mr\dfrac{d\omega}{dt}$, et pour composante normale, dans le sens ME, le produit $m\omega^2 r$. Décomposons chacune de ces composantes parallèlement aux axes OX et OY, ce qui nous donnera, parallèlement à OX, les deux forces MF, MK, dirigées dans le même sens, et parallèlement à OY, les deux forces MH, ML, dirigées en sens contraires. Ces composantes sont faciles à calculer. Les

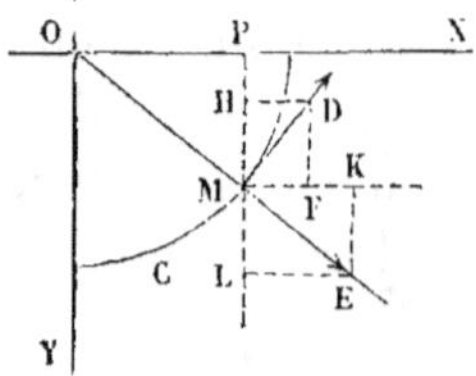

Fig. 133.

triangles OPM, MDF, sont semblables comme ayant leurs côtés respectivement perpendiculaires, et les triangles OPM, MKE,

sont aussi semblables comme ayant leurs côtés parallèles. On
a donc les proportions :

$$\frac{MF}{MP} = \frac{FD}{OP} = \frac{MD}{OM},$$

ou bien

$$\frac{MF}{y} = \frac{FD}{x} = \frac{mr\dfrac{d\omega}{dt}}{r};$$

et

$$\frac{MK}{OP} = \frac{KE}{MP} = \frac{ME}{OM},$$

ou

$$\frac{MK}{x} = \frac{KE}{y} = \frac{m\omega^2 r}{r}.$$

On déduit de là

$$MF = my\frac{d\omega}{dt},$$

$$FD = MH = mx\frac{d\omega}{dt},$$

$$NK = m\omega^2 x,$$

$$KE = NL = m\omega^2 y.$$

Donc la force d'inertie du point M a pour composantes,
parallèlement à OX, la somme

$$MF + MK = my\frac{d\omega}{dt} + m\omega^2 x,$$

et parallèlement à OY, la différence

$$NL - MH = m\omega^2 y - mx\frac{d\omega}{dt}.$$

La composante parallèle à l'axe OZ est enfin égale à 0.

DÉTERMINATION DES MOMENTS DES FORCES D'INERTIE.

258. Lorsqu'une force appliquée au point dont les coordonnées sont x, y, z, est décomposée parallèlement aux trois
axes, et que X, Y, Z sont ses composantes, les moments L,

M, N, de cette force par rapport aux axes sont donnés par les formules

$$(\text{A}) \quad \left\{ \begin{aligned} L &= Zy - Yz, \\ M &= Xz - Zx, \\ N &= Yx - Xy. \end{aligned} \right.$$

Appliquons ces formules à la force d'inertie dont le point d'application a pour coordonnées x, y, z, et dont les composantes parallèles aux axes sont respectivement

$$X = my\,\frac{d\omega}{dt} + m\omega^2 x,$$

$$Y = m\omega^2 y - mx\,\frac{d\omega}{dt},$$

$$Z = 0.$$

Il viendra

$$L = mxz\,\frac{d\omega}{dt} - m\omega^2 yz,$$

$$M = myz\,\frac{d\omega}{dt} + m\omega^2 xz,$$

$$N = m\omega^2 yx - mx^2\,\frac{d\omega}{dt} - my^2\,\frac{d\omega}{dt} - m\omega^2 xy$$

$$= - m(x^2 + y^2)\,\frac{d\omega}{dt} = - mr^2\,\frac{d\omega}{dt} = - mr\,\frac{d\omega}{dt} \times r.$$

Ce dernier résultat nous était déjà connu : car le moment N de la force d'inertie par rapport à l'axe OZ est le produit de la composante tangentielle, $- mr\dfrac{d\omega}{dt}$, par la distance r de cette force à l'axe ; quant à la composante normale, elle rencontre l'axe, et elle a un moment nul.

RÉDUCTION DES FORCES D'INERTIE A UNE FORCE ET A UN COUPLE.

259. Après avoir opéré de même pour chaque point du solide, nous pourrons réduire les forces d'inertie au moindre nombre possible, c'est-à-dire à une force et à un couple. On y parviendra en appliquant les règles posées dans la statique (§ 65) pour la réduction des forces appliquées à un solide. La

résultante de translation a pour composantes parallèles aux axes les sommes algébriques des composantes des forces données ; de même le *couple résultant* du transport des forces à l'origine O a pour couples composants autour de chaque axe la somme algébrique des moments des forces données par rapport à cet axe. Appliquons ce théorème aux forces d'inertie, et appelons X', Y', Z', L', M', N', les composantes de la résultante de translation et du couple résultant ; on aura pour l'ensemble du système solide les équations suivantes, où l'on a fait sortir des signes Σ les facteurs communs à tous les termes de la somme :

$$X' = \Sigma X = \frac{d\omega}{dt} \Sigma my + \omega^2 \Sigma mx,$$

$$Y' = \Sigma Y = \omega^2 \Sigma my - \frac{d\omega}{dt} \Sigma mx,$$

$$Z' = \Sigma Z = 0,$$

$$L' = \Sigma L = \frac{d\omega}{dt} \Sigma mxz - \omega^2 \Sigma myz,$$

$$M' = \Sigma M = \frac{d\omega}{dt} \Sigma myz + \omega^2 \Sigma mxz,$$

$$N' = \Sigma N = - \frac{d\omega}{dt} \Sigma mr^2.$$

Les sommes indiquées s'étendent à tous les points matériels du corps ; elles ont toutes des significations déjà connues.

$\Sigma\, my$ est la somme des moments des masses par rapport au plan ZOX ; c'est le produit de la masse entière du corps, M, par l'ordonnée y_1 du centre de gravité. On pourra poser

$$\Sigma my = My_1.$$

De même

$$\Sigma mx = Mx_1.$$

Les sommes Σmxz, Σmyz s'introduisent dans la théorie des moments d'inertie (§ 242). Nous les avons représentées alors par les lettres Q et P.

Enfin $\Sigma mr^2 = I$ est le *moment d'inertie* du solide par rapport à l'axe fixe OZ. Introduisons ces notations dans le tableau précédent, nous aurons en définitive :

$$(B) \begin{cases} X' = My_1 \dfrac{d\omega}{dt} + Mx_1\omega^2, \\[2mm] Y' = My_1\omega^2 - Mx_1 \dfrac{d\omega}{dt}, \\[2mm] Z' = 0, \\[2mm] L' = Q \dfrac{d\omega}{dt} - P\omega^2, \\[2mm] M' = P \dfrac{d\omega}{dt} + Q\omega^2, \\[2mm] N' = -1 \dfrac{d\omega}{dt}. \end{cases}$$

Les deux premières équations peuvent se simplifier en faisant passer le plan arbitraire ZOX par le centre de gravité du solide ; il en résulte $y_1 = 0$, et par suite

$$X' = M\omega^2 x_1.$$
$$Y' = -Mx_1 \frac{d\omega}{dt}.$$

CAS OÙ LES FORCES D'INERTIE ONT UNE RÉSULTANTE UNIQUE.

260. La condition nécessaire et suffisante pour que des forces appliquées à un solide aient une résultante unique est exprimée (II, § 67) par l'équation

$$L'X' + M'Y' + N'Z' = 0.$$

Pour qu'il en soit ainsi des forces d'inertie du corps tournant, il faut donc, en supposant que le plan ZOX contienne le centre de gravité, que l'on ait l'équation

$$\left(Q \frac{d\omega}{dt} - P\omega^2 \right) M\omega^2 x_1 - \left(P \frac{d\omega}{dt} + Q\omega^2 \right) Mx_1 \frac{d\omega}{dt} = 0,$$

ou bien

$$MQ \frac{d\omega}{dt} \omega^2 x_1 - MP\omega^4 x_1 - MP \frac{d\omega^2}{dt^2} x_1 - MQ \frac{d\omega}{dt} \omega^2 x_1 = 0,$$

ce qui se réduit à

$$M P x_1 \left(\omega^4 + \frac{d\omega^2}{dt^2} \right) = 0.$$

Le facteur M ne peut être nul. Le facteur $\omega^4 + \dfrac{d\omega^2}{dt^2}$ n'est

nul que si on a constamment $\omega = 0$, car alors $\dfrac{d\omega}{dt}$ est aussi

nul; mais dans ce cas le solide reste en repos, et les forces d'inertie disparaissent. La condition n'est donc satisfaite que dans deux cas : 1° si $x_1 = 0$, c'est-à-dire si le centre de gravité est situé sur l'axe de rotation ; alors les composantes X′ et Y′ sont nulles, et les forces d'inertie se réduisent à un couple (II, § 68).

2° Si P = 0 ; dans ce cas on a en même temps P = 0 et $y_1 = 0$; donc (§ 247) l'axe OZ est principal en un point O′, dont la distance h au point O est donnée par l'équation

$$h = \frac{Q}{N x_1}$$

Les composantes et les moments de la résultante des forces d'inertie sont alors

$$X' = M \omega^2 x_1,$$
$$Y' = - M x_1 \frac{d\omega}{dt},$$
$$Z' = 0,$$
$$L' = Q \frac{d\omega}{dt} \cdot$$
$$M' = Q \omega^2,$$
$$N' = - l \frac{d\omega}{dt},$$

On peut déterminer le point où la résultante des forces d'inertie perce le plan ZOX, conduit par l'axe et le centre de gravité.

Appelons ξ et ζ les coordonnées de ce point dans le plan ZOX. Appliquant les formules des moments (A), où l'on

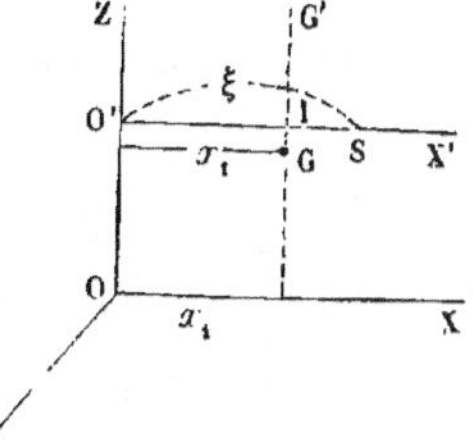

Fig. 154.

fera

$$X = X', \qquad Y = Y', \qquad Z = 0,$$
$$x = \xi, \qquad y = 0, \qquad z = \zeta;$$

on devra avoir

$$L' = - Y'\zeta,$$
$$M' = X'\zeta,$$
$$N' = Y'\xi;$$

ou bien

$$Q\frac{d\omega}{dt} = Mx_1 \frac{d\omega}{dt}\,\zeta,$$
$$Q\omega^2 = M\omega^2 x_1 \times \zeta,$$
$$- I\frac{d\omega}{dt} = - Mx_1 \frac{d\omega}{dt} \times \xi.$$

Les deux premières équations s'accordent pour donner

$$\zeta = \frac{Q}{Mx_1} = h = OO',$$

ce qui nous montre que le point cherché S est situé quelque part sur la droite O'X', menée parallèlement à l'axe OX, par le point O' pour lequel l'axe OZ est principal.

La troisième équation donne l'abscisse du point cherché :

$$\xi = \frac{I}{Mx_1}.$$

Le moment d'inertie I autour de l'axe OZ peut s'exprimer par MK^2, en appelant K le rayon de giration du solide par rapport à cet axe. Menons par le centre de gravité G une parallèle GG' à l'axe OZ, et soit K' le rayon de giration du solide par rapport à cette droite. Nous aurons la relation (§ 239)

$$I = MK^2 = M(K'^2 + x_1^2),$$

et l'abscisse ξ du point S sera égale à

$$\frac{K'^2 + x_1^2}{x_1} = x_1 + \frac{K'^2}{x_1}.$$

La droite GG' coupe en un certain point I la droite OS, et l'on a par conséquent

$$IS = \frac{K'^2}{x_1},$$

ou bien

$$IS \times IO' = K'^2.$$

Ce point S, où passe la résultante des forces d'inertie quand l'axe OZ est principal en l'un de ses points, est appelé *centre de percussion* correspondant à cet axe. Il a des propriétés mécaniques que nous étudierons plus loin.

La résultante des forces d'inertie étant contenue dans le plan X'O'Y', les moments de cette résultante par rapport aux nouveaux axes O'X',OY' sont nuls. Il en est ainsi dès que l'axe tournant O'Z est principal au point O'. Car cette hypothèse annule les moments L' et M', puisqu'elle rend les sommes $\Sigma m x z$, $\Sigma m y z$ égales à zéro.

RECHERCHES DES PRESSIONS EXERCÉES PAR LE CORPS TOURNANT SUR L'AXE FIXE.

261. Revenons à la question posée dans le § 257. Soient F et F' les réactions des deux points fixes O et A ; décomposons ces deux forces parallèlement aux axes, ce qui nous donne les composantes X_1, Y_1, Z_1 pour la première, et X_2, Y_2, Z_2 pour la seconde.

Appelons X, Y, Z les composantes parallèles aux axes de la résultante de translation des forces extérieures appliquées au solide, et L, M, N les moments par rapport aux mêmes axes du couple résultant que l'on obtient en transportant toutes les forces parallèlement à elles-mêmes au point O. Continuons à représenter par X', Y', Z' les composantes de la résultante de translation des forces d'inertie, et par L', M', N', les moments du couple résultant de ces forces ; nous

Fig. 155.

aurons, en vertu du théorème de d'Alembert, les six équations suivantes, analogues aux six équations du § 89 de la statique, dont elles ne diffèrent que par l'adjonction des forces d'inertie :

$$X + X' + X_1 + X_2 = 0,$$
$$Y + Y' + Y_1 + Y_2 = 0,$$
$$Z + Z' + Z_1 + Z_2 = 0,$$
$$L + L' - Y_2 a = 0,$$
$$M + M' + X_2 a = 0,$$
$$N + N' = 0.$$

Remplaçons X', Y', Z', L' M', N', par leurs valeurs prises dans le tableau (B) du § 259, et nous aurons pour déterminer les inconnues le groupe des six équations

$$(1) \qquad X + My_1 \frac{d\omega}{dt} + Mx_1 \omega^2 + X_1 + X_2 = 0,$$

$$(2) \qquad Y + My_1 \omega^2 - Mx_1 \frac{d\omega}{dt} + Y_1 + Y_2 = 0,$$

$$(3) \qquad Z + Z_1 + Z_2 = 0,$$

$$(4) \qquad L + Q \frac{d\omega}{dt} - P\omega^2 - Y_2 a = 0,$$

$$(5) \qquad M + P \frac{d\omega}{dt} + Q\omega^2 + X_2 a = 0,$$

$$(6) \qquad N - I \frac{d\omega}{dt} = 0.$$

L'équation (6) ne contient pas les composantes des réactions inconnues, et ne peut servir à les déterminer. Elle définit le mouvement du solide, en faisant connaître son accélération angulaire, $\dfrac{d\omega}{dt} = \dfrac{N}{I}$.

C'est, sous une autre forme, l'équation

$$\frac{d\omega}{dt} = \frac{\Sigma M_{oz} F}{I},$$

obtenue au § 235.

Les équations (4) et (5) font connaître les composantes X_2 et Y_2 de la réaction du point A. Substituant les valeurs de ces composantes dans (1) et (2), on en déduira les composantes X_1 et Y_1 de la réaction du point O. Enfin l'équation (3) donne la somme $Z_1 + Z_2$ des composantes des deux réactions suivant l'axe OZ sans les distinguer l'une de l'autre ; l'équilibre du solide présentait la même particularité. (II, § 89.)

262. *Remarques.* — 1° Supposons que le corps solide ne soit sollicité par aucune force donnée, de sorte qu'on ait $X = Y = Z = 0$, $L = M = N = 0$. Dans ce cas l'équation (6) se réduit à $\frac{d\omega}{dt} = 0$, ce qui indique que la vitesse angulaire ω est constante. Les équations qui déterminent X_1, X_2, Y_1, Y_2, deviennent

$$Mx_1\omega^2 + X_1 + X_2 = 0,$$
$$My_1\omega^2 + Y_1 + Y_2 = 0,$$
$$P\omega^2 + Y_2 a = 0,$$
$$Q\omega^2 + X_2 a = 0.$$

Elles donnent les réactions de l'axe qui font équilibre aux *forces centrifuges*, car l'équation $\frac{d\omega}{dt} = 0$ réduit à zéro les composantes tangentielles des forces d'inertie.

2° Les deux composantes X_2, Y_2 sont nulles quelle que soit la vitesse angulaire ω, si l'on a à la fois $P = 0$, $Q = 0$, c'est-à-dire *si l'axe OZ est principal au point O* (§ 246).

3° Les quatre composantes X_1, Y_1, X_2, Y_2 sont nulles quelle que soit la vitesse ω, si l'on a à la fois $P = 0$, $Q = 0$, $x_1 = 0$, $y_1 = 0$, c'est-à-dire *si l'axe OZ est un axe principal, et s'il contient le centre de gravité du solide ;* on sait qu'alors l'axe OZ est principal en tous ses points (§ 247).

Dans le premier cas (2°), la rotation se continuera indéfiniment autour de l'axe OZ avec une vitesse constante ω, pourvu que le point O soit fixe ; on peut, en effet, supprimer la fixité du point A, puisque ce point n'a à supporter aucune pression. Dans le second (3°), la rotation se continuera indéfiniment autour de l'axe OZ bien que cet axe n'ait aucun point fixe. C'est pour cela qu'on appelle *axe naturel de rotation* tout axe OZ qui est principal en tous ses points, ou tout axe principal passant par le centre de gravité.

Les composantes Z_1 et Z_2 dont nous avons fait abstraction ne changent rien à ces résultats. Car puisqu'on a $Z = 0$, on a aussi $Z_1 + Z_2 = 0$ en vertu de l'équation (3), condition satisfaite en posant $Z_1 = 0$, $Z_2 = 0$. Dans le premier cas, la suppression du point fixe A entraîne la condition $Z_2 = 0$; donc Z_1 est nul aussi. Le mouvement uniforme de rotation pourrait dans le premier cas (2°) se prolonger indéfiniment autour de l'axe OZ avec un seul point fixe O, malgré l'action d'une force extérieure Z agissant dans la direction de cet axe : le point fixe développerait en effet une réaction Z_1, égale et contraire à Z, et qui ne modifierait en rien la rotation.

Dans le second cas, où il n'y a aucun point fixe, il est nécessaire que Z soit nul, et les composantes Z_1 et Z_2 sont nulles séparément.

4° Supposons que sans avoir à la fois $P = 0$, $Q = 0$, et sans fixer d'autre point que le point O, on veuille néanmoins entretenir un mouvement de rotation uniforme, avec une vitesse ω autour de l'axe OZ. On aura à satisfaire aux conditions

$$\frac{d\omega}{dt} = 0, \qquad X_2 = 0, \qquad Y_2 = 0, \qquad Z_2 = 0;$$

ce qui entraîne d'abord $N = 0$: par suite le couple résultant des forces extérieures est parallèle à l'axe OZ. On déterminera la résultante de translation et le couple résultant des forces extérieures au moyen des équations :

$$X + M x_1 \omega^2 + X_1 = 0,$$
$$Y + M y_1 \omega^2 + Y_1 = 0,$$
$$Z + Z_1 = 0,$$
$$L = P \omega^2,$$
$$M = - Q \omega^2,$$
$$N = 0.$$

On pourra faire $X = 0$, $Y = 0$, $Z = 0$, ce qui revient à réduire les forces extérieures à un couple, qui sera situé dans un plan parallèle à l'axe de rotation, et qui aura pour projections sur les plans ZOY et ZOX les couples dont les moments sont $P\omega^2$ et $-Q\omega^2$. La charge du point fixe O sera la résultante des forces $-X_1 = Mx_1\omega^2$, et $-Y_1 = My_1\omega^2$; cette charge est nulle si $x_1 = 0$ et $y_1 = 0$, ou si le solide est *centré*.

Par conséquent, on peut, en appliquant à un solide un couple convenable, maintenir indéfiniment, sans aucun point fixe, la rotation uniforme de ce solide autour d'un axe quelconque passant par son centre de gravité.

APPLICATION AUX MEULES DE MOULIN.

263. La meule mobile d'un moulin offre l'exemple d'un corps solide tournant autour d'un axe auquel il n'est rattaché que par un point.

Les grains de blé qu'il s'agit de convertir en farine passent entre la meule fixe, ou *meule dormante*, et la meule mobile; ils s'engagent à la fois dans les stries pratiquées sur les deux surfaces, et le mouvement communiqué à l'une d'elles suffit pour produire l'écrasement. Si la meule mobile était liée invariablement à l'axe de rotation, le travail de la mouture serait très-inégal; les grains de petite dimension échapperaient à l'écrasement dans l'intervalle uniforme des deux meules. On obtient un meilleur résultat en laissant à la meule mobile la liberté d'osciller autour de son point d'attache; mais l'oscillation qu'elle prend doit rester très-faible. Pour cela, on fait en sorte que l'axe de rotation soit un axe principal au point d'attache; alors la rotation uniforme tend à persister indéfiniment sans intervention de forces extérieures. Il faut donc qu'on ait $P = 0$, $Q = 0$, par rapport aux axes passant par le centre de suspension. La meule étant centrée, si ces conditions sont remplies pour un point de l'axe de rotation OZ, elles le sont pour tous les autres points. Comme

$P = \Sigma myz$, $Q = \Sigma mxz$, les hauteurs z des masses m ont une influence sur les valeurs de P et Q. Pour régler ces valeurs et les amener à zéro, on se ménage la possibilité de faire varier la hauteur z pour quelques points au moins de la meule ; on réserve pour cela dans la surface supérieure de la meule, aux extrémités de deux diamètres rectangulaires, quatre cavités cylindriques où s'engagent des masses métalliques mobiles le long d'une tige verticale filetée. On peut faire monter ou descendre ces masses sans faire sortir le centre de gravité général de l'axe de rotation, et de manière à rapprocher de zéro les sommes P et Q qui varient avec leurs hauteurs. On est averti que le règlement est convenable par la stabilité du mouvement de la meule quand on la fait tourner à vide. C'est une question de tâtonnements.

MOUVEMENT D'UN SOLIDE ASSUJETTI A TOURNER AUTOUR D'UN AXE FIXE SOUS L'ACTION D'UNE PERCUSSION INSTANTANÉE.

264. Nous supposerons que le solide soit en repos, et qu'il soit assujetti à tourner autour de l'axe OZ, dont les deux points O et A sont fixes.

Soient X, Y, Z, les composantes de la percussion suivant les axes, et ξ, η, ζ les coordonnées de son point d'application. Le théorème de d'Alembert étendu aux forces instantanées ($\S$ 191) nous montre qu'il y a équilibre entre les forces X, Y, Z, et les quantités de mouvement finales, prises en sens contraire de leur direction et assimilées à des forces. Les quantités de mouvement initiales sont toutes nulles puisque le solide part du repos.

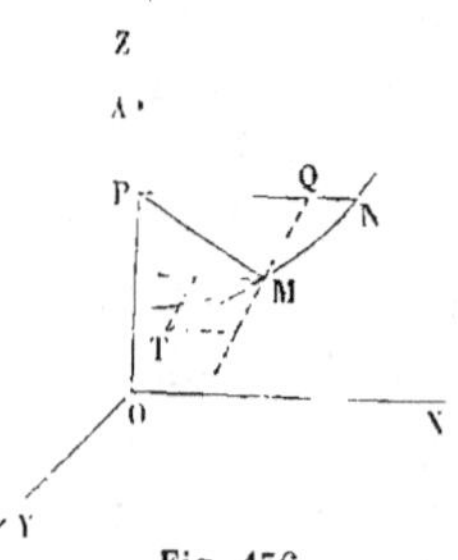

Fig. 156.

La question est ramenée à composer les quantités de mouvement des divers points matériels du corps.

Soit ω la vitesse angulaire commune à tous ces points. La quantité de mouvement du point M situé à la distance $MP = r$ de l'axe, sera égale à $m\omega r$, m étant la masse du point, et elle aura pour direction la tangente MT au cercle NM que le point M décrit. Elle a pour composantes, suivant l'axe OX, $-m\omega r \sin\theta$, θ étant l'angle MPN du rayon PM avec le plan ZOX, et suivant OY, $+m\omega r \cos\theta$; sa composante suivant OZ est nulle. D'ailleurs $r\cos\theta$ est l'abscisse x du point M, et $r\sin\theta$ est sa coordonnée y. Donc les sommes des composantes parallèles aux axes sont

$$X' = -\omega\Sigma my, \quad Y' = +\omega\Sigma mx, \quad Z' = 0.$$

On peut remplacer Σmy par Mb, et Σmx par Ma, a et b étant les coordonnées du centre de gravité.

Les moments de la quantité de mouvement MT sont

par rapport à l'axe OX, $\qquad -m\omega r \cos\theta \times z = -m\omega xz,$
par rapport à l'axe OY, $\qquad -m\omega r \sin\theta \times z = -m\omega yz,$
par rapport à l'axe OZ, $\qquad m\omega r \times r = m\omega r^2.$

Faisant la somme de ces moments, on aura

$$L' = -\omega\Sigma mxz, \quad M' = -\omega\Sigma myz, \quad N' = \omega\Sigma mr^2.$$

Soient X_1, Y_1, Z_1, les composantes de la force instantanée développée pendant la percussion par la résistance du point O; X_2, Y_2, Z_2, les composantes de la force analogue développée par le point A. Faisons $OA = h$; nous aurons en appliquant le théorème de d'Alembert les six équations

$$X + X_1 + X_2 + \omega Mb = 0, \qquad Z\eta - Y\zeta - Y_2 h + \omega\Sigma mxz = 0,$$
$$Y + Y_1 + Y_2 - \omega Ma = 0, \qquad X\zeta - Z\xi + X_2 h + \omega\Sigma myz = 0,$$
$$Z + Z_1 + Z_2 = 0, \qquad Y\xi - X\eta - \omega\Sigma mr^2 = 0.$$

La dernière équation montre que la vitesse angulaire ω à la fin de la percussion est égale au moment de la percussion divisé par le moment d'inertie.

Les deux équations précédentes donnent les valeurs de X_2 et Y_2; les deux premières font connaître X_1 et Y_1; et enfin la troisième donne la somme, $Z_1 + Z_2$, des réactions développées dans l'axe OZ.

Les composantes X_2 et Y_2 de la réaction du point A sont nulles quand on a à la fois $\Sigma mxz = 0$, $\Sigma myz = 0$, $Z = 0$ et $\zeta = 0$, c'est-à-dire lorsque l'axe OZ est principal au point O, et lorsque la percussion est située dans le plan XOY. Alors la fixité du point A n'est pas nécessaire.

Si de plus on a $a = 0$, $b = 0$, avec $X = Y = 0$ et $\xi = \eta = \infty$, auquel cas le corps est *centré*, et la percussion est changée en un couple parallèle au plan XOY, la fixité du point O peut aussi être supprimée; le corps frappé par un couple de forces instantanées situé dans un plan perpendiculaire à l'axe OZ tournera autour de cet axe comme s'il était fixe. L'axe OZ est alors un *axe naturel de rotation*.

PENDULE COMPOSÉ.

265. Le *pendule composé* est un corps solide pesant, mobile autour d'un axe horizontal qu'on nomme *axe de suspension*.

Soit O la projection de l'axe de suspension ;

    G le centre de gravité du corps ;

    a la distance OG.

Par l'axe de suspension, faisons passer un plan vertical AA', et un second plan OG, renfermant le centre de gravité G du corps, et entraîné dans son mouvement. Nous définirons la position du corps au moyen de l'angle θ que fait la droite OG avec la verticale montante OA. Cet angle θ est compté positivement dans le sens qui amène OA vers OG, ou dans le sens de la flèche f.

Fig. 137.

L'accélération angulaire du corps est $\dfrac{d^2\theta}{dt^2}$.

Nous l'égalerons au quotient de la division de la somme des

moments des forces par le moment d'inertie I du corps par rapport à l'axe O :

$$\frac{d^2\theta}{dt^2} = \frac{\Sigma M_0 F}{I}.$$

Les forces extérieures données se réduisent au poids P du corps appliqué en son centre de gravité G. Soit M la masse totale du corps; le poids sera Mg, et le moment du poids par rapport à l'axe O sera le produit

$$Mg \times GH = Mg \times a \sin\theta,$$

quantité qui porte son signe avec elle. Elle est positive en effet si le point G est à droite de la verticale AA'; en même temps le poids P tend à augmenter l'angle θ; elle devient négative quand le point G passe à gauche de AA', et que le poids P tend à réduire l'angle θ.

Le moment d'inertie I du corps par rapport à l'axe O est égal au moment d'inertie par rapport à l'axe mené par le point G parallèlement à l'axe O, augmenté du produit Ma^2. Appelant K le rayon de giration du corps par rapport à un axe mené par le point G parallèlement à l'axe de suspension, on aura

$$I = M(K^2 + a^2).$$

L'équation du mouvement prend la forme

$$\frac{d^2\theta}{dt^2} = \frac{Mga \sin\theta}{M(K^2 + a^2)} = \frac{g}{a + \dfrac{K^2}{a}}\sin\theta.$$

Réduisons par la pensée le corps entier à un seul point situé sur la droite OG à la distance l du point O. Il suffira pour cela de remplacer dans l'équation a par l et K par zéro, ce qui donne

$$\frac{d^2\theta}{dt^2} = \frac{g}{l}\sin\theta.$$

En même temps le pendule composé devient un pendule simple.

Les deux pendules auront des mouvements identiques si, les circonstances initiales étant identiques, on a $l = a + \dfrac{K^2}{a}$.

De là résulte le théorème suivant :

Le mouvement du pendule composé est identique au mouvement du pendule simple de longueur $l = a + \dfrac{K^2}{a}$, *pourvu que les circonstances initiales soient les mêmes de part et d'autre;* on dit alors que le pendule simple et le pendule composé sont *synchrones*.

266. Si l'on écarte de la verticale un pendule simple de longueur l, la durée de ses oscillations est donnée par la formule

$$t = \pi \sqrt{\frac{l}{g}},$$

pourvu que l'écart soit suffisamment petit (§ 115). La même formule s'applique au pendule composé, en prenant pour longueur l la somme $a + \dfrac{K^2}{a}$. Par le point B, pris sur OG prolongé, à la distance $OB = l$, menons une parallèle à l'axe de suspension (fig. 138). Les points du corps situés sur cette parallèle sont tous à la distance l de l'axe O ; le déplacement du solide sous l'action de la pesanteur leur communique le même mouvement que s'ils étaient suspendus isolément à l'extrémité B d'un fil sans masse OB attaché au point O. Les points du corps situés au delà du point B par rapport à l'axe, isolés de même, prendraient sous l'action de la pesanteur un mouvement plus lent : la liaison avec les autres points augmente leurs vitesses. L'effet contraire se produit pour les points plus rapprochés de l'axe. Enfin les points projetés en B conservent dans le mouvement général le mouvement qu'ils auraient individuellement.

La ligne droite menée par le point B parallèlement à l'axe O prend le nom d'*axe d'oscillation* du pendule. Si l'axe O est principal en l'un de ses points, l'axe d'oscillation passe par le *centre de percussion* correspondant (§ 260).

267. L'axe de suspension et l'axe d'oscillation sont *réciproques*, c'est-à-dire que si l'on fait osciller le pendule autour de l'axe B, l'axe d'oscillation correspondant sera l'axe O.

En effet, la longueur l' du pendule simple synchrone sera donnée dans ce cas par la formule

$$l' = a' + \frac{K^2}{a'},$$

en appelant a' la longueur $BG = \dfrac{K^2}{a}$.

Remplaçant a' par sa valeur, il viendra

$$l' = \frac{K^2}{a} + \frac{K^2}{\left(\dfrac{K^2}{a}\right)} = \frac{K^2}{a} + a = l,$$

ce qui démontre le théorème.

268. Il existe une infinité d'axes de suspension parallèles entre eux, et pour lesquels la longueur l du pendule simple synchrone est la même.

Décrivons du point G comme centre deux cercles avec les rayons $GO = a$ et $GB = a' = \dfrac{K^2}{a}$; toute droite qui se projette sur la circonférence de l'un de ces cercles satisfera à la condition. L'axe de suspension O' aura pour axe d'oscillation correspondant la droite projetée en B' à la distance $O'B' = OB = l$. De

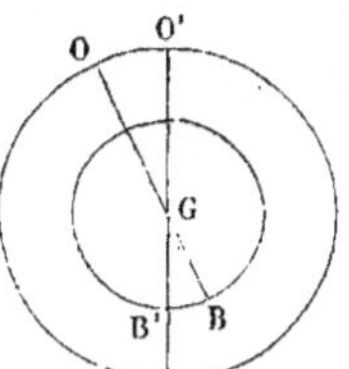

Fig. 138.

même, l'axe de suspension B' aura pour axe d'oscillation conjugué l'axe projeté en O'.

Il y a un cas particulier où les deux cercles conjugués BB', OO', se confondent en un seul; c'est ce qui a lieu quand $a = \dfrac{K^2}{a}$, c'est-à-dire quand $a = K$. Alors la longueur l du pendule synchrone est 2K. Cette longueur l est le minimum de celles que l'on puisse obtenir en faisant osciller le solide autour de droites parallèles à l'axe de suspension projeté en O. Le minimum de la somme des deux nombres a et $\dfrac{K^2}{a}$, dont le produit K^2 est constant, correspond en effet à l'égalité de ces deux nombres, c'est-à-dire à $a = K$.

Cette somme $a + \dfrac{K^2}{a}$ n'a d'ailleurs pas de maximum : elle grandit indéfiniment avec a quand a surpasse K, et grandit encore indéfiniment quand a diminue à partir de K jusqu'à zéro.

On peut donc, en faisant osciller un solide autour de droites parallèles entre elles, rendre la durée de l'oscillation aussi grande qu'on veut, en suspendant le corps à un axe très-éloigné ou très-rapproché du centre de gravité ; la durée minimum de l'oscillation correspond aux axes de suspension situés à une distance du centre de gravité égale au rayon de giration K, et elle est donnée par la formule

$$t = \pi \sqrt{\frac{2K}{g}}.$$

La durée minimum absolue des oscillations d'un solide autour de droites quelconques correspond au minimum du rayon de giration K ; les axes de suspension correspondants sont parallèles au plus grand axe principal de l'ellipsoïde central d'inertie (§ 244).

DÉTERMINATION EMPIRIQUE DES MOMENTS D'INERTIE DES SOLIDES.

269. On se propose de trouver le moment d'inertie d'un corps solide par rapport à un certain axe. On commencera par chercher le poids P du corps ; divisant par le nombre g, on aura sa masse totale $M = \dfrac{P}{g}$. On déterminera ensuite la position du centre de gravité. Si l'axe donné passait par le centre de gravité, on ferait choix d'un axe parallèle, mené à une distance connue a.

On réglera la position du corps de manière que l'axe donné soit horizontal, et on le fera osciller autour de cet axe sous l'action de la pesanteur, en l'écartant très-peu de la position d'équilibre qu'il a prise. On comptera le nombre n d'oscillations simples accomplies dans une minute. La durée t d'une oscillation simple sera égale à $\dfrac{60}{n}$ secondes, et la longueur l du pendule simple synchrone se déduira de l'équation

$$t = \pi \sqrt{\frac{l}{g}},$$

qui donne $l = g \times \dfrac{t^2}{\pi^2} = g \times \dfrac{60^2}{\pi^2 n^2}.$

Si donc on appelle a la distance de l'axe de rotation au centre de gravité, et K le rayon de giration du corps autour d'une parallèle à l'axe de rotation menée par le centre de gravité, on aura

$$l = a + \frac{K^2}{a},$$

équation de laquelle on tirera K^2; le moment d'inertie du solide sera égal à $\dfrac{P}{g} K^2$ autour de la parallèle menée par le centre de gravité, et à $\dfrac{P}{g}(K^2 + a^2)$ autour de l'axe de rotation effectif.

270. *Remarque.* — Si l'on veut obtenir un résultat très-exact, il faut tenir compte des variations de la pesanteur en divers points de la surface du globe terrestre. Quand on fait la pesée du corps pour déterminer son poids P, et qu'on se sert à cet effet d'une balance, on obtient pour le poids P un certain nombre de kilogrammes, qui sera toujours le même en quelque lieu qu'on fasse l'expérience. Mais pour en déduire la masse du corps, il faut diviser la *force* P par l'accélération g qu'elle imprime au corps pesant; or les forces sont évaluées *en unités de poids valeur de Paris* (II, § 155; III, § 13); il faudra donc, pour avoir la masse M, diviser le

nombre P de kilogrammes par l'accélération 9,8088, qui correspond à la latitude de Paris et à l'altitude 0. Lorsque ensuite on fait osciller le corps à la façon d'un pendule, la durée t de l'oscillation simple se règle d'après l'accélération g du lieu de l'observation ; de sorte que la lettre g peut représenter deux nombres différents dans les calculs que nous venons d'indiquer. Pour éviter toute confusion, représentons par g' l'accélération au lieu où se fait l'expérience, en réservant la lettre g pour désigner l'accélération du lieu où est censée faite l'évaluation des forces ; nous aurons à la fois

$$I = \frac{P}{g}(K^2 + a^2) = \frac{P}{g} al,$$

et

$$t = g' \times \frac{t^2}{\pi^2}.$$

Donc

$$I = P \times \frac{g'}{g} \times \frac{t^2}{\pi^2} \times a.$$

Sous cette forme, on voit bien qu'on trouvera partout la même valeur de I pour le même corps suspendu de la même manière ; car P, poids du corps, est constant ; g est un nombre défini ; a est aussi une longueur donnée, et le produit $t^2 \times g'$ est constant en quelque lieu qu'on fasse osciller un même pendule.

EXPÉRIENCE DE CAVENDISH POUR DÉTERMINER LA MASSE DE LA TERRE.

271. Cavendish a déterminé la masse de la terre en comparant la durée des oscillations du pendule sous l'action de la pesanteur à la durée des oscillations d'une barre horizontale suspendue au fil de la balance de Coulomb, et déviée de sa position naturelle d'équilibre par l'attraction de deux masses égales connues.

Soit O la projection horizontale du fil ;

AA' la barre suspendue au fil en son milieu ; elle porte à ses deux extrémités A et A' deux sphères de même masse m ; la longueur AA' sera représentée par $2r$.

On place à proximité de ces sphères A et A', symétriquement par rapport au point O, deux autres sphères M et M' de masses égales. L'attraction exercée par ces sphères sur les masses A et A' produit une torsion du fil ; la barre quitte sa position d'équilibre AA', et vient en prendre une autre BB', qui fait avec la première un angle très-petit BOA $= \alpha$. Rigoureusement, la barre AA' ne s'arrête pas dans cette nouvelle position ; elle oscille indéfiniment de chaque côté, et c'est la durée de ces oscillations qu'on doit évaluer dans l'expérience. Mais nous pouvons supposer qu'on l'arrête d'abord à la main dans la position d'équilibre BB' qu'elle tend à prendre sous

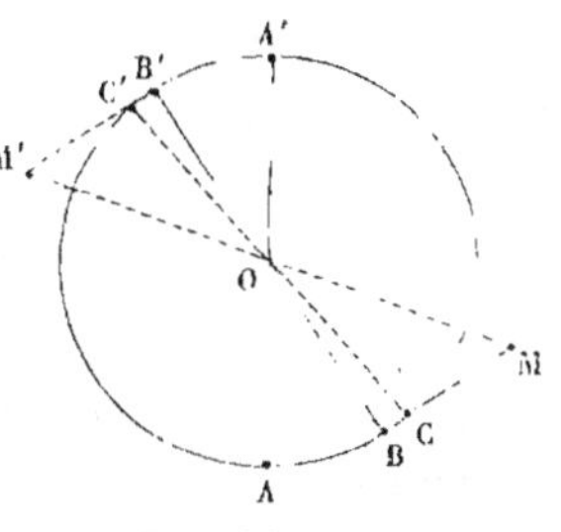

Fig. 139.

l'action attractive des sphères M et M' ; cela nous permettra de régler la position de ces sphères de manière qu'elles produisent la déviation AOB la plus grande possible ; il faut pour cela les placer à une très-petite distance des points B et B', sur les tangentes BM, B'M' au cercle décrit par les centres des sphères mobiles.

L'expérience ainsi préparée, on écartera très-peu l'aiguille de sa position BB' ; elle se mettra à osciller autour de cette position, et on peut déterminer *à priori* la durée de l'oscillation simple au moyen du calcul suivant.

Nous admettrons que les masses M et m sont assez grandes pour qu'on puisse négliger les actions attractives qui se développent entre les points matériels de l'aiguille et les sphères fixes M et M' ; qu'en outre les distances BM, B'M' sont assez petites par rapport au diamètre BB' du cercle, pour qu'on n'ait pas à tenir compte de l'attraction que la masse M exerce sur la sphère B', et de celle que la masse M' exerce sur la sphère B.

Nous pourrons alors nous borner à considérer le mouvement de la demi-aiguille OB autour du point O, sous l'action attractive de la masse M qui tend à l'entraîner dans le sens BM, et de la torsion du fil qui tend à la ramener en sens contraire.

L'attraction exercée par la masse M sur la sphère B a pour mesure

$$\frac{f\mathrm{M}m}{\overline{\mathrm{BM}}^2}.$$

Posons MOB $= \beta$. Il viendra BM $= r\,\mathrm{tang}\,\beta$. Le moment de cette attraction par rapport au point O est donc

$$\frac{f\mathrm{M}m}{r^2\,\mathrm{tang}^2\,\beta} \times r = \frac{f\mathrm{M}m}{r\,\mathrm{tang}^2\,\beta}.$$

Il est équilibré dans la position BB′ par la moitié du couple de torsion du fil, couple proportionnel à l'angle α, et qu'on peut représenter par $2\mathrm{K}^2\alpha$. On a donc l'équation

$$\frac{f\mathrm{M}m}{r\,\mathrm{tang}^2\,\beta} = \mathrm{K}^2\alpha.$$

Soit CC′ une autre position quelconque de l'aiguille; appelons θ l'angle COB, que nous supposerons très-petit par rapport à l'angle β. L'attraction correspondante de la masse M sera

$$\frac{f\mathrm{M}m}{\overline{\mathrm{CM}}^2},$$

ou bien, approximativement,

$$\frac{f\mathrm{M}m}{r^2\,\mathrm{tang}^2\,(\beta - \theta)},$$

et son moment par rapport au point O est $\dfrac{f\mathrm{M}m}{r\,\mathrm{tang}^2\,(\beta - \theta)}$. La moitié du couple de torsion du fil est alors égale à $\mathrm{K}^2(\alpha + \theta)$. Appelons I le moment d'inertie de la demi-aiguille OB, en y comprenant la masse m placée à son extrémité. L'équation du mouvement sera

$$\mathrm{I}\,\frac{d^2\theta}{dt^2} = \frac{f\mathrm{M}m}{r\,\mathrm{tang}^2\,(\beta - \theta)} - \mathrm{K}^2(\alpha + \theta).$$

L'angle θ étant très-petit par rapport à tangβ, on peut remplacer en dénominateur tang$(\beta - \theta)$ par tang$\beta - \dfrac{\theta}{\cos^2 \beta}$, en traitant θ comme une différentielle. Le carré de cette expression est, en négligeant le terme en θ^2,

$$\tan^2 \beta - \frac{2\theta \tan \beta}{\cos^2 \beta} = \tan^2 \beta \left(1 - \frac{4\theta}{\sin 2\beta} \right).$$

Substituons cette valeur, multiplions ensuite haut et bas par $1 + \dfrac{4\theta}{\sin 2\beta}$, et il viendra pour équation définitive,

$$\begin{aligned}
1 \frac{d^2\theta}{dt^2} &= \frac{f\mathrm{M}m}{r \tan^2 \beta} \left(1 + \frac{4\theta}{\sin 2\beta} \right) - \mathrm{K}^2 (\alpha + \theta) \\
&= \left(\frac{f\mathrm{M}m}{r \tan^2 \beta} - \mathrm{K}^2 \alpha \right) + \left(\frac{4f\mathrm{M}m}{r \tan^2 \beta \sin 2\beta} - \mathrm{K}^2 \right) \theta \\
&= \left(\frac{4f\mathrm{M}m}{r \tan^2 \beta \sin 2\beta} - \mathrm{K}^2 \right) \theta = - \mathrm{K}'^2 \theta,
\end{aligned}$$

en effaçant les termes constants qui se détruisent, et en faisant $\mathrm{K}'^2 = \mathrm{K}^2 - \dfrac{4f\mathrm{M}m}{r \tan^2 \beta \sin 2\beta}$. C'est l'équation d'un mouvement pendulaire. Généralement l'attraction de la masse M sur la sphère B sera assez faible pour qu'un très-petit excès de torsion du fil tende à ramener l'aiguille vers la position d'équilibre, de sorte que la constante K'^2 est toujours positive.

La durée t de l'oscillation simple est égale à $\pi \dfrac{\sqrt{\mathrm{I}}}{\mathrm{K}'}$. Si l'on compte le nombre n d'oscillations simples effectuées dans une minute, on aura $t = \dfrac{60}{n}$, et de l'équation $t = \pi \dfrac{\sqrt{\mathrm{I}}}{\mathrm{K}'}$, où l'on connaît I et t, on pourra déduire K'. Ensuite on tirera le coefficient f de la relation

$$\frac{4f\mathrm{M}m}{r \tan^2 \beta \sin 2\beta} - \mathrm{K}^2 = - \mathrm{K}'^2,$$

où l'on connaît M, m, r, β, K et K'.

L'oscillation infiniment petite du pendule simple de longueur λ sous l'action de la pesanteur a une durée

$$T = \pi \sqrt{\frac{\lambda}{g}},$$

équation qui détermine g quand on connaît T par l'observation.

Si μ est la masse de la terre et R son rayon moyen, on a, abstraction faite de la force centrifuge,

$$g = \frac{f\mu}{R^2};$$

plus rigoureusement g est la résultante de l'attraction $\frac{f\mu}{R^2}$, dirigée vers le centre du globe, et de l'accélération centrifuge $\omega^2 R \cos \lambda$, dirigée suivant le prolongement du rayon du parallèle. Mais si l'on s'en tient à la première approximation représentée par la formule précédente, on a une relation dans laquelle entrent g, R^2, et f, quantités connues, et dont on tirera μ, masse de la terre. Divisant ensuite par le volume du globe, on aura la densité.

Cavendish a pu ainsi déterminer la densité moyenne du globe, qu'il a trouvée égale à 5,48. Maskeline, en cherchant à mesurer la déviation produite sur le fil à plomb par l'attraction d'une montagne, l'avait fixée à 4,7. Le premier nombre paraît plus près de la vérité que le second.

CHAPITRE II

272. Le mouvement d'un corps solide assujetti à tourner autour d'un point fixe, O, constitue dans toute sa généralité un problème très-difficile de mécanique analytique; la solution ne peut s'achever par des méthodes élémentaires que dans certains cas particuliers. Nous l'examinerons au point de vue géométrique dans ce chapitre, et au point de vue analytique dans le suivant.

Par le point O menons *dans l'espace* trois axes fixes rectangulaires OX', OY', OZ'.

Par le même point menons *dans le corps solide* trois axes rectangulaires, OX, OY, OZ coïncidant avec les axes principaux de l'ellipsoïde d'inertie construit au point O; ces axes, fixes dans le corps, seront mobiles avec lui.

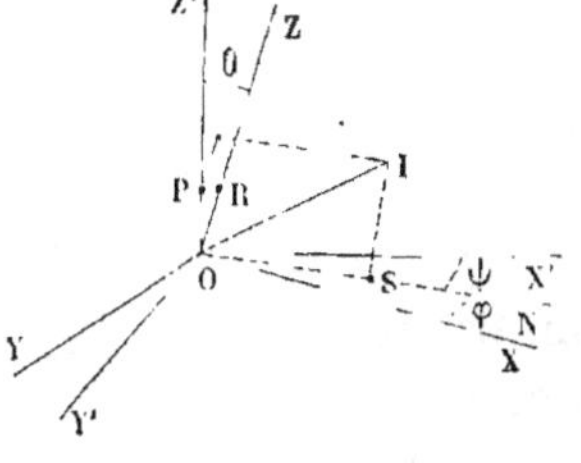

Fig. 140.

Le problème sera résolu si l'on parvient à définir à chaque instant la position des trois axes OX, OY, OZ, par rapport aux trois axes fixes, OX', OY', OZ'. Les variables que l'on adopte ordinairement sont les suivantes.

Le plan YOX coupe le plan fixe Y'OX' suivant une droite ON, qui forme l'angle NOX' avec la droite fixe OX', et l'angle NOX avec l'axe mobile OX. Le même plan YOX fait avec le plan

Y'OX' un angle dièdre dont l'arête est ON, et qui est mesuré par l'angle Z'OZ des droites OZ, OZ' élevées au point O perpendiculairement à chacun de ces plans. On appelle

φ l'angle XON, mesuré positivement à partir de ON dans le sens qui ferait tourner ON de gauche à droite autour de OZ;

ψ, l'angle NOX', mesuré positivement à partir de OX' dans le sens qui ferait tourner OX' de gauche à droite autour de l'axe OZ';

Enfin θ, l'angle Z'OZ, pris positivement si le plan YOX, supposé couché sur le plan Y'OX', tourne de gauche à droite autour de ON pour prendre sa position véritable; négativement s'il tourne de droite à gauche.

Étant donnés à un certain instant ces trois angles, en valeur absolue et avec leurs signes, on pourra construire les positions des axes mobiles. En effet, il suffira de faire dans le plan Y'OX' l'angle $NOX' = \psi$; de mener par le côté ON de cet angle un plan faisant avec le plan Y'OX' l'angle $Z'OZ = \theta$, et dans ce plan, de mener l'axe OX, faisant avec ON un angle $XON = \varphi$; on mènera ensuite l'axe OY qui fait avec ON l'angle $\varphi + \dfrac{\pi}{2}$; enfin on élèvera au point O sur le plan YOX une perpendiculaire OZ, dans le sens où il faudrait qu'un observateur se plaçât pour voir l'axe OX à gauche et l'axe OY à droite.

Le mouvement sera donc entièrement défini si l'on fait connaître à chaque instant ψ, φ, θ en fonction du temps t.

273. La figure contient trois axes OZ', ON et OZ, autour desquels s'opèrent, pour le corps solide, les rotations qui produisent les variations des angles ψ, φ et θ. En effet, un petit accroissement de l'angle ψ peut être attribué à une rotation du solide autour de l'axe OZ'; un petit accroissement de l'angle dièdre θ peut être attribué à une rotation du solide autour de la ligne ON qui sert d'arête à ce dièdre; enfin un petit accroissement de l'angle φ peut être regardé comme provenant d'une rotation du solide autour de l'axe OZ. Par analogie avec les mouvements de rotation de la terre et de

la lune, on appellera *rotation propre* du solide celle qui s'opère autour de son axe principal OZ ; *précession*, la rotation qui s'effectue autour de l'axe OZ′, et qui produit le déplacement de la ligne ON, appelée *ligne des nœuds* ; enfin *nutation*, la rotation autour de ON, qui fait varier l'angle Z′OZ, compris entre les axes de la rotation propre et de la précession. Tout mouvement élémentaire du corps autour du point O est une rotation autour d'un certain axe instantané OI (1, § 151), et peut être considéré comme la résultante de trois rotations composantes OR, OP, OS, autour des axes OZ, OZ′, ON.

Pour abréger, nous représenterons par les grandes lettres Ψ, Θ, et Φ, les *vitesses* des angles ψ, θ et φ ; de sorte que $\Psi = \dfrac{d\psi}{dt}$ sera la *vitesse angulaire de précession*, ou simplement *la précession*, $\Theta = \dfrac{d\theta}{dt}$ la vitesse angulaire de nutation ou simplement *la nutation*, et $\Phi = \dfrac{d\varphi}{dt}$ la rotation propre du solide autour de son axe principal OZ. La résultante des trois vitesses angulaires Ψ, Θ et Φ sera en grandeur et en direction l'axe OI de la rotation instantanée ω du solide.

274. Au lieu de décomposer la rotation instantanée ω en ses trois composantes Ψ, Θ et Φ, on peut la décomposer suivant les trois axes rectangulaires OX, OY, OZ ; appelons p, q, r les nouvelles composantes ainsi déterminées. Si nous parvenons à exprimer en fonction du temps les vitesses angulaires p, q et r, il sera aisé de passer de ces vitesses à leur résultante ω, et ensuite de décomposer ω en ses trois composantes Ψ, Θ, Φ, qu'il est utile de connaître pour trouver les variations des angles ψ, θ et φ. La question est ainsi ramenée à déterminer p, q, r en fonction du temps t. On trouvera les équations qui lient entre elles ces variables en appliquant au mouvement du corps les théorèmes généraux, et notamment le théorème des moments des quantités de mouvement autour des axes OX, OY, OZ.

Mais ces axes sont liés au solide et mobiles avec lui, et le théorème des moments des quantités de mouvement exige que l'axe par rapport auquel on prend les moments reste fixe dans l'espace. Il faudra donc prendre les moments par rapport à des droites fixes, coïncidant avec les positions des axes OX, OY, OZ, au commencement de l'intervalle auquel on veut appliquer l'équation des moments.

RECHERCHE DES MOMENTS DES QUANTITÉS DE MOUVEMENT D'UN SOLIDE PAR RAPPORT A SES AXES PRINCIPAUX D'INERTIE.

275. Soient OX, OY, OZ les trois axes principaux d'un solide au point O ; on demande la somme des moments des quantités de mouvement du solide par rapport à l'un d'eux OX, sachant que le mouvement instantané du solide est la rotation résultante des rotations p, q, r autour des mêmes axes.

En général (II, § 50), le moment par rapport à l'axe OX d'une force F dont les composantes parallèles aux axes sont X, Y, Z, et qui sollicite un point dont les coordonnées sont x, y, z, est donné par la formule

$$M_{OX}(F) = Zy - Yz.$$

Pour appliquer cette formule aux quantités de mouvement, il suffit de remplacer F par mv, Z par $m\dfrac{dz}{dt}$ et Y par $m\dfrac{dy}{dt}$, en appelant v la vitesse linéaire du point de masse m, et $\dfrac{dy}{dt}$, $\dfrac{dz}{dt}$, ses composantes parallèles aux axes OY et OZ. La question est ramenée à déterminer les composantes $\dfrac{dx}{dt}$, $\dfrac{dy}{dt}$, $\dfrac{dz}{dt}$ de la vitesse *linéaire* d'un point dont les coordonnées sont x, y, z, connaissant les composantes p, q, r, de la rotation instantanée.

Or c'est un problème que nous avons résolu en Cinématique (1, §§ 173 et 202); nous avons trouvé pour l'expression des vitesses

$$\frac{dx}{dt} = qz - ry,$$

$$\frac{dy}{dt} = rx - pz,$$

$$\frac{dz}{dt} = py - qx.$$

Substituons ces valeurs dans les formules des moments; il viendra

$$M_{OX}(mv) = m(py - qx)y - m(rx - pz)z$$
$$= p \times m(y^2 + z^2) - q \times mxy - r \times mxz,$$

et de même

$$M_{OY}(mv) = q \times m(z^2 + x^2) - r \times myz - p \times myx,$$

$$M_{OZ}(mv) = r \times m(x^2 + y^2) - p \times mzx - q \times mzy.$$

Faisons ensuite la somme des moments autour d'un même axe, en l'étendant à tous les points du solide; nous l'exprimerons au moyen du signe Σ. Les rotations p, q, r sont à un même instant des facteurs communs à tous les termes de ces différentes sommes : on pourra les mettre en dehors des signes Σ; il vient alors

$$\Sigma M_{OX}(mv) = p \times \Sigma m(y^2 + z^2) - q\Sigma mxy - r\Sigma mxz,$$

$$\Sigma M_{OY}(mv) = q \times \Sigma m(z^2 + x^2) - r\Sigma myz - p\Sigma myx,$$

$$\Sigma m_{OZ}(mv) = r \times \Sigma m(x^2 + y^2) - p\Sigma mzx - q\Sigma mzy.$$

Or $\Sigma m(y^2 + z^2)$ est le moment d'inertie A du solide par rapport à l'axe OX. De même $\Sigma m(z^2 + x^2) = B$, et $\Sigma m(x^2 + y^2) = C$. Les sommes Σmxy, Σmyz, Σmzx ont été représentées dans le § 242 par les lettres R, P, Q; on a donc en définitive

$$\Sigma M_{OX}(mv) = Ap - Rq - Qr,$$

$$\Sigma M_{OY}(mv) = Bq - Pr - Rp,$$

$$\Sigma M_{OZ}(mv) = Cr - Qp - Pq.$$

Ces formules sont générales, car nous n'avons pas supposé

jusqu'ici que les axes OX, OY, OZ fussent les axes principaux du corps au point O. Si nous introduisons maintenant cette hypothèse, il faudra faire $P = Q = R = 0$ ($\S$ 244), ce qui donnera pour les sommes cherchées les expressions très-simples

$$\Sigma M_{OX}(mv) = Ap,$$
$$\Sigma M_{OY}(mv) = Bq,$$
$$\Sigma M_{OZ}(mv) = Cr.$$

La somme des moments des quantités de mouvement par rapport à l'un des axes principaux passant par le point fixe O s'obtient en multipliant le moment d'inertie du corps solide autour de cet axe par la composante de la vitesse angulaire estimée suivant le même axe. En d'autres termes, on peut, dans le calcul de la somme des moments par rapport à l'axe principal OX, faire abstraction des rotations composantes autour des deux autres axes OY et OZ; *tout se passe à l'égard de cette somme comme si la rotation p existait seule* ($\S$ 255).

276. Sur les trois axes principaux, OX, OY, OZ, portons à partir du point O des quantités

$$OD = Ap,$$
$$OE = Bq,$$
$$OF = Cr,$$

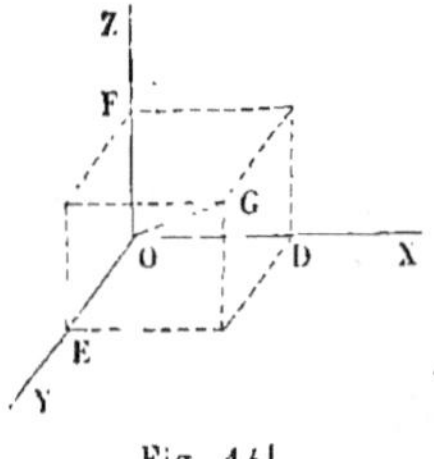

Fig. 141.

respectivement égales aux sommes des moments des quantités de mouvement; puis composons ces trois droites à la manière des forces. *La résultante OG sera l'axe du couple résultant des moments des quantités de mouvement transportées parallèlement à elles-mêmes au point O;* le *plan du maximum des aires* à l'instant considéré sera un plan perpendiculaire à la droite OG.

APPLICATION DU THÉORÈME DES MOMENTS DES QUANTITÉS DE MOUVEMENT.

277. Les équations du mouvement du solide sont au nombre de trois, puisqu'il y a trois variables à exprimer en fonction du temps, et elles nous sont fournies par l'application du théorème des moments des quantités de mouvement, pris autour de trois axes distincts. Nous devons exprimer qu'au bout d'un certain intervalle de temps, dt, que nous pouvons supposer infiniment petit, l'accroissement de la somme des moments des quantités de mouvement, *par rapport à un axe qui reste fixe pendant cet intervalle de temps*, est égal à la somme des moments des impulsions élémentaires des forces extérieures par rapport au même axe.

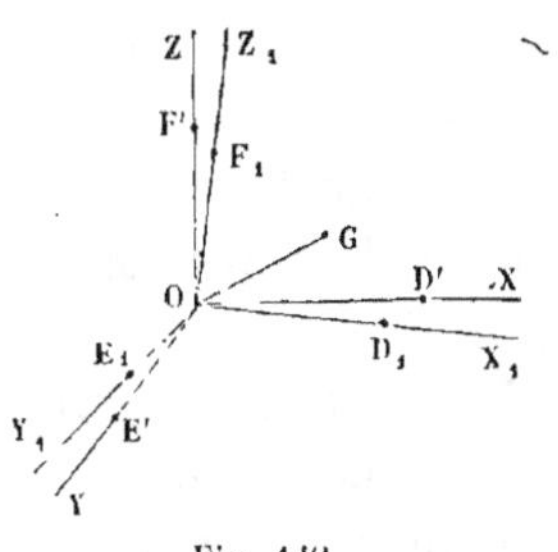

Fig. 142

Soient p, q, r les composantes de la rotation instantanée autour des axes principaux OX, OY, OZ, au commencement du temps dt.

Au bout du temps dt, les axes principaux du solide sont venus en OX_1, OY_1 et OZ_1 en vertu de ces rotations p, q, r; en même temps les rotations du solide autour de ces axes ont pris des valeurs $p + dp$, $q + dq$ et $r + dr$, infiniment peu différentes de p, q, r. Il en résulte qu'au commencement du temps dt les sommes des moments des quantités de mouvement sont

$$Ap, \quad Bq, \quad Cr,$$

autour de

$$OX, \quad OY, \quad OZ;$$

et que les mêmes sommes deviennent au bout du temps dt

$$A(p + dp), \quad B(q + dq), \quad C(r + dr),$$

autour des axes

$$OX_1, \quad OY_1, \quad OZ_1.$$

Ce que nous cherchons, c'est l'accroissement de la somme des moments autour des axes OX, OX, OZ. Portons sur OX$_1$ OY$_1$, OZ$_1$ des longueurs OD$_1$ = A $(p + dp)$, OE$_1$ = B $(q + dq)$, OF$_1$ = C $(r + dr)$, puis composons ces longueurs, ce qui nous donnera pour résultante l'axe OG du couple résultant des moments des quantités de mouvement; enfin décomposons la résultante OG suivant les trois axes OX, OY, OZ; les composantes OD′, OE′, OF′ seront les moments cherchés au bout du temps dt.

La projection OD′ de la résultante OG$_1$ est la somme algébrique des projections sur OX des composantes OD$_1$, OE$_1$ et OF$_1$.

La droite OD$_1$ = A $(p + dp)$, qui fait avec OX un angle infiniment petit, se projette sur OX en vraie grandeur, aux infiniment petits d'ordre supérieur près.

La droite OE$_1$ fait avec OX un angle E$_1$OX égal à $\frac{\pi}{2} + rdt$; car cet angle résulte de la rotation r du solide autour de l'axe

Fig. 145

OZ, et les rotations p et q autour des deux autres axes ne peuvent l'altérer que de quantités infiniment petites. Tout se passe donc comme si l'on menait dans le plan YOX une droite OE$_1$ = B $(q + dq)$, faisant un angle rdt avec l'axe OX. La projection Oe de OE$_1$ sur OX est égale à la distance E$_1$H, qui a pour mesure le produit B $(q + dq) \times rdt$; elle doit être prise négativement.

Il reste à projeter OF$_1$ = Cr $(r + dr)$ sur OX; on reconnaîtra, par une méthode toute semblable, que Z$_1$OX fait avec OX un angle égal à $\frac{\pi}{2} - qdt$, que la projection de OF$_1$ sur OX doit être prise positivement, et qu'elle est égale à C $(r + dr) \times qdt$. Ajoutant algébriquement les trois projections, il vient pour la projection de OG sur OX

$$A (p + dp) - B (q + dq) rdt + C (r + dr) qdt.$$

Retranchant Ap, on obtient pour accroissement de la somme

des moments des quantités de mouvements autour de la droite fixe OX pendant le temps dt,

$$A dp - B (q + dq) r dt + C (r + dr) q dt,$$

et c'est cette quantité qu'il faut égaler à la somme des moments des impulsions élémentaires des forces extérieures. Appelons L la somme des moments des forces par rapport à OX; Ldt sera la somme des moments de leurs impulsions, et on aura l'équation

$$A dp - B (q + dq) r dt + C (r + dr) q dt = L dt.$$

Divisons par dt, développons les opérations indiquées et supprimons les infiniment petits du second ordre. Le produit rq devient facteur commun aux deux derniers termes du premier membre, et l'équation prend la forme

$$(1) \qquad A \left(\frac{dp}{dt} \right) - (B - C) qr = L.$$

Les deux autres équations s'en déduisent par une permutation tournante, et si l'on appelle M et N les sommes des moments des forces extérieures par rapport aux axes OY et OZ, on aura

$$(2) \qquad B \left(\frac{dq}{dt} \right) - (C - A) rp = M,$$

$$(3) \qquad C \left(\frac{dr}{dt} \right) - (A - B) pq = N.$$

Ces trois formules donnent les *accélérations angulaires* autour des trois axes en fonction des moments des forces et des vitesses angulaires. Le problème du mouvement du corps est ramené à une question d'analyse : *déduire des équations* (1), (2), (3) *les valeurs générales de p, q, r, en fonction du temps t.*

278. Nous examinerons spécialement un cas particulier remarquable, celui où les moments des forces par rapport aux axes sont constamment nuls. Faisons $L = 0, M = 0, N = 0$

dans les équations (1), (2) et (3); elles prendront la forme

$$A\left(\frac{dp}{dt}\right) = (B - C)\,qr,$$

$$B\left(\frac{dq}{dt}\right) = (C - A)\,rp,$$

$$C\left(\frac{dr}{dt}\right) = (A - B)\,pq.$$

Elles montrent que l'accélération autour d'un axe principal est égale au produit des vitesses angulaires du solide autour des deux autres axes, multiplié par un des trois rapports $\dfrac{B-C}{A}$, $\dfrac{C-A}{B}$, $\dfrac{A-B}{C}$.

Si l'ellipsoïde d'inertie au point O se réduit à une sphère, on a $A = B = C$, et les accélérations angulaires autour des trois axes sont séparément nulles; les vitesses angulaires autour des axes sont alors constantes; le corps tourne indéfiniment avec une vitesse uniforme autour de l'axe résultant, dont la direction reste fixe dans l'espace; cet axe est en effet principal dans la sphère d'inertie au point O, et la rotation une fois commencée autour de sa direction persiste indéfiniment (§ 262, 2°) bien que le solide n'ait qu'un seul point fixe.

Si l'ellipsoïde d'inertie au point O est une surface de révolution, deux des moments d'inertie principaux sont égaux; on a par exemple $A = B$ quand OZ est l'axe de la surface. La troisième équation montre que l'accélération angulaire autour de cet axe est nulle, et que la composante r de la vitesse angulaire du corps est constante.

En général, lorsque les forces extérieures sont nulles, ou lorsqu'elles se composent en une force passant par le point fixe, l'axe résultant des moments des quantités de mouvement a une longueur constante et une direction fixe dans l'espace (§ 161); il a pour composantes suivant les axes coordonnés mobiles Ap, Bq et Cr (§ 276); on en déduit la relation

$$(4) \qquad A^2p^2 + B^2q^2 + C^2r^2 = G^2,$$

où G désigne la longueur constante de l'axe résultant.

Le théorème des forces vives montre d'un autre côté que la force vive du système solide est constante. Appelons-la H. Soit ω la vitesse angulaire du corps autour de l'axe instantané de rotation, I le moment d'inertie autour de cet axe; la force vive est $I\omega^2$ (§ 236). Donc

$$(5) \qquad I\omega^2 = H,$$

H étant une nouvelle constante.

Cette dernière équation se transforme au moyen de l'équation de l'ellipsoïde d'inertie. Nous avons donné à cette équation la forme

$$AX^2 + BY^2 + CZ^2 = M\lambda^4,$$

λ étant une longueur arbitraire, qui influe seulement sur la grandeur de l'ellipsoïde. Le moment d'inertie du solide autour de la droite qui joint le point O au point (X, Y, Z), pris sur la surface, est $M\dfrac{\lambda^4}{L^2}$, en désignant par L la distance comprise entre ces deux points (§ 243).

Supposons que P soit le pôle de la rotation instantanée sur l'ellipsoïde; soit $OP = L$; soient X, Y, Z les coordonnées du point P, ou les projections sur les axes de la longueur L. La vitesse

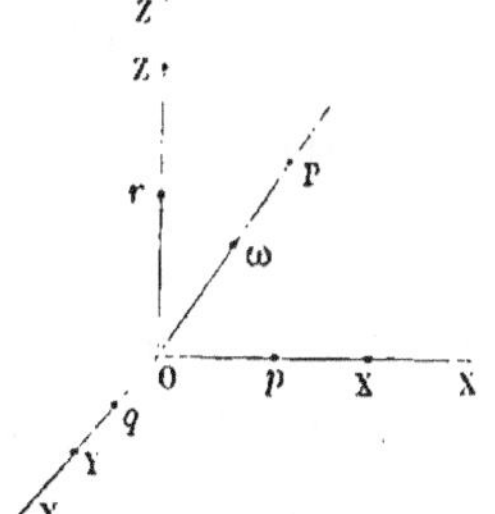

Fig. 144.

angulaire ω autour de OP a de même pour projections sur les axes les vitesses angulaires p, q, r, et par suite on a les proportions

$$\frac{p}{\omega} = \frac{X}{L}, \quad \frac{q}{\omega} = \frac{Y}{L}, \quad \frac{r}{\omega} = \frac{Z}{L};$$

ce qui donne, en résolvant par rapport à X, Y et Z,

$$X = \frac{Lp}{\omega},$$

$$Y = \frac{Lq}{\omega},$$

$$Z = \frac{Lr}{\omega}.$$

Substituant dans l'équation de l'ellipsoïde, il vient

$$M\lambda^4 = A\,\frac{L^2 p^2}{\omega^2} + B\,\frac{L^2 q^2}{\omega^2} + C\,\frac{L^2 r^2}{\omega^2},$$

ou bien

$$\frac{M\lambda^4}{L^2}\,\omega^2 = I\omega^2 = Ap^2 + Bq^2 + Cr^2.$$

L'équation (5) prend donc la forme

$$(6) \qquad\qquad Ap^2 + Bq^2 + Cr^2 = H.$$

Ces équations (4) et (6) peuvent être facilement déduites d'une combinaison des équations (1), (2) et (3), après qu'on y a fait $L = 0$, $M = 0$, $N = 0$.

En effet, multiplions l'équation (1) par Ap, l'équation (2) par Bq, et l'équation (3) par Cr; il vient en ajoutant

$$\frac{A^2 p\,dp + B^2 q\,dq + C^2 r\,dr}{dt} = 0,$$

ou, en intégrant,

$$A^2 p^2 + B^2 q^2 + C^2 r^2 = \text{constante} = G^2,$$

c'est-à-dire l'équation (4).

Pour avoir l'équation (6), multiplions l'équation (1) par p, l'équation (2) par q, l'équation (3) par r, et ajoutons. Nous aurons

$$Ap\,dp + Bq\,dq + Cr\,dr = 0,$$

ou

$$Ap^2 + Bq^2 + Cr^2 = \text{constante} = H.$$

PASSAGE DES VARIABLES p, q, r AUX VARIABLES φ, ψ, θ.

279. Les équations (1), (2) et (3) suffisent pour déterminer analytiquement, à trois constantes près, les variables p, q, r en fonction du temps t. Le problème n'est pas résolu entièrement par cette détermination, car il faut encore exprimer en fonction du temps les angles φ, ψ et θ, qui fixent à chaque instant la position exacte du solide.

Pour cela nous exprimerons p, q, r en fonction des angles φ, ψ et θ, et des vitesses $\dfrac{d\varphi}{dt}$, $\dfrac{d\psi}{dt}$, $\dfrac{d\theta}{dt}$, de ces angles.

Les rotations p, q, r, s'opèrent autour de OX, OY, OZ, tandis que la rotation instantanée, décomposée suivant les axes OZ', ON, OZ, a pour composantes $\dfrac{d\psi}{dt}$, $\dfrac{d\theta}{dt}$, $\dfrac{d\varphi}{dt}$.

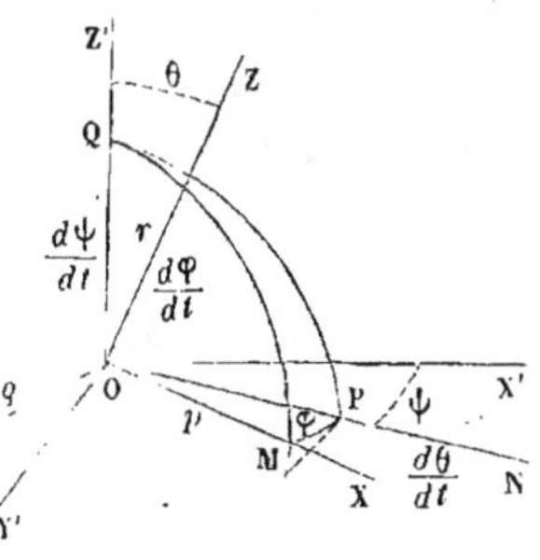

Fig. 115.

Pour obtenir p, il suffit donc de projeter sur OX les trois rotations $\dfrac{d\psi}{dt}$, $\dfrac{d\theta}{dt}$, $\dfrac{d\varphi}{dt}$, ce qui nous donnera

$$p = \frac{d\psi}{dt}\cos Z'OX + \frac{d\theta}{dt}\cos NOX + \frac{d\varphi}{dt}\cos ZOX.$$

De même, en projetant les trois rotations sur OY, puis sur OZ, nous aurons les deux nouvelles équations :

$$q = \frac{d\psi}{dt}\cos Z'OY + \frac{d\theta}{dt}\cos NOY + \frac{d\varphi}{dt}\cos ZOY,$$

$$r = \frac{d\psi}{dt}\cos Z'OZ + \frac{d\theta}{dt}\cos NOZ + \frac{d\varphi}{dt}\cos ZOZ.$$

Les angles ZOX, ZOY, NOZ sont droits, et leurs cosinus sont nuls. La rotation $\dfrac{d\varphi}{dt}$ se projette en vraie grandeur sur l'axe OZ. Achevant les réductions résultantes, et remplaçant Z'OZ par θ, NOX par φ, et NOY par $\varphi + \dfrac{\pi}{2}$, il vient

$$p = \frac{d\psi}{dt}\cos Z'OX + \frac{d\theta}{dt}\cos\varphi,$$

$$q = \frac{d\psi}{dt}\cos Z'OY - \frac{d\theta}{dt}\sin\varphi,$$

$$r = \frac{d\psi}{dt}\cos\theta + \frac{d\varphi}{dt}.$$

Il reste à calculer les cosinus des angles Z'OX, Z'OY.

Du point O comme centre, décrivons une sphère, qui est coupée par les plans Z'OX, Z'ON, YON, suivant les arcs de grand cercle QM, QP, PM.

Le triangle sphérique MPQ donne l'équation

$$\cos QM = \cos QP \cos PM + \sin QP \sin PM \cos QPM,$$

ou bien, en observant que $QPM = \dfrac{\pi}{2} - \theta$, et que l'arc QP est égal au quadrant,

$$\cos QM = \cos Z'OX = \sin \varphi \sin \theta.$$

Pour en déduire $\cos Z'OY$, il suffit d'augmenter l'angle φ d'un angle droit, ce qui donnera

$$\cos Z'OY = \sin \left(\varphi + \frac{\pi}{2} \right) \sin \theta = \cos \varphi \sin \theta.$$

En résumé on a, pour passer des variables p, q, r aux variables φ, ψ et θ, les trois équations

$$(7) \quad \begin{cases} p = \dfrac{d\psi}{dt} \sin \varphi \sin \theta + \dfrac{d\theta}{dt} \cos \varphi, \\[2mm] q = \dfrac{d\psi}{dt} \cos \varphi \sin \theta - \dfrac{d\theta}{dt} \sin \varphi. \\[2mm] r = \dfrac{d\psi}{dt} \cos \theta + \dfrac{d\varphi}{dt} \cdot \end{cases}$$

RÉDUCTION DU PROBLÈME À DES QUADRATURES DANS LE CAS OÙ LES FORCES EXTÉRIEURES SONT TOUTES NULLES.

280. Les six équations (1), (2), (5) et (7) contiennent la solution générale du problème. Nous allons l'achever dans le cas particulier où l'on a à la fois $L = 0$, $M = 0$, $N = 0$, ce qui réduit les trois premières équations à celles-ci :

$$A \frac{dp}{dt} - (B - C) qr = 0,$$

$$B \frac{dq}{dt} - (C - A) rp = 0.$$

$$C \frac{dr}{dt} - (A - B) pq = 0.$$

Nous en avons déduit d'abord

$$A^2 p^2 + B^2 q^2 + C^2 r^2 = G^2,$$

$$A p^2 + B q^2 + C r^2 = H.$$

Ces deux équations nous permettent d'exprimer p et q en fonction de r. Elles donnent

$$A^2 p^2 + B^2 q^2 = G^2 - C^2 r^2,$$

$$A p^2 + B q^2 = H - C r^2,$$

puis

$$p^2 = \frac{(G^2 - C^2 r^2)\,B - (H - C r^2)\,B^2}{A^2 B - B^2 A} = \frac{G^2 B - H B^2 + B C\,(B - C)\,r^2}{A B\,(A - B)}$$

$$= \frac{G^2 - H B + C\,(B - C)\,r^2}{A\,(A - B)},$$

$$q^2 = \frac{G^2 - H A + C\,(A - C)\,r^2}{B\,(B - A)}.$$

Substituons ces valeurs dans la troisième du premier groupe ; nous aurons pour déterminer r l'équation différentielle

$$C\,\frac{dr}{dt} = (A - B)\,\sqrt{\frac{G^2 - H B + C\,(B - C)\,r^2}{A\,(A - B)}} \times \sqrt{\frac{G^2 - H A + C\,(A - C)\,r^2}{B\,(B - A)}},$$

équation où les variables se séparent, et qui prend la forme

$$\frac{dr}{\sqrt{(a + b r^2)(a' + b' r^2)}} = f\,dt.$$

a, b, a', b', f, étant des coefficients connus.

Cette équation s'intègre par quadrature ; le radical portant sur un polynome du 4e degré en r, la solution ne peut s'obtenir en général qu'à l'aide des fonctions elliptiques.

Quand r est connu en fonction du temps, p et q s'expriment au moyen de r, et on peut regarder les trois rotations comme connues en fonction de t.

Pour achever la solution, nous ferons une hypothèse sur la position des axes fixes OX', OY', OZ'. Nous admettrons que l'axe OZ' coïncide à l'origine du mouvement avec l'axe du couple résultant des moments des quantités de mouvement: cet axe étant immobile, la coïncidence aura constamment lieu. Or l'axe du couple résultant a pour composantes suivant les axes OX, OY, OZ, les quantités Ap, Bq, Cr. On aura donc (fig. 145)

$$A p = G \cos Z'OX = G \times \sin \varphi \sin \theta,$$
$$B q = G \cos Z'OY = G \times \cos \varphi \sin \theta,$$
$$C r = G \times \cos \theta. \}$$

De ces équations on déduit

$$\tan \varphi = \frac{A p}{B q}$$

et

$$\cos \theta = \frac{C r}{G}.$$

Connaissant p, q, r, en fonction du temps, on en déduira φ et θ. Reste à déterminer ψ ; pour cela une nouvelle intégration est nécessaire. Éliminons $\dfrac{d\theta}{dt}$ entre les deux premières des équations (7) ; il viendra

$$p \sin \varphi + q \cos \varphi = \frac{d\psi}{dt} \sin \theta,$$

équation qui s'intégrera par une quadrature, puisque p, q, φ et θ sont des fonctions connues du temps. Il suffit en résumé de deux quadratures pour résoudre toute la question.

THÉORÈME DE POINSOT.

281. Poinsot a réussi, en s'aidant de considérations géométriques, à achever la solution lorsque les moments L, M, N sont tous les trois nuls. Pour exposer sa théorie, nous commencerons par attribuer une valeur particulière au coefficient arbitraire λ, qui définit la grandeur de l'ellipsoïde d'inertie au point O. Nous choisirons cette valeur de manière que le produit Mλ^4 soit numériquement égal à l'unité. L'équa-

tion de l'ellipsoïde particulier qui correspond à cette détermination est

$$(8) \qquad AX^2 + BY^2 + CZ^2 = 1,$$

et le moment d'inertie autour d'un rayon de longueur L sera égal à $\dfrac{1}{L^2}$, au lieu de $\dfrac{M\lambda^4}{L^2}$.

282. La démonstration du théorème de Poinsot suppose connus certains principes élémentaires de géométrie analytique à trois dimensions, que nous résumerons comme il suit :

1° Sur les axes coordonnés rectangulaires (fig. 146), portons à partir de l'origine les longueurs $OD = Ap$, $OE = Bq$, $OF = Cr$, et composons ces trois longueurs à la manière des forces ; soit OG leur résultante ; l'équation d'un plan mené par l'origine perpendiculairement à la droite OG, sera

$$Apx + Bqy + Crz = 0.$$

2° Le plan tangent à l'ellipsoïde représenté par l'équation

$$AX^2 + BY^2 + CZ^2 = 1,$$

au point défini par les coordonnées X, Y, Z, a pour équation

$$AXx + BYy + CZz = 1,$$

et sa distance δ à l'origine O est égale à $\dfrac{1}{\sqrt{A^2X^2 + B^2Y^2 + C^2Z^2}}$.

283. Ces préliminaires posés, nous pouvons passer à la démonstration du théorème.

Soit, à un instant donné, OL la direction de l'axe instantané de rotation ; soient X, Y, Z, les coordonnées du point L dans l'ellipsoïde d'inertie défini par l'équation (8). Appelons ω la vitesse angulaire du solide autour de OL.

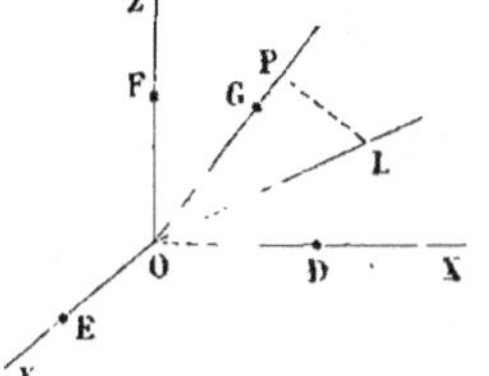

Fig. 146.

Au point L, menons un plan tangent à l'ellipsoïde ; son équation sera

$$(9) \qquad AXx + BYy + CZz = 1.$$

Appelons L la longueur OL. Nous avons ($\S$ 289) la suite de rapports égaux

$$(10) \qquad \frac{\omega}{L} = \frac{p}{X} = \frac{q}{Y} = \frac{r}{Z} = \frac{Ap}{AX} = \frac{Bq}{BY} = \frac{Cr}{CZ}.$$

On en déduit

$$(11) \qquad \frac{\omega}{L} = \frac{\sqrt{A^2 p^2 + B^2 q^2 + C^2 r^2}}{\sqrt{A^2 X^2 + B^2 Y^2 + C^2 Z^2}}.$$

Mais $\sqrt{A^2 p^2 + B^2 q^2 + C^2 r^2}$ est égal à la quantité constante G, axe du couple résultant des moments des quantités de mouvement ($\S$ 278, équation 4); le radical $\sqrt{A^2 X^2 + B^2 Y^2 + C^2 Z^2}$ est égal à l'inverse $\frac{1}{\delta}$ de la distance de l'origine O au plan tangent à l'ellipsoïde ($\S$ 282). L'équation (11) prend donc la forme

$$(12) \qquad \frac{\omega}{L} = \frac{G}{\frac{1}{\delta}} = G\delta.$$

Or $\frac{1}{L^2}$ est égal au moment d'inertie du solide autour de l'axe de rotation OL ($\S$ 281); donc

$$\frac{\omega^2}{L^2} = I\omega^2 = H,$$

H étant la force vive constante du solide.
Donc enfin

$$(13) \qquad G^2 \delta^2 = H,$$

et comme G et H sont constants, la *distance δ est aussi constante*.

Des égalités (10) on déduit, en remplaçant $\frac{\omega}{L}$ par sa valeur $\sqrt{H}$,

$$(14) \qquad X = \frac{p}{\sqrt{H}}, \qquad Y = \frac{q}{\sqrt{H}}, \qquad Z = \frac{r}{\sqrt{H}},$$

et substituant ces valeurs dans l'équation (9), on la transforme en la suivante :

$$\frac{Ap}{\sqrt{H}}\,x + \frac{Bq}{\sqrt{H}}\,y + \frac{Cr}{\sqrt{H}}\,z = 1,$$

ou bien

(15) $$\qquad\qquad Apx + Bqy + Crz = \sqrt{H}.$$

Le plan tangent à l'ellipsoïde au point L *est donc parallèle au plan* Apx + Bqy + Crz = 0 *mené au point* O *perpendiculairement à la droite* OG (§ 282, 1°) ; *or ce plan est le plan du maximum des aires* (§ 278), et conserve dans l'espace une fixité absolue.

Par conséquent, *le plan tangent à l'ellipsoïde mené au point* L, *pôle instantané de rotation du solide, a une direction constante dans l'espace ; il est de plus à une distance invariable*, $\delta = \dfrac{\sqrt{H}}{G}$, *du point* O *qui reste fixe ; donc enfin il est fixe dans l'espace ; le mouvement du corps s'effectue de telle sorte que l'ellipsoïde d'inertie soit constamment tangent à ce plan fixe ; la rotation instantanée a lieu à chaque instant autour du rayon mené du point* O *au point de contact, et la vitesse angulaire*, $\omega = L\sqrt{H}$, *est proportionnelle à la longueur* L *de ce rayon.*

La projection de OL sur la direction de l'axe OG est une droite OP constante ; il en est de même de la projection sur OG de la vitesse angulaire ω, qui est proportionnelle à OL, et par conséquent *la vitesse angulaire du solide estimée autour de l'axe des moments des quantités de mouvement est constante.*

IMAGE DU MOUVEMENT DU CORPS.

284. Soit (fig. 147) O le point fixe ;

OL, l'axe instantané de rotation à une époque donnée ;

ω, la vitesse angulaire du solide à cette époque.

Au point L où l'axe instantané perce la surface de l'ellipsoïde

$$AX^2 + BY^2 + CZ^2 = 1,$$

menons un plan tangent MN à cette surface.

Du point O abaissons sur ce plan une perpendiculaire OG ; ce sera la direction constante de l'axe résultant des moments des quantités de mouvement.

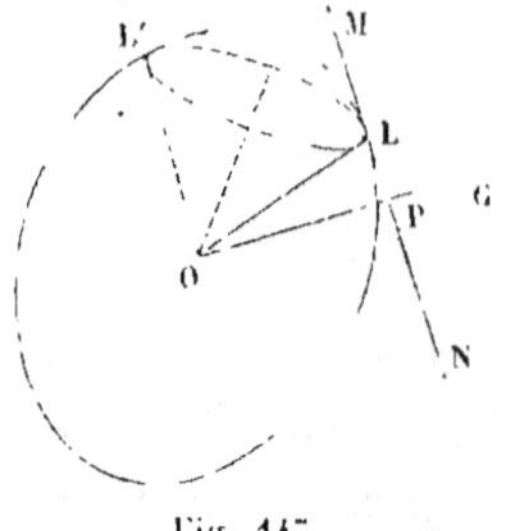

Fig. 147.

On déduira de ces données la force vive H du corps, et la grandeur G de l'axe du couple résultant.

On a en effet, en appelant L le rayon OL,

$$H = \omega^2 L^2,$$

et

$$G\delta = \sqrt{H} = \omega L,$$

δ étant la distance OP du point O au plan tangent.

On a donc $G = \dfrac{\omega L}{\delta}$.

Le plan MN et le point O sont fixes dans l'espace, et l'ellipsoïde se meut autour de son centre de manière à rester tangent au plan MN. Le mouvement relatif de l'ellipsoïde par rapport au plan ne sera pas modifié si on laisse l'ellipsoïde fixe, et qu'on fasse rouler sur sa surface le plan MN, sous la condition qu'il demeure constamment à la distance $\delta = $OP du centre O. Dans ce mouvement, le point de contact du plan et de l'ellipsoïde trace sur la surface de l'ellipsoïde une courbe LL′, que Poinsot a nommée la *polodie*, c'est-à-dire la *route du pôle* instantané de rotation ; sur le plan, le même point trace une seconde courbe, l'*herpolodie*, sur laquelle la polodie vient rouler dans le mouvement relatif. La polodie est donc la base d'un cône OLL′, ayant son sommet au point O et faisant corps avec le solide, et l'herpolodie est la base d'un second cône, de même sommet, mais fixe dans l'espace ; le mouvement du solide se résume dans le roulement du cône mobile sur le cône fixe ; on sait que ce roulement est le mouvement le plus général que puisse recevoir un solide qui a un point fixe (1, § 151).

285. Lorsque l'ellipsoïde est de révolution, la polodie de-

vient un des parallèles de la surface, les deux cônes sont des cônes droits à base circulaire, et la vitesse angulaire du solide autour de son axe instantané est constante. Dans le cas général, la polodie est une courbe fermée qui entoure sur l'ellipsoïde l'extrémité du plus grand axe, ou l'extrémité du plus petit; elle peut se réduire exceptionnellement au système de deux ellipses lorsqu'elle passe par le sommet de l'axe moyen.

286. Sur le plan, l'herpolodie est en général une courbe sinueuse dont la figure moyenne est un cercle ayant pour centre le point P; les sinuosités de la courbe la font rentrer dans ce cercle et l'en font sortir alternativement par périodes égales; la courbe peut d'ailleurs se fermer au bout d'un certain nombre de spires, ou, dans d'autres cas, se prolonger indéfiniment sans jamais repasser par son point de départ. Ces sinuosités ne s'effacent que lorsque l'ellipsoïde est de révolution; alors l'herpolodie se réduit à son cercle moyen. Un autre cas remarquable est celui où la polodie passe par les extrémités de l'axe moyen. Alors l'herpolodie se transforme en une spirale indéfinie, qui fait une infinité de fois le tour du point P, et dont la longueur totale est néanmoins finie. Supposons que le solide ait commencé à tourner autour de l'axe moyen; si on le dérange légèrement de cette position, où la rotation pourrait indéfiniment persister (§ 262, 2°), et qu'on ait soin de porter dans le sens convenable l'axe de la nouvelle rotation instantanée en un point de l'une des ellipses constituant la polodie correspondante, le pôle instantané prendra un mouvement indéfini, et il pourra avoir pour position limite le sommet opposé de l'axe moyen, *après le renversement complet du corps;* l'axe moyen tend à reprendre son orientation en se renversant bout pour bout. Mais ce renversement demanderait un temps infini pour s'achever.

ÉQUATIONS DE LA POLODIE.

287. Nous mettrons l'équation de l'ellipsoïde d'inertie sous la forme

$$(1) \qquad \frac{x^2}{a^2} + \frac{y^2}{b^2} + \frac{z^2}{c^2} = 1.$$

La *polodie* est le lieu des points de cette surface où le plan tangent est à une distance constante, δ, de l'origine.

L'équation du plan tangent au point x, y, z de la surface est

$$\frac{x'x}{a^2} + \frac{y'y}{b^2} + \frac{z'z}{c^2} = 1,$$

et sa distance δ à l'origine est égale à

$$\frac{1}{\sqrt{\left(\dfrac{x}{a^2}\right)^2 + \left(\dfrac{y}{b^2}\right)^2 + \left(\dfrac{z}{c^2}\right)^2}}.$$

Égalant cette fonction à la constante δ, on aura pour seconde équation de la polodie

$$(2) \qquad \frac{x^2}{a^4} + \frac{y^2}{b^4} + \frac{z^2}{c^4} = \frac{1}{\delta^2}.$$

La polodie est l'intersection des surfaces (1) et (2), qui sont toutes deux des ellipsoïdes ayant les mêmes plans principaux. L'intersection se projette donc sur les plans coordonnés suivant des courbes du second ordre. Éliminant successivement z, x et y, on obtient pour équations des projections :
Sur le plan des xy,

$$(3) \qquad \frac{x^2}{a^2}\left(\frac{1}{c^2} - \frac{1}{a^2}\right) + \frac{y^2}{b^2}\left(\frac{1}{c^2} - \frac{1}{b^2}\right) = \frac{1}{c^2} - \frac{1}{\delta^2};$$

Sur le plan des yz,

$$(4) \qquad \frac{y^2}{b^2}\left(\frac{1}{a^2} - \frac{1}{b^2}\right) + \frac{z^2}{c^2}\left(\frac{1}{a^2} - \frac{1}{c^2}\right) = \frac{1}{a^2} - \frac{1}{\delta^2};$$

Et sur le plan des zx,

$$(5) \qquad \frac{z^2}{c^2}\left(\frac{1}{b^2}-\frac{1}{c^2}\right) + \frac{x^2}{a^2}\left(\frac{1}{b^2}-\frac{1}{a^2}\right) = \frac{1}{b^2}-\frac{1}{\delta^2}.$$

Soit $a < b < c$.

La distance δ devra être comprise entre a et c. Elle peut d'ailleurs être $< b$ ou $> b$.

Puisqu'on a $a < c$ et que δ est compris entre a et c, on a aussi $\frac{1}{c^2} < \frac{1}{\delta^2}$, $\frac{1}{a^2} > \frac{1}{c^2}$, et $\frac{1}{b^2} > \frac{1}{c^2}$. Donc les trois coefficients de l'équation (3) sont négatifs ; changeant les signes, on les rend tous positifs ; l'équation (3) devient

$$\frac{x^2}{a^2}\left(\frac{1}{a^2}-\frac{1}{c^2}\right) + \frac{y^2}{b^2}\left(\frac{1}{b^2}-\frac{1}{c^2}\right) = \frac{1}{\delta^2}-\frac{1}{c^2},$$

et représente une ellipse.

L'équation (4) représente aussi une ellipse, car $\frac{1}{a^2} > \frac{1}{b^2}$, $\frac{1}{a^2} > \frac{1}{c^2}$, et $\frac{1}{a^2} > \frac{1}{\delta^2}$.

Quant à l'équation (5), elle représente une hyperbole, car les coefficients $\frac{1}{b^2}-\frac{1}{c^2}$ et $\frac{1}{b^2}-\frac{1}{a^2}$ ont des signes contraires.

Elle représente deux droites dans le cas particulier où $\delta = b$; alors la polodie se réduit au système de deux ellipses, intersection de la surface de l'ellipsoïde d'inertie avec les deux plans définis par l'équation (5).

Les hyperboles représentées par l'équation (5) dans le cas général sont situées dans l'un ou l'autre des angles formés par les droites

$$\frac{z^2}{c^2}\left(\frac{1}{b^2}-\frac{1}{c^2}\right) + \frac{x^2}{a^2}\left(\frac{1}{b^2}-\frac{1}{a^2}\right) = 0,$$

suivant qu'on a $\frac{1}{b^2} > \frac{1}{\delta^2}$ ou $\frac{1}{b^2} < \frac{1}{\delta^2}$; la polodie est donc sur l'ellipsoïde une courbe fermée qui entoure le sommet du petit axe ou le sommet du grand axe, suivant que δ est inférieur ou supérieur à b.

Si l'ellipsoïde est de révolution, et qu'on ait par exemple $a = b$, la polodie se réduit à un cercle autour du sommet de l'axe c.

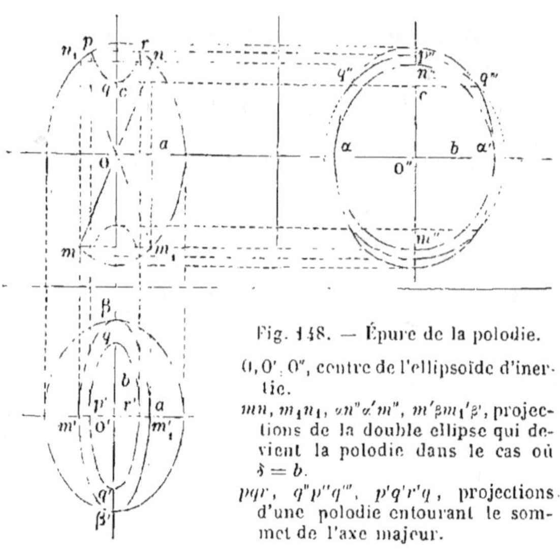

Fig. 148. — Épure de la polodie.

O, O', O'', centre de l'ellipsoïde d'inertie.

mn, m_1n_1, $un''\alpha'm''$, $m'\beta m_1'\beta'$, projections de la double ellipse qui devient la polodie dans le cas où $\delta = b$.

pqr, $q''p''q'''$, $p'q'r'q$, projections d'une polodie entourant le sommet de l'axe majeur.

MESURE DE LA STABILITÉ DE LA ROTATION AUTOUR D'UN AXE PRINCIPAL.

288. Soit OA l'axe mineur, OB l'axe moyen, OC l'axe majeur de l'ellipsoïde d'inertie (fig. 149).

La rotation du solide, une fois commencée autour de l'un de ces trois axes, se continue indéfiniment s'il n'intervient aucune force étrangère. Cependant la *stabilité* de la rotation n'est pas la même autour des trois.

Menons par l'axe moyen RR' les deux plans GF, DE, qui coupent la surface suivant les ellipses le long desquelles le plan tangent est à la distance OB du centre. Tous les points de ces ellipses pourront servir successivement de pôles à la rotation instantanée, de sorte que le mouvement du solide pourra consister dans l'application successive des arcs de l'el-

lipse BGB sur le plan invariable. Il n'en est pas de même de
l'axe majeur et de l'axe mineur, car les distances OC, OA, forment le maximum et le minimum du
rayon vecteur mené du point O à la surface, et de la distance du plan tangent au
centre.

Si, pendant que le corps tourne autour de l'axe OC, on fait intervenir une
force qui porte le pôle instantané en un
point I peu éloigné du point C, le corps
prendra pour polodie, à partir de cet
instant, une courbe fermée II' entou-

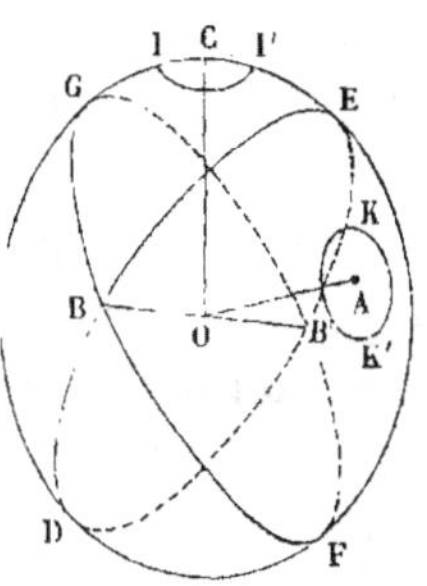

Fig. 149.

rant le sommet C de la surface ; il en sera ainsi tant que
le point I ne sera pas jeté par une nouvelle force en dehors
du fuseau compris entre les deux demi-ellipses BEB', BGB'.

De même si la rotation s'opère autour de OA, et qu'on la
dérange un tant soit peu, la polodie deviendra une courbe KK'
entourant le point A, et cette altération se conservera tant
que le pôle instantané ne sera pas porté en dehors du fuseau
ellipsoïdal EBFB'.

En quelque point qu'on place le pôle instantané de la rotation, pourvu qu'il ne tombe pas sur les ellipses limites DE, FG,
la polodie sera une courbe fermée entourant le sommet C ou
le sommet A, suivant que le pôle initial tombe dans le fuseau
GBB'E, ou dans le fuseau EBB'F.

On peut donc prendre pour mesure de la stabilité de la
rotation autour de l'axe majeur ou autour de l'axe mineur la
surface des fuseaux qui contiennent les sommets de ces axes,
de sorte que la stabilité du grand axe est mesurée par la surface GBB'E, et celle du petit par la surface EBB'F.

La stabilité de la rotation autour de l'axe moyen est nulle.
En effet, si la rotation autour de l'axe OB commence, et qu'on
la dérange un peu en déplaçant l'axe instantané de rotation, le
pôle instantané sera porté soit dans le fuseau GBB'E, soit dans
le fuseau adjacent EBB'F ; dans le premier cas, la nouvelle
polodie entourera le point C, sommet de l'axe majeur ; dans

le second, elle entourera le point A, sommet de l'axe mineur. La rotation altérée s'effectuera donc autour de l'un des axes extrêmes, en abandonnant l'axe moyen. Il y a un cas exceptionnel : celui où le dérangement de l'axe instantané porterait le pôle de la rotation sur l'une des ellipses-limites. Car alors la polodie deviendrait cette ellipse même ; le corps se déplacerait donc, soit de manière à ramener le pôle instantané au sommet B qu'il vient de quitter, soit de manière à l'écarter de plus en plus de ce point, le long de l'ellipse-limite, et à l'amener de plus en plus près du sommet opposé B′.

TRACÉ DE L'HERPOLODIE.

289. Soit O le centre de l'ellipsoïde ;

P le pied de la perpendiculaire abaissée de ce point sur le plan invariable CD ;

M le point de contact à un instant donné de l'ellipsoïde avec ce plan.

La rotation de l'ellipsoïde s'opèrera à cet instant autour de la droite OM, de manière à appliquer successivement les arcs de la polodie MN sur le plan CD. Le résultat de cette application

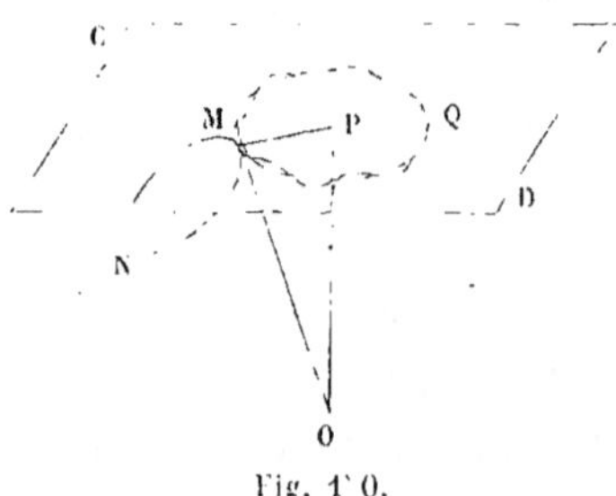

Fig. 170.

successive sera une courbe MQ, entourant le point P, et dans laquelle les rayons PM varieront généralement entre deux limites ; de sorte que l'herpolodie est en général une courbe sinueuse, qui tourne autour du point P, en s'en rapprochant et en s'en éloignant à intervalles égaux, et pouvant d'ailleurs ne pas se fermer, si l'angle au centre qui correspond à l'application du périmètre entier de la polodie n'est pas commensurable avec l'angle droit.

Il y a exception lorsque la polodie est une des ellipses-

limites passant par les sommets de l'axe moyen. Dans ce cas
l'herpolodie, au lieu d'être une courbe ondulée, se tenant à
une distance moyenne constante du
point P, est une spirale MP, qui se
rapproche de plus en plus de ce point
sans jamais l'atteindre. Bien que
cette courbe se prolonge indéfiniment, sa longueur est finie; car,
comme elle résulte de l'application

Fig. 151.

sur le plan des arcs successifs de l'ellipse-limite, elle a pour
longueur totale la longueur même de cette ellipse.

Enfin, lorsque la polodie se réduit à un parallèle de l'ellipsoïde de révolution, l'herpolodie se réduit à un cercle ayant
pour centre le point P, et le mouvement du solide consiste
dans le roulement d'un cône droit à base circulaire lié au corps
sur un cône droit à base circulaire fixe dans l'espace.

EMPLOI D'UN TRIANGLE PLAN POUR REPRÉSENTER LES MOMENTS D'INERTIE D'UN SOLIDE.

290. Le moment d'inertie I d'un solide par rapport à un
axe OP mené par un point fixe O est donné par l'équation

$$I = A\cos^2\alpha + B\cos^2\beta + C\cos^2\gamma,$$

A, B, C, désignant les moments d'inertie du solide par rap-
port à ses axes principaux au point O, et α, β, γ, les angles de
la direction OP avec les trois axes. L'ellipsoïde d'inertie est le
lieu des points M que l'on obtient en prenant sur chaque
droite OP une longueur $OM = \dfrac{1}{\sqrt{I}}$; il a pour demi-axes prin-
cipaux $\dfrac{1}{\sqrt{A}}$, $\dfrac{1}{\sqrt{B}}$, $\dfrac{1}{\sqrt{C}}$, et la valeur du moment d'inertie I, correspondant à l'axe OM, est représentée par la fraction $\dfrac{1}{\overline{OM}^2}$,

ou par $\dfrac{1}{x^2 + y^2 + z^2}$, x, y, z étant les coordonnées du point M.

Nous avons observé (§ 241) qu'avec trois côtés proportionnels aux moments principaux A, B, C, on peut construire un triangle ABC, dans lequel on aura $BC = A$, $CA = B$, $AB = C$.

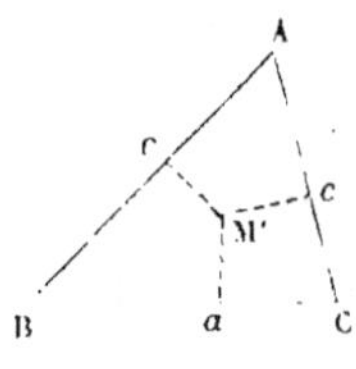

Fig. 152.

Cela posé, à chaque point M de la surface de l'ellipsoïde correspondra sur le plan du triangle un point M′, défini par ses distances $M'a = a$, $M'b = b$, $M'c = c$ aux trois côtés.

Pour déterminer la position de ce point, il suffit de chercher les distances a, b, c, de manière à satisfaire aux équations

$$\frac{a}{x^2} = \frac{b}{y^2} = \frac{c}{z^2}.$$

Le point M′ sera l'intersection des droites, lieux géométriques des points dont les distances aux côtés sont proportionnelles aux quantités données x^2, y^2, z^2. Multiplions les deux termes du premier rapport par A, les deux termes du second par B, les deux termes du troisième par C, puis ajoutons terme à terme, il viendra la suite d'égalités

$$\frac{a}{x^2} = \frac{b}{y^2} = \frac{c}{z^2} = \frac{Aa + Bb + Cc}{Ax^2 + By^2 + Cz^2} = \frac{2T}{1},$$

T désignant la surface du triangle. On a, en effet, $Ax^2 + By^2 + Cz^2 = 1$ pour tous les points M de l'ellipsoïde, et $Aa + Bb + Cc$ est le double de la surface du triangle ABC. Donc

$$a = 2T.x^2,$$
$$b = 2T.y^2,$$
$$c = 2T.z^2,$$

formules très-simples de transformation.

On en déduit

$$a + b + c = 2T(x^2 + y^2 + z^2) = \frac{2T}{1},$$

et par suite $1 = \dfrac{2T}{a + b + c}.$

Donc *le moment d'inertie correspondant à l'axe OM, ou au point M′ qui représente cet axe sur le plan, est égal au double de la surface du triangle ABC divisé par la somme des distances du point M′ aux trois côtés.*

La surface du triangle s'exprime *en fonction des moments d'inertie du solide par rapport aux plans principaux et par rapport au point O* (§ 241). On a, en effet,

$$T = \sqrt{\frac{A+B+C}{2} \times \frac{A+B-C}{2} \times \frac{A-B+C}{2} + \frac{B+C-A}{2}}.$$

Or $\dfrac{A+B+C}{2}$ est la somme, $\Sigma m\,(\xi^2 + \eta^2 + \zeta^2)$, des masses du solide par le carré de leurs distances au point O ; $\dfrac{A+B-C}{2}$ est le moment d'inertie $\Sigma m\zeta^2$ du solide par rapport au plan des xy.

On passe ainsi des coordonnées x, y, z de la surface ellipsoïdale aux *coordonnées a, b, c,* prises sur le plan du triangle, par une transformation dans laquelle, à un facteur constant près, on change x^2 en a, y^2 en b, z^2 en c. Toute fonction linéaire de x^2, y^2 et z^2 devient une fonction linéaire de a, b, c, et cette fonction égalée à zéro représente une droite sur le plan du triangle. Par suite, l'intersection de l'ellipsoïde d'inertie avec une autre surface du second degré ayant les mêmes plans principaux se transformera sur le plan en une droite. La polodie satisfait à cette condition.

Nous nous servirons de cette transformation fort simple pour achever l'étude du mouvement du corps solide autour du point O, dans le cas où il n'est sollicité par aucune force extérieure.

291. Cherchons d'abord l'équation en a, b, c, de la transformée de la polodie.

Soit ω la vitesse angulaire du solide à un instant donné autour du rayon OM ; soient α, β, γ les angles de ce rayon avec les axes principaux ; p, q, r, les composantes de la vitesse autour de ces axes ; soient enfin a, b, c, les coordonnées planes du point M′ correspondant au point M.

Les quantités a, b, c, sont proportionnelles aux carrés x^2, y^2, z^2 des coordonnées du point M dans l'espace, et par suite proportionnelles aux carrés des cosinus, $\cos^2\alpha$, $\cos^2\beta$, $\cos^2\gamma$ des angles de la direction OM avec les axes. On a donc la suite de rapports égaux :

$$\frac{a}{\cos^2\alpha} = \frac{b}{\cos^2\beta} = \frac{c}{\cos^2\gamma} = \frac{a+b+c}{1}.$$

Mais $a + b + c = \dfrac{2T}{I}$, I étant le moment d'inertie autour de OM. Donc

$$a = \frac{2T}{I}\cos^2\alpha,$$

$$b = \frac{2T}{I}\cos^2\beta,$$

$$c = \frac{2T}{I}\cos^2\gamma.$$

Multiplions haut et bas les seconds membres de ces égalités par ω^2, et observons que $\omega\cos\alpha = p$, $\omega\cos\beta = q$, $\omega\cos\gamma = r$, et enfin $I\omega^2 = H$, force vive du corps, quantité constante puisque le corps n'est soumis à aucun travail capable de l'altérer.

Nous en déduisons

$$a = \frac{2T}{H}p^2,$$

$$b = \frac{2T}{H}q^2,$$

$$c = \frac{2T}{H}r^2.$$

Si l'on multipliait la première par A, la seconde par B, la troisième par C, et qu'on ajoutât, on en tirerait, en observant que $Aa + Bb + Cc = 2T$, la relation connue $H = Ap^2 + Bq^2 + Cr^2$ (§ 278).

292. L'axe G du couple résultant des moments des quantités de mouvement est une quantité constante, et il a pour composantes suivant les axes les produits Ap, Bq, Cr. On a donc

$$G^2 = A^2p^2 + B^2q^2 + C^2r^2.$$

Remplaçant dans cette équation p^2, q^2, r^2, par leurs valeurs $\dfrac{Ha}{2T}$, $\dfrac{Hb}{2T}$, $\dfrac{Hc}{2T}$, on parvient à l'équation

$$A^2 a + B^2 b + C^2 c = \frac{2TG^2}{H},$$

relation linéaire entre les trois coordonnées a, b, c, et qui représente par conséquent une droite sur le plan du triangle. C'est la transformée de la polodie. On voit que son orientation ne dépend que des coefficients A, B et C (Cf. II, § 119).

L'axe résultant, G, est fixe dans l'espace; mais l'ellipsoïde étant mobile, il a par rapport à l'ellipsoïde un mouvement relatif, en vertu duquel il perce successivement la surface en divers points d'un certain lieu géométrique. Cherchons l'équation de la transformée plane de ce lieu.

Appelons R le point où l'axe OG perce à un instant donné l'ellipsoïde, et soit R′ le point correspondant du plan du triangle. Soient X, Y, Z, les coordonnées du point R dans l'espace, et a', b', c' les coordonnées planes du point R′, ou les distances de ce point aux côtés du triangle. Nous aurons d'abord la série de rapports égaux :

$$\frac{X^2}{A^2 p^2} = \frac{Y^2}{B^2 q^2} = \frac{Z^2}{C^2 r^2} = \frac{AX^2 + BY^2 + CZ^2}{A^3 p^2 + B^3 q^2 + C^3 r^2} = \frac{1}{A^3 p^2 + B^3 q^2 + C^3 r^2}.$$

En effet $AX^2 + BY^2 + CZ^2 = 1$, puisque le point R appartient à l'ellipsoïde.

On en déduit

$$X^2 = \frac{A^2 p^2}{A^3 p^2 + B^3 q^2 + C^3 r^2} = \frac{A^2 a}{A^3 a + B^3 b + C^3 c},$$

$$Y^2 = \frac{B^2 q^2}{A^3 p^2 + B^3 q^2 + C^3 r^2} = \frac{B^2 b}{A^3 a + B^3 b + C^3 c},$$

$$Z^2 = \frac{C^2 r^2}{A^3 p^2 + B^3 q^2 + C^3 r^2} = \frac{C^2 c}{A^3 a + B^3 b + C^3 c},$$

a, b, c représentant ici les coordonnées planes du point M′, correspondant au pôle instantané M de la rotation.

Les coordonnées a', b', c', du point R′ s'obtiennent au moyen des formules de transformation

$$a' = 2TX^2,$$
$$b' = 2TY^2,$$
$$c' = 2TZ^2,$$

et par suite

$$a' = \frac{2TA^2 a}{A^3 a + B^3 b + C^3 c},$$
$$b' = \frac{2TB^2 b}{A^3 a + B^3 b + C^3 c},$$
$$c' = \frac{2TC^2 c}{A^3 a + B^3 b + C^3 c},$$

formules qui permettent de passer du point M′ au point R′. Pour obtenir l'équation du lieu du point R′, il faut éliminer a, b, c entre ces trois équations et l'équation $Aa + Bb + Cc = 2T$. Pour cela, nous les résoudrons par rapport à a, b, c. Il vient en les ajoutant

$$a' + b' + c' = 2T \times \frac{A^2 a + B^2 b + C^2 c}{A^3 a + B^3 b + C^3 c};$$

or

$$A^2 a + B^2 b + C^2 c = \frac{2TG^2}{H};$$

donc

$$a' + b' + c' = \frac{4T^2 G^2}{H(A^3 a + B^3 b + C^3 c)},$$

et

$$A^3 a + B^3 b + C^3 c = \frac{4T^2 G^2}{H(a' + b' + c')}.$$

Substituons dans les équations qui donnent a', b', c', en fonction de a, b, c, et résolvons par rapport à a, b, c :

$$a = \frac{(A^3 a + B^3 b + C^3 c) \times a'}{2TA^2} = \frac{4T^2 G^2 \times a'}{2TA^2 H(a' + b' + c')}$$
$$= \frac{2TG^2}{A^2 H} \times \frac{a'}{a' + b' + c'},$$
$$b = \frac{2TG^2}{B^2 H} \times \frac{b'}{a' + b' + c'},$$
$$c = \frac{2TG^2}{C^2 H} \times \frac{c'}{a' + b' + c'}.$$

Multiplions la première par A, la seconde par B, la troisième par C, et ajoutons; il vient

$$2T = \frac{2TG^2}{H} \cdot \frac{\left(\dfrac{a'}{A} + \dfrac{b'}{B} + \dfrac{c'}{C}\right)}{a' + b' + c'},$$

ou bien

$$H(a' + b' + c') = G^2\left(\frac{a'}{A} + \frac{b'}{B} + \frac{c'}{C}\right),$$

ou enfin

$$\left(H - \frac{G^2}{A}\right) a' + \left(H' - \frac{G^2}{B}\right) b' + \left(H - \frac{G^2}{C}\right) c' = 0.$$

équation linéaire, qui représente encore une droite.

293. Cherchons en dernier lieu la vitesse du mouvement du point M', transformé du pôle instantané de rotation, le long de la droite qu'il parcourt sur le triangle. Il suffira pour cela de déterminer l'une des dérivées $\dfrac{da}{dt}$, $\dfrac{db}{dt}$, $\dfrac{dc}{dt}$; car chacune exprime la projection de cette vitesse sur la direction de la coordonnée correspondante. Les équations du mouvement du solide sont

$$A\frac{dp}{dt} - (B - C) qr = 0,$$

$$B\frac{dq}{dt} - (C - A) pr = 0,$$

$$C\frac{dr}{dt} - (A - B) pq = 0.$$

D'un autre côté nous avons les relations

$$p = \sqrt{\frac{H}{2T}}\ \sqrt{a},$$

$$q = \sqrt{\frac{H}{2T}}\ \sqrt{b},$$

$$r = \sqrt{\frac{H}{2T}}\ \sqrt{c}.$$

Dans ces équations, le radical $\sqrt{\dfrac{H}{2T}}$ est pris en valeur absolue, et les radicaux $\sqrt{a}$, $\sqrt{b}$, $\sqrt{c}$, sont seuls susceptibles de recevoir le signe $+$ ou le signe $-$.

Différentions les trois dernières équations. Nous aurons

$$dp = \frac{1}{2}\sqrt{\frac{\Pi}{2T}}\frac{da}{\sqrt{a}},$$

$$dq = \frac{1}{2}\sqrt{\frac{\Pi}{2T}}\frac{db}{\sqrt{b}},$$

$$dr = \frac{1}{2}\sqrt{\frac{\Pi}{2T}}\frac{dc}{\sqrt{c}}.$$

Substituons ces diverses valeurs dans les équations du mouvement. Il vient, en multipliant par $\sqrt{a}$, et en divisant par $\sqrt{\dfrac{\Pi}{2T}}$,

$$\frac{1}{2}A\frac{da}{dt} - (B - C)\sqrt{\frac{\Pi}{2T}}\sqrt{abc} = 0,$$

$$\frac{1}{2}B\frac{db}{dt} - (C - A)\sqrt{\frac{\Pi}{2T}}\sqrt{abc} = 0,$$

$$\frac{1}{2}C\frac{dc}{dt} - (A - B)\sqrt{\frac{\Pi}{2T}}\sqrt{abc} = 0.$$

Ces équations présentent une ambiguïté de signes, car on n'est pas sûr *à priori* qu'il faille prendre la même détermination du radical à la fois dans les trois équations. Pour faire disparaître cette ambiguïté, remarquons que, lorsque le point M' atteint l'un des trois côtés du triangle, l'une des trois coordonnées a, b, c devenant nulle, les trois projections des vitesses s'annulent à la fois; ce qui correspond au changement de sens du mouvement. Le mouvement du point M' est donc une oscillation entre les deux côtés du triangle rencontrés par la droite qui lui sert de trajectoire. Les vitesses changeant de signe à chaque extrémité de cette droite, on voit que dans chaque équation la détermination positive du radical $\sqrt{abc}$ correspond au mouvement du point M' dans un sens, et la détermination négative au mouvement en sens contraire. Reste à savoir comment on doit grouper les signes

des radicaux dans les trois équations prises simultanément.
Or on a identiquement

$$Aa + Bb + Cc = 2T.$$

Donc

$$A\frac{da}{dt} + B\frac{db}{dt} + C\frac{dc}{dt} = 0.$$

Ajoutant les trois équations, nous devrons avoir

$$\sqrt{\frac{H}{2T}}\left[(B - C)\sqrt{abc} + (C - A)\sqrt{abc} + (A - B)\sqrt{abc}\right] = 0,$$

ce qui exige que le radical $\sqrt{abc}$ soit pris dans les trois équations avec le même signe.

Les équations qui donnent les vitesses ne conservent plus alors aucune ambiguïté, sauf celle qui correspond au déplacement alternatif du point mobile sur sa trajectoire, dans un sens, puis dans le sens opposé.

Si deux moments d'inertie principaux sont égaux, par exemple si $A = B$, le triangle devient isocèle. La troisième équation donne alors $\frac{dc}{dt} = 0$, ce qui montre que c est constant. La polodie a donc pour transformée une parallèle à la base du triangle, transformée du parallèle que le pôle décrit sur la surface de révolution.

294. A un instant donné, les projections de la vitesse du point M' sur des perpendiculaires aux côtés du triangle sont proportionnelles aux quantités

$$\sqrt{\frac{2H}{T}}\frac{B - C}{A}\sqrt{abc}, \qquad \sqrt{\frac{2H}{T}}\frac{C - A}{B}\sqrt{abc}, \qquad \sqrt{\frac{2H}{T}}\frac{A - B}{C}\sqrt{abc}.$$

La vitesse elle-même est donc proportionnelle à $\sqrt{abc}$, ou au produit pqr. Elle est nulle aux extrémités de la droite, et atteint le maximum de sa valeur en un point intermédiaire qu'il est facile de déterminer, et dont les coordonnées a, b, c, sont définies par les trois équations :

$$Aa + Bb + Cc = 2T,$$
$$A^2a + B^2b + C^2c = \frac{2TG^2}{H},$$

et

$$\frac{A - B}{Cc} + \frac{B - C}{Aa} + \frac{C - A}{Bb} = 0.$$

295. Examinons en particulier ce qui arrive quand la transformée plane de la polodie passe par le point B, sommet du triangle. Ce cas correspond à celui où la polodie se confond sur l'ellipsoïde avec l'une des ellipses limites. Pour qu'il en soit ainsi, il faut qu'on puisse avoir à la fois $a = 0$, $c = 0$, et par suite $b = \dfrac{2T}{B}$. Substituant ces valeurs dans l'équation

$$A^2a + B^2b + C^2c = \frac{2TG^2}{H}$$

de la trajectoire du point M′, on trouve la condition

$$G^2 = BH.$$

On observera que B est le *moment d'inertie principal moyen*.

Supposons cette condition remplie. Le point M′ se mouvra le long de la droite BB_1, soit dans un sens, soit dans l'autre.

Supposons d'abord qu'il se rapproche du point B_1 ; la vitesse, proportionnelle à $\sqrt{abc}$, changera de signe en passant

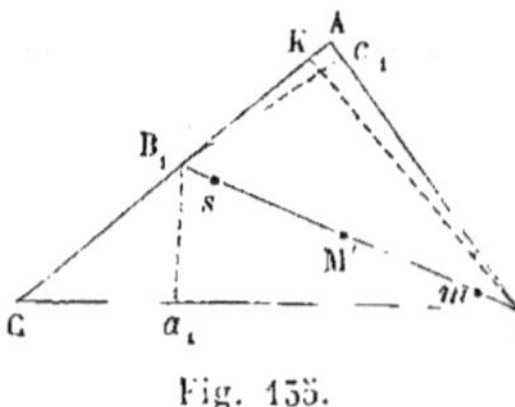

Fig. 155.

par zéro au point B_1 ; aux environs de ce point, le produit $\sqrt{abc}$ est sensiblement proportionnel à la racine carrée de la distance s du point mobile au point B_1, car a et c ont sensiblement les valeurs B_1a_1, B_1c_1, tandis que b est proportionnel à la distance s que décrit le point mobile. L'équation du mouvement au passage du point B_1 est donc de la forme $\dfrac{ds}{dt} = \pm K\sqrt{s}$, + quand le mouvement a lieu dans un sens, — quand il a lieu dans l'autre, et K désignant une constante. On en déduit

$$\frac{ds}{\sqrt{s}} = \pm K dt,$$

et

$$\sqrt{s} = \mathrm{C} \pm \frac{\mathrm{K}t}{2}.$$

Cette équation montre que le point mobile atteint le point B_1 dans un temps fini. Après quoi, le mouvement change de sens, et le mobile se rapproche du point B.

Pour savoir ce qui se passe aux environs du point B, appelons de même s la distance mB qui reste à parcourir. Ici la coordonnée b est sensiblement égale à la hauteur BK du triangle, tandis que les coordonnées a et c sont toutes deux proportionnelles à la distance s, de sorte que $\sqrt{ac}$ sera proportionnel à s. Appelant donc K′ un nouveau coefficient constant, nous aurons pour l'équation du mouvement à l'approche du point B,

$$\frac{ds}{dt} = -\,\mathrm{K}'s,$$

ou

$$\frac{ds}{s} = -\,\mathrm{K}'dt,$$

et

$$\log s = C' - \mathrm{K}'t,$$

équation qui pour $s = 0$ donne pour t une valeur infiniment grande.

Le point M′ mettra donc un temps infini à arriver au point B, ce qui démontre le fait annoncé (§ 286) : lorsque le pôle instantané parcourt une des ellipses-limites, il s'approche indéfiniment, sans jamais l'atteindre, du sommet de l'ellipsoïde situé à l'extrémité de l'axe moyen.

EFFET D'UN COUPLE INSTANTANÉ SUR UN SOLIDE AYANT UN POINT FIXE.

296. Ce qu'on appelle *force instantanée* est l'impulsion totale, $\mathrm{P} = \int_{t_0}^{t} \mathrm{F}dt$, d'une force F, variable et très-grande, agissant pendant un temps $t - t_0$ très-court (§ 190). Un *couple*

instantané est un couple formé de deux forces instantanées
(P, — P), ou de deux impulsions totales, égales, parallèles et
contraires, agissant pendant un temps très-petit.

Supposons qu'un corps solide, ayant un point fixe O, soit
en repos, et qu'on applique à ce corps un couple instantané
(P, —P) ; on demande quel mouvement va prendre le corps.

Nous pouvons décomposer ce couple suivant les trois
plans principaux du solide au point O ; appelons L', M', N',
les trois couples composants. Nous appliquerons le théorème
de d'Alembert étendu aux forces instantanées ($ 191) : il y a
équilibre entre les percussions, les quantités de mouvement
initiales, et les quantités de mouvement finales changées de
sens. Appliquons le théorème des moments. Si p', q', r' sont
les composantes de la rotation instantanée autour des axes
principaux à la fin de la percussion, Ap', Bq', Cr' sont les
moments des quantités de mouvement par rapport à ces axes,
et l'équilibre entraine par conséquent les trois équations :

$$Ap' = L'.$$
$$Bq' = M'.$$
$$Cr' = N' ;$$

c'est-à-dire que chaque couple instantané composant se com-
porte comme s'il était seul. Il suffit en-
suite de composer les vitesses p', q', r',
pour avoir en direction et en grandeur la
vitesse angulaire ω'.

Soit OI l'axe instantané, I le point où
cet axe perce l'ellipsoïde d'inertie. Les
coordonnées X, Y, Z du point I seront
proportionnelles aux composantes p', q', r'

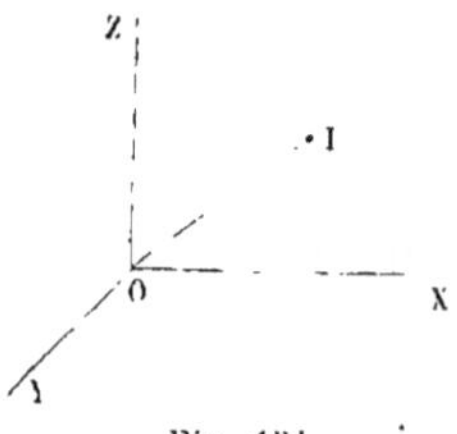

Fig. 154.

de la vitesse angulaire. Donc le plan tangent à l'ellipsoïde au
point I, plan qui a pour équation ($ 282, 2°)

$$AXx + BYy + CZz = 1,$$

est parallèle au plan

$$Ap'x + Bq'y + Cr'z = 0,$$

ou enfin au plan

$$L'x + M'y + N'z = 0,$$

lequel, étant perpendiculaire à la direction dont les composantes suivant les axes sont L', M', N' (§ 282, 1°), est parallèle au plan du couple donné.

En d'autres termes, *l'axe de rotation autour duquel le solide commence à tourner sous l'action du couple instantané* (P, — P), *est dans l'ellipsoïde d'inertie le diamètre conjugué du plan de ce couple.*

Le couple cessant alors d'agir, le corps redevient libre, et comme il possède une vitesse ω' autour de l'axe instantané OI, il suit à partir de cet instant le mouvement défini par le théorème de Poinsot. La rotation ne persiste autour de la direction OI que si cette direction est celle d'un axe principal.

EFFET GÉNÉRAL D'UN COUPLE.

297. Supposons qu'on fasse agir sur le solide un couple (F, — F), formé de deux forces finies F, données à chaque instant en grandeur et en position.

Soit OL l'axe de rotation du corps à un certain instant, en vertu de son mouvement antérieur.

Si l'on supprimait à cet instant le couple (F, — F) pendant un temps dt très-court, le

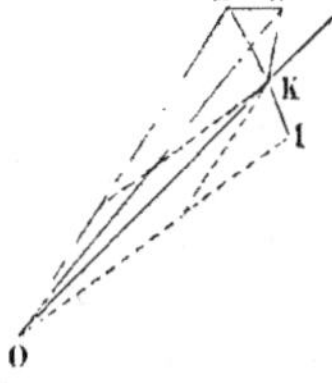

Fig. 155.

corps suivrait pendant ce temps la loi de Poinsot, et au bout du temps dt il aurait pour axe de rotation une droite OL', distincte de OL, et aboutissant sur l'ellipsoïde en un point L' de la polodie, à une distance infiniment petite du point L.

A cet instant, supposons qu'on fasse agir sur le solide le *couple instantané* (Fdt, — Fdt) ; si le solide était en repos, il en résulterait une rotation autour d'un axe instantané OI, diamètre conjugué du plan du couple dans l'ellipsoïde (§ 296).

En vertu du principe de l'indépendance de l'effet des forces (§ 1, 2°), on obtiendra le mouvement effectif du solide en composant ensemble la rotation autour de OL′, due au mouvement antérieurement acquis, avec la rotation OI due à l'effet des forces extérieures.

L'axe de la rotation résultante sera donc une droite OK comprise dans le plan L′OI, et l'effet du couple aura été de déplacer le pôle instantané sur l'ellipsoïde d'inertie d'une certaine quantité L′K. La polodie LL′ du théorème de Poinsot sera remplacée par une autre route LK du pôle instantané, qui sera due aux effets combinés de l'inertie et des forces extérieures.

298. Lorsque l'ellipsoïde d'inertie est une surface de révolution autour de l'axe OZ, la polodie de Poinsot est un parallèle LL′ de la surface, et le simple jeu de l'inertie assure au corps *un mouvement uniforme de précession*, sans nutation (§ 227). Prenons en effet pour axe fixe OZ′ l'axe OG du couple des quantités de mouvement; soient MN le plan fixe sur lequel roule l'ellipsoïde, et LL′ la polodie. Le mouvement du corps sera un roulement uniforme du cône droit OLL′ sur le cône droit OZZ′, et dans ce mouvement la *ligne des nœuds* ON sera animée dans le plan Y′OX′ d'une vitesse angulaire constante.

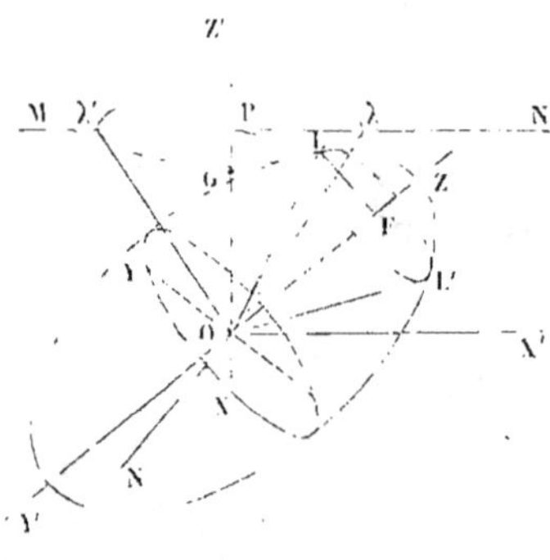

Fig. 156.

L'arête de contact OL des deux cônes est à chaque instant dans un même plan avec les axes OP, OF des deux surfaces, et la ligne des nœuds ON est perpendiculaire à ce plan; le plan LON est le plan tangent aux deux cônes suivant la génératrice OL.

299. L'ellipsoïde étant toujours de révolution, l'effet d'un couple peut encore être un mouvement de précession uniforme.

Soit OZ l'axe de révolution de l'ellipsoïde; *l'équateur* de la

surface sera le cercle EE'. Supposons que le mouvement du
corps soit le résultat du roulement du cône droit OLL', attaché à l'ellipsoïde, sur le cône droit fixe OλX'. Dans ce cas la
ligne des nœuds, ON, intersection du plan de l'équateur avec
le plan Y'OX' perpendiculaire à l'axe OZ' du cône fixe, sera

animée d'un mouvement de
rotation uniforme autour du
point O. Elle est normale au
plan POF conduit par les axes
des deux cônes, et à l'arête
de contact OL.

Soit ω la vitesse angulaire
du solide autour de l'arête OL.
Cherchons l'axe des moments
des quantités de mouvement.
Décomposons pour cela la
vitesse ω suivant trois axes

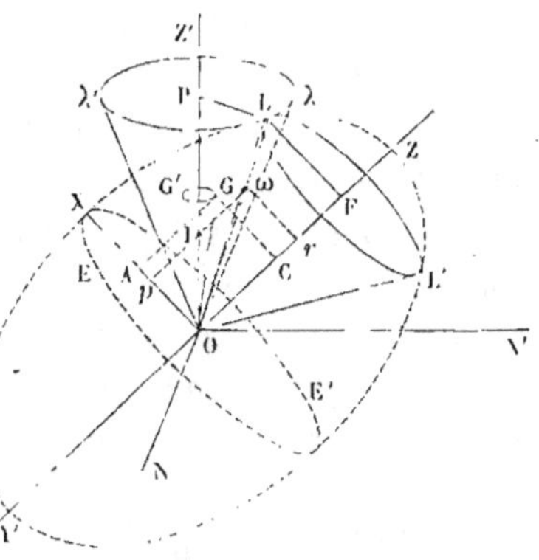

Fig. 157.

principaux de l'ellipsoïde d'inertie au point O. L'ellipsoïde
étant de révolution autour de OZ, on peut prendre arbitrairement pour axes principaux deux droites rectangulaires
menées par le point O dans le plan de l'équateur. Nous
choisirons la droite ON, et une autre droite OX, menée dans
ce plan perpendiculairement à ON et contenue dans le
plan POF. Soit A le moment d'inertie du solide autour
de OX ; A sera aussi le moment d'inertie autour de ON ; appelons C le moment d'inertie autour de OZ. La vitesse angulaire ω nous donnera une composante p suivant OX, et
une composante r suivant OZ ; la troisième composante suivant ON sera nulle, puisque ON est perpendiculaire à l'axe
OL de la rotation ω. On obtiendra donc les composantes
de l'axe des moments en prenant sur OX une longueur
$OA = Ap$, et sur OZ une longueur $OC = Cr$; l'axe cherché OG
sera la résultante de ces deux longueurs (§ 276). On voit que
cet axe est contenu dans le plan POF ; que de plus la rotation
ω étant constante, et faisant toujours les mêmes angles avec
les directions OX et OZ, OG aura une longueur constante, et

era un angle constant avec l'axe OZ'; en d'autres termes, OG décrira autour de OZ' un cône droit, avec la même vitesse angulaire que l'axe OZ de l'ellipsoïde mobile. L'extrémité G décrit dans ce mouvement une circonférence GG' avec une vitesse constante, normale au plan Z'OG, et par conséquent parallèle à la ligne ON. Or la vitesse de l'extrémité de l'axe du couple résultant des moments des quantités de mouvement est à chaque instant égale et parallèle à l'axe du couple résultant des moments des forces extérieures (§ 160). Donc enfin, *pour imprimer au solide le mouvement de précession uniforme défini par le roulement du cône OLL' sur le cône fixe Oλλ', avec une vitesse angulaire ω, il faut appliquer au solide un couple dont l'axe soit à chaque instant parallèle à la ligne des nœuds ON, et qui ait pour mesure la vitesse linéaire constante du point G.*

300. Pour calculer la valeur de ce couple, appelons α l'angle LOZ, β l'angle LOZ'; on en déduit $r = \omega\cos\alpha$, $p = \omega\sin\alpha$. Soit Φ la vitesse angulaire de la précession; la vitesse Φ sera la composante autour de OZ' de la rotation ω, décomposée suivant les axes OZ', OZ. On aura donc

$$\Phi = OI = \frac{p}{\cos IOA} = \frac{\omega\sin\alpha}{\sin\beta}.$$

La longueur OG est égale à

$$\sqrt{A^2 p^2 + C^2 r^2} = \omega\sqrt{A^2\sin^2\alpha + C^2\cos^2\alpha}.$$

Elle fait avec OZ' un angle GOP égal à la différence AOG — AOZ'. Or l'angle AOG est donné par sa tangente

$$\frac{Cr}{Ap} = \frac{C\cos\alpha}{A\sin\alpha} = \frac{C}{A}\cot\alpha,$$

et l'angle AOZ' est égal à $\dfrac{\pi}{2} - \beta$.

Donc

$$\sin GOI = \sin AOG\,\cos AOZ' - \cos AOG\,\sin AOZ'$$
$$= \frac{C\cos\alpha}{\sqrt{C^2\cos^2\alpha + A^2\sin^2\alpha}}\sin\beta - \frac{A\sin\alpha}{\sqrt{C^2\cos^2\alpha + A^2\sin^2\alpha}}\cos\beta$$
$$= \frac{C\cos\alpha\,\sin\beta - A\sin\alpha\,\cos\beta}{\sqrt{C^2\cos^2\alpha + A^2\sin^2\alpha}}.$$

La distance du point G à l'axe OZ' est égale à

$$\omega\,(\mathrm{C}\cos\alpha\,\sin\beta - \mathrm{A}\sin\alpha\,\cos\beta),$$

et la vitesse linéaire du point G dans le mouvement de précession est le produit de cette distance par Φ, ou par $\dfrac{\omega\,\sin\alpha}{\sin\beta}$. C'est la valeur du couple cherché, dirigé suivant la ligne des nœuds :

$$\mathrm{N} = \frac{\omega^2\,\sin\alpha}{\sin\beta}\,(\mathrm{C}\cos\alpha\,\sin\beta - \mathrm{A}\sin\alpha\,\cos\beta).$$

APPLICATION AU MOUVEMENT DE LA TOUPIE.

301. Le mouvement conique uniforme de la toupie confirme la théorie qui vient d'être exposée.

La toupie est un solide de révolution autour de l'axe OZ, et terminé à sa partie inférieure par une pointe en fer O, qui repose sur un plan horizontal Y'OX'. L'ellipsoïde d'inertie de la toupie au point O est aussi de révolution autour de l'axe OZ.

Supposons que le mouvement conique de la toupie soit réalisé ; elle tourne alors autour de son axe OZ avec une certaine vitesse angulaire Θ, et en même temps l'axe OZ tourne autour de la verticale OZ' avec une vitesse angulaire Φ, que nous avons appelée

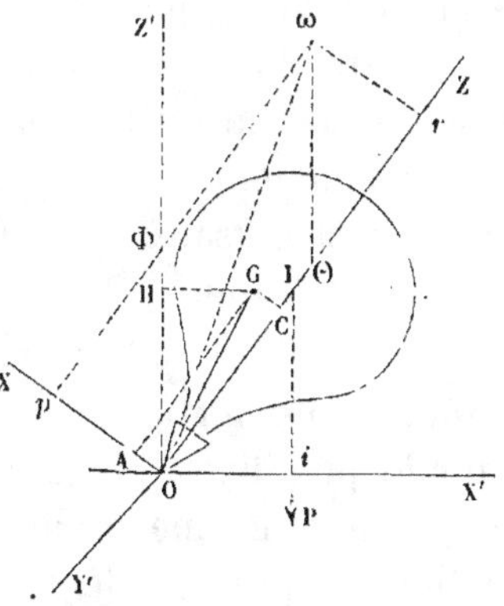

Fig. 148.

la vitesse de précession. Pour trouver l'axe instantané de rotation, composons la rotation Φ autour de OZ' avec la rotation Θ autour de OZ. La résultante Oω sera, en grandeur et en direction, l'axe de la rotation instantanée; la direction Oω sera l'arête de contact des deux cônes circulaires dont l'un roule sur l'autre dans le mouvement du solide.

Examinons ce qui se passe à l'instant où l'axe OZ de la toupie traverse le plan Z'OX'. Au point O élevons dans ce plan la droite OX perpendiculaire à OZ ; ce sera un axe principal de l'ellipsoïde d'inertie. Décomposons la rotation instantanée $O\omega$ suivant les deux directions rectangulaires OZ et OX, ce qui nous donne les composantes $p = Op$ autour de OX, et $r = Or$ autour de OZ ; puis formons les produits

$$\text{A} \times p = \text{OA}, \quad \text{C} \times r = \text{OC} ;$$

la résultante OG des deux droites OA, OC, sera l'axe des moments, qui suivra le mouvement du plan Z'OZ. La vitesse linéaire du point G autour de l'axe OZ' sera égale au produit $GH \times \Phi$; c'est la mesure du couple qui doit être appliqué au solide, et dont l'axe doit être à chaque instant parallèle à la ligne des nœuds. Or la seule force qui sollicite le corps (abstraction faite de la réaction du point O, dont le moment est nul), est le poids P de la toupie, appliqué en son centre de gravité I ; le plan du couple formé par les forces extérieures transportées au point O est donc le plan Z'OZ, et l'axe du couple est bien dirigé suivant la ligne des nœuds, OY'. Le moment du couple est d'ailleurs égal à $P \times Oi$. La condition nécessaire et suffisante pour qu'il y ait précession uniforme est donc

$$P \times Oi = GH \times \Phi.$$

Nous avons négligé le couple dû au frottement de la pointe O sur le plan fixe : ce couple n'est pas sans influence, puisqu'on observe une réduction graduelle de la vitesse de rotation propre, Θ, de la toupie, réduction due au travail négatif du frottement sur le plan d'appui. Les réactions du plan Y'OX' sur la toupie comprennent en réalité une force et un couple ; le couple est dû au frottement du pivot. La force peut se décomposer en deux : l'une verticale et égale au poids P ; l'autre horizontale, et qui fait équilibre aux forces centrifuges développées par la rotation Φ de la toupie autour de l'axe OZ'.

GYROSCOPE DE FOUCAULT.

302. On donne le nom de *gyroscope* à deux appareils différents : l'un sert à montrer l'influence de la rotation de la terre
sur un corps solide auquel on communique un mouvement
rapide de rotation autour d'un axe libre de prendre dans l'espace telle orientation qu'on voudra, sans cesser de passer par
le centre de gravité du corps mobile. L'autre appareil consiste
aussi en un corps solide monté sur un arbre auquel on imprime un mouvement rapide de rotation, mais il a pour objet
de faire voir le mouvement de précession uniforme qui ac-
compagne le mouvement de ro-
tation propre, lorsqu'on supprime l'un des deux appuis fixes
de l'arbre tournant.

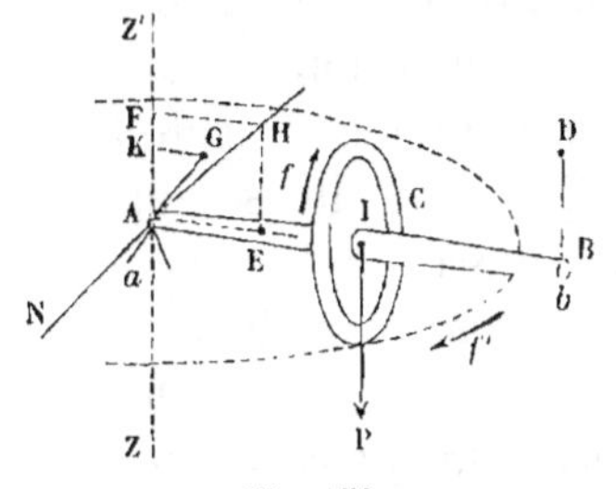

Fig. 159.

La théorie de ces deux appareils exige une analyse délicate,
que nous remettrons à un pro-
chain chapitre; nous en donnerons ici un simple aperçu. Oc-
cupons-nous d'abord du second gyroscope, qui a une complète analogie avec la toupie.

L'appareil consiste en une sorte de tore massif, C, tra-
versé par son axe de révolution AB, que, pour fixer les
idées, nous supposerons horizontal; les deux extrémités de
l'axe reposent sur des paliers *a* et *b*, dont on réduit le
plus possible le frottement par un bon graissage. Le palier *a* est monté sur une suspension à la Cardan (I,
§ 293) qui laisse à l'axe AB toute liberté de prendre dans
l'espace une orientation quelconque. La fixité de l'axe est
assurée au commencement de l'expérience par le second
palier *b*, suspendu par un fil à un point fixe D, ou simplement porté à la main par l'observateur. On approche le tore
de la jante d'une roue mise en mouvement par un équipage de

roues dentées. Le gyroscope se met à tourner autour de l'axe AB, avec une vitesse angulaire qu'on peut rendre très-grande, et il conserve cette vitesse quand la roue motrice a été écartée. Alors on supprime brusquement l'appui b, soit en brûlant le fil, soit en abandonnant le palier tenu à la main. L'extrémité B de l'axe tend aussitôt à tomber, mais l'axe ne s'abaisse en réalité que d'une quantité imperceptible, et l'appareil prend sur-le-champ un mouvement de précession, en vertu duquel l'axe AB parcourt le plan horizontal avec une vitesse angulaire constante autour du point A. Cette uniformité du mouvement n'est, du reste, qu'apparente, et l'analyse montre que la précession uniforme du plan vertical Z'AB est accompagnée d'une nutation très-petite, c'est-à-dire d'une variation périodique de l'angle Z'AB.

Bornons-nous à considérer la précession uniforme, et cherchons quel est le couple qui produit ce mouvement.

Soit Θ la vitesse angulaire du tore autour de son axe, et Φ la vitesse angulaire de l'axe autour de AZ. Si la première est dirigée dans le sens de la flèche f, la seconde sera dirigée dans le sens de la flèche f', *comme si le tore roulait contre un plan horizontal placé au-dessus de lui.* Prenons donc $AE = \Theta$ sur l'axe AB, et $AF = \Phi$ sur l'axe AZ'. Composons ces deux droites : la résultante AH sera en grandeur et en direction l'axe instantané de rotation, c'est-à-dire la génératrice de contact des cônes directeurs du mouvement de l'appareil. Nous devons décomposer la résultante suivant les axes principaux de l'ellipsoïde d'inertie du gyroscope au point A ; mais le gyroscope étant un solide de révolution, et l'angle Z'AB étant supposé droit, ces axes sont les droites AB et AZ' elles-mêmes : les composantes p et r sont respectivement égales à Φ et à Θ. Formons les produits $Ap = A\Phi$ et $Cr = C\Theta$, puis composons-les ; nous aurons pour résultante l'axe AG des moments des quantités de mouvement. La *vitesse* du point G sera dirigée perpendiculairement au plan Z'AB, et en avant de ce plan ; elle est égale à $GK \times \Phi$. Telle est la mesure du couple qui produit la précession. L'axe de ce couple est parallèle à la vitesse du point G, c'est-à-dire perpendiculaire à Z'AB. C'est donc une droite AN, perpendiculaire au plan Z'AB ; cette droite est l'intersection du plan fixe normal à l'axe AZ' avec le plan mobile Z'AN, qui est l'*équateur* de l'ellipsoïde d'inertie du gyroscope au point A ; c'est, en d'autres termes, la *ligne des nœuds* du mouvement que nous étudions.

Les forces extérieures doivent produire un couple dont l'axe soit la droite AN, et dont le moment soit égal à $GK \times \Phi$. Or les forces extérieures, abstraction faite de celles qui sont appliquées au point A et dont le moment est nul, se réduisent à la pesanteur ; le poids P du gyroscope, appliqué en son centre de gravité I, donne naissance, quand on le transporte au point A, à un couple dont le moment est $P \times AI$ et dont l'axe est la droite AN, perpendiculaire à son plan. Toutes les conditions seront donc remplies si l'on a l'égalité : $P \times AI = GK \times \Phi$, relation qui règle la vitesse angulaire Φ.

La nutation provient de ce qu'au moment où l'on supprime l'appui *b*, l'axe des moments des quantités de mouvement est dirigé suivant la droite AB elle-même. Pour supprimer la nutation, il faudrait amener tout d'un coup l'axe des moments à la position AG qui convient à la précession uniforme. Il suffirait, pour cela, d'imprimer à l'axe AB, à l'instant où la main abandonne l'appui, la vitesse Φ qu'il tend à conserver une fois le mouvement établi.

303. La *précession des équinoxes*, phénomène que nous avons décrit dans la Cinématique (§ 177), déplace d'environ 50″ par an, en sens inverse du mouvement apparent du soleil, la droite d'intersection de l'équateur terrestre avec l'écliptique. En combinant ce mouvement avec le mouvement de rotation de la terre, on reconnaît que l'axe instantané du globe terrestre n'est pas rigoureusement fixe dans notre globe : le mouvement réel de la terre consiste dans le roulement d'un cône droit très-peu ouvert, faisant corps avec elle, *au dedans* d'un cône droit fixe, dont l'axe est perpendiculaire à l'écliptique, et dont le demi-angle au centre est égal à l'inclinaison de l'é-

cliptique sur l'équateur. Appliquant la théorie précédente, on reconnaît que la précession uniforme du globe est due à un couple dont l'axe coïncide avec la ligne des nœuds, c'est-à-dire avec l'intersection de l'équateur et de l'écliptique. Le moment de ce couple est d'ailleurs très-faible. La théorie de la gravitation conduit, en effet, à reconnaître l'existence d'un tel couple. Il est dû à l'action du soleil sur le renflement équatorial de la surface terrestre. Si la terre était parfaitement sphérique, la résultante des actions du soleil sur tous les points matériels qui la composent serait une force passant constamment par le centre de gravité du globe, et cette force ne contribuerait pas à lui imprimer une rotation autour de ce point[1]. Mais le globe terrestre a la forme d'un ellipsoïde de révolution légèrement aplati aux pôles et légèrement renflé dans la région équatoriale. De là une petite déviation de la résultante des actions solaires : cette force, transportée au centre de gravité du globe, donne naissance au couple qui produit la précession observée.

La gravitation explique aussi le phénomène de la *nutation*, et le rattache à l'attraction de la lune. Mais cette partie du problème est beaucoup plus compliquée.

304. Passons au premier gyroscope de Foucault, c'est-à-dire à l'appareil destiné à mettre en évidence la rotation du globe terrestre (§ 302). Il est représenté dans la figure 160.

T est le corps tournant. C'est un tore métallique, plein, bien centré sur son axe de rotation. Il est monté sur un arbre en acier, dont les deux bouts, dressés en pointes, viennent s'engager dans deux crapaudines fixées aux extrémités d'un même diamètre de l'anneau circulaire AaA'. Cet anneau s'articule aux points A et A', extrémités du diamètre normal à l'axe du tore, avec un second anneau ABA'B' vertical, mobile autour du diamètre BB', vertical et normal au diamètre AA'. Les articulations A, A' sont analogues à celles de la balance ordinaire ; ce sont des couteaux d'acier dont le tranchant pose sur

---

[1] On verra plus loin que le centre de gravité d'un corps libre peut être regardé comme fixe dans la rotation du corps.

des plans d'agate. Le diamètre BB' est monté sur pointes prises dans des crapaudines; mais pour réduire le frottement qui se développperait dans la crapaudine inférieure si l'appareil reposait sur le pivot B', on attache le point B à un fil suspendu à la vis V, qui permet de soulever le cercle ABA'B' d'une petite quantité, de manière à empêcher le contact de la pointe B' avec le fond de la crapaudine; l'assemblage B' ne sert plus alors qu'à assurer la direction de l'axe vertical BB'. Le pied S est monté sur trois vis calantes, au moyen desquelles on peut amener l'axe BB' à être vertical, et par suite l'axe AA' à être horizontal.

Dans ces conditions, l'axe du tore peut prendre dans l'espace, sans déplacement du centre de la partie mobile, une orientation quelconque. On peut, en effet, en faisant tourner le cercle BAB' autour de la verticale

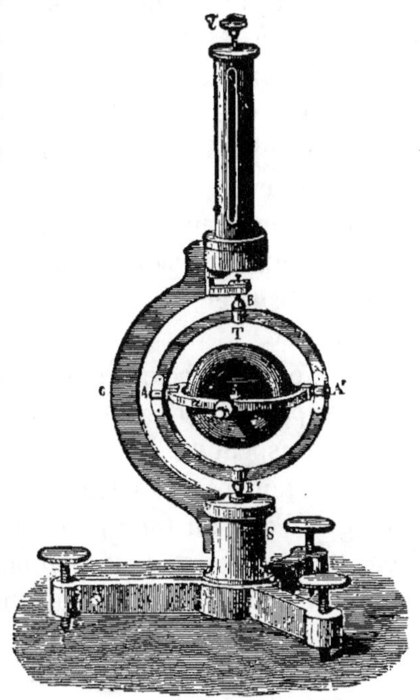

Fig. 160.

BB', amener l'axe du tore dans tel azimut qu'on voudra. Faisant ensuite tourner le cercle AaA' autour de l'horizontale AA', on lui fera faire un angle quelconque avec l'horizon. C'est encore une suspension à la Cardan. Et pour opérer ces mouvements, on n'éprouvera d'autre résistance que les frottements des articulations; car la pesanteur ne produit aucun travail, puisque le centre de gravité de l'appareil reste immobile. Les frottements sont d'ailleurs extrêmement faibles, par suite des précautions prises dans la construction, et du faible poids des parties mobiles, d'où résulte la petitesse des pressions mutuelles. Le tore est donc à très-peu près dans la condition d'un corps solide parfaitement libre de tourner autour de son centre de gravité.

On imprime au tore, au moyen d'un système de roues dentées, une rotation rapide, de 200 à 250 tours par seconde par exemple. Ce mouvement donne naissance aux forces apparentes dues à la rotation de la terre, c'est-à-dire aux *forces centrifuges composées ;* le corps solide mobile autour d'un point fixe cède à l'action de ces forces, et prend par rapport au globe terrestre un certain mouvement que l'on pourra observer, et qui sera, comme dans l'expérience du pendule, une preuve de la rotation de la terre. Foucault a indiqué deux expériences au moyen desquelles le gyroscope permet de trouver, en un lieu donné, la direction du méridien et la latitude.

505. L'expérience qui donne la direction du méridien consiste à supprimer l'articulation AA′, ou, ce qui revient au même, à suspendre l'anneau A*a*A′ dans le cercle vertical par les prolongements de l'axe du tore. Il résulte de cette disposition que l'axe du tore perd la faculté de s'incliner à l'horizon, tout en conservant sa mobilité dans le plan horizontal. On observe alors que l'axe du tore tend à se placer dans le plan du méridien, et de telle manière que la rotation du gyroscope s'effectue dans le même sens que la rotation du globe. Si l'axe du tore part d'une position initiale peu différente du méridien, il s'en rapprochera, puis la dépassera, et y reviendra après une série d'oscillations de part et d'autre de sa position d'équilibre, comme l'aiguille aimantée oscille avant de s'arrêter dans la direction du méridien magnétique. On déduit de cette expérience la proposition suivante : *Quand un corps tourne autour d'un axe libre d'osciller dans le plan horizontal, la rotation de la terre développe une force directrice* (apparente) *qui sollicite l'axe du corps à se rapprocher du méridien, et dispose ce corps à tourner dans le même sens que le globe.*

506. La seconde expérience, qui donne la latitude, se

fait en rendant la mobilité à l'axe AA', après avoir orienté à demeure le cercle BAB'A dans le plan vertical qui va de l'Est à l'Ouest, de manière que l'axe du tore soit contenu dans le méridien. On met le tore en mouvement autour de cet axe, que nous supposerons horizontal au commencement de l'expérience. La rotation du tore doit être de même sens que celle de la terre.

Alors on voit l'axe du tore se déplacer dans le plan du méridien, et osciller jusqu'à ce qu'il se soit dirigé parallèlement à l'axe de la terre ; dans cette position où il reste en équilibre, son inclinaison sur l'horizon est égale à la latitude du lieu de l'observation. On en déduit cette autre proposition : *Tout corps tournant autour d'un axe libre de se diriger sans sortir du méridien tend à s'orienter de manière à rendre son axe parallèle à l'axe de la terre, et à tourner dans le même sens qu'elle.*

Ces deux principes constatés, le gyroscope fournit un moyen mécanique de déterminer, sans aucune opération astronomique, la direction du méridien et la latitude pour un point quelconque du globe.

307. Nous nous bornerons dans ce chapitre à donner une démonstration sommaire des deux propositions qu'on vient d'énoncer.

Nous démontrerons successivement : 1° que la position du tore dans laquelle son axe est parallèle à l'axe du globe est une position d'équilibre ; 2° que cette position est stable lorsque la rotation du tore a lieu dans le même sens que la rotation de la terre, et instable quand elle a lieu en sens opposé ; 3° qu'enfin si l'on assujettit l'axe du tore à rester horizontal, l'orientation dans le plan du méridien est pour cet axe une position d'équilibre.

Ces points établis, les deux propositions de Foucault en résulteront ; dans les expériences indiquées, l'axe du tore est en effet assimilable à un système à liaisons complètes ; s'il y a une position d'équilibre stable pour ce système, et qu'il parte du repos, le simple jeu des forces suffira pour l'amener à cette position après une série d'oscillations dont les résistances accessoires tendent de plus en plus à réduire l'amplitude.

308. La force centrifuge composée, pour un point de masse m, animé d'une vitesse apparente v_r à la surface de la terre, est égale à $2m\omega v_r \sin\alpha$, expression où ω représente la vitesse angulaire de la rotation du globe, v_r la vitesse, et $v_r \sin\alpha$ la projection de cette vitesse sur le plan de l'équateur. Cette force est normale à la fois à la vitesse relative et à l'axe du globe.

1° Soit O la projection de l'axe du tore, que nous supposerons parallèle à l'axe du globe; supposons, de plus, que les rotations du globe et de l'appareil s'effectuent dans le même sens; l'*accélération complémentaire* dans le mouvement relatif d'un point A sera dirigée parallèlement à la direction BC, dans laquelle la rotation ω, transportée en A, tend à entraîner l'extrémité B de la vitesse relative de ce point A. La *force centrifuge composée* a une direction contraire. Elle est à la fois perpendiculaire à la vitesse AB et à l'axe de la rotation ω, lequel est parallèle à l'axe projeté en O. Elle a donc la direction AD, en prolongement du rayon OA; en d'autres termes, *elle est centrifuge*.

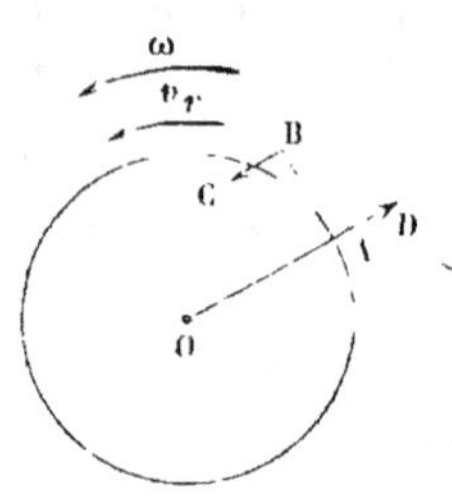

Fig. 161.

2° Si le tore, placé dans la même position, tournait en sens inverse, les forces centrifuges composées seraient dirigées en sens contraire; elles seraient *centripètes*.

Dans les deux cas, les forces centrifuges composées se détruisent deux à deux et ne développent aucune tendance au déplacement de l'axe. Par suite, le gyroscope est en équilibre dès que son axe est parallèle à l'axe du monde. Il est facile de voir en même temps que l'équilibre est stable dans le premier cas et instable dans le second; car si l'on incline infiniment peu l'axe dans un sens quelconque (fig. 162), les forces centrifuges composées conservent sensiblement leurs parallélismes et leurs grandeurs; elles tendent donc, si elles sont centrifuges, à ramener l'axe à la position OO' qu'il vient

de quitter, tandis qu'elles tendent à l'en écarter davantage et
à faire *chavirer* le tore, si elles sont centripètes.

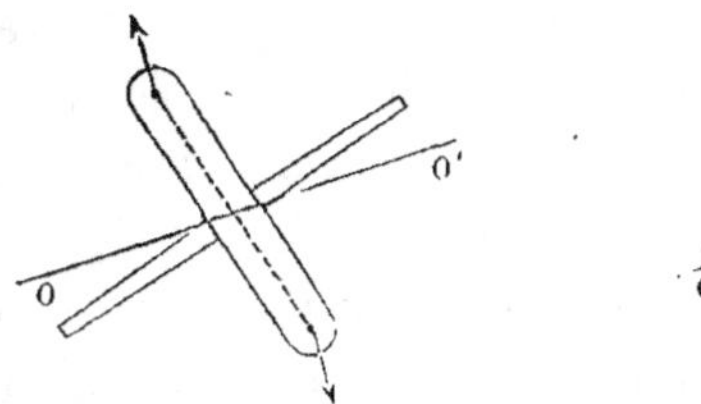

Fig. 162.

309. Lorsque le gyroscope est placé au pôle de la terre et
que l'axe du tore est dirigé horizontalement, l'appareil est encore en équilibre. En effet, toutes les forces centrifuges composées sont alors parallèles à l'axe de rotation du tore, et
comme tout est symétrique par rapport au plan vertical mené
par cet axe, elles ne peuvent contribuer à en changer l'orientation ; car elles se composent en une seule force dirigée suivant l'axe lui-même. L'équilibre existe donc, et il est *indiffé-
rent*, puisqu'il subsiste quelle que soit la direction horizontale donnée à l'axe du tore. Il en doit être ainsi au pôle du
globe : l'orientation dans le plan horizontal est nécessairement indifférente, puisque, pour un observateur placé en ce
point, il n'y a ni Nord, ni Est, ni Sud, ni Ouest. Mais si on
laisse l'axe du tore libre de s'incliner sur le plan horizontal,
après l'en avoir fait sortir, il tendra à devenir vertical, c'est-
à-dire parallèle à l'axe du monde, et à prendre sa position
d'équilibre stable comme en tout autre point du globe.

310. Ces remarques permettent de retrouver les propositions de Foucault pour un point quelconque de la surface
terrestre.

I. A l'équateur, la position d'équilibre du gyroscope est
celle pour laquelle son axe est parallèle à l'axe du globe ; or
cette direction est horizontale ; dans ce cas particulier, les
deux propositions de Foucault n'en font qu'une et sont justi-
fiées à la fois par les observations du § 308.

II. Passons à un point M quelconque de l'hémisphère boréal.

Soit P le pôle, O le centre de la terre. Au point O, menons dans le plan MOP une droite ON perpendiculaire à OM ; décompo-

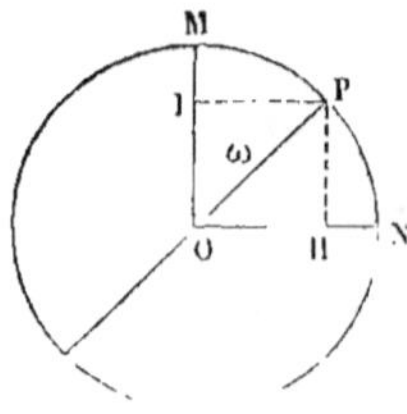

sons la rotation ω du globe suivant les axes OM, ON ; la longueur OP représentant la rotation ω, $OI = p$ sera la composante autour de la *verticale* OM, et $OH = q$ la composante autour de la droite ON. Supposons que le gyroscope soit disposé pour la première expérience de Foucault, celle où l'axe du tore est assujetti à rester horizontal. Nous pouvons, pour chercher la position d'équilibre, examiner successivement l'influence des deux rotations composantes p et q.

Fig. 105.

A l'égard de la rotation p, le point M est le pôle du globe ; donc, en vertu de la remarque du § 309, l'équilibre du tore est assuré dès que son axe est horizontal, quelle que soit son orientation.

A l'égard de la rotation q, le point M est un point de l'équateur terrestre ; donc le tore a pour position d'équilibre celle où son axe est parallèle à ON, c'est-à-dire celle où son axe s'oriente dans le plan horizontal parallèlement au méridien (I).

L'ensemble des deux rotations p et q, c'est-à-dire la rotation ω, assurera donc au tore cette dernière position d'équilibre, car la rotation q l'exige, et elle convient également à la rotation p. La première proposition de Foucault est ainsi démontrée.

III. Si l'on rend la mobilité à l'axe AA', l'équilibre correspondant à la rotation p cesse d'être stable (§ 309), et la seule position d'équilibre stable est celle qui rend l'axe du tore parallèle à l'axe du monde, conformément à la deuxième proposition.

CHAPITRE III

MOUVEMENT D'UN CORPS SOLIDE LIBRE

---

311. Étant donné un corps solide libre dans l'espace, son centre de gravité a le mouvement d'un point matériel de masse égale à la masse totale du solide, qui serait sollicité par toutes les forces extérieures appliquées au corps, transportées en ce point parallèlement à elles-mêmes ($\S$ 152).

Le mouvement du centre de gravité peut être ainsi déterminé d'avance; il reste à trouver le mouvement du corps relativement à son centre de gravité.

Pour cela, menons par ce point trois axes de direction constante, et cherchons le mouvement du solide par rapport à ces axes supposés fixes; ce mouvement ne sera autre chose que le mouvement de rotation du corps autour de son centre de gravité devenu fixe, sous l'action des forces réelles appliquées au corps, et des forces fictives qu'il est nécessaire d'introduire pour pouvoir traiter le mouvement relatif comme un mouvement absolu.

Or, les axes mobiles ayant, par hypothèse, un mouvement de translation, les forces fictives ou apparentes se réduisent aux forces d'inertie d'entraînement ($\S$ 194), lesquelles sont toutes parallèles et proportionnelles aux masses, et, par suite, ont pour résultante une force égale à leur somme et passant par le centre de gravité du corps solide.

Il résulte de là que la somme des moments des forces apparentes par rapport à tout axe mené par le centre de gravité est nulle; par conséquent, le mouvement relatif du solide autour de son centre de gravité est uniquement dû aux forces réelles, et ne diffère pas du mouvement absolu que prendrait le corps sous l'action de ces mêmes forces si le centre de gravité était réellement fixe. D'où l'on déduit ce théorème :

Un corps solide tourne autour de son centre de gravité comme s'il était fixe.

Le problème du mouvement général d'un corps solide se scinde donc nettement en deux questions qu'on peut en général traiter indépendamment l'une de l'autre : mouvement du centre de gravité, mouvement autour du centre de gravité considéré comme un point fixe.

312. Si, par exemple, les forces qui sont appliquées au solide sont toutes nulles, le centre de gravité du solide se mouvra en ligne droite avec une vitesse constante, et en même temps le mouvement du solide autour de son centre de gravité suivra les lois formulées dans le théorème de Poinsot ; l'ellipsoïde central d'inertie roulera sur un plan d'orientation constante, mené à une distance invariable du centre de gravité.

Tel est le résultat, fort complexe, on le voit, du jeu de l'inertie sur un corps solide.

313. Si les forces se réduisent à la pesanteur, le centre de gravité décrira une parabole (§ 16) ; les forces ont dans ce cas une résultante unique égale au poids du corps et passant par son centre de gravité. Le moment de cette résultante est nul par rapport à tous les axes menés par ce point. Le solide se trouvera donc encore, à l'égard de la rotation, dans les conditions qui rendent le théorème de Poinsot applicable.

314. Si le solide est une sphère homogène dont les points soient attirés par un centre fixe, proportionnellement à l'inverse du carré des distances et proportionnellement aux masses, le centre de gravité décrira une section conique ; de plus, la résultante des attractions passant encore par le centre, la sphère conservera un mouvement de rotation uniforme autour d'un axe fixe, constamment parallèle à une direction donnée.

Nous avons indiqué (§ 305) comment ce résultat se trouve modifié lorsque, au lieu d'une sphère homogène, le corps attiré est un ellipsoïde de révolution. La rotation si compliquée de la terre en est un exemple.

EFFET D'UNE PERCUSSION SUR UN CORPS SOLIDE LIBRE

315. Soit M un corps solide libre dans l'espace; nous le supposerons primitivement en repos.

Soit G son centre de gravité.

On applique à ce corps, en un point donné, m, une percussion P, c'est-à-dire une impulsion $\int_{t_0}^{t} \mathrm{F}\,dt$; la force F, très-grande, agit pendant un temps très-court, $t - t_0$. Pour trouver le mouvement que va prendre le corps, nous chercherons d'abord le mouvement du centre de gravité, puis le mouvement du solide autour du centre de gravité.

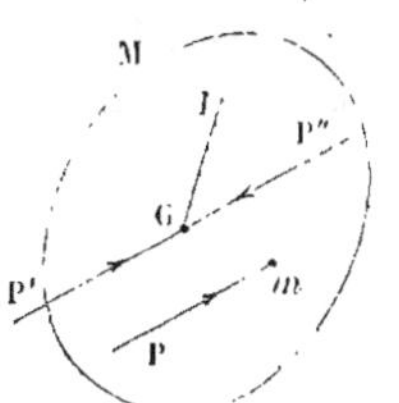

Fig. 164.

Transportons la percussion P parallèlement à elle-même au centre de gravité G; cela revient à substituer à la force P une force P', égale, parallèle et appliquée au point G, et un couple (P, P'').

Le mouvement du centre de gravité sera déterminé par la force P', agissant sur la masse entière M du corps, concentrée au point G. P' étant une impulsion totale, le théorème des quantités de mouvement montre que cette impulsion est égale à l'accroissement de la quantité de mouvement prise dans la même direction. Soit donc V la vitesse du centre de gravité à la fin de la percussion : la vitesse au commencement étant nulle, on aura l'équation

$$MV = P,$$

qui définit la vitesse V. La direction de cette vitesse est parallèle à la percussion P.

Le mouvement du solide autour de son centre de gravité supposé fixe est dû au couple instantané P, P'', et par suite le corps commence à tourner autour d'un axe GI, qui est, dans l'ellipsoïde central, le diamètre conjugué du plan du couple, ou du plan conduit par le point G et la percussion P. On connaît la vitesse angulaire du solide à la fin de la percussion autour de cette droite GI, car on sait trouver les composantes de cette vitesse autour des axes principaux de l'ellipsoïde central (§ 296).

A partir de la fin de la percussion, le corps solide n'étant plus sollicité par aucune force, se meut suivant la loi de Poinsot autour de son centre de gravité supposé fixe, pendant que le centre de gravité lui-même se meut en ligne droite, avec la vitesse uniforme V, dans la direction de la percussion qu'il a subie.

316. Examinons le cas particulier dans lequel la force P et l'axe instantané GI sont à angle droit. Alors on peut faire passer par la droite GI un plan IGm perpendiculaire à la droite Pm. Il suffit, pour cela, d'abaisser du point G sur la

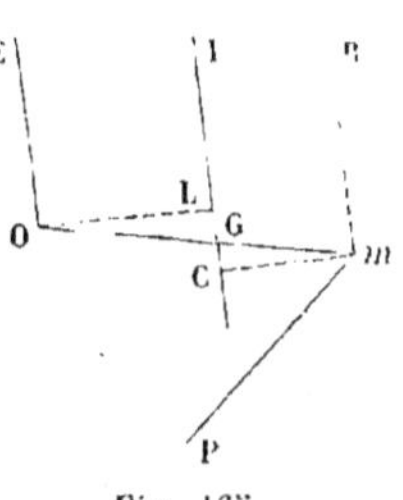

Fig. 165.

droite Pm une perpendiculaire Gm; si, par le point m, on mène une parallèle mB à GI, cette droite sera, par hypothèse, perpendiculaire à Pm; et par suite Pm, perpendiculaire à la fois aux droites mG, mB, sera perpendiculaire au plan IGm de ces deux droites. Il résulte de là que les deux mouvements élémentaires, de translation parallèlement à Pm et de rotation autour de GI, peuvent se composer en une seule rotation (I, § 167). Le moment de la force P, qui est normale à l'axe GI, s'obtiendra en multipliant P par sa distance à l'axe mC $= p$, et l'on aura, en appelant K le rayon de giration du solide par rapport à l'axe GI,

$$\Omega = \frac{Pp}{MK^2}.$$

La rotation Ω et la translation V, qui sont rectangulaires, se composent en une seule rotation égale à Ω, autour d'un axe OE parallèle au premier, et situé à une distance OL de celui-ci égale à $\dfrac{V}{\Omega}$. Or $V = \dfrac{P}{M}$, et par suite

$$\frac{V}{\Omega} = \frac{K^2}{p}.$$

On a donc

$$OL = \frac{K^2}{p},$$

ou bien

$$OL \times CM = K^2.$$

Si donc OE est l'*axe de suspension* du solide suspendu à la façon d'un pendule composé, MB en est l'*axe d'oscillation* conjugué (§ 266).

Le déplacement initial du solide est alors une rotation instantanée, avec la vitesse Ω, autour de l'axe OE.

Si l'on fixe l'axe OE autour duquel le corps commence à tourner, la percussion P n'exercera aucun effort sur cet axe ; car elle imprime au corps un mouvement initial compatible avec la liaison à laquelle on l'a assujetti : un lien n'a aucune charge à supporter, quand il ne gêne en rien le mouvement qui tend à se produire.

Renversons le problème, et examinons à quelles conditions doit satisfaire la percussion P pour qu'un axe fixe OE ne subisse aucun effort pendant qu'elle s'exerce. Il suffit pour cela :

1° Que la percussion P soit contenue dans le plan conjugué du diamètre GI, mené dans l'ellipsoïde central d'inertie parallèlement à l'axe donné OE ;

2° Qu'elle soit perpendiculaire au plan IGm, c'est-à-dire au plan conduit par l'axe donné OE et le centre de gravité G ;

Ces deux conditions réunies montrent que la percussion P est appliquée en un certain point m de la droite Gm suivant laquelle le plan OEG coupe le plan conjugué à la direction OE ;

3° Qu'enfin le produit $Cm \times OL = K^2$, K étant le rayon de giration du solide autour de la droite GI, ce qu'on peut exprimer autrement, en disant que le point m, pied de la percussion dans le plan EOG, appartient à l'axe d'oscillation conjugué à la droite OE, considérée comme axe de suspension du pendule formé par le solide.

Le point m est le *centre de percussion* correspondant à l'axe OE.

317. Jusqu'à présent nous ne nous sommes occupé que du mouvement initial. Pour que ce mouvement puisse persister autour l'axe GI, il faut et il suffit que cet axe soit principal dans l'ellipsoïde central d'inertie. Or GI est conjugué au plan GmP ; pour qu'il soit principal, il faut et il suffit que l'angle IGm soit droit ; car la droite GI est déjà supposée perpendiculaire à Pm ; elle sera donc perpendiculaire à son plan conjugué si elle est encore perpendiculaire à Gm. Dans ce cas, les droites GI et Gm, et la droite GP', menée parallèlement à mP,

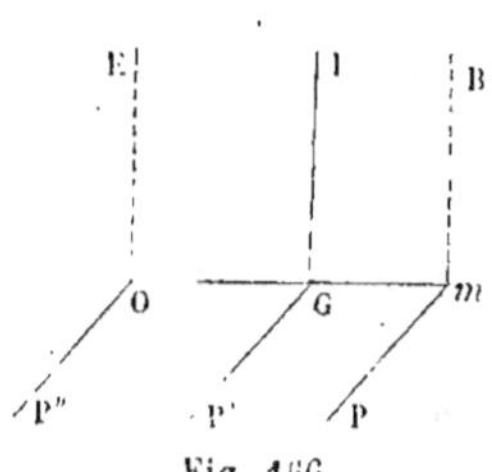

Fig. 166.

sont les trois axes principaux de l'ellipsoïde central. Les deux mouvements V et Ω se composent en une rotation unique autour de l'axe OE, défini par l'équation

$$OG \times Gm = K^2.$$

L'axe OE est un axe principal au point O. En effet, les trois droites Gm, GP', GI sont les axes principaux de l'ellipsoïde central. Rapportant les points du corps à ce système d'axes coordonnés, on aura les trois conditions :

$$\Sigma mxy = 0, \quad \Sigma myz = 0, \quad \Sigma mzx = 0.$$

Changeons de coordonnées, en transportant les axes parallèlement à eux-mêmes au point O. Les y et les z ne seront pas altérés ; les x seuls se changeront en x', et l'on aura $x = x' - a$, a désignant la distance GO. Donc on aura les trois relations :

$$\Sigma m(x' - a)y = 0, \quad \Sigma myz = 0, \quad \Sigma mz(x' - a) = 0,$$

ou bien

$$\Sigma mx'y - a\Sigma my = 0, \quad \Sigma myz = 0, \quad \Sigma mzx' - a\Sigma mz = 0,$$

Or $\Sigma\, my = 0$ et $\Sigma\, mz = 0$, puisque le centre de gravité G du solide est sur l'axe des x'. Donc enfin $\Sigma\, mx'y = 0$, $\Sigma\, myz = 0$, $\Sigma\, mzx' = 0$, conditions nécessaires et suffisantes pour que les axes OE, OG, OP'', soient les axes principaux de l'ellipsoïde d'inertie au point O.

Le mouvement continu du corps consiste alors en une suite de rotations instantanées autour d'axes OE, parallèles à GI, menés dans le plan normal à la percussion à une distance constante OG du centre de gravité. On se fait une image du mouvement continu du solide, en supposant une surface cylindrique à base circulaire, qui aurait GI pour axe et GO pour rayon, et qui entraînerait le corps solide en roulant uniformément sur un plan fixe, conduit par la droite OE parallèlement à la force P.

Ce résultat est indépendant de la grandeur de la force P ; elle n'influe que sur la valeur de la vitesse Ω, mais non sur la position de l'axe OE. De plus, les points O et m sont conjugués. Le corps frappé au point O, perpendiculairement au plan OGI, tournerait autour de l'axe mB. Enfin, on peut, sans changer la position de l'axe instantané, substituer à la force P autant de percussions qu'on voudra, agissant simultanément, pourvu qu'elles aient une résultante normale au plan EOG et appliquée au point m.

Si le corps solide était fixé par le point O, une percussion P, exercée au point m, ne déterminerait aucune pression sur ce point O, et le solide tournerait indéfiniment autour de l'axe OE. Les conditions pour qu'il en soit ainsi sont : 1° que la direction de P appartienne au plan diamétral conjugué de l'axe OE, dans l'ellipsoïde d'inertie au point O ; 2° que l'axe OE soit un axe principal de cet ellipsoïde, ce qui exige que son plan diamétral conjugué soit aussi un plan principal ; 3° que la percussion P soit normale au plan EOG, c'est-à-dire parallèle à l'axe principal OP'' ; 4° qu'enfin on ait toujours $Gm \times GO = K^2$, K étant le rayon de giration du solide autour de l'axe GI.

ROTATION DES PROJECTILES DES ARMES RAYÉES.

318. L'emploi des armes rayées a pour objet d'augmenter la précision du tir. Aux balles et aux boulets sphériques que l'on a employés exclusivement depuis l'invention de l'artillerie jusqu'au milieu de ce siècle, on a substitué les projectiles cylindro-coniques, qui, pour un même poids, subissent une moindre résistance de l'air, et, soit en les *forçant* dans l'arme au moment du départ, soit en les garnissant d'ailettes en plomb qui s'engagent dans les rayures de la pièce, on assujettit la balle ou le boulet à prendre dans l'âme du canon un mouvement hélicoïdal allongé, qui lui communique une rotation rapide autour de son axe de figure.

Le projectile une fois sorti de la pièce est soumis à deux forces principales : la pesanteur et la résistance de l'air. La pesanteur appliquée au centre de gravité du projectile, ne tend pas à lui communiquer un mouvement de rotation autour de ce point. Il n'en est pas de même de la résistance de l'air, qui, à cause de la forme oblongue du corps mobile, se réduit généralement à une force passant en dehors du centre de gravité. Transportons cette force au centre de gravité ; nous donnons par là naissance à un couple, lequel agit pour altérer la direction et l'intensité de la rotation du projectile. L'axe résultant des moments des quantités de mouvement se compose à chaque instant avec l'impulsion élémentaire de ce couple ; d'où résulte une déviation continue, qui altère la trajectoire et la fait sortir du plan vertical du tir.

Cette *dérivation* latérale, très-faible en général, peut être déterminée, soit par le calcul, soit pratiquement par l'expérience directe. Son sens dépend du sens des rayures. On substitue par cet artifice un mouvement défini, et pour ainsi dire stable, aux déviations capricieuses des anciens boulets, qui subissaient toutes les perturbations dues aux résistances variables qu'ils rencontraient dans leur route à travers l'atmosphère. En même temps l'opération du pointage devient plus délicate, puisque le projectile sort de l'azimut dans lequel il a été primitivement lancé. Aussi, pour les pièces d'artillerie à longue portée, est-on forcé d'employer au pointage une *hausse horizontale*, outre la *hausse verticale* qui sert à faire basculer la trajectoire dans le plan de tir. Ces deux hausses sont graduées d'après les distances du but à atteindre. La hausse horizontale devrait en outre être corrigée de l'effet du vent[1].

La précision du tir avec les armes perfectionnées suppose une appréciation exacte des distances ; l'erreur commise dans cette appréciation est d'autant plus probable que la distance est elle-même plus grande ; aussi la portée pratique des pièces d'artillerie est-elle essentiellement limitée, et reste-t-elle bien au-dessous de la limite du tir à projectiles perdus, pour lequel il n'y a pas de but précis à atteindre. Dans ce dernier cas, la portée n'est limitée que par la résistance des pièces aux charges de poudre exigées par la distance qu'on veut faire franchir au boulet.

---

[1] Il y a de plus une dérivation latérale due à la rotation de la terre (§ 209) ; mais elle est beaucoup plus faible que la dérivation due à l'action de l'air sur le projectile.

CHAPITRE IV

THÉORIE ANALYTIQUE DE LA ROTATION D'UN CORPS SOLIDE AUTOUR D'UN POINT FIXE.

---

319. Nous rapporterons le mouvement du corps à trois axes rectangulaires, OX, OY, OZ, se coupant au point fixe O ; puis nous mènerons par le même point O trois autres axes rectangulaires OX_1, OY_1, OZ_1, liés invariablement au corps et entraînés dans son mouvement. Le mouvement du corps sera défini si l'on connaît à chaque instant les positions des axes mobiles par rapport aux axes fixes, ou les angles que les premiers axes font avec les seconds.

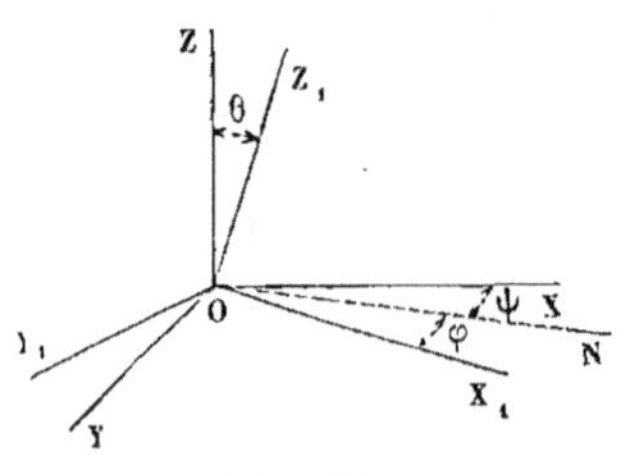

Fig. 167.

Appelons

$$
\begin{matrix}
a, & b, & c, \\
a', & b', & c', \\
a'', & b'', & c'',
\end{matrix}
$$

les cosinus de ces angles pris dans l'ordre suivant :

$$
\begin{matrix}
X_1 OX, & Y_1 OX, & Z_1 OX, \\
X_1 OY, & Y_1 OY, & Z_1 OY, \\
X_1 OZ, & Y_1 OZ, & Z_1 OZ.
\end{matrix}
$$

Soient x, y, z, les coordonnées d'un point du corps par rapport aux axes fixes, coordonnées variables avec le temps t ;

x_1, y_1, z_1, les coordonnées constantes du même point par rapport aux axes mobiles.

On exprimera les coordonnées variables en fonction des coordonnées constantes au moyen des équations

$$(1) \quad \begin{cases} x = ax_1 + by_1 + cz_1, \\ y = a'x_1 + b'y_1 + c'z_1, \\ z = a''x_1 + b''y_1 + c''z_1. \end{cases}$$

Les neuf coefficients a, b, c,... sont des fonctions du temps t, entre lesquelles existent 6 équations distinctes, savoir, trois équations qui expriment que a, a', a'', b, b', b'', et c, c', c'', sont les cosinus des angles que les trois directions OX_1, OY_1, OZ_1, font avec trois axes rectangulaires, ce qui donne

$$(2) \quad \begin{cases} a^2 + a'^2 + a''^2 = 1, \\ b^2 + b'^2 + b''^2 = 1, \\ c^2 + c'^2 + c''^2 = 1, \end{cases}$$

et trois équations qui expriment que les angles Y_1OZ_1, Z_1OX_1, X_1OY_1, sont droits :

$$(3) \quad \begin{cases} bc + b'c' + b''c'' = 0, \\ ac + a'c' + a''c'' = 0, \\ ab + a'b' + a''b'' = 0. \end{cases}$$

Pour trouver les composantes de la vitesse du point (x, y, z), différentions les équations (1) ; il vient, en observant que x_1, y_1, z_1, sont des constantes pour le point considéré,

$$(4) \quad \begin{cases} dx = x_1 da + y_1 db + z_1 dc, \\ dy = x_1 da' + y_1 db' + z_1 dc', \\ dz = x_1 da'' + y_1 db'' + z_1 dc''. \end{cases}$$

Les équations (3) différentiées nous donnent de plus les relations

$$(5) \quad \begin{cases} cdb + c'db' + c''db'' = -(bdc + b'dc' + b''dc'') = pdt, \\ adc + a'dc' + a''dc'' = -(cda + c'da' + c''da'') = qdt, \\ bda + b'da' + b''da'' = -(adb + a'db' + a''db'') = rdt, \end{cases}$$

en appelant p, q, r trois fonctions nouvelles du temps t, qui sont définies par ces équations, et dont nous déterminerons plus loin la signification.

Les équations (2) différentiées donnent enfin le groupe

$$(6) \quad \begin{cases} a\,da + a'\,da' + a''\,da'' = 0, \\ b\,db + b'\,db' + b''\,db'' = 0, \\ c\,dc + c'\,dc' + c''\,dc'' = 0. \end{cases}$$

Avec les deux groupes (5) et (6), on peut former les trois nouveaux groupes suivants, dans chacun desquels entrent les trois mêmes différentielles, da, da', da'' ; db, db', db'' ; dc, dc', dc'' :

$$(7) \quad \begin{aligned} a\,da + a'\,da' + a''\,da'' &= 0, \\ c\,da + c'\,da' + c''\,da'' &= -\,q\,dt, \\ b\,da + b'\,da' + b''\,da'' &= r\,dt; \\[1em] b\,db + b'\,db' + b''\,db'' &= 0, \\ c\,db + c'\,db' + c''\,db'' &= p\,dt, \\ a\,db + a'\,db' + a''\,db'' &= -\,r\,dt; \\[1em] c\,dc + c'\,dc' + c''\,dc'' &= 0, \\ b\,dc + b'\,dc' + b''\,dc'' &= -\,p\,dt, \\ a\,dc + a'\,dc' + a''\,dc'' &= q\,dt. \end{aligned}$$

De ces équations on tire da, da', da''… en fonction de p, q, r, et des cosinus a, b, c. Pour cela, multiplions la première du premier groupe par a, la seconde par c, la troisième par b, et faisons la somme, en observant que $a^2 + b^2 + c^2 = 1$, et que $aa' + bb' + cc' = 0$, $aa'' + bb'' + cc'' = 0$, puisque les directions OX, OY d'une part, OX, OZ de l'autre, rapportées aux axes mobiles, sont rectangulaires. Il viendra

$$da = (br - cq)\,dt,$$

et on aura, en répétant la même opération pour les autres différentielles du premier groupe, puis pour celles du deuxième et du troisième,

$$(8) \quad \begin{aligned} da' &= (b'r - c'q)\,dt, \\ da'' &= (b''r - c''q)\,dt, \\ db &= (cp - ar)\,dt, \\ db' &= (c'p - a'r)\,dt, \\ db'' &= (c''p - a''r)\,dt, \\ dc &= (aq - bp)\,dt, \\ dc' &= (a'q - b'p)\,dt, \\ dc'' &= (a''q - b''p)\,dt. \end{aligned}$$

Substituons ces valeurs dans les équations (4), et divisons

par dt; nous aurons les composantes des vitesses suivant les axes fixes :

$$(9) \qquad \frac{dx}{dt} = (br - cq)x_1 + (cp - ar)y_1 + (aq - bp)z_1$$
$$= a(qz_1 - ry_1) + b(rx_1 - pz_1) + c(py_1 - qx_1),$$
$$\frac{dy}{dt} = a'(qz_1 - ry_1) + b'(rx_1 - pz_1) + c'(py_1 - qx_1),$$
$$\frac{dz}{dt} = a''(qz_1 - ry_1) + b''(rx_1 - pz_1) + c''(py_1 - qx_1).$$

Pour avoir la vitesse totale, élevons au carré les équations (9), et ajoutons; les sommes des carrés des termes auront respectivement pour coefficients

$$a^2 + a'^2 + a''^2 = 1, \qquad b^2 + b'^2 + b''^2 = 1, \qquad c^2 + c'^2 + c''^2 = 1,$$

et les sommes des doubles produits,

$$ab + a'b' + a''b'' = 0, \qquad bc + b'c' + b''c'' = 0, \qquad ca + c'a' + c''a'' = 0.$$

La somme se réduit donc à la somme des carrés des binomes entre parenthèses, et l'on a

$$(10) \qquad \mathrm{V}^2 = (qz_1 - ry_1)^2 + (rx_1 - pz_1)^2 + (py_1 - qx_1)^2.$$

Cette équation va nous apprendre la signification des quantités p, q, r.

A chaque instant, il existe dans le corps une infinité de points dont la vitesse V est nulle ; ce sont les points de la droite

$$(11) \qquad \left\{ \begin{array}{l} qz_1 - ry_1 = 0, \\ rx_1 - pz_1 = 0, \\ py_1 - qx_1 = 0, \end{array} \right.$$

ou plus simplement de la droite $\dfrac{x_1}{p} = \dfrac{y_1}{q} = \dfrac{z_1}{r}$, laquelle passe

au point O. Cette droite est *l'axe instantané* de rotation du corps pendant l'instant considéré. Soit OI cet axe qui reste immobile pendant un intervalle de temps infiniment petit. Prenons un point M quelconque du corps, et soient x_1, y_1, z_1, ses coordonnées par rapport aux axes mobiles OX_1, OY_1, OZ_1. Du point M, abaissons

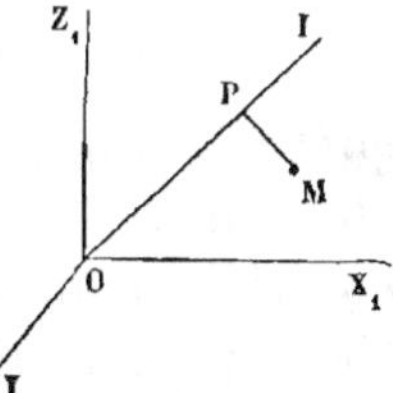

Fig. 168.

une perpendiculaire MP sur OI. Le corps tourne autour de OI, et si l'on représente par ω la vitesse angulaire, on aura pour la vitesse linéaire $V = \omega \times MP$.

Or la perpendiculaire MP est donnée par la formule

$$\overline{MP}^2 = \frac{(qz_1 - ry_1)^2 + (rx_1 - pz_1)^2 + (py_1 - qx_1)^2}{p^2 + q^2 + r^2} = \frac{V^2}{p^2 + q^2 + r^2}.$$

Donc

$$(12) \qquad\qquad \omega^2 = p^2 + q^2 + r^2.$$

Appelons α, β, γ les angles de l'axe instantané OI avec les axes OX_1, OY_1, OZ_1; nous aurons la suite de rapports égaux

$$\frac{\cos\alpha}{p} = \frac{\cos\beta}{q} = \frac{\cos\gamma}{r} = \frac{\sqrt{\cos^2\alpha + \cos^2\beta + \cos^2\gamma}}{\sqrt{p^2 + q^2 + r^2}} = \frac{1}{\omega}.$$

Donc

$$(13) \qquad\qquad \left\{ \begin{aligned} p &= \omega\cos\alpha, \\ q &= \omega\cos\beta, \\ r &= \omega\cos\gamma. \end{aligned} \right.$$

En définitive p, q, r, sont les composantes de la vitesse angulaire instantanée, projetée sur les axes mobiles.

320. Les quantités p, q, r, sont des fonctions du temps t; les équations de l'axe instantané sont

$$\frac{x_1}{y_1} = \frac{p}{q} = f(t),$$
$$\frac{z_1}{y_1} = \frac{r}{q} = \varphi(t).$$

Entre ces deux équations, on peut éliminer le temps, et l'équation finale

$$(14) \qquad\qquad F\left(\frac{x_1}{y_1}, \frac{z_1}{y_1}\right) = 0$$

représentera une surface *lieu des positions successives de l'axe instantané dans le corps*; cette surface est un cône qui a son sommet au point O.

Des équations (11), mises sous la forme

$$\frac{x_1}{p} = \frac{y_1}{q} = \frac{z_1}{r},$$

on tire de même l'équation de la *surface lieu des positions successives de l'axe instantané dans l'espace*. Multiplions haut et bas la première fraction par a, la seconde par b, la troisième par c ; puis la première par a', la seconde par b', la troisième par c' ; enfin, la première par a'', la seconde par b'', la troisième par c'', et ajoutons terme à terme les trois premières fractions, puis les trois secondes, enfin les trois dernières. Nous aurons encore pour résultats trois fractions égales, savoir :

$$\frac{ax_i + by_i + cz_i}{ap + bq + cr} = \frac{a'x_i + b'y_i + c'z_i}{a'p + b'q + c'r} = \frac{a''x_i + b''y_i + c''z_i}{a''p + b''q + c''r},$$

ou bien

$$(15) \qquad \frac{x}{ap + bq + cr} = \frac{y}{a'p + b'q + c'r} = \frac{z}{a''p + b''q + c''r},$$

équations de l'axe instantané par rapport aux axes fixes : les sommes $ap + bq + cr$, $a'p + b'q + c'r$, $a''p + b''q + c''r$ sont des fonctions du temps, et si l'on élimine le temps t entre les deux équations fournies par la relation (15), l'équation finale

$$(16) \qquad \Phi\left(\frac{x}{y}, \frac{z}{y}\right) = 0.$$

représentera un cône fixe dans l'espace, et lieu des positions absolues successives de l'axe instantané.

Nous avons ainsi reconnu l'existence de deux cônes ayant pour sommet commun le point O ; l'un, Φ, représenté par l'équation (16), est fixe dans l'espace ; l'autre, F, représenté par l'équation (14), fixe dans le corps, est entraîné dans son mouvement. A un instant t quelconque, ces deux cônes ont une génératrice commune OI ; soit OK la génératrice infiniment voisine du cône mobile, F, qui viendra coïncider, à l'instant $t + dt$, avec une génératrice OK' du cône fixe Φ. Le mouvement élémentaire qui amènera cette coïncidence est la rotation infiniment petite qui s'opère

Fig. 169.

autour de la génératrice commune OI. La distance KK' des deux points KK' qui doivent coïncider au bout du temps dt, est donc, à l'instant t, un infiniment petit du second ordre; car elle est égale au produit de la distance infiniment petite IK par la rotation infiniment petite ωdt. Donc les deux cônes sont tangents à l'instant t tout le long de la droite OI. On voit de plus que le fuseau IOK du cône mobile est égal au fuseau IOK' du cône fixe, de sorte que *le premier cône roule sur le second*.

321. La question du mouvement du corps est ramenée à déterminer en fonction du temps t, les valeurs de p, q, r, et des neuf cosinus a, b, c,.... Mais il est préférable de changer de variables; celles qu'Euler a choisies sont l'angle $\text{XON} = \psi$, formé par la *ligne des nœuds* ON avec l'axe fixe OX (fig. 170);

L'angle $\text{ZOZ}_1 = \theta$ de l'axe mobile OZ_1 avec l'axe fixe, angle égal à l'inclinaison du plan mobile Y_1OX_1 avec le plan fixe YOX;

L'angle $\text{NOX}_1 = \varphi$, de l'axe mobile OX_1 avec la ligne des nœuds ON.

Ces trois angles définissent complétement la position des axes mobiles par rapport aux axes fixes; il est facile d'exprimer a, b, c,... et p, q, r, en fonction de ces angles et de leurs différentielles; nous avons déjà montré comment cette question pouvait être traitée par la cinématique. Mais ici nous emploierons l'analyse seule pour arriver au résultat.

Du point O comme centre, décrivons une sphère d'un rayon égal à l'unité, et considérons les triangles sphériques formés par les intersections de cette sphère avec les divers plans XX_1, XY_1,... Les formules de la trigonométrie sphérique nous feront connaître les quantités a, b, c, etc.

Le triangle X_1NX nous donne, en effet, en observant que a

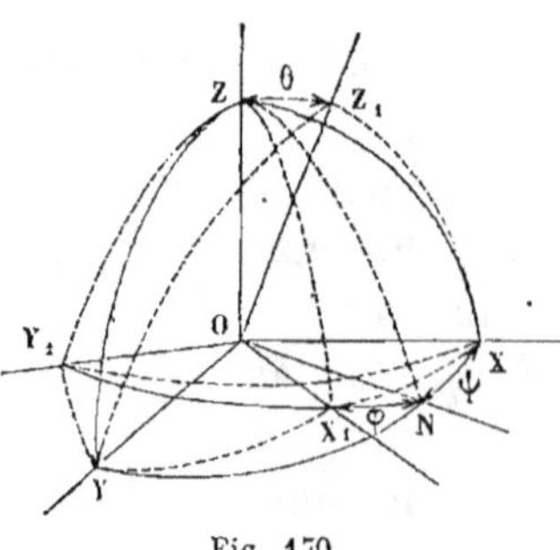

Fig. 170.

est le cosinus de l'arc XX_1,

$$a = \cos X_1 N \cos NX + \sin X_1 N \sin NX \cos X_1 NX,$$

ou bien

$$a = \cos \varphi \cos \psi - \sin \varphi \sin \psi \cos \theta.$$

Le triangle $Y_1 NX$ nous donne de même

$$b = \cos \left(\varphi + \frac{\pi}{2} \right) \cos \psi - \sin \left(\varphi + \frac{\pi}{2} \right) \sin \psi \cos \theta$$

$$= - \sin \varphi \cos \psi - \cos \varphi \sin \psi \cos \theta.$$

Le triangle $ZZ_1 X$ fait connaître c, cosinus de l'arc $Z_1 X$. On a

$$\cos Z_1 X = \cos ZZ_1 \cos ZX + \sin ZZ_1 \sin ZX \cos Z_1 ZX.$$

Mais l'arc ZX est égal à $\frac{\pi}{2}$; son cosinus est nul, et son sinus est égal à l'unité. L'arc ZZ_1 est égal à 0. Quant à l'angle $Z_1 ZX$, il est égal au complément de l'angle $XON = \psi$; car si l'on fait tourner d'un angle ψ le système des axes OX, OY, OZ, autour de l'axe OZ, jusqu'à ce qu'on ait amené la droite OX en coïncidence avec la droite ON, le nouveau plan ZOY aura dans ce mouvement tourné lui-même autour de OZ de l'angle ψ ; son prolongement fera donc avec l'ancien plan ZOX un angle $\frac{\pi}{2} - \psi$. Les rotations ultérieures autour de ON, puis autour de OZ_1, n'altèrent pas cet angle.

On a donc $\cos Z_1 ZX = \cos \left(\frac{\pi}{2} - \psi \right) = \sin \psi$; et l'équation devient

$$c = \sin \theta \sin \psi.$$

Le triangle $X_1 NY$ donne a' par l'équation

$$a' = \cos \varphi \cos \left(\frac{\pi}{2} - \psi \right) + \sin \varphi \sin \left(\frac{\pi}{2} - \psi \right) \cos \theta$$

$$= \cos \varphi \sin \psi + \sin \varphi \cos \psi \cos \theta.$$

Le triangle Y_1NY donne b', en changeant dans la dernière équation φ en $\varphi + \dfrac{\pi}{2}$:

$$b' = \cos\left(\varphi + \frac{\pi}{2}\right)\sin\psi + \sin\left(\varphi + \frac{\pi}{2}\right)\cos\psi\cos\theta$$
$$= -\sin\varphi\sin\psi + \cos\varphi\cos\psi\cos\theta.$$

Le triangle Z_1ZY, dans lequel l'angle Z_1ZY est égal à $\left(\dfrac{\pi}{2} - \psi\right) + \dfrac{\pi}{2} = \pi - \psi$, nous donne $c' = \cos Z_1Y$:

$$c' = \sin\theta\cos(\pi - \psi) = -\sin\theta\cos\psi.$$

Pour avoir a'', b'', c'', nous prendrons d'abord le triangle ZNX_1, dans lequel $a'' = \cos ZX_1$, $ZN = \dfrac{\pi}{2}$, et $\dot{Z}NX_1 = \dfrac{\pi}{2} - \theta$. Donc

$$a'' = \sin\varphi\sin\theta.$$

Changeant dans cette équation φ en $\varphi + \dfrac{\pi}{2}$, il vient pour $b'' = \cos ZY_1$,

$$b'' = \cos\varphi\sin\theta.$$

Enfin

$$c'' = \cos ZZ_1 = \cos\theta.$$

Nous avons donc les neuf relations :

$$(17)\quad\left\{\begin{aligned}
a &= \cos\varphi\cos\psi - \sin\varphi\sin\psi\cos\theta,\\
a' &= \cos\varphi\sin\psi + \sin\varphi\cos\psi\cos\theta,\\
a'' &= \sin\varphi\sin\theta,\\
b &= -\sin\varphi\cos\psi - \cos\varphi\sin\psi\cos\theta,\\
b' &= -\sin\varphi\sin\psi + \cos\varphi\cos\psi\cos\theta,\\
b'' &= \cos\varphi\sin\theta,\\
c &= \sin\theta\sin\psi,\\
c' &= -\sin\theta\cos\psi,\\
c'' &= \cos\theta.
\end{aligned}\right.$$

Sur ces neuf équations, il y en a cinq qui n'ont dans le second membre qu'un seul terme. Ce sont celles dont il convient de faire usage pour déterminer p, q, r en fonction de φ, ψ, θ et des vitesses de ces angles. On en déduit d'abord

$$(18) \quad \left\{ \begin{aligned} &\cos\theta = c'', \\ &\operatorname{tang}\psi = -\frac{c}{c'}, \\ &\operatorname{tang}\varphi = \frac{a''}{b''}. \end{aligned} \right.$$

Différentiant, il vient

$$(19) \quad \left\{ \begin{aligned} &dc'' = -\sin\theta\, d\theta, \\ &c'dc - cdc' = -c'^2\frac{d\psi}{\cos^2\psi}, \\ &b''da'' - a''db'' = b''^2\frac{d\varphi}{\cos^2\varphi}. \end{aligned} \right.$$

Mais des équations (8), en y mettant à la place de $a, b, c, \ldots$ leurs valeurs données par (17), on tire

$$dc'' = (\sin\varphi\,\sin\theta\,q - \cos\varphi\,\sin\theta\,p)\,dt = -\sin\theta\,d\theta,$$

ou bien

$$(20) \quad \frac{d\theta}{dt} = p\cos\varphi - q\sin\varphi.$$

De même

$$c'dc - cdc' = [(c'a - ca')q - (c'b - cb')p]\,dt$$
$$= [-q\sin\theta\cos\varphi - p\sin\varphi\sin\theta]\,dt = -\sin^2\theta\cos^2\psi\frac{d\psi}{\cos^2\psi},$$

ou bien

$$(21) \quad \frac{d\psi}{dt} = \frac{p\sin\varphi + q\cos\varphi}{\sin\theta}.$$

Enfin

$$b''da'' - a''db'' = [(b''^2 r - b''c''q) - (a''c''p - a''^2 r)]\,dt$$
$$= [(a''^2 + b''^2)r - c''(a''p + b''q)]\,dt$$
$$= [\sin^2\theta\, r - \cos\theta\sin\varphi\sin\theta\, p - \cos\theta\cos\varphi\sin\theta\, q]\,dt$$
$$= \cos^2\varphi\sin^2\theta\frac{d\varphi}{\cos^2\varphi};$$

donc

$$(22) \quad \frac{d\varphi}{dt} = r - \cot\theta(p\sin\varphi + q\cos\varphi) = r - \cos\theta\frac{d\psi}{dt}.$$

Les équations (20), (21) et (22), résolues par rapport à p, q, r nous donnent ensuite

$$(23)\quad\begin{cases} p = \sin\varphi \sin\theta \dfrac{d\psi}{dt} + \cos\varphi \dfrac{d\theta}{dt}, \\[2mm] q = \cos\varphi \sin\theta \dfrac{d\psi}{dt} - \sin\varphi \dfrac{d\theta}{dt}, \\[2mm] r = \dfrac{d\varphi}{dt} + \cos\theta \dfrac{d\psi}{dt}, \end{cases}$$

c'est-à-dire les équations mêmes que fournit la cinématique, et qui expriment que les rotations simultanées p, q, r, autour des axes OX_1, OY_1, OZ_1, ont la même résultante que les rotations simultanées $\dfrac{d\psi}{dt}$, $\dfrac{d\theta}{dt}$, $\dfrac{d\varphi}{dt}$, autour des axes OZ, ON, OZ_1.

ÉQUATIONS DU MOUVEMENT.

322. Soient OX_1, OY_1, OZ_1, les axes principaux du corps; A, B, C, les moments d'inertie du corps par rapport à ces axes.

Le corps est animé autour de ces axes de vitesses angulaires égales respectivement à p, q, r. La somme des moments des quantités de mouvement est donc Ap par rapport à l'axe OX, Bq par rapport à OY, et Cr par rapport à OZ.

L'extrémité libre M de la droite OM qui représente l'axe du couple résultant des quantités de mouvement a pour coordonnées, par rapport aux axes mobiles, les quantités Ap, Bq, Cr. Par suite la vitesse du point M par rapport aux mêmes axes a pour composantes $A\dfrac{dp}{dt}$, $B\dfrac{dq}{dt}$, $C\dfrac{dr}{dt}$.

Pour avoir les composantes de sa vitesse absolue, il suffit de composer la vitesse relative avec la vitesse d'entraînement du point M, supposé lié invariablement aux axes mobiles. Or, si x, y, z sont les coordonnées d'un point par rapport à ces axes, la vitesse linéaire de ce point entraîné dans leur mouvement a pour composantes (I, § 202)

$$\frac{dx}{dt} = qz - ry,$$

$$\frac{dy}{dt} = rx - pz,$$

$$\frac{dz}{dt} = py - qx.$$

Appliquons ces formules au point M, dont les coordonnées sont $x = Ap$, $y = Bq$, $z = Cr$. Il vient pour les composantes de la vitesse d'entraînement

$$\frac{dx}{dt} = qCr - rBq = (C - B)qr,$$

$$\frac{dy}{dt} = rAp - pCr = (A - C)pr,$$

$$\frac{dz}{dt} = pBq - qAp = (B - A)pq.$$

Réunissant les composantes de la vitesse d'entraînement à celles de la vitesse relative, on aura les composantes suivant les axes OX_1, OY_1, OZ_1, de la vitesse absolue du point M, vitesse égale et parallèle à l'axe du couple résultant des forces extérieures transportées au point O (§ 160).

Chacune des trois sommes est à chaque instant égale à la somme des moments des forces extérieures par rapport au même axe, et l'on retrouve ainsi les équations du mouvement déjà obtenues par une autre méthode :

$$(24) \quad \begin{cases} A\dfrac{dp}{dt} + (C - B)\,qr = L, \\[2mm] B\dfrac{dq}{dt} + (A - C)\,rp = M, \\[2mm] C\dfrac{dr}{dt} + (B - A)\,pq = N, \end{cases}$$

L, M, N, désignant les moments des forces extérieures par rapport aux axes mobiles.

323. Nous avons vu comment on intégrait ces équations lorsque $L = M = N = 0$. Le théorème de Poinsot achève alors

la solution du problème. Dans le cas général, il est impossible de faire l'intégration sans connaître l'expression particulière des moments L, M, N.

Le problème se simplifie quand l'ellipsoïde d'inertie est de révolution. Si l'on suppose par exemple $B = A$, les équations prennent la forme

$$\frac{dp}{dt} + \frac{C - A}{A}\, qr = \frac{L}{A},$$

$$\frac{dq}{dt} - \frac{C - A}{A}\, rp = \frac{M}{A},$$

$$C\frac{dr}{dt} = N.$$

Si de plus $N = 0$, on en déduit pour r une valeur constante. Dans ce cas, posons $\dfrac{(C - A)\, r}{A} = \gamma$, quantité constante, et $\dfrac{L}{A} = \lambda$, $\dfrac{M}{A} = \mu$, quantités qui peuvent être variables ; les équations du mouvement deviennent

$$\frac{dp}{dt} + \gamma q = \lambda,$$

$$\frac{dq}{dt} - \gamma p = \mu.$$

Ces équations sont faciles à intégrer quand les quantités λ et μ sont exprimées en fonction du temps t. Supposons qu'il en soit ainsi ; nous intégrerons d'abord les équations privées de second membre, c'est-à-dire les équations

$$\frac{dp}{dt} + \gamma q = 0$$

$$\frac{dq}{dt} - \gamma p = 0.$$

De la seconde on tire

$$p = \frac{1}{\gamma}\frac{dq}{dt}$$

et

$$\frac{dp}{dt} = \frac{1}{\gamma}\frac{d^2q}{dt^2}.$$

Cette expression substituée dans la première donne

$$\frac{d^2q}{dt^2} + \gamma^2 q = 0,$$

équation dont l'intégrale générale est, avec deux constantes arbitraires, P et Q,

$$q = P \sin \gamma t + Q \cos \gamma t.$$

On en déduit

$$p = \frac{1}{\gamma} \frac{dq}{dt} = P \cos \gamma t - Q \sin \gamma t.$$

Pour satisfaire aux équations données, il suffit de regarder P et Q comme des variables. On a alors

$$\frac{dp}{dt} = - P\gamma \sin \gamma t - Q\gamma \cos \gamma t + \frac{dP}{dt} \cos \gamma t - \frac{dQ}{dt} \sin \gamma t,$$

$$\frac{dq}{dt} = P\gamma \cos \gamma t - Q\gamma \sin \gamma t + \frac{dP}{dt} \sin \gamma t + \frac{dQ}{dt} \cos \gamma t.$$

Substituant dans les équations proposées, il vient pour déterminer les fonctions P et Q,

$$\frac{dP}{dt} \cos \gamma t - \frac{dQ}{dt} \sin \gamma t = \lambda,$$

$$\frac{dP}{dt} \sin \gamma t + \frac{dQ}{dt} \cos \gamma t = \mu;$$

d'où l'on déduit

$$\frac{dP}{dt} = \lambda \cos \gamma t + \mu \sin \gamma t,$$

$$\frac{dQ}{dt} = \mu \cos \gamma t - \lambda \sin \gamma t.$$

On trouvera donc P et Q par des quadratures toutes les fois que λ et μ seront exprimés en fonction du temps t; et on pourra fondre les deux quadratures en une seule, en observant que $P + Q\sqrt{-1}$ est l'intégrale de $(\lambda e^{-\gamma t \sqrt{-1}} - \mu \sqrt{-1} \, e^{\gamma t \sqrt{-1}})dt$.

524. Cherchons encore ce que deviennent les équations du mouvement, lorsque le corps est de révolution, qu'il est sollicité par son poids, et qu'enfin son mouvement se réduit à une précession uniforme autour de la verticale OZ.

Soit a la distance du centre de gravité G du corps au point

fixe O, les deux points O et G étant situés sur l'axe de révolu
tion OZ_1 ;

P le poids du corps.

$Pa \sin \theta$ sera le moment du poids P par rapport à la ligne ON,
et les moments du même poids par rapport aux axes mobiles
OX_1, OY_1, OZ_1, seront

$$L = Pa \sin \theta \times \cos \varphi,$$
$$M = - Pa \sin \theta \times \sin \varphi,$$
$$N = 0.$$

Les équations (24) deviennent donc, en y faisant $A = B$,

$$A \frac{dp}{dt} + (C - A) qr = Pa \sin \theta \cos \varphi,$$

$$A \frac{dq}{dt} + (A - C) pr = - Pa \sin \theta \sin \varphi,$$

$$C \frac{dr}{dt} = 0.$$

Donc r est constant. La précession étant uniforme, nous de‑
vrons faire $\frac{d\psi}{dt}$ constant et $\frac{d\theta}{dt} = 0$. Soit $\frac{d\psi}{dt} = \Omega$; la dernière
des équations (23) montre que $\frac{d\varphi}{dt}$ est constant, puisque $\frac{d\psi}{dt}$
et $\cos \theta$ sont constants tous deux. Faisons donc $\frac{d\varphi}{dt} = \omega$, quan‑
tité constante ; il en résulte $\varphi = \omega t$, équation qu'il est inutile
de compléter par une constante arbitraire. Les équations (23)
donnent alors

$$p = \Omega \sin \theta \sin \omega t,$$
$$q = \Omega \sin \theta \cos \omega t,$$
$$r = \Omega \cos \theta + \omega.$$

On déduit des deux premières, en différentiant,

$$\frac{dp}{dt} = \omega \Omega \sin \theta \cos \omega t = \omega q,$$

$$\frac{dq}{dt} = - \omega \Omega \sin \theta \sin \omega t = - \omega p.$$

Donc

$$\sin\theta\cos\omega t = \sin\theta\cos\varphi = \frac{q}{\Omega},$$

$$\sin\theta\sin\omega t = \sin\theta\sin\varphi = \frac{p}{\Omega};$$

et substituant ces valeurs dans les deux premières des équations (24), il vient pour équations de condition

$$A\omega q + (C - A)\,qr = Pa \times \frac{q}{\Omega},$$

$$-A\omega p + (A - C)\,pr = -Pa \times \frac{p}{\Omega},$$

équations qui rentrent l'une dans l'autre et donnent la condition unique

$$A\omega + (C - A)r = \frac{Pa}{\Omega},$$

ou encore

$$\Omega\left[A\omega + (C - A)(\Omega\cos\theta + \omega)\right] = Pa.$$

Cette équation définit le produit Pa en fonction des deux vitesses angulaires Ω et ω, et de l'angle θ.

Ω est la vitesse angulaire de la précession, et ω la vitesse angulaire propre du corps autour de son axe de figure.

MOUVEMENT D'UN SOLIDE DE RÉVOLUTION AUTOUR D'UN POINT FIXE PRIS SUR SON AXE DE FIGURE.

325. La solution suivante, dont le principe est emprunté à un travail de M. Résal, repose sur un choix particulier des axes autour desquels on décompose la rotation du solide.

Soit (fig. 171) O le point fixe;

OX, OY, OZ, trois axes fixes, rectangulaires, menés par ce point.

Par *solide de révolution*, nous entendons un solide dont l'ellipsoïde d'inertie, construit au point O, est de révolution autour d'un certain axe OZ_1, passant par ce point. Nous appelle-

rons C le moment d'inertie du solide par rapport à cet axe
OZ_1 ; les moments d'inertie par rapport à tous les axes élevés

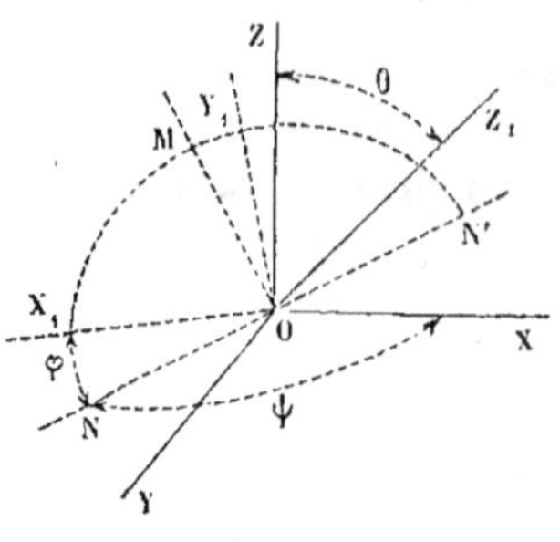

Fig. 171.

au point O perpendiculairement
à OZ_1, seront tous égaux entre
eux ; nous les représenterons par
la lettre A. Les axes par rapport
auxquels le moment d'inertie
est A, sont tous contenus dans
un plan normal à OZ_1 au point O,
et qui détermine l'équateur de
l'ellipsoïde. Nous appelerons ce
plan l'*équateur* du corps. Il coupe
le plan fixe XOY suivant une droite NN′ passant par le point O,
et que nous nommerons la *ligne des nœuds*.

Dans l'étude que nous avons faite de la rotation d'un
solide autour d'un point fixe, nous avons pris pour axes
liés au corps et mobiles avec lui, les trois axes principaux
du solide au point O ; les formules générales s'appliquent
donc au système formé par l'axe OZ_1, et par deux axes rectangulaires OX_1, OY_1, menés dans le plan de l'équateur et entraînés dans le mouvement du corps. La simplification apportée
par M. Résal à la résolution du problème dans ce cas particulier, consiste à substituer aux axes OX_1, OY_1, qui sont entraînés avec le corps, la ligne des nœuds ON et une autre
droite OM, perpendiculaire commune à la ligne des nœuds et
à l'axe OZ_1. Nous aurons donc ici trois systèmes d'axes rectangulaires à considérer :

1° Le système des axes *fixes*, OX, OY, OZ ;

2° Le système des axes *mobiles entraînés par le corps*, OX_1,
OY_1, OZ_1 ;

3° Le système des axes *mixtes*, ON, OM, OZ_1.

On passe du premier système au troisième au moyen de
deux angles : l'angle ψ, mesuré dans le plan XOY à partir de
l'axe OX jusqu'à la ligne des nœuds ON, et l'angle θ, égal à
l'inclinaison de l'équateur sur le plan XOY, ou à l'angle de
l'axe OZ_1 avec l'axe fixe OZ. Pour passer du troisième système

au second, il suffit de donner l'angle φ que l'axe OX_1 fait avec ON, égal à l'angle que OY_1 fait dans le même sens avec OM. Le troisième système ON, OM, OZ_1 forme à un instant quelconque un système d'axes principaux de l'ellipsoïde aussi bien que le deuxième système, OX_1, OY_1, OZ_1, puisque l'ellipsoïde est supposé de révolution autour de l'axe OZ_1, et par suite si l'on appelle

$$n, \qquad n_1, \qquad n_2,$$

les composantes de la rotation instantanée autour des axes

$$OZ_1, \qquad ON, \qquad OM,$$

les sommes des moments des quantités de mouvement du solide par rapport à ces mêmes axes seront respectivement

$$Cn, \qquad An_1, \qquad An_2.$$

Nous désignerons de la même manière par

$$N, \qquad N_1, \qquad N_2,$$

les sommes des moments des forces extérieures autour de ces trois axes.

Nous connaissons les équations générales du mouvement du solide quand on décompose la rotation instantanée autour des axes entraînés OZ_1, OX_1, OY_1, et qu'on estime les moments des forces par rapport à ces mêmes axes. On pourra donc déduire les équations cherchées des équations connues par un simple changement de coordonnées. Soient p, q, r, les composantes de la rotation autour des axes OX_1, OY_1, OZ_1 ; nous aurons entre ces rotations et les rotations n, n_1, n_2, les relations

$$\begin{aligned}
n &= r, \\
n_1 &= p\cos\varphi - q\sin\varphi, \\
n_2 &= p\sin\varphi + q\cos\varphi.
\end{aligned}$$

Appelant L, M, N, les moments des forces autour de

$$OX_1, \qquad OY_1, \qquad OZ_1,$$

on aura entre ces quantités et les rotations p, q, r, les trois relations suivantes, déduites des équations générales en y faisant $A = B$:

$$A \frac{dp}{dt} = (A - C) qr + L,$$

$$A \frac{dq}{dt} = (C - A) pr + M,$$

$$C \frac{dr}{dt} = N.$$

De ces trois relations nous ne conserverons que la dernière, que nous pouvons écrire

$$(1) \qquad C \frac{dn}{dt} = N,$$

en vertu de l'égalité $n = r$; la somme N est la même pour les deux systèmes d'axes mobiles. Si $N = 0$, on voit que la rotation n autour de l'axe de figure est constante. Il nous faut trois équations pour définir le mouvement du solide ; nous en avons déjà une. Nous trouverons les deux autres en écrivant l'équation des forces vives et l'équation des moments autour de l'axe fixe OZ.

La demi-force vive T du solide s'estime à un instant quelconque au moyen de l'expression ($\S$ 278)

$$T = \frac{1}{2} [A(n_1{}^2 + n_2{}^2) + Cn^2].$$

Dans un intervalle de temps infiniment petit, dt, l'accroissement de la demi-force vive est égal à la somme des travaux élémentaires des forces, ou à la somme des produits des moments des forces autour des trois axes ON, OM, OZ_1, par les rotations élémentaires respectives, $n_1 dt$, $n_2 dt$, ndt. On aura donc, en divisant par dt,

$$(2) \qquad \frac{dT}{dt} = Nn + N_1 n_1 + N_2 n_2.$$

Enfin, cherchons la somme des moments des quantités de mouvement par rapport à l'axe fixe OZ. Pour cela, il suffit de faire la somme des projections sur OZ des moments estimés autour des axes OZ_1, ON, OM; on devra en même temps faire la somme des moments N, N_1, N_2, projetés sur le même axe.

On obtient ainsi $Cn\cos\theta + An_2\sin\theta$ pour somme des moments des quantités de mouvement autour de OZ, et $N\cos\theta + N_2\sin\theta$ pour somme des moments des forces. Appliquant le théorème des moments des quantités de mouvement à un intervalle de temps infiniment petit dt, on aura la troisième équation

$$(3) \qquad \frac{d}{dt}(Cn\cos\theta + An_2\sin\theta) = N\cos\theta + N_2\sin\theta.$$

Il reste à évaluer les rotations n_1 et n_2 en fonction des coordonnées θ et ψ. La rotation n_1, s'opérant autour de ON, fait varier l'angle θ seul ; on a donc

$$(4) \qquad n_1 = \frac{d\theta}{dt}.$$

Quant à la rotation n_2, qui s'opère autour de l'axe OM, il convient de se servir, pour l'évaluer, de l'équation

$$n_2 = p\sin\varphi + q\cos\varphi,$$

et des relations par lesquelles nous avons exprimé les rotations p et q en fonction des angles ψ, φ et θ ; nous avons trouvé (§ 321, éq. 23)

$$p = \frac{d\psi}{dt}\sin\varphi\sin\theta + \frac{d\theta}{dt}\cos\varphi,$$
$$q = \frac{d\psi}{dt}\cos\varphi\sin\theta - \frac{d\theta}{dt}\sin\varphi.$$

Multipliant la première par $\sin\varphi$, la seconde par $\cos\varphi$, et ajoutant, il viendra

$$(5) \qquad n_2 = \frac{d\psi}{dt}\sin\theta.$$

Ces expressions (4) et (5), substituées dans les équations (2) et (3), donneront les équations définitives, qu'il ne restera plus qu'à intégrer.

CAS PARTICULIER D'UN SOLIDE DE RÉVOLUTION SOUMIS, OUTRE LA PESANTEUR, À UNE FORCE APPLIQUÉE EN UN POINT DE L'AXE DE FIGURE.

326. Soit G le centre de gravité du corps situé en un point de l'axe OC, à une distance $OG = a$ du point O.

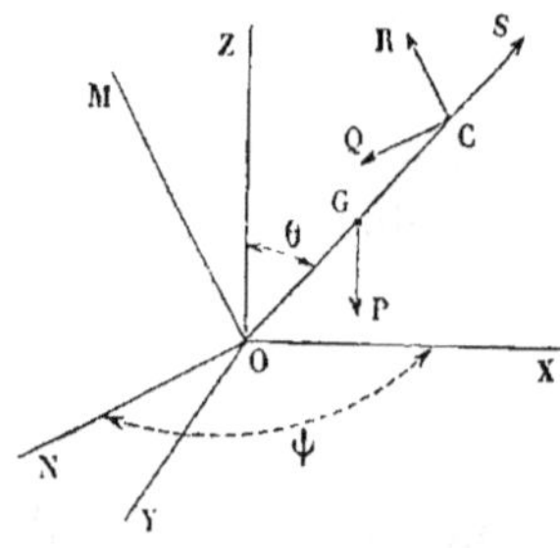
Fig. 172.

Soit C le point d'application d'une seconde force, que nous décomposerons parallèlement aux axes ON, OM, OC ; la composante S n'aura pour effet que de charger le point O, et les composantes Q et R figureront seules dans les équations du mouvement.

Soit $OC = l$.

Nous aurons pour les moments des forces

  autour de l'axe OC, $N = 0$,

  autour de l'axe ON, $N_1 = Pa \sin\theta - Rl$,

  autour de l'axe OM, $N_2 = Ql$;

ces formules tiennent compte des signes des moments.

Le signe positif des rotations et des moments est attribué au sens de C vers N, de N vers M, de M vers C.

L'équation (1) donne $n = $ constante, puisque $N = 0$.

Pour former l'équation (2), observons qu'on a d'abord

$$T = \frac{1}{2}\left(A\left[\left(\frac{d\theta}{dt}\right)^2 + \left(\frac{d\psi}{dt}\right)^2 \sin^2\theta \right] + Cn^2 \right).$$

Donc

$$\frac{dT}{dt} = A\frac{d\theta}{dt}\frac{d^2\theta}{dt^2} + A\frac{d\psi}{dt}\frac{d^2\psi}{dt^2}\sin^2\theta + A\left(\frac{d\psi}{dt}\right)^2 \sin\theta\cos\theta\frac{d\theta}{dt}.$$

De même

$$Nn + N_1 n_1 + N_2 n_2 = (Pa\sin\theta - Rl)\frac{d\theta}{dt} + Ql\frac{d\psi}{dt}\sin\theta.$$

Donc enfin

$$(6) \quad \mathrm{A}\,\frac{d\theta}{dt}\,\frac{d^2\theta}{dt^2} + \mathrm{A}\,\frac{d\psi}{dt}\,\frac{d^2\psi}{dt^2}\sin^2\theta + \mathrm{A}\left(\frac{d\psi}{dt}\right)^2\sin\theta\cos\theta\,\frac{d\theta}{dt}$$

$$= (\mathrm{P}a\sin\theta - \mathrm{R}l)\,\frac{d\theta}{dt} + \mathrm{Q}l\,\frac{d\psi}{dt}\sin\theta.$$

L'équation (3) se forme de même. On a

$$\mathrm{C}n\cos\theta + \mathrm{A}n_2\sin\theta = \mathrm{C}n\cos\theta + \mathrm{A}\,\frac{d\psi}{dt}\sin^2\theta.$$

Différentiant et divisant par dt, puis égalant à $\mathrm{N}\cos\theta + \mathrm{N}_2\sin\theta$, ou à $\mathrm{Q}l\sin\theta$, il vient

$$(7) \quad \mathrm{A}\,\frac{d^2\psi}{dt^2}\sin^2\theta + 2\mathrm{A}\sin\theta\cos\theta\,\frac{d\psi}{dt}\,\frac{d\theta}{dt} - \mathrm{C}n\sin\theta\,\frac{d\theta}{dt} = \mathrm{Q}l\sin\theta.$$

Multiplions l'équation (7) par $\dfrac{d\psi}{dt}$ et retranchons de (6) ; cette opération élimine à la fois le terme en Q et le terme en $\dfrac{d^2\psi}{dt^2}$. Il vient

$$(8) \quad \mathrm{A}\,\frac{d\theta}{dt}\,\frac{d^2\theta}{dt^2} - \mathrm{A}\left(\frac{d\psi}{dt}\right)^2\frac{d\theta}{dt}\sin\theta\cos\theta + \mathrm{C}n\sin\theta\,\frac{d\theta}{dt}\,\frac{d\psi}{dt}$$

$$= (\mathrm{P}a\sin\theta - \mathrm{R}l)\,\frac{d\theta}{dt}.$$

Cette équation nous donne la force R en fonction des angles θ et ψ, de leurs vitesses et de leurs accélérations : on peut y supprimer le facteur commun $\dfrac{d\theta}{dt}$.

L'équation (7), divisée par $\sin\theta$, nous fera de même connaître la composante Q.

On saura donc quelle force il faut appliquer au point C de l'axe pour donner à l'axe du solide un mouvement déterminé autour du point O.

327. Nous examinerons seulement certains cas particuliers.

1° *Mouvement de précession.* — Ce mouvement correspond à

$$\theta = \text{constante}, \quad \frac{d\theta}{dt} = 0, \quad \frac{d^2\theta}{dt^2} = 0.$$

L'équation (7) se réduit à

$$A \frac{d^2\psi}{dt^2} \sin^2\theta = Ql \sin\theta,$$

ou, en supprimant le facteur commun $\sin\theta$,

$$(9) \qquad Ql = A \frac{d^2\psi}{dt^2} \sin\theta.$$

L'équation (8), divisée par $\frac{d\theta}{dt}$, donne, après la suppression du terme en $\frac{d^2\theta}{dt^2}$,

$$Pa \sin\theta - Rl = Cn \sin\theta \frac{d\psi}{dt} - A \left(\frac{d\psi}{dt}\right)^2 \sin\theta \cos\theta,$$

ou enfin

$$(10) \qquad Rl = - Cn \sin\theta \frac{d\psi}{dt} + \left[A \left(\frac{d\psi}{dt}\right)^2 \sin\theta \cos\theta + Pa \sin\theta\right].$$

Supposons qu'on ait imprimé au solide une très-grande vitesse de rotation autour de son axe de figure OC, tandis qu'on lui donne un mouvement lent de précession autour de l'axe OZ. Le terme $- Cn \sin\theta \frac{d\psi}{dt}$, proportionnel au nombre n, sera beaucoup plus grand en valeur absolue que le terme entre parenthèses, et la force R, qui est dirigée dans le plan ZOC, c'est-à-dire *perpendiculairement au chemin décrit par le point C dans le mouvement de précession de l'axe*, est beaucoup plus grande que la force Q, laquelle est dirigée dans le sens même du mouvement. Pour forcer l'axe du corps tournant à décrire un cône de révolution autour de OZ, il faut donc exercer sur cet axe un effort *à peu près* perpendiculaire à la route qu'il doit parcourir; il faut en un mot peser sur l'axe, au lieu de chercher à l'entraîner dans le sens même où l'on veut qu'il se déplace.

2° *Mouvement de nutation sans précession.* — Pour définir ce mouvement nous ferons $\frac{d\psi}{dt} = 0$, $\frac{d^2\psi}{dt^2} = 0$.

L'équation (6) donnera, en divisant par $\dfrac{d\theta}{dt}$,

$$(11) \qquad \mathrm{A}\,\frac{d^2\theta}{dt^2} = P\,a\sin\theta - \mathrm{R}l,$$

et l'équation (7), divisée par $\sin\theta$,

$$(12) \qquad \mathrm{Q}l = -\,\mathrm{C}n\,\frac{d\theta}{dt}.$$

Ici encore la force Q, normale au déplacement de l'axe, a une très-grande valeur absolue proportionnelle à n, tandis que la force R, qui agit dans le sens du déplacement, n'a qu'une médiocre valeur. L'effort destiné à déplacer l'axe dans le plan ZOC est donc *à peu près* dirigé perpendiculairement à ce plan ; la force Q est dirigée en arrière du plan ZOC quand les vitesses n et $\dfrac{d\theta}{dt}$ sont de même signe ; elle est dirigée en avant, si elles sont de signes contraires.

328. Pour vérifier par des expériences la vérité de ces lois, qui au premier abord paraissent paradoxales, on se sert de l'*appareil de Bohnenberger* (fig. 173). C'est une sphère massive T, dont l'axe AA′,

Fig 173.

monté au moyen d'une suspension à la Cardan CC′BB′, peut prendre dans l'espace toutes les orientations. On imprime à la sphère une vitesse de rotation très-considérable autour de son axe. Cela fait, si on veut donner à cet axe un mouvement de précession autour de la verticale, il semble qu'on n'ait qu'à agir latéralement sur le cercle vertical CbC′ de la suspension à la Cardan, de manière à le faire tourner autour des

deux points fixes C et C'. Mais on rencontre alors une très-
grande résistance, et le seul résultat qu'on obtienne est une
variation de l'angle que fait l'axe de la sphère avec la verticale. Si, au contraire, on pèse verticalement sur l'une des
extrémités A de l'axe de la sphère, cet axe est immédiatement entraîné dans une direction perpendiculaire à l'effort
développé.

CULBUTEUR DE HARDY.

329. Une autre expérience très-curieuse, faite à l'aide de
l'*appareil culbuteur de M. Hardy*, s'explique par la même
théorie.

Le culbuteur n'est autre chose qu'un gyroscope Foucault, à
l'axe vertical duquel on adapte une bande de caoutchouc, C'F,

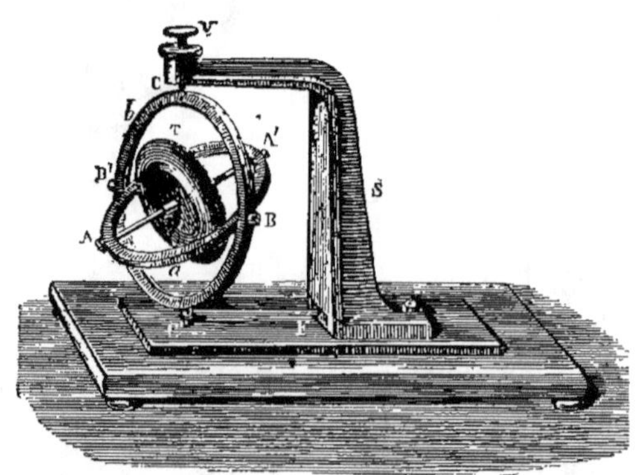

Fig. 174.

T, tore. — AA', axe du tore; il est monté dans un cercle A*a*A', mobile autour du diamètre horizontal BB'. — C*b*C', cercle vertical qui porte en BB' les tourillons du cercle
précédent, et qui est mobile autour du diamètre vertical CC'. — S, support de l'appareil. — V, vis de serrage pour arrêter le cercle vertical. — C', poulie. — C'F, bande
de caoutchouc.

attachée par un bout à une poulie C', et fixée par l'autre bout
F au pied de l'instrument. Si l'on fait tourner à la main le
cercle CBC' autour de son diamètre CC', on enroule sur la
poulie une certaine longueur de caoutchouc, et on développe

dans la bande une tension de plus en plus grande. Cette tension, quand le gyroscope est au repos, imprime au cercle vertical CC′ un mouvement de rotation autour de son axe vertical ; le mouvement se prolonge en vertu de la vitesse acquise au delà de l'instant où la bande de caoutchouc reprend sa longueur primitive ; alors l'enroulement de la bande se produit en sens contraire ; après quoi le déroulement s'opère par un nouveau renversement du mouvement, et ainsi de suite, par une série d'oscillations alternatives qui, si l'on pouvait faire abstraction des résistances accessoires, se prolongeraient indéfiniment.

Il en est tout autrement quand on répète l'expérience sur un gyroscope dont le disque T est animé d'une grande vitesse autour de son axe propre AA′. Dans ce cas, la tension du caoutchouc, au lieu de faire décrire à l'axe AA′ un cône droit autour de la verticale, déplace cet axe perpendiculairement à la direction dans laquelle il paraît sollicité ; il se rapprochera donc de la direction CC′, et le premier effet de la tension sera de faire tourner le cercle ABA′ autour de son diamètre horizontal BB′, jusqu'à ce que l'axe AA′ soit devenu à peu près vertical ; le sens du déplacement de l'axe est tel que le tore soit amené à tourner dans le sens même où la bande de caoutchouc tend à entraîner le cercle CBC′. Alors seulement on verra la rotation du cercle CBC′ se produire. La bande se déroule, puis elle s'enroule en sens contraire sur la poulie. Une fois cet enroulement contraire achevé, le déroulement tend à s'opérer par un mouvement rétrograde. Or ce nouveau mouvement imprimerait au disque, dont l'axe est resté sensiblement vertical, une vitesse de rotation contraire à sa vitesse propre. Aussi résiste-t-il à cette tendance, et la force développée dans le caoutchouc n'a d'autre effet que de faire faire au tore une *culbute* complète, c'est-à-dire de renverser son axe bout pour bout ; quand l'axe AA′ s'est ainsi retourné, la rotation du tore s'effectuant dans le sens où la tension du caoutchouc sollicite le cercle vertical, le déroulement a lieu ; de sorte que les oscillations alternatives du cercle vertical dans un sens, puis en sens opposé, sont séparées par des repos pendant lesquels l'axe du tore se renverse de bas en haut, puis de haut en bas.

GYROSCOPE DE FOUCAULT [1].

330. Nous avons déjà donné la théorie sommaire de cette expérience dans les §§ 302 et suivants. Le gyroscope est un solide de révolution, pesant, qu'on anime d'une grande vitesse autour de son axe de figure ; une des extrémités de cet axe est fixe ; l'autre extrémité est d'abord soutenue, puis subitement abandonnée. On a alors $Q = R = 0$. Introduisons cette hypothèse dans les équations (6) et (7) ; il viendra

$$(13) \quad A \frac{d\theta}{dt} \frac{d^2\theta}{dt^2} + A \frac{d\psi}{dt} \frac{d^2\psi}{dt^2} \sin^2\theta + A \left(\frac{d\psi}{dt} \right)^2 \sin\theta \cos\theta \frac{d\theta}{dt} = Pa \sin\theta \frac{d\theta}{dt},$$

$$(14) \quad A \frac{d^2\psi}{dt^2} \sin^2\theta - Cn \sin\theta \frac{d\theta}{dt} + 2A \sin\theta \cos\theta \frac{d\psi}{dt} \frac{d\theta}{dt} = 0.$$

La première équation intégrée donne

$$(15) \quad A \left[\left(\frac{d\theta}{dt} \right)^2 + \left(\frac{d\psi}{dt} \right)^2 \sin^2\theta \right] = AH - 2Pa \cos\theta,$$

en appelant H une constante arbitraire ; la seconde s'intègre aussi, et donne

$$(16) \quad A \frac{d\psi}{dt} \sin^2\theta + Cn \cos\theta = AG,$$

G étant une nouvelle constante. Faisons pour simplifier $\frac{C}{A} = \mu$, $\frac{Pa}{A} = \lambda$; les équations (15) et (16) deviendront

$$(17) \quad \left(\frac{d\theta}{dt} \right)^2 + \left(\frac{d\psi}{dt} \right)^2 \sin^2\theta = H - 2\lambda \cos\theta,$$

$$(18) \quad \frac{d\psi}{dt} \sin^2\theta + \mu n \cos\theta = G.$$

---

[1] Ce paragraphe et les suivants sont en grande partie extraits de *la Dynamique* d'Edmond Bour. (*Cours de mécanique*, t. III, 1873.)

L'axe du gyroscope partant du repos pour une certaine valeur θ_0 de l'angle θ, on aura au commencement de l'expérience $\dfrac{d\theta}{dt} = 0$ et $\dfrac{d\psi}{dt} = 0$ pour $\theta = \theta_0$; donc

$$H = 2\lambda \cos\theta_0$$

et

$$G = \mu n \cos\theta_0,$$

ce qui transforme les équations (17) et 18) en

$$(19) \qquad \left(\frac{d\theta}{dt}\right)^2 + \left(\frac{d\psi}{at}\right)^2 \sin^2\theta = 2\lambda\,(\cos\theta_0 - \cos\theta),$$

$$(20) \qquad \frac{d\psi}{dt}\sin^2\theta = \mu n\,(\cos\theta_0 - \cos\theta).$$

Multiplions la première par $\sin^2\theta$, puis élevons la seconde au carré, et retranchons ; il viendra

$$(21) \qquad \left(\frac{d\theta}{dt}\right)^2 \sin^2\theta = 2\lambda \sin^2\theta\,(\cos\theta_0 - \cos\theta) - \mu^2 n^2 (\cos\theta_0 - \cos\theta)^2.$$

Dans cette équation le premier membre est toujours positif ; le second l'est donc aussi, et par suite le terme négatif $-\mu^2 n^2 (\cos\theta_0 - \cos\theta)^2$ doit toujours rester moindre en valeur absolue que le premier terme, qui est nécessairement positif. Le facteur n^2 étant très-grand, par hypothèse, il faut que l'autre facteur $(\cos\theta_0 - \cos\theta)^2$ soit très-petit, c'est-à-dire que les angles θ et θ_0 soient très-peu différents l'un de l'autre. Cela permet d'exprimer θ par la somme $\theta_0 + \varepsilon$, ε étant un nombre variable, positif ou négatif, mais extrêmement petit en valeur absolue, dont nous négligerons le carré et les puissances ; nous aurons alors

$$\cos\theta = \cos\theta_0 \cos\varepsilon - \sin\theta_0 \sin\varepsilon = \cos\theta_0 - \varepsilon\sin\theta_0,$$
$$\sin\theta = \sin\theta_0 \cos\varepsilon + \cos\theta_0 \sin\varepsilon = \sin\theta_0 + \varepsilon\cos\theta_0,$$
$$\sin^2\theta = \sin^2\theta_0 + 2\varepsilon\sin\theta_0 \cos\theta_0 ;$$

enfin $\dfrac{d\theta}{dt} = \dfrac{d\varepsilon}{dt}$, expression entièrement rigoureuse

Substituant dans l'équation (21), il vient

$$\left(\frac{d\varepsilon}{dt}\right)^2 \sin^2\theta_0 + 2\left(\frac{d\varepsilon}{dt}\right)^2 \varepsilon\sin\theta_0 \cos\theta_0$$
$$= 2\lambda\,(\sin^2\theta_0 + 2\varepsilon\sin\theta_0 \cos\theta_0)\,\varepsilon\sin\theta_0 - \mu^2 n^2 \varepsilon^2 \sin^2\theta_0.$$

Ces termes sont de différents ordres de petitesse. $\left(\dfrac{d\varepsilon}{dt}\right)^2$ est de l'ordre de ε^2 ; le terme en $\varepsilon\left(\dfrac{d\varepsilon}{dt}\right)^2$ est de l'ordre de ε^3 ; on peut donc le supprimer. On en fera autant du terme en $2\lambda\varepsilon^2$ du second membre, en observant que sa valeur numérique est négligeable vis-à-vis du terme $\mu^2 n^2 \varepsilon^2 \sin\theta_0$ qui contient n^2 en facteur. L'équation ainsi simplifiée devient

$$\left(\frac{d\varepsilon}{dt}\right)^2 \sin^2\theta_0 = 2\lambda\varepsilon \sin^3\theta_0 - \mu^2 n^2 \varepsilon^2 \sin^2\theta_0,$$

ou, en divisant par $\sin^2\theta_0$,

$$(22) \qquad \left(\frac{d\varepsilon}{dt}\right)^2 = 2\lambda\varepsilon \sin\theta_0 - \mu^2 n^2 \varepsilon^2 = \varepsilon(2\lambda\sin\theta_0 - \mu^2 n^2 \varepsilon).$$

Le carré $\left(\dfrac{d\varepsilon}{dt}\right)^2$ étant toujours positif, on voit que ε ne peut varier qu'entre 0 et $\varepsilon = \dfrac{2\lambda\sin\theta_0}{\mu^2 n^2}$; c'est la limite de la nutation de l'axe. La vitesse de la nutation est donnée par l'équation (22) ; en l'intégrant on aura la valeur de ε en fonction du temps. Il vient

$$(23) \qquad \varepsilon = \frac{2\lambda\sin\theta_0}{\mu^2 n^2} \sin^2\frac{\mu n t}{2},$$

ou bien

$$\theta = \theta_0 + \frac{2\lambda\sin\theta_0}{\mu^2 n^2} \sin^2\frac{\mu n t}{2}.$$

L'équation (20) nous donnera ensuite la loi du mouvement de précession. On en déduit

$$(24) \qquad \frac{d\psi}{dt} = \frac{\mu n (\cos\theta_0 - \cos\theta)}{\sin^2\theta} = \frac{\mu n \varepsilon \sin\theta_0}{\sin^2\theta_0 + 2\varepsilon\sin\theta_0\cos\theta_0}$$

$$= \frac{\mu n \varepsilon}{\sin\theta_0 + 2\varepsilon\cos\theta_0},$$

et négligeant le terme en ε au dénominateur, il vient

$$(25) \quad \frac{d\psi}{dt} = \frac{\mu n \varepsilon}{\sin\theta_0} = \frac{\mu n}{\sin\theta_0} \times \frac{2\lambda\sin\theta_0}{\mu^2 n^2} \sin^2\frac{\mu n t}{2} = \frac{2\lambda}{\mu n} \sin^2\frac{\mu n t}{2},$$

et, en intégrant,

$$(26) \qquad \psi = \frac{\lambda t}{\mu.n} - \frac{\lambda}{\mu^2 n^2} \sin \mu n t,$$

sans constante, si pour $t = 0$ on a aussi $\psi = 0$.

Abstraction faite du terme en $\sin \mu n t$, qui est très-petit, puisqu'il contient n^2 en dénominateur, le mouvement de précession est uniforme, et a pour vitesse angulaire $\dfrac{\lambda}{\mu.n}$.

La ligne des nœuds éprouve de part et d'autre de la position moyenne qu'elle occuperait si son mouvement était uniforme, un balancement périodique défini par l'équation

$$\psi - \frac{\lambda t}{\mu.n} = -\frac{\lambda}{\mu^2 n^2} \sin \mu n t.$$

La durée de la période est $\dfrac{2\pi}{\mu.n}$.

De son côté, l'axe de l'appareil a une nutation définie par l'équation

$$\varepsilon = \frac{2\lambda \sin \theta_0}{\mu^2 n^2} \sin^2 \frac{\mu n t}{2},$$

et ce second mouvement oscillatoire a encore pour période $\dfrac{2\pi}{\mu.n}$, car si l'angle $\mu n t$ augmente de 2π, l'angle $\dfrac{\mu n t}{2}$ augmente de π, le sinus de cet angle change le signe, et son carré reprend la même valeur. Les deux mouvements périodiques s'accomplissent donc dans le même temps.

Observons enfin que le mouvement ne dépend pas de la densité du solide s'il est homogène; car les équations ne contiennent que les constantes λ et μ, c'est-à-dire les rapports $\dfrac{Pa}{A}$ et $\dfrac{C}{A}$, fractions aux deux termes desquelles entre la densité, qui disparaît comme facteur commun.

CAS PARTICULIER OÙ LA PRÉCESSION EST RIGOUREUSEMENT UNIFORME.

331. Reprenons les équations (17) et (18) qui conviennent au mouvement sans aucune hypothèse sur les circonstances initiales. On voit que si l'angle θ reste constant, les deux équations s'accordent à donner pour $\dfrac{d\psi}{dt}$ une valeur constante. Ces deux conditions caractérisent le mouvement uniforme de précession. Pour déterminer la vitesse constante $\dfrac{d\psi}{dt}$, on ne peut se servir des équations (17) et (18) qui contiennent des arbitraires, mais il faut recourir à l'équation (8) dégagée du facteur commun $\dfrac{d\theta}{dt}$; le facteur $\sin\theta$ peut se supprimer aussi, dès qu'on efface le terme en $A\dfrac{d^2\theta}{dt^2}$ dans le premier membre, et le terme $-Rl$ dans le second, termes qui sont nuls d'eux-mêmes.

L'équation (8) prend alors la forme

$$(27) \qquad A\cos\theta\left(\frac{d\psi}{dt}\right)^2 - Cn\frac{d\psi}{dt} + Pa = 0,$$

ce qui établit une relation entre la vitesse $\dfrac{d\psi}{dt}$, l'angle θ et les constantes A, C, P, a, n.

Cette équation est du second degré et donne deux valeurs pour $\dfrac{d\psi}{dt}$. Il vient en la résolvant

$$\frac{d\psi}{dt} = \frac{Cn \pm \sqrt{C^2n^2 - 4APa\cos\theta}}{2A\cos\theta} = \frac{Cn}{2A\cos\theta}\left[1 \pm \left(1 - \frac{4APa\cos\theta}{C^2n^2}\right)^{\frac{1}{2}}\right].$$

Le nombre n étant supposé très-grand, on peut développer en série la quantité entre parenthèses par la formule du binome de Newton, et se bornant aux trois premiers termes, on aura

$$1 - \frac{2APa\cos\theta}{C^2n^2} - \frac{2A^2P^2a^2\cos^2\theta}{C^4n^4};$$

la quantité entre crochets a donc pour valeur, si on prend le signe inférieur,

$$\frac{2\mathrm{A}\mathrm{P}a\cos\theta}{\mathrm{C}^2n^2} + \frac{2\mathrm{A}^2\mathrm{P}^2a^2\cos^2\theta}{\mathrm{C}^4n^4},$$

d'où résulte pour $\dfrac{d\psi}{dt}$ la valeur

$$\frac{d\psi}{dt} = \frac{\mathrm{P}a}{\mathrm{C}n} + \frac{2\mathrm{A}\mathrm{P}^2a^2\cos\theta}{\mathrm{C}^3n^3}.$$

Si l'on prend le signe supérieur, la quantité entre crochets prend la valeur

$$2 - \frac{2\mathrm{A}\mathrm{P}a\cos\theta}{\mathrm{C}^2n^2} - \frac{2\mathrm{A}^2\mathrm{P}^2a^2\cos^2\theta}{\mathrm{C}^4n^4},$$

et par suite

$$\frac{d\psi}{dt} = \frac{\mathrm{C}n}{\mathrm{A}\cos\theta} - \frac{2\mathrm{P}a}{\mathrm{C}n} - \frac{2\mathrm{A}\mathrm{P}^2a^2\cos\theta}{\mathrm{C}^3n^3}.$$

Ce sont les circonstances initiales qui décident dans chaque cas particulier du choix entre ces deux vitesses. La première est sensiblement égale à $\dfrac{\mathrm{P}a}{\mathrm{C}n}$, car le second terme, $\dfrac{2\mathrm{A}\mathrm{P}^2a\cos\theta}{\mathrm{C}^3n^3}$, est négligeable devant le premier, à cause de la grandeur du dénominateur C^3n^3. La vitesse de précession est donc sensiblement constante quel que soit l'angle θ; elle est rigoureusement égale à $\dfrac{\mathrm{P}a}{\mathrm{C}n}$ pour $\theta = \dfrac{\pi}{2}$, auquel cas l'axe du gyroscope décrit un plan horizontal. Remarquons que $\dfrac{\mathrm{P}a}{\mathrm{C}n} = \dfrac{\lambda}{\mu n}$, vitesse moyenne de la précession lorsqu'on abandonne l'axe sans lui communiquer de vitesse initiale ($\S$ 330).

La seconde vitesse $\dfrac{d\psi}{dt}$ varie très-rapidement avec l'angle θ; elle est d'alleurs très-grande, car elle est sensiblement proportionnelle au facteur n. Elle devient infinie enfin pour $\theta = \dfrac{\pi}{2}$

1° La première vitessse de précession est celle qu'on obtient en général dans l'expérience : elle varie à peu près proportionnellement au produit $\mathrm{P}a$. C'est ce qui explique qu'on puisse l'augmenter en pesant sur l'extrémité de l'axe; car on ajoute alors au moment Pa le produit de l'effort qu'on exerce par la distance du point d'application de cet effort au centre fixe. Nous avions déjà remarqué qu'en général, pour déplacer artificiellement l'axe, il faut exercer sur lui un effort à peu près normal au déplacement à produire (§ 326). La vitesse $\dfrac{d\psi}{dt}$ augmente aussi très-rapidement à mesure que le facteur n diminue; cet effet se produit de lui-même par suite de la résistance de l'air et des frottements des tourillons, qui réduisent graduellement la rotation propre.

2° Si l'on donne à l'appareil une vitesse initiale de précession suffisamment grande, satisfaisant à l'équation

$$\frac{d\psi}{dt} = \frac{Cn}{A\cos\theta} - \frac{2Pa}{Cn} - \dots,$$

ou sensiblement égale à $\dfrac{Cn}{A\cos\theta}$, ce sera la seconde formule qui donnera la loi du phénomène; cette vitesse se conservera encore, et le gyroscope aura un mouvement de précession uniforme.

Ce qu'il y a de remarquable dans ce cas particulier, c'est que, n restant le même, $\dfrac{d\psi}{dt}$ décroît rapidement à mesure que $\cos\theta$ augmente, ou à mesure que l'angle θ diminue. Si donc la vitesse de précession diminue, par suite des résistances auxquelles le système mobile est soumis, l'angle θ diminue lui-même, et l'axe du solide se relève jusqu'à ce qu'il ait atteint la position verticale. On observe cet effet dans le mouvement de la toupie, qui, lancée avec une grande vitesse giratoire, ne tarde pas à se placer verticalement dans une position d'équilibre stable. Un phénomène analogue se produit quand on communique une vitesse angulaire à un ellipsoïde de révolution allongé, posé sur une surface horizontale légèrement rugueuse. La rotation initiale commence autour d'un des diamètres de l'équateur, axe autour duquel la rotation n'a pas de stabilité. Le moindre dérangement survenu jette le pôle instantané en dehors de l'équateur ; il en résulte une réduction des vitesses, due au travail négatif de la pesanteur, et cette réduction ne fait qu'augmenter par suite du travail du frottement de l'ellipsoïde sur le plan fixe. En même temps, l'ellipsoïde se relève comme la toupie, et les pôles de la rotation y dessinent bientôt un petit parallèle autour de l'une des extrémités de l'axe de révolution.

BALANCE GYROSCOPIQUE DE MM. FESSEL ET PLUCKER.

332. La *balance gyroscopique* est un appareil qui permet de vérifier expérimentalement la théorie de la rotation des solides de révolution autour d'un point de leur axe de figure.

Elle se compose d'un tore massif T dont l'axe est retenu par deux tourillons fixés à une chape mobile DD. La chape fait corps avec un axe DC, le long duquel on peut faire glisser à volonté un contrepoids P. L'axe de la chape est réuni au pied S de l'appareil par une suspension de Cardan O, qui lui laisse toute liberté de tourner autour de son centre fixe,

Fig. 175.

dans le sens vertical comme dans le sens horizontal.

La mobilité du contre-poids le long de la tige qui lui sert de guide donne un moyen de changer le signe du produit Pa, ce qui entraîne un changement dans le sens de la précession.

Cet appareil et ceux que nous avons décrits (§§ 328 et 329) « servent à mettre en évidence les curieuses propriétés du mouvement des systèmes solides, et permettent d'apprécier avec justesse l'influence de l'inertie. Le théorème de Poinsot sur le mouvement d'un corps libre en complète la notion, car il ajoute à la loi simple du mouvement rectiligne et uniforme du centre de gravité, la loi beaucoup plus complexe du roulement de l'ellipsoïde central sur le plan invariable. Les appareils gyroscopiques montrent de même les effets vraiment surprenants de l'inertie dans les mouvements de rotation. Un corps animé d'une rotation rapide semble doué pour ainsi dire de propriétés nouvelles, et subit d'une manière toute particulière l'effet des perturbations auxquelles son mouvement général est exposé[1]. »

EXPÉRIENCE DE FOUCAULT.

333. Le gyroscope imaginé par Foucault pour mettre en évidence la rotation de la terre (§ 304) est, comme on sait, un solide de révolution massif, assujetti à tourner autour de son centre de gravité, et sollicité seulement par les forces centrifuges composées dues à la rotation du globe.

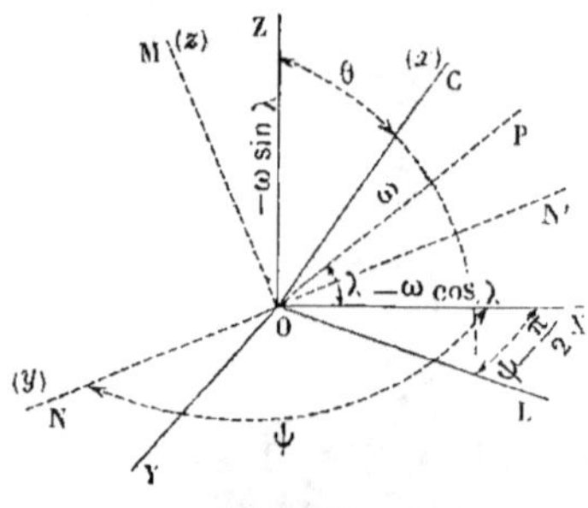

Fig. 176.

Soit OX un axe dirigé vers le Nord tangentiellement au méridien en un point O de l'hémisphère boréal; OY un axe dirigé vers l'Est, tangentiellement au parallèle; OZ, un axe vertical.

Menons par le point O une parallèle OP à l'axe de la terre. L'angle POX sera égal à la latitude λ; et la rotation ω qui

---

[1] *Exposé de la situation de la Mécanique appliquée*, 1867. Pages 57-58.

s'effectue autour de OP, aura pour composantes $\omega\cos\lambda$ autour de OX; $\omega\sin\lambda$ autour de OZ; zéro autour de OY. La rotation ω s'effectue de l'Ouest à l'Est; les composantes auront donc le sens de Z vers Y autour de OX, de Y vers X autour de OZ, et nous devrons les prendre avec le signe —, en regardant la vitesse ω comme positive.

Les composantes de la rotation du gyroscope sont (§ 325) : la vitesse propre, n, autour de l'axe de figure OC de l'appareil, la vitesse de nutation $\dfrac{d\theta}{dt}$ autour de la ligne des nœuds ON, et la vitesse $\dfrac{d\psi}{dt}\sin\theta$ autour de l'axe OM, normal au plan CON.

Rappelons d'abord quelques principes dont nous aurons à faire l'application.

Soient p, q, r, les composantes de la rotation instantanée du système de comparaison, projetées sur des axes rectangulaires mobiles, OX, OY, OZ, que nous supposerons coïncider avec un système d'axes principaux d'inertie du corps soumis à l'expérience.

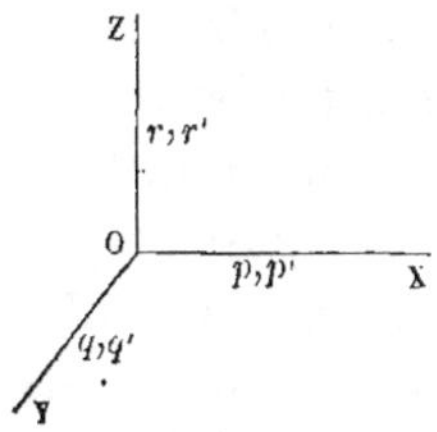

Soient p', q', r' les composantes autour des mêmes axes de la rotation instantanée du gyroscope.

Fig. 177

Considérons un point du gyroscope, défini par les coordonnées x, y, z par rapport à ces mêmes axes.

La vitesse linéaire de ce point aura pour projections sur les axes :

$$\frac{dx}{dt} = q'z - r'y,$$

$$\frac{dy}{dt} = r'x - p'z,$$

$$\frac{dz}{dt} = p'y - q'x.$$

Soit m la masse du point. Cherchons les composantes de

la force centrifuge composée; si X', Y', Z' sont ces composantes, nous aurons (§ 193) :

$$X' = 2m\left(r\,\frac{dy}{dt} - q\,\frac{dz}{dt}\right) = 2m\left[r(r'x - p'z) - q(p'y - q'x)\right],$$

$$Y' = 2m\left(p\,\frac{dz}{dt} - r\,\frac{dx}{dt}\right) = 2m\left[p(p'y - q'x) - r(q'z - r'y)\right],$$

$$Z' = 2m\left(q\,\frac{dx}{dt} - p\,\frac{dy}{dt}\right) = 2m\left[q(q'z - r'y) - p(r'x - p'z)\right].$$

Les sommes N, N_1, N_2, des moments par rapport aux axes, des forces centrifuges composées appliquées à tous les points du corps, s'expriment aussi au moyen de déterminants :

$$N = \Sigma(Z'y - Y'z) = \Sigma 2m(qq'zy - qr'y^2 - pr'xy + pp'zy - pp'yz + pq'xz$$
$$+ rq'z^2 - rr'yz) = 2(rq'\Sigma mz^2 - qr'\Sigma my^2),$$

$$N_1 = \Sigma(X'z - Z'x) = 2(pr'\Sigma mx^2 - rp'\Sigma mz^2),$$

$$N_2 = \Sigma(Y'x - X'y) = 2(qp'\Sigma my^2 - pq'\Sigma mx^2).$$

Nous supprimons dans ces sommes les termes contenant les facteurs Σmxy, Σmxz, Σmyz, qui sont nuls d'eux-mêmes, puisque les axes OX, OY, OZ sont des axes principaux du solide au point O.

Supposons que le solide soit de révolution autour de l'axe OX; que C soit son moment d'inertie autour de cet axe, et que ses moments d'inertie soient représentés par A autour des axes OY, OZ, et de toute autre droite tracée par le point O dans le plan YOZ. Nous aurons :

$$\Sigma my^2 + \Sigma mz^2 = C,$$
$$\Sigma mz^2 + \Sigma mx^2 = A,$$
$$\Sigma mx^2 + \Sigma my^2 = A.$$

Donc

$$\Sigma mz^2 = \Sigma my^2 = \frac{1}{2}C$$

et

$$\Sigma mx^2 = A - \frac{1}{2}C.$$

Substituant dans les valeurs des moments, il vient

$$N = (rq' - qr')C,$$
$$N_1 = (2A - C)pr' - rp'C = 2Apr' - C(pr' + rp'),$$
$$N_2 = qp'C - pq'(2A - C) = C(qp' + pq') - 2Apq'.$$

Appliquons ces formules aux axes OC, ON, OM (fig. 176), pris respectivement pour axes des x, des y et des z. Pour avoir les composantes p, q, r, il suffira de décomposer la rotation ω autour de OP, en trois rotations autour de OC, ON, OM, ce qui revient à décomposer autour de ces derniers axes les composantes, $-\omega\cos\lambda$ et $-\omega\sin\lambda$, de cette rotation ω.

La rotation $-\omega\cos\lambda$ se décompose d'abord en une rotation $-\omega\cos\lambda\cos\psi$ autour de ON, et en une rotation

$$-\omega\cos\lambda\cos\left(\psi-\frac{\pi}{2}\right)=-\omega\cos\lambda\sin\psi$$ autour de la droite OL, intersection du plan XOY avec le plan ZOC Cette dernière composante se décompose ensuite suivant les axes OC, OM, ce qui donne

autour de OC, $-\omega\cos\lambda\sin\psi\cos\left(\dfrac{\pi}{2}-\theta\right)=-\omega\cos\lambda\sin\psi\sin\theta$, et

autour de OM, $-\omega\cos\lambda\sin\psi\cos\left(\dfrac{\pi}{2}+\dfrac{\pi}{2}-\theta\right)=+\omega\cos\lambda\sin\psi\cos\theta$.

La seconde composante $-\omega\sin\lambda$, suivant OZ, donne une composante $-\omega\sin\lambda\cos\theta$ autour de OC, et une autre composante, $-\omega\sin\lambda\sin\theta$, autour de OM. Réunissant par voie d'addition algébrique les composantes relatives aux mêmes axes, on aura

$$\text{autour de OC,}\quad p=-\omega\cos\lambda\sin\psi\sin\theta-\omega\sin\lambda\cos\theta,$$
$$\text{autour de ON,}\quad q=-\omega\cos\lambda\cos\psi,$$
$$\text{autour de OM,}\quad r=\omega\cos\lambda\sin\psi\cos\theta-\omega\sin\lambda\sin\theta.$$

Nous avons enfin pour la rotation du gyroscope, décomposée suivant les mêmes axes,

$$\text{autour de OC,}\quad p'=n,$$
$$\text{autour de ON,}\quad q'=\frac{d\theta}{dt},$$
$$\text{autour de OM,}\quad r'=\frac{d\psi}{dt}\sin\theta.$$

Il ne reste plus qu'à substituer ces valeurs dans les formules, et à les introduire dans les équations (1), (2) et (3) du § 325, où l'on remplacera n, n_1, n_2, par p', q', r', pour avoir les équations différentielles du mouvement.

Remarquons que la somme $Nn+N_1n_1+N_2n_2$, ou

$Np' + N_1 q' + N_2 r'$, est identiquement nulle. Cela devait être. Le travail des forces centrifuges composées est toujours égal à zéro, puisqu'elles sont toutes normales à la trajectoire relative de leur point d'application. La force vive du gyroscope reste donc constante.

L'équation (1) devient, en supprimant le facteur C,

$$(1') \qquad \frac{dn}{dt} = \frac{d\theta}{dt}(\omega \cos\lambda \sin\psi \cos\theta - \omega \sin\lambda \sin\theta) + \frac{d\psi}{dt} \sin\theta \times \omega \cos\lambda \cos\psi.$$

L'équation (2)

$$(2') \qquad T = \frac{1}{2}\left(A\left[\left(\frac{d\theta}{dt}\right)^2 + \left(\frac{d\psi}{dt}\right)^2 \sin^2\theta \right] + Cn^2 \right) = \text{constante};$$

et l'équation (3), dans laquelle on peut remplacer N par $C\dfrac{dn}{dt}$,

$$(3') \qquad \frac{d}{dt}\left(Cn\cos\theta + A\frac{d\psi}{dt}\sin^2\theta \right) = C\frac{dn}{dt}\cos\theta - C\omega n\cos\lambda\cos\psi$$
$$+ (2A\sin\theta - C)(\omega\cos\lambda\sin\psi\sin\theta + \omega\sin\lambda\cos\theta)\frac{d\theta}{dt}.$$

354. L'intégration de ce groupe d'équations simultanées, où les variables à exprimer en fonction du temps sont n, θ et ψ, présenterait de sérieuses difficultés. Sans aborder ce problème d'analyse, cherchons dans quelle position doit se trouver le gyroscope pour que l'axe de l'appareil reste immobile sous l'action des forces centrifuges composées. Il faut pour cela qu'on ait à la fois $\dfrac{d\theta}{dt}=0$ et $\dfrac{d\psi}{dt}=0$; l'équation (1') montre que $\dfrac{dn}{dt}$ est aussi nul, et que par suite la rotation n est constante. Dans l'équation (3'), tous les termes deviennent nuls, sauf le terme $- C\omega n\cos\lambda\cos\psi$, qui doit s'annuler aussi, ce qui peut avoir lieu de deux manières : 1° en faisant $\lambda = \dfrac{\pi}{2}$, c'est-à-dire en faisant l'expérience au pôle du globe ; 2° en faisant $\psi = \dfrac{\pi}{2}$, c'est-à-dire

en plaçant l'axe du gyroscope dans le plan du méridien. Quant à l'équation (2'), elle devient identique et ne nous apprend rien. Pour compléter la solution, supposons l'axe OC amené dans le plan ZOX du méridien; cette hypothèse donne successivement, en faisant $\psi = \dfrac{\pi}{2}$ dans les formules :

$$p = -\,\omega\cos\lambda\sin\theta - \omega\sin\lambda\cos\theta = -\,\omega\sin(\theta + \lambda),$$
$$q = 0,$$
$$r = \omega\cos\lambda\cos\theta - \omega\sin\lambda\sin\theta = \omega\cos(\theta + \lambda).$$

On a de plus

$$p' = n,$$
$$q' = 0,$$
$$r' = 0.$$

Substituant dans N, N_1, N_2, il vient

$$N = 0,$$
$$N_1 = -\,Crp' = -\,C\omega n\cos(\theta + \lambda),$$
$$N_2 = 0.$$

Le seul couple qui agisse encore sur le gyroscope est donc le couple N_1, dont l'axe coïncide avec la ligne des nœuds, c'est-à-dire avec la tangente au parallèle; il s'annule pour $\theta + \lambda = \dfrac{\pi}{2}$, ou quand l'axe du gyroscope est parallèle à l'axe du monde.

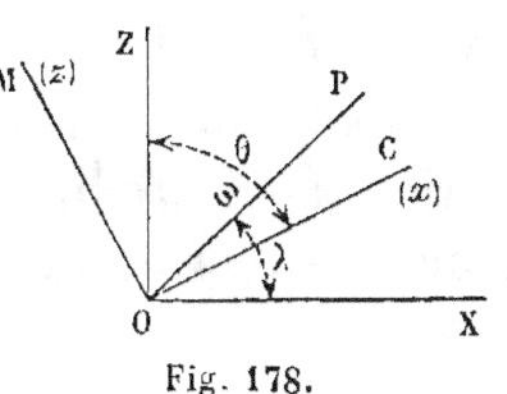
Fig. 178.

Nous retrouvons ainsi le résultat déjà obtenu dans l'étude sommaire que nous avons faite de cet appareil (§ 310). Notre analyse nous donne de plus les composantes N, N_1, N_2, du couple des forces centrifuges composées qui sollicitent le corps tournant. En général, si un corps solide de révolution tourne avec une vitesse n autour de son axe de figure, orienté comme on voudra dans l'espace, mais fixe dans cette position. on a $\dfrac{d\theta}{dt} = 0$, $\dfrac{d\psi}{dt} = 0$, $\dfrac{dn}{dt} = 0$, et les composantes N, N_1, N_2, prennent les valeurs :

$$N = 0,$$
$$N_1 = -\, Crp' = -\, Cn\omega\,(\cos\lambda \sin\psi \cos\theta - \sin\lambda \sin\theta),$$
$$N_2 = Cqp' = -\, Cn\omega\cos\lambda\,\cos\psi.$$

Cherchons encore dans quel sens doit s'opérer la rotation propre du gyroscope pour que l'axe soit en équilibre stable dans la position définie par les valeurs $\theta = \dfrac{\pi}{2} - \lambda$ et $\psi = \dfrac{\pi}{2}$. Ce qui caractérise la stabilité, c'est que si l'on dérange infiniment peu l'axe du gyroscope de sa position d'équilibre, les forces développées tendent à l'y ramener, de sorte que le mouvement de l'axe l'écarte infiniment peu de cette position. Nous pouvons donc poser

$$\psi = \frac{\pi}{2} + \varepsilon, \qquad \theta = \frac{\pi}{2} - \lambda + \gamma,$$

ε et γ étant des angles qui resteront par hypothèse infiniment petits pendant toute la suite du mouvement. On en déduit

$$\frac{d\psi}{dt} = \frac{d\varepsilon}{dt}, \quad \frac{d\theta}{dt} = \frac{d\gamma}{dt}, \quad \sin\psi = 1, \quad \cos\psi = -\,\varepsilon,$$
$$\sin\theta = \cos\lambda + \gamma\sin\lambda, \quad \cos\theta = \sin\lambda - \gamma\cos\lambda,$$

en négligeant les termes contenant les puissances de γ ou de ε. Substituons dans les valeurs des composantes des vitesses ; il vient après réduction et suppression des infiniment petits d'ordre supérieur au premier :

$$p = -\,\omega, \qquad q = +\,\omega\varepsilon\cos\lambda, \qquad r = -\,\omega\gamma,$$
$$p' = n, \qquad q' = \frac{d\gamma}{dt}, \qquad r' = \frac{d\varepsilon}{dt}\cos\lambda.$$

Ces valeurs substituées dans les expressions des couples N, N_1, N_2, donnent

$$N = -\,C\omega\left(\frac{\gamma d\gamma}{dt} + \frac{\varepsilon d\varepsilon}{dt}\cos^2\lambda\right),$$
$$N_1 = -\,(2A - C)\,\omega\,\frac{d\varepsilon}{dt}\cos\lambda + C\omega n\gamma,$$
$$N_2 = -\,(2A - C)\,\omega\,\frac{d\gamma}{dt} + C\omega n\varepsilon\cos\lambda.$$

La première équation montre que N est un infiniment petit du second ordre, qu'on peut considérer comme nul ; la rotation n reste donc sensiblement constante malgré le dérangement apporté à l'axe de l'appareil.

Le nombre n étant très-grand en valeur absolue, on a d'ailleurs approximativement $N_1 = C\omega n\gamma$, $N_2 = C\omega n\varepsilon \cos\lambda$.

Si l'axe du gyroscope se trouve déplacé de manière à rendre les écarts γ et ε positifs, ce déplacement fait naître autour des axes ON, OM des couples qui ont les signes de $n\gamma$ et de $n\varepsilon$; ils sont donc positifs et tendent à accroître le déplacement lorsque n est positif ; ils sont au contraire négatifs et tendent à le diminuer, si n est négatif. La condition de stabilité est donc que n soit négatif, c'est-à-dire que le gyroscope tourne autour de son axe dans le même sens que la terre autour de l'axe du monde.

CHAPITRE V

QUESTIONS DIVERSES SUR LE MOUVEMENT DES CORPS SOLIDES

MOUVEMENT DU TREUIL.

335. Un treuil est mobile autour d'un axe horizontal projeté en O. Le rayon de la roue du treuil est $OA = a$; le rayon du cylindre est $OB = b$. Le mouvement a lieu dans le sens de la flèche f. Le poids P, suspendu au câble AC, est la *puissance;* le poids Q suspendu au câble BE, est la *résistance.* On demande la loi du mouvement du treuil et des poids, en faisant abstraction du poids des câbles, de leur raideur, et des frottements.

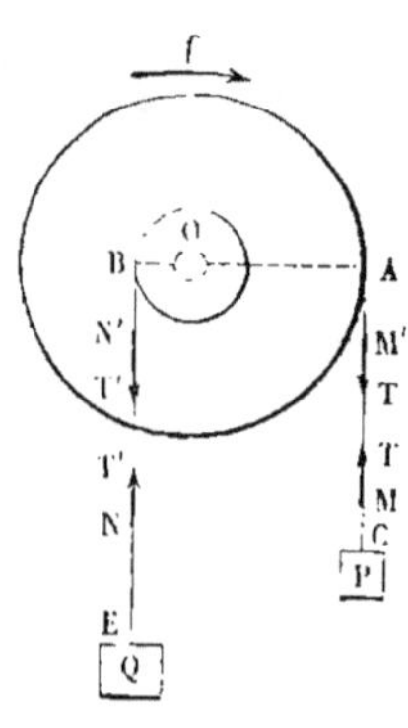

Fig. 179.

Nous appliquerons le théorème de d'Alembert, c'est-à-dire nous exprimerons qu'il y a équilibre entre les forces réelles et les forces d'inertie.

Le fil AC, supposé sans poids et sans masse, a partout la même tension T entre le point C et le point A. Coupant le fil en M et M', et supprimant le tronçon MM', nous pouvons rétablir l'équilibre en appliquant au point M' la tension T dans la direction AM', et en M une tension égale T, dans la direction contraire. Cette préparation a pour résultat d'isoler le système matériel formé par le poids P du système matériel formé par le treuil proprement dit. De même, nous pouvons sans changer l'équilibre supprimer un tronçon quelconque, NN', du fil BE, et remplacer ce tronçon par deux forces égales à la tension T' développée dans le fil avant cette suppression. Nous isolerons ainsi le treuil du système formé par le poids Q.

Le poids P est assujetti à parcourir la verticale AC dans le sens descendant, sous l'action de la force P, qui tend à le faire descendre, et de la force T qui agit en sens opposé. Appelant v la vitesse de ce poids, on aura pour l'équation du mouvement

$$(1) \qquad \frac{P}{g} \times \frac{dv}{dt} = P - T.$$

Le poids Q se meut de bas en haut, suivant la verticale EB, sous l'action de la force T', mouvante, et de la force Q, résistante. Appelons v' sa vitesse ; nous aurons

$$(2) \qquad \frac{Q}{g} \times \frac{dv'}{dt} = T' - Q.$$

Le treuil, que nous regarderons comme centré, est sollicité par les forces T et T', et par la pesanteur dont le moment par rapport à l'axe de rotation est nul. Appelons ω sa vitesse angulaire, I son moment d'inertie par rapport à l'axe O ; nous aurons

$$(3) \qquad \frac{d\omega}{dt} = \frac{Ta - T'b}{I}.$$

Les accélérations $\dfrac{d\omega}{dt}$, $\dfrac{dv}{dt}$, $\dfrac{dv'}{dt}$ ne sont pas indépendantes les unes des autres. En effet, quand le treuil tourne d'un angle α autour de l'axe O, le point A se déplace verticalement d'une quantité égale à $a\alpha$, et le point B se déplace en sens contraire de la quantité $b\alpha$. De même, la vitesse angulaire du treuil, multipliée respectivement par a et par b, donne les vitesses linéaires des points A et B, ou, ce qui revient au même, des poids P et Q, puisque les fils AC, BE sont supposés inextensibles. Les mêmes rapports existent entre les accélérations, et l'on a par conséquent

$$\frac{dv}{dt} = a\,\frac{d\omega}{dt},$$

$$\frac{dv'}{dt} = b\,\frac{d\omega}{dt}.$$

Les équations (1) et (2) deviennent donc

$$(4)\qquad \frac{P}{g}\,\frac{d\omega}{dt}\,a = P - T,$$

$$(5)\qquad \frac{Q}{g}\,\frac{d\omega}{dt}\,b = T' - Q.$$

Nous pouvons mettre l'équation (5) sous la forme

$$(6)\qquad 1\,\frac{d\omega}{dt} = Ta - T'b.$$

Multiplions l'équation (4) par a, l'équation (5) par b, et ajoutons les deux équations résultantes à l'équation (6) ; il viendra

$$(7)\qquad \left(\frac{P}{g}\,a^2 + \frac{Q}{g}\,b^2 + 1\right)\frac{d\omega}{dt} = Pa - Qb,$$

équation qui donne l'accélération angulaire du treuil. On voit que cette accélération est constante ; par conséquent, sauf le cas particulier où $Pa - Qb$ serait nul, ce qui rendrait $\frac{d\omega}{dt}$ nul, la vitesse angulaire du treuil croîtra proportionnellement au temps, et le mouvement de rotation de l'appareil sera uniformément varié. Il en est de même des mouvements rectilignes des poids P et Q.

L'équation (7) aurait pu être immédiatement posée. Remarquons, en effet, que le fil AC n'ayant pas de masse, rien n'empêche d'admettre que le poids P soit attaché au point A sans intermédiaire, ou concentré en ce point pendant un intervalle de temps très-court. Le poids Q peut de même être ramené au point B. Alors les poids P et Q participent au mouvement de rotation du treuil pendant un très-petit intervalle de temps;

l'accélération angulaire du treuil sera donnée pendant cet intervalle en appliquant la formule générale, c'est-à-dire en divisant la somme des moments, $Pa - Qb$, par le moment d'inertie du corps tournant, lequel est égal au moment d'inertie I du treuil, augmenté des moments d'inertie $\dfrac{P}{g}\,a^2$ et $\dfrac{Q}{g}\,b^2$, des masses $\dfrac{P}{g}, \dfrac{Q}{g}$, concentrées aux points A et B.

Connaissant $\dfrac{d\omega}{dt}$, on en déduit $\dfrac{dv}{dt}, \dfrac{dv'}{dt}$, et subtituant dans les équations (1) et (2), on en tire les tensions inconnues T et T', lesquelles restent constantes pendant toute la durée du mouvement.

MOUVEMENT DANS LA MACHINE D'ATWOOD.

336. La *machine d'Atwood*, qui sert à mesurer l'accélération g due à la pesanteur, est un treuil dans lequel les rayons OA et OB sont égaux, et dont l'axe O, au lieu de porter sur des palliers fixes, repose sur des roues mobiles ; cette disposition a pour but d'atténuer la résistance due au frottement.

Mais elle introduit dans le système en mouvement de nouvelles masses mobiles dont il est nécessaire de tenir compte pour parvenir à une évaluation exacte du nombre g.

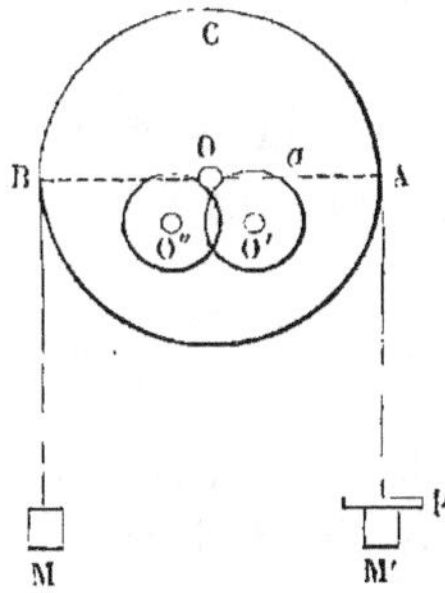

Soit $AB = 2a$ le diamètre de la roue, O son centre ; l'arbre O a un rayon égal à ρ ; il porte sur 4 galets égaux de rayon r. La figure montre les deux galets antérieurs O', O'' ; deux autres galets, respectivement montés sur les mêmes axes, sont placés derrière le plan de la roue.

Fig. 180.

Un fil très-fin, enroulé sur la roue suivant l'arc BCA, porte à l'une de ces extrémités une masse M, et à son autre extré-

'mité une masse M' égale à M, et une masse additionnelle μ, disposée de manière à être arrêtée par un support fixé à la machine, à l'endroit à partir duquel on veut faire succéder un mouvement uniforme au mouvement uniformément varié qui résulte de l'inégalité des poids Mg et $(M + μ)g$.

Supposons que les points mobiles partent du repos, et proposons-nous de trouver la vitesse v du poids M' lorsque ce poids est descendu d'une hauteur H. Les masses M, M', μ ont toutes ensemble la vitesse linéaire v. Quant aux parties tournantes, appelons $ω$ la vitesse angulaire de la roue principale, et $ω'$ la vitesse angulaire commune aux quatre galets autour de leurs axes respectifs. Nous aurons

$$a ω = v$$

et

$$r ω' = ρ ω.$$

Donc $ω = \dfrac{v}{a}$ et $ω' = \dfrac{vρ}{ar}$.

La force vive de la roue principale à l'époque considérée est donc

$$I \times \frac{v^2}{a^2},$$

en appelant I son moment d'inertie par rapport à son axe de rotation. La force vive de l'un des galets est de même

$$I' \times \frac{v^2 ρ^2}{a^2 r^2},$$

I' désignant le moment d'inertie du galet par rapport à son axe. En définitive, la force vive du système à cet instant est

$$I \frac{v^2}{a^2} + 4I' \frac{v^2 ρ^2}{a^2 r^2} + (2M + μ)v^2,$$

et elle est due au travail de la pesanteur sur la masse μ seule, c'est-à-dire à $μgH$. L'équation du mouvement est donc

$$v^2 \times \left(\frac{I}{a^2} + \frac{4I' ρ^2}{a^2 r^2} + 2M + μ \right) = 2μgH.$$

Un corps pesant tombant librement de la hauteur H acquer-
rait dans sa chute une vitesse égale à $\sqrt{2gH}$. Tout se passe donc
comme si la pesanteur était réduite à la fraction

$$\frac{\mu}{\dfrac{\mathrm{I}}{a^2} + \dfrac{4\mathrm{I}'\rho^2}{a^2 r^2} + 2\mathrm{M} + \mu}$$

de sa valeur; ce nombre est facile à calculer. I, I' sont
les produits des masses des roues par les carrés de leurs
rayons de giration ; le rapport cherché est donc le rapport de
deux masses, ou ce qui revient au même le rapport des deux
poids correspondants.

L'utilité de la substitution des galets mobiles à des paliers
fixes résulte de la grande réduction qu'elle permet d'opérer
sur le travail du frottement.

Si les tourillons de la roue portaient sur des paliers fixes,
le travail du frottement serait le produit du frottement F par
l'espace décrit à la circonférence du tourillon de la roue : or,
l'espace décrit par le point A de la circonférence extérieure
de la roue étant H, l'espace décrit par un point de la circonférence du tourillon serait $H \times \dfrac{\rho}{a}$, et le travail du frottement

serait en définitive $FH \times \dfrac{\rho}{a}$.

Si, au contraire, on fait porter l'axe de la roue sur des galets, le frottement de glissement ne s'exerce plus qu'au pourtour des tourillons des galets; et si l'on appelle ρ' les rayons
de ces tourillons, l'espace décrit par leur pourtour, pour une
chute égale à H, est

$$H \times \frac{\rho}{a} \times \frac{\rho'}{r} ;$$

le frottement F est d'ailleurs à peu près le même, car la pression sur les tourillons des galets excède seulement celle de la
roue sur ses appuis du poids des 4 galets, et ce poids est
très-faible. Donc enfin le travail du frottement est réduit sen-

siblement dans le rapport de ρ' à r, nombre assez petit pour qu'on puisse omettre le terme dû au frottement dans l'équation des forces vives.

MOUVEMENT DU TREUIL EN TENANT COMPTE DU FROTTEMENT.

337. Reprenons la question du § 335 pour tenir compte du frottement du treuil sur ses tourillons. Soit f le coefficient du frottement relatif aux tourillons. Nous supposons que le treuil soit *centré*, c'est-à-dire que son centre de gravité tombe en un point de l'axe O ; nous supposerons de plus que l'axe O soit un *axe principal d'inertie* du corps tournant. Dans ce cas, les forces d'inertie du corps tournant se réduisent à un couple situé dans un plan perpendiculaire à l'axe (§ 260).

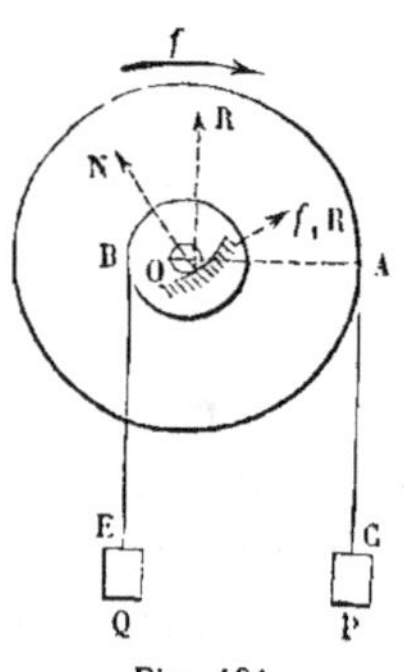

Fig. 181.

Appliquons le théorème de d'Alembert, et exprimons qu'il y a équilibre entre les forces d'inertie et les forces extérieures. Pour le poids P, nous aurons encore

$$\frac{P}{g} \frac{dv}{dt} = P - T,$$

et pour le poids Q

$$\frac{Q}{g} \frac{dv'}{dt} = T' - Q.$$

Quant au treuil, il est en équilibre sous l'action des forces T et T' appliquées en A et B, des réactions R des tourillons, de son poids p, appliqué en un point de l'axe, et enfin des forces d'inertie. En projection sur un axe quelconque les forces d'inertie ne donnent rien, puisqu'elles se réduisent à un couple. Donc l'équilibre existe en projection entre les forces T, T', p, et les deux forces R comme si le treuil était en repos. Répétant le raisonnement fait dans la Statique (II, § 274), nous décomposerons les forces T et T' chacune en deux composantes parallèles, appliquées dans les plans moyens des deux tourillons; nous décomposerons de même le poids p, et appelant T_1, T'_1, p_1 et T_2, T'_2, p_2, les composantes pour chaque tourillon, nous aurons les réactions R_1 et R_2 en les composant ensemble. Ici toutes les forces sont parallèles, et nous aurons

$$R_1 = T_1 + T_1' + p_1,$$
$$R_2 = T_2 + T_2' + p_2.$$

Les frottements des tourillons sont les composantes tangentielles des forces R_1 et R_2; nous pouvons les représenter par les produits $f_1 R_1$, $f_1 R_2$, f_1 étant égal à $\dfrac{f}{\sqrt{1+f^2}}$, ou au sinus de l'angle du frottement (II, § 105).

L'équilibre dynamique du treuil s'exprimera donc par l'équation des moments autour de l'axe O, c'est-à-dire par l'équation de l'accélération angulaire,

$$I \frac{d\omega}{dt} = Ta - T'b - f_1 R_1 \rho - f_1 R_2 \rho,$$

ρ désignant le rayon commun aux deux tourillons.

Remplaçant R_1 et R_2 par leurs valeurs, on parvient à l'équation

$$I \frac{d\omega}{dt} = Ta - T'b - f_1 \rho \, (T_1 + T_1' + p_1 + T_2 + T_2' + p_2).$$

Dans cette équation T_1 et T_2 peuvent être remplacés par Tm, Tm'; T'_1, T'_2, par $T'n$, $T'n'$; m, m', n, n', représentant des nombres connus.

On a ainsi trois équations : les quantités v, v', ω sont liées entre elles par les relations

$$v = \omega a, \quad v' = \omega b.$$

Entre ces cinq équations, on peut éliminer les trois vitesses v, v', ω; il restera deux équations qui donneront les tensions T et T'. On peut aussi éliminer les vitesses v et v' et les tensions, et l'équation finale fera connaître l'accélération angulaire. La marche à suivre ne diffère pas de celle que nous avons indiquée pour le cas où l'on néglige le frottement des tourillons.

ROULEMENT D'UN CORPS ROND SUR UN PLAN INCLINÉ

338. Un corps rond homogène, O, cylindrique ou sphérique, est posé sans vitesse sur un plan incliné AB ; on demande quel mouvement il prendra sous l'action de la pesanteur.

On reconnaît sur-le-champ que le corps descendra le long de la ligne de plus grande pente ; mais on ne sait pas d'avance

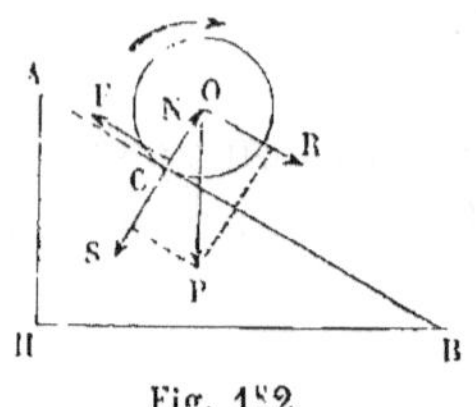

Fig. 182

si son mouvement sera un glissement simple, ou un roulement simple, ou une combinaison de ces deux genres de mouvement.

Le corps est soumis à deux forces : son poids P, appliqué en son centre de gravité O, et la réaction du plan, qui est appliquée au point de contact C du corps avec la surface directrice. Cette réaction peut se décomposer en deux forces, l'une N, normale au plan, et l'autre F, tangentielle ; celle-ci est le frottement.

Désignons par $\dfrac{dv}{dt}$ l'accélération linéaire du centre de gravité, et par $\dfrac{d\omega}{dt}$ l'accélération angulaire du corps autour de l'axe projeté en O. L'accélération linéaire $\dfrac{dv}{dt}$ est dirigée parallèlement au plan, dans le sens descendant ; quant à l'accélération $\dfrac{d\omega}{dt}$, on voit tout de suite qu'elle est due à la seule force F, et qu'elle est dirigée dans le sens où la force F tend à faire tourner le corps autour du point O, c'est-à-dire dans le sens de la flèche.

Décomposons aussi la force P en deux composantes, l'une R,

parallèle au plan, l'autre S, normale. Puis écrivons les équations du mouvement du centre de gravité, en projetant le mouvement sur deux axes, l'un normal au plan, l'autre parallèle à la ligne de plus grande pente. Il viendra

$$N - S = 0,$$

$$R - F = \frac{P}{g}\,\frac{dv}{dt}.$$

L'équation du mouvement autour du centre de gravité, considéré comme un point fixe, ou plutôt autour de l'axe projeté en O, qui est un axe naturel du corps, est

$$\frac{d\omega}{dt} = \frac{Fr}{\frac{P}{g}\,K^2},$$

en appelant K le rayon de giration du solide autour de l'axe O; on sait (§§ 253 et 255) que $K^2 = \frac{1}{2}r^2$ pour un cylindre, et $K^2 = \frac{2}{5}r^2$ pour une sphère.

La première équation nous donne la force N. La seconde et la troisième renferment trois inconnues, savoir $\frac{dv}{dt}$, $\frac{d\omega}{dt}$ et F. Examinons successivement les différents cas qui peuvent se présenter.

1° S'il y a roulement du corps au point C, le frottement F n'atteint pas sa limite supérieure fN, f désignant le coefficient du frottement. Car cette limite suppose que le glissement a effectivement lieu. Mais alors on a entre $\frac{d\omega}{dt}$ et $\frac{dv}{dt}$ la relation

$$\frac{dv}{dt} = r\,\frac{d\omega}{dt},$$

car la vitesse du point C dans le mouvement de translation est à chaque instant égale et contraire à la vitesse linéaire du même point dans le mouvement de rotation autour du centre de gravité; l'égalité existe donc aussi entre les accélérations de ces deux mouvements.

Dans ce cas, le mouvement est défini par les trois équations

$$R - F = \frac{P}{g}\frac{dv}{dt},$$

$$\frac{d\omega}{dt} = \frac{Fr}{\frac{P}{g}K^2},$$

$$\frac{dv}{dt} = r\frac{d\omega}{dt}.$$

Mais pour qu'il en soit ainsi, il faut qu'on ait $F < fN$, c'est-à-dire $< fS$.

Éliminant $\dfrac{dv}{dt}$ et $\dfrac{d\omega}{dt}$ entre ces trois équations, on a pour déterminer F l'équation

$$\frac{R - F}{\left(\frac{P}{g}\right)} = \frac{Fr^2}{\frac{P}{g}K^2},$$

ou bien

$$(R - F)K^2 = Fr^2$$

et

$$F = R \times \frac{K^2}{K^2 + r^2}.$$

Il faut donc et il suffit pour qu'il y ait roulement que l'on ait l'inégalité

$$R \times \frac{K^2}{K^2 + r^2} < fS,$$

ou bien

$$\frac{R}{S} < f \times \frac{(K^2 + r^2)}{K^2}.$$

Mais le rapport $\dfrac{R}{S}$ des composantes du poids P est égal au rapport $\dfrac{AH}{HB}$ de la hauteur du plan à sa base; c'est l'*inclinaison* à l'horizon du plan donné. De même f est l'inclinaison du plan qui fait avec l'horizon un angle égal à l'angle du frottement. Un point unique, posé sur le plan, commencerait à glisser dès que l'inclinaison f serait dépassée, tandis qu'un corps rond placé dans la même situation roule sur le plan, pourvu que l'inclinaison ne dépasse pas $f \times \dfrac{K^2 + r^2}{K^2}$, savoir $3f$ si le corps est cylindrique, et $\dfrac{7}{2} f$ si le corps est sphérique.

2° S'il y a glissement du corps, F est égal à sa limite fS, et le problème ne renferme plus que deux inconnues ω et v. En même temps, il faut supprimer l'équation $\dfrac{dv}{dt} = r \dfrac{d\omega}{dt}$ puisque le roulement n'a plus lieu. Les équations du mouvement sont alors

$$R - fS = \frac{P}{g}\,\frac{dv}{dt},$$

$$\frac{d\omega}{dt} = \frac{fSr}{\dfrac{P}{g}\,K^2}.$$

Ce cas suppose nécessairement que le plan a une inclinaison supérieure à la limite que nous venons de déterminer pour le précédent. En effet, pour que le frottement F ait la direction que nous avons supposée, il faut que la vitesse absolue du point de contact C soit dirigée en sens contraire, c'est-à-dire dans le sens de la force R ; or cette vitesse est la différence de la vitesse linéaire du centre de gravité et de la vitesse linéaire due au mouvement autour du centre de gravité. Cette différence doit rester positive. Il en est de même de la différence des accélérations correspondantes, et par conséquent on doit avoir l'inégalité

$$\frac{dv}{dt} > \frac{d\omega}{dt}\,r.$$

Remplaçant $\dfrac{dv}{dt}$ et $\dfrac{d\omega}{dt}$ par leurs valeurs, il vient, en supprimant le facteur $\dfrac{P}{g}$,

$$R - fS > \frac{fSr^2}{K^2};$$

d'où l'on déduit

$$\frac{R}{S} > f \times \frac{K^2 + r^2}{K^2}.$$

3° Enfin, pour qu'il y ait glissement simple, il faut qu'on ait $\omega = 0$, ce qui suppose $S = 0$, et le plan vertical ; le corps tombe comme un corps libre, en rasant le plan sans le toucher. L'accélération angulaire du solide est alors nulle, et sa vitesse angulaire est constante.

339. Revenons au premier cas. Le mouvement du solide est entièrement défini dès qu'on connaît la loi du mouvement du centre de gravité. Or ce point est animé d'un mouvement uniformément accéléré : car, entre les trois équations qui le définissent, éliminons F et ω ; on en déduit pour l'accélération $\dfrac{dv}{dt}$ une valeur constante. Pour trouver la vitesse v du centre de gravité, quand le corps est parvenu dans une position O′, on peut employer le théorème des forces vives.

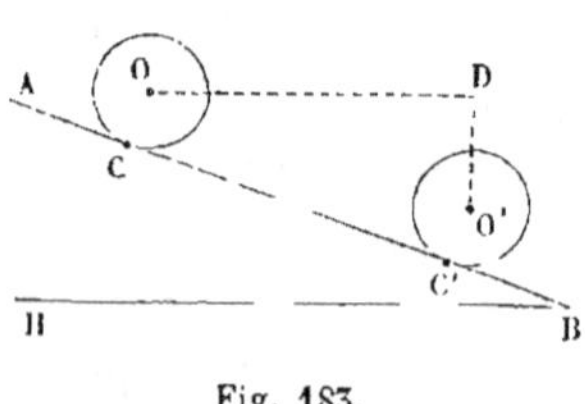

Fig. 183.

Soit O la position initiale ; O′ la position finale du corps. La seule force qui produise un travail est la pesanteur ; car le frottement F et la réaction normale N sont appliqués à chaque instant au point C autour duquel le corps tourne dans son mouvement absolu. Le déplacement de ce point est donc un infiniment petit d'un ordre supérieur au premier, et le travail correspondant est rigoureusement nul. Par le point O menons l'horizontale OD, et abaissons du point O′ une perpendiculaire O′D sur cette droite ; soit h la distance O′D. Le travail de la pesanteur sera Ph ; il est égal à la moitié de la force vive du corps parvenu en O′, puisque la force vive qui correspond à la position initiale O est nulle. Or la force vive cherchée est la somme de la force vive, $\dfrac{P}{g} \times v^2$, de la masse entière concentrée au centre de gravité, et de la force vive

$\frac{P}{g} K^2 \times \frac{v^2}{r^2}$ due au mouvement du solide autour de son axe O'.

On aura donc pour déterminer v l'équation

$$\frac{1}{2}\left(\frac{P}{g} v^2 + \frac{P}{g} K^2 \times \frac{v^2}{r^2}\right) = Ph,$$

qui donne

$$v = \sqrt{\frac{2gh}{1 + \frac{K^2}{r^2}}} \cdot$$

340. Si le corps était lancé de bas en haut le long du plan incliné avec une vitesse initiale v_0, il aurait, une fois parvenu à la hauteur h' au-dessus de son point de départ, une vitesse v' donnée par l'équation

$$\frac{1}{2}\left(\frac{P}{g} v'^2 + \frac{P}{g} K^2 \frac{v'^2}{r^2}\right) - \frac{1}{2}\left(\frac{P}{g} v_0^2 + \frac{P}{g} K^2 \frac{v_0^2}{r^2}\right) = - Ph'.$$

Pour savoir jusqu'à quelle hauteur il s'élèverait, il faudrait faire $v' = 0$, et résoudre par rapport à h'. Il vient

$$h' = \frac{v_0^2}{2g} \times \left(1 + \frac{K^2}{r^2}\right) \cdot$$

La hauteur h' est donc supérieure à la hauteur $\frac{v_0^2}{2g}$ due à la vitesse v_0; ce résultat n'est pas en contradiction avec les principes. Car nous avons supposé que le corps roulait sur le plan incliné; à la vitesse v_0 du centre de gravité, il faut adjoindre la vitesse angulaire $\frac{v_0}{r}$ du solide autour de son centre de gravité, et par suite la force vive initiale du solide est supérieure à la force vive d'un point matériel de même masse, animé de la vitesse v_0.

MOUVEMENT RECTILIGNE D'UNE BILLE SUR LE TAPIS D'UN BILLARD.

341. Soit O (fig. 184) une bille posée sur le tapis AB d'un billard. On lui applique une percussion S, dans son plan vertical moyen, à une distance OL au-dessous de son centre. Cette

percussion donne à son centre de gravité O une vitesse v_0, et en même temps elle imprime au corps une vitesse de rotation ω_0 dans le sens de la flèche, autour de l'horizontale menée par le point O perpendiculairement au plan de la figure; cette horizontale est en effet, dans la sphère centrale d'inertie de la bille, le diamètre conjugué du plan mené par le centre de gravité O et la percussion S, et dans la sphère tout diamètre est un axe principal.

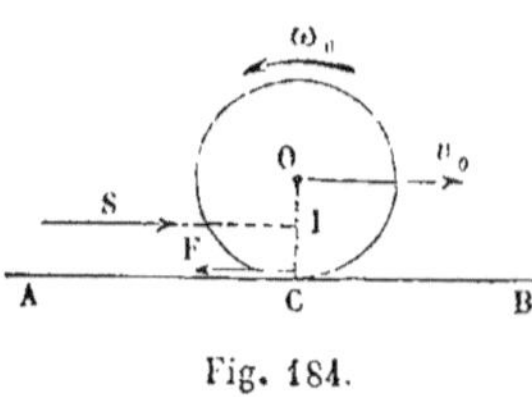

Fig. 184.

Une fois lancée, la bille n'est plus soumise qu'à deux forces extérieures, le frottement de la bille contre le tapis et la pesanteur; mais la pesanteur, étant verticale et passant par le centre de gravité O, ne contribue en rien à altérer la vitesse du centre de gravité, ni la rotation autour du diamètre projeté en O.

Appelons v la vitesse du point O, ω la vitesse angulaire autour de ce point au bout d'un temps t quelconque. Soit R le rayon de la bille OC. Le frottement entre la bille et le tapis est égal au produit $f\mathrm{P}$ du poids de la bille par le coefficient du frottement. La force $f\mathrm{P}$ qui agit sur la bille est dirigée en sens contraire du mouvement du point de contact C. Or le point C a pour vitesse absolue la somme, $v + \mathrm{R}\omega$, de la vitesse de translation commune à tous les points de la bille, et de la vitesse due à la rotation autour du point O. Le sens du frottement F dépend donc du signe de la quantité $v + \mathrm{R}\omega$. Si elle est positive, le frottement est dirigé vers la gauche, et c'est ce que nous supposons sur la figure. Si elle est négative, il est dirigé vers la droite. Le premier cas a lieu à l'origine du mouvement, car v_0 et ω_0 sont tous deux positifs; à partir de cet instant, la force constante F agit pour diminuer à la fois la vitesse v et la rotation ω; l'accélération qu'elle imprime au centre de gravité O est négative et égale à $-\dfrac{\mathrm{F}}{\left(\dfrac{\mathrm{P}}{g}\right)}$; ou, puisque $\mathrm{F} = f\mathrm{P}$, égale à $-fg$. L'accélération angulaire qu'elle communique à la bille autour de l'axe O, est négative et égale à $-\dfrac{FR}{\frac{2}{5}\frac{P}{g}R^2}$,

ou à $-\dfrac{5}{2}\dfrac{fg}{R}$. Donc, au bout du temps t, les vitesses initiales v_0 et ω_0 ont les valeurs suivantes :

$$v = v_0 - fgt,$$
$$\omega = \omega_0 - \frac{5}{2}\frac{fgt}{R}.$$

Multiplions la seconde équation par R, et posons $R\omega = u$; faisons de même $R\omega_0 = u_0$; la quantité variable u représentera la vitesse linéaire du point C due à la rotation de la bille, abstraction faite de la translation v.

Considérons les deux équations

$$v = v_0 - fgt,$$
$$u = u_0 - \frac{5}{2}fgt,$$

qui sont établies en supposant F dirigé vers la gauche, c'est-à-dire $v + R\omega$, ou $v + u$ positif. Pour discuter ces équations, traçons deux axes rectangulaires OT, OV, l'un pour les temps, l'autre pour les vitesses. Sur l'axe OV, prenons $OM = v_0$, $ON = u_0$; sur l'axe OT prenons $OL = \dfrac{v_0}{fg}$,

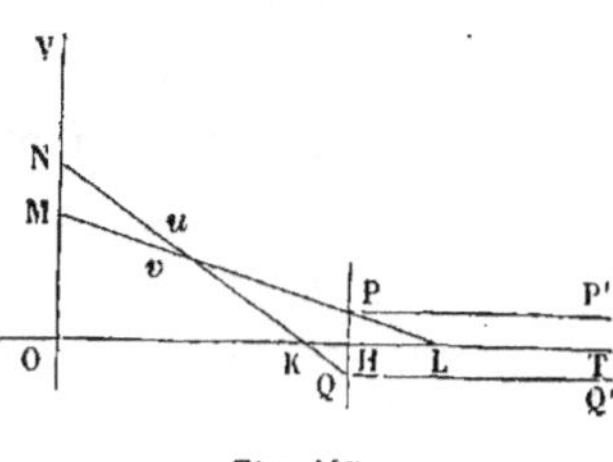

Fig. 185.

$OK = \dfrac{u_0}{\frac{5}{2}fg}$, et joignons ML, NK. Les ordonnées de ces droites représenteront les valeurs successives de v et de u.

1° D'après la figure, u s'annule plus tôt que v, et la somme $u + v$ s'annule pour une certaine valeur du temps, $t = OH$, comprise entre $t = OK$ et $t = OL$. Au moment où $v + u$ devient nul et où les équations du mouvement cessent d'être applicables, v est encore positif et a la valeur HP; mais u est devenu négatif et est représenté par l'ordonnée égale HQ ; la rotation de la bille et la vitesse de translation de son centre ont alors exactement les valeurs qui conviennent pour assurer son roulement sans glissement sur le tapis du billard ; le frottement de glissement F devient donc nul, et les vitesses v et u se conservent à partir de cet instant, puisque aucune force n'intervient plus pour les modifier. Les droites NQ, MP, se prolongent par les droites PP′, QQ′ parallèles à l'axe des temps, et à égale distance de chaque côté de cet axe.

2° Un autre cas peut se présenter, c'est celui où la vitesse v s'annulerait plus tôt que la vitesse u. La figure 186 est relative à ce cas particulier. Alors, dès l'époque définie par la valeur $t = OL = \dfrac{v_0}{fg}$, la vitesse v change de signe en passant par zéro, et le centre de gravité prend un mouvement rétrograde ; la loi du mouvement n'est cependant pas altérée tant que le temps n'a pas atteint la valeur $t = OH$, qui annule la somme $v + u$. A ce moment encore, le roulement simple de la bille est assuré par l'égalité des valeurs absolues des vitesses u et v, et le frottement F cessant de se produire, les vitesses u et v se conservent à partir de ce moment

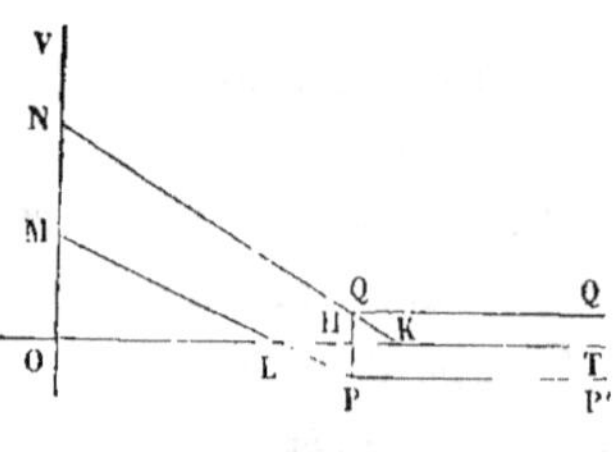

Fig. 186.

sans altération, et sont représentées sur la figure par les parallèles PP′, QQ′ ; mais la vitesse v étant devenue négative, le mouvement de la bille est dirigé en sens contraire de son sens primitif.

3° Enfin, il existe un cas singulier remarquable, celui où les vitesses u et v s'annuleraient au même instant. Dans ce cas, le glissement cesse et le frottement disparaît à l'époque $t = OH$. La bille n'est plus alors sollicitée par aucune force, et les vitesses u et

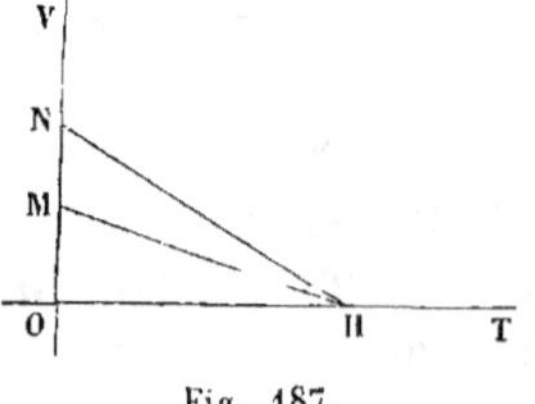

Fig. 187.

v conservent indéfiniment les valeurs qu'elles ont à cet instant; or elles sont nulles : donc la bille reste en repos. Les parallèles PP', QQ' se confondent, dans ce cas, avec l'axe des temps.

Cherchons à quelle distance, OI, du centre (*fig.* 184) il faut frapper la bille pour qu'il en soit ainsi.

Appelant S la force instantanée qui agit sur la bille, on a

$$v_0 = \frac{S}{\left(\dfrac{P}{g}\right)},$$

$$\omega_0 = \frac{S \times OI}{\dfrac{2}{5}\left(\dfrac{P}{g}\right) \times R^2}.$$

Il faut, pour que l'arrêt de la bille se produise, que l'égalité

$$\frac{v_0}{fg} = \frac{u_0}{\dfrac{5}{2}\,fg}$$

soit satisfaite, ou que le rapport $\dfrac{v_0}{u_0}$ soit égal à $\dfrac{2}{5}$.

Or

$$\frac{v_0}{u_0} = \frac{v_0}{R\omega_0} = \frac{\dfrac{S}{\left(\dfrac{P}{g}\right)}}{\left[\dfrac{S \times OI}{\dfrac{2}{5}\times\left(\dfrac{P}{g}\right)\times R}\right]} = \frac{2R}{5\,OI}.$$

Donc la distance OI doit être égale au rayon R, et il faut frapper la bille au niveau même du tapis. Ces résultats ne sont qu'approximatifs, car nous n'avons pas tenu compte de la résistance au roulement, qui suffit pour produire au bout de peu de temps l'arrêt des billes.

MOUVEMENT COURBE D'UNE BILLE SUR LE TAPIS D'UN BILLARD.

342. Supposons que la bille ait, à l'origine du mouvement, une rotation autour d'une droite inclinée passant par son

centre de gravité ; on pourra décomposer cette rotation suivant trois axes menés par ce point, savoir : un axe vertical et deux axes horizontaux de direction constante. Ces axes peuvent être à tout instant considérés comme les axes naturels de la sphère.

La première rotation, autour de la verticale, se conservera sans altération, car le frottement de glissement, seule force qui intervienne pour modifier les vitesses, a un moment nul par rapport à l'axe autour duquel elle s'opère. Nous négligeons ici le travail négatif dû à la *rosion* ou frottement de la bille aux environs du point de contact, analogue au frottement d'un pivot vertical sur le grain de sa crapaudine. L'expérience prouve que cette résistance est très-faible, puisque la rotation d'une bille autour d'un axe vertical peut se prolonger très-longtemps.

Les deux autres rotations, combinées avec la translation de la bille, développent au point de contact des frottements de glissement qui tendent à réduire à la fois la vitesse linéaire du centre de gravité, et les vitesses angulaires autour des axes horizontaux menés par ce point.

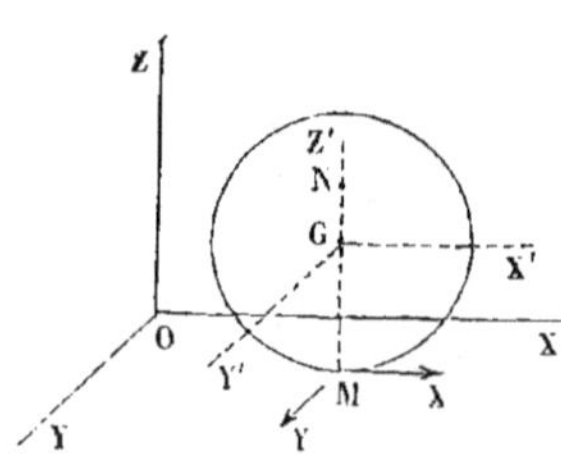

Fig. 188.

Soit P le poids de la bille[1], f le coefficient du frottement de l'ivoire contre le tapis ; Pf sera le frottement total, *dans l'hypothèse où le glissement a effectivement lieu.*

Soient

OX, OY, OZ, trois axes fixes rectangulaires, dont l'un OZ est vertical ;

GX′, GY′, GZ′, des axes parallèles menés par le centre de gravité G de la bille ;

M, le point de contact entre la bille et le tapis ; $MG = r$, le rayon de la bille.

---

[1] Nous empruntons cette solution à M. Résal, *Cours de l'École polytechnique*, 1873.

Le frottement Pf est appliqué en ce point M; décomposons-le en deux forces parallèles à OX et à OY, et soient X et Y ses deux composantes.

Appelons u et v les vitesses linéaires du centre de gravité parallèlement à OX et à OY; p et q les vitesses angulaires de la bille autour des axes GX' et GY'.

Soit enfin m la masse de la bille; son moment d'inertie I, par rapport à un axe mené par le centre, est égal à $\dfrac{2}{5} mr^2$.

Les équations du mouvement du centre de gravité seront

$$(1) \qquad \left\{ \begin{aligned} m \frac{du}{dt} &= X, \\ m \frac{dv}{dt} &= Y, \end{aligned} \right.$$

et les équations du mouvement autour du centre de gravité

$$\frac{2}{5} mr^2 \frac{dp}{dt} = + Yr,$$

$$\frac{2}{5} mr^2 \frac{dq}{dt} = - Xr,$$

ou bien, en supprimant le facteur r,

$$(2) \qquad \left\{ \begin{aligned} \frac{2}{5} mr \frac{dp}{dt} &= Y, \\ \frac{2}{5} mr \frac{dq}{dt} &= - X. \end{aligned} \right.$$

Entre les équations (1) et (2) nous pouvons éliminer X et Y, ce qui donnera

$$(3) \qquad \left\{ \begin{aligned} m \frac{dv}{dt} - \frac{2}{5} mr \frac{dp}{dt} &= 0, \\ m \frac{du}{dt} + \frac{2}{5} mr \frac{dq}{dt} &= 0, \end{aligned} \right.$$

et par suite, en divisant par m et en intégrant,

$$(4) \qquad \left\{ \begin{aligned} v - \frac{2r}{5} \times p &= b, \\ u + \frac{2r}{5} \times q &= a, \end{aligned} \right.$$

a et b désignant deux constantes.

Observons que si sur la verticale GZ' nous prenons une longueur $GN = \frac{2}{5} r$, le point N, qui participe à la fois aux translations u et v et aux rotations p et q, aura une vitesse égale à $v - \frac{2r}{5} p$ parallèlement à l'axe OY, et une vitesse $u + \frac{2r}{5} q$ parallèlement à l'axe OX. Ces vitesses étant constantes, la vitesse totale du point N est aussi constante en grandeur et en direction. Ce point N satisfait à la relation

$$GN \times GM = \frac{2}{5} r^2,$$

ou bien à celle-ci

$$GN \times GM = \frac{\frac{2}{5} mr^2}{m} = \frac{I}{m};$$

c'est donc le *centre de percussion* de la bille par rapport à un axe horizontal quelconque mené par le point M. En d'autres termes, MN est la longueur du pendule simple synchrone du pendule composé qu'on obtiendrait en suspendant la bille par le point M. Le mouvement de la bille amène à chaque instant de nouveaux points matériels à occuper la position géométrique N ; chaque point matériel, à l'instant où il y passe, possède la vitesse constante qui résulte de la composition des vitesses a et b.

Cherchons la direction dans laquelle agit la force Pf, dont nous connaissons seulement la grandeur.

Cette force est développée au contact de la bille et du tapis, dans une direction opposée au glissement, c'est-à-dire dans la direction opposée à celle de la vitesse du point M.

Or le point M a dans la direction MX une vitesse égale à $u - qr$, et dans la direction MY une vitesse $v + pr$. On exprimera que le frottement, abstraction faite de son sens, a la même direction que le glissement, en posant la proportion

$$(5) \qquad \frac{X}{Y} = \frac{u - qr}{v + pr}.$$

Mais on tire des équations (1) et (2) la suite de rapports égaux

$$\frac{X}{Y} = \frac{du}{dv} = -\frac{dq}{dp} = \frac{-rdq}{rdp} = \frac{du - rdq}{dv + rdp} = \frac{d(u - qr)}{d(v + pr)}.$$

Comparant à l'équation (5), on en déduit

$$(6) \qquad \frac{d(u - qr)}{d(v + pr)} = \frac{u - qr}{v + pr},$$

ce qui montre que le rapport $\dfrac{u - qr}{v + pr}$ reste constant. Donc il en est de même du rapport $\dfrac{X}{Y}$, et la force Pf reste parallèle à une même direction.

Le centre de gravité de la bille, sollicité par cette force Pf, constante en direction et en grandeur, décrit un arc de parabole, tant que le glissement persiste dans la direction où on l'a supposé. Cette direction est définie par les valeurs simultanées des quantités $u_0 - q_0 r$ et $v_0 + p_0 r$ au commencement du mouvement. Ces valeurs étant connues, on pourra déterminer X et Y, puis, au moyen des quatre équations (1) et (2), les valeurs successives de u, v, p et q. Pour simplifier, nous pouvons prendre l'axe OY parallèle à la direction constante de la force Pf, et dirigé en sens contraire. On en déduit $X = 0$ et par suite $u - qr = 0$. Le glissement est alors dirigé parallèlement à l'axe des y. Les quantités v et p varient à chaque instant, et diminuent toutes deux, proportionnellement au temps ; car Y agissant en sens contraire des y positifs, a la valeur négative $-Pf$; donc la somme $v + pr$ diminue, et il arrive un instant où elle devient nulle. A cet instant le glissement cesse, et le centre de gravité de la bille, qui possède encore une vitesse égale à la résultante de u et de v, continue à se mouvoir suivant une ligne droite, tangente à la trajectoire qu'il vient de parcourir.

Comme cas particulier, on peut signaler celui où au même instant on aurait $u = 0$, $v = 0$ et $p = 0$. L'équation $u - qr = 0$

montre que q est aussi égal à zéro; la bille serait donc en repos, et elle y resterait, aucune force n'intervenant plus pour
la remettre en mouvement.

MOUVEMENT DU CERCEAU.

343. Tant que le plan d'un cerceau roulant sur le sol reste
vertical, le centre du cerceau décrit une ligne droite, et l'*axe* du
cerceau conserve une orientation constante. Par axe du cerceau
nous entendons ici une droite élevée en son centre perpendiculairement à son plan. Sitôt que le plan du cerceau s'incline, on
voit au contraire son centre décrire un cercle horizontal d'un
mouvement sensiblement uniforme; l'axe du cerceau s'incline
et décrit autour de la verticale menée par le centre de ce
cercle un cône de révolution.

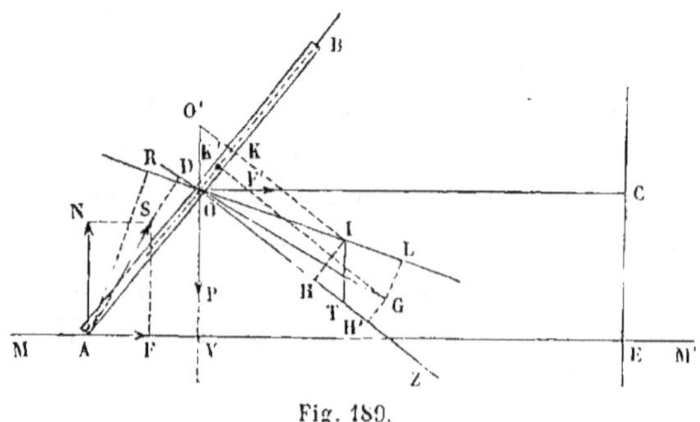

Fig. 189.

Le mouvement du cerceau résulte de la composition de
cette rotation nouvelle avec la rotation propre de l'appareil
autour de son axe; et si l'on rapporte ce mouvement à des
axes de direction constante passant par le centre de gravité,
on voit se produire, outre la rotation propre autour de l'axe
de figure, un *mouvement de précession uniforme.*

Nous allons chercher les forces qui produisent ce phénomène.

Soit AB le cerceau, O son centre, OZ son axe. Le cerceau

pose en A sur le sol MM', qui exerce sur lui une réaction S. Il est d'ailleurs soumis à l'action de la pesanteur, et son poids P peut-être regardé comme appliqué en son centre de gravité O. Outre la rotation propre ω, qui a lieu autour de l'axe OZ, on constate une rotation Ω, qui s'opère autour de la verticale CE, et en vertu de laquelle le centre de gravité O décrit dans le plan horizontal, autour du point C, un cercle qui a CO pour rayon. La vitesse linéaire du centre de gravité O est donc égale à $CO \times \Omega$; nous pouvons regarder la rotation Ω autour de CE comme remplacée par une rotation égale, autour de la verticale OP, et par une translation égale à $CO \times \Omega$. Cette translation constituera le mouvement propre du centre de gravité ; les deux rotations ω et Ω, autour des axes concourants OZ, OO', auront pour résultante la rotation du solide autour de son centre de gravité supposé fixe. Prenons, dans le sens convenable, les longueurs $OT = \omega$ sur l'axe OZ, et $OO' = \Omega$ sur l'axe vertical ; achevons le parallélogramme OTIO' ; la diagonale OI sera l'axe de la rotation instantanée. Le cerceau est donc animé autour de la droite OI d'une vitesse angulaire qui est représentée par la longueur OI, et que nous appellerons Θ.

L'axe OZ est pour le cerceau un axe principal d'inertie ; on aura deux autres axes principaux en menant par le centre O deux droites rectangulaires dans le plan moyen AB ; nous choisirons la droite OB menée dans le plan vertical OCE, et la droite projetée en O, qui est perpendiculaire à la fois à OB et à OZ. D'après ce choix d'axes, la rotation instantanée aura pour composantes, suivant OZ la rotation OH, suivant OB la rotation OK, et enfin une rotation nulle suivant l'axe projeté en O. Soit A le moment d'inertie du cerceau par rapport à l'un quelconque des axes menés par son centre dans son plan moyen, et C le moment d'inertie par rapport à l'axe OZ.

Les composantes de l'axe du couple résultant des quantités de mouvement seront

$$OK' = OK \times A \text{ suivant l'axe OB,}$$
$$OH' = OH \times C \text{ suivant l'axe OZ.}$$

On trouvera l'axe OG du couple résultant en composant les deux droites rectangulaires OH', OK'. Abaissons du point G une perpendiculaire GL sur l'axe instantané; la vitesse linéaire du point G, supposé entraîné dans le mouvement de rotation, est égale au produit $GL \times \Theta$. Elle est dirigée perpendiculairement au plan BOZ, et en avant de ce plan, conformément aux conventions sur le sens des axes. Donc elle est parallèle à la *ligne des nœuds* projetée en O sur ce même plan.

Le mouvement de rotation du cerceau autour de son centre de gravité est dû aux moments des forces extérieures par rapport aux axes principaux menés par ce point, c'est-à-dire au moment de la force S. Du point O abaissons sur cette force une perpendiculaire OD. L'axe du couple formé par la force S et une force parallèle, égale et contraire appliquée en O, doit être dirigé suivant la ligne des nœuds O; donc le plan OAD coïncide avec le plan BOZ, et le couple extérieur aura la valeur qui assure la précession uniforme (§ 299) s'il est égal à la vitesse linéaire du point G, ou si l'on a

$$S \times OD = GL \times \Theta.$$

Ces conditions, une fois remplies, donnent au cerceau un mouvement de précession uniforme autour de son centre de gravité; mais il faut encore vérifier qu'elles s'accordent avec le mouvement circulaire uniforme attribué au centre de gravité autour de la verticale EC.

Or ce mouvement est dû aux forces extérieures transportées en ce point parallèlement à elles-mêmes. Nous pouvons décomposer la force S en deux forces, l'une N, verticale, l'autre F, horizontale, qui sera due au frottement du sol. Le mouvement du point O étant un mouvement uniforme sur le cercle horizontal décrit du point C comme centre, la résultante de toutes les forces extérieures se réduit à une force dirigée suivant OC et égale à $\dfrac{P}{g}\Omega^2 \times OC$. Il suffit pour cela qu'on ait $N = P$, et $F = \dfrac{P}{g}\Omega^2 \times OC$; car alors la force N transportée au point O détruira la force P, et la force F, transportée en F', aura la direction et l'intensité convenables pour donner au centre du cerceau le mouvement qu'il doit avoir.

La composante verticale N de la réaction S est donc une force connue d'avance ; elle est égale à P.

La force F varie avec la vitesse angulaire Ω et la distance OC ; elle ne peut dépasser la limite Pf de la résistance que le sol est capable d'opposer au glissement latéral du cerceau. Les deux rotations simultanées Ω et ω ne sont pas d'ailleurs indépendantes l'une de l'autre; leur rapport, qui varie avec l'inclinaison du cerceau, doit être tel qu'il y ait roulement, et non glissement, au point A, c'est-à-dire que la vitesse linéaire du point de contact A soit constamment nulle. Or ce point a la vitesse linéaire $CO \times \Omega$ du centre de gravité, vitesse commune à tout le système mobile, et en même temps il a, en sens contraire, la vitesse $AR \times \Theta$, due à la rotation instantanée autour de l'axe OI.

On a donc la relation

$$CO \times \Omega = AR \times \Theta.$$

On peut observer que le produit $AR \times \Theta = AR \times OI$ est égal à la différence

$$OT \times OA - OO' \times AV,$$

ou bien à

$$\omega \times OA - \Omega \times AV.$$

L'équation précédente équivaut donc à celle-ci

$$CO \times \Omega = OA \times \omega - AV \times \Omega,$$

ou bien

$$(CO + AV) \times \Omega = EA \times \Omega = OA \times \omega,$$

de sorte que les vitesses angulaires ω et Ω sont réciproquement proportionnelles aux longueurs OA, EA.

Nous obtenons en définitive trois relations distinctes entre les trois inconnues immédiates de la question. Ces inconnues

sont la rotation Ω, la distance CO, et la force F. On donne la
rotation propre ω du cerceau autour de son axe OZ et l'inclinaison prise par son plan. On conçoit alors, sans faire les calculs qui seraient très-complexes, que les trois équations

$$S \times OD = GL \times \Theta,$$
$$F = \frac{P}{g} \, \Omega^2 \times OC,$$
$$OC \times \Omega = AR \times \Theta,$$

achèvent de déterminer les valeurs des trois inconnues.

Les vitesses ω, Ω, se conserveraient sans altération si tout
se passait comme nous l'avons supposé ; car les forces S et P
ne développent aucun travail qui puisse modifier la force vive
du système mobile. Il n'en est pas ainsi en réalité ; la résistance du sol au roulement tend à diminuer les vitesses ;
l'inclinaison varie en conséquence, et un travail de la pesanteur résulte des variations de hauteur du point O. Le
cerceau s'incline de plus en plus, en resserrant la trajectoire
de son centre de gravité ; il tombe enfin dès que le sol ne
peut plus développer la réaction horizontale F nécessaire à
son roulement.

344. Pour traduire algébriquement ces résultats, soient
$OA = a$ le rayon du cerceau, α l'angle BAE de son plan avec
le plan horizontal, $CO = R$ le rayon du cercle que décrit son
centre de gravité. Nous avons d'abord $OT = \omega$, $OO' = \Omega$; et le
triangle OIT, dans lequel l'angle $OTI = \alpha$ et le côté $OI = \Theta$,
nous donne

$$\Theta^2 = \omega^2 + \Omega^2 - 2\omega\Omega \cos\alpha.$$

On a d'ailleurs

$$OK = p = IT \sin\alpha = \Omega \sin\alpha,$$
$$OH = r = OT - IT \cos\alpha = \omega - \Omega \cos\alpha.$$

Donc

$$OK' = Ap = A\Omega \sin\alpha,$$
$$OH' = Cr = C\omega - C\Omega \cos\alpha.$$

La vitesse linéaire du point G s'obtiendra en ajoutant algé-

briquemént les vitesses dues à chacune des composantes p et
r de la rotation instantanée ; ce sera donc

$$OH' \times OK - OK' \times OH = Crp - Apr = (C - A)pr$$
$$= (C - A)\,\Omega \sin\alpha\,(\omega - \Omega \cos\alpha).$$

Soit β l'angle SAE, formé par la réaction du sol avec l'horizon.

Nous aurons $OD = a\sin(\beta - \alpha)$, et la première équation deviendra

$$Sa\sin(\beta - \alpha) = Na\cos\alpha - Fa\sin\alpha = (C - A)\,\Omega\sin\alpha\,(\omega - \Omega\cos\alpha);$$

la seconde équation sera

$$F = \frac{P}{g}\,\Omega^2 \times R,$$

et la troisième

$$R\Omega = AR \times \Theta = OH \times AO = (\omega - \Omega\cos\alpha) \times a,$$

avec les conditions $N = P$, et $F = $ ou $< Pf$.

345. Le *vélocipède à deux roues* montre une application
de la théorie du cerceau, telle que nous venons de l'exposer.

L'appareil va droit tant que le plan des deux roues reste
vertical. Si ce plan s'incline d'un côté, l'appareil tend aussitôt à infléchir sa route de ce côté ; mais les deux roues qui
composent la machine sont liées l'une à l'autre, et le cavalier peut régler à volonté l'orientation de la roue antérieure,
qui lui sert de gouvernail. Lorsqu'il voit le vélocipède s'incliner d'un côté, s'il veut lui conserver le mouvement en
ligne droite, il fait dévier le plan de la roue antérieure du
côté opposé à celui où l'inclinaison prise par le vélocipède
tend à l'entraîner. L'effet résultant de ces deux tendances
contraires sera la conservation du mouvement rectiligne,
pourvu que le cavalier n'ait pas exagéré ses mouvements,
car l'appareil est très-sensible. Au point de vue pratique, le
vélocipède est loin d'être une machine parfaite : il n'a pas

de stabilité au repos, et il exige de la part du cavalier des efforts très-fatigants. Il est presque impossible notamment de faire gravir au vélocipède une rampe un peu longue.

MOUVEMENT OSCILLATOIRE D'UNE TIGE ÉLASTIQUE.

346. Soit AB une tige élastique homogène, de longueur L, de section Ω ; cette tige, attachée invariablement au point A, est verticale, et son extrémité B est libre. On suspend un poids P à l'extrémité B, et l'on admet que le poids de la tige est très-petit par rapport à ce poids additionnel. La tige s'allonge sous l'action du poids P, qui prend un mouvement, et arrive avec une certaine vitesse à la position d'équilibre, c'est-à-dire à la position pour laquelle il fait équilibre à la tension développée dans la tige, par suite de l'allongement qu'elle a pris ; il dépasse par conséquent cette position, mais il y revient ensuite par une série d'oscillations qui, théoriquement, devraient indéfiniment se prolonger. C'est ce mouvement oscillatoire dont nous nous proposons de chercher la loi.

Fig. 190.

Déterminons d'abord l'allongement de la tige qui correspond à l'équilibre.

L'expérience montre que la tension T d'une tige en équilibre, dont la longueur naturelle est L, la section Ω, l'allongement x, est donnée par la formule

$$T = \frac{E\Omega x}{L},$$

E étant un coefficient qui varie avec la nature de la tige, et qu'on nomme *coefficient d'élasticité* (II, § 350).

La position cherchée est celle qui correspond à une tension égale au poids P ; l'allongement correspondant l est donc donné par l'équation

$$P = \frac{E\Omega l}{L},$$

d'où l'on déduit

$$l = \frac{PL}{E\Omega}.$$

Sur le prolongement de la droite AB$=$L, prenons BO$=l$.
Le point O sera la position de l'extrémité B qui
correspond à l'équilibre; si l'on plaçait sans
vitesse le poids P à l'extrémité O de la tige préa-
lablement étendue de la quantité BO, il main-
tiendrait cet allongement sans prendre aucun
mouvement vibratoire.

Examinons ce qui se passe quand l'extrémité
libre de la tige est en un point M quelconque, à
une distance BM$=x$ de sa position primitive, et
à une distance OM$=x'=l-x$ de la position
d'équilibre.

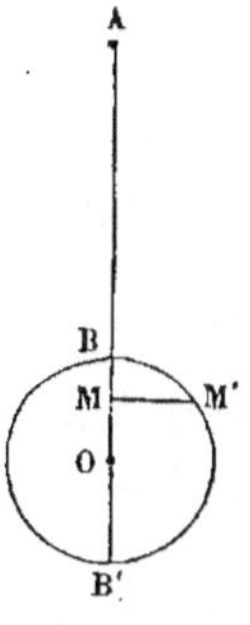

Fig. 191.

Dans cette position, le poids mobile est sollicité vers le haut
par la tension $T = \dfrac{E\Omega x}{L}$, et vers le bas par le poids P ; la résultante de ces deux forces est donc égale à P $-$ T, ou à
$\dfrac{E\Omega l}{L} - \dfrac{E\Omega x}{L}$, ou enfin à

$$\frac{E\Omega}{L}(l-x) = \frac{E\Omega}{L}x'.$$

Telle est la valeur de la force qui tend à entraîner le
poids mobile vers le point O ; il est facile de voir que la résultante des deux forces P et T est dirigée vers le bas quand
le point mobile M est au-dessus de O, et qu'elle est au
contraire dirigée vers le haut quand le point M a dépassé
le point O. Donc la force qui produit le mouvement cherché
est constamment dirigée vers le point O, et elle est proportionnelle à la distance x' du mobile à ce point. Nous avons
déjà étudié (§ 21) le mouvement produit par une semblable
force : ce mouvement est la projection sur la direction OB du
mouvement uniforme d'un point M' qui parcourrait la circonférence décrite du point O comme centre avec OB pour
rayon. On trouve ainsi pour limite BB' de l'allongement de la

tige, le double de l'allongement qui correspond à l'équilibre, et qu'on appelle pour cette raison *allongement statique*. La durée de l'oscillation simple, qui fait parcourir au poids mobile la distance BB', est égale au temps que met le point M' à parcourir la demi-circonférence BM'B'. La vitesse du point M' sur sa trajectoire est égale à la vitesse V du point M quand il passe au point O. Or il est facile de calculer cette vitesse en appliquant le théorème des forces vives. Car la demi-force vive, $\frac{1}{2}\frac{P}{g}V^2$, du poids P à son passage en O, est égale au travail des forces P et T dans le parcours de l'espace BO ; le travail de la force P est positif et égal à Pl ; la force T est égale à $\frac{E\Omega x}{L}$; son travail élémentaire, pris positivement, est égal à $\frac{E\Omega x\,dx}{L}$; son travail total est égal à $\frac{E\Omega}{L}\frac{x^2}{2}$ pour un parcours égal à x, et $\frac{E\Omega}{L}\frac{l^2}{2}$ pour le parcours $x = \mathrm{BO} = l$ (II, § 352). Donc le travail des forces P et T est

$$\mathrm{P}l - \frac{E\Omega l^2}{2\mathrm{L}},$$

et on a par conséquent

$$\mathrm{V} = \sqrt{\frac{\mathrm{P}l - \dfrac{E\Omega l^2}{2\mathrm{L}}}{\dfrac{1}{2}\dfrac{\mathrm{P}}{g}}}.$$

Cette expression peut se simplifier. En effet, $\mathrm{P} = \dfrac{E\Omega l}{\mathrm{L}}$. Remplaçons $\dfrac{E\Omega l}{\mathrm{L}}$ par P dans le second terme du numérateur sous le radical ; P disparaîtra comme facteur commun, et l'on aura

$$\mathrm{V} = \sqrt{gl}.$$

Le point M′ a donc une vitesse égale à $\sqrt{gl}$, et la durée t du parcours de la demi-circonférence BM′B′ est égale à

$$\frac{\pi l}{\sqrt{gl}} = \pi \sqrt{\frac{l}{g}}.$$

C'est la durée de l'oscillation simple du pendule circulaire de longueur l quand l'angle d'écart est suffisamment petit. Il est facile de reconnaître l'analogie des deux théories.

CHAPITRE VI

THÉORIE DU CHOC DES CORPS SOLIDES NATURELS

347. Le phénomène du choc se produit lorsque deux corps sont amenés par les lois de leurs mouvements particuliers à occuper en même temps une même portion de l'espace. Ce résultat étant impossible, les lois du mouvement doivent être modifiées, et elles le sont en effet par l'action des forces répulsives qui se développent au contact des deux corps, et qui changent à la fois l'intensité et la direction des vitesses relatives. La durée du choc est assez courte pour qu'on puisse regarder ces forces comme *instantanées;* ce sont des forces d'une très-grande intensité, agissant pendant un temps très-restreint, et capables par conséquent de modifier les vitesses des points en mouvement sans altérer sensiblement, pendant la durée de leur action, les positions de ces points (§ 190). Les mêmes considérations font reconnaître que, pendant la durée du choc, l'effet des forces extérieures continues est négligeable.

348. Nous prendrons pour exemple le cas le plus simple, celui du choc direct de deux corps sphériques, A et B, de masses m et m', parcourant la même droite CD avec des vitesses données v et v'. Supposons qu'ils se meuvent tous deux

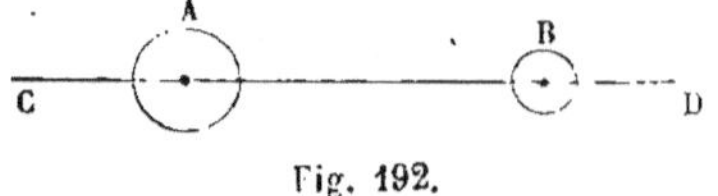

Fig. 192.

dans le sens CD ; il faudra pour qu'il y ait rencontre des deux corps, que la vitesse du corps A soit plus grande que celle

du corps B : nous aurons donc $v > v'$. Il arrivera alors un moment où les deux corps seront en contact ; ce sera le commencement du choc. Dès ce moment les forces répulsives sont mises en jeu ; en même temps, les deux corps se déforment. Le corps A, qui a la plus grande vitesse, est graduellement retardé par la résistance que lui oppose le corps B; celui-ci au contraire est poussé par le corps A, et sa vitesse augmente. Ce double effet se produit tant que la vitesse du corps A est supérieure à celle du corps B. Il arrive bientôt un instant où les deux corps A et B ont même vitesse; cet instant termine ce qu'on appelle la *première période du choc.* Il est aisé de calculer cette vitesse u, commune aux deux corps à la fin de la première période. En effet, les forces répulsives qui agissent à la fois sur le corps A et sur le corps B, pour accélérer le mouvement de l'un et pour retarder le mouvement de l'autre, sont pour l'ensemble des deux corps des forces mutuelles intérieures, qui ne peuvent modifier le mouvement du centre de gravité du système formé par ces deux corps. La vitesse u, commune aux deux corps, est donc égale à la vitesse de leur centre de gravité, puisque le choc ne contribue en rien à l'altérer. Or la vitesse du centre de gravité est donnée par l'équation

$$u = \frac{mv + m'v'}{m + m'};$$

c'est, en d'autres termes, la vitesse moyenne, eu égard aux masses, entre les vitesses des deux corps considérés.

Le corps A a donc *perdu* une vitesse égale à $v - u$, et une quantité de mouvement égale à $m(v - u)$; le corps B a *gagné* une vitesse égale à $u - v'$, et une quantité de mouvement égale à $m'(u - v')$. L'équation précédente fait voir que l'on a

$$m(v - u) = m'(u - v'),$$

ou que la quantité de mouvement gagnée par l'un des corps est égale à celle que l'autre perd. Tout se passe comme si le corps A cédait au corps B une partie de la quantité de mouvement qu'il possède.

Il en résulte qu'à cet instant du choc où les vitesses sont égales, le système des deux corps a perdu une certaine quantité de force vive. La force vive d'un système (§ 186) est en effet la somme de deux parties : l'une est la force vive de la masse entière concentrée au centre de gravité; l'autre, la force vive dans le mouvement relatif, par rapport à des axes de direction constante menés par le centre de gravité. La première partie est $(m + m')\, u^2$ à toute époque, puisque la vitesse u est invariable; la seconde partie est égale à $m\,(v - u)^2 + m'\,(u - v')^2$ au moment où le choc commence; car $v - u$, $u - v'$ sont les vitesses relatives des corps A et B par rapport au centre de gravité de leur système. A la fin de la première période du choc, les vitesses relatives de A et B par rapport au centre de gravité sont nulles; la force vive est donc alors réduite à la première partie seule, et la seconde partie,

$$m\,(v - u)^2 + m'\,(u - v')^2,$$

représente la *perte de force vive*. Or une perte de forces vives suppose un travail résistant; ce travail est fourni par les forces mutuelles répulsives, et il est négatif, puisque les forces tendent à écarter les deux corps, pendant que leur mouvement relatif les rapproche. La mesure du travail de ces forces pendant la période considérée est égale à la moitié de la force vive perdue, et nous pouvons poser

$$T_f = \frac{1}{2}\,[m\,(v - u)^2 + m'\,(u - v')^2],$$

en désignant par T_f le travail des forces mutuelles intérieures, pris positivement.

349. Passons à l'étude de la seconde phase du choc.

Ici il y a plusieurs cas à distinguer, suivant l'élasticité plus ou moins grande des corps A et B. Considérons seulement les deux cas extrêmes, celui où les corps A et B sont des corps *mous*, et celui où tous deux sont des corps complétement *élastiques*.

On appelle corps *mous* les corps qui, une fois déformés, conservent leur déformation sans manifester aucune tendance à revenir à leur forme primitive.

On appelle au contraire *corps parfaitement élastiques* ceux dont les déformations ne persistent pas, et où il y a tendance des molécules à revenir à leurs positions relatives premières. Les solides naturels sont tous élastiques tant que les efforts qu'on leur fait subir ne dépassent pas une certaine limite, la *limite d'élasticité;* mais au delà, les déformations produites ne s'effacent plus, et le corps rentre à cet égard dans la classe des corps mous. C'est ce qui arrive presque toujours dans le choc. Les forces développées par la collision de deux corps sont en général assez grandes pour que la limite d'élasticité soit dépassée sur chacun d'eux; leurs déformations persistent alors, sinon en totalité, comme s'il s'agissait de corps parfaitement mous, du moins en partie

Supposons d'abord que les deux corps soient mous. L'élasticité n'interviendra pas à la fin de la première période du choc pour restituer aux corps leurs formes primitives. Les deux corps sont à cet instant animés d'un mouvement commun, et bien qu'ils soient en contact géométrique, ils n'exercent l'un sur l'autre aucune action. Leur mouvement commun se continue donc sans altération, et le choc est terminé à la fin de sa première période. Il y a alors en fin de compte une perte de force vive, dont la moitié mesure le travail des forces mutuelles qui ont produit la déformation des deux corps et la variation de leurs vitesses.

Supposons ensuite que les corps A et B soient tous deux parfaitement élastiques.

Alors les deux corps déformés vont chacun revenir graduellement pendant la seconde période du choc à leur forme primitive; dans ce retour, les molécules du corps A vont tendre encore à accélérer le mouvement du corps B, et les molécules du corps B à retarder le mouvement du corps A. Si l'élasticité est parfaite de part et d'autre, le corps A et le corps B passeront successivement, mais en sens inverse, par tous les états par lesquels ils étaient passés pendant la première pé-

riode, et se retrouveront ramenés à leur forme première au
bout d'un temps égal à celui qu'ils avaient mis à s'en écarter.
Les deux périodes sont donc pour ainsi dire symétriques, et
l'intensité des effets produits ne subit pas de variation de l'une
à l'autre. Le corps A avait perdu la vitesse $v-u$ pendant la
première période. Il perdra encore pendant la seconde une
vitesse égale à $v-u$, de sorte que sa vitesse à la fin de la seconde période sera

$$v - 2(v - u) = 2u - v;$$

le corps B a gagné pendant la première période une vitesse
$u-v'$; il en gagnera encore autant pendant la seconde, ce
qui porte sa vitesse à la fin du choc à

$$v' + 2(u - v') = 2u - v'.$$

En d'autres termes, la vitesse u est, pour chaque corps, la
moyenne arithmétique des vitesses avant et après le choc.

Dans ce cas, le choc ne produit aucune modification dans la
force vive ; car le travail négatif $-T_f$ des forces développées
pendant la première période est détruit par le travail positif
$+T_f$ des forces qui agissent pendant la seconde. Il est d'ailleurs aisé de voir qu'à la fin du choc, les vitesses relatives des
corps A et B par rapport au centre de gravité sont $2u-v-u$,
ou $u-v$, et $2u-v'-u$, ou $u-v'$, de sorte que la seconde
partie de la force vive du système, qui était avant le choc

$$m(v - u)^2 + m'(u - v')^2,$$

est après le choc

$$m(u - v^2) + m'(u - v')^2;$$

ces deux expressions sont identiques.

350. Les solides naturels ne sont ni parfaitement mous,
ni parfaitement élastiques; les déformations qui s'y produisent persistent en partie, et tendent à s'effacer pour le reste.
Il y a donc une première perte de force vive à constater dans
tous les chocs, et cette perte est due à la persistance d'une
partie des déformations produites. On pourrait croire que

c'est là toute la perte, et que l'élasticité suffit comme dans le cas que nous venons d'examiner pour restituer tout le surplus. Mais il n'en est pas généralement ainsi. Le retour vers les formes primitives ne s'accomplit pas avec la symétrie que nous avons admise dans un cas tout à fait théorique. Les molécules, au lieu d'arriver au bout du choc à des positions d'équilibre avec une vitesse de plus en plus petite, y parviennent avec une vitesse finie, et dépassent ces positions ou bien tournent autour d'elles, en effectuant une série d'oscillations analogues à celles de la tige élastique dont nous avons étudié le mouvement (§ 346). A ce mouvement vibratoire correspond une certaine somme de forces vives, qui n'appartient plus aux mouvements généraux des corps A et B, et qu'on peut considérer comme perdue; à vrai dire elle est simplement dissimulée. La force vive initiale du système, $mv^2 + m'v'^2$, se trouve donc diminuée au bout du choc de deux parties : l'une, afférente aux déformations permanentes, et l'autre aux mouvements vibratoires; celle-ci se révèle à nous par la production de sons et de bruits, et par l'échauffement des corps choqués.

Les forces intérieures ne paraissent pas dans nos équations, où l'on ne voit figurer que les masses et les vitesses. Il ne faudrait pas oublier pour cela, comme l'ont fait certains géomètres, qu'elles jouent le rôle principal dans le phénomène. L'équation du mouvement du centre de gravité ne les contient pas, parce qu'elles sont intérieures. Mais ce sont elles néanmoins qui modifient les vitesses des deux corps, et la théorie, sans les faire connaître, donne la mesure de leur travail.

EXAMEN DE CERTAINS CAS PARTICULIERS.

351. Supposons que les deux corps qui se choquent soient parfaitement élastiques. Appelons toujours v et v' les vitesses avant le choc, et soient w et w' les vitesses après; nous avons trouvé les équations

$$w = 2u - v,$$
$$w' = 2u - v',$$

u étant la vitesse donnée par la formule

$$u = \frac{mv + m'v'}{m + m'}.$$

Nous pouvons sans rien changer au mouvement animer les deux corps d'une vitesse commune, que nous choisirons égale et contraire à v'. Cela revient à faire $v' = 0$, et à appeler v, u, w, w', les différences $v - v'$, $u - v'$, $w - v'$, $w' - v'$. On obtient alors les formules simplifiées :

$$w = 2u - v,$$
$$w' = 2u,$$
$$u = \frac{mv}{m + m'},$$

et par suite

$$w' = \frac{2mv}{m + m'},$$
$$w = \frac{2mv}{m + m'} - v = \frac{(m - m')v}{m + m'}.$$

Cela posé, nous examinerons les cas particuliers suivants.

1° Supposons les deux masses m et m' égales.

On aura alors

$$w' = v,$$
$$w = 0,$$

c'est-à-dire que le corps A, qui vient choquer le corps B, d'égale masse, perd sa vitesse et la lui communique toute entière.

C'est ce qu'on peut vérifier par une expérience.

Deux boules d'ivoire, de même diamètre, sont attachées en A et B à des fils OA, O'B, d'égale longueur. Elles se touchent en un point de la droite AB, égale et parallèle à OO'. On forme ainsi un double pendule. On écarte d'un certain angle, AOA', le premier pendule; puis on laisse retomber la boule, qui vient choquer la boule B. L'ivoire étant doué d'une grande élasticité, il y a communication du mouvement

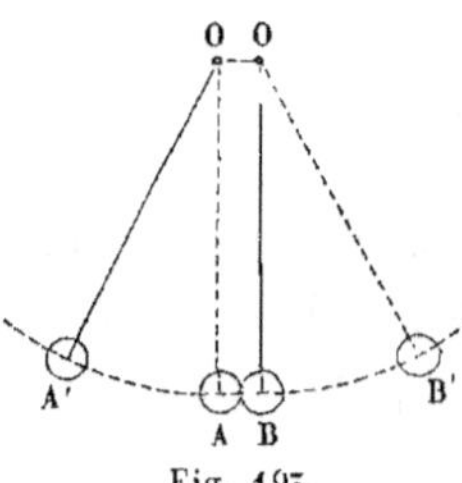

Fig. 195.

d'une grande élasticité, il y a communication du mouvement

de la boule A à la boule B ; aussi la première boule reste au
point A, et la boule B est lancée suivant l'arc de cercle BB' avec
la vitesse que possédait la boule A, c'est-à-dire avec la vitesse
due à la chute verticale du point A' au point A. Elle s'élèvera
donc jusqu'au point B', à la même hauteur que le point A' ;
puis elle retombera de B' en B, choquera la première boule qui
est maintenant au repos, et s'arrêtera en communiquant à
celle-ci la vitesse qu'elle possède. On aura en définitive une
série de mouvements oscillatoires des deux pendules, chacun
effectuant deux demi-oscillations, l'une montante, l'autre descendante, de chaque côté de la verticale moyenne de l'appareil.

Si, au lieu des deux boules A et B, on en dispose un certain nombre, A, A', A'',… A''', d'égal poids et d'égal diamètre,
juxtaposées le long d'une horizontale, et suspendues chacune à
des fils OA, O'A', O''A'',… O'''A'''
d'égale longueur, puis qu'on
fasse choquer la première boule
contre la seconde en écartant
le premier pendule d'un certain
angle à partir de la verticale,
la boule A' prendra *sans déplacement sensible* la vitesse *v* que
la boule A lui communique ; mais elle choque aussitôt la
boule A'', à laquelle elle communique pareillement la vitesse *v*
en la perdant elle-même. La boule A'' la transmet à la boule
voisine, et ainsi de suite, jusqu'à ce que la vitesse *v* soit
transmise à la dernière boule A''' par la boule précédente.
La dernière boule, ne trouvant plus à communiquer la
vitesse *v* à une boule contiguë, la conserve le long de l'arc
de cercle décrit du point O''' comme centre avec la longueur du fil pour rayon ; elle s'élèvera donc verticalement sur
cet arc de la quantité due à la vitesse *v*, c'est-à-dire elle parviendra à la même hauteur, A_1, que le point de départ A de la
première boule. En retombant de ce point, elle transmettra
de même à la première boule la vitesse *v* qu'elle en avait reçue, et le mouvement oscillatoire de l'appareil comprendra

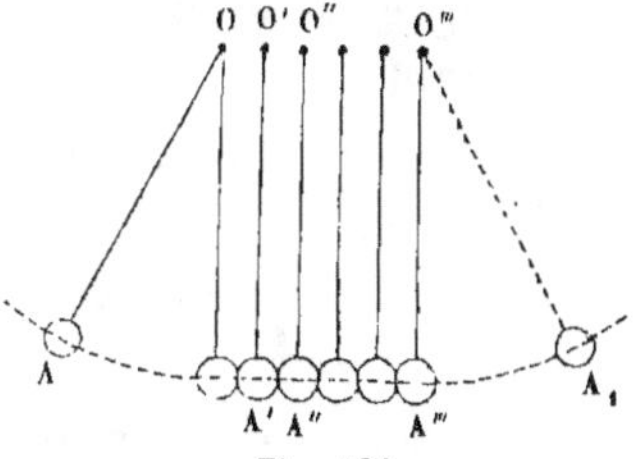

deux demi-oscillations, l'une montante et l'autre descendante, des deux boules extrêmes, sans déplacement apparent des boules intermédiaires.

Cette expérience rend compte de la propagation des mouvements par l'intermédiaire des corps élastiques. La durée du choc des deux boules est trop petite pour qu'on puisse l'évaluer par une observation directe. Mais si l'on intercale entre les deux boules extrêmes un nombre suffisamment grand de boules, les durées des chocs successifs s'ajoutent, et s'il est possible d'évaluer le retard du commencement de l'oscillation de la dernière boule sur la fin de l'oscillation de la première, on pourra calculer la durée du choc.

La transmission du son dans les milieux élastiques donne lieu à la production d'un phénomène analogue. Les molécules d'air rangées le long d'un rayon sonore sont ébranlées successivement, et chacune communique à la molécule qui la suit la vitesse qu'elle a reçue de la molécule qui la précède. La vitesse de la propagation de l'ébranlement, ou plus brièvement la *vitesse du son*, dépend de la densité et de l'élasticité du milieu.

2° En second lieu, supposons que la masse m' soit très-grande par rapport à la masse m. Alors la vitesse w' sera très-petite par rapport à v, et la fraction $\dfrac{m' - m}{m' + m}$ étant sensiblement égale à l'unité, on aura approximativement $w = -v$. Si l'on suppose m' infini par rapport à m, cette équation devient rigoureuse, et l'on a aussi $w' = 0$. Dans le cas où un corps élastique vient choquer un autre corps élastique de masse infiniment grande, le corps choqué ne prend point de vitesse, et la vitesse du corps choquant change de signe en conservant sa valeur ; ce qu'on exprime en disant qu'il y a *réflexion* du corps choquant sur le corps choqué.

C'est ce qui arrive dans le choc direct d'une bille d'ivoire contre la bande d'un billard. Le corps choqué, B, peut ici être considéré comme ayant une masse infiniment grande, car il fait partie d'un système à peu près immobile. Soit BB'

la bande, A la bille. Si on la lance suivant la normale AC, elle
reviendra suivant la même droite et
avec la même vitesse dans le sens CA.
Il en serait rigoureusement ainsi s'il
n'y avait pas de frottement de la
bille sur le tapis, et si la bande était
parfaitement élastique, et douée d'une immobilité absolue.

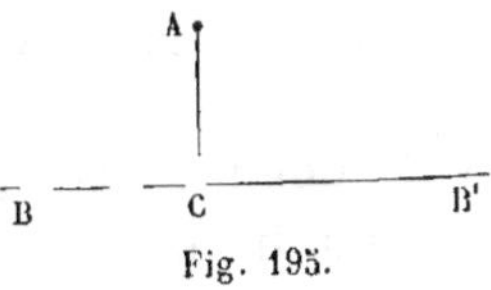

Fig. 195.

On peut étendre ce résultat au choc oblique, en faisant
abstraction des effets du frottement.

Soit AC la trajectoire que la bille décrit avec une vitesse V.
Arrivée au contact de la bande BB', elle subit une action
instantanée, qui est par hypothèse normale à la surface BB'.
Or on peut décomposer la vitesse V en deux vitesses, l'une CD
suivant la bande, et l'autre CE nor-
male. La réaction normale de la
bande est sans effet sur la vitesse CD ;
car l'impulsion de la bille projetée
sur BB' n'est pas altérée par l'intervention d'une force perpendiculaire
à sa direction. La composante CD de

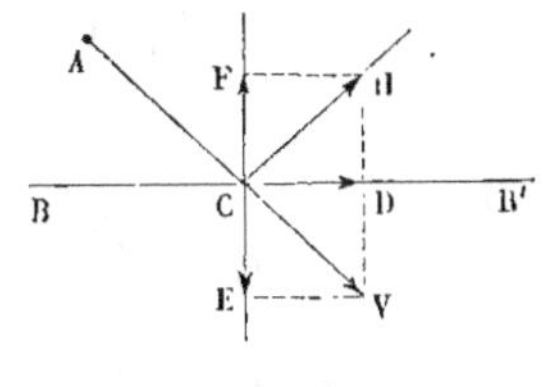

Fig. 196.

la vitesse se conserve donc après le choc. Imprimant à la
bille et au billard un mouvement égal et contraire à CD, nous
ramenons le mouvement relatif de la bille au cas du choc direct avec la vitesse CE ; cette vitesse change de signe par
l'effet du choc, et prend la direction CF en conservant sa
grandeur. La vitesse réelle de la bille après le choc est en définitive la résultante des deux vitesses CD, CF ; la direction
CH est, par rapport à la bande, symétrique de la direction primitive CV, et la route réflechie fait avec la normale CF à la
surface réfléchissante un angle FCH *de réflexion* égal à l'angle
ACF *d'incidence*.

La réflexion de la lumière et du son sur les surfaces polies
suit une loi toute semblable quant à la direction des rayons
réfléchis.

CHOC DE CORPS NON ÉLASTISQUES. BATTAGE DES PIEUX.

352. Comme exemple de choc de corps non élastisques, nous prendrons le battage des pieux que l'on enfonce dans le sol pour servir de supports à la fondation d'un ouvrage. On se sert à cet effet d'une *sonnette* ABD (fig. 197 et 198), appareil en charpente destiné à élever et à laisser retomber alter-

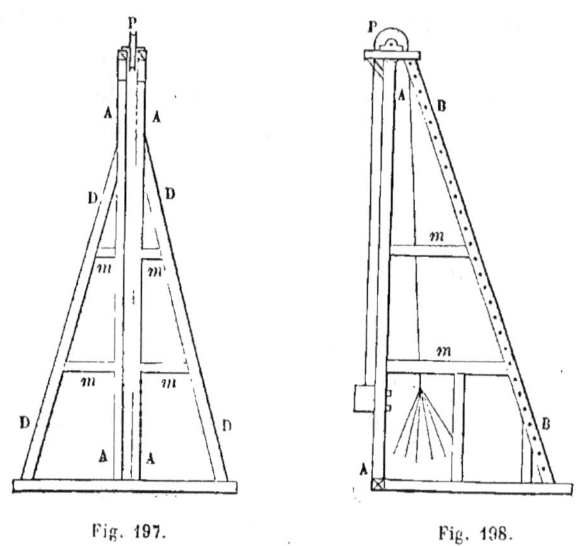

Fig. 197.   Fig. 198.

P, Poulie. — *m*, *m*, traverses.

nativement un *mouton* en fonte. La sonnette peut être à *tiraude* ou à *déclic*. La sonnette à tiraude s'emploie pour commencer le battage, ou pour enfoncer des pieux dans un terrain peu résistant; on peut donner en peu de temps un grand nombre de coups, mais la hauteur à laquelle le mouton s'élève reste faible. La sonnette à déclic est beaucoup plus haute; le mouton est élevé au moyen d'un équipage de roues dentées; une fois qu'il est parvenu à son point le plus haut, un déclic, mis en jeu par la machine elle-même ou par un ouvrier spécial, détache le mouton de la corde qui l'a soulevé et le laisse tomber sur la tête du pieu.

On arrive ainsi à faire tomber un poids P d'une hauteur H sur la tête d'un pieu déjà engagé dans le sol : on demande l'effet qui va résulter de ce choc.

Nous appliquerons successivement les équations des quantités de mouvement et des forces vives.

Soit R_0 la *résistance moyenne du sol pendant la durée, θ, du choc*; la vitesse v commune au mouton et au pieu à la fin du choc sera donnée par la relation

$$\frac{P+p}{g} v - \frac{P}{g} \sqrt{2gH} = - R_0\theta,$$

où p désigne le poids du pieu.

Car l'impulsion de la résistance R_0 a réduit pendant la durée θ la quantité de mouvement du mouton à l'instant du choc, $\frac{P}{g}\sqrt{2gH}$, à la quantité de mouvement du mouton et du pieu à la fin, $\frac{P+g}{g} v$.

Si h est l'enfoncement du pieu dû au coup de mouton, on aura, en appliquant le théorème des forces vives,

$$\frac{P+p}{g} v^2 = 2Rh.$$

en appelant R la *valeur moyenne de la résistance du sol pendant l'enfoncement.*

Dans cette dernière équation nous négligeons le travail des forces intérieures qui se développent pendant la déformation du pieu et le travail de la pesanteur. Dans la première, nous négligerons de même le terme $R_0\theta$, ce qui revient à supposer que tout se passe pendant le choc comme si le pieu était libre. On a alors pour v une limite supérieure,

$$v = \frac{P}{P+p} \sqrt{2gH},$$

qu'on pourra substituer dans la seconde équation ; ce qui donne pour R

$$R = \frac{P+p}{2gh} \times \left(\frac{P}{P+p}\right)^2 \times 2gH = P \times \frac{H}{h} \times \frac{P}{P+p}.$$

Supposons par exemple que le mouton, pesant 500 kilogrammes tombe d'une hauteur de 4 mètres, et produise un enfoncement d'un millimètre, le pieu pesant 100 kilogrammes ; la formule donnera

$$R = 500 \times \frac{4}{0,001} \times \frac{500}{500 + 100} = \frac{500 \times 4}{0,001} \times \frac{5}{6} = 166\,666^{kil}\frac{2}{3}.$$

C'est par excès une valeur moyenne de la réaction du terrain pendant que le pieu s'enfonce. Le pieu est battu *au refus* quand il ne s'enfonce plus que d'une quantité imperceptible sous une *volée* de coups de mouton. On obtient par ce moyen une fondation très-rigide sur laquelle on peut asseoir avec sécurité les constructions. Mais l'expérience montre que la charge par pieu ne doit pas dépasser le centième de la limite obtenue par cette méthode.

Le battage des pieux fait bien voir la différence qu'il y a entre un choc et une pression statique. On peut déterminer, par exemple, une charge assez grande pour faire enfoncer un pieu d'un centimètre ; mais une fois l'enfoncement produit, la charge se trouve équilibrée par la résistance du terrain, et elle ne produit plus aucun effet, tandis que la répétition d'un même choc peut produire des enfoncements répétés.

353. Le battage des pieux a pour objet l'enfoncement du pieu sous le choc du mouton. Dans d'autres cas, le but à atteindre est une déformation ou une rupture du corps choqué. Tel est par exemple le travail du fer sous le marteau ; tel est encore le cassage des pierres pour l'entretien des routes. Dans ces deux exemples, la force vive communiquée au marteau doit être détruite par le travail de la déformation du corps choqué ; tout ce qui reste à l'état de force vive, comme l'ébranlement du sol sur lequel est posée l'enclume, ou la projection des débris des pierres cassées, doit être considéré comme un travail perdu. Il est difficile de se rendre compte, autrement que par l'expérience, de ces causes de perte de travail. Tout ce qu'on sait sur ce sujet, c'est que les marteaux-pilons doivent avoir une lourde masse et tomber

d'une faible hauteur sur le corps amolli par la chaleur, pour en augmenter la cohésion et pour lui donner une forme particulière ; le marteau du casseur de pierres au contraire a une masse faible, et il est monté au bout d'une tige de bois élastique ; l'ouvrier, en lui communiquant une grande vitesse, donne sur la pierre un coup *sec* qui produit la rupture.

THÉORÈME DE CARNOT.

354. Le théorème de Carnot a pour objet l'évaluation des forces vives perdues dans le choc des corps parfaitement mous. C'est une conséquence immédiate du théorème de d'Alembert étendu aux forces instantanées ; mais la proposition n'est vraie que lorsqu'on peut négliger les frottements des corps les uns sur les autres, ou lorsqu'on suppose les réactions développées par le choc normales aux surfaces de contact.

Le théorème de d'Alembert montre qu'il y a équilibre entre les forces instantanées qui agissent réellement sur les corps, les quantités de mouvement initiales et les quantités de mouvement finales changées de sens (§ 191).

Soit m la masse d'un point du système ;

u, u', u'', les composantes de sa vitesse avant le choc ;

U, U', U'', les composantes de sa vitesse après le choc ;

X, Y, Z, les composantes des forces instantanées développées par le choc ; nous aurons l'équation générale

$$\Sigma([X - m(U - u)] \delta x + [Y - m(U' - u')] \delta y + [Z - m(U'' - u'')] \delta z) = 0.$$

Appliquons cette équation à un déplacement virtuel particulier, coïncidant avec le déplacement réel que subissent les points du système à la fin du choc, et qui s'accomplit avec les vitesses U, U', U''.

Nous ferons

$$\delta x = U dt,$$
$$\delta y = U' dt,$$
$$\delta z = U'' dt.$$

Ce déplacement annule la somme $\Sigma(X\delta x + Y\delta y + Z\delta z)$.

En effet, à la fin du choc, les corps, supposés mous, se meuvent avec la même vitesse en projection sur la normale

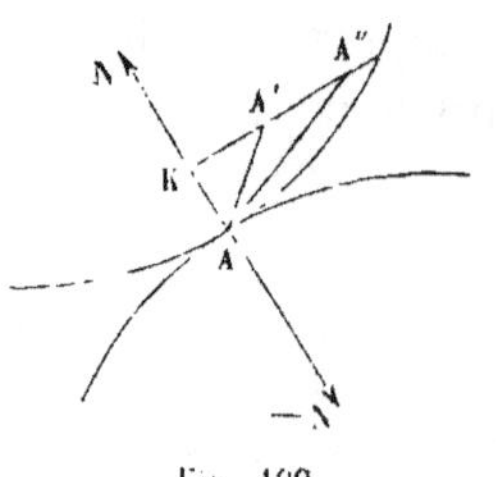

Fig. 199.

commune aux surfaces par lesquelles ils se touchent. Soit A, par exemple, le point de contact de deux corps; les réactions mutuelles des deux corps seront la force N et la force $-N$; dans le mouvement commun, le point A du premier corps ira en A′, et le point A du second en A″, et les points A′ et A″

seront situés dans un même plan KA′A″ normal à AN. Donc le travail des forces mutuelles N et $-N$ est nul (Cf. II, § 135, 3°).

Il en est de même de toutes les forces instantanées développées par le choc des divers corps mous formant le système total. L'équation d'équilibre devient donc, en divisant par dt,

$$\Sigma m[(U - u)U + (U' - u')U' + (U'' - u'')U''] = 0,$$

ou bien

$$\Sigma m[U^2 + U'^2 + U''^2 - (Uu + U'u' + U''u'')] = 0.$$

Or appelons v la vitesse absolue du point m avant le choc, V la vitesse du même point après le choc, et w la *vitesse perdue*, c'est-à-dire la vitesse qui, composée avec v, donne pour résultante la vitesse finale V. Nous aurons à la fois

$$v^2 = u^2 + u'^2 + u''^2,$$
$$V^2 = U^2 + U'^2 + U''^2,$$
$$w^2 = (U - u)^2 + (U' - u')^2 + (U'' - u'')^2$$
$$= (U^2 + U'^2 + U''^2) + (u^2 + u'^2 + u''^2) - 2(Uu + U'u' + U''u'')$$
$$= V^2 + v^2 - 2(Uu + U'u' + U''u'').$$

On en déduit

$$Uu + U'u' + U''u'' = \frac{V^2 + v^2 - w^2}{2},$$

et, substituant dans l'équation que nous venons d'obtenir, il vient

$$\Sigma m \left[(U^2 + U'^2 + U''^2) - \frac{V^2 + v^2 - w^2}{2} \right] = \Sigma m \left(V^2 - \frac{V^2}{2} - \frac{v^2}{2} + \frac{w^2}{2} \right) = 0,$$

ou

$$\Sigma m V^2 - \Sigma m v^2 + \Sigma m w^2 = 0,$$

ou enfin

$$\Sigma m V^2 = \Sigma m v^2 - \Sigma m w^2.$$

La somme des forces vives après le choc des corps mous est donc égale à la somme des forces vives avant le choc diminuée de la somme des forces vives dues aux vitesses perdues pendant le choc, ou autrement la perte de force vive est la somme des forces vives dues aux vitesses perdues.

Tel est l'énoncé du théorème de Carnot.

PENDULE BALISTIQUE.

355. Le *pendule balistique* sert à mesurer la vitesse des projectiles à la sortie des bouches à feu. Il consiste essentiel·lement en un corps mou, lié à un axe horizontal de rotation; le boulet vient frapper ce corps mou et le pénètre à une certaine profondeur; à la fin du choc, le boulet et le pendule ne font qu'un seul et même système, animé d'une vitesse angulaire autour de l'axe de suspension; le pendule s'écarte de la verticale en vertu de la vitesse qui lui est communiquée, et son centre de gravité s'élève jusqu'à ce que le travail négatif de la pesanteur ait détruit sa force vive. A ce moment, le pendule a atteint l'extrémité de son oscillation; son mouvement se continue, mais en sens contraire. Un curseur, entraîné par le pendule pendant le mouvement ascendant, et abandonné au point qu'il occupe lorsque le pendule commence à descendre, permet d'évaluer l'angle d'écart, et par suite le travail négatif de la pesanteur; la valeur absolue de ce travail est égale à la demi-force vive du système. Connaissant cette force vive, on en déduira successivement la vitesse

angulaire initiale du pendule, la vitesse linéaire du boulet à la fin du choc, enfin la vitesse linéaire du boulet au commencement du choc, qui est la vraie inconnue de la question.

Soit MN le corps du pendule, O son axe de suspension, G le centre de gravité du système oscillant. La droite BA, menée dans le plan moyen du pendule, à angle droit sur la direction de l'axe O et un peu au-dessous du point G, représente la trajectoire du boulet, que nous supposerons enfoncé jusqu'au point A dans la terre remplissant le corps

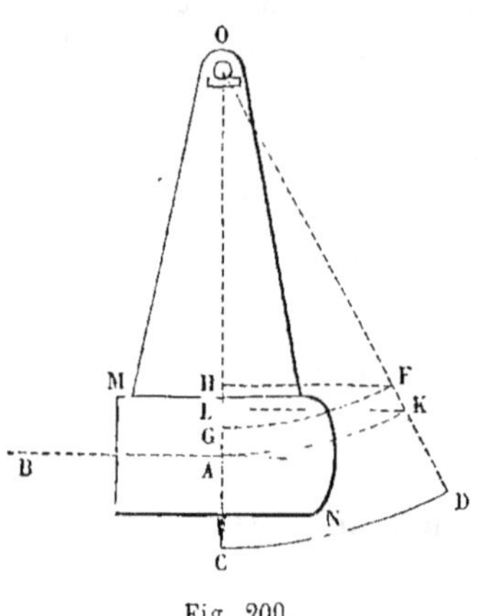

Fig. 200.

du pendule. Appelons v la vitesse du boulet avant le choc, u la vitesse linéaire qu'il conserve après le choc, quand il ne fait plus avec le pendule qu'un seul et même corps. Soit p le poids du boulet ; I le moment d'inertie du pendule par rapport à l'axe projeté en O ; ω la vitesse angulaire qu'il possède à la fin du choc, qui assure à son point A la vitesse linéaire u. La pointe C pousse le curseur le long de l'arc CD à mesure que le pendule s'écarte de sa position d'équilibre ; elle l'abandonne au point D au moment où, ayant perdu toute sa vitesse, le pendule commence à rétrograder. Dans son mouvement ascendant, le centre de gravité décrit l'arc GF, et s'élève par conséquent de la quantité verticale GH $= h$, qu'on peut mesurer.

Posons OA $= l$; angle COD $= \alpha$.

On en déduit $h = a\,(1 - \cos\alpha)$.

Appelons F la réaction moyenne développée pendant la durée du choc entre le boulet et le pendule ; θ représentant cette durée, l'impulsion de la force F sera Fθ ; cette impulsion, agissant sur le boulet dans le sens AB, en sens contraire du mouvement, réduit sa vitesse de la valeur initiale V à la valeur finale u.

Nous avons donc

$$\frac{p}{g}\,(v - u) = F\theta.$$

La même force, agissant sur le pendule, fait passer sa vitesse angulaire, pendant la même durée, de la valeur 0 à la valeur ω ; prenant les moments des quantités de mouvement et des forces par rapport à l'axe O, nous aurons

$$F l\theta = I\omega.$$

Entre ces deux équations, éliminons le produit $F\theta$; il suffit pour cela de multiplier la première par l et d'ajouter. Il vient

$$\frac{p l}{g}\,(v - u) = I\omega\,;$$

d'où l'on déduit

$$v = u + \frac{g I \omega}{p l}.$$

Mais $u = \omega l$, et par suite

$$v = \omega \times \frac{p l^2 + g I}{p l}.$$

La force vive du système à la fin du choc se compose de la force vive $I\omega^2$ du pendule et de la force vive $\dfrac{p}{g}\,l^2\omega^2$ du boulet ; elle est donc égale à

$$\left(I + \frac{p}{g}\,l^2\right)\omega^2.$$

Elle est réduite à 0 quand l'angle d'écart atteint la valeur COD ; or le centre de gravité du pendule s'est élevé de la quantité $h = a\,(1 - \cos\alpha)$, et le centre de gravité du boulet, de la quantité AL, laquelle est à HG dans le même rapport que OA à OG, ou que l à a. Le travail de la pesanteur est donc, en appelant P le poids du pendule,

$$P h + p \times \frac{h l}{a} = h \times \left(P + \frac{p l}{a}\right) = a\,(1 - \cos\alpha)\left(P + \frac{p l}{a}\right),$$

et l'équation des forces vives nous donne

$$\left(I + \frac{p}{g}\,l^2\right)\omega^2 = 2a\left(P + \frac{p l}{a}\right)(1 - \cos\alpha).$$

Cette équation fait connaître ω, ensuite l'équation précédente donne la valeur de v.

Il est nécessaire que le boulet frappe le pendule au centre de percussion correspondant à l'axe O ; autrement l'axe O subirait pendant le choc des pressions qui pourraient déranger l'appareil. On sait que la distance l du centre de percussion à l'axe est égale à $a + \dfrac{K^2}{a}$, a étant la distance OG du centre de gravité au même axe, et K le rayon de giration autour d'un axe parallèle à l'axe O mené par le point G ; c'est-à-dire que la distance l est la longueur du pendule simple synchrone du pendule composé formé par le pendule balistique. S'il en est ainsi, l'addition du boulet au point A n'altérera pas la durée des oscillations du pendule. On pourra donc déterminer empiriquement le point A où le boulet doit frapper, en plaçant le boulet à différentes hauteurs dans le plan moyen transversal du pendule, et en le faisant osciller chaque fois dans ces diverses conditions. La position cherchée est celle pour laquelle l'addition du boulet au pendule ne produit aucune différence dans la durée des oscillations.

MARTEAUX ET CAMES.

356. On emploie, dans l'industrie du fer, des marteaux qu'une roue à cames soulève, et qui retombent ensuite librement sur l'enclume. Il y a plusieurs espèces de marteaux ; les *marteaux frontaux* sont soulevés par une came qui agit dans le plan vertical du manche, au delà du marteau par rapport à son axe de rotation. Les *marteaux à bascule*, ou *martinets*, destinés à battre un grand nombre de coups par minute, sont saisis par la came en arrière de l'axe de rotation : la came agit sur eux de haut en bas ; enfin les *marteaux à soulèvement* sont munis d'un mentonnet latéral sur lequel la came vient agir dans un plan vertical perpendiculaire au plan du

manche. La théorie est à peu près la même pour ces divers types.

Chaque coup de marteau peut se décomposer en trois périodes : la première, qui dure un temps très-court, est la période du *choc* ; elle commence à l'instant où la came, animée d'une grande vitesse, rencontre le manche du marteau ; elle finit à l'instant où les deux points en contact, appartenant l'un à la came, l'autre au marteau, se déplacent avec des vitesses égales.

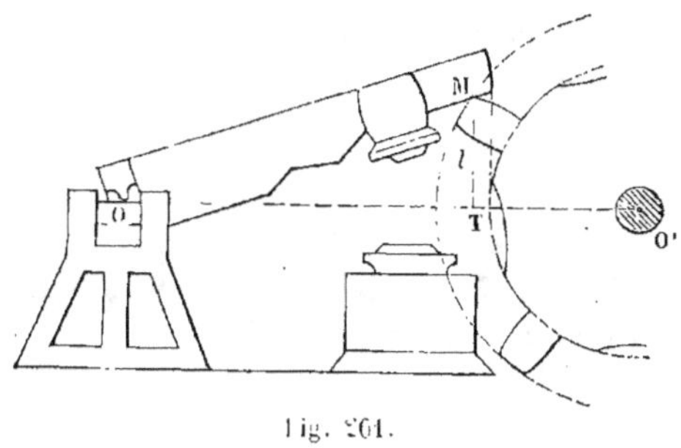

Fig. 201.

La seconde est la période de la *levée* ; elle fait suite à la première période, et comprend tout le temps que la came et le marteau sont en prise ; elle se termine à l'instant où le contact cesse, et où le marteau est abandonné par la came.

La troisième période comprend la durée de la chute du marteau sur l'enclume (ou plutôt sur le corps placé sur l'enclume), plus un temps perdu qu'on peut réduire à volonté, et qui sépare la fin de chaque coup de l'instant où une nouvelle came vient en prise avec le marteau.

L'espacement des cames au pourtour de l'arbre tournant et la vitesse angulaire de cet arbre doivent être réglés de telle sorte que la chute du marteau soit complète, et que le marteau ne soit pas relevé par une came avant d'être tombé à fond sur l'enclume.

Nous allons chercher les différentes pertes de travail subies par l'appareil dans ces périodes successives, en prenant pour exemple un marteau frontal.

Première période. — Au commencement de la période du choc, le marteau est immobile, et la came possède autour de son axe O' une vitesse de rotation ω'_0. A la fin, le marteau, sans déplacement sensible, a une vitesse de rotation ω_1 et la came une vitesse de rotation ω'_1. Appelant F la percussion mutuelle subie par les deux corps pendant le choc, R' le rayon de la came, mesuré à partir de son centre jusqu'au point de contact des deux corps, R la distance de ce même point à l'axe de rotation du marteau, $M'K'^2$ le moment d'inertie de la came, et MK^2 celui du marteau, par rapport à leurs axes respectifs, nous aurons les deux équations :

$$\omega'_0 - \omega'_1 = \frac{FR'}{M'K'^2} \quad \text{et} \quad \omega_1 = \frac{FR}{MK^2}.$$

Les vitesses linéaires des points de contact au bout de la première période sont égales : donc

$$R'\omega_1' = R\omega_1.$$

Nous simplifierons ces équations en remplaçant $R'\omega'_0$ par la lettre u, $R'\omega'_1$ ou $R\omega_1$ par la lettre v, et les moments d'inertie MK^2, $M'K'^2$ par les produits

$$\mu R^2 \quad \text{et} \quad \mu'R'^2 ;$$

μ sera la *masse fictive* du marteau, μ' la *masse fictive* de la came ; u la vitesse linéaire du point de contact de la came au commencement du choc, et v la vitesse commune aux points en contact à la fin. Les équations deviennent, après ces substitutions et après avoir éliminé F,

$$\mu v = \mu'(u - v),$$

ou

$$(\mu + \mu')v = \mu'u.$$

Tout se passe donc comme si un corps mou de masse μ', animé de la vitesse u, choquait directement un corps de masse μ, en repos, et lui communiquait la vitesse v.

On voit qu'en rendant μ' assez grand, ou en augmentant suffisamment le moment d'inertie de la came, on peut rendre v aussi peu différent qu'on voudra de u, ou rendre la différence $u - v$ aussi petite qu'on voudra par rapport à la moyenne, $\dfrac{u + v}{2}$, des vitesses extrêmes.

Le travail négatif subi par la came pendant le choc se calculera en observant qu'il est égal à la demi-différence des forces vives de la came au commencement et à la fin de la période, ce qui donne $\dfrac{1}{2} \mu' (u^2 - v^2)$.

Pour transformer cette expression, observons qu'elle est égale à

$$\mu' \times \frac{u + v}{2} \times (u - v).$$

Or $\dfrac{u + v}{2}$, moyenne des vitesses extrêmes du point de contact de la came, est sensiblement égale à la vitesse moyenne, V, du même point, calculée d'après le nombre de tours que la came fait dans l'unité de temps. Faisons donc $\dfrac{u + v}{2} = V$.

Nous avons d'ailleurs $\dfrac{v}{u} = \dfrac{\mu'}{\mu + \mu'}$.

Donc

$$v = \frac{2\mu' V}{\mu + 2\mu'},$$

$$u = \frac{2(\mu + \mu') V}{\mu + 2\mu'},$$

$$u - v = \frac{2\mu V}{\mu + 2\mu'},$$

et enfin

$$\frac{1}{2} \mu' (u^2 - v^2) = \frac{2\mu' \mu}{\mu + 2\mu'} V^2 = \mu V^2 \times \frac{1}{1 + \dfrac{\mu}{2\mu'}}.$$

En général, le rapport $\dfrac{\mu}{\mu'}$ est très-petit, condition nécessaire pour rendre v et u peu différents l'un de l'autre. Le travail à fournir à la came pour réparer le travail perdu par suite du choc est donc à peu près égal à μV^2, ou à la force vive que posséderait le marteau si l'on attribuait à son point de contact la vitesse linéaire moyenne du point de contact de la came.

Deuxième période. — Le travail à communiquer à la came pendant qu'elle soulève le marteau, se calcule approximativement comme il suit :

Soit P le poids du marteau ;

N la valeur moyenne de la réaction de la came, réaction que nous supposerons verticale pendant toute la durée de la période;

Q le poids de la came ;

l la *levée* ou la hauteur du point de contact M au-dessus de la ligne des centres ;

l' la hauteur correspondante dont s'élève au-dessus de la même ligne le centre de gravité du marteau.

Soit T le point de contact de la came et du marteau à l'instant du choc; faisons $OT = R$, $O'T = R$; soit enfin ρ le rayon des tourillons O de la *hurasse*, et ρ le rayon des tourillons O' de l'arbre à cames.

La pression exercée sur les tourillons de hurasse est sensiblement verticale et égale à la différence $P - N$; cette pression donne naissance à un frottement égal à $\dfrac{f}{\sqrt{1 + f^2}} (P - N)$, et le travail de ce frottement, pour un déplacement angulaire sensiblement égal à $\dfrac{l}{R}$, est égal au produit

$$\frac{f}{\sqrt{1 + f^2}} (P - N) \times \frac{\rho l}{R}.$$

Le travail du poids du marteau est Pl' ; le travail de la réaction N est Nl; et comme le mouvement pendant la période est sensiblement uniforme, on a l'équation

$$Nl = Pl' + \frac{f}{\sqrt{1 + f^2}} (P - N) \frac{\rho l}{R},$$

qui fait connaître N :

$$N = \frac{P\left(l' + \dfrac{f}{\sqrt{1+f^2}}\,\dfrac{l\rho}{R}\right)}{l + \dfrac{f}{\sqrt{1+f^2}}\,\dfrac{l\rho}{R}}.$$

Le travail du frottement au contact de la came et du marteau est donné par la formule du frottement dans les engrenages ; la quantité l représentant le *pas*, on aura pour ce travail (II, § 300),

$$\tfrac{1}{2} f N l^2 \left(\frac{1}{R} + \frac{1}{R'}\right).$$

Enfin, le frottement des tourillons de la came, pendant le déplacement angulaire $\dfrac{l}{R'}$ qu'elle subit, est égal à

$$\frac{f}{\sqrt{1+f^2}}\, Q\rho\, \frac{l}{R'},$$

en observant que le poids Q diffère peu de la réaction exercée sur l'axe, à cause de la grande masse de l'arbre à cames, ce qui rend N négligeable vis à vis du poids Q. Le travail total à fournir à l'arbre à cames pendant cette seconde période pour en entretenir la vitesse uniforme est donc en définitive

$$N l + \tfrac{1}{2} f N l^2 \left(\frac{1}{R} + \frac{1}{R'}\right) + Q\,\frac{f}{\sqrt{1+f^2}}\,\frac{\rho l}{R'},$$

expression dans laquelle on devra remplacer N par la valeur calculée plus haut.

Pour appliquer ce calcul à un marteau à bascule, il suffirait d'observer que la réaction des tourillons de hurasse serait alors égale à $P + N$, au lieu de $P - N$.

Troisième période. — La période de la marche à vide ne comprend d'autre travail à vaincre que celui du frottement de la came sur ses tourillons, qu'il est aisé de calculer, connaissant le poids de la came et l'espace décrit à la circonférence des tourillons.

Si l'on ajoute les travaux afférents à ces trois périodes, on aura le travail total qu'il faut communiquer à la came à chaque coup de marteau, pour entretenir l'uniformité, ou plutôt la périodicité du mouvement.

Il est utile que le point où le marteau subit le choc de la came soit situé à peu de distance du centre de percussion du marteau relatif à son axe de rotation : autrement cet axe aurait à supporter à chaque coup une poussée très-considérable, qui ne tarderait pas à détériorer l'appareil.

ERRATA

Page 54, ligne 4, *au lieu de* gw^2, *lisez* $\dfrac{w^2}{g}$.

— 54, — 6, *au lieu de* $w^2 = \dfrac{c^{\,C-\frac{2\rho}{K^2}}}{g}$, *lisez* $w^2 = ge^{\,C-\frac{2\rho}{K^2}}$.

— 54, — 7, *au lieu de* $w = \dfrac{c^{\frac{C}{2}}}{\sqrt{g}}\,e^{-\frac{\rho}{K^2}}$, *lisez* $w = c^{\frac{C}{2}}\,e^{-\frac{\rho}{K^2}}\sqrt{g}$.

— 129, — 4, en remontant, *au lieu de* Huyghens, *lisez* Huygens.

— 182, même correction.

— 188, ligne 7, *au lieu de* $\displaystyle\int_0^{\frac{\pi}{2}} \sin \omega\, d\omega = -1$, *lisez* $\displaystyle\int_0^{\frac{\pi}{2}} \sin \omega\, d\omega = +1$.

— 188, — 9 et 10, *changer* B *en* — B.

— 268, — 5, *au lieu de* 125, *lisez* 152.

— 288, — 3, en remontant, *au lieu de* appliquées, *lisez* appliqué.

— 318, titre, *au lieu de* du mouvement relatif, *lisez* au mouvement relatif.

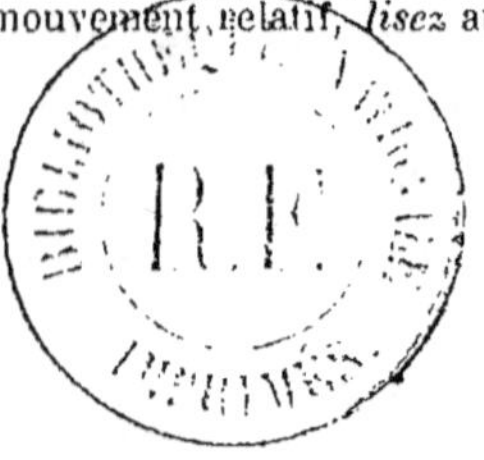

INDEX ALPHABÉTIQUE

A

Accélération, page 3 ; — due à la pesanteur, 7, 16 ; — angulaire, 385.

Action, 2 ; théorème de la moindre —, 92, 308.

Aires (théorème des), 72, 270.

ALEMBERT (D'), 235, 312.

Amplitude du jet, 28.

Anomalie excentrique, 113.

APOLLONIUS, 109.

Arrêt d'un corps en mouvement, 220, 298.

Asymptote verticale de la trajectoire d'un projectile, 54.

Attraction, 34, 36, 83, 102, 123, 272 ; — à la surface du soleil, 365.

ATWOOD, 17, 547.

Axe des moments des quantités de mouvement, 275 ; grand — de l'orbite, 374 ; — fixe (mouvement d'un solide autour d'un), 382 ; — d'inertie, 395 ; — naturel, 423 ; — d'oscillation du pendule composé, 430, 497.

B

Balance gyroscopique, 535.

Battage des pieux, 586.

BÉLANGER, 128, 293.

BERNOULLI, 129.

BERTRAND, 377.

Billes d'ivoire (choc des), 582.

BOHNENBERGER (appareil de), 525.

BOUR, 528.

Brachistochrone, 176, 209.

C

Cames, 594.

CARDAN, 483, 487.

CARNOT (théorème de), 589.

CAVENDISH, 434.

Centre de gravité, 265 ; — de percussion, 421, 498, 564.

Cerceau (mouvement du), 566.

Chaleur, 305.

Choc, 576.

Chute d'un corps pesant d'une grande hauteur, 327.

Composantes de la force centrifuge composée, 326.

Composition des forces d'inertie, 267 ; — des forces d'inertie d'un corps tournant, 413 ; — des quantités de mouvement, 266, 275.

Conservation des forces vives, 302.

CORIOLIS, 128, 317.

COULOMB, 434.

Couple instantané (effet d'un) sur un solide qui a un point fixe, 475.
Courbure des surfaces, 139.
Culbuteur de Hardy, 526.
Cycloïde, 167.

D

Décomposition de la force en deux composantes, l'une normale, l'autre tangentielle, 23; — des moments des quantités de mouvement, 284; — des forces vives, 504.
Descartes, 129.
Dupin (Charles), 140.
Dynamique du point, 23 et suiv.; — des systèmes, 253 et suiv.; — des corps solides, 383 et suiv.

E

Élastiques (corps), 579.
Éléments elliptiques, 372.
Ellipsoïde d'inertie, 394.
Équations de la dynamique, 99.
Équilibre dynamique, 236; conditions d'équilibre, 295.
Euler, 209.
Excentricité, 374.
Expérience des mines de Freyberg, 329; — de Cavendish, 454; — de Foucault, 332, 486, 556.

F

Fessel, 538.
Fil, 70.
Fonctions elliptiques, 191.
Force constante, 3; mesure de la —, 19; — instantanée, 310; — apparente, 316; — centrifuge composée, 317; — centrifuge, 323; — d'inertie, 125, 235; — d'un corps en mouvement, 129.
Force vive, 61, 128, 304; théorème des —, 33, 78, 116, 288.
Foucault, 332, 485, 486, 528, 536.
Freyberg (expérience de), 329.
Frottement, 215, 550.

G

Galilée, 17, 163.

Gravitation universelle, 356.
Gyroscope, 483, 486, 528.

H

Hausses pour le tir, 59, 501.
Hardy, 526.
Herpolodie, 459, 464.
Hipparque, 288.
Huygens, 129, 182, 302.

I

Indépendance de l'effet des forces, 2.
Inclinaison de l'orbite, 573.
Indicatrice, 140.
Impulsion élémentaire, 62.
Inégalités séculaires, périodiques, 376.
Inertie, 1, 20; force d'—, 125.
Influence de la translation de la terre sur la pesanteur, 368.
Intégrale des forces vives, 80, 300.

K

Kepler, 115, 358.

L

Lagrange, 116, 135, 209, 376.
Laplace, 335, 376.
Legendre, 192.
Leibnitz, 129.
Lemniscate, 166.
Liaisons, 133.
Liouville, 186.
Ligne des nœuds, 441; — géodésique, 135. 137; — de courbure, 140.
Longitude du nœud ascendant, 573; — vraie du périhélie, 374; — de l'époque, 374.
Lune, 357.

M

Machine d'Atwood, 547.
Marées, 370.
Marteaux, 594.
Maskeline, 458.
Masse, 12, 19; masses variables, 261; masse du soleil, 363; — des planètes, 366; — de la terre, 434.
Méthode des multiplicateurs, 244.
Meules de moulin, 425.

TABLE DES MATIÈRES

TROISIÈME PARTIE : *DYNAMIQUE*

Livres I, II, III et IV.

LIVRE PREMIER

Dynamique du point matériel.

CHAPITRE PREMIER.

CHAPITRE II.

CHAPITRE III.

LIVRE II

Dynamique des systèmes matériels.

CHAPITRE PREMIER.

CHAPITRE II.

LIVRE III

Du mouvement relatif.

CHAPITRE PREMIER.

CHAPITRE II.

CHAPITRE III.

LIVRE IV

Dynamique des corps solides.

CHAPITRE PREMIER.

CHAPITRE II.

CHAPITRE III.

CHAPITRE IV.

CHAPITRE V.

CHAPITRE VI.

PARIS. — IMP. SIMON RAÇON ET COMP., RUE D'ERFURTH, 1.

PUBLICATIONS SCIENTIFIQUES
POUR L'ENSEIGNEMENT SECONDAIRE ET L'ENSEIGNEMENT SUPÉRIEUR

§ 1. — ARITHMÉTIQUE ET APPLICATIONS DIVERSES

Amigues, professeur au lycée de Toulon : *Traité d'arithmétique* à l'usage des classes de mathématiques. 1 vol. in-8, 3 fr.

Bertrand (Joseph), membre de l'Institut : *Traité d'arithmétique avec des exercices* à l'usage des classes de mathématiques élémentaires ; quatrième édition. 1 vol. in-8, 4 fr.

Bouillet : *Dictionnaire universelle des sciences, des lettres et des arts*, comprenant : POUR LES SCIENCES : Les *Sciences mathématiques*, les *Sciences physiques* et les *Sciences naturelles* ; les *Sciences médicales* ; les *Sciences occultes*. — POUR LES ARTS : Les *Beaux-arts* et les *Arts d'agrément* ; les *Arts utiles*. Avec l'explication et l'étymologie de tous les termes techniques, l'histoire sommaire de chacune des principales branches des connaissances humaines, et l'indication des principaux ouvrages qui s'y rapportent ; rédigé avec la collaboration d'auteurs spéciaux. 10ᵉ édition entièrement refondue. Ouvrage dont l'introduction dans les lycées est autorisée par M. le ministre de l'instruction publique. 1 beau vol. de 1750 pages, grand in-8, pouvant se diviser en deux parties. Broché, 21 fr.
> Le cartonnage en perc. gauf. se paye en sus 2 fr. 75, et la demi-reliure en chagrin, 4 fr. 50.

Bourget, directeur de l'École préparatoire Sainte-Barbe, et **Housel**, licencié ès sciences : *Traité d'arithmétique* à l'usage des classes de mathématiques élémentaires. 1 vol. petit in-8, » »

Bovier-Lapierre, professeur à l'école normale spéciale de Cluny : *Arithmétique*, rédigée conformément aux programmes de l'enseignement spécial (année préparatoire et 1ʳᵉ année). 1 vol. in-12, cartonné, 2 fr. 50
— *Traité d'arithmétique commerciale*, rédigée conformément aux programmes de l'enseign. spécial (2ᵉ année). 1 vol. in-12, cart, 1 fr. 50

Cirodde (P. L.) : *Leçons d'arithmétique* ; nouvelle édition, revue par MM. Alfred et Ernest Cirodde. 1 vol. in-8. 4 fr.

Courcelle-Seneuil : *Cours de comptabilité*, rédigé conformément aux programmes de l'enseignement spécial (1ʳᵉ, 2ᵉ, 3ᵉ et 4ᵉ années d'enseignement), 4 vol. in-12, cartonnés.
> Chaque année se vend séparément, 1 fr. 50

— *Traité élémentaire de comptabilité et de tenue de livres.* In-12, 2 fr.

Degranges (Edmond) : *Arithmétique commerciale et pratique* ; 8ᵉ édition. 1 vol. in-8, 5 fr.
— *Tables ou calculs tout faits d'intérêts*, dressés d'après un nouveau plan. In-4, demi-reliure, 10 fr.
— *La tenue des livres* ; 28ᵉ édition. 1 vol. in-8, 5 fr.
— *Traité des comptes en participation* ; 4ᵉ édition. 1 vol. in-8, 2 fr. 50

Dupuis (J.), proviseur du lycée de Bourges : *Tables de logarithmes* à sept décimales, d'après Callet, Vega, Bremiker, etc. ; édition stéréotype contenant les logarithmes des nombres de 1 à 100 000, les logarithmes des sinus et des tangentes des arcs, calculés dans la supposition de $R = 1$ de seconde en seconde pour les cinq premiers degrés et de dix secondes en dix secondes pour tous les degrés du quart de cercle, et quelques tables usuelles. 1 beau vol. grand in-8, br. 8 fr. 50
> Cartonné en percaline gaufrée, 10 fr.

— *Tables de logarithmes* à cinq décimales, d'après J. de Lalande ; édition stéréotype disposée à double entrée et contenant les logarithmes des nombres de 1 à 10 000, les logarithmes des sinus et des tangentes des arcs, calculés de minute en minute dans la supposition de $R = 1$, les logarithmes d'addition et de soustraction, et un très-grand nombre de tables usuelles. 1 vol. grand in-18, broché, 2 fr.
> Cartonné en percaline gaufrée, 2 fr. 50

Goujon et **Sardou** : *Cours complet de tenue des livres et d'opérations commerciales;* 4º édit. 1 vol. in-8, 5 fr.

Jeanne, professeur à l'Ecole supérieure de commerce : *Cours d'arithmétique commerciale*, rédigé conformément aux programmes de l'enseignement spécial (2ᵉ année); 3ᵉ édition. 1 vol. in-12, cartonné, 3 fr.

Lalanne (Léon), ingénieur en chef des ponts et chaussées : *Abaque ou compteur universel*, donnant à vue les résultats de tous les calculs d'arithmétique, de géométrie et de mécanique pratique; 3ᵉ édition. Tableau in-4 avec une instruction in-12, 1 fr.

— *Abaque mural.* 12 feuilles jésus, avec l'instruction, 10 fr.

— *Abaque des équivalents chimiques.* In-12 avec tableau sur carton, 1 fr

Meissas (Alex.) : *Leçons d'arithmétique théorique et pratique;* 6ᵉ édition. 1 vol. in-8, 2 fr. 50

Pichot, professeur au lycée Louis-le-Grand : *Eléments d'arithmétique*, rédigés conformément aux programmes de l'enseignement spécial (année préparatoire et 1ʳᵉ année). 1 vol. in-12, cartonné, 2 fr. 50

Saigey : *Problèmes d'arithmétique et exercices de calcul du premier degré*, servant de complément à tous les traités d'arithmétique; 13ᵉ édit., in-18, 75 c.

— *Solutions raisonnées.* 1 vol. in-18, broché, 1 fr. 50

— *Problèmes d'arithmétique et exercices de calcul du second degré*, avec leurs solutions raisonnées. In-18, 50 c.

Sonnet, professeur à l'Ecole centrale des arts et manufactures : *Dictionnaire des mathématiques appliquées*, comprenant les principales applications des mathématiques : à l'architecture, à l'arithmétique commerciale, à l'arpentage, à l'artillerie, aux assurances, à la balistique, à la banque, à la charpente, aux chemins de fer, à la ciné-matique, à la construction navale, à la cosmographie, à la coupe des pierres, au dessin linéaire, aux établissements de prévoyance, à la fortification, à la géodésie, à la géographie, à la géométrie descriptive, à l'horlogerie, à l'hydraulique, à l'hydrostatique, aux machines, à la mécanique générale, à la mécanique des gaz, à la navigation, aux ombres, à la perspective, à la population, aux probabilités, aux questions de bourse, à la topographie, aux travaux publics, aux voies de communication, etc., etc. 1 vol. grand in-8º d'environ 1500 pages contenant 1920 figures intercalées dans le texte; broché, 30 fr.

Le cartonnage en percaline gaufrée se paye en sus 2 fr. 75; la demi-reliure en chagrin, 4 fr. 50.

— *Problèmes et exercices d'arithmétique et d'algèbre* sur les principales questions usuelles relatives au commerce, à la banque, aux fonds publics, aux établissements de prévoyance, à l'industrie, aux sciences appliquées, etc. 2 vol. in-8, 5 fr.

On vend séparément :

1ʳᵉ partie : *Énoncés.* 1 vol. 2 fr.

2ᵉ partie : *Solutions raisonnées*, 3 fr.

Tarnier : *Eléments d'arithmétique théorique et pratique*, à l'usage des classes de mathématiques élémentaires; 7ᵉ édition. 1 vol. in-8, 4 fr.

— *Nouvelle théorie des logarithmes*, dans laquelle les calculs les plus compliqués sont ramenés à de simples additions de nombres décimaux, avec les applications à la géométrie. 1 vol. in-8, 2 fr.

Tombeck, professeur de mathématiques au lycée Condorcet : *Traité d'arithmétique* à l'usage des classes de sciences des lycées; 4ᵉ édition. 1 vol. in-8, 4 fr.

Vernier : *Arithmétique* à l'usage des classes d'humanités; 11ᵉ édition. 1 vol. in-12, cart. 2 fr.

§ 2. — GÉOMÉTRIE; ARPENTAGE; DESSIN LINÉAIRE; DESSIN INDUSTRIEL; PERSPECTIVE; DESSIN D'IMITATION.

Bezodis, professeur au collége Rollin : *Notions élémentaires sur les courbes usuelles*, rédigées conformément aux programmes de l'enseignement spécial (4º année). 1 vol. in-12 avec 111 figures dans le texte, cart. 1 fr. 50

Bouillon : *Exercices de dessin linéaire.* 24 planches in-folio, avec un texte explicatif, in-8, 5 fr.

— *Principes de perspective linéaire;* 2ᵉ édition. 1 vol. grand in-8, texte et 24 planches, 4 fr.

Bourget, directeur de l'école préparatoire Sainte-Barbe, et **Housel**, licencié ès lettres : *Traité de géométrie*. 1 vol. petit in-8 (sous presse).

Briot et **Vacquant**, professeurs de mathématiques spéciales : *Arpentage, lever des plans, nivellement;* 3ᵉ édition. 1 vol. in-12, avec figures dans le texte et des planches, 3 fr.

— *Éléments de géométrie*, à l'usage des classes de mathématiques élémentaires :

1.º *Théorie*, par M. Briot; 6ᵉ édition. 1 vol. in-8, avec des figures dans le texte, 5 fr.

2.º *Application*, par MM. Briot et Vacquant; 3ᵉ édit. 1 vol. in-8, avec des fig. dans le texte et des planches, 3 fr. 50

Chazal, professeur de dessin au lycée Henri IV : *Modèles de dessin d'imitation*, à l'usage des lycées et des écoles. Etudes d'architecture, d'ornements et de figures, choisies parmi les spécimens de l'art dans les époques égyptienne, assyrienne, grecque, romaine et de la renaissance.

Trois séries de 20 planches in-folio, répondant aux programmes pour les classes de Troisième, Seconde et Rhétorique.

Chaque série de 20 planches, 15 fr.

Chaque planche séparément, 1 fr.

Cirodde (P. L.) : *Leçons de géométrie*, suivies de notions élémentaires de *Géométrie descriptive;* 3ᵉ édition, revue par MM. Alfred et Ernest Cirodde. 1 vol. in-8, 7 fr. 50

Clairaut : *Éléments de géométrie;* édition publiée par M. Saigey. 1 vol. in-12, cartonné, 2 fr.

Lamotte : *Cours méthodique de dessin linéaire et de géométrie usuelle* :

1ʳᵉ partie. In-8 et atlas, 4 fr.
2ᵉ partie. In-8 et atlas, 4 fr.

— *Le dessin linéaire des demoiselles*. 1 vol. in-8 et atlas, 5 fr.

— *Traité élémentaire d'arpentage*. 1 vol. in-12, 2 fr. 25

Morin et **Tresca** : *Modèles de dessin et de lavis*, publié sous la direction du général Morin, de l'Académie des sciences, et par les soins de M. Tresca, sous-directeur du Conservatoire des arts et métiers. 48 planches :

1ʳᵉ série, comprenant 22 planches, savoir: 10 planches d'ornement, 6 planches de géométrie, 4 planches de lever de plan et de bâtiment, et 2 planches de lavis. 6 fr.

2ᵉ série, comprenant 14 planches, savoir : 4 planches de géométrie, 2 planches de lever de bâtiment, et 8 planches de lever de plan et topographie, 4 fr.

3ᵉ série, comprenant 12 planches, savoir : 5 cartes géographiques, 1 planche de géométrie et 6 planches de lavis de machines, 3 fr. 25

Chaque planche, 40 c.

— *Dessins coloriés pour l'enseignement de la mécanique.* 30 planches, 40 fr.

Voyez *Mécanique*, page 5.

Normand fils, **Douliot** et **Krafft** : *Cours de dessin industriel.* 1 vol. in-8 et atlas, 7 fr. 50

Ottin : *Méthode élémentaire de dessin*, 66 pl. avec un texte explicatif, 7 fr.

Ritt : *Problèmes de géométrie et de trigonométrie*, avec la méthode à suivre pour la résolution des problèmes de géométrie et les solutions; 5ᵉ édition. 1 vol. in-8, 5 fr.

Robinet : *Cours complet de dessin des machines.* In-folio, 30 fr.

Saint-Loup, professeur à la Faculté des sciences de Besançon : *Géométrie*, rédigée conformément aux programmes de l'enseignement spécial. 3 vol. in-12, avec figures dans le texte, cartonnés :

Année préparatoire (*Géométrie plane*). 1 vol. (90 fig.), 1 fr.

Première année (*Géométrie plane*). 1 vol. (394 fig.), 2 fr.

Deuxième année (*Géom. dans l'espace*). 1 vol. (144 fig.), 1 fr. 50

— *La géométrie au stéréoscope*, 80 pl. de géométrie et de géométrie descriptive destinées à être vues à l'aide d'un stéréoscope qui leur sert d'enveloppe, et accompagnées d'un texte explicatif, 7 fr.

Sonnet (H.), professeur à l'École centrale des arts et manufactures : *Géométrie théorique et pratique*, avec de nombreuses applications au dessin linéaire, à l'arpentage, au lever des plans, à la perspective, aux ombres, etc.; 7ᵉ édition. 2 vol. in-8, texte et planches, 6 fr.

— *Premiers éléments de géométrie*, extraits du précédent ouvrage; 8ᵉ édition. 2 vol. in-12, texte et pl. 2 fr. 50

Tombeck : *Traité de géométrie élémentaire* à l'usage des élèves des lycées et des candidats aux écoles du gouvernement. 1 vol. in-8, 5 fr.

Vernier : *Géométrie* à l'usage des classes d'humanités; 14ᵉ édit. 1 vol. in-12, cart. 2 fr. 50

§ 3. — ALGÈBRE; APPLICATION DE L'ALGÈBRE A LA GÉOMÉTRIE; GÉOMÉTRIE ANALYTIQUE; GÉOMÉTRIE DESCRIPTIVE; TRIGONOMÉTRIE; CALCUL DIFFÉRENTIEL ET INTÉGRAL; CALCUL DES PROBABILITÉS

Babinet, membre de l'Institut : *Éléments de géométrie descriptive.* 1 vol. in-8 de texte et 1 vol. de pl.   3 fr.

Bertrand (Joseph), membre de l'Institut : *Traité d'algèbre;* nouvelle édition, revue par MM. J. Bertrand et Garcet :

   1re *partie*, à l'usage des classes de mathématiques élémentaires. In-8,   5 fr.
   2e *partie*, à l'usage des classes de mathématiques spéciales. 1 vol. in-8,   5 fr.

Bezodis, professeur au collége Rollin : *Notions élémentaires de trigonométrie rectiligne*, rédigées conformément aux programmes de l'enseignement spécial (4e année). 1 vol. in-12, avec 50 fig. dans le texte, cart.,   1 fr. 50

Bezout : *Algèbre;* édition publiée par M. Saigey. 1 vol. in-8,   3 fr. 50

Bourget et **Housel** : *Géométrie analytique à trois dimensions.* 1 vol. in-8, avec figures,   6 fr.

Bourget et **Saint-Loup** : *Traité d'algèbre*, à l'usage des classes de mathématiques élémentaires. 1 vol. petit in-8 (en préparation).

— *Traité d'algèbre*, à l'usage des classes de mathématiques spéciales. 1 vol. in-8 (en préparation).

— *Traité de géométrie analytique.* 1 vol. petit in-8 (en préparation).

— *Traité de trigonométrie.* 1 vol. petit in-8 (en préparation).

Bovier-Lapierre : *Traité élémentaire de trigonométrie rectiligne*, rédigé sur un plan nouveau pour les classes de mathématiques élémentaires. 1 vol. in-8, avec 23 fig. dans le texte, 2 fr. 50

Briot et **Vacquant** : *Éléments de géométrie descriptive*, à l'usage des candidats au baccalauréat ès sciences, à l'Ecole de marine et à l'Ecole militaire de Saint-Cyr; 2e édition. 1 vol. in-8, avec planches,   3 fr. 50

Cirodde (P. L.) : *Leçons d'algèbre;* 3e édition, revue par MM. Alfred et Ernest Cirodde. 1 vol. in-8,   7 fr. 50

— *Leçons de géométrie analytique*, précédées des éléments de la *trigonométrie rectiligne et sphérique;* 2e édit. 1 vol. in-8, avec 10 planches, 7 fr. 50

Cournot : *Traité élémentaire de la théorie des fonctions et du calcul infinité-* *simal;* 2e édition. 2 vol. in-8 avec planches,   16 fr.

— *Exposition de la théorie des chances et des probabilités.* 1 vol. in-8, 3 fr.

— *De l'origine et des limites de la correspondance entre l'algèbre et la géométrie.* 1 vol. in-8,   7 fr. 50

— *Recherches sur les principes mathématiques de la théorie des richesses* (1838). 1 vol. in-8,   1 fr.

— *Principes de la théorie des richesses* (1863). 1 vol. in-8,   3 fr.

Kires : *Traité élémentaire de géométrie descriptive :*

   1re *partie*, à l'usage des classes de mathématiques élémentaires et des candidats au baccalauréat ès sciences. 1 vol. in-8 de texte et 1 vol. in-8 de planches,   6 fr.
   2e *partie*, à l'usage des classes de mathématiques spéciales et des candidats aux Écoles normale supérieure, polytechnique et centrale. 1 vol. in-8 de texte et 1 vol. in-8 de planches,   9 fr.

— *Cours élémentaire de géométrie descriptive*, rédigé conformément aux programmes de l'enseignement spécial (3e et 4e années); 3e édition. 2 vol. in-12, texte et planches, cart.   5 fr.

Ritt : *Problèmes d'algèbre et exercices de calcul algébrique*, avec les solutions; 7e édit. 1 vol. in-8,   5 fr.

— *Problèmes d'application de l'algèbre à la géométrie*, avec les solutions développées; 3e édit. 1 vol. in-8. 5 fr.

— *Problèmes de géométrie analytique*, avec les solutions développées, par le même; 2e édit. 1 vol. in-8,   5 fr.

Sonnet, professeur à l'Ecole centrale des arts et manufactures: *Algèbre élémentaire.* 3e édit. 1 vol. in-8,   6 fr.

— *Premiers éléments d'algèbre*, précédés des programmes arrêtés en 1865 pour l'enseignement de l'algèbre dans les classes de seconde et de philosophie, extraits du précédent ouvrage; 5e édit. 1 vol. in-12,   2 fr. 50

— *Principes d'algèbre*, mis en harmonie avec les programmes de l'enseignement secondaire spécial (3e et 4e années), par M. Jeanne, professeur à l'Ecole supérieure de commerce. 1 vol. in-12, cart.   2 fr. 50

— *Premiers éléments de calcul infinitésimal*, à l'usage des jeunes gens qui se destinent à la carrière d'ingénieur. 1 vol. in-8,   6 fr.

Sonnet et Frontera, docteurs ès sciences : *Eléments de géométrie analytique*, rédigés conformément au dernier programme d'admission à l'Ecole polytechnique et à l'Ecole normale supérieure ; 3e édit. 1 vol. in-8, 8 fr.

Tarnier, docteur ès sciences : *Eléments de trigonométrie*; 4e édit. 1 vol. in-8, broché, 4 fr. 50

— *Petit traité d'algèbre*. 1 vol. in-12, cartonné, 2 fr. 50

Tarnier et **Dieu** : *Eléments d'algèbre :*
1re *partie*, à l'usage des classes de mathématiques élémentaires, par M. Tarnier; 5e édition augmentée de 200 problèmes de physique mathématique proposés au baccalauréat ès sciences, avec les solutions. 1 vol. in-8, 5 fr.
2e *partie*, à l'usage des classes de mathématiques spéciales par MM. Dieu, professeur à la Faculté des sciences de Lyon, et Tarnier, docteur ès sciences, 1 vol. in-8, 5 fr.

Tombeck, professeur de mathématiques au lycée Condorcet : *Traité élémentaire d'algèbre*, à l'usage des classes de mathématiques élémentaires ; 3e édit. 1 vol. in-8, 4 fr.

— *Cours de trigonométrie rectiligne*, 1 vol. in-8, 2 fr. 50

— *Éléments de géométrie descriptive*, 1 vol. in-8, 2 fr. 50

Tresca, membre de l'Institut : *Traité élémentaire de géométrie descriptive*, rédigé d'après les ouvrages et les leçons de Th. Olivier; 2e édit. 1 vol. in-8 de texte et 1 vol. de planches, 7 fr. 50

Vernier : *Algèbre* à l'usage des classes d'humanités. 1 volume in-12, cartonné, 2 fr. 50

Viant (J.), inspecteur d'Académie : *Exercices d'algèbre*. 1 vol. in-8, broché, 3 fr. 50

§ 4. — MÉCANIQUE

Collignon (E.), répétiteur à l'École polytechnique : *Traité de mécanique*. 3 vol. in-8 :
Première partie, *Cinématique*. 1 vol., avec 338 figures dans le texte, 7 fr. 50
Deuxième partie, *Statique*. 1 vol. avec de nombreuses fig. dans le texte, 7 fr. 50
Troisième partie, *Dynamique et mécanique des fluides*. 1 vol. (sous presse).

— *Cours de mécanique*, rédigé conformément aux programmes de l'enseignement spécial. 3 vol. in-12, avec fig. dans le texte, cartonnés :
Troisième année (1re partie, *cinématique*). 1 volume, 1 fr. 80
Troisième année (2e partie, *statique*). 1 volume, 2 fr. 20
Quatrième année, 1 vol. (sous presse).

Dessins muraux pour l'enseignement de la mécanique dans les lycées et les colléges d'Enseignement spécial (arrêté ministériel du 27 octobre 1866), imprimés en couleur sur 4 feuilles colombier mesurant ensemble 1 mètre 45 de longueur sur 1 mètre 15 de hauteur.
Roue en dessous; — Roue de côté; — Roue en dessus; — Turbine Fontaine; — Turbine Jonval; — Bélier hydraulique; — Locomobile; — Locomotive.
Prix de chaque dessin mural, 6 fr.
Le collage sur toile avec gorge et rouleau et le vernissage se payent en sus, 7 fr.

Mascart, professeur au Collége de France : *Eléments de mécanique*, conformes aux derniers programmes de l'enseignement scientifique dans les lycées ; 2e édit. 1 vol. in-8, avec de nombreuses figures dans le texte, 3 fr.

Morin (A.), membre de l'Institut : *Aide-mémoire de mécanique pratique*; 5e édit. 1 vol. in-8, 9 fr.

— *Notions géométriques sur les mouvements et leurs transformations, ou Cinématique*; 2e édit. 1 vol. in-8, 5 fr.

— *Notions fondamentales de mécanique et données d'expériences*; 3e édition. 1 vol. in-8, 7 fr. 50

— *Hydraulique*; 2e édition. 1 volume in-8, broché, 9 fr.

— *Machines et appareils destinés à l'élévation des eaux*. 1 volume in-8, broché, 7 fr. 50

— *Résistance des matériaux*; 3e édit. 2 vol. in-8, avec planches, 15 fr.

— *Etudes sur la ventilation et le chauffage*. 2 volumes in-8 avec planches et gravures, 18 fr.

— *Manuel pratique du chauffage et de la ventilation*. 1 vol. in-8 avec 2 planches, broché, 5 fr.

Morin et **Tresca** : *Machines à vapeur*. En vente le tome I, in-8 (production de la vapeur). 9 fr.

— *Dessins coloriés pour l'enseignement de la mécanique*. 30 planches de 49 centimètres sur 65 centimètres, publiées sous la direction du général Morin et par les soins de M. Tresca, 40 fr.

Les 30 planches se divisent en quatre séries qui se vendent séparément comme suit :

1° *Organes de transmission de mouvement*, 12 planches, 18 fr.

1. Guide de scie. — 2. Machine de Maudslay. — 3. Plan incliné. — 4. Palan et moufle. — 5. Treuil des carriers. — 6. Treuil à engrenages. — 7. Engrenage d'une roue et d'un pignon. — 8. Engrenage d'une roue et d'une crémaillère. — 9. Engrenage conique. — 10. Transmission de mouvements. — 11. Vis et vérin. — 12. Vis sans fin.

2° *Roues hydrauliques et autres récepteurs*, 6 planches, 10 fr.

13. Roues à palettes planes. — 14. Roues à aubes courbes. — 15 Roues à palettes planes avec déversoir. — 16. Roues à augets. — 17. Moulin à vent. — 18. Manéges.

3° *Machines hydrauliques*, 7 planches, 12 fr.

19. Pompes aspirantes et élévatoires. — 20. Pompe aspirante et foulante. — 21. Pompes diverses. — 22. Noria. — 23. Tympan. — 24. Vis d'Archimède. — 25. Presse hydraulique.

4° *Machines à vapeur*, 5 pl., 10 fr.

26. Machine à balancier. — 27. Machine à action directe. — 28. Locomobile. — 29. Machine de bateau. — 30. Locomotive.

Chaque planche séparément, 2 fr.

Sonnet : *Notions de mécanique*, à l'usage des classes de mathématiques spéciales ; 2ᵉ édit. 1 vol. in-8, 5 fr.

— *Premiers éléments de mécanique appliquée*, à l'usage des classes de mathématiques élémentaires ; 4ᵉ édition 1 vol. in-12, avec planches, 4 fr.

§ 5. — ASTRONOMIE ; COSMOGRAPHIE ; PHYSIQUE DU GLOBE

Coulvier-Gravier et **Saigey** : *Recherches sur les étoiles filantes. Introduction historique*, contenant les observations faites jusqu'à nos jours sur les pierres tombées du ciel, les bolides et les étoiles filantes proprement dites, avec les théories imaginées pour expliquer la nature et l'origine de ces météores. 1 vol. gr. in-8, 1 fr.

Faye, membre de l'Institut : *Leçons de cosmographie* ; 2ᵉ édit. 1 vol. in-8, avec planches, 6 fr.

Guillemin (Am.) : *Eléments de cosmographie*, rédigés conformément aux programmes de l'enseignement spécial (3ᵉ année) ; 2ᵉ édit. 1 vol. in-12, avec 164 figures dans le texte et deux pl., cartonné, 3 fr. 50

Hoefer (F.) : *Histoire de l'astronomie*. 1 vol. in-12, 4 fr.

Pichot : *Traité élémentaire de cosmographie*, rédigé conformément aux derniers programmes de l'enseignement scientifique dans les lycées ; 2ᵉ édition, 1 vol. in-8, avec 20 figures intercalées dans le texte, et 2 planches tirées à part, 6 fr

Quételet, directeur de l'Observatoire de Bruxelles : *Eléments d'astronomie* ; 3ᵉ édit. 1 vol. in-12, 3 fr. 50

Saigey : *Petite physique du globe*. 2 vol. in-18, 1 fr.

Sainte-Preuve : *Éléments de cosmographie*, à l'usage des classes de mathématiques élémentaires. 1 volume in-12, 2 fr. 50

— *Notions de cosmographie*, à l'usage des classes d'humanités. 1 vol. in-12, broché, 2 fr. 50

§ 6. — PHYSIQUE ; CHIMIE

Bary : *Nouveaux problèmes de physique*, suivis de questions proposées au concours général depuis 1805 jusqu'en 1867 dans les classes de physique et de chimie ; 2ᵉ édit. revue et complétée par M. L. Brion, professeur au collége Rollin. 1 vol. in-8, 5 fr.

Boutet de Monvel, professeur de physique et de chimie au lycée Charlemagne : *Cours de physique* à l'usage des classes de mathématiques dans les lycées. 1 très-fort vol. in-12 avec de nombreuses fig. dans le texte, 7 fr.

— *Notions de physique*, à l'usage des classes d'humanités ; 8ᵉ édit. 1 beau vol. in-12, avec de nombreuses fig. dans le texte, 3 fr. 50

— *Cours de chimie*, à l'usage des classes de mathématiques dans les lycées ; 7ᵉ édit. 1 beau vol. in-12, avec de nombreuses fig. dans le texte, 5 fr.

— *Notions de chimie*, à l'usage des classes d'humanités ; 10ᵉ édit. 1 vol. in-12, avec des figures dans le texte, 2 fr. 50

Cabart : *Leçons de physique et de chimie.* 1 vol. in-8 de texte et 1 vol. de planches,   3 fr.

Dehérain, docteur ès sciences : *Cours de chimie agricole*, professé à l'École d'agriculture de Grignon, avec figures dans le texte. 1 vol. grand in-8, 10 fr.

Dehérain et **Tissandier** : *Eléments de chimie*, rédigés conformément aux programmes de l'enseignement spécial. 4 vol. in-12, avec figures intercalées dans le texte, cartonnés :

   Première année. 1 vol. (67 fig.), 1 fr. 50

   Deuxième année. 1 vol. (125 fig.), 2 fr. 50

   Troisième année. 1 vol. (72 fig.),   3 fr.

   Quatrième année. 1 vol. (86 fig.), 2 fr. 50

Dupuis : *Tables de logarithmes et d'antilogarithmes* à quatre décimales, à l'usage des physiciens. In-8,   50 c.

Gossin, censeur du lycée de Marseille : *Cours élémentaire de physique*, rédigé conformément aux programmes de l'enseignement spécial. 4 vol. in-12, avec figures intercalées dans le texte, cartonnés :

   Première année. 1 vol. (213 fig.),   3 fr.

   Deuxième année. 1 vol. (194 fig.),   3 fr.

   Troisième année. 1 vol. (220 fig.),   3 fr.

   Quatrième année. 1 vol. (200 fig.),   3 fr.

Hoefer (F.) : *Histoire de la physique et de la chimie*, depuis les temps les plus reculés jusqu'à nos jours. 1 vol. in-12, broché,   4 fr.

Jouve : *Compositions de mathématiques et de physique*, contenant, outre les énoncés : 1° les développements théoriques nécessaires ; 2° la solution des principaux problèmes proposés ; 3° des tables pour les densités, les coefficients de dilatation, les chaleurs spécifiques, etc., etc. ; à l'usage des aspirants au baccalauréat ès sciences. 1 vol. in-8,   2 fr.

Lalanne (Léon), ingénieur en chef des ponts et chaussées : *Abaque des équivalents chimiques* pour faire suite à tous les traités de chimie. Tableau in-4, avec une instruction. 1 vol. in-12, 3 fr. 50

Marié-Davy : *Notions préliminaires de physique*, rédigées conformément aux programmes de l'enseignement spécial (1re année). 1 vol. in-12, avec 200 figures intercalées dans le texte, 3 fr.

Menu de Saint-Mesmin : *Problèmes de mathématiques et de physique*, donnés dans les facultés des sciences, et notamment à la Sorbonne, avec les solutions raisonnées, à l'usage des aspirants au baccalauréat ès sciences et des candidats aux écoles du gouvernement ; 3e édit. 1 vol. in-8 avec des fig. intercalées dans le texte, 7 fr. 50

Payen, membre de l'Institut : *Précis de chimie industrielle* ; 5e édition revue et augmentée. 2 vol. in-8 avec de nombreuses figures dans le texte et un atlas de 55 planches,   25 fr.

— *Précis théorique et pratique des substances alimentaires* ; 4e édit. 1 vol. in-8, broché,   9 fr.

Péclet : *Traité élémentaire de physique* ; 4e édit. 2 forts vol. in-8, avec un atlas de 49 planches in-4,   6 fr.

Pouillet, membre de l'Institut : *Eléments de physique expérimentale et de météorologie* ; 7e édit. 2 vol. in-8, avec un atlas de 49 planches, 15 fr.

— *Notions générales de physique et de météorologie* ; 3e édit. 1 beau volume in-12 de plus de 500 pages, avec fig. intercalées dans le texte, 2 fr. 50

Privat-Deschanel, proviseur du lycée de Vanves : *Traité élémentaire de physique*. 1 fort vol. grand in-8, avec 719 fig. intercalées dans le texte et 3 planches en couleur tirées à part ; broché,   10 fr.

Wurtz, membre de l'Institut : *Dictionnaire de chimie pure et appliquée*, comprenant : la chimie organique et inorganique, la chimie appliquée à l'industrie, à l'agriculture et aux arts, la chimie analytique, la chimie physique et la minéralogie. 2 vol. grand in-8.

  L'ouvrage paraît par fascicules de 10 feuilles du prix de 3 fr. 50. Les quinze premiers sont en vente.

  Prix du tome Ier comprenant l'histoire des *Doctrines chimiques* et les lettres A à G du Dictionnaire ; broché,   35 fr.

  Prix de la 1re partie du tome Ier, comprenant l'histoire des doctrines chimiques et les lettres A et B du Dictionnaire. 1 vol. grand in-8° br.   17 fr. 50

  Prix de la 2e partie du tome 1er, compre. nant les lettres C à G du Dictionnaire 1 vol. grand in-8, broché, 17 fr. 50

  La demi-reliure en chagrin se paye en sus 4 fr. par vol.

  La demi-reliure en veau, plats papier se paye en sus 3 fr. 50 par demi-volume.

— *Histoire des doctrines chimiques depuis Lavoisier jusqu'à nos jours.* 1 vol. in-12,   3 fr. 50

§ 7. — HISTOIRE NATURELLE; CRISTALLOGRAPHIE; AGRICULTURE

Baillon, professeur à la Faculté de médecine de Paris : *Histoire des plantes.* L'ouvrage formera environ 8 vol. grand in-8° contenant environ 4000 figures sur bois intercalées dans les textes.

Prix de chaque vol. br. 25 fr.

En vente :

Tome 1er : *Renonculacées* (114 fig.), *Dilléniacées* (50 fig.), *Magnoliacées* (55 fig.), *Anonacées* (86 fig.), *Monimiacées* (64 fig.), *Rosacées* (153 fig.).

Tome II : *Connaracées et Légumineuses-mimosées* (37 fig.), *Légumineuses-cæsalpiniées* (100 fig), *Légumineuses-papilionacées* (64 fig.), *Protéacées* (30 fig.), *Lauracées, Élæagnacées et Myristicacées* (66 fig.).

Tome III : *Ménispermacées et Berberidacées* (73 fig.), *Nymphæacées* (34 fig.), *Papavéracées et Capparidacées* (84 fig.), *Crucifères* (120 fig), *Résédacées, Crassulacées et Saxifragacées* (144 fig.), *Pipéracées et Urticacées* (55 fig.).

Tome IV : *Nyctaginacées et Phytolaccacées* (77 fig.), *Malvacées* (115 fig.), *Tiliacées, Diptérocarpacées, Chélanacées et Ternstræmiacées* (115 fig.), *Bixacées, Cistacées et Violacées* (90 fig.), *Ochnacées et Rutacées* (90 fig.).

Le tome V est sous presse. — Les tomes VI à VIII sont en préparation.

Boubée (Nérée) : *Géologie élémentaire.* 1 vol. in-12 avec gravures, 3 fr. 50

Delafosse, membre de l'Institut : *Précis élémentaire d'histoire naturelle*, à l'usage des classes d'humanités; 10e édition. 1 très-fort vol. in-12, avec 378 figures dans le texte, 6 fr.

Gervais (Paul), professeur au Muséum d'histoire naturelle de Paris : *Éléments de zoologie*, à l'usage de l'enseignement secondaire classique; 2e édition, accompagnée d'une grand nombre de figures intercalées dans le texte et de trois planches en couleur consacrées à l'anatomie de l'homme. 1 v. in-8, 6 fr.

— *Éléments de zoologie*, édition mise en harmonie avec les programmes de l'enseignement spécial. 5 vol. in-2, avec figures intercalées dans le texte, cartonnés :

Année préparatoire. *Notions préliminaires*, 1 vol. (221 fig.), 1 fr. 25

Première année, *Mammifères*, 1 volume (368 fig.), 3 fr. 50

Deuxième année, *Vertébrés ovipares et animaux sans vertèbres*, 1 volume (335 fig.), 2 fr. 50

Troisième année, *Anatomie et physiologie des animaux.* 1 vol. (105 fig.), 2 fr. 50

Quatrième année, *Zoologie appliquée à l'agriculture, à l'industrie et à l'hygiène.* 1 vol., sous presse.

Gervais, Marchand et Raulin : *Notions élémentaires d'histoire naturelle* (zoologie, botanique, géologie), rédigées conformément aux programmes de l'enseignement spécial. 5 vol. in-12 avec figures dans le texte, cartonnés :

Année préparatoire, 1 vol. 3 fr.

Première année, 1 vol. 4 fr.

Deuxième, troisième et quatrième années, 3 volumes, en préparation.

Haüy : *Traité de cristallographie*, 2 vol. in-8, avec un atlas in-4 de 84 planches, 7 fr. 50

— *Traité de minéralogie.* 4 vol. in-8 avec un atlas in-4 de 120 pl. 15 fr.

Hoefer (Ferd.) : *Histoire de la botanique, de la minéralogie et de la géologie, depuis les temps les plus reculés jusqu'à nos jours.* In-12, 4 fr.

— *Histoire de la zoologie.* 1 vol. in-12, broché, 4 fr.

Marchand (Dr Léon) : *Éléments de botanique*, rédigés conformément aux programmes de l'enseignement spécial. 3 volumes in-12, avec figures intercalées dans le texte, cartonnés :

Année préparatoire, 1 vol. 1 fr. 25

Première année, 1 vol. 1 fr. 50

Deuxième année, 1 vol. 1 fr. 50

Troisième et quatrième années (*classification et usages des plantes*), 1 vol. 3 fr.

Payen et Richard, membres de l'Institut : *Précis d'agriculture théorique et pratique.* 2 vol. in-8, avec des fig. dans le texte, 7 fr. 50

Raulin, professeur à la Faculté des sciences de Bordeaux : *Éléments de géologie*, rédigés conformément aux programmes de l'enseignement spécial. 4 volumes in-12 avec figures intercalées dans le texte, cartonnés :

Année préparatoire, 1 vol. 2 fr. 50

Première année, *Géologie de la France*, 1 volume. 2 fr. 50

Deuxième année, 1 vol., sous presse.

Troisième année, 1 vol., en préparation.

Quatrième année, *Éléments de physique terrestre*, par MM. Marié-Davy et Sonrel, 1 volume, 1 fr. 80

PARIS. — IMPRIMERIE DE E. MARTINET, RUE MIGNON, 2